Spannbetonbau

Jetzt diesen Titel zusätzlich als E-Book downloaden und 70 % sparen!

Als Käufer dieses Buchtitels haben Sie Anspruch auf ein besonderes Kombi-Angebot: Sie können den Titel zusätzlich zum Ihnen vorliegenden gedruckten Exemplar für nur 30 % des Normalpreises als E-Book beziehen.

Der BESONDERE VORTEIL: Im E-Book recherchieren Sie in Sekundenschnelle die gewünschten Themen und Textpassagen. Denn die E-Book-Variante ist mit einer komfortablen Volltextsuche ausgestattet!

Deshalb: Zögern Sie nicht. Laden Sie sich am besten gleich Ihre persönliche E-Book-Ausgabe dieses Titels herunter.

In 3 einfachen Schritten zum E-Book:

❶ Rufen Sie die Website **www.dinmedia.de/e-book** auf.

❷ Geben Sie hier Ihren persönlichen, nur einmal verwendbaren E-Book-Code ein:

3196017A9121B08

❸ Klicken Sie das „Download-Feld“ an und gehen dann weiter zum Warenkorb. Führen Sie den normalen Bestellprozess aus.

Hinweis: Der E-Book-Code wurde individuell für Sie als Erwerber dieses Buches erzeugt und darf nicht an Dritte weitergegeben werden. Mit Zurückziehung dieses Buches wird auch der damit verbundene E-Book-Code für den Download ungültig.

Spannbetonbau

Prof. Dr.-Ing. Kathy Meiss
Prof. Dr.-Ing. Ralf Avak

Spannbetonbau

Theorie, Praxis, Berechnungsbeispiele nach Eurocode 2

4., aktualisierte Auflage

DIN Media GmbH

Bauwerk

© 2024 DIN Media GmbH
Am DIN-Platz
Burggrafenstraße 6
10787 Berlin

Telefon: +49 30 588 857 00-70
Internet: www.dinmedia.de
E-Mail: kundenservice@dinmedia.de

Maßgebend für das Anwenden jeder in diesem Werk erläuterten oder zitierten Norm ist deren Fassung mit dem neuesten Ausgabedatum. Den aktuellen Stand zu jeder DIN-Norm können Sie im Webshop von DIN Media unter www.dinmedia.de abfragen. Dort finden Sie insbesondere etwaige Berichtigungen und Warnvermerke, welche bei der Anwendung der jeweiligen Norm unbedingt zu beachten sind.

Druck und Bindung: Drukarnia Skleniarz, Kraków
Gedruckt auf säurefreiem, alterungsbeständigem Papier nach DIN EN ISO 9706.

ISBN 978-3-410-31960-3
ISBN (E-Book) 978-3-410-31961-0

Vorwort

Die diesem Werk zugrunde liegende Norm DIN EN 1992-1-1, die zugehörigen Grundnormen sowie insbesondere deren Nationale Anwendungsdokumente werden derzeit überarbeitet und sind bauaufsichtlich noch nicht eingeführt. In der aktualisierten 4. Auflage wurden daher lediglich redaktionelle Korrekturen vorgenommen, Leserhinweise berücksichtigt und kleinere Aktualisierungen vorgenommen.

Die umfassenden Komplexbeispiele wurden vom ehemaligen Mitautor Dr.-Ing. Ronny Glaser konzipiert. Die Verfasser danken ihm ausdrücklich, dass sie auf seine Vorarbeit der vergangenen Auflagen zurückgreifen konnten. Der DIN Media danken die Autoren für die stets gute und vertrauensvolle Zusammenarbeit. Hinweise, die der Verbesserung des Buches dienen, werden gerne angenommen.

Stuttgart / Biberach an der Riß, im März 2024

Kathy Meiss
Ralf Avak

Aus dem Vorwort zur 1. Auflage

Im Ingenieurbau ist der Spannbeton ein wesentlicher Eckpfeiler zeitgemäßer Baukonstruktionen. Seit Jahrzehnten sind ca. 90 % aller Brückenneubauten vorgespannte Tragwerke.

DIN 1045-1 ermöglicht vorgespannte Konstruktionen im Hoch- und Brückenbau, ohne grundsätzliche Änderungen des für Stahlbeton-Bauwerke geltenden Bemessungskonzeptes. Die in diesem Buch dargestellte Theorie des Spannbetonbaus wird demzufolge so entwickelt, dass sie eine Erweiterung derjenigen des Stahlbetons ist. Daher werden lediglich Grundkenntnisse im Stahlbeton vorausgesetzt. Im Zuge der Harmonisierung des europäischen Binnenmarktes und zunehmender internationaler Tätigkeitsfelder im konstruktiven Ingenieurbau ist es Ziel der Autoren, den Zusammenhang zwischen Theorie und Bemessungsansatz detailliert darzustellen. Damit ist die Voraussetzung gegeben, auch mit anderen Regelwerken als mit DIN 1045-1 zu arbeiten.

Neben zahlreichen einfachen Beispielen, an denen Leserinnen und Leser neu erworbene Kenntnisse unmittelbar im Anschluss an die Theorievermittlung üben können, werden anhand von zwei vollständigen Berechnungs- und Konstruktionsbeispielen die Theorie und deren Anwendung im Spannbetonbau vertieft.

Cottbus, im April 2005

Ralf Avak
Ronny Glaser

Inhaltsverzeichnis

1 Einführung und Begriffe

1.1 Prinzip und Ziel der Vorspannung

Bei alleiniger Betrachtung des Grenzzustandes der Tragfähigkeit liegen in einem auf Biegung beanspruchten *Stahlbeton*bauteil eine Druck- und eine Zugzone vor. In der Druckzone trägt der Beton (und eine evtl. vorhandene Druckbewehrung) über Druckspannungen; in der Zugzone ist der Beton gerissen und alleine der Betonstahl weist Zugspannungen auf (**Abb. 1.1**). Ziel des *Spannbetons* ist es, die Zugzone im Bauteil durch eine künstlich aufgebrachte Verformung (und die damit einhergehende Beanspruchung) zu verringern oder ganz zu eliminieren. Damit kann das Tragvermögen des Betons auf Druck in einem größeren Anteil des Bauteilquerschnittes aktiviert werden. Im Ergebnis wird ein schlankeres und/oder wirtschaftlicheres Bauteil möglich.

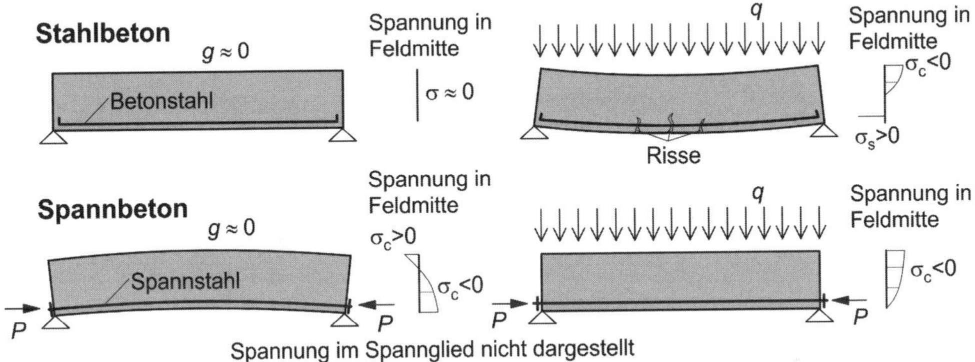

Abb. 1.1 Tragprinzip eines Stahlbeton- und Spannbetonbalkens

Die Vorspannung ist genau wie der Lastfall Eigenlast eine ständige Einwirkung. Aus praktischen Gründen werden Vorspannung und Eigenlast als getrennte Lastfälle behandelt. Der Lastfall Vorspannung (prestressing) erhält ebenso wie das Spannglied hierbei den Index p. **Abb. 1.2** zeigt das Prinzip der Vorspannung.

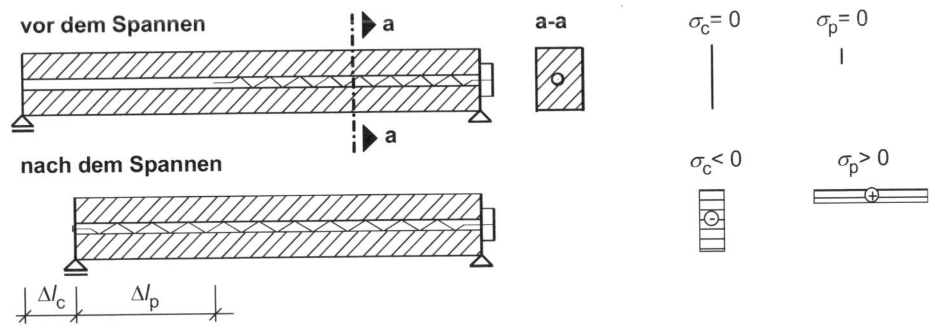

Abb. 1.2 Prinzip des Spannbetons (prestressed concrete)

Die Auswirkungen der Vorspannung hängen nicht nur von der Größe der (Vor-) Spannkraft ab, sondern ganz wesentlich auch von der Formgebung des Spanngliedes. Daher liegt eine wesentliche Ingenieuraufgabe im Finden der optimalen Spanngliedführung und der Größe der Vorspannung. Der Ingenieur hat hierdurch größere Einflussmöglichkeiten auf die Bauteilbeanspruchung als bei allen anderen Baustoffen. Wie die erforderliche Bewehrung über Spannkrafthöhe und -lage beeinflusst werden kann, zeigt **Beispiel 1.1**.

Beispiel 1.1: Positive Wirkung der Vorspannung

An dem in **Abb. 1.3** dargestellten Stahlbetonbalken aus Beton C30/37 mit einer Spannweite $l_{eff} = 12{,}5$ m soll der erforderliche Bewehrungsquerschnitt bestimmt werden. Bei der Biegebemessung sind die folgenden drei Fälle zu berücksichtigen:

(1) reine Biegung

(2) Biegung mit zentrischer Druckkraft

(3) Biegung mit exzentrischer Druckkraft.

Der Balken wird im Grenzzustand der Tragfähigkeit durch eine rechnerische Gleichlast $g_d + q_d$ von 25,0 kN/m beansprucht. Die in den Fällen (2) und (3) zu berücksichtigende Druckkraft N_{Ed} beträgt 600 kN. Der Abstand z_{cp} zwischen der Schwerachse des (Netto-) Betonquerschnitts und der Wirkungslinie der exzentrischen Druckkraft beträgt 30 cm.

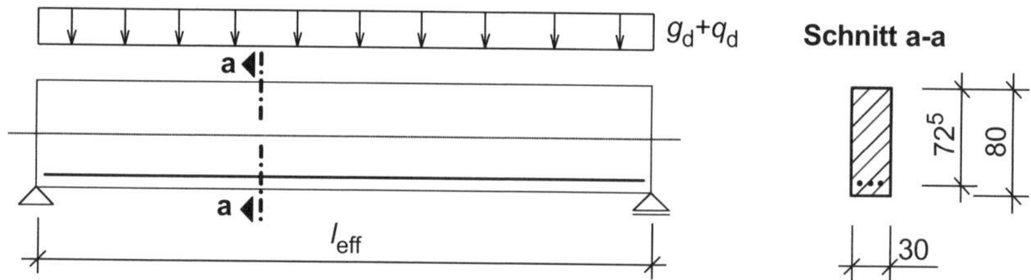

Abb. 1.3 Statisches System und Querschnittsabmessungen des Beispiels 1.1

Lösung:

Rechenwert der Betondruckfestigkeit eines C30/37

$$f_{cd} = 0{,}85 \cdot \frac{30}{1{,}5} = 17{,}0 \text{ N/mm}^2 \qquad f_{cd} = \alpha \cdot \frac{f_{ck}}{\gamma_c}$$

Maximales Feldmoment im GZT

$$M_{Ed} = \frac{25 \cdot 12{,}5^2}{8} = 488 \text{ kNm} \qquad M = \frac{q \cdot l^2}{8}$$

Fall (1) – reine Biegung $(N_{Ed} = 0)$

$$M_{Eds} = M_{Ed} = 488 \text{ kNm} \qquad M_{Eds} = M_{Ed} - N_{Ed} \cdot z_{s1}$$

Bemessung erfolgt mit dem ω-Verfahren

$$\mu_{Eds} = \frac{488}{30 \cdot 72{,}5^2 \cdot 17} = 0{,}182$$

$$\mu_{Eds} = \frac{M_{Eds}}{b \cdot d^2 \cdot f_{cd}}$$

$\omega = 0{,}2032$

Tafel A.1

$\sigma_{sd} = 443 \text{ N/mm}^2$

Verfestigungsbereich des Betonstahls wird ausgenutzt

$$A_{s,erf} = \frac{1}{443} \cdot (0{,}2032 \cdot 30 \cdot 72{,}5 \cdot 17) = 17{,}0 \text{ cm}^2$$

$$A_s = \frac{1}{\sigma_{sd}} \cdot (\omega \cdot b \cdot d \cdot f_{cd})$$

gewählt: 9 Ø16

$A_{s,vorh} = 18{,}1 \text{ cm}^2 > A_{s,erf} = 17{,}0 \text{ cm}^2$

Fall (2) – Biegung mit zentrischer Druckkraft

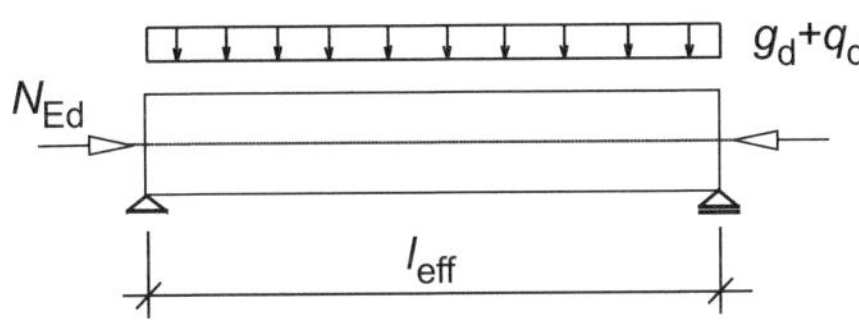

$N_{Ed} = -600 \text{ kN}$

$M_{Eds} = 488 + 600 \cdot (72{,}5 - 0{,}5 \cdot 80) = 683 \text{ kNm}$

$M_{Eds} = M_{Ed} - N_{Ed} \cdot z_{s1}$

$z_{s1} = d - 0{,}5 \cdot h$

$$\mu_{Eds} = \frac{683}{30 \cdot 72{,}5^2 \cdot 17} = 0{,}255$$

$$\mu_{Eds} = \frac{M_{Eds}}{b \cdot d^2 \cdot f_{cd}}$$

$\omega = 0{,}3019$

Tafel A.1

$\sigma_{sd} = 439 \text{ N/mm}^2$

$$A_{s,erf} = \frac{1}{439} \cdot (0{,}3019 \cdot 30 \cdot 72{,}5 \cdot 17 - 600) = 11{,}8 \text{ cm}^2$$

$$A_s = \frac{1}{\sigma_{sd}} \cdot (\omega \cdot b \cdot d \cdot f_{cd} + N_{Ed})$$

Gewählt: 6 Ø16

$A_{s,vorh} = 12{,}1 \text{ cm}^2 > A_{s,erf} = 11{,}8 \text{ cm}^2$

Fall (3) – Biegung mit exzentrischer Druckkraft

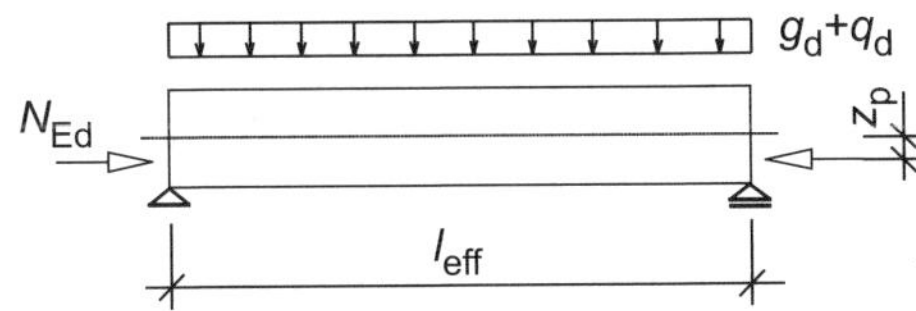

$N_{Ed} = -600 \text{ kN}$

$z_{cp} = 30 \text{ cm}$

$M_{Ed} = 488 - 600 \cdot 0{,}30 = 308 \text{ kNm}$

$M_{Ed} = M_{Ed} - N_{Ed} \cdot z_{cp}$

$M_{Eds} = 308 + 600 \cdot (0{,}725 - 0{,}5 \cdot 0{,}80) = 503 \text{ kNm}$

$M_{Eds} = M_{Ed} - N_{Ed} \cdot z_{s1}$

$z_{s1} = d - 0{,}5 \cdot h$

$$\mu_{Eds} = \frac{503}{30 \cdot 72{,}5^2 \cdot 17} = 0{,}188$$

$$\mu_{Eds} = \frac{M_{Eds}}{b \cdot d^2 \cdot f_{cd}}$$

$\omega = 0{,}2109$

Tafel A.1

$\sigma_{sd} = 442 \text{ N/mm}^2$

$$A_{\text{s,erf}} = \frac{1}{442} \cdot (0{,}2109 \cdot 30 \cdot 72{,}5 \cdot 17 - 600) = 4{,}1\ \text{cm}^2$$

Gewählt: 2 Ø16

$$A_{\text{s,vorh}} = 4{,}0\ \text{cm}^2 \approx A_{\text{s,erf}} = 4{,}1\ \text{cm}^2$$

$$A_{\text{s}} = \frac{1}{\sigma_{\text{sd}}} \cdot (\omega \cdot b \cdot d \cdot f_{\text{cd}} + N_{\text{Ed}})$$

Im Vergleich der drei Fälle zeigt sich, dass die zentrische Längsdruckkraft und insbesondere die exzentrisch wirkende Längsdruckkraft die erforderliche Bewehrung deutlich gegenüber dem Fall der reinen Biegung reduzieren. Im Spannbetonbau wird die Längsdruckkraft durch ein Spannglied künstlich erzeugt und (z. B.) am Bauteilende eingetragen.

Die Vorspannung ermöglicht wirtschaftlichere Bauverfahren, größere Stützweiten durch verringerte Eigenlasten, geringere Rissbreiten und eine Steigerung der Dauerhaftigkeit. Vorspannung ist in folgenden Bereichen sinnvoll:

- Brückenbau
- Fertigteilbau (geringere Montagegewichte)
- Flachdecken im Hochbau (verminderte Durchstanzbewehrung)
- Spannbeton-Fertigdecken (einachsig gespannte Hohldecken ohne Betonstahlbewehrung)
- Behälter (hohe Dichtigkeit durch fehlende bzw. kleinere Risse gegenüber dem Stahlbeton)
- Anker im Grundbau (geringere Verformungen des Verbaus)
- Betonwaren (z. B. Bahnschwellen und vorgespannte Maste).

Tafel 1.1 Unterscheidungsmerkmale für Vorspannungen

Verbund				
sofortiger -	nachträglicher -	ohne -		
			vor dem Erhärten des Betons	**Zeitpunkt des Aufbringens der Vorspannung**
			nach dem Erhärten des Betons	
interne -		externe -		
Lage des Spannglieds				

1.2 Begriffe

1.2.1 Übersicht

Zur Beschreibung bestimmter Auswirkungen der Vorspannung wird eine Terminologie benötigt, die auf den zu beschreibenden Effekt hinweist. Daher gibt es für sachlich gleiche Vorspannarten (-verfahren) mehrere Bezeichnungsmöglichkeiten (**Tafel 1.1**).

1. Unterscheidung nach der *Verbundwirkung*
   - Vorspannung *mit sofortigem* Verbund
   - Vorspannung *mit nachträglichem* Verbund
   - Vorspannung *ohne* Verbund.
2. Unterscheidung nach dem *Zeitpunkt* des Aufbringens der *Vorspannung*
   - Spannen *vor* dem Erhärten des Betons (Spannbettvorspannung)
   - Spannen *nach* dem Erhärten des Betons.
3. Unterscheidung nach der *Lage des Spanngliedes*
   - *interne* Vorspannung
   - *externe* Vorspannung.
4. Unterscheidung nach der *Größe* der *Spannungen* infolge Vorspannung (**Tafel 1.2**)
   - *volle* Vorspannung
   - *beschränkte* Vorspannung
   - *teilweise* Vorspannung
   - *ohne* Vorspannung.
5. Unterscheidungsmerkmal nach der *Spannungsart im Spannstahl*
   - gedehnte Spannglieder (*Zug*-Spannglied[1])
   - gestauchte Spannglieder (*Druck*-Spannglied).

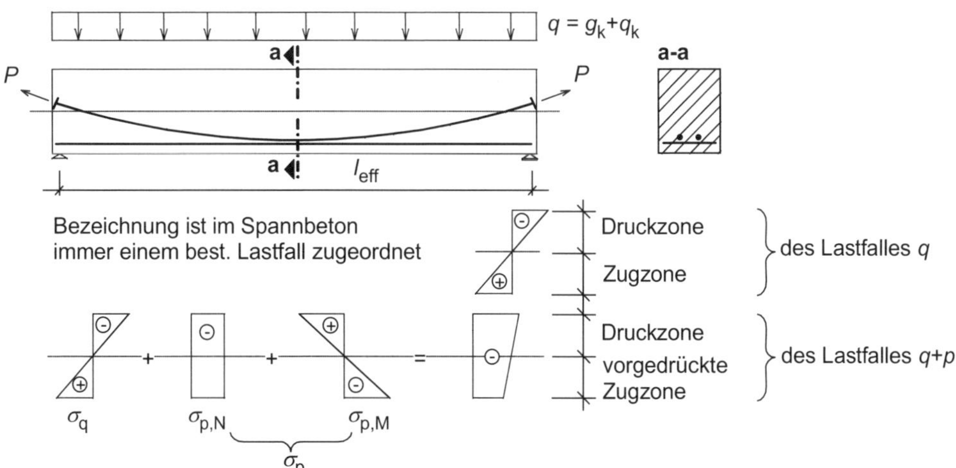

Abb. 1.4 Bezeichnungen im Querschnitt (dargestellt für elastisches Materialverhalten)

[1] Da dies der Regelfall ist, wird unter der Bezeichnung „Spannglied" ein Zug-Spannglied verstanden.

Tafel 1.2 Unterscheidungsmerkmal Vorspanngrad

Vorspanngrad	Spannungsdiagramm	Aufgabe des Betonstahls
1. *voll* vorgespannter Stahlbeton (full prestressing) (rechnerisch) Zustand I	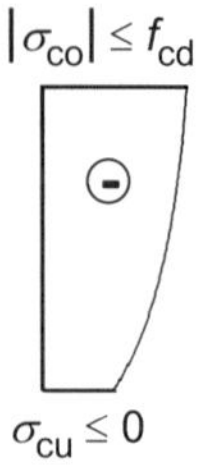 $\lvert\sigma_{co}\rvert \leq f_{cd}$ ⊝ $\sigma_{cu} \leq 0$	Konstruktive Mindestbewehrung zur Aufnahme nicht erfasster Zugkräfte (theoretisch ist rechnerisch kein Betonstahl erforderlich).
2. *beschränkt* vorgespannter Stahlbeton (limited prestressing) (rechnerisch) Zustand I	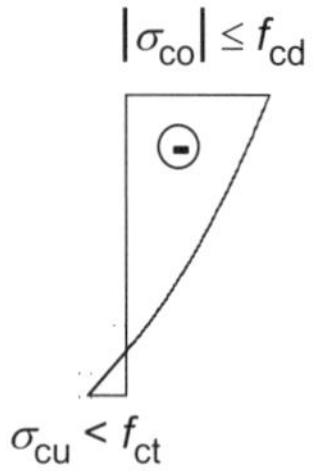 $\lvert\sigma_{co}\rvert \leq f_{cd}$ ⊝ $\sigma_{cu} < f_{ct}$	Deckung der Zugkraft des positiven Spannungskeils (unter gewissen Voraussetzungen zusammen mit Spanngliedern), sowie Aufnahme nicht erfasster Zugkräfte.
3. *teilweise* vorgespannter Stahlbeton (partial prestressing) (rechnerisch) Zustand II	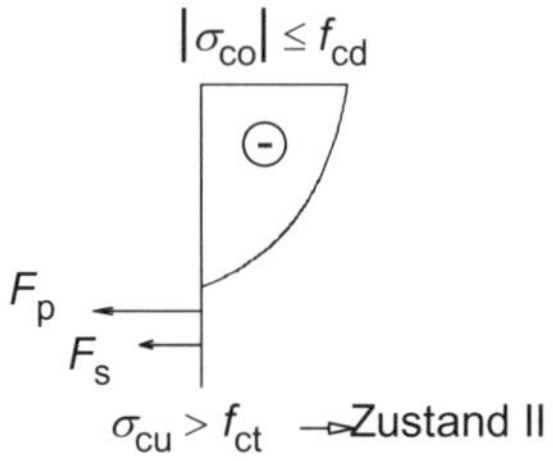 $\lvert\sigma_{co}\rvert \leq f_{cd}$ ⊝ F_p F_s $\sigma_{cu} > f_{ct}$ → Zustand II	Deckung der Zugkraft des positiven Spannungskeiles zusammen mit den Spanngliedern sowie Aufnahme nicht erfasster Zugkräfte.
4. *nicht* vorgespannter Stahlbeton (reinforced concrete) (rechnerisch) Zustand II	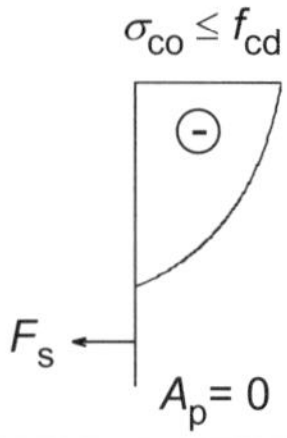 $\sigma_{co} \leq f_{cd}$ ⊝ F_s $A_p = 0$	Alleinige Aufnahme aller für das Gleichgewicht erforderlichen Zugkräfte (nach Zustand II) durch Betonstahl.

Im Querschnitt müssen die Begriffe Druck- und Zugzone erweitert werden. Diese beiden Begriffe beziehen sich auf die Superposition aller Lastfälle *ohne* den Lastfall Vorspannung. Daneben ist zusätzlich die „vorgedrückte Zugzone“ wichtig, die alle Lastfälle *inklusive* des Lastfalls Vorspannung betrachtet (**Abb. 1.4**).

1.2.2 Vorspannung mit sofortigem Verbund

Vorspannung mit sofortigem Verbund (pretensioned prestressed concrete oder pretensioned concrete) wird üblicherweise für Fertigteile verwendet. Der Spannstahl wird in einem „Spannbett“ (**Abb. 1.5**) bereits vor dem Betonieren zwischen den beiden Widerlagern des Spannbetts (stressbed) gedehnt und damit gespannt. Nach dem Betonieren und Erhärten des Bauteils wird die Verankerung der Spannglieder an den Widerlagern des Spannbetts gelöst. Da der Spannstahl (prestressing steel) mit dem Beton im Verbund ist, kann er innerhalb des Betonquerschnittes nicht mehr in einen spannungslosen Dehnungszustand zurückkehren. Der Beton wird gestaucht (und steht damit unter Druckspannungen), die Stahldehnung geht um den Betrag der Betonstauchung in Höhe des Spanngliedes zurück (geringfügige Verminderung der Vorspannung gegenüber der Spannbettspannung). Die Spannkraft wird am Bauteilende durch Verbundspannungen (ähnlich denen des Betonstahls) und zusätzlich durch die Veränderung im Durchmesser des Spannstahls (= HOYER-Effekt) auf den Beton übertragen.

Im Spannbett können einfach geradlinige Spanngliedführungen realisiert werden (Regelfall); es sind jedoch auch polygonale Führungen möglich. Aufgrund erforderlicher Umlenkstellen ist diese aufwändige Lösung jedoch unüblich. Die in **Abb. 1.5** dargestellte Vorspannkraft wird durch mehrere Litzen realisiert. Sofern eine konstante Vorspannkraft im Bauteil nicht möglich sein sollte, können einzelne Litzen im Endbereich mit einer gleitfähigen Trennschicht (z. B. Bitumenanstrich) versehen werden, womit dann für diese Litzen im Bereich der Trennschicht eine vollständige Entspannung ermöglicht wird, und z. B. nur im Bereich des Maximalmomentes in Feldmitte alle Litzen wirksam sind.

Eine Sonderform der Spannbettvorspannung ist bei Spannbeton-Fertigdecken (prefabricated holocast-slab) zu finden. Hier werden zunächst ca. 150 m lange Spannbetonelemente gefertigt, die nach dem Erhärten des Betons in 10 bis 16 m lange Fertigteile zersägt werden.

Vor dem Lösen der Verankerung

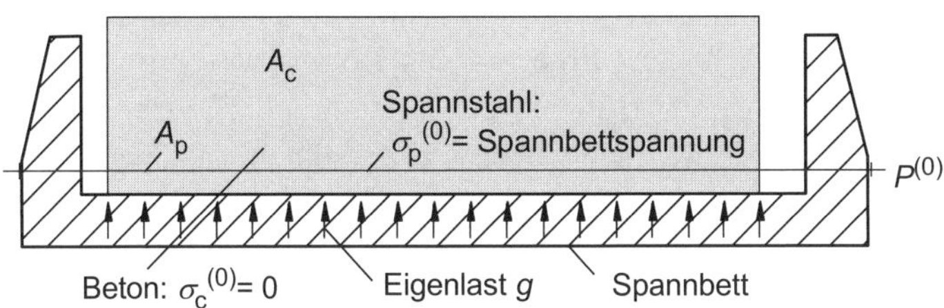

Nach dem Lösen der Verankerung

Detail

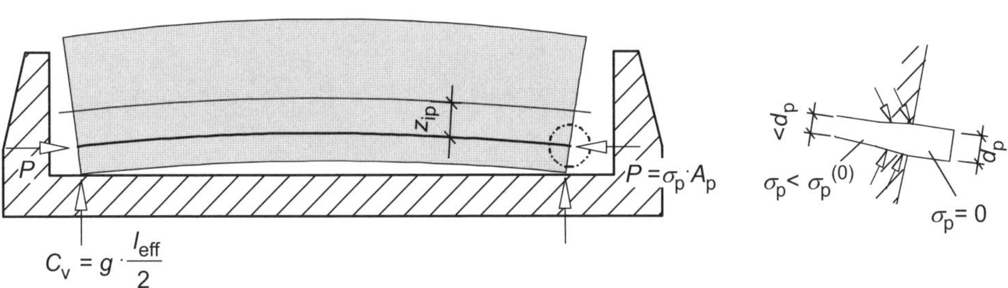

Abb. 1.5 Vorspannung mit sofortigem Verbund (Spannbettvorspannung mit Detail zur Erklärung des HOYER-Effektes)

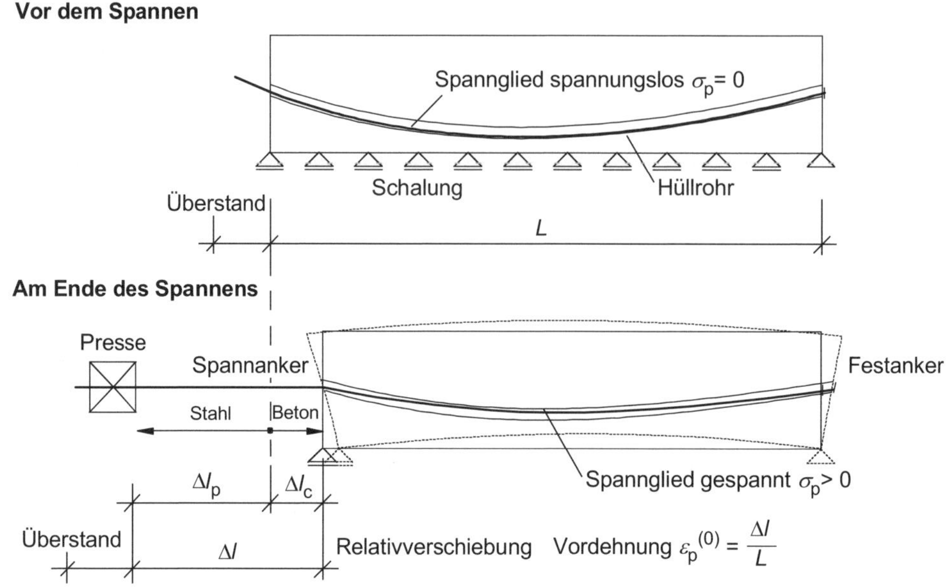

Abb. 1.6 Vorspannung mit nachträglichem Verbund

1.2.3 Vorspannung mit nachträglichem Verbund

Vorspannung mit nachträglichem Verbund (posttensioned prestressed concrete oder posttensioned concrete) wird im Regelfall für Ortbetonbauteile verwendet. Vor dem Betonieren werden hierbei zusätzlich zum Betonstahl Hüllrohre (sheaths) eingebaut. In diese Hüllrohre werden vor oder nach dem Betonieren spannungslose Spannglieder (tendons) eingezogen (**Abb. 1.6**). Nach dem Erhärten des Betons werden sie vorgespannt. Anschließend wird in den zwischen Hüllrohr und Spanngliedern verbleibenden Raum eine Zementsuspension eingepresst. Nach Erhärten derselben ist über den Zementstein zwischen Spannstahl und Beton (außerhalb des Hüllrohrs) der Verbund hergestellt.

Bei Vorspannung mit nachträglichem Verbund ist es möglich, die Spanngliedführung hinsichtlich des Momentenverlaufs zu optimieren (Spanngliedverlauf affin zu den Momenten aus äußeren Einwirkungen, z. B. parabelförmig beim Einfeldträger unter Gleichstreckenlast, siehe Kapitel 7).

Vorspannung mit nachträglichem Verbund wird im Brückenbau angewendet.

1.2.4 Vorspannung ohne Verbund

Bei Vorspannung ohne Verbund (no bond tensioning) wird das Spannglied wie bei Vorspannung mit nachträglichem Verbund in einem Hüllrohr geführt. Der verbleibende Zwischenraum ist jedoch mit einem Fett (Korrosionsschutz) gefüllt. Somit können keine Verbundspannungen übertragen werden.

Wenn das Spannglied innerhalb des Bauteils geführt wird (interne Vorspannung), ist eine optimale Spanngliedführung (wie bei Vorspannung mit nachträglichem Verbund) möglich. Sofern das Spannglied außerhalb des Bauteils geführt wird (externe Vorspannung), ist eine geradlinige oder polygonale Spanngliedführung sinnvoll.

Vorspannung ohne Verbund wird im Brückenbau, im Hochbau bei Geschossdecken und im Behälterbau (bei zylindrischen Behältern analog zum Fassreifen) verwendet.

1.2.5 Vorspanngrad

Die Größe der Spannkraft und die hieraus resultierenden Spannungen im Verhältnis zu den Spannungen aus den restlichen äußeren Lastfällen in der gezogenen Randfaser wird als Vorspanngrad κ (degree of prestressing) bezeichnet. Hierbei wird elastisches Materialverhalten unterstellt.

$$\kappa = \frac{|\sigma_{c1,p}|}{\sigma_{c1,g+q}} \tag{1.1}$$

mit: $\sigma_{c1,p}$ Beton- (druck-) spannung infolge Vorspannung am Querschnittsrand der vorgedrückten Zugzone

$\sigma_{c1,g+q}$ Beton- (zug-) spannung infolge äußerer Einwirkungen (z. B. Eigenlast g, Verkehr q und evtl. weitere)

Der Vorspanngrad κ schwankt zwischen $\kappa = 0$ beim Stahlbeton ($\sigma_{c1,p} = 0$) und $\sigma_{c1,p} \geq 1{,}0$ (volle Vorspannung).

Die gesamte erforderliche Stahlmenge aus Betonstahl A_s und Spannstahl A_p hat bei $\kappa \approx 0{,}6$ ein Minimum (**Abb. 1.7**).

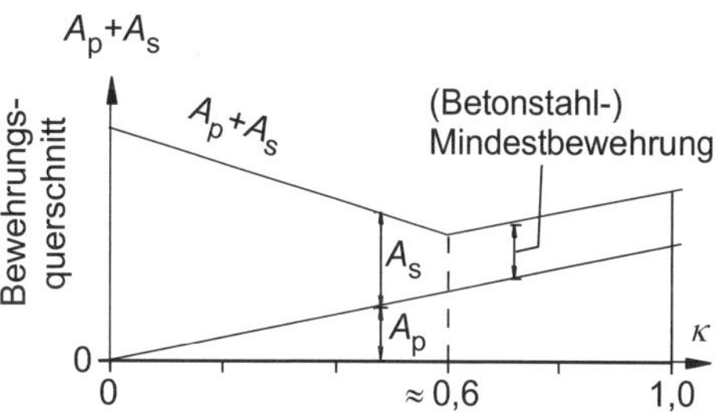

Abb. 1.7 Auswirkung des Vorspanngrads auf die benötigte Stahlmenge

1.3 Vor- und Nachteile zwischen Spannbeton und Stahlbeton

Da Spannbeton im Prinzip ein unter einer künstlich aufgebrachten Längskraft (mit einhergehendem Biegemoment) stehender Stahlbeton ist, sind die Eigenschaften zwischen dem nicht vorgespannten Stahlbeton und dem Spannbeton nicht grundsätzlich verschieden. Vorteile (**Tafel 1.3**) lassen sich bei Auswahl der richtigen Vorspannart (ohne/mit Verbund) und des richtigen Vorspanngrades erreichen (dies schließt auch $\kappa = 0$ ein).

Tafel 1.3 Vor- und Nachteile des Spannbetons gegenüber dem Stahlbeton

Vorteile	Nachteile
– Anwendung hochfester Spannstähle möglich (Verhältnis σ_{zul}/Kosten günstiger als bei Betonstahl) – Abmessungen und Eigenlasten geringer aufgrund der Reduzierung der Beanspruchungen (Schnittgrößen) – Verformungen von Bauteilen gering und beeinflussbar – kleinere Rissbreiten oder weitgehend rissfreies Tragwerk (wichtig bei aggressiven Umweltbedingungen und/oder Behältern) – gute Kombinationsmöglichkeit vorgespannter Fertigteile mit nicht vorgespannten Ortbetonergänzungen auf der Baustelle – Spannglieder sind kontrollierbar, nachspannbar, austauschbar (bei Vorspannung ohne Verbund) – Spannglieder wirken mit bei der Rissbreitenbegrenzung (nur bei Vorspannung mit Verbund) – Spannbeton ermöglicht moderne Brückenbauverfahren	– Zusätzliches Gewerk während der Rohbauarbeiten – Spannstahl ist deutlich empfindlicher als Betonstahl (Korrosion, Sprödheit, Spannungsrisskorrosion) – Ermüdungsfestigkeit des Spannstahls (im Verbund) gering, sofern das Bauteil im Zustand II ist und wenig Betonstahl vorhanden ist – Witterungsabhängigkeit beim Einpressen von Mörtel in die Hüllrohre (nur Spannglieder mit nachträglichem Verbund) – Entwurf, statische Bearbeitung, Konstruktion und Ausführung erfordern bessere Qualifikation der Ausführenden als im Stahlbetonbau

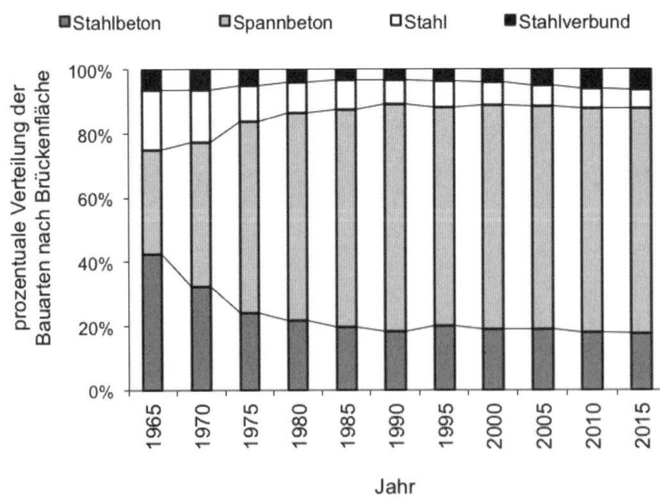

Abb. 1.8 Brückenbestand im Zuge von Bundesfernstraßen nach Bauarten (Quelle BASt)

Tafel 1.4 Entwicklung des Spannbetons im Überblick

Jahr	Spannbetonbau	Bauwesen und Bauwerke	Wissenschaft und Technik	Politik und Gesellschaft
1886	*P. H. Jackson (USA)* Aufnahme des Horizontalschubs von Gewölben mittels vorgespannter Gewindestangen	*J. A. Roebling* Brooklyn-Brücke New York (1883)	*Th. A. Edison* elektr. Glühlampe (1879) und Elektrizitätswerk (1882)	Benennung von Deutschen „Schutzgebieten" = Kolonien, Imperialismus (1884/1885)
1888	*W. Döring (D)* spannt Betondielen vor (Spannbettvorspannung)	*G. Eiffel* und *M. Köchlin* Bau des Eiffelturms (1889)	*W. Röntgen* Entdeckung der Röntgenstrahlen (1888)	Einführung der Alters- und Invalidenversicherung in Deutschland (1889)
1906	*M. Koenen (D)* Erfolglose Versuche mit in gespanntem Zustand einbetonierter Bewehrung	*M. Berg* Bau der Jahrhunderthalle in Breslau (1913)	*N. Bohr* erstes Atommodell (1911)	Russisch-Japanischer Krieg und 1. Russ. Revolution (1904/1905)
1919	*Wettstein (D)* benutzt als Erster hochfesten Stahl (Klaviersaiten)	*W. Gropius* Gründung des Bauhauses in Weimar (1919)	*A. Einstein* Relativitätstheorie (1915)	Ende des 1. Weltkrieges (1918) und Weimarer Verfassung (1919)
1927	*Färber (D)* Vorspannung ohne Verbund und Erfindung des Hüllrohrs	*W. Gropius* Errichtung des Bauhauses Dessau (1926/1927)	*Ch. Lindbergh* erste Atlantiküberquerung ohne Zwischenlandung (1927)	Eintritt Deutschlands in den Völkerbund (1926)
1928	*E. Freyssinet (F)* erkennt Einflüsse aus Kriechen und Schwinden; Erfordernis hochfester Stähle	*R. Maillart* Bau der Brücke über den Salgina-Tobel (1929)		Weltwirtschaftskrise, „schwarzer Freitag" (1929)
1934	*F. Dischinger (D)* Patentanmeldung zur Vorspannung ohne Verbund u. Spannen gegen erhärteten Beton	*W. Bauersfeld* und *F. Dischinger* Bau des Zeiss-Planetariums in Jena (1925)	Erste Fernsehübertragung in Deutschland (1935)	„Machtübernahme" Hitlers, Nationalsozialismus (1933)
1936/ 1937	*F. Dischinger/* DYWIDAG *E. Freyssinet/* Wayss & Freytag AG erste Spannbetonbrücken	Bahnhofsbrücke in Aue/ Sachsen Brücke über Autobahn A2 bei Oelde	*O. Hahn* künstliche Kernspaltung (1938)	Ausbruch des 2. Weltkrieges (1939)
1950	Entwicklung des Freivorbaus für Brücken	*U. Finsterwalder/* DYWIDAG Spannbetonbrücke über die Lahn im Freivorbau (1950)	*J. Bardeen* und *W. H. Brattein* Erfindung des Transistors (1948)	Gründung der Bundesrepublik Deutschland (1949)
nach 1955	Spannbeton wird Regelbauweise mit Einführung der [DIN 4227 – 53]	*F. Leonhardt* Fernsehturm Stuttgart (1956)	*G. Gould* Entdeckung des Lasers (1957)	Verträge von Rom, Gründung der europ. Wirtschaftsgemeinschaft ⇒ EU (1957)

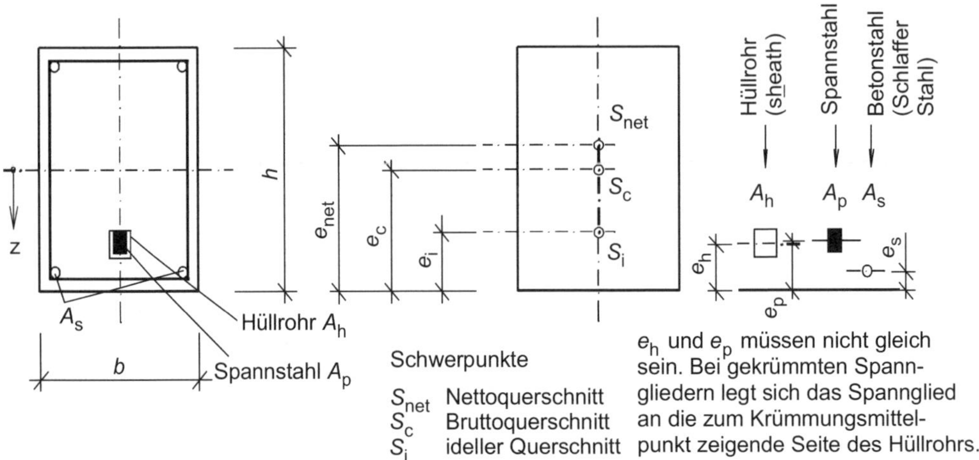

Abb. 1.9 Querschnittsbezeichnungen im Spannbetonbau

1.4 Geschichtliche Entwicklung des Spannbetons

Spannbeton ist verglichen mit anderen Baustoffen eine junge Bauart. Während die Entwicklung zur Anwendungsreife in der ersten Hälfte des 20. Jahrhunderts voranschritt (**Tafel 1.4**), ist die zweite Hälfte vom Siegeszug des Spannbetons im Brücken– und Hochbau geprägt (**Abb. 1.8**). Die Kombination mit Hochleistungsbeton eröffnet dem Spannbeton zu Beginn des 21. Jahrhunderts neue Anwendungsmöglichkeiten.

1.5 Querschnittswerte

1.5.1 Bruttoquerschnitt

Die Querschnittswerte von Spannbetonbauteilen lassen sich mit den üblichen Methoden der Festigkeitslehre bestimmen (z. B. [Holschemacher – 19]). Spannbetontragwerke stellen jedoch höhere Anforderungen an die statische Berechnung als übliche Stahlbetontragwerke. Daher reicht es oftmals nicht mehr aus, die Querschnittswerte allein aufgrund der äußeren Abmessungen (Bruttoquerschnittswerte) zu bestimmen. Es müssen auch evtl. vorhandene Hohlräume (z. B. nicht ausgepresste Hüllrohre) abgezogen werden (Nettoquerschnittswerte). Nach Herstellung des Verbundes sind dann die ideellen Querschnittswerte zu betrachten.

Der Bruttoquerschnitt wird durch die äußere Form bestimmt. Kleine Hohlräume und unterschiedliche Elastizitätsmoduli bleiben unberücksichtigt. Zur Unterscheidung mit den anderen Querschnittswerten erhalten die Bruttoquerschnittswerte den Index „c“.

- A_c Bruttoquerschnittsfläche (in **Abb. 1.9** $A_c = b \cdot h$)
- I_c Brutto-Flächenmoment 2. Grades (in **Abb. 1.9** $I_c = \dfrac{b \cdot h^3}{12}$)

1.5.2 Nettoquerschnitt

Nettoquerschnittswerte haben den Index „net". Bei den Nettoquerschnittswerten berücksichtigt man den reinen Betonquerschnitt. Da die Flächenmomentenanteile 2. Grades der kleinen Teilflächen „Hüllrohr" bzw. Spannstahl deutlich kleiner als die des Bauteils sind, bleiben sie unberücksichtigt ($I_h \approx I_p \approx 0$). Damit erhält man:

Bauteile mit Hüllrohr | Bauteile ohne Hüllrohr

$$A_{net} = A_c - A_h \quad \textit{oder} \quad A_{net} = A_c - A_p \tag{1.2}$$

$$e_{net} = \frac{A_c \cdot e_c - A_h \cdot e_h}{A_{net}} \quad \textit{oder} \quad e_{net} = \frac{A_c \cdot e_c - A_p \cdot e_p}{A_{net}} \tag{1.3}$$

$$\begin{aligned} I_{net} &= I_c + A_c \cdot (e_{net} - e_c)^2 \\ &\quad - A_h \cdot (e_{net} - e_h)^2 \end{aligned} \quad \textit{oder} \quad \begin{aligned} I_{net} &= I_c + A_c \cdot (e_{net} - e_c)^2 \\ &\quad - A_p \cdot (e_{net} - e_p)^2 \end{aligned} \tag{1.4}$$

$$W_{net,o} = \frac{I_{net}}{h - e_{net}} \tag{1.5}$$

$$W_{net,u} = \frac{I_{net}}{e_{net}} \tag{1.6}$$

1.5.3 Ideeller Querschnitt

Ideelle Querschnittswerte haben den Index „i". Bei diesen Querschnittswerten berücksichtigt man den Stahl entsprechend seinem höheren Elastizitätsmodul. Die Querschnittswerte werden benötigt bei Vorspannung *mit sofortigem und bei nachträglichem Verbund.* Die normale Betonstahlbewehrung ist vernachlässigbar.

$$\alpha_e = \frac{E_s}{E_c} \tag{1.7}$$

$$\alpha_p = \frac{E_p}{E_c} \approx \alpha_e \tag{1.8}$$

$$A_i = A_c + (\alpha_e - 1) \cdot (A_p + A_s) \tag{1.9}$$

$$e_i = \frac{A_c \cdot e_c + (\alpha_e - 1) \cdot (A_p \cdot e_p + A_s \cdot e_s)}{A_i} \tag{1.10}$$

$$I_i = I_c + A_c \cdot (e_i - e_c)^2 + (\alpha_e - 1) \cdot A_p \cdot (e_i - e_p)^2 + (\alpha_e - 1) \cdot A_s \cdot (e_i - e_s)^2 \tag{1.11}$$

$$W_{io} = \frac{I_i}{h - e_i} \tag{1.12}$$

$$W_{iu} = \frac{I_i}{e_i} \tag{1.13}$$

2 Vorspanntechnologie

2.1 Spannglieder und Spannverfahren

2.1.1 Bestandteile und Ausführungsform

Spannstahl wird in den Lieferformen Litze (prestressing strand), Draht (-wire) oder Stab (-bar) verwendet. Während die Betonstahlbewehrung i. d. R. nur aus dem (abgelängten und gebogenen) Betonstahl besteht, sind für die Spannglieder weitere Teile erforderlich. Lediglich bei Vorspannung mit sofortigem Verbund wird der Spannstahl alleine verwendet (wenn man von den temporär im Spannbett erforderlichen Verankerungen absieht). Spannglieder bestehen neben dem Spannstahl aus einem Hüllrohr, den Ankerkörpern an den Enden des Spanngliedes, bei zu verlängernden Spanngliedern aus Koppelstellen und weiterem vielfältigem Einbauzubehör. Alle diese Bestandteile gehören zu einem „Spannverfahren". Für das jeweilige Spannverfahren sind Regeln für die Bauausführung und Kennwerte für die Bemessung festgelegt. In Deutschland werden Spannverfahren allgemein bauaufsichtlich vom Deutschen Institut für Bautechnik (DIBt) oder von Mitgliedern der European Organisation for Technical Approvals (EOTA) zugelassen und dürfen nur mit einer derartigen allgemeinen bauaufsichtlichen Zulassung (abZ) verwendet werden (**Tafel 2.1**).

Für Vorspannung mit sofortigem Verbund werden Litzen, gerippte oder profilierte Spanndrähte verwendet. Für Vorspannung mit nachträglichem Verbund und ohne Verbund kommen Litzen, Stabspannstähle oder glatte Spanndrähte zum Einsatz.

Wesentlich ist ferner eine Unterscheidung zwischen baustellengefertigten Spanngliedern (siehe Abschnitt 2.2.2) und Fertig-Spanngliedern (siehe Abschnitt 2.2.3), die in einem Werk vorgefertigt werden.

Tafel 2.1 Auswahl von Spannverfahren mit abZ für DIN EN 1992-1-1

Vorspannart	Zulassungsnummer	Zulassungsinhaber	Internet
nachträglicher Verbund	ETA 13/0839	Dywidag Systems Int. GmbH	www.dywidag-systems.de
	ETA 05/0202	BBV Systems GmbH	www.bbv-systems.com
	ETA 06/0147	BBR VT Intern. Ltd	www.kb-vt.com
ohne Verbund	ETA 03/0036	Dywidag Systems Int. GmbH	www.dywidag-systems.de
	ETA 12/0150	BBV-Vorspanntechnik	www.bbv-systems.com
	ETA 06/0165	BBR VT Int. Ltd	www.kb-vt.com

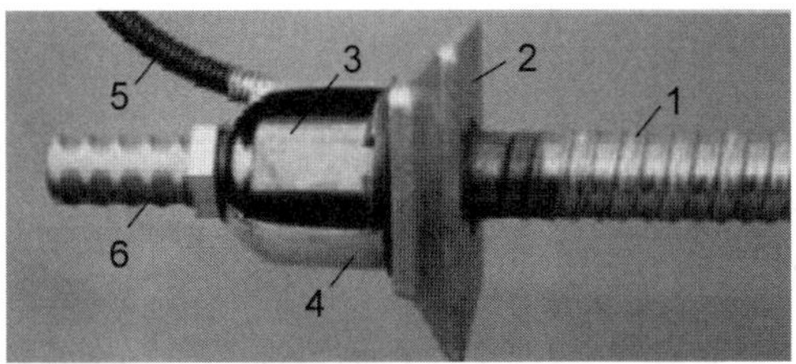

1 rundes Hüllrohr (gefalztes Blechrohr)
2 Ankerplatte
3 Mutter
4 Abdeckhaube für Einpressvorgang
5 Entlüftungs- bzw. Einpressröhrchen
6 Gewindestab / Spannstahl

Abb. 2.1 Gewindestab-Spannglied mit Plattenanker (Spannanker, Dywidag Systems Int.)

2.1.2 Hüllrohre

Spannglieder liegen in einem Hüllrohr (**Abb. 2.1**). Der Zwischenraum zwischen dem Spannglied und dem Hüllrohr ist bei Vorspannung ohne Verbund mit Fett oder Wachs gefüllt, bei Vorspannung mit nachträglichem Verbund mit Einpressmörtel. Die Hüllrohre bestehen aus glattem oder profiliertem Kunststoff (HDPE), bei Spanngliedern mit nachträglichem Verbund in der Regel aus Bandstahl, der zu profilierten, wendelgefalzten Rohren gewickelt wird. Spannglieder mit Kunststoff-Hüllrohren weisen eine höhere Ermüdungsfestigkeit als Spannglieder mit Blechrohren auf, da die Reibkorrosion an den Kontaktstellen des Spannstahls mit dem Hüllrohr geringer ist. Sie werden daher bei neueren Spannverfahren verwendet. Wie später gezeigt werden wird, treten während des Spannvorgangs zwischen Hüllrohr und Spannstahl Verschiebungen auf, aus denen Reibungskräfte zwischen den beiden Elementen resultieren. Der Reibbeiwert von Kunststoff-Hüllrohren ist geringer als der von Blechrohren. Bei Blechrohren steigt er zudem, wenn die Hüllrohrwandung korrodiert. Kunststoff-Hüllrohre sind teurer als Blechrohre.

Bei größeren Spanngliedern sind die Hüllrohre rund, da sich der Kreisquerschnitt einfach herstellen lässt, zwei Hüllrohrabschnitte leicht zusammengeschraubt werden können und beim Kreis das Minimum an Korrosionsschutzmasse (Einpressmörtel oder Fett) erforderlich ist. Bei dünnen Bauteilen ist es in statischer Hinsicht sinnvoll, wenn

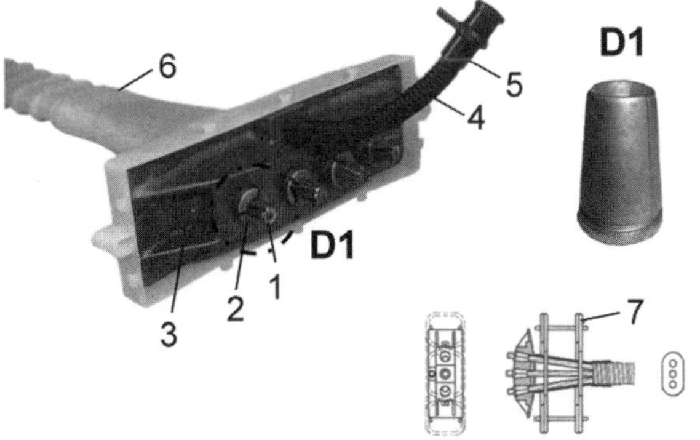

1 Litze
2 Keil (auch mit Klemme bezeichnet in Form eines Konus, siehe D1)
3 Ankerplatte (flacher Mehrflächenverankerungskörper)
4 Einpress-/ Entlüftungsröhrchen
5 Absperrschieber
6 rechteckiges Kunststoff-Hüllrohr
7 zusätzliche Betonstahlbewehrung

Abb. 2.2 Flacher Mehrflächenanker für Litzenspannglieder (Spannanker, Dywidag Systems Int.)

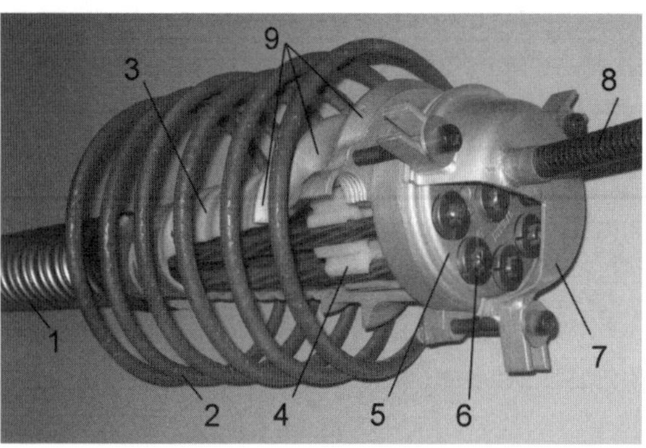

1 Hüllrohr und Verbindungsmuffe zum Übergangsrohr
2 Wendel
3 Übergangsrohr (Trompete)
4 Abstandhalter aus HDPE zum Ordnen der Litzen entsprechend dem Lochbild der Verankerungsscheibe
5 Verankerungsscheibe
6 Keil (Klemme)
7 Einpresskappe (-haube)
8 Entlüftungsröhrchen
9 Mehrflächenverankerungskörper

Abb. 2.3 Mehrflächenanker (Spannanker, Dywidag Systems Int.)

die einzelnen Spanndrähte oder Litzen nebeneinander liegen (analog dem Unterschied im Hebelarm der inneren Kräfte von neben- zu übereinander liegenden Betonstählen). Hier werden rechteckige oder ovale Hüllrohre verwendet. An den Verbindungsstellen der Hüllrohre sind diese mit Klebeband so abzudichten, dass während des Betoniervorgangs keine Zementschlämme in das Hüllrohr laufen und dieses verstopfen kann.

Zu den Hüllrohren gehören ferner Kupplungen, Entlüftungs- und Einpressröhrchen mit Schiebeverschlüssen. Diese Röhrchen sind eindeutig zu beschriften (mit der Positionsnummer des Spanngliedes), dass eine Verwechselung unterschiedlicher Spannglieder ausgeschlossen wird. Die Unterscheidung von Entlüftungs- und Einpressröhrchen erfolgt durch unterschiedlich gefärbte Verschlüsse. Um Einbeulen der Hüllrohre auf den Unterstützungen zu verhindern, werden für stark gekrümmte Spannglieder Unterlegschalen verwendet.

2.1.3 Anker

Die Spannglieder werden an beiden Enden über Anker (anchors oder anchorages) mit dem Bauwerk verbunden. Sie übertragen die Kraft des Spannstahls auf den Beton. An mindestens einem Ende befindet sich ein „Spannanker“ (**Abb. 2.3**). Hier wird das Spannglied gespannt. Das andere Ende bildet ein „Festanker“ (**Abb. 2.4**) oder, falls das Spannglied beidseitig angespannt werden soll, ein zweiter „Spannanker“. Umgangssprachlich werden Spannanker auch als A-Anker, Festanker als B-Anker bezeichnet.

Spannanker

Die einfachste Ausführungsform von Ankern ist bei Stabspanngliedern möglich. Auf Stabspannglieder können Gewinde aufgerollt oder aufgewalzt (Gewindespannstahl) werden. Die Verankerung erfolgt in diesem Fall über eine Mutter und eine Unterlegscheibe (Ankerplatte) (**Abb. 2.1**). Neben der einfachen Ausführungsform hat diese Verankerungsart den Vorteil, dass zwischen Mutter und Spannstahl (so gut wie) kein Schlupf auftritt. Gewindespannstahl wird hauptsächlich für kurze Spannglieder eingesetzt.

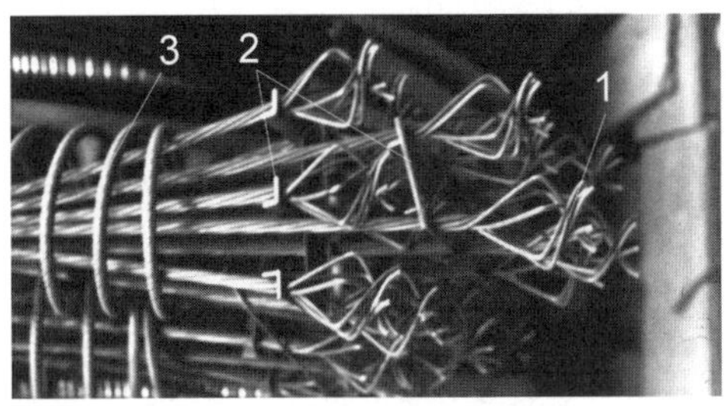

1 verzwirbelte Litze (Zwiebel)
2 Abstandhalter
3 Wendel

Abb. 2.4 Verbundanker (Festanker) System DSI

Heutzutage werden jedoch überwiegend Spannstähle aus Litzen (**Abb. 2.3**) verwendet. Litzenspannglieder werden meistens über Keile (**Abb. 2.2**) verankert. Der Keil hat innen Zähne, die sich in den Spannstahl drücken und ihn so festhalten. Der hierzu erforderliche Querdruck wird durch die konische Außenform (Kegelstumpf) erzeugt. Ein gespanntes Spannglied hat das Bestreben, die ihm aufgezwungene Dehnung rückgängig zu machen. Hierbei zieht es den Keil in die konische Öffnung der Ankerbüchse und der Querdruck baut sich auf.

Während bei kleineren Spanngliedern mit wenigen Litzen die Ankerplatte ausreicht, um die Vorspannkraft auf den Beton zu übertragen (**Abb. 2.2**), werden bei größeren Spanngliedern Mehrflächenanker (**Abb. 2.3**) verwendet, um die Größe des Ankers zu minimieren. Eine Wendel umschnürt den Beton um den Mehrflächenanker. Hierdurch ist infolge des sich einstellenden mehrdimensionalen Druckspannungszustandes (analog der umschnürten Stütze) eine sehr hohe Druckspannung im Beton realisierbar.

Bei Drahtspanngliedern werden die Drahtenden zu Köpfen aufgestaucht und hierüber verankert.

Als weitere Bauart von Ankern sind auch Klemmanker üblich. Diese Form ist vorteilhaft, wenn das Spannglied nicht aus Stahl, sondern aus Karbonfasern besteht. Karbonfasern sind sehr empfindlich auf Querdruck. Sie benötigen spezielle Anker.

Festanker

Jede Bauart für Spannanker (stressing anchor oder active anchor) kann prinzipiell auch für Festanker (fixed anchor oder passive anchor) verwendet werden. Da Spannanker aufgrund ihrer aufwändigen Bauart teurer als Verbundanker (**Abb. 2.4**) sind, ist dies nur sinnvoll, wenn die Litzen erst nach dem Betonieren in das Hüllrohr eingeschoben werden sollen (siehe Abschnitt 2.2). Bei einer Verankerung über Keile (**Abb. 2.2**, **Abb. 2.3**) müssen diese „vorverkeilt“ werden, d. h. sie werden vor dem Spannen des Spannglieds (am anderen Spanngliedende) mit der Presse in die Ankerbüchse hineingedrückt. Hierdurch wird der erforderliche Querdruck erzeugt. Andernfalls würde das Spannglied kurz nach Aufbringen der Vorspannung aus den Keilen am Festanker herausrutschen.

Festanker sind üblich als Verbundanker (bond anchor). Hierbei werden die Litzen so aufgestaucht, dass sich ein Betonpfropfen in den Litzen bilden kann (**Abb. 2.4**), oder die Litzenenden werden sprialförmig gewellt. Eine weitere Ausbildungsmöglichkeit

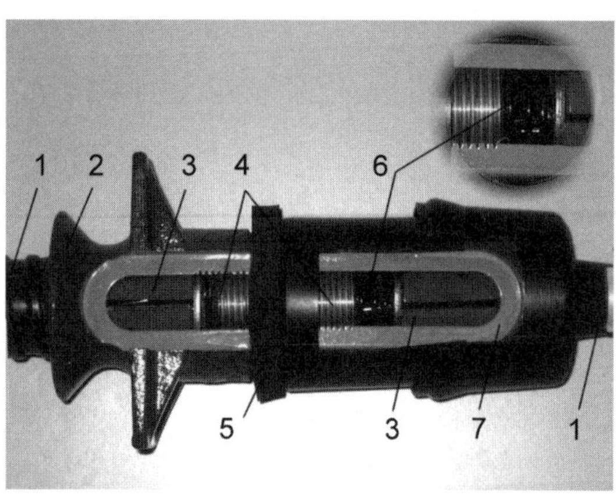

1 Kunststoff-Hüllrohr
2 Ankerplatte und gleichzeitig Ankerbüchse des zuerst einzubauenden und zu spannenden Spanngliedteils
3 Keil (Klemme)
4 Koppelhülse (Gewindemuffe)
5 Dichtring
6 Druckfeder zur Arretierung des Konus des zunächst nicht gespannten Spannglieds (Bereich ist mit Korrosionsschutzfett gefüllt) mit Unterlegscheibe
7 Koppelbüchse mit PE-Schutzhülle

Abb. 2.5 Feste Kopplung einer Monolitze (System Dywidag Systems Int.)

für Festanker besteht darin, den Spannstahl am Ende schlaufenförmig wieder in das Spannglied zurückzuführen (z. B. bei Drahtspanngliedern möglich).

Sonderformen

Wenn zylindrische Behälter um den Umfang vorgespannt werden, wird das Spannglied wieder zu seinem Anfang zurückgeführt. Hier liegt dann eine Sonderform eines Ankers vor, die gleichzeitig Spann- und Festanker ist (**Abb. 14.8**).

2.1.4 Kopplungen

Die bisherige Betrachtungsweise setzte voraus, dass das Spannglied mit der gesamten Länge im Bauteil montiert werden kann. Insbesondere im Brückenbau werden Durchlaufträger abschnittsweise (Freivorbau, Taktschieben) oder feldweise (Vorschubrüstungen, Lehrgerüst) hergestellt. In diesem Fall müssen Spannglieder „verlängert“, d. h. gekoppelt werden.

Diese Koppelstellen (coupling joints oder couplers) sind aufgrund der Arbeitsfuge im Beton und Spannstahl Schwachpunkte innerhalb des Bauteils. Bei älteren Brücken (in der BRD bis etwa 1980 gebaut) sind diese Arbeitsfugen oftmals gerissen infolge von Zugspannungen, die aus Verkehrslasten oder Zwangsbeanspruchungen resultieren. Der Spannstahl ist dann (bei der seinerzeit üblichen Vorspannung mit nachträglichem Verbund) großen Spannungsschwankungen unterworfen und kann ermüden. Bei Neubauten ist es daher nur noch zulässig, einen Teil der Spannglieder zu koppeln (maximal 70 %, besser jedoch nur 50 %). Außerdem wird eine höhere Mindestbewehrung in Form von Betonstahl über die Arbeitsfuge geführt.

Stabspannglieder werden üblicherweise mit Hilfe einer Gewindemuffe gekoppelt. Bei Litzen- und Drahtspanngliedern kommen die in **Abb. 2.5** und **Abb. 2.6** dargestellten festen bzw. beweglichen Kopplungen zum Einsatz.

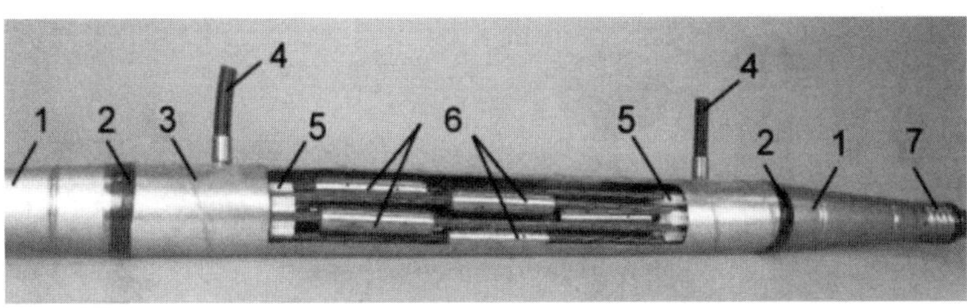

1 Übergangsrohr
2 Abdichtung
3 Muffenrohr
4 Entlüftungs-schlauch
5 Abstandhalter
6 Litzen mit Litzenmuffen
7 Hüllrohr

Abb. 2.6 Bewegliche Kopplung

Feste Kopplung

Die feste Kopplung (fixed coupling) wird verwendet, wenn der Teil des Spanngliedes im ersten Betonierabschnitt vorgespannt werden soll, bevor das Spannglied verlängert wird. Sie besteht daher zunächst aus einem Spannanker (vergleichbar **Abb. 2.3**). Nach dem Spannen wird dieser mit einer Koppelmuffe verlängert. Diese Koppelmuffe beinhaltet eine zweite Ankerbüchse, in der die weiterführenden (noch spannungslosen) Litzen verankert werden (**Abb. 2.5**). Durch das Anspannen der weiterführenden Spannglieder wird die Ankerplatte des ersten Spanngliedabschnittes entlastet, da nun die Spannkraft beider Abschnitte über die Koppelmuffe kurzgeschlossen wird.

Bewegliche Kopplung

Die bewegliche Kopplung (movable coupling) wird verwendet, wenn der Teil des Spanngliedes im ersten Betonierabschnitt gleichzeitig mit dem weiterführenden Spanngliedteil vorgespannt wird. Da hierbei infolge der Spannglieddehnungen im ersten Betonierabschnitt eine Verschiebung des Spanngliedes auftritt, ist die Kopplung beweglich (**Abb. 2.6**).

2.2 Fertigung und Einbau der Spannglieder

2.2.1 Erforderliche Angaben

Je nach Art des Verbundes der Vorspannung sind die Regelungen von [DIN EN 13670 – 11][2], 7.3 und 7.4 zu beachten. Der Spannstahl muss insbesondere frei von Rost sein, da dieser Ausgangspunkt der Spannungsrisskorrosion (siehe Abschnitt 3.4.3) sein kann. Weiterhin sind Schweißarbeiten in der Nähe von Spannstahl verboten, da Schweißfunken das Spannstahlgefüge verändern (mit der Folge des Verlustes der Zugfestigkeit und dem Reißen des Spanngliedes beim Vorspannen).

Die Lieferung, der Einbau und das Vorspannen der Spannglieder sind meistens Nachunternehmerleistungen. Im Vergleich zu anderen Nachunternehmerleistungen ist dies sinnvoll, da zum einen besonders geschultes Personal erforderlich ist, zum anderen auch das Spannverfahren im Rahmen der Technischen Bearbeitung festgelegt wird.

[2] In Deutschland müssen zusätzlich die Anwendungsregeln gemäß [DIN 1045-3 – 12] beachtet werden.

Hiermit ist ein Anbieter ausgewählt worden, der nicht baustellenseitig ohne Rücksprache veränderbar ist, im Unterschied z. B. zu einem Betonstahllieferanten.

Die Spannglieder werden in einem zusätzlichen Plan, dem Spanngliedverlegeplan dargestellt. Dieser enthält alle erforderlichen Angaben:

- zugelassenes Spannverfahren und verwendete(r) Spannglicdtyp(en)
- Hüllrohrdurchmesser (viele Spannverfahren bieten für jeden Spanngliedtyp zwei Hüllrohrdurchmesser an) mit Höhenangaben zum Verlegen des Hüllrohrs (Abstand OK untere Schalung bis UK Hüllrohr)
- jedes Spannglied mit Hüllrohr erhält wegen der einzuhaltenden Spannreihenfolge (siehe Abschnitt 6.4) eine eigene Positionsnummer (Spannglieder für Spannbettvorspannung benötigen keine Positionsnummer, wenn sie alle gleich lang und gleich geführt sind.)
- Länge des Spanngliedes und Gewicht
- Typ(en) der Anker und evtl. erforderliche Kopplungen.

Die Spannglieder können entweder auf der Baustelle oder in einem Werk gefertigt werden.

2.2.2 Baustellengefertigte Spannglieder

Bei baustellengefertigten Spanngliedern sind zwei Ausführungsformen zu unterscheiden:

- *Einbau von auf der Baustelle vormontierten Spanngliedern*
  Dies ist bei kürzeren Spanngliedern (z. B. für die Quervorspannung der Fahrbahntafeln von Brücken) sinnvoll. Es werden zunächst die Hüllrohre zusammengeschraubt und der Spannstahl eingezogen. Der Verbundanker als Festanker wird gestaucht und der Plattenanker als Spannanker wird zusammengebaut. Anschließend wird das Spannglied zeitgleich mit den restlichen Bewehrungsarbeiten verlegt. Das Bauteil wird betoniert und nach dem Erhärten vorgespannt.
- *Einbau des Spannstahls nach dem Betonieren*
  Hierbei werden zunächst nur die Hüllrohre (mit Übergangsrohr und Ankerplatte für den Spann- und Festanker) in der gewünschten Form verlegt. Dies geschieht zeitgleich mit den restlichen Bewehrungsarbeiten. Um das Hüllrohr formstabiler zu machen und Lageänderungen beim Betonieren (Aufschwimmen!) zu verhindern, wird ein zusätzliches Matrizenrohr in das Hüllrohr eingezogen. Dieses wird nach dem Betonieren wieder entfernt. Dann wird der Spannstahl eingestoßen, die Anker vervollständigt und das Spannglied vorgespannt. Diese Möglichkeit ist bei langen Spanngliedern und/oder abschnittsweiser Herstellung des Bauteils sinnvoll.
- *Einbau des Spannstahls vor dem Betonieren*
  Zeitgleich mit den Bewehrungsarbeiten werden die Hüllrohre verlegt, und anschließend wird der Spannstahl eingestoßen. Die Anker werden eingebaut. Dann wird das Bauteil betoniert und nach dem Erhärten vorgespannt.

2.2.3 Werksgefertigte Spannglieder

Werksgefertigte Spannglieder, bestehend aus Spannstahl, Hüllrohren, und Ankerkörpern, werden von den Anbietern vormontiert (pre-assambled tendons). Jedes Spannglied wird auf eine separate Haspel (unwinding device) aufgetrommelt (= aufgewickelt). Diese Haspeln werden auf die Baustelle transportiert und dort am Kran hängend wieder abgetrommelt (= abgewickelt). Dies geschieht in Abstimmung mit den Bewehrungsarbeiten. Danach wird das Bauteil betoniert und nach dem Erhärten vorgespannt.

Werksgefertigte Spannglieder lassen sich nur einbauen, wenn die Betonstahlbewehrung das Abtrommeln nicht behindert. Vorteilhaft sind die witterungsgeschützte Herstellung der Spannglieder und der schnellere Einbau auf der Baustelle.

Ein Sonderfall der werksgefertigten Spannglieder sind diejenigen für die Spannbettvorspannung. Hier werden die Spannglieder vor Beginn der Bewehrungsarbeiten zunächst spannungslos zwischen den Widerlagern des Spannbetts verlegt.

2.2.4 Einschieben des Spannstahls

Der aus Litzen bestehende Spannstahl wird in Spannstahlringen (Coils) aufgewickelt auf die Baustelle geliefert. Stabspannglieder werden in geraden Abschnitten geliefert. Spannstahl ist sowohl beim Transport als auch bei der Zwischenlagerung auf der Baustelle vor Feuchtigkeitseinwirkung und Kondenswasserbildung zu schützen, um Rostansätze zu vermeiden. Tolerierbar ist allenfalls leichter Flugrost, der sich mit einem Tuch abwischen lässt. Spannstahl ist daher in geschlossenen Räumen (z. B. Containern) zu lagern. Zu Beginn der Verarbeitung wird der Spannstahlring in einen Abwickelkäfig (uncoiling device) gelegt und über ein Einschiebegerät, auch Einstoßgerät genannt (hydraulic winch), in das Hüllrohr eingestoßen, bis die Litze am abgelegenen Spanngliedende wieder austritt. Sie wird dann abgetrennt. Bei mehrlitzigen Spanngliedern wird der Vorgang in der erforderlichen Anzahl wiederholt. Damit sich die Litzen während des Einschiebevorganges nicht auffasern, bzw. das Hüllrohr beschädigen, erhalten sie eine Einschiebekappe (Einfädelkappe). Der sukzessive Einschiebevorgang der Litzen in das Hüllrohr hat eine ungeordnete Lage der einzelnen Litzen innerhalb des Spanngliedes zur Folge.

Auch wenn heute Spannstähle mit annähernd konstanten Materialeigenschaften herstellbar sind, sollten in einem Spannglied nur Litzen (bzw. Drähte) aus einer Produktionscharge verwendet werden (kontrollierbar über die Lieferscheine).

2.3 Einbringen des Betons

Gegenüber dem Betonieren im Stahlbetonbau ist insbesondere bei interner Spanngliedführung zu beachten, dass das Hüllrohr beim Einbringen des Betons nicht beschädigt oder verschoben wird. Der Schlauch des Betonpumpenauslegers darf nicht auf die Hüllrohre stoßen. Außerdem müssen die Hüllrohre so fixiert worden sein, dass sie beim Betonieren weder die vertikale Lage (Aufschwimmen) noch die horizontale Linienführung (einseitiger Betonierdruck auf das Hüllrohr) verändern. Die Kunststoff-Kappen an der Spitze eines Innenrüttlers müssen unversehrt sein, da sonst das Hüllrohr durch den Rüttler beschädigt wird.

Zu keinem Zeitpunkt vor oder während des Betonierens darf auf den Hüllrohren gelaufen werden.

Sofern selbstverdichtender Beton verwendet wird, müssen die Hüllrohrverbindungen und Schlauchanschlüsse besonders sorgfältig abgedichtet werden.

2.4 Spannvorgang

2.4.1 Regelungen

Für die Spannarbeiten sind [DIN EN 13670 – 11], 7.5 und ergänzende Regelungen in der allgemeinen bauaufsichtlichen Zulassung des Spannverfahrens zu beachten. Vor dem Beginn des Spannens wird die vorhandene Betonfestigkeit überprüft und mit der erforderlichen Festigkeit verglichen (**Tafel 3.1**). Hierzu werden zusätzliche Probekörper gefertigt (Erhärtungswürfel, -zylinder), die im Unterschied zur Güteprüfung bis zum Testzeitpunkt direkt am Bauteil (bzw. Bauwerk) gelagert werden.

2.4.2 Spannbettvorspannung

Nach Abschluss der Bewehrungsarbeiten werden alle Spannglieder gleichzeitig gespannt. In einem Widerlager des Spannbetts sind hierbei Pressen (hydraulic jacks) eingebaut, die das Widerlager vom Bauteil wegschieben und hierbei die Spannglieder dehnen.

2.4.3 Vorspannen von Spanngliedern in Hüllrohren

Zum zugelassenen Spannverfahren und gewählten Spannglied gehört auch der zu verwendende Pressentyp. Im Unterschied zur Spannbettvorspannung werden mehrere Spannglieder innerhalb eines Bauteils nacheinander vorgespannt. Die Spannreihenfolge wird bei der Technischen Bearbeitung festgelegt (Spannprogramm, siehe Abschnitt 6.4.1). Sie richtet sich nach statischen Gesichtspunkten (gleichmäßige Beanspruchung) und dem Ziel kleiner Transportwege für die schwere Presse, die bei größeren Spanngliedern nicht mehr getragen werden kann (**Abb. 2.7**).

Für Stabspannglieder und für Litzenspannglieder werden in der Regel Hohlkolbenpressen, für Litzenspannglieder z.T. auch Vollkolbenpressen benutzt. Der jeweilige Kolben ist hydraulisch ausfahrbar und spannt hierbei das Spannglied.

Die am Spannanker überstehenden Litzenenden werden in die Klemmbacken der Presse gefädelt (hinter den 19 Öffnungen in **Abb. 2.7**). Anschließend wird der Kolben um das gewünschte Maß ausgefahren. Sowohl der Kolbenweg (= Spannweg) als auch die Kolbenkraft (= Öldruck · Kolbenfläche) werden protokolliert. Beim Absetzen der Presse rutschen die Klemmkeile mit den Spanngliedern um einen kleinen Weg wieder zurück in das Hüllrohr. Dies ist der Keilschlupf (oder „ungewollte" Nachlassweg). Nacheinander wird der Spannvorgang an jedem Spannglied durchgeführt.

Abb. 2.7 Spannpresse für ein Spannglied mit 19 Litzen

Aus diesen Erläuterungen wird deutlich, dass ein Spannanker nicht nur zugänglich sein muss, sondern auch genügenden Raum für die Spannpresse mit dem ausgefahrenen Kolben und einen Arbeitsraum für die Spanntruppe bieten muss. Große Pressen müssen am Kran (oder an einem Kettenzug mit entsprechender Verankerung in der Decke eines Hohlkastens) hängen können. Entsprechende Vorrichtungen sind zu planen.

Wenn die Festigkeit des Bauteils noch nicht ausreicht, um die volle Spannkraft eines Spannglieds aufzubringen, andererseits frühzeitig entstehende Risse (aus Temperatur, Schwinden etc.) verhindert werden sollen, kann eine Teilvorspannung sinnvoll sein. Hierbei wird das Spannglied zunächst mit 30 % der zulässigen Vorspannkraft vorgespannt. Zu einem späteren Zeitpunkt wird in einem zweiten Spannvorgang die Spannkraft auf 100 % erhöht.

Bei Spannarbeiten in den Wintermonaten gibt die Witterung zusätzliche Randbedingungen vor ([DIN 1045-3 – 12], 2.7.12). Da Spannstahl bei tiefen Temperaturen sehr spröde ist, sind Spannarbeiten bei Lufttemperaturen unter –10 °C bzw. Betontemperaturen unter +5 °C (ohne zusätzliche Maßnahmen) nicht zulässig.

2.5 Einpressen des Mörtels

Der Mörtel wird möglichst umgehend nach dem Vorspannen in die Hüllrohre eingepresst (grouting). Dies kann in den Wintermonaten schwierig sein, da die Bauwerks- und Lufttemperatur beim Einpressen ≥ 5 °C sein muss. Für ein normales temperaturträges Betonbauteil muss nach einer Frostperiode der Mittelwert der täglichen Höchst- und Tiefstwerttemperaturen länger als eine Woche mindestens 5 °C betragen. Im Januar und Februar ist dies in Deutschland selten.

Wenn das Eindringen und Ansammeln von Feuchte oder Kondenswasser vermieden wird, muss nach [DIN EN 13670 – 11], Anhang E das Einpressen des Mörtels innerhalb der folgenden Zeiträume erfolgen:

– spätestens 12 Wochen nach dem Herstellen des Spanngliedes, wobei das Spannglied maximal 4 Wochen frei in der Schalung liegen darf.
– bis etwa 2 Wochen nach dem Vorspannen.

Sofern erkennbar ist, dass diese Werte überschritten werden könnten, sind vorsorglich konservierende Maßnahmen für die gespannten Spannglieder zu treffen. Dies kann z. B. das Spülen der Hüllrohre mit Stickstoff oder das Belüften der Hüllrohre mit entfeuchteter Luft sein.

Das vollständige Ausfüllen des Hüllrohrs mit Mörtel ist nicht nur für den Korrosionsschutz des Spanngliedes, sondern auch für die Verbundsicherung und damit für den Bauteilwiderstand direkt wichtig. Um dies zu gewährleisten, gelten weitergehende Anforderungen, die in [DIN EN 447 – 08] geregelt sind. Beim Verpressen sind darüber hinaus auch [DIN EN 446 – 08] und die DIBt-Richtlinien [DIBt – 02/1] und [DIBt – 02/2] zu beachten. Beim Einpressen dürfen keine Lufteinschlüsse im Hüllrohr verbleiben. Über den Soll-/Ist-Vergleich einer Volumenberechnung wird kontrolliert, dass das Hüllrohr vollständig gefüllt ist. Die Arbeiten werden durch Stichproben (einmal pro Bauwerk oder 10 % der Einpressvorgänge) von einer amtlich anerkannten Überwachungsstelle kontrolliert.

Der Einpressmörtel wird als Sackware auf die Baustelle geliefert und unmittelbar vor dem Einpressen in einem Mischer angerührt. Dabei werden Zusatzmittel zugegeben („Einpresshilfen"). Die richtige Konsistenz wird in einem Eintauchversuch überprüft. Hierbei wird die Zeit gemessen, die ein definierter Körper zum Eintauchen in einen mit Einpressmörtel gefüllten Behälter benötigt (= Tauchzeit).

Der Mörtel wird direkt über eine an den Mischer angeschlossene Pumpe (mixing and grouting unit) i. d. R. an einem der beiden Anker (und/oder an den Tiefpunkten des Spanngliedes) in das Hüllrohr eingepresst. Die weiteren Entlüftungsröhrchen an den Hochpunkten des Spanngliedes sind zunächst alle geöffnet. Der Mörtel füllt nun zunehmend das Hüllrohr aus, bis an dem der Einpressstelle nächstliegenden Entlüftungsröhrchen Mörtel austritt. An diesem Entlüftungsröhrchen wird nun der Schieber geschlossen und der Einpressvorgang solange fortgesetzt, bis der Mörtel das letzte Entlüftungsröhrchen (i. d. R. am anderen Spanngliedende) erreicht. Bei langen Spanngliedern (> 50 m) muss die Einfüllstelle nach dem Erreichen dieser Länge an die nächste Einfüllstelle umgesetzt werden.

Unter besonderen Umständen kann ein Nachpressen mit Mörtel erforderlich sein. Sofern an den Hochpunkten Absetzvorgänge (Wasseransammlungen) auftreten, die zu dort nicht ausgefüllten Hüllrohren geführt haben und erst nach dem Ansteifen erkannt werden, kann mit Unterstützung von Vakuum nachgepresst werden. Hierfür sind besonders fließfähige Mörtel zu verwenden.

3 Baustoffe des Spannbetonbaus

3.1 Unterschiede zum Stahlbetonbau

Spannbeton ist ein Stahlbeton mit einer zusätzlichen künstlich aufgebrachten Längsdruckkraft. Die bereits vom Stahlbeton bekannten Baustoffeigenschaften gelten daher weiter. Im Folgenden werden nur diejenigen zusätzlichen Merkmale behandelt, die beim Spannbeton relevant sind.

3.2 Beton

3.2.1 Druckfestigkeit

Gegenüber dem Stahlbeton werden höhere Betonfestigkeiten genutzt. Dies ist sinnvoll, da für einen schnellen Baufortschritt und auch zur Rissweitenbegrenzung möglichst frühzeitig vorgespannt werden soll. Hierfür ist eine Mindestfestigkeit erforderlich. Nach [DIN EN 1992-1-1 – 11] darf die Betonfestigkeit bei Aufbringen oder Übertragen der Vorspannung den in der Europäischen Technischen Zulassung des verwendeten Spannverfahrens definierten Mindestwert nicht unterschreiten. In **Tafel 3.1** sind beispielhaft für die SUSPA-Litzenspannverfahren (ETA 03/0036 und ETA 13/0839) und das BBV-Litzenspannverfahren (ETA 05/0202) die erforderlichen mittleren Betondruckfestigkeiten $f_{\text{cmj,cube}}$ bzw. $f_{\text{cmj,cyl}}$ im Verankerungsbereich angegeben. Werden diese Festigkeiten erreicht, darf mit 100 % der zulässigen Spannkraft vorgespannt werden. Das Erreichen der erforderlichen Festigkeiten ist durch mindestens 3 Prüfkörper nachzuweisen, die unter denselben Bedingungen wie das Bauteil gelagert werden müssen. Beim Teilvorspannen darf die Spannkraft des einzelnen Spanngliedes nur 30 % des zulässigen Wertes (siehe Abschnitt 5.4.1) betragen; die Betondruckspannung darf dann $0{,}5\, f_{\text{cmj,cube}}$ bzw. $0{,}5\, f_{\text{cmj,cyl}}$ nicht überschreiten. Zwischenwerte dürfen linear interpoliert werden.

Für Spannbetonbauwerke (insbesondere im Brückenbau mit abschnittsweiser Herstellung) muss oftmals die Festigkeitsentwicklung mathematisch beschrieben werden. Die Erhärtungsfunktion für die Betonfestigkeit $f_{\text{cm}}(t)$ und den Elastizitätsmodul $E_{\text{c}}(t)$ ist:

$$f_{\text{cm}}(t) = f_{\text{cm}} \cdot e^{s \cdot \left[1-\sqrt{28/t}\right]} \tag{3.1}$$

$$E_{\text{cm}}(t) = \left[f_{\text{cm}}(t) / f_{\text{cm}}\right]^{0,3} \cdot E_{\text{cm}} \tag{3.2}$$

mit:
- t Betonalter in Tagen
- f_{cm} Mittelwert der Betonfestigkeit nach 28 Tagen
- E_{cm} Elastizitätsmodul des Betons (Sekantenwert) nach 28 Tagen
- s Erhärtungsbeiwert der Zementart nach **Tafel 3.2**

Tafel 3.1 Mindestfestigkeit beim Vorspannen

Spannverfahren	erf. Druckfestigkeit in N/mm²	
	$f_{cmj,cube}$	$f_{cmj,cyl}$
SUSPA-Monolitzenspannverfahren (ETA 03/0036) [a]	20	16
	28	23
	36	29
SUSPA-Litzenspannverfahren (ETA 13/0839) [a]	25	20
	34	28
	45	36
	54	43
BBV-Litzenspannverfahren (ETA-05/0202) [a]	28/30 [b]	23/25 [b]
	34	28
	40	32
	45	35

[a] Werte jeweils abhängig von den Achs- und Randabständen der Anker.

[b] Wert abhängig von der Anzahl der Litzen.

Bei Spannbetonbauteilen mit Spanngliedern im sofortigen Verbund darf die Betondruckspannung zum Zeitpunkt der Übertragung der Vorspannkraft nicht mehr als 0,7 $f_{ck}(t)$ betragen.

Tafel 3.2 Erhärtungsbeiwert *s* der Zementart (nach DIN EN 1992-1-1)

Klasse S	CEM 32,5 N	0,38
Klasse N	CEM 32,5 R; CEM 42,5 N	0,25
Klasse R	CEM 42,5 R; CEM 52,5 N; CEM 52,5 R	0,20

3.2.2 Kriechen und Schwinden

Beton ist ein viskoelastischer Werkstoff. Die Verformungen ändern sich zeitabhängig. Kriechen und Schwinden werden im Stahlbetonbau (mit Ausnahme der Durchbiegung sehr schlanker Bauteile und der Schnittgrößen schlanker Stützen) nicht beachtet. Im Spannbetonbau ist diese Eigenschaft von Bedeutung und rechnerisch zu verfolgen. Die Auswirkungen des Kriechens (concrete creep), Schwindens (shrinkage) und der Relaxation (relaxation) des Spannstahls werden an dieser Stelle zunächst nur phänomenologisch beschrieben, sie werden in Kapitel 8 als Lastfall (Index csr) formuliert.

Kriechen beschreibt die Zunahme der Verformungen infolge einer zeitlich konstanten Einwirkung, es ist lastabhängig. In **Abb. 3.1** ist ein (unbewehrtes) Betonprisma dargestellt. Beim Aufbringen einer Last F_0 im Zeitpunkt t_0 verformt es sich elastisch um Δl_0. Sofern eine zeitlich konstante Dauerlast wirkt, wird eine zusätzliche Längenänderung Δl_{cc} infolge des Kriechens eintreten. Der Quotient beider Längenänderungen definiert die Kriechzahl φ.

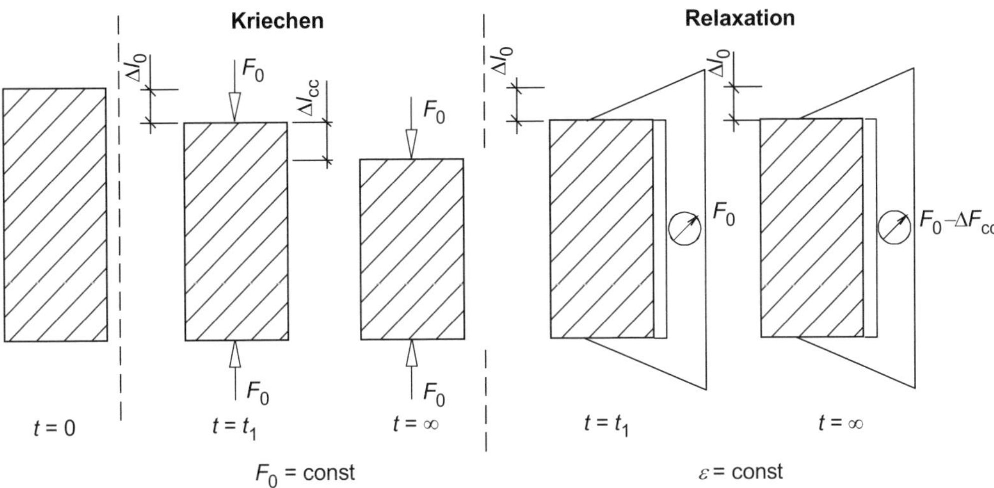

Abb. 3.1 Kriechen und Relaxation am Beispiel eines Betonprismas

$$\varphi = \frac{\Delta l_{cc}}{\Delta l_0} \tag{3.3}$$

Wenn nicht die Belastung, sondern die Verformung konstant gehalten wird, erhält man die Relaxationszahl ψ. Beim Aufbringen der Last F_0 im Zeitpunkt t_0 entsteht im unbewehrten Betonprisma die Spannung σ_0. Wird die sich zum Zeitpunkt t_0 infolge wirkender Dauerlast F_0 einstellende Längenänderung des Prismas Δl_0 konstant gehalten, reduziert sich die Betonspannung im Prisma und somit auch die angreifende Kraft um den Betrag $\Delta\sigma_{cc}$ bzw. ΔF_{cc}. Die Relaxationszahl ist das Verhältnis zwischen der Spannungs- bzw. Kraftänderung und Spannung bzw. Kraft zum Zeitpunkt t_0.

$$\psi = \frac{\Delta\sigma_{cc}}{\sigma_0} \qquad \text{bzw. in } \textbf{Abb. 3.1}\text{: } \psi = \frac{\Delta F_{cc}}{F_0} \tag{3.4}$$

Die Kriechverformungen des Betons erhöhen sich mit:

- größeren Lastspannungen
- sinkendem Betonalter bei Erstbelastung
- größerem w/z-Wert
- kleinerer relativer Luftfeuchte
- kleinerem Elastizitätsmodul der Zuschläge
- kleineren Bauteilabmessungen.

Kriechen bewirkt im Bauteil günstige und ungünstige Auswirkungen gleichermaßen:

Günstige Auswirkungen des Kriechens

- Eigenspannungen werden abgebaut (z. B.: aus Schwinden)
- Zwängungsspannungen werden abgebaut (z. B. Wechsel des statischen Systems).

Ungünstige Auswirkungen des Kriechens

- Durchbiegungen nehmen zu
- Vorspannkraft nimmt ab.

Das Schwinden (bzw. Quellen) beschreibt eine Volumenänderung des Betons, die nicht durch Last- oder Temperatureinwirkung, sondern allein durch die Veränderung des Wasserhaushaltes verursacht wird. Schwinden wird durch Veränderung der Kapillarspannungen im Porensystem des Zementsteins verursacht. Die Schwindverformung tritt nur langsam von außen nach innen auf (Dauer bis zum vollständigen Eintreten mehrere Jahre; Untersuchungen an Bauteilen mit einer Dicke von 50 cm zeigen im Bauteilinneren auch nach mehreren Jahren eine rel. Feuchte > 90 %). Damit ergeben sich Zugspannungen an den Bauteiloberflächen, Druckspannungen im Bauteilinneren.

Man unterscheidet vier Schwindkomponenten:

- *Kapillarschwinden* (auch: plastisches Schwinden)
  infolge von Wasserverlust an der Oberfläche des frischen noch verarbeitbaren Betons (durch geeignete Rezeptur und ordnungsgemäße Nachbehandlung vermeidbar)
- *Schrumpfen* (autogenes Schwinden)
  infolge der chemischen Reaktion des Zementes sowie der Ausbildung der Zementgelstruktur
- *Trocknungsschwinden*
  infolge von Wasserabgabe an die Umgebung
- *Karbonatisierungsschwinden*
  infolge der Reaktion der Hydratationsprodukte des erhärteten Zementsteins mit dem Kohlendioxid der Luft in Anwesenheit von Feuchtigkeit (bei üblichen Bauteilabmessungen von untergeordneter Bedeutung).

Die Schwindverformungen des Betons erhöhen sich mit:

- größerem Wassergehalt
- erhöhtem Zement- und Mehlkorngehalt
- kleinerer relativer Luftfeuchte
- höheren Außentemperaturen
- kleineren Bauteilabmessungen.

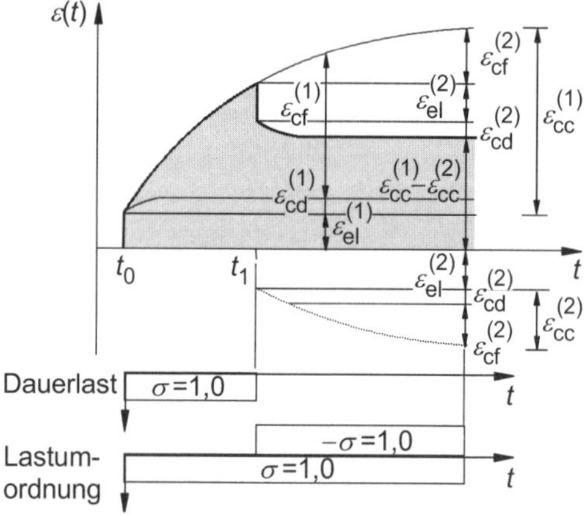

Abb. 3.2 Verformungskomponenten von Beton

Die Verformungen eines durch eine zeitlich konstante Last beanspruchten Betonbauteils setzten sich zum Zeitpunkt t aus den Komponenten der elastischen Dehnung $\varepsilon_{el}(t_0)$ und der Schwind- sowie Kriechdehnung $\varepsilon_{cs}(t)$ bzw. $\varepsilon_{cc}(t)$ zusammen (**Abb. 3.2**). Die Kriechverformungen sind nicht vollständig irreversibel. Nach einer vollständigen Entlastung zum Zeitpunkt t stellt sich neben einer plötzlichen elastischen auch eine verzögert elastische Rückverformung ein. Während sich die Kriechdehnung unmittelbar vor der Entlastung in die Anteile der verzögert elastischen Dehnung $\varepsilon_{\mathrm{cd}}(t)$ (reversibler Verformungsanteil) und der Fließverformung $\varepsilon_{\mathrm{cf}}(t)$ (irreversibler Verformungsanteil) aufspaltet, verbleiben zum Zeitpunkt t_∞ nur die irreversiblen Kriechverformungen $\varepsilon_{\mathrm{cc}}(t_\infty)=\varepsilon_{\mathrm{cf}}(t_\infty)$.

3.2.3 Kriechzahl

Beton weist im Bereich der Gebrauchsspannungen ein linear-viskoelastisches Materialverhalten (lineares Kriechen) auf. Charakteristisch für ein derartiges Materialverhalten ist, dass die Kriechzahl nicht durch die Größe der kriecherzeugenden Spannung beeinflusst wird. In **Abb. 3.3** sind drei Betonprismen dargestellt, die jeweils durch unterschiedliche kriecherzeugende Spannungen beansprucht werden. Ermittelt man aus der bis zum Zeitpunkt t_1 aufgetretenen Kriechverformung $\varepsilon_{\mathrm{cc}}(t_1)$ und der elastischen Anfangsverformung $\varepsilon_{\mathrm{el}}(t_0)$ die zugehörige Kriechzahl $\varphi(t_1,t_0)$, so fällt auf, dass sich die Kriechzahlen der verschiedenen Prismen nicht voneinander unterscheiden. Die Kriechzahl des Betons stellt demnach im Bereich der Gebrauchsspannungen eine Materialkonstante dar.

Die Kriechzahl wird (in [DIN EN 1992-1-1 – 11]) auf die elastische Verformung des Betons im Alter von 28 Tagen bezogen.

$$\varphi(t,t_0)=\frac{\varepsilon_{\mathrm{cc}}(t,t_0)}{\varepsilon_{\mathrm{c28}}}=\varepsilon_{\mathrm{cc}}(t,t_0)\cdot\frac{E_{\mathrm{c}}}{\sigma_{\mathrm{c}}(t,t_0)} \tag{3.5}$$

mit: $\varphi(t,t_0)$ Kriechzahl zum Zeitpunkt t

$\varepsilon_{\mathrm{cc}}(t,t_0)$ Betonstauchung infolge einer konstanten Spannung von t_0 bis t

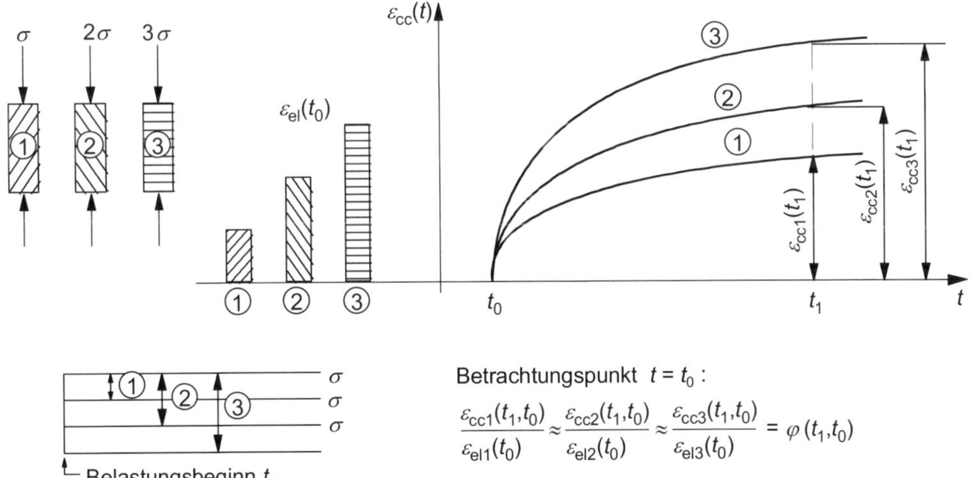

Abb. 3.3 Linear-viskoelastisches Materialverhalten

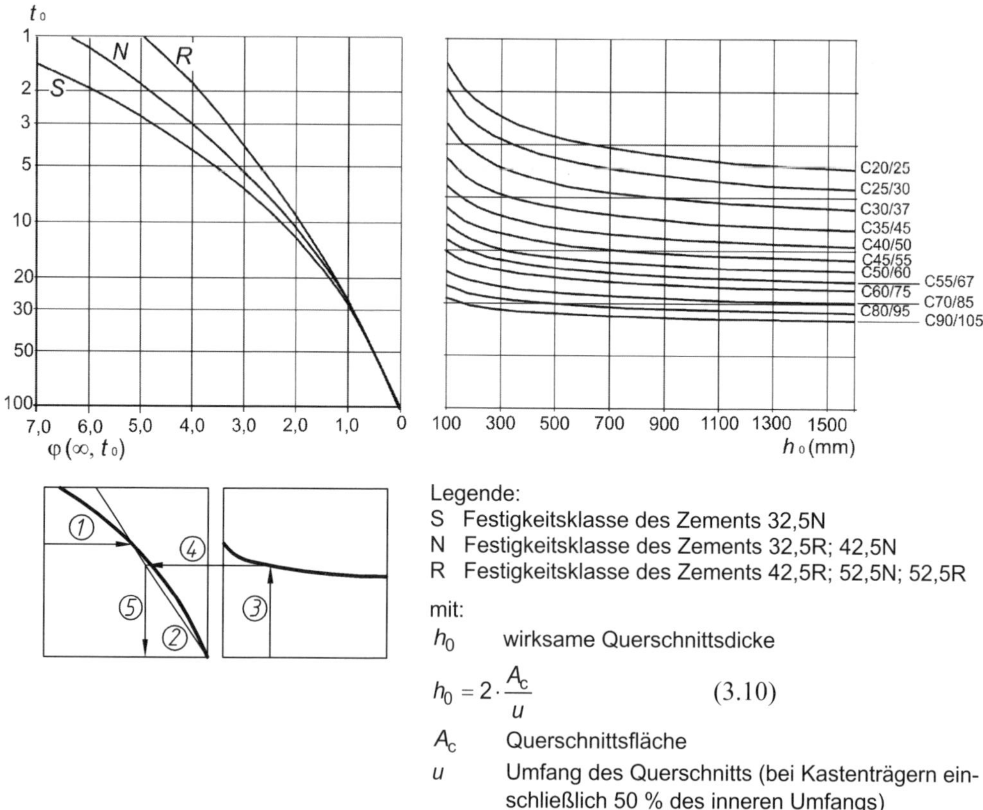

Abb. 3.4 Endkriechzahl für Normalbeton und trockene Umgebungsbedingung (trockene Innenräume, RH = 50 %) nach [DIN EN 1992-1-1 – 11], Bild 3.1

$\sigma_c(t,t_0)$ zeitlich von t_0 bis t konstante kriecherzeugende Spannung

E_c Elastizitätsmodul des Betons als Tangente im Ursprung der Spannungs-Dehnungs-Linie nach 28 Tagen

$$E_c \approx 1{,}05 \cdot E_{cm} \tag{3.6}$$

t_0 Betonalter bei Belastungsbeginn in Tagen [d]

t Betonalter im Betrachtungszeitpunkt in Tagen [d]

Die Kriechzahl ist materialabhängig. Für den einfachen Fall einer konstanten Belastung bis in die Unendlichkeit erhält man die Endkriechzahl $\varphi(\infty,t_0)$. Sie kann vereinfachend **Abb. 3.4** entnommen werden.

In anderen Fällen kann die Kriechzahl berechnet werden. In [DIN EN 1992-1-1 – 11] wird für die Kriechfunktion ein Produktansatz gewählt, mit dem die einzelnen Einflussgrößen der Kriechzahl erfasst werden. Die baustoffliche Begründung für die Faktoren des Produktansatzes wird in [Müller/Kvitsel – 02] gegeben. Die im Folgenden angegebenen Gleichungen zur Vorhersage der Kriechfunktion dürfen unter Einhaltung der unten genannten Randbedingungen angewendet werden:

- Die Belastung des Betons erfolgt frühestens einen Tag nach dem Betonieren.
- Es liegt normalschwerer Konstruktionsbeton mit einer mittleren Betondruckfestigkeit $f_{cm} \leq 120$ N/mm² vor. (Bei Leichtbeton sind die Werte der Endkriechzahl mit dem Faktor $\eta_1 = (\rho / 2000)^2$ bzw. bei den Festigkeitsklassen LC12/13 und LC16/18 zusätzlich mit $\eta_2 = 1{,}3$ zu multiplizieren.)
- Die kriecherzeugende Betondruckspannung überschreitet nicht den zulässigen Wert nach Gl. (3.20).
- Die mittlere relative Luftfeuchtigkeit liegt zwischen 40 % und 100 %.
- Die Konstruktionsbetone werden nicht länger als 14 Tage feucht nachbehandelt.
- Die mittlere Temperatur der Konstruktion muss zwischen 10 °C und 30 °C liegen (kurzzeitige Schwankungen zwischen –20 °C und 40 °C sind zulässig).

$$\varphi(t,t_0) = \varphi_0 \cdot \beta_c(t,t_0) \tag{3.7}$$

$$\varphi_0 = \varphi_{RH} \cdot \beta(f_{cm}) \cdot \beta(t_0) \tag{3.8}$$

$$\varphi_{RH} = \left[1 + \frac{1 - RH/100}{0{,}1 \cdot \sqrt[3]{h_0}} \cdot \alpha_1\right] \cdot \alpha_2 \tag{3.9}$$

$$h_0 = \frac{2 \cdot A_c}{u} \tag{3.10}$$

$$\beta(f_{cm}) = \frac{16{,}8}{\sqrt{f_{cm}}} \tag{3.11}$$

$$\beta(t_0) = \frac{1}{0{,}1 + t_0^{0{,}2}} \tag{3.12}$$

$$t_0 = t_{0,T} \cdot \left[\frac{9}{2 + t_{0,T}^{1{,}2}} + 1\right]^{\alpha} \geq 0{,}5 \text{ Tage} \tag{3.13}$$

$$t_{0,T} = e^{-\left(\frac{4000}{273 + T(\Delta t_i)} - 13{,}65\right)} \cdot \Delta t_i \tag{3.14}$$

$$\beta_c(t,t_0) = \left[\frac{(t - t_0)}{\beta_H + (t - t_0)}\right]^{0{,}3} \tag{3.15}$$

$$\beta_H = 1{,}5 \cdot \left[1 + (0{,}012 \cdot RH)^{18}\right] \cdot h_0 + 250 \cdot \alpha_3 \leq 1500 \cdot \alpha_3 \tag{3.16}$$

$$\alpha_1 = \left[\frac{35}{f_{cm}}\right]^{0{,}7} \leq 1 \tag{3.17}$$

mit:

φ_0	Grundzahl des Kriechens
f_{cm}	mittlere Zylinderdruckfestigkeit des Betons im Alter von 28 Tagen
φ_{RH}	Beiwert zur Berücksichtigung des Austrocknungsverhaltens
h_0	wirksame Bauteilhöhe in mm
$\beta(f_{cm})$	Beiwert zur Berücksichtigung der Betonfestigkeit
$\beta(t_0)$	Beiwert zur Berücksichtigung des Betonalters bei Erstbelastung
t_0	wirksames Betonalter unter Berücksichtigung der Zementart in Tagen (α nach **Tafel 3.3**)
$t_{0,T}$	wirksames Betonalter unter Berücksichtigung des Temperatureinflusses in Tagen
Δt_i	Zeitraum mit konstanter Temperatur T in Tagen
T	Temperatur im Zeitraum Δt_i in °C
$\beta_c(t_n,t_0)$	Beiwert zur zeitlichen Entwicklung der Kriechverformung

$$\alpha_2 = \left[\frac{35}{f_{\text{cm}}}\right]^{0,2} \leq 1 \tag{3.18}$$

$$\alpha_3 = \left[\frac{35}{f_{\text{cm}}}\right]^{0,5} \leq 1 \tag{3.19}$$

RH relative Luftfeuchte der Umgebung [%]

α_{i} Beiwerte zur Berücksichtigung des Einflusses der Betonfestigkeit

Die Gleichungen zur Ermittlung der Kriechzahl gelten für eine kriecherzeugende Betondruckspannung zum Zeitpunkt des Belastungsbeginns $t = t_0$ von nicht mehr als

$$\sigma_{\text{c}} = 0{,}45 \cdot f_{\text{ck}}(t_0) \approx 0{,}4 \cdot f_{\text{cm}}(t_0) \tag{3.20}$$

mit: σ_{c} kriecherzeugende Spannung

$f_{\text{cm}}(t_0)$ mittlere zylindrische Druckfestigkeit des Betons zum Zeitpunkt der Belastung

$f_{\text{ck}}(t_0)$ mittlere Zylinderdruckfestigkeit des Betons zum Zeitpunkt des Aufbringens der kriecherzeugenden Spannung

Bei einer größeren Spannung steigen die Kriechverformungen $\varepsilon_{\text{cc}}(t,t_0)$ nichtlinear an. Ursache hierfür ist die Mikrorissbildung zwischen Zuschlag und Zementstein. Bei höheren kriecherzeugenden Spannungen muss von einer Nichtlinearität des Kriechens ausgegangen werden. Für den Bereich $0{,}45 \cdot f_{\text{ck}}(t_0) < \sigma_{\text{c}} \leq 0{,}7 \cdot f_{\text{ck}}(t_0)$ gilt näherungsweise:

$$\varphi_{\text{nl}}(\infty,t_0) = \varphi(\infty,t_0) \cdot \text{e}^{1{,}5 \cdot (k_\sigma - 0{,}45)} \tag{3.21}$$

$$k_\sigma = \frac{\sigma_{\text{c}}}{f_{\text{ck}}(t_0)} \tag{3.22}$$

Bei der Ermittlung der Kriechzahl unter Berücksichtigung der Nichtlinearität ist die Grundzahl des Kriechens φ_0 durch den Wert $\varphi_{\text{nl}}(\infty,t_0)$ zu ersetzen.

3.2.4 Schwindmaß

Die Schwinddehnung des Betons setzt sich aus den (rechnerisch berücksichtigten) Anteilen Schrumpfdehnung ε_{ca} und Trocknungsschwinddehnung ε_{cd} zusammen. Die Gesamtschwinddehnung kann für beliebige Zeitpunkte und $t = \infty$ nach den Gleichungen in [DIN EN 1992-1-1 – 11], 3.1.4(6) und Anhang B berechnet werden.

Tafel 3.3 Beiwert zur Berücksichtigung des Einflusses der Zementart

α	Zementklasse	Festigkeitsklasse des Zements
–1	S	CEM 32,5 N
0	N	CEM 32,5 R; CEM 42,5 N
1	R	CEM 42,5 R; CEM 52,5 N; CEM 52,5 R

$$\varepsilon_{cs} = \varepsilon_{cd} + \varepsilon_{ca} \tag{3.23}$$

mit:

ε_{cs} Gesamtschwinddehnung des Betons

ε_{cd} Trocknungsschwinddehnung

ε_{ca} Schrumpfdehnung / autogene Schwinddehnung

In [DIN EN 1992-1-1 – 11] wird wie schon in [DIN 1045-1 – 01] für die Schwindfunktionen ein kombinierter Summen- und Produktansatz gewählt.

Tafel 3.4 **Koeffizient k_h zur Berücksichtigung der Querschnittsdicke in Gleichung (3.28)**, nach [DIN EN 1992-1-1 – 11], Tab. 3.3

h_0 [mm]	k_h
100	1,00
200	0,85
300	0,75
≥ 500	0,70

Ausgewählte Grundwerte der unbehinderten Trocknungsschwinddehnung $\varepsilon_{cd,0}$ sind in **Tafel 3.5** angegeben. Es handelt sich hierbei um erwartete Mittelwerte mit einem Variationskoeffizienten von ca. 30 %. Weitere Grundwerte für die unbehinderte Trocknungsschwinddehnung für die Zementklassen S, N, R und Luftfeuchten RH zwischen 40 % und 90 % sind in [DIN EN 1992-1-1/NA – 13], Anhang B als Tabellen NA.B.1 bis NA.B.3 ergänzt.

Tafel 3.5 **Grundwerte der unbehinderten Trocknungsschwinddehnung $\varepsilon_{cd,0}$ (in ‰) für CEM Klasse N**, [DIN EN 1992-1-1 – 11], Tab. 3.2

f_{ck} / $f_{c,cube}$ [N/mm²]	Relative Luftfeuchte (in %)					
	20	40	60	80	90	100
20/25	0,62	0,58	0,49	0,30	0,17	0,00
40/50	0,48	0,46	0,38	0,24	0,13	0,00
60/75	0,38	0,36	0,30	0,19	0,10	0,00
80/95	0,30	0,28	0,24	0,15	0,08	0,00
90/105	0,27	0,25	0,21	0,13	0,07	0,00

Die baustoffliche Begründung für die Faktoren dieses Ansatzes wird in [Müller/Kvitsel – 02] gegeben. Die im Folgenden angegebenen Gleichungen zur Vorhersage der Schwinddehnung dürfen unter Einhaltung der unten genannten Randbedingungen angewendet werden:

- Es liegt normalschwerer Konstruktionsbeton mit einer mittleren Betondruckfestigkeit $f_{cm} \leq 120$ N/mm^2 vor. (Die Schwindwerte für Leichtbetone der Festigkeitsklassen LC12/13 und LC16/18 sind mit dem Faktor 1,5 bzw. die der Festigkeitsklassen ab LC20/22 mit dem Faktor 1,2 zu multiplizieren.)

- Die mittlere relative Luftfeuchtigkeit liegt zwischen 40 % und 100 %.
- Die Konstruktionsbetone dürfen nicht länger als 14 Tage feucht nachbehandelt werden.
- Die mittlere Temperatur der Konstruktion muss zwischen 10 °C und 30 °C liegen.

$$\varepsilon_{cs}(t,t_s) = \varepsilon_{ca}(t) + \varepsilon_{cd}(t,t_s) \quad (3.24)$$

$$\varepsilon_{ca}(t) = \varepsilon_{ca}(\infty) \cdot \beta_{as}(t) \quad (3.25)$$

$$\varepsilon_{ca}(\infty) = 2{,}5 \cdot (f_{ck} - 10) \cdot 10^{-6} \quad (3.26)$$

$$\beta_{as}(t) = 1 - e^{-0{,}2 \cdot \sqrt{t}} \quad (3.27)$$

$$\varepsilon_{cd}(t) = \varepsilon_{cd,0} \cdot k_h \cdot \beta_{ds}(t,t_s) \quad (3.28)$$

$$\varepsilon_{cd,0} = 0{,}85 \left[(220 + 110 \cdot \alpha_{ds1}) \cdot e^{-\alpha_{ds2} \cdot \frac{f_{cm}}{f_{cm0}}} \right] \cdot 10^{-6} \cdot \beta_{RH} \quad (3.29)$$

$$\beta_{RH} = -1{,}55 \cdot \left[1 - (0{,}01 RH)^3 \right] \quad (3.30)$$

$$h_0 = \frac{2 \cdot A_c}{u} \quad (3.31)$$

$$\beta_{ds}(t,t_s) = \frac{(t - t_s)}{(t - t_s) + 0{,}04\sqrt{h_0^3}} \quad (3.32)$$

mit:

$\varepsilon_{cs}(t,t_s)$ Schwinddehnung zum Zeitpunkt t

t_s Beginn der Austrocknung in Tagen

$\varepsilon_{ca}(t)$ Schrumpfdehnung zum Zeitpunkt t

$\varepsilon_{ca}(\infty)$ Endwert des Schrumpfens

$\beta_{as}(t)$ Beiwert zur Beschreibung des zeitlichen Verlaufes

$\varepsilon_{cd}(t)$ Trocknungsschwinddehnung zum Zeitpunkt t

$\varepsilon_{cd,0}$ Grundwert des Trocknungsschwindens

k_h Beiwert zur Berücksichtigung der Querschnittsdicke nach **Tafel 3.4**

β_{RH} Beiwert für den Einfluss der Umgebungsfeuchte

h_0 wirksame Querschnittsdicke in mm (Betonfläche A_c, der Trocknung ausgesetzter Umfang u)

$\beta_{ds}(t,t_s)$ Beiwert zur Beschreibung des zeitlichen Verlaufes des Trocknungsschwindens

$\alpha_{as}; \alpha_{dsi}$ Beiwerte zur Berücksichtigung des Einflusses der Zementart nach **Tafel 3.6**

Tafel 3.6 Beiwerte zur Berücksichtigung des Einflusses der Zementart

α_{ds1}	α_{ds2}	Zement-klasse	Zementart (Festigkeitsklasse)
3	0,13	S	CEM 32,5 N
4	0,12	N	CEM 32,5 R; CEM 42,5 N
6	0,11	R	CEM 42,5 R; CEM 52,5 N; CEM 52,5 R

Beispiel 3.1: Kriechen und Schwinden von Beton

Für einen im Spannbett hergestellten Teilfertigteilbinder (Rechteck $b_c = 25$ cm, $h_c = 60$ cm) aus Beton C35/45 sind die Kriechzahl und das Schwindmaß für den Zeitpunkt t_n (75 Tage nach dem Lösen der Verankerung = Erstbelastung) zu ermitteln.

Die mittlere relative Luftfeuchtigkeit RH beträgt im betrachteten Zeitraum ca. 70 %. Um die Verankerung nach 24 Stunden lösen zu können, wird der Beton mit einem Zement CEM 52,5R hergestellt. Das Fertigteil wird 24 Stunden bei 40 °C gelagert.

Lösung:

Betondruckfestigkeit beim Vorspannen

(3.14):

$$t_{0,T} = e^{-\left(\frac{4000}{273+T(\Delta t_i)}-13,65\right)} \cdot \Delta t_i$$

$$t_{0,T} = e^{-\left(\frac{4000}{273+40}-13,65\right)} \cdot 1 = 2,4 \text{ d}$$

Wirksames Betonalter bei Erstbelastung

(3.13):

$$t_{0,\text{eff}} = t_{0,T} \cdot \left[\frac{9}{2+t_{0,T}^{\;1,2}}+1\right]^{\alpha}$$

$$t_{0,\text{eff}} = 2,4 \cdot \left[\frac{9}{2+2,4^{1,2}}+1\right]^{1} = 6,8 \text{ d}$$

Tafel 3.3, CEM 52,5R: $\alpha = 1$

Tafel 3.2, CEM 52,5R: $s = 0,2$

(3.1):

$$f_{ck}(t) = f_{ck} \cdot e^{s \cdot \left[1-\sqrt{28/t}\right]}$$

Tafel 3.1:

$$f_{ck}\left(t_{0,\text{eff}}\right) = 35 \cdot e^{0,2 \cdot \left[1-\sqrt{28/6,8}\right]} = 28,5 \text{ N/mm}^2$$

Die Verankerung kann nach 24 h gelöst werden, sofern die Betondruckspannung nicht größer ist als:

$$0,7 f_{ck}(t_{0,\text{eff}}) = 0,7 \cdot 24,5 = 19,9 \text{ N/mm}^2$$

Kriechfunktion

Ermittlung der Grundkriechzahl

(3.10): $h_0 = \frac{2 \cdot A_c}{u}$

$$h_0 = \frac{2 \cdot 25 \cdot 60}{2 \cdot 25 + 2 \cdot 60} = 17,6 \text{ cm} = 176 \text{ mm}$$

$$\alpha_1 = \left[\frac{35}{43}\right]^{0,7} = 0,87$$

(3.17): $\alpha_1 = \left[\frac{35}{f_{\text{cm}}}\right]^{0,7}$

$$\alpha_2 = \left[\frac{35}{43}\right]^{0,2} = 0,96$$

(3.18): $\alpha_2 = \left[\frac{35}{f_{\text{cm}}}\right]^{0,2}$

$$\varphi_{\text{RH}} = \left[1 + \frac{1-0,01\cdot 70}{0,1\cdot\sqrt[3]{176}}\cdot 0,87\right]\cdot 0,96 = 1,41$$

(3.9): $\varphi_{\text{RH}} = \left[1 + \frac{1-0,01\cdot \text{RH}}{0,1\cdot\sqrt[3]{h_0}}\cdot \alpha_1\right]\cdot \alpha_2$

$$\beta(f_{\text{cm}}) = \frac{16,8}{\sqrt{43}} = 2,56$$

(3.11): $\beta(f_{\text{cm}}) = \frac{16,8}{\sqrt{f_{\text{cm}}}}$

$$\beta(t_0) = \frac{1}{0,1+6,8^{0,2}} = 0,64$$

(3.12): $\beta(t_0) = \frac{1}{0,1+t_{0,\text{eff}}^{0,2}}$

$$\varphi_0 = 1,41\cdot 2,56\cdot 0,64 = 2,31$$

(3.8): $\varphi_0 = \varphi_{\text{RH}}\cdot\beta(f_{\text{cm}})\cdot\beta(t_0)$

Verlaufsfunktion

$$\alpha_3 = \left[\frac{35}{43}\right]^{0,5} = 0,90$$

(3.19): $\alpha_3 = \left[\frac{35}{f_{\text{cm}}}\right]^{0,5}$

(3.16):

$$\beta_{\text{H}} = \min\begin{cases}1,5\cdot\left[1+(0,012\cdot RH)^{18}\right]\cdot h_0 + 250\cdot\alpha_3\\ 1500\cdot\alpha_3\end{cases}$$

$$= \min\begin{cases}1,5\cdot\left[1+(0,012\cdot 70)^{18}\right]\cdot 176 + 250\cdot 0,90\\ 1500\cdot 0,90\end{cases}$$

$$= 500$$

$$\beta_{\text{c}}(t,t_0) = \left[\frac{(t-t_0)}{500+(t-t_0)}\right]^{0,3}$$

(3.15): $\beta_{\text{c}}(t,t_0) = \left[\frac{(t-t_0)}{\beta_{\text{H}}+(t-t_0)}\right]^{0,3}$

Kriechzahl 75 Tage nach Erstbelastung

$$\varphi(76,1) = 2,31\cdot\left[\frac{76-1}{500+(76-1)}\right]^{0,3} = 1,25$$

(3.7): $\varphi(t,t_0) = \varphi_0\cdot\beta_{\text{c}}(t,t_0)$

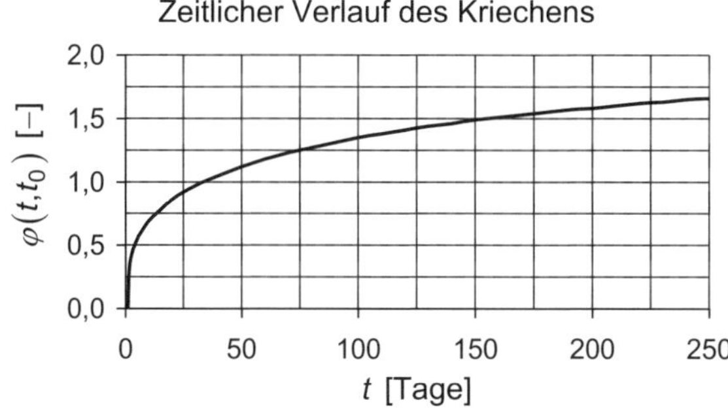

Schwindmaß

Schrumpfdehnung zum Zeitpunkt t

(3.26):

$$\varepsilon_{ca}(\infty) = 2{,}5 \cdot (35 - 10) \cdot 10^{-6} = 62{,}5 \cdot 10^{-6}$$

$$\varepsilon_{ca}(\infty) = 2{,}5 \cdot (f_{ck} - 10) \cdot 10^{-6}$$

(3.25):

$$\varepsilon_{ca}(t) = -62{,}5 \cdot 10^{-6} \cdot \left(1 - e^{-0{,}2 \cdot \sqrt{76}}\right) = -52 \cdot 10^{-6}$$

$$\varepsilon_{ca}(t) = \varepsilon_{ca}(\infty) \cdot \beta_{as}(t)$$

mit (3.27): $\beta_{as}(t) = 1 - e^{-0{,}2 \cdot \sqrt{t}}$

Trocknungsschwinddehnung zum Zeitpunkt t

Tafel 3.6, CEM 52,5R:

$$\alpha_{ds1} = 6 \; ; \quad \alpha_{ds2} = 0{,}11$$

(3.30):

$$\beta_{RH} = -1{,}55 \cdot \left[1 - (0{,}01 \cdot 70)^3\right] = -1{,}02$$

$$\beta_{RH} = -1{,}55 \cdot \left[1 - \left(\frac{RH}{100}\right)^3\right]$$

(3.29):

$$\varepsilon_{cd,0} = 0{,}85 \cdot (220 + 110 \cdot 6) \cdot 10^{-6} \cdot e^{-0{,}11 \cdot 4{,}3} . (-1{,}02) = -475 \cdot 10^{-6}$$

$$\varepsilon_{cd,0} = 0{,}85 \cdot (220 + 110 \cdot \alpha_{ds1}) \cdot e^{-\alpha_{ds2} \cdot \frac{f_{cm}}{f_{cm0}}} \cdot 10^{-6} \cdot \beta_{RH}$$

(3.32):

$$\beta_{ds}(t, t_s) = \frac{(76 - 1)}{(76 - 1) + 0{,}04\sqrt{176^3}} = 0{,}4454$$

$$\beta_{ds}(t, t_s) = \frac{(t - t_s)}{(t - t_s) + 0{,}04\sqrt{h_0^3}}$$

$$k_h = 0{,}886$$

Linear interpoliert nach **Tafel 3.4**

(3.28):

$$\varepsilon_{cds}(t, t_s) = -475 \cdot 10^{-6} \cdot 0{,}886 \cdot 0{,}4454 = -187 \cdot 10^{-6}$$

$$\varepsilon_{cd}(t) = \varepsilon_{cd,0} \cdot k_h \cdot \beta_{ds}(t, t_s)$$

Gesamtes Schwindmaß 75 Tage nach Erstbelastung

$$\varepsilon_{cs}(76{,}1) = -52 \cdot 10^{-6} \ -187 \cdot 10^{-6} = -239 \cdot 10^{-6}$$

(3.24): $\varepsilon_{cs}(t,t_s) = \varepsilon_{ca}(t) + \varepsilon_{cd}(t,t_s)$

3.3 Betonstahl

Für Betonstahl gelten die Regeln des Stahlbetons. Bei Brückentragwerken (und damit auch bei Spannbetonbrücken) darf nur hochduktiler Betonstahl verwendet werden ([DIN EN 1992-2/NA – 13], NCI zu 3.2.2 (3)P).

3.4 Spannstahl

3.4.1 Werkstoffkennwerte

Es werden vorwiegend Litzen oder Drähte, aber auch noch Stabspannstähle verwendet. Bei den Litzen ist diejenige mit sieben Drähten gebräuchlich. Hierbei hat der Kerndraht (Seele) einen etwas größeren Durchmesser als die anderen Drähte, damit sich diese an ihn anlegen können. Hierdurch wird der Spanngliedreck (Seilreck) verringert.

Der Spannstahl muss eine hohe Fließgrenze bzw. Festigkeit aufweisen (**Abb. 3.5**). Nur so können die Spannkraftverluste aus den zusätzlichen Verkürzungen des Betons (**Abb. 3.1**) infolge Kriechen und Schwinden gering bleiben. Neben einer geeigneten Legierung (erhöhter Kohlenstoffgehalt) werden besondere Herstellverfahren (Vergüten und Kaltverformen) angewandt, um die Festigkeit zu steigern. Gleichzeitig darf hierdurch die Gleichmaßdehnung nicht so weit absinken, dass der Spannstahl nicht mehr ausreichend duktil ist. Einen Überblick über die für deutsche Spannverfahren verwendeten Stahlsorten gibt **Tafel 3.7**.

Infolge des gegenüber Betonstahl höheren Kohlenstoff-Gehaltes sind Spannstähle nicht schweißbar.

Folgende Werkstoffeigenschaften kennzeichnen die Eigenschaften des Spannstahls:

- *Charakteristische Fließgrenze* $f_{p0,1k}$ (Streckgrenze)
  Spannstähle weisen keine ausgeprägte Fließgrenze auf. Daher wird als Fließgrenze ein Wert definiert. Es ist jetzt die Spannung bei einer bleibenden Dehnung von 0,1 % (bezeichnet mit $f_{p0,1k}$). Früher war es der Wert bei einer bleibenden Dehnung von 0,2 % (bezeichnet mit $f_{p0,2k}$). Hieraus ergibt sich die (gegenwärtig noch gebräuchliche) Bezeichnung der Stahlsorte.
- *Charakteristische Zugfestigkeit* f_{pk}
  Meistens werden in Deutschland Spannstähle mit Zugfestigkeiten von 1860 N/mm² (Litzen) bzw. 1770 N/mm² (Drähte) oder 1050 N/mm² (Stäbe) verwendet.

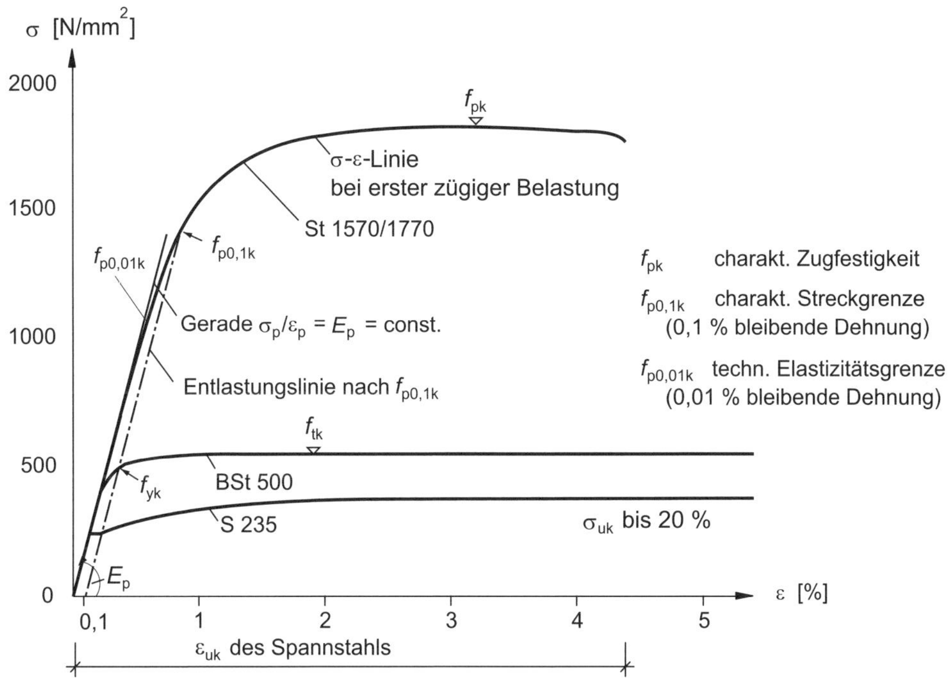

Abb. 3.5 Spannungs-Dehnungs-Linien verschiedener Stähle im Vergleich

- *Duktilität und Gesamtdehnung* bis zum Bruch ε_{uk}
  Dieser Wert soll über 3,5 % liegen. Es soll hiermit ein spröder Bruch vermieden werden. Schädigungen im Bauteil (z. B. durch Überlastung) sollen zunächst durch Umlagerung vermieden, bzw. durch ausgeprägte Risse und Verformungen sichtbar werden.
- *Elastizitätsmodul* E_p
  Der Elastizitätsmodul beträgt bei Litzen 195000 N/mm², bei den anderen Spannstählen 205000 N/mm² ([DIN EN 1992-1-1 – 11], 3.3.6). Sofern in der Zulassung des Spannverfahrens ein anderer Wert angegeben wird, ist dieser maßgebend.
- *Oberflächengestalt*
  Sie ist wichtig für die Verbundeigenschaften bei Vorspannung mit Verbund.
- *Relaxation*
  bezeichnet die zeitabhängige Abnahme der Spannstahlspannung unter einer konstanten Dehnung. Die Relaxation nimmt mit steigender Spannstahlspannung überproportional zu.
- *Ermüdungsfestigkeit*
  Spannstähle weisen dauerhaft hohe Spannungen auf. Nicht ruhende Einwirkungen (z. B. Verkehr auf Brücken, Wind auf Pylone von Windenergieanlagen) haben daher großen Einfluss auf die Betriebsfestigkeit.

Tafel 3.7 Lieferformen von Spannstählen für zugelassene Spannverfahren in Deutschland

	Form	Stahlsorte (Kurzname) $f_{p0,2k}$ / f_{pk} [N/mm²]	$f_{p0,1k}$ [b] [N/mm²]	Elastizitätsmodul[b] [N/mm²]	Herstellung	DIBt-Zulassung Z-12.i-j
Stabstahl rund	glatt	St 950/1050	950	205000	warmgewalzt, aus der Walzhitze wärmebehandelt, gereckt und angelassen	4-26
	gerippt					4-71
	glatt	St 835/1030	835	205000	warmgewalzt, gereckt und angelassen	4-59
	zukünftig in DIN EN 10138-4 geregelt					
Draht rund	glatt	St 1375/1570	1360	200000	kaltgezogen	2-41
	profiliert					2-83
	glatt	St 1470/1670	1420	205000		2-42
	profiliert					2-27
		St 1570/1770	1500	205000		2-28
	glatt					2-117
	zukünftig in DIN EN 10138-2 geregelt					
Litze (7-drähtig)	glatt	St 1570/1770	1500	195000	kaltgezogen	3-29
		St 1660/1860	1600			3-91
	zukünftig in DIN EN 10138-3 geregelt					

[a] Ermittelt bei 0,01 % bleibender Dehnung.

[b] Abhängig von der verwendeten Bemessungsnorm. Die exakten Werte sind der jeweiligen Zulassung zu entnehmen.

Die in **Tafel 3.7** angegebenen Werte gelten in einem Temperaturbereich zwischen –20 °C und 200 °C. Bei höheren Temperaturen z. B. infolge von Brandeinwirkungen fallen Zugfestigkeit und Fließgrenze von Spannstahl schneller ab als diejenigen von Betonstahl (**Abb. 3.6**). Daher ist im Hochbau für die Betondeckung der Lastfall Brand maßgebend.

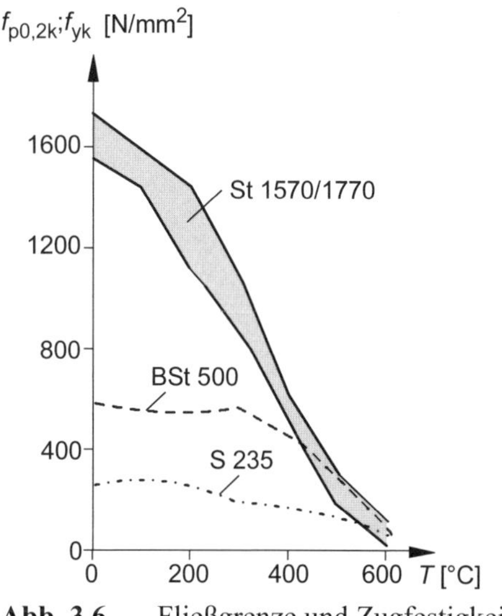

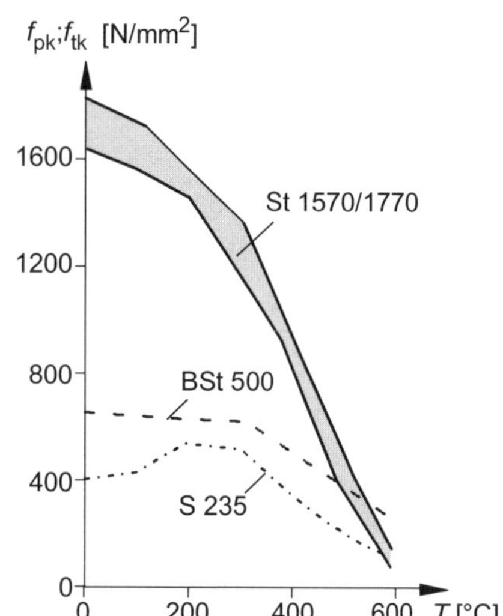

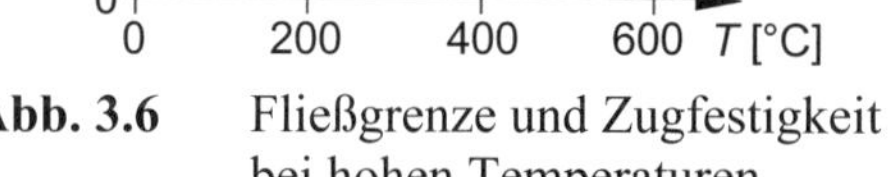

Abb. 3.6 Fließgrenze und Zugfestigkeit bei hohen Temperaturen

3.4.2 Werkstoffgesetze

Für die statische Berechnung (Schnittgrößenermittlung bzw. Bemessung) ist das Werkstoffgesetz zu formulieren.

Schnittgrößenermittlung:

Üblich ist die Schnittgrößenermittlung nach der Elastizitätstheorie. Es gilt dann das HOOKEsche Gesetz. Möglich ist aber auch ein nichtlineares Verfahren zur Schnittgrößenermittlung. Dann ist eine wirklichkeitsnähere Spannungs-Dehnungs-Linie zu verwenden (**Abb. 3.7**).

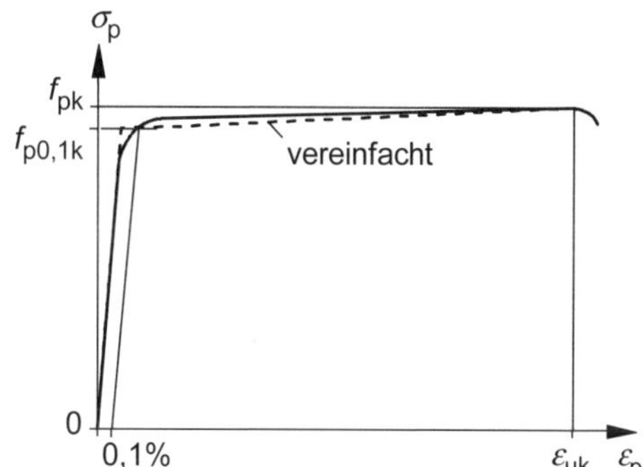

Abb. 3.7 Wirklichkeitsnahe Spannungs-Dehnungs-Linie des Spannstahls für Schnittgrößenermittlung mit einem nichtlinearen Verfahren

Tafel 3.8 Relaxationsverluste in den ersten 1000 h

Zeit in Stunden	1	5	20	100	500
Relaxationsverluste in % bezogen auf den 1000-h-Wert	15	25	35	55	85

Querschnittsbemessung:

Es wird eine bilineare Spannungs-Dehnungs-Linie analog der des Betonstahls verwendet (**Abb. 3.8**). Der Verfestigungsbereich darf hierbei ausgenutzt oder vereinfacht vernachlässigt werden.

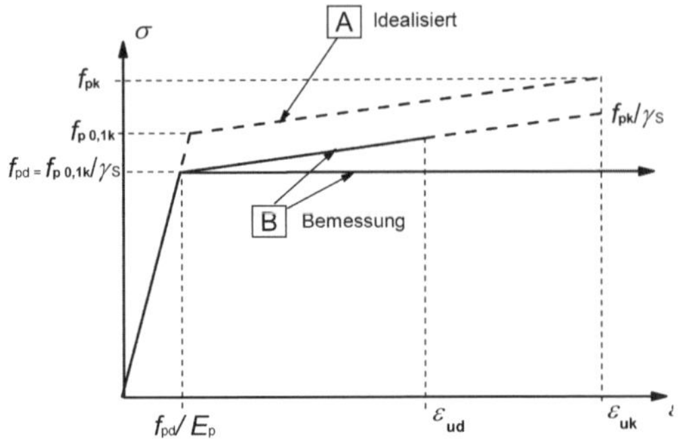

Abb. 3.8 Rechnerische Spannungs-Dehnungs-Linie des Spannstahls für die Querschnittsbemessung ([DIN EN 1992-1-1 – 11], Bild 3.10)

Duktilität:

Nach [DIN EN 1992-1-1 – 11], 3.3.4 gilt:

- Spannglieder ohne Verbund sind hoch duktil
- Spannglieder mit nachträglichem Verbund sind hoch duktil
- Spannglieder mit sofortigem Verbund sind normal duktil.

Relaxation:

Angaben zur Relaxation sind nach [DIN EN 1992-1-1/NA – 13], 3.3.2 der Zulassung des Spannverfahrens zu entnehmen. Um die Größenordnung der Spannkraftverluste abschätzen zu können, sind beispielhaft in **Abb. 3.11** die Angaben aus ([DIN V ENV 1992 – 92]) wiedergegeben. Diese Werte gelten für 1000 h. Für den Endwert gilt: $\Delta\sigma_{pr\infty} \approx 3 \cdot \Delta\sigma_{pr1000}$

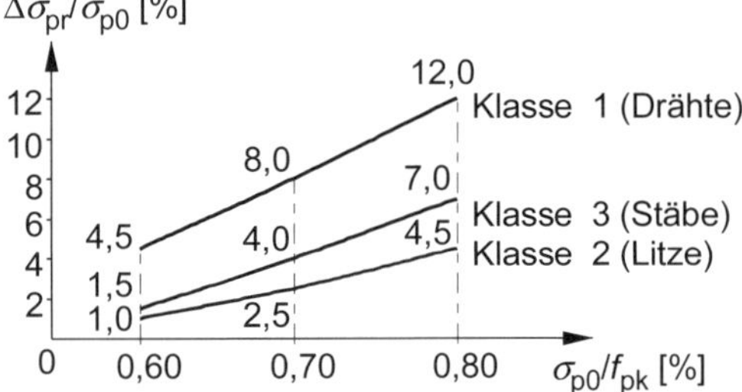

Abb. 3.9 Relaxation entsprechend [DIN V ENV 1992 – 92] nach 1000 h

Die Relaxationsverluste für die ersten 1000 Stunden können näherungsweise mit Hilfe von **Tafel 3.8** bestimmt werden.

3.4.3 Spannungsrisskorrosion

Die Spannungsrisskorrosion führt zu einem Sprödbruch des Spannstahls. Die Empfindlichkeit von Stählen für Spannungsrisskorrosion nimmt zu mit:

1. steigender *Fließgrenze* des Stahls
2. langzeitig *hohen Zugspannungen* im Stahl
3. gleichzeitiger *Korrosion* des Stahls
4. empfindlichen Legierungen bzw. *Herstellverfahren.*

Die ersten beiden Punkte sind bei Spannstahl zwingend vorhanden. Daher ist dem dritten Punkt besondere Aufmerksamkeit zu widmen. Es können kleine Roststellen auf dem Spannstahl, die bereits vor dem Einpressen des Mörtels in das Hüllrohr entstanden sind,

Ausgangspunkt der Spannungsrisskorrosion sein. Die Spannungsrisskorrosion und der Sprödbruch sind dann möglich, selbst wenn der Spannstahl vollständig mit Mörtel umgeben ist. Daher wird der Zeitraum zwischen dem Vorspannen und dem Einpressen des Mörtels begrenzt (siehe Abschnitt 2.5) und Spannstahl muss vor Feuchtigkeit geschützt werden.

Der viertgenannte Punkt lag bei einem Teil der bis ca. 1978 verwendeten Spannstähle der Bundesrepublik Deutschland und der bis 1989 in der DDR verwendeten Sorte vor. Alle derzeit in Deutschland hergestellten Spannstähle sind als nicht empfindlich einzustufen. Das wird u. a. durch seit 1978 durchgeführte Spannungsrisskorrosionsprüfungen im Rahmen der Güteüberwachung von Spannstählen sichergestellt. Die Gefahr der Spannungsrisskorrosion ist daher bei neueren Spannbetonbauteilen deutlich geringer.

Als Folge der Spannungsrisskorrosion hat es Spannstahlbrüche gegeben, die jedoch nicht notwendig zum Einsturz von Bauteilen führen müssen. Es ist in der Vergangenheit aber auch zu Einstürzen gekommen.[2] Einstürze sind insbesondere bei Vorspannung mit sofortigem Verbund (Fertigteilbinder im Spannbett vorgespannt bei ausgemagerten Querschnitten in aggressiver Atmosphäre), aber auch bei nachträglichem Verbund aufgetreten. Sofern Risse im Beton vorliegen, stellt die Hüllrohrwandung eine zusätzliche Barriere für die zum Spannglied vordringende Feuchtigkeit dar.

Die Tragwerkssicherheit eines Spannbetontragwerks bei unangekündigten Spannstahlbrüchen wird wesentlich bestimmt durch:

- statisches System
- Anzahl der Spannglieder, Empfindlichkeit des Spannstahls, Art des Verbunds
- Menge und Anordnung des Betonstahls (= Schlaffstahls)
- Ausführungsqualität und Nutzungsbedingungen.

Besonders gefährdet sind Systeme, bei denen folgende Umstände zusammentreffen:

- Einfeldsysteme
- nur ein Spannglied im Querschnitt vorhanden
- nach den derzeit gültigen Regeln[3] ist keine ausreichende Betonstahlbewehrung vorhanden
- Vorspannung mit nachträglichem Verbund unter Verwendung von empfindlichen Spannstählen (Neptun Stahl, Sigma 40-oval, Hennigsdorfer Stahl).

Die vorangehenden Ausführungen sollten nicht zu dem Schluss führen, Spannbeton sei eine Bauweise mit hohem Gefährdungspotential. Sie sollten vielmehr erste Hinweise zur Beurteilung alter bestehender Bauwerke sein (weiteres siehe [Zilch – 98]).

---

[2] Der bekannteste Fall ist der Einsturz des Daches der Berliner Kongresshalle (Name heute: „Haus der Kulturen"). Auch wenn im Dach Spannstahl verwandt wurde, handelte es sich bei dem eingestürzten Dach *nicht* um ein Spannbetonbauteil nach der üblichen Definition.

[3] Die Mindestbewehrung für Spannbetontragwerke ist in den vergangenen 35 Jahren erhöht worden.

4 Spanngliedführung

4.1 Bemessung von Spannbetontragwerken

Die Bemessung von Stahlbetontragwerken im Hochbau ist eine einfache Aufgabe, die nach Wahl der Bauteilabmessungen mit der Bestimmung der Bewehrung (unter Führen der Nachweise im GZT und GZG) im Wesentlichen erfolgt ist. Bei Spannbetontragwerken ist nicht nur die Menge der Spannglieder, sondern auch deren Anordnung im Querschnitt und in Längsrichtung (= Spanngliedführung) festzulegen. Die Spanngliedführung bestimmt ihrerseits wesentlich die Menge der Spannglieder mit. Somit liegt für den entwerfenden und planenden Ingenieur eine Optimierungsaufgabe vor, die iterativ zu lösen ist. Bei Spannbetontragwerken des Brückenbaus werden der Bauteilquerschnitt und die Spanngliedführung zusätzlich durch die Bauverfahren (z. B. Taktschieben, Freivorbau) beeinflusst. Damit mündet die Tragwerksplanung in eine komplexe Aufgabe. Das Ziel, die optimale Spanngliedführung zu finden, ist nur bei einfachen Tragwerken und statischen Systemen erreichbar. Bei größeren Brückentragwerken würde der Entwurf eines Spannbetontragwerkes bei mehreren unabhängig arbeitenden Ingenieuren nicht zu ein und derselben Lösung führen. Die Lösungen werden sich u. a. in unterschiedlichen Spanngliedführungen unterscheiden; die unter den jeweiligen Randbedingungen optimiert wurden. Die *optimale* Spanngliedführung bleibt jedoch streng genommen unbekannt.

Die hier zu diskutierende Fragestellung ist daher, wie eine Spanngliedführung optimiert werden kann. In **Tafel 4.1** ist die Vorgehensweise beschrieben. Hieraus wird deutlich, dass in diesem Kapitel zunächst nur einzelne Teilschritte beschrieben werden können, wie man zu einer Spanngliedführung gelangt, da die Optimierung der Spanngliedführung bereits vollständige Kenntnis über den Spannbetonbau voraussetzt.

4.2 Rand- und Achsabstände von Spanngliedern

4.2.1 Betondeckung

Bei Vorspannung mit Verbund hat die Betondeckung für Spannglieder dieselben Aufgaben wie bei Betonstahl:

- *Sicherung* des für das Tragverhalten notwendigen *Verbund*es zwischen Bewehrung und Beton
- *Schutz* der Bewehrung *vor Korrosion*
- Schutz der Bewehrung im *Brand*fall vor frühzeitigem Verlust der Festigkeit (→ [DIN 4102-4 - 94], 3.1).

Tafel 4.1 Vorgehensweise der Bemessung im Spannbetonbau

Teil-schritt	Inhaltliche Beschreibung	behandelt im Abschnitt
1	Entscheidung über die Vorspannart (mit oder ohne Verbund; interne oder externe Spanngliedführung)	1.2, 14
2	Vorbemessung führt neben der Bestätigung des gewählten Bauteilquerschnitts zu erforderlichen Vorspannkräften an ausgewählten Stellen (über den Stützungen, in den Feldern)	13
3	Wahl eines Spannverfahrens und der Spanngliedgröße; schätzen der Spannkraft eines Spanngliedes (muss nicht die zulässige Spannkraft sein); hiermit ist über die erforderliche Vorspannkraft die Zahl der Spannglieder bestimmbar	5
4	Anordnung der Spannglieder in den Querschnitten über den Stützungen und in den Feldern	4.2 und 4.3
5	Festlegen des Spannstranges (= Schwerpunkt mehrerer Spannglieder analog dem Schwerpunkt von zweilagiger Betonstahlbewehrung) unter Berücksichtigung der Ergebnisse aus Teilschritt 4 ergibt die Spanngliedführung	4.3, 7.1
6	Ermittlung der Schnittgrößen für den Lastfall Vorspannung mit Spanngliedführung von Teilschritt 4	7.2 bis 7.5
7	Superposition des Ergebnisses von Teilschritt 6 mit den Schnittgrößen aus anderen Lastfällen zu Extremalschnittgrößen, Bemessung an den als maßgebend erwarteten Stellen.	9
8	Ergebnisse von Teilschritt 7 führen evtl. zu einer veränderten (optimierten) Spanngliedführung. Bei Bedarf werden Teilschritte 6 und 7 nochmals durchgeführt.	
9	Genaues Festlegen jedes einzelnen Spanngliedes innerhalb des Spannstranges unter Beachtung von erforderlichen Rand- und Achsabständen. Bei Vorspannung mit nachträglichem Verbund bestimmen der in Längsrichtung veränderlichen Vorspannkraft.	4.2
10	Erneute Ermittlung der Schnittgrößen für den Lastfall Vorspannung mit den endgültigen Ergebnissen aus Teilschritt 9 und Superposition mit anderen Lastfällen.	
11	Bemessen im Grenzzustand der Gebrauchstauglichkeit und im Grenzzustand der Tragfähigkeit.	10 und 11
12	Erstellen von Konstruktionsplänen	12.4
13	Erstellen von Arbeitsanweisungen für die Bauausführung (Spannprotokolle, Spannprogramm)	6.4

$$c_{\mathrm{nom}} = c_{\mathrm{min}} + \Delta c_{\mathrm{dev}} \tag{4.1}$$

$$c_{\mathrm{min}} = \max \begin{cases} c_{\mathrm{min,b}} & \underline{\text{b}}\text{ond} \\ c_{\mathrm{min,dur}} & \underline{\text{dur}}\text{ability} \\ c_{\mathrm{min,fi}} & \underline{\text{fi}}\text{re} \end{cases} \tag{4.2}$$

Hinsichtlich des Vorhaltemaßes gelten die Regelungen für Betonstahl. Die Betondeckung für Spannstahl ist zusätzlich zu derjenigen des Betonstahls einzuhalten. Der Spannstahl liegt hierbei (bei einem Balken) innerhalb der durch Bügel und Längsbewehrung eingeschlossenen Fläche. Spannstahl ist korrosionsempfindlicher als Betonstahl und erfordert daher größere Mindestbetondeckungen aus Umweltbedingungen $c_{\mathrm{min,dur}}$. Das Mindestmaß der Betondeckung kann **Tafel 4.2** entnommen werden.

Zur Sicherstellung des Verbundes darf die Mindestbetondeckung $c_{\mathrm{min,b}}$ nicht kleiner sein als:

- Spannglied in *sofortigem Verbund*: [4]

  $$\begin{aligned} c_{\mathrm{min,b}} &= 2{,}5\,\phi_{\mathrm{p}} && \text{bei Litze} \\ c_{\mathrm{min,b}} &= 3{,}0\,\phi_{\mathrm{p}} && \text{bei geripptem Draht} \end{aligned} \tag{4.3}$$

- Spannglied mit *nachträglichem Verbund* und *runden Hüllrohren*:

  $$c_{\mathrm{min,b}} = \phi_{\mathrm{h}} \leq 80 \text{ mm} \quad \text{s}\underline{\text{h}}\text{eath} \quad (\text{siehe } \textbf{Abb. 4.3}) \tag{4.4}$$

- Spannglied *ohne Verbund*:
  Bei internen Spanngliedern ohne Verbund ist $c_{\mathrm{min,b}}$ der Zulassung des Spannverfahrens zu entnehmen.

Tafel 4.2 Mindestbetondeckung $c_{\mathrm{min,dur}}$ [in mm] in Abhängigkeit von der Expositionsklasse (nach [DIN EN 1992-1-1/NA – 13], Tab. 4.4DE und 4.5DE)

	Karbonatisierungs-induzierte Korrosion			Cloridinduzierte Korrosion	Cloridinduzierte Korrosion aus Meerwasser
	XC1	XC2; XC3	XC4	XD1; XD2; XD3 [a]	XS1; XS2; XS3 [a]
Betonstahl	10	20	25	40	40
Spannglieder in sofortigem Verbund und in nachträglichem Verbund [b]	20	30	35	50	50

[a] Inklusive $\Delta c_{\mathrm{dur},\gamma}$. Im Einzelfall können besondere Maßnahmen zum Korrosionschutz nötig werden.

[b] Die Mindestbetondeckung bezieht sich bei Spanngliedern mit nachträglichem Verbund auf die Oberfläche des Hüllrohrs.

[4] Bei geripptem Draht siehe Zulassung.

Tafel 4.3 Mindestabstände von Spanngliedern

Sofortiger Verbund	Nachträglicher Verbund	Ohne Verbund
$s_{nv} \geq d_g$, $\geq 2\,\phi_p$, ≥ 10 mm; $\geq c_{v,p}$; ϕ_p; Betonierrichtung; $s_{nh} \geq d_g + 5$ mm, $\geq 2\,\phi_p$, ≥ 20 mm	$s_{nv} \geq \phi_h$, ≥ 40 mm; $\geq c_{v,p}$; ϕ_h; Betonierrichtung; $s_{nh} \geq \phi_h$, ≥ 50 mm; ϕ_h siehe Abb. 4.3	Für intern geführte Spannglieder gelten die Angaben wie für Spannglieder mit nachträglichem Verbund. Verankerungs- und Umlenkstellen externer Spannglieder sind so auszubilden, dass Auswechseln des Spannglieds ohne Beschädigung des Betons möglich ist.

Im Brückenbau gelten (wie auch für Betonstahl) weitergehende Forderungen an die Betondeckung ([DIN EN 1992-2/NA – 13], Abs. 4.4.1).

- Längsspannglieder mit nachträglichem Verbund zur Brückenoberfläche (Fahrbahntafel) $c_{min,dur} = 100$ mm
- Querspannglieder zur Brückenoberfläche $c_{min,dur} = 80$ mm

Weiterhin dürfen keine Spannglieder aus der Fahrbahnplatte geführt werden (keine Aussparungen für Ankerstellen zulässig).

4.2.2 Abstände zwischen Spanngliedern

Hinsichtlich der Abstände zwischen den Spanngliedern muss unterschieden werden zwischen den Anker- und Koppelstellen, sowie den Hüllrohrbereichen:

Mindestabstände von Spanngliedern bzw. Hüllrohren

Hier sind Mindestabstände in waagerechter und senkrechter Richtung einzuhalten ([DIN EN 1992-1-1 – 11], 8.10.1.2 und 8.10.1.3). Die Betonierbarkeit wird über das Größtkorn d_g (aggregate) gesichert; der Verbund über den Spannglieddurchmesser ϕ_p bzw. Hüllrohrdurchmesser ϕ_h und den Absolutwert (bei sofortigem Verbund).

Bei Vorspannung mit nachträglichem Verbund, soll der vergrößerte Mindestabstand sicherstellen, dass es nicht infolge der Umlenkkraft im Spannglied (siehe Abschnitt 7.2.2) zu einem Durchstanzen der zwischen den nicht ausgepressten Spanngliedern befindlichen Betonstege kommt.

Zusätzlich sind insbesondere im Brückenbau bei höheren Stegen von Plattenbalken Rüttelgassen vorzusehen.

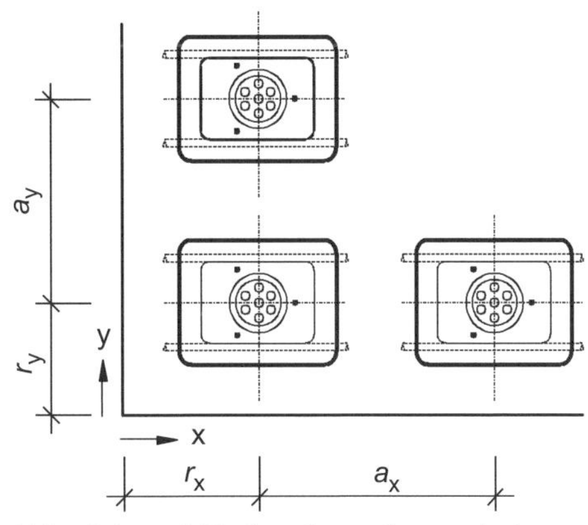

Abb. 4.1 Mindestabstände von Ankern

Mindestabstände von Ankern und Koppelstellen

Hierfür gelten Werte (**Abb. 4.1**), die in der jeweiligen Zulassung des Spannverfahrens spezifiziert sind. Die Rand- und die Achsabstände hängen hierbei von der verwendeten Spanngliedgröße, dem Ankertyp und der Betonfestigkeitsklasse ab. Hinsichtlich des letztgenannten Punktes ist es oftmals sinnvoll, nicht die Betonfestigkeitsklasse des Bauteils f_{ck} nach 28 Tagen zu verwenden, sofern aufgrund eines zügigen Baufortschritts kurzzeitig nach dem Betonieren vorgespannt werden soll. Man wählt dann größere Abstände für eine niedrigere Betonfestigkeit, die aufgrund des Erhärtungsverlaufs (Überprüfung durch Gütewürfel siehe Abschnitt 2.4.1) erwartet werden kann.

Beispiel 4.1: Betondeckung von Spannbetonbauteilen

Für den in **Abb. 4.2** dargestellten Querschnitt eines Parallelgurt-Dachbinders einer allseitig geschlossenen Hallenkonstruktion soll neben der erforderlichen Mindestbetonfestigkeitsklasse ebenfalls das Nennmaß der Betondeckung für den Beton- und Spannstahl bestimmt werden. Der Träger wird im Spannbett hergestellt. Als Spannbewehrung kommen 0,5″ Litzenspannglieder zum Einsatz. Der Durchmesser der nicht vorgespannten Längsbewehrung soll 20 mm und der der Bügelbewehrung 8 mm betragen.

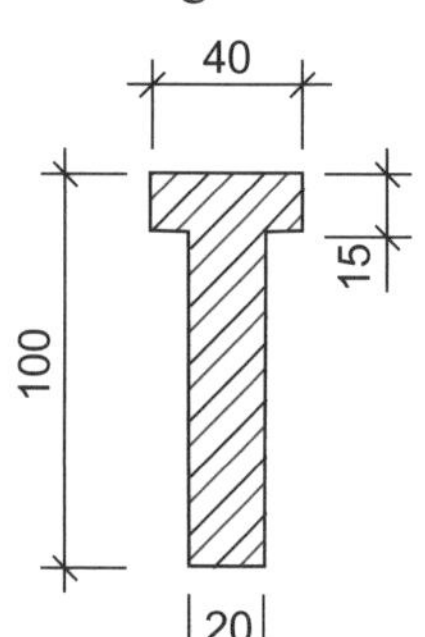

Der Zuschlag des Betons hat ein Größtkorn 16 mm.

Aufgrund erhöhter Brandschutzanforderungen wurde der Binder, dessen Querschnittsabmessungen den Mindestanforderungen in [DIN 4102-4 – 94] genügen, in die Feuerwiderstandsklasse F-90-A eingeordnet.

Abb. 4.2 Querschnittsabmessungen des Dachbinders

Lösung:

Bauteile mit Vorspannung im sofortigen Verbund sind mindestens aus Beton C30/37 herzustellen. — gemäß Zulassung des Spannverfahrens, vgl. auch Tafel 3.1

Der Binder wird in die Expositionsklasse XC1 eingeordnet (Innenbauteil mit normaler Luftfeuchte). — [DIN EN 1992-1-1/NA - 13], Anhang E, Tabelle E.1DE

Die erforderliche Mindestbetonfestigkeit für diese Expositionsklasse beträgt C16/20.

Gewählt: Beton C35/45

Mindestbetondeckung des Betonstahls

$c_{min,dur} = 10$ mm — Tafel 4.2 für Expositionsklasse XC1

$c_{min,b,bü} \geq 8$ mm — $c_{min,b,bü} \geq \phi_{s,bü}$

$$c_{\min,b,l} \geq \max \begin{cases} \underline{20 \text{ mm}} \\ 10 + 8 = 18 \text{ mm} \end{cases}$$

$$c_{\min,b,l} \geq \max \begin{cases} \phi_{s,l} \\ c_{\min,b} + \phi_{s,bü} \end{cases}$$

$\Delta c_{dev} = 10 \text{ mm}$

[DIN EN 1992-1-1/NA – 13], NDP zu 4.4.1.3 (1)P für XC1

$c_{nom,bü} = 10 + 10 = 20 \text{ mm}$

(4.1): $c_{nom} = c_{min} + \Delta c_{dev}$

$c_{nom,l} = 20 + 10 = 30 \text{ mm}$

$c_{v,erf} = 30 - 8 = 22 \text{ mm}$

$c_{v,erf} = c_{nom,l} - \phi_{s,bü}$

Überprüfung der Brandschutzanforderungen

F 90, Balkenbreite 200 mm

oben bzw. unten: $u = 45 \text{ mm}$

seitlich: $u_s = 55 \text{ mm}$

Mindestachsabstand u bzw. u_s der Längsbewehrung nach [DIN 4102-4 – 94], Tab. 6

$c_{v,erf} = 45 - 0{,}5 \cdot 20 - 8 = \underline{27 \text{ mm}} > 22 \text{ mm}$

$c_{v,erf} = u - 0{,}5 \cdot \phi_{s,l} - \phi_{s,bü}$

$c_{v,s,erf} = 55 - 0{,}5 \cdot 20 - 8 = \underline{37 \text{ mm}} > 22 \text{ mm}$

$c_{v,s,erf} = u_s - 0{,}5 \cdot \phi_{s,l} - \phi_{s,bü}$

Gewählt: oben bzw. unten: $c_v = 30 \text{ mm}$

seitlich: $c_{v,s} = 40 \text{ mm}$

Die erforderlichen Verlegemaße werden im 5 mm-Raster aufgerundet.

Mindestbetondeckung des Spannstahls

$c_{\min,dur} = 20 \text{ mm}$

Tafel 4.2 für Expositionsklasse XC1

$\phi_p = 12{,}5 \text{ mm}$

0,5″ Litzenspannglieder

$c_{\min,b} \geq 2{,}5 \cdot 12{,}5 = 31 \text{ mm}$

(4.3): $c_{\min,b} \geq 2{,}5 \cdot \phi_p$

$\Delta c_{dev} = 10 \text{ mm}$

[DIN EN 1992-1-1/NA – 13], NDP zu 4.4.1.3 (1)P für Expositionsklasse XC1

$c_{nom} = 31 + 10 = 41 \text{ mm}$

(4.1): $c_{nom} = c_{min} + \Delta c_{dev}$

Überprüfung der Brandschutzanforderungen

F 90, Balkenbreite 200 mm

oben bzw. unten: $u_{erf} = 45 + 15 = 60 \text{ mm}$

seitlich: $u_{s,erf} = 55 + 15 = 70 \text{ mm}$

Mindestachsabstände des Spannstahls nach [DIN 4102-4 – 94], Tab. 6

oben bzw unten:

$u_{vorh} = 30 + 8 + 20 + 0{,}5 \cdot 12{,}5$

$= 64 \text{ mm} > 60 \text{ mm} = u_{erf}$

$u_{vorh} = c_v + \phi_{s,bü} + \phi_{s,l} + 0{,}5 \cdot \phi_p$

seitlich:

$u_{s,vorh} = 40 + 8 + 0{,}5 \cdot 12{,}5$

$= 54 \text{ mm} < \underline{70 \text{ mm}} = u_{s,erf}$

$u_{s,vorh} = c_{v,s} + \phi_{s,bü} + 0{,}5 \cdot \phi_p$

seitlich müssen die Litzen einen Abstand von ≥ 16 mm zum Bügel haben.

Erforderliche Stababstände der Spannstahllitzen

horizontal:

$$s_{nh} \geq \max \begin{cases} 2 \cdot 12{,}5 \text{ mm} = \underline{25 \text{ mm}} \\ 20 \text{ mm} \\ 16 \text{ mm} + 5 \text{ mm} = 21 \text{ mm} \end{cases}$$

Tafel 4.3, sofortiger Verbund

$$s_{nh} \geq \max \begin{cases} 2\ \phi_p \\ 20 \text{ mm} \\ d_g + 5 \text{ mm} \end{cases}$$

vertikal:

$$s_{nh} \geq \max \begin{cases} \underline{2 \cdot 12{,}5 \text{ mm} = 25 \text{ mm}} \\ 10 \text{ mm} \\ 16 \text{ mm} \end{cases}$$

Tafel 4.3, sofortiger Verbund

$$s_{nv} \geq \max \begin{cases} 2\ \phi_p \\ 10 \text{ mm} \\ d_g \end{cases}$$

4.3 Spanngliedverlauf

4.3.1 Krümmung von Spanngliedern bei unterschiedlichen Verbundarten

Die Planung des Spanngliedverlaufes soll im Folgenden am Beispiel von Balkentragwerken erläutert werden. Die Ausführungen gelten aber auch für die Haupt- und Nebentragrichtung von Flächentragwerken.

Spannglieder werden entsprechend der Bauteilbeanspruchung (z. B. aus äußerer Belastung) geführt. Wie in Kapitel 7 gezeigt werden wird, ist es vorteilhaft, wenn die Spannglieder in Feldbereichen unten, bei Zwischenstützungen und Kragbereichen oben und an Endauflagern in der Bauteilachse liegen. Je nach Art des Spanngliedes lässt sich dies unterschiedlich bewerkstelligen:

Interne Spannglieder ohne Verbund oder mit nachträglichem Verbund:

(Zumindest) die Hüllrohre dieser Spannglieder werden vor dem Betonieren eingelegt (siehe Abschnitt 2.2.2). Damit lässt sich die optimale (girlandenförmige) Form bewerkstelligen (**Abb. 4.3**).

Interne Spannglieder mit sofortigem Verbund:

Bei sofortigem Verbund (Spannbett) wird die geradlinige Spanngliedführung angestrebt (**Abb. 4.3**). In Einzelfällen ist auch eine polygonale Spanngliedführung denkbar, um die Momente aus Vorspannkraft erzeugen zu können. Bei Bauteilen mit veränderlicher Höhe bewirkt auch die geradlinige Vorspannung veränderliche Momente (siehe **Abb. 7.5**).

Externe Spannglieder:

Externe Spannglieder werden polygonal geführt (**Abb. 4.3**). Da die Umlenkstellen kostenintensiv sind, werden sie im Feld auf ein bis zwei Stellen, über der Zwischenstütze auf eine Umlenkstelle minimiert.

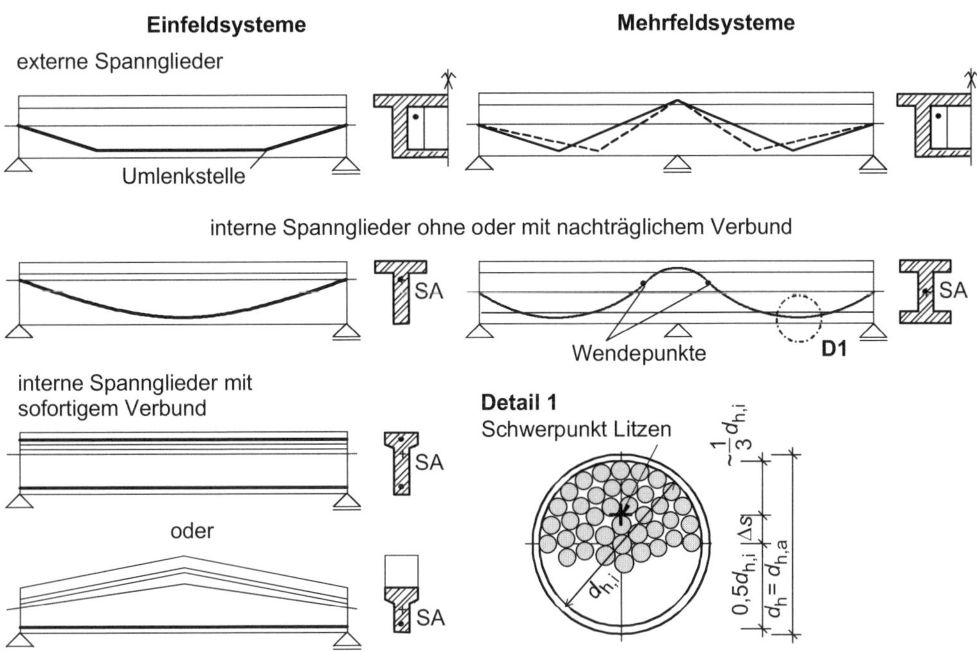

Abb. 4.3 Spanngliedführung nach statischem System und Lage der Spannstränge im Querschnitt

4.3.2 Länge von Spanngliedern

Während bei üblichen Bauwerken zumindest ein Teil der Spannglieder über die gesamte Bauwerkslänge eingelegt wird, ist dies bei Großbrücken nicht sinnvoll. Eine sehr große Länge führt zu Schwierigkeiten beim Einstoßen der Spannglieder in die Hüllrohre, Fertigspannglieder lassen sich nicht mehr auftrommeln und bei Vorspannung mit nachträglichem Verbund wird auch der Spannkraftverlust infolge Reibung zu groß. Daher soll die Spanngliedlänge ca. 200 m nicht überschreiten.

Bei sehr langen Bauwerken werden somit zwingend Koppelstellen (siehe Abschnitt 12.2.5) erforderlich. Diese werden in etwa in den Momentennullpunkten angeordnet, da dort die Beanspruchung des Bauteils gering ist.

4.3.3 Mathematische Beschreibung von Spannsträngen

Bei der mathematischen Beschreibung des Spannstrangverlaufes wird heute üblicherweise auf Computerprogramme zurückgegriffen. Diese berechnen mit Hilfe von Stützstellen, die vom planenden Ingenieur festgelegt werden, auf Grundlage einer Interpolationsfunktion (z.B. Spline-Interpolation) einen stetigen Spannstrangverlauf.

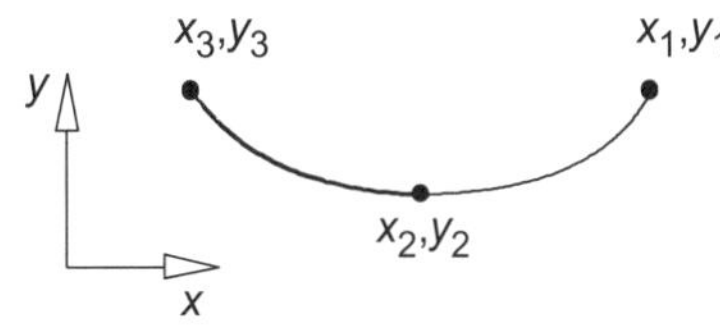

Abb. 4.4 Punkte einer Parabel

Wird bei der Planung auf die Verwendung von Software verzichtet, ist es zweckmäßig, den Spannstrangverlauf mit Hilfe von quadratischen Parabeln der allgemeinen Form $y(x) = A \cdot x^2 + B \cdot x + C$ zu beschreiben. Die Werte A, B und C sind für jede Teilparabel separat zu bestimmen. Zu deren Berechnung müssen von jedem Teilabschnitt mindestens drei Punkte bekannt sein. Wenn nur zwei Punkte der Parabel bekannt sind und einer dieser Punkte ein Wendepunkt ist, empfiehlt es sich, den bekannten Teilabschnitt am Scheitelpunkt zu spiegeln (siehe **Abb. 4.4**). Die Werte A, B und C können mit Hilfe der folgenden Gleichungen bestimmt werden:

$$A = \frac{y_1 - x_1 \cdot B - C}{x_1^2} \tag{4.5}$$

$$B = \frac{y_2 - \xi_{2,1}^2 \cdot y_1 - C \cdot \left[1 - \xi_{2,1}^2\right]}{x_2 - \xi_{2,1}^2 \cdot x_1} \tag{4.6}$$

$$C = \frac{y_3 - \xi_{3,1}^2 \cdot y_1 - \xi_{3,2} \cdot \left[\dfrac{1 - \xi_{3,1}}{1 - \xi_{2,1}}\right] \cdot \left[y_2 - \xi_{2,1}^2 \cdot y_1\right]}{1 - \xi_{3,1}^2 - \xi_{3,2} \cdot \left[\dfrac{1 - \xi_{3,1}}{1 - \xi_{2,1}}\right] \cdot \left[1 - \xi_{2,1}^2\right]} \tag{4.7}$$

mit: $$\xi_{i,j} = \frac{x_i}{x_j} \tag{4.8}$$

Für die Festlegung der einzelnen Parabelgleichungen müssen die Koordinaten der Hoch- bzw. Tiefpunkte (Scheitelpunkte) sowie der Wendepunkte bekannt sein. LEONHARDT [Leonhardt – 62] gibt ein Verfahren an, mit dem die Lage des Wendepunktes einen harmonischen Übergang zwischen den einzelnen Teilparabeln ergibt. Bei diesem sind in Anlehnung an **Abb. 4.5** als erstes die Koordinaten der Scheitelpunkte T und H festzulegen. Danach kann der Abstand des Spanngliedes von der Schwerachse des Bauteils im Hoch- und Tiefpunkt berechnet werden.

$$e_1 = z_{cu} - d_{p1} \tag{4.9}$$

$$e_2 = z_{co} - d_{p1} \tag{4.10}$$

Mit Hilfe dieser Werte ist nun β zu bestimmen. In Abhängigkeit von der Lage des Wendepunktes ist dieser Wert entweder mittels Gl. (4.11) (Wendepunkt oberhalb der Schwerachse) bzw. Gl. (4.12) (Wendepunkt unterhalb der Schwerachse) zu berechnen.

$$\beta = 1 - \frac{e_1 + e_2}{e_1} \cdot (1 - \lambda)^2 \qquad \text{wenn: } \frac{e_2}{e_1 + e_2} \cdot s_m \geq s_{0,gew} \tag{4.11}$$

$$\beta = \frac{e_1 + e_2}{e_2} \cdot \lambda^2 \qquad \text{wenn: } \frac{e_2}{e_1 + e_2} \cdot s_m < s_{0,gew} \tag{4.12}$$

mit: $$\lambda = \frac{s_{0,gew}}{s_m} \tag{4.13}$$

In Gl. (4.13) beschreibt s_m den Abstand zwischen den Scheitelpunkten und $s_{0,gew}$ den Abstand zwischen dem Hochpunkt und dem Schnittpunkt des Spanngliedes mit der Schwerachse des Bauteils. $s_{0,gew}$ muss gewählt werden.

Der Abstand des Wendepunktes von der Stützstelle s_w bzw. der Schwerachse des Bauteils $z_{cp,w}$ kann mit Hilfe der Gleichungen (4.14) bzw. (4.15) berechnet werden.

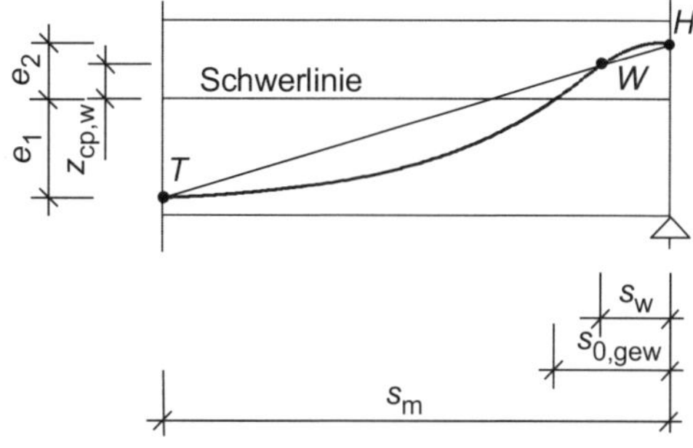

Abb. 4.5 Parabelkonstruktion in Anlehnung an [Leonhardt – 62]

$$s_w = \beta \cdot s_m \tag{4.14}$$

$$z_{cp,w} = e_2 - \beta \cdot (e_1 + e_2) \tag{4.15}$$

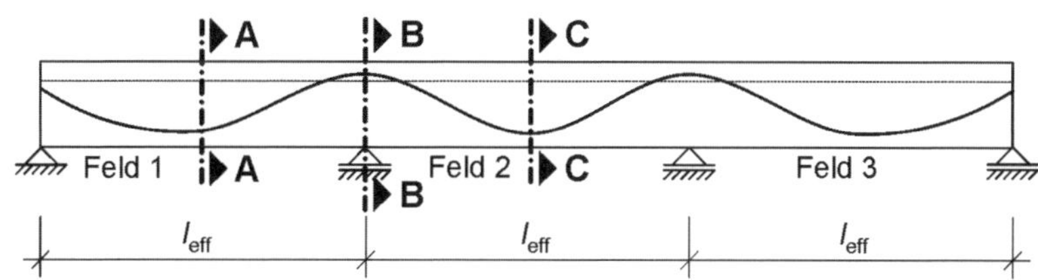

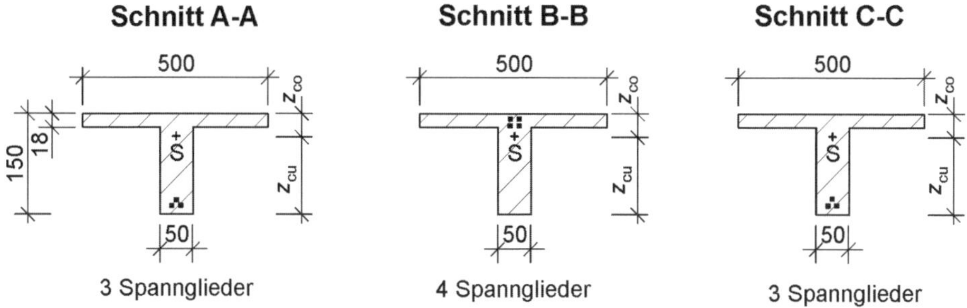

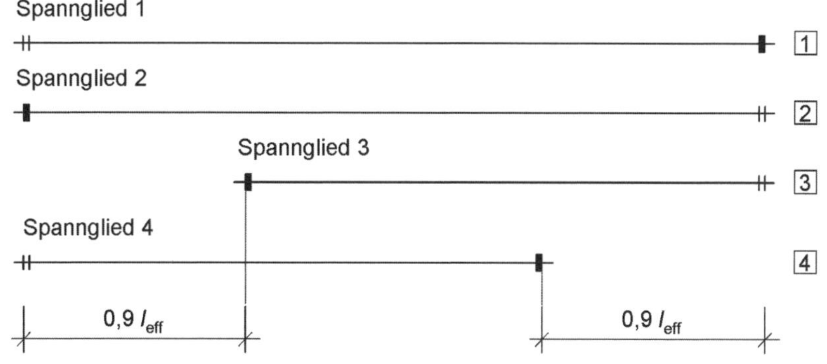

Abb. 4.6 Statisches System und Querschnittsabmessungen

Beispiel 4.2: Spannstrangführung

Für den in **Abb. 4.6** dargestellten Durchlaufträger einer allseitig geschlossenen Halle ist eine Spannstrangführung zu erarbeiten. Die Konstruktion wird mit vier Bündelspanngliedern vorgespannt, von denen zwei über die gesamte Länge des Tragwerks geführt werden. Die zwei anderen Spannglieder sind in den Innenfeldern $0{,}1 \cdot l_{\text{eff}}$ hinter der ersten Innenstütze verankert.

Kenndaten des Hüllrohrs (Typ II) laut Zulassung:

- Außen-, Innendurchmesser: $\phi_{\text{h,a}} = 77\ \text{mm}$, $\phi_{\text{h,i}} = 70\ \text{mm}$
- min. Krümmungsradius: $r_{\min} = 4{,}50\ \text{m}$

Lösung:

Die Spannstrangführung wird mit Hilfe des Lastfalles Volllast abgeleitet.

Querschnittswerte

$A_{\text{c}} = 1{,}56\ \text{m}^2$; $I_{\text{c}} = 0{,}32\ \text{m}^4$

$z_{\text{co}} = 0{,}40\ \text{m}$; $z_{\text{cu}} = 1{,}10\ \text{m}$

Bruttoquerschnittswerte des in Abb. 4.6 dargestellten Plattenbalkenquerschnitts

Betondeckung des Hüllrohrs und erforderlicher Hüllrohrabstand

$c_{\text{nom}} = 77 + 10 = 87\ \text{mm}$

(4.1): $c_{\text{nom}} = \phi_{\text{h,a}} + \Delta c$

Tafel 4.3: (nachträglicher Verbund)

horizontal: $s_{\text{nh}} \geq \max \begin{cases} 0{,}8 \cdot 77 = \underline{62\ \text{mm}} \\ 50\ \text{mm} \end{cases}$

$s_{\text{nh}} \geq \max \begin{cases} 0{,}8 \cdot \phi_{\text{h,a}} \\ 50\ \text{mm} \end{cases}$

vertikal: $s_{\text{nv}} \geq \max \begin{cases} 0{,}8 \cdot 77 = \underline{62\ \text{mm}} \\ 40\ \text{mm} \end{cases}$

$s_{\text{nv}} \geq \max \begin{cases} 0{,}8 \cdot \phi_{\text{h,a}} \\ 40\ \text{mm} \end{cases}$

Können im 50 cm breiten Steg zwei Spannglieder nebeneinander angeordnet werden?

$87 + 77 + \frac{1}{2} \cdot 62 = 195\ \text{mm} < \frac{500}{2} = 250\ \text{mm}$

$c_{\text{nom}} + \phi_{\text{h,a}} + \frac{1}{2} \cdot s_{\text{nh}} \leq \frac{b_{\text{w}}}{2}$

Abstand Bauteilrand – Schwerachse Spannglied

$\Delta s \approx \frac{1}{6} \cdot 70 = 11{,}7\ \text{mm}$

Abb. 4.3: $\Delta s \approx \frac{1}{6} \phi_{\text{h,i}}$

Feld 1 bzw. 3 ($0{,}4 \cdot l_{\text{eff}}$ vom Endauflager = Stelle des maximalen Feldmomentes) und Stützbereich:

$\Sigma = 3$ Spannglieder

Abstand der Spanngliedlage 1 vom Bauteilrand:

(2 Spannglieder)

$d_{\text{p1,1}} = 87 + \frac{1}{2} \cdot 77 + 11{,}7 = 137\ \text{mm}$

$d_{\text{p1}} = c_{\text{nom}} + \frac{1}{2} \cdot \phi_{\text{h,a}} + \Delta s$

Abstand der Spanngliedlage 2 vom Bauteilrand: (1 Spannglied)

$$d_{p1,2} = 87 + 77 + 62 + \frac{1}{2} \cdot 77 + 11{,}7 = 276 \text{ mm}$$

$$d_{p1} = c_{nom} + \phi_{h,a} + s_{nv} + \frac{1}{2} \cdot \phi_{h,a} + \Delta s$$

$$d_{p1} = \frac{2 \cdot 137 + 1 \cdot 276}{2 + 1} = 183 \text{ mm} \approx 0{,}19 \text{ m}$$

$$d_{p1} = \frac{\sum n_{p,i} \cdot d_{p1,i}}{\sum n_p}$$

$\Sigma = 2$ Spannglieder

Mitte Feld 2:

$$d_{p1} = d_{p1,1} = 137 \text{ mm} \approx 0{,}14 \text{ m}$$

$\Sigma = 3$ Spannglieder

Trägerende:

Aufgrund der Abmessungen der Ankerplatten und deren Mindestabstände ist es erforderlich, die Spannglieder aufzufächern. Für die Berechnung wird angenommen, dass an den Trägerenden der Schwerpunkt der Spannglieder in der Schwerachse des Betonquerschnitts liegt.

Lage der Wendepunkte im Randfeld (Index r)

$$s_{0,gew,r} = 0{,}1 \cdot l_{eff}$$

gewählter Abstand Momentennullpunkt – 1. Innenstütze

$$s_{m,r} = 0{,}6 \cdot l_{eff}$$

Abstand maximales Feldmoment – 1. Innenstütze

$$\lambda = \frac{0{,}1 \cdot l_{eff}}{0{,}6 \cdot l_{eff}} = 0{,}167$$

(4.13): $\lambda = \frac{s_{0,gew}}{s_m}$

$$e_{1,r} = 1{,}10 - 0{,}19 = 0{,}91 \text{ m}$$

(4.9): $e_1 = z_{cu} - d_{p1}$

$$e_{2,r} = 0{,}40 - 0{,}19 = 0{,}21 \text{ m}$$

(4.10): $e_2 = z_{co} - d_{p1}$

$$\frac{0{,}21}{0{,}91 + 0{,}21} \cdot 0{,}6 \cdot l_{eff} = 0{,}11 \cdot l_{eff} \geq 0{,}1 \cdot l_{eff}$$

$\frac{e_2}{e_1 + e_2} \cdot s_m \geq s_{0,gew} \Rightarrow \beta$ ist mit (4.11) zu berechnen:

$$\beta = 1 - \frac{0{,}91 + 0{,}21}{0{,}91} \cdot (1 - 0{,}167)^2 = 0{,}146$$

$$\beta = 1 - \frac{e_1 + e_2}{e_1} \cdot (1 - \lambda)^2$$

Abstand des Wendepunktes von der 1. Innenstütze bzw. zur Schwerachse des Betonquerschnitts

$$s_{w,r} = 0{,}146 \cdot 0{,}6 \cdot l_{eff} = 0{,}088 \cdot l_{eff}$$

(4.14): $s_w = \beta \cdot s_m$

$$z_{cp,w,r} = 0{,}21 - 0{,}146 \cdot (0{,}91 + 0{,}21) = 0{,}05 \text{ m}$$

(4.15): $z_{cp,w} = e_2 - \beta \cdot (e_1 + e_2)$

Lage der Wendepunkte im Innenfeld (Index i)

$$s_{0,gew,i} = 0{,}1 \cdot l_{eff}$$

gewählter Abstand Momentennullpunkt – 1. Innenstütze

$$s_{m,i} = 0{,}5 \cdot l_{eff}$$

Abstand maximales Feldmoment – 1. Innenstütze

$\lambda = \frac{0,1 \cdot l_{\text{eff}}}{0,5 \cdot l_{\text{eff}}} = 0,2$ — (4.13): $\lambda = \frac{s_{0,\text{gew}}}{s_{\text{m}}}$

$e_{1,\text{i}} = 1,10 - 0,14 = 0,96 \text{ m}$ — (4.9): $e_1 = z_{\text{cu}} - d_{\text{p1}}$

$e_{2,\text{i}} = 0,40 - 0,19 = 0,21 \text{ m}$ — (4.10): $e_2 = z_{\text{co}} - d_{\text{p1}}$

$\frac{0,21}{0,96 + 0,21} \cdot 0,5 \cdot l_{\text{eff}} = 0,09 \cdot l_{\text{eff}} \leq 0,1 \cdot l_{\text{eff}}$ — $\frac{e_2}{e_1 + e_2} \cdot s_{\text{m}} < s_{0,\text{gew}} \Rightarrow \beta$ ist mit (4.12) zu berechnen:

$\beta = \frac{0,96 + 0,21}{0,21} \cdot 0,2^2 = 0,223$ — $\beta = \frac{e_1 + e_2}{e_2} \cdot \lambda^2$

Abstand des Wendepunktes von der 1. Innenstütze bzw. zur Schwerachse des Betonquerschnitts

$s_{\text{w,i}} = 0,223 \cdot 0,5 \cdot l_{\text{eff}} = 0,112 \cdot l_{\text{eff}}$ — (4.14): $s_{\text{w}} = \beta \cdot s_{\text{m}}$

$z_{\text{cp,w,i}} = 0,21 - 0,223 \cdot (0,96 + 0,21) = -0,05 \text{ m}$ — (4.15): $z_{\text{cp,w}} = e_2 - \beta \cdot (e_1 + e_2)$

Parabelgleichungen

Der Nullpunkt des Koordinatensystems liegt am Balkenanfang in Höhe der Schwerachse des Bruttobetonquerschnitts. Die y-Achse ist nach oben positiv definiert.

1. Teilparabel: $0,00 \text{ m} \leq x \leq 0,4 \cdot l_{\text{eff}}$ — vom Balkenanfang bis zur Stelle des maximalen Momentes im Feld 1

Punkt 1 $x_1 = 0,8 \cdot l_{\text{eff}}$

$y_1 = 0,00 \text{ m}$

Punkt 2 $x_2 = 0,4 \cdot l_{\text{eff}}$

$y_2 = -z_{\text{cu}} + d_{\text{p1}} = -1,10 + 0,19 = -0,91 \text{ m}$

Punkt 3 $x_3 = 0 \cdot l_{\text{eff}}$

$y_3 = 0,00 \text{ m}$

$\xi_{2,1} = \frac{0,4 \cdot l_{\text{eff}}}{0,8 \cdot l_{\text{eff}}} = 0,5$ — (4.8): $\xi_{\text{i,j}} = \frac{x_{\text{i}}}{x_{\text{j}}}$

$\xi_{3,1} = \xi_{3,2} = 0$

$C = 0$ — (4.7):

(4.6):

$$B = \frac{-0,91 - 0,5^2 \cdot 0 - 0 \cdot (1 - 0,5^2)}{0,4 \cdot 30 - 0,5^2 \cdot 0,8 \cdot 30} = -0,1519$$ — $B = \frac{y_2 - \xi_{2,1}^2 \cdot y_1 - C \cdot \left[1 - \xi_{2,1}^2\right]}{x_2 - \xi_{2,1}^2 \cdot x_1}$

$$A = \frac{0 + 0,8 \cdot 30 \cdot 0,1519 - 0}{(0,8 \cdot 30)^2} = 0,0063 \text{ m}^{-1}$$ — (4.5): $A = \frac{y_1 - x_1 \cdot B - C}{x_1^2}$

$y_1(x) = 0,0063 \cdot x^2 - 0,1519 \cdot x$ — $y(x) = A \cdot x^2 + B \cdot x + C$

2. Teilparabel: $0{,}4\cdot l_{\text{eff}} < x \le 0{,}912\cdot l_{\text{eff}}$

von der Stelle des maximalen Momentes im Feld 1 bis zum Wendepunkt im Randfeld

Punkt 1 $x_1 = s_{\text{w,r}} - 0{,}2\cdot l_{\text{eff}} = 0{,}088\cdot l_{\text{eff}} - 0{,}2\cdot l_{\text{eff}}$

$= -0{,}112\cdot l_{\text{eff}}$

$y_1 = z_{\text{cp,w,r}} = 0{,}05 \text{ m}$

Punkt 2 $x_2 = 0{,}4\cdot l_{\text{eff}}$

$y_2 = -z_{\text{cu}} + d_{\text{p1}} = -1{,}10 + 0{,}19 = -0{,}91 \text{ m}$

Punkt 3 $x_3 = l_{\text{eff}} - s_{\text{w,r}} = l_{\text{eff}} - 0{,}088\cdot l_{\text{eff}}$

$= 0{,}912\cdot l_{\text{eff}}$

$y_3 = z_{\text{cp,w,r}} = 0{,}05 \text{ m}$

$$\xi_{2,1} = \frac{0{,}4\cdot l_{\text{eff}}}{-0{,}112\cdot l_{\text{eff}}} = -3{,}571$$

(4.8): $\xi_{\text{i,j}} = \dfrac{x_{\text{i}}}{x_{\text{j}}}$

$$\xi_{3,1} = \frac{0{,}912\cdot l_{\text{eff}}}{-0{,}112\cdot l_{\text{eff}}} = -8{,}143$$

$$\xi_{3,2} = \frac{0{,}912\cdot l_{\text{eff}}}{0{,}4\cdot l_{\text{eff}}} = 2{,}28$$

(4.7):

$$C = \frac{y_3 - \xi_{3,1}^2\cdot y_1 - \xi_{3,2}\cdot\left[\dfrac{1-\xi_{3,1}}{1-\xi_{2,1}}\right]\cdot\left[y_2 - \xi_{2,1}^2\cdot y_1\right]}{1-\xi_{3,1}^2 - \xi_{3,2}\cdot\left[\dfrac{1-\xi_{3,1}}{1-\xi_{2,1}}\right]\cdot\left[1-\xi_{2,1}^2\right]}$$

$$= \frac{0{,}05 - 8{,}143^2\cdot 0{,}05 + 2{,}28\cdot\left[\dfrac{1+8{,}143}{1+3{,}571}\right]\cdot\left[0{,}91 + 3{,}571^2\cdot 0{,}05\right]}{1 - 8{,}143^2 - 2{,}28\cdot\left[\dfrac{1+8{,}143}{1+3{,}571}\right]\cdot\left[1-3{,}571^2\right]}$$

$= -0{,}3238 \text{ m}$

$$B = \frac{-0{,}91 - 3{,}571^2\cdot 0{,}05 + 0{,}3238\cdot\left(1-3{,}571^2\right)}{0{,}4\cdot 30 + 3{,}571^2\cdot 0{,}112\cdot 30}$$

$= -0{,}0976$

(4.6):
$$B = \frac{y_2 - \xi_{2,1}^2\cdot y_1 - C\cdot\left[1-\xi_{2,1}^2\right]}{x_2 - \xi_{2,1}^2\cdot x_1}$$

$$A = \frac{0{,}05 - 0{,}112\cdot 30\cdot 0{,}0976 + 0{,}3238}{(-0{,}112\cdot 30)^2} = 0{,}0041 \text{ m}^{-1}$$

(4.5): $A = \dfrac{y_1 - x_1\cdot B - C}{x_1^2}$

$y_2(x) = 0{,}0041\cdot x^2 - 0{,}0976\cdot x - 0{,}3238$

$y(x) = A\cdot x^2 + B\cdot x + C$

Die Funktionsgleichungen der weiteren Teilparabeln können in der gleichen Art und Weise bestimmt werden. Im Folgenden sind sie bis zur Symmetrieachse angegeben.

3. Teilparabel: $0{,}912 \cdot l_{\mathrm{eff}} < x \le l_{\mathrm{eff}}$

vom Wendepunkt im Randfeld zur 1. Innenstütze

$$y_3(x) = -0{,}0240 \cdot x^2 + 1{,}4411 \cdot x - 21{,}4050$$

$$y(x) = A \cdot x^2 + B \cdot x + C$$

4. Teilparabel: $l_{\mathrm{eff}} < x \le 1{,}112 \cdot l_{\mathrm{eff}}$

von der 1. Innenstütze zum Wendepunkt im Innenfeld

$$y_4(x) = -0{,}0235 \cdot x^2 + 1{,}4109 \cdot x - 20{,}9517$$

$$y(x) = A \cdot x^2 + B \cdot x + C$$

5. Teilparabel: $1{,}112 \cdot l_{\mathrm{eff}} < x \le 1{,}5 \cdot l_{\mathrm{eff}}$

vom Wendepunkt zur Mitte des Innenfeldes

$$y_5(x) = 0{,}0067 \cdot x^2 - 0{,}6005 \cdot x + 12{,}5540$$

$$y(x) = A \cdot x^2 + B \cdot x + C$$

Krümmungsradius im Stützbereich

3. Teilparabel

$$r = \frac{\left(2 \cdot s_{\mathrm{w,r}}\right)^2}{8 \cdot \left(e_{2,\mathrm{r}} - z_{\mathrm{cp,w,r}}\right)} = \frac{(2 \cdot 0{,}088 \cdot 30)^2}{8 \cdot (0{,}21 - 0{,}05)}$$
$$= 21{,}8 \text{ m} \gg r_{\min} = 4{,}5 \text{ m}$$

(7.4): $r = \dfrac{l_{\mathrm{eff}}^{\;2}}{8 \cdot f}$

4. Teilparabel

$$r = \frac{\left(2 \cdot s_{\mathrm{w,i}}\right)^2}{8 \cdot \left(e_{2,\mathrm{i}} - z_{\mathrm{cp,w,i}}\right)} = \frac{(2 \cdot 0{,}112 \cdot 30)^2}{8 \cdot (0{,}21 + 0{,}05)}$$
$$= 21{,}7 \text{ m} \gg r_{\min} = 4{,}5 \text{ m}$$

(7.4): $r = \dfrac{l_{\mathrm{eff}}^{\;2}}{8 \cdot f}$

Der minimal zulässige Krümmungsradius $r_{\min}$ von 4,5 m wird nicht unterschritten.

Darstellung des Spannstrangverlaufes

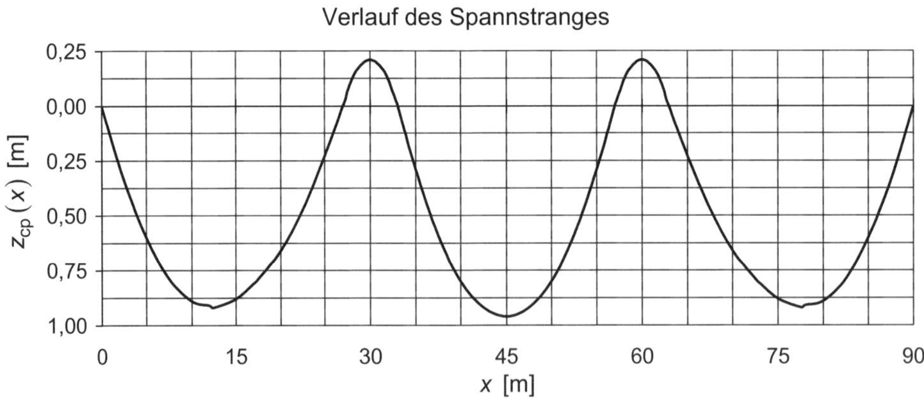

5 Spannkraft und Spanngliedreibung

5.1 Differentialgleichung der Spanngliedreibung

Der folgende Abschnitt bezieht sich zunächst auf Vorspannung mit nachträglichem Verbund. Bei Vorspannung ohne Verbund sind die Spannkraftverluste deutlich kleiner (siehe Abschnitt 5.6). Bei Vorspannung mit sofortigem Verbund tritt keine Reibung auf, da die Spannglieder im Luftraum vorgespannt werden.

Die Dehnung des Spannglieds während des Spannvorganges führt bei Vorspannung in einem Hüllrohr zu einer Relativverschiebung zwischen Spannstahl und Hüllrohr. Da bei gekrümmten oder umgelenkten Spanngliedern an der Kontaktstelle Hüllrohr und Spannstahl eine „Umlenkkraft" (siehe Abschnitt 7.2.2) übertragen wird, führt diese bei einer Verschiebung zu Reibungskräften. Rechnerisch werden diese nach dem COULOMBschen Reibungsgesetz bestimmt.

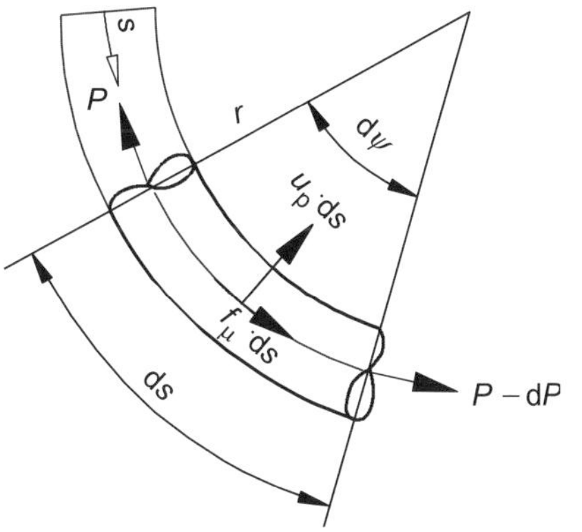

Abb. 5.1 Differentieller Sektor eines kreisförmig gekrümmten Spannglieds

Ableitung der Spanngliedreibung:

Im Rahmen der Herleitung wird zunächst ein kreisförmig gekrümmtes Spannglied unterstellt. **Abb. 5.1** zeigt einen Sektor hiervon mit allen freigeschnittenen Kontaktkräften zum Hüllrohr. Für kreisförmig gekrümmte Zugglieder gilt:

$$\mathrm{d}s = r \cdot \mathrm{d}\psi \tag{5.1}$$

$$P = u_\mathrm{p} \cdot r \qquad \text{(Kesselformel)} \tag{5.2}$$

Entsprechend COULOMB gilt weiterhin:

$$f_\mu \cdot \mathrm{d}s = -\mu \cdot u_\mathrm{p} \cdot \mathrm{d}s \tag{5.3}$$

Die Summe aller Kräfte in der Spanngliedachse entsprechend **Abb. 5.1** liefert zusammen mit (5.1) bis (5.3):

$$\sum F = 0: \quad -P + f_\mu \cdot \mathrm{d}s + \left(P - \mathrm{d}P\right) = 0$$

$$\mathrm{d}P = f_\mu \cdot \mathrm{d}s = -\mu \cdot u_\mathrm{P} \cdot \mathrm{d}s = -\mu \cdot u_\mathrm{P} \cdot r \cdot \mathrm{d}\psi = -P \cdot \mu \cdot \mathrm{d}\psi$$

$$\frac{\mathrm{d}P}{\mathrm{d}\psi} + P \cdot \mu = 0 \tag{5.4}$$

Dies ist die Differentialgleichung der Seilreibung. Sie wird gelöst. Integrierender Faktor ist $\exp \int \mu \, \mathrm{d}\psi = \mathrm{e}^{\mu \cdot \psi}$.

$$\frac{\mathrm{d}P}{\mathrm{d}\psi} + P \cdot \mu = 0 \quad \left| \cdot \mathrm{e}^{\mu\psi} \right.$$

$$\frac{\mathrm{d}P}{\mathrm{d}\psi} \cdot \mathrm{e}^{\mu\psi} + P \cdot \mu \cdot \mathrm{e}^{\mu\psi} = 0 \qquad \text{Anwendung der Produktregel } u' \cdot v + u \cdot v' = (u \cdot v)'$$

$$\frac{\mathrm{d}\left(P \cdot \mathrm{e}^{\mu\psi}\right)}{\mathrm{d}\psi} = 0 \quad \left| \cdot \mathrm{d}\psi \right.$$

$$P \cdot \mathrm{e}^{\mu\psi} = \mathrm{C}$$

$$P = \mathrm{C} \cdot \mathrm{e}^{-\mu\psi}$$

Die Randbedingung am Spannanker ist $P(x=0) = P_0 = \mathrm{C} \cdot \mathrm{e}^{-\mu \cdot 0} = \mathrm{C}$. Damit erhält man:

$$P(s) = P_0 \cdot \mathrm{e}^{-\mu\psi} \qquad \psi \text{ im Bogenmaß} \tag{5.5}$$

Hiermit kann die Spannkraft an jeder Stelle des (kreisförmig gekrümmten) Spanngliedes bestimmt werden, da die Spannkraft am Spannanker P_0 bekannt ist. Spannglieder sind nur sehr schwach gekrümmt. Daher ist Gl. (5.5) auch bei beliebigen Krümmungsverläufen anwendbar. Sie gilt zunächst für die auf die Spanngliedachse bezogene Variable s. Diese lässt sich zwar aus der Laufvariablen der Stabachse x berechnen; wie in **Beispiel 5.1** gezeigt wird, ist dies jedoch nicht erforderlich. Damit gilt genügend genau:

$$P(x) = P_0 \cdot \mathrm{e}^{-\mu\psi} \qquad \psi \text{ im Bogenmaß} \tag{5.6}$$

Beispiel 5.1: Fehlerabschätzung zum Spanngliedverlauf

Die maximale Abweichung zwischen s und x tritt bei kreisförmiger Spanngliedführung am Ende eines Einfeldträgers auf (**Abb. 5.2**). Bei Ansatz einer üblichen Bauteilschlankheit im Spannbetonbau von $l_{\text{eff}}/20$ gilt für den Stich f:

$$f = h - 2\,c_{\text{v,p}} - \phi_{\text{h}} \overset{(<)}{\approx} h = \frac{l_{\text{eff}}}{20}$$

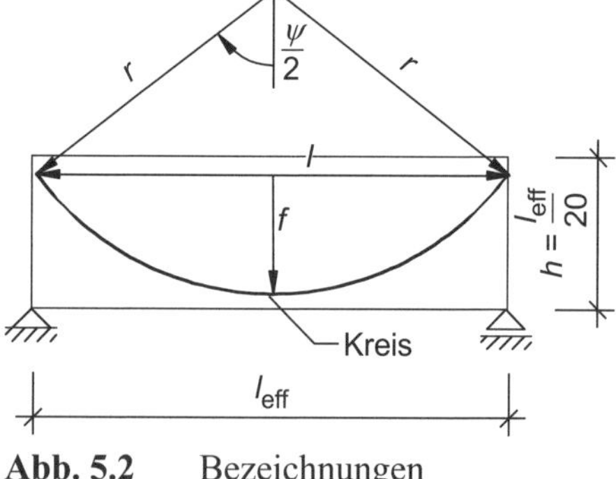

Abb. 5.2 Bezeichnungen

Über den nun bekannten Stich (= Höhe des Kreisabschnitts) lässt sich der zugehörige Krümmungsradius berechnen:

$$l = 2r \cdot \sin\frac{\psi}{2} = 2 \cdot \sqrt{f \cdot (2r - f)} \quad \Rightarrow$$

$$2r = \frac{l^2}{4 \cdot f} + f \approx \frac{l_{\text{eff}}^2}{4 \cdot h} + h = \frac{l_{\text{eff}}^2}{4 \cdot \frac{l_{\text{eff}}}{20}} + \frac{l_{\text{eff}}}{20} = \frac{101}{20} \cdot l_{\text{eff}}$$

$$\psi = 4 \cdot \arcsin\sqrt{\frac{f}{2 \cdot r}} = 2 \cdot \arctan\frac{l_{\text{eff}}}{2 \cdot (r - f)} = 2 \cdot \arctan\frac{l_{\text{eff}}}{2 \cdot \left(\frac{101}{2 \cdot 20} \cdot l_{\text{eff}} - \frac{l_{\text{eff}}}{20}\right)} = 2 \cdot \arctan\frac{20}{90}$$

$$= 22{,}84°$$

Damit ergibt sich die Spanngliedlänge l_p als Bogenlänge:

$$l_p = \frac{\psi}{360} \cdot \pi \cdot 2 \cdot r = \frac{22{,}84}{360} \cdot \pi \cdot \frac{101}{20} \cdot l_{\text{eff}} = 1{,}0066 \cdot l_{\text{eff}}$$

Die maximale Abweichung beträgt 0,66 % und ist vernachlässigbar. Auch bei mehreren Feldern steigt der Wert in der Regel nicht über 2 %.

5.2 Umlenkwinkel

5.2.1 Planmäßiger Umlenkwinkel

Die planmäßigen Umlenkwinkel lassen sich direkt aus der gewählten Spanngliedführung zeichnerisch bestimmen. Hierbei werden alle Winkel vom Spannanker an summiert bis zur betrachteten Stelle x (**Abb. 5.3**). Für eine parabelförmige Spanngliedführung gilt mit den Bezeichnungen von **Abb. 5.2**:

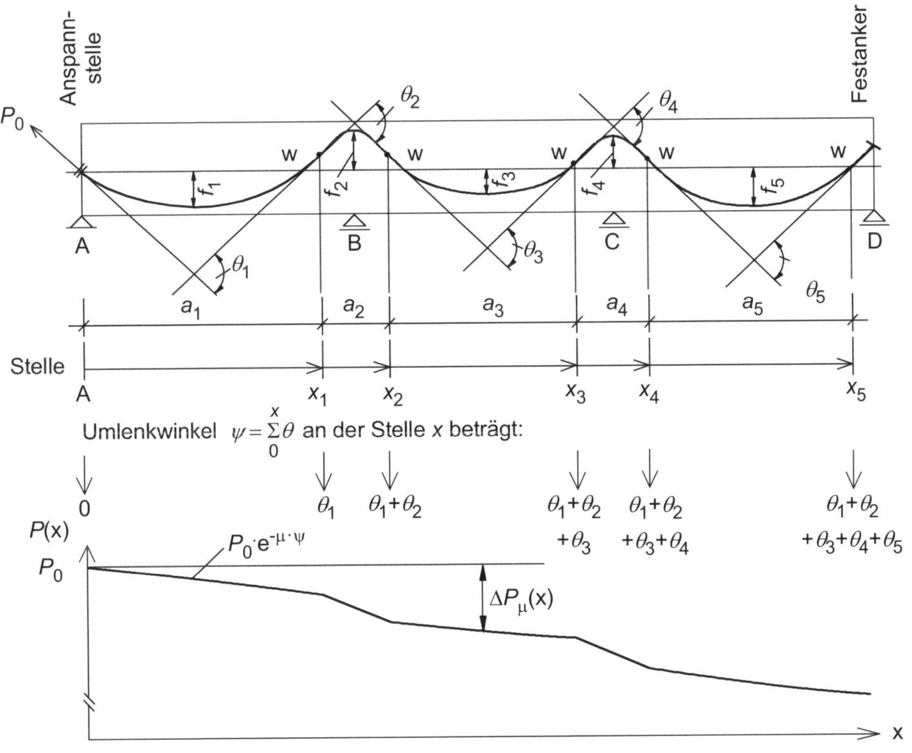

Abb. 5.3 Zeichnerische Ermittlung des planmäßigen Umlenkwinkels

$$f(x) = 4 \cdot f \cdot \left[\left(\frac{x}{l} \right)^2 - \frac{x}{l} \right] \tag{5.7}$$

$$f'(x) = 4 \cdot \frac{f}{l} \cdot \left(2 \cdot \frac{x}{l} - 1 \right) \tag{5.8}$$

$$\theta(x) = f'(x) - f'(0) = 8 \cdot \frac{f}{l} \cdot \frac{x}{l} \tag{5.9}$$

Sofern die Spanngliedführung ausschließlich über Stützstellen beschrieben wird, lässt sich der jeweilige Umlenkwinkel über numerische Differentiation bestimmen.

Im Allgemeinen sind die Spannglieder auch in Balkentragwerken nicht eben geführt. Sie werden im Aufriss *und* im Grundriss verzogen. Der Spanngliedverlauf ist eine räumliche Kurve. Für die Berechnung ist der Umlenkwinkel unter der räumlichen Kurve zu verwenden. Man erhält ihn über die Regel des PYTHAGORAS aus den Winkeln im Aufriss θ_{v} und im Grundriss θ_{h}.

$$\theta(x) = \sqrt{\theta_{\mathrm{v}}^2(x) + \theta_{\mathrm{h}}^2(x)} \tag{5.10}$$

5.2.2 Ungewollter Umlenkwinkel

Die Hüllrohre werden im Abstand von ca. 1 bis 1,5 m unterstützt. Entsprechende Maximalabstände (**Tafel 12.7**) sind der Zulassung zu entnehmen. Infolge der Durchhänge des Hüllrohrs zwischen den Unterstützungen entstehen zusätzliche unplanmäßige (= ungewollte) Umlenkwinkel θ'.

$$\theta' = k \cdot x \tag{5.11}$$

Neben den Unterstützungsabständen ist die Biegesteifigkeit des Hüllrohrs der wesentliche Einflussfaktor. Das Hüllrohr ist Teil des Spannverfahrens. Daher wird der ungewollte Umlenkwinkel *k* längenbezogen (in °/m) in der Zulassung angegeben. Ein üblicher Wert ist hierbei $0{,}3 \le k < 0{,}8$.

Wenn Gl. (5.10) und (5.11) in Gl. (5.6) eingesetzt werden, erhält man

$$P(x) = P_0 \cdot \mathrm{e}^{-\mu \cdot (\theta + k \cdot x)} \quad \text{bzw.} \tag{5.12}$$

$$\Delta P_{\mu}(x) = P_0 \cdot \left[1 - \mathrm{e}^{-\mu \cdot (\theta + k \cdot x)} \right] \tag{5.13}$$

Mit diesen Gleichungen können die Spannkraft und der -verlust an jeder Stelle berechnet werden. Die EULER-Funktion ist in praktischen Fällen relativ schwach gekrümmt. Für Überschlagsrechnungen und bei kurzen Spanngliedern mit kleinen Umlenkwinkeln $\mu \cdot \psi \le 0{,}15$ ist eine linearisierte Funktion ausreichend genau, d. h. die Spannkraftordinaten am Anfang und Ende des Spannglieds werden geradlinig verbunden.

$$\Delta P_{\mu}(x) \approx P_0 \cdot [1 - \mu \cdot (\theta + k \cdot x)] \tag{5.14}$$

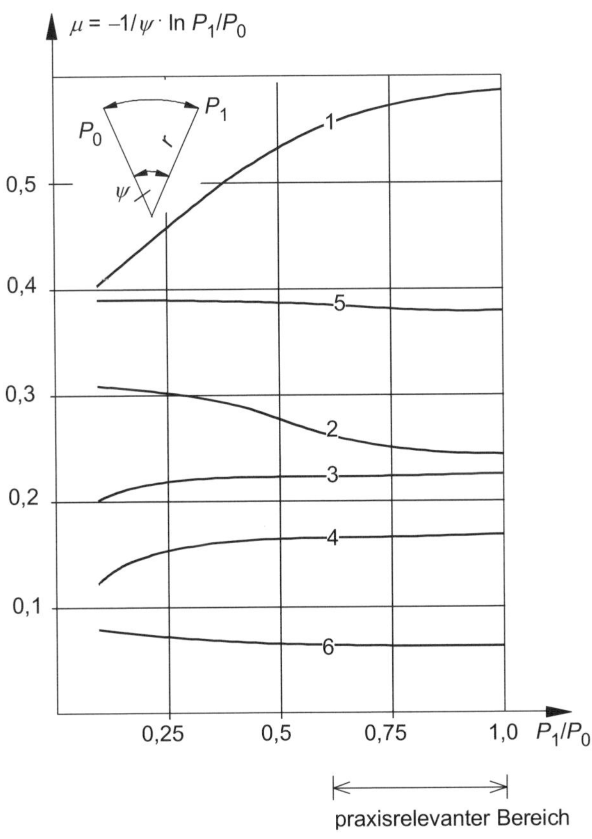

1 Bündel aus gerippten Flachstählen (nicht mehr üblich); kurzes, stark gekrümmtes Spannglied

2 Bündel aus glatten vergüteten Rundstählen

3 Litzenbündel

4 Einzellitze

5 Litzenbündel mit trockenem Flugrost

6 Einzellitze mit Kunststoffummantelung

- *Stabspannglieder gerippt* (Kurve 1): starke Abhängigkeit des Reibungsbeiwertes von Anpresskraft und Gleitweg; bei kurzen Spanngliedern mit kleinen Krümmungsradien Reibungsbeiwert der Zulassung erhöhen
- *Stabspannglieder glatt* (Kurve 2): Reibungsbeiwert abhängig von Spannkraft; Berechnung erfolgt jedoch im Allgemeinen mit einem konstanten Reibungsbeiwert (laut Zulassung)
- Litzenspannglieder (Kurven 3 bis 5): Reibungsbeiwert weitgehend konstant; starke Abhängigkeit des Reibungsbeiwertes von Rostbildung (nahezu Verdoppelung des Reibungsbeiwertes)

Abb. 5.4 Reibungsbeiwerte während des Vorspannens bei Großversuchen ([DAfStb – 81])

$$P(x) \approx P_0 - \Delta P_\mu(l_p) \cdot \frac{x}{l_p} \qquad (5.15)$$

5.3 Reibungsbeiwert

Der Reibungsbeiwert μ wird durch Vorspannkraft, Material und Oberfläche (Profilierung, Korrosion) des Hüllrohrs sowie durch den Spannstahl beeinflusst. In Großversuchen ([DAfStb – 81]) wurde untersucht, ob Gl. (5.12) unabhängig von Spannstahlart und Umlenkwinkel baupraktisch zutrifft. Das Ergebnis ist in **Abb. 5.4** dargestellt. Die Spannglieder aus gerippten Flachstählen (Nr. 1) werden nicht mehr verwendet. Für die gebräuchlichen Litzenspannglieder (Nr. 3 bis 6) ist ein nahezu konstanter Reibungsbeiwert ermittelt worden. Auch Stabspannglieder (Nr. 2) weisen zumindest im praxisrelevanten Bereich ($P_1 > 0{,}6\,P_0$) einen weitgehend konstanten Wert auf.

Für die praktische Berechnung wird aus diesem Grund der Reibungsbeiwert für ein Spannglied als Konstante angesehen. Sie ist der Zulassung des verwendeten Spannverfahrens zu entnehmen. Üblich sind Werte $0{,}17 \le \mu \le 0{,}3$.

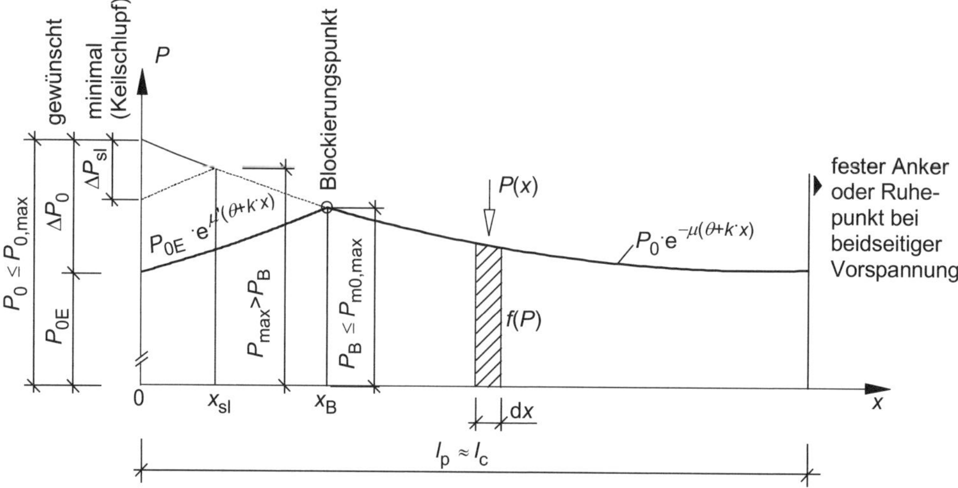

Abb. 5.5 Spannkraftverlauf eines Spannglieds nach dem Absetzen der Presse

Sofern Hüllrohr und Spannstahl keine symmetrische Profilierung aufweisen, ist der Reibungsbeiwert richtungsgebunden, d. h. bei einem Nachlassen (= Rücknahme der Dehnung) gibt die Zulassung einen zweiten Reibungsbeiwert μ' vor. Bei fehlender Angabe ist der Reibungsbeiwert richtungsunabhängig und es gilt $\mu' = \mu$.

5.4 Spannkraftverlauf

5.4.1 Planmäßige Spannkräfte

Für Spannglieder gilt allgemein:

$$P_0 = \sigma_p \cdot A_p \tag{5.16}$$

Die Spannung σ_p ist zunächst unbekannt. Da Keilverankerungen einen Schlupf bis zur Arretierung des Spannstahls (= Keilschlupf) aufweisen, kommt es beim Absetzen der Presse zu einem unvermeidlichen Nachlassen des Spannglieds und damit zu einem Spannkraftverlust ΔP_{sl} (slip) und einer Veränderung des Spannkraftverlaufs bis zur Stelle x_{sl}. Sofern man das Spannglied planmäßig weiter nachlässt, tritt ein (geplanter) Spannkraftverlust ΔP_0 auf. Am Spannanker sinkt die Kraft im Spannglied auf den Wert P_{0E} ab.

Der Größtwert der Spannkraft P_B tritt an der Stelle x_B auf. Er darf eine zulässige Vorspannkraft nicht übersteigen, genauso wie die maximale Pressenkraft während des Spannens $P_{0,max}$. Wenn gemäß **Abb. 5.5** unterstellt wird, dass x_B die für die (noch zu erläuternde) Bemessung maßgebende Stelle ist, wäre dort nicht mehr die zulässige Vorspannkraft vorhanden. Dies hätte (bei einer bestimmten erforderlichen Vorspannkraft) einen höheren Spannstahlbedarf zur Folge. Um ihn nicht unnötig zu erhöhen, wird für die Spannglieder zwischen kurzzeitig vorhandenen Spannkräften (bzw. Spannungen) und permanent auftretenden Spannkräften unterschieden. Die meisten Baustoffe, so

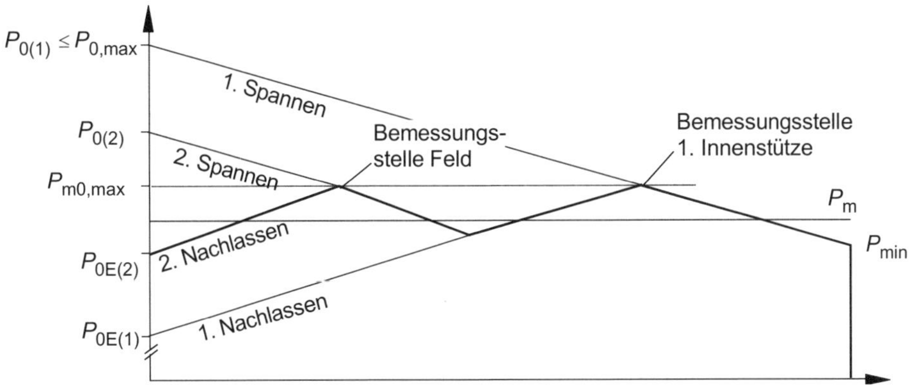

Abb. 5.6 Spann- und Nachlasstechnik

auch Spannstahl, können kurzzeitig höhere Spannungen übertragen, ohne zu versagen. Gemäß [DIN EN 1992-1-1 – 11], 5.10.2 und 5.10.3 gilt zusammen mit den national festgelegten Parametern aus [DIN EN 1992-1-1/NA – 13]:

– während des Spannvorgangs:[5]
$$P_{0,\max} = A_p \cdot \min\begin{cases} 0{,}80\ f_{pk} \\ 0{,}90\ f_{p0,1k} \end{cases} \quad (5.17)$$

– permanent:[6]
$$P_{m0,\max} = A_p \cdot \min\begin{cases} 0{,}75\ f_{pk} \\ 0{,}85\ f_{p0,1k} \end{cases} \quad (5.18)$$

Mit diesen beiden Vorgaben kann die Stelle x_B geplant werden (**Abb. 5.5**). Wenn dies die maßgebende Bemessungsstelle ist, kann dort die zulässige permanente Spannkraft $P_{m0,\max}$ erreicht werden, sofern $P_0 \leq P_{0,\max}$ bleibt. Das Spannglied wird am Spannanker gewollt nachgelassen, bis die Spannkraft auf den Wert P_{0E} abgefallen ist.

Evtl. lässt sich durch mehrfaches Anspannen und Nachlassen auch erreichen, dass an zwei oder mehr Bemessungsstellen die zulässige permanente Spannkraft $P_{m0,\max}$ erreicht wird (**Abb. 5.6**).

5.4.2 Spannkraftfehler

Bisher wurde unterstellt, dass der geplante Spannkraftverlauf P^{soll} mit dem realisierten Spannkraftverlauf P^{ist} identisch ist. Falls jedoch ein Hüllrohr beispielsweise korrodiert ist, wird der Reibungsbeiwert größer sein als in der Zulassung angegeben. In der Folge wachsen die Spannkraftverluste ΔP_μ (**Abb. 5.7**) und es gilt $P^{\text{ist}} < P^{\text{soll}}$. Um eine ordnungsgemäße Ausführung zu erreichen, müsste der Spannkraftverlauf so angehoben werden, dass am Zielpunkt wieder $P^{\text{ist}} = P^{\text{soll}}$ erreicht wird. Hierfür wäre dann ein Überspannen am Spannanker auf den Wert $P_0^{\text{ü}}$ erforderlich.

Die zulässigen Spannungen gemäß Gl. (5.17) sind jedoch schon nah an der Fließgrenze bzw. Zugfestigkeit. Das Überspannen des Spannglieds bis zu einer Spannung $0{,}95\ f_{pk}$

[5] Diese Gleichung wird in Abschnitt 5.4.2 eingeschränkt.
[6] Dieser Wert gilt auch für Vorspannung mit sofortigem Verbund oder ohne Verbund.

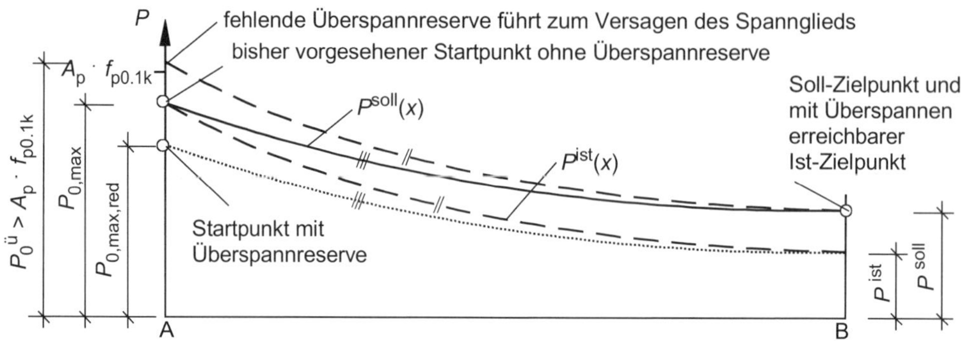

Abb. 5.7 Spannkraftfehler (hier gezeigt für größere Reibung)

ist bei Spanngliedern mit nachträglichem Verbund oder internen, mehrfach umgelenkten Spanngliedern ohne Verbund nur mit Zustimmung der Bauaufsicht und verfeinertem Messaufwand zulässig. Im Brückenbau ist ein Überspannen unzulässig.

Um eine Reserve zum Ausgleich eines unplanmäßigen Spannkraftfehlers zu erhalten, ohne unzulässig überspannen zu müssen, ist die planmäßige Höchstkraft am Spannanker zusätzlich um den Faktor k_μ abzumindern ([DAfStb – 12], zu 5.10.2). Dies ergibt die realisierbare Spannkraft $P_{0,\max,\mathrm{red}}$. Sie ist in **Abb. 5.7** eingetragen und berechnet sich wie folgt:

$$P_{0,\max,\mathrm{red}} = k_\mu \cdot A_\mathrm{p} \cdot \min \begin{cases} 0{,}80\, f_\mathrm{pk} \\ 0{,}90\, f_\mathrm{p0,1k} \end{cases} \tag{5.19}$$

$$k_\mu = \mathrm{e}^{-\mu(\theta + k \cdot x)(\kappa - 1)} \tag{5.20}$$

mit: κ Vorhaltemaß zur Sicherung einer Überspannreserve

- $\kappa = 1{,}5$ bei ungeschützter Lage des Spannstahls im Hüllrohr bis zu drei Wochen oder mit Maßnahmen zum Korrosionsschutz
- $\kappa = 2{,}0$ bei ungeschützter Lage über mehr als drei Wochen

x Als Wert ist bei einseitigem Vorspannen die Spanngliedlänge l_p einzusetzen. Bei beidseitiger Vorspannung ist die Einflusslänge zum jeweiligen Spannanker zu verwenden.

Gemäß **Abb. 5.8** können Spannkraftfehler unterschiedliche Ursachen und Auswirkungen haben:

- *proportionale Auswirkungen* (Kurve 1):
  sind von untergeordneter Bedeutung, da die Abweichungen in der Größenordnung der zulässigen Toleranzen liegen. Die Erkennbarkeit anderer wesentlicher Einflüsse wird durch die proportionalen Auswirkungen allerdings erschwert.
- *überproportionale Auswirkungen* (Kurve 2):
  haben als Ursache z. B.: Rostbefall (lange leer verbleibende Hüllrohre z. B. Kontinuitätsspannglieder abschnittsweise hergestellter Brücken).

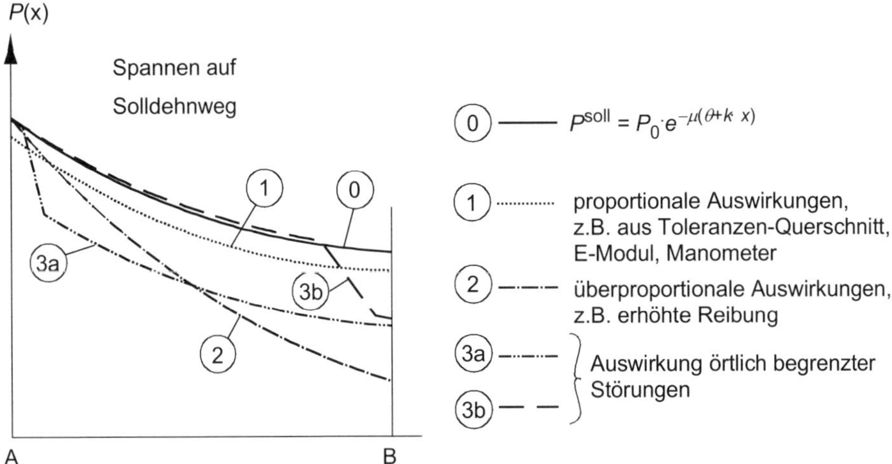

Abb. 5.8 Qualitative Auswirkungen unterschiedlicher Einflüsse (nach [DIBt – 83])

- *örtlich begrenzte Störung am Spannanker* (Kurve 3a): haben als Ursache z. B. eine örtliche Blockierung (Betonpfropfen). Ein Ausgleich ist oftmals durch Entspannen und erneutes Anspannen oder Spannen auf Solldehnweg möglich.
- *örtlich begrenzte Störung am Festanker* (Kurve 3b): haben die gleichen Ursachen wie Kurve 3a; derartige Störungen sind beim Spannen praktisch schwer erkennbar.

Aus **Abb. 5.8** ist ersichtlich, dass die Fehler (Kurven 2 und 3) an der Pressenkraft nicht erkannt werden können. Sie werden erst über die Messung der Spannwege aufgedeckt (siehe Abschnitt 6.1.1).

5.5 Optimierung der Spanngliedführung

5.5.1 Anordnung von Spann- und Festankern

In einem Bauteil liegen nicht nur ein Spannglied, sondern mehrere. Dies ist zum einen sinnvoll, um bei Bruch eines Spanngliedes den Kollaps des Bauteils zu verhindern, zum anderen ermöglicht es eine weitere Optimierung des Spannkraftverlaufs.

Exemplarisch wird dies in **Abb. 5.9** mit zwei Spanngliedern gezeigt. Bei Variante 1 werden beide Spannglieder von einer Seite gespannt; demzufolge sind beide Spanngliedverläufe gleich, die Extremalwerte der Spannkraft beider Spannglieder überlagern sich und führen zu einem stark veränderlichen Spannkraft (-summen) -verlauf. Bei einer symmetrischen Belastung ist sofort ersichtlich, dass in der rechten Balkenhälfte zu wenig Spannkraft vorhanden ist, während die vorhandene Spannkraft in der linken Hälfte deutlich größer als die erforderliche ist.

Abb. 5.9 Varianten für die Ankerwahl bei einem Einfeldträger mit 2 Spanngliedern

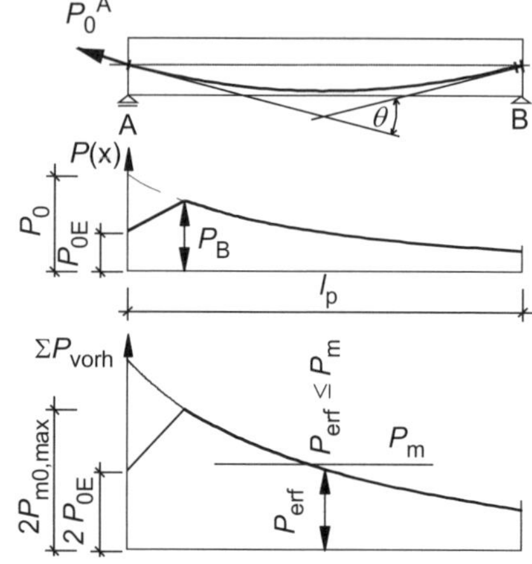

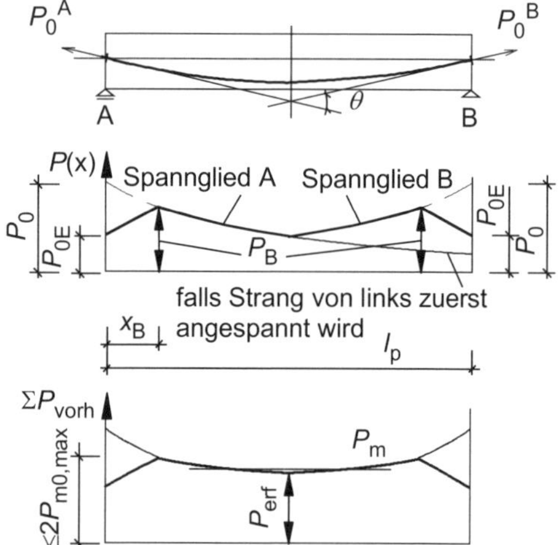

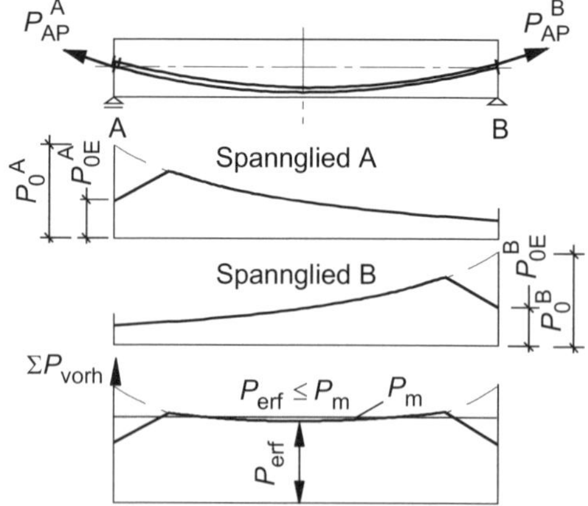

Bei Variante 2 werden beidseitig Spannanker an den Spanngliedern vorgesehen. Hiermit wird der große Spannkraftverlust ΔP_{μ} vermieden; der Spannkraftverlauf wird symmetrisch. Allerdings steigen Material- und Lohnkosten, da sich die Zahl der Spannanker und Spannvorgänge verdoppelt.

Bei Variante 3 in **Abb. 5.9** wird Spannglied A von links und Spannglied B von rechts gespannt. Der Spannkraftverlauf ist symmetrisch, ohne dass ein höherer Aufwand (wie bei Variante 2) entsteht. Die Summe der Spanngliedkräfte in Feldmitte ist bei allen Varianten gleich. Bei Variante 3 wird jedoch zwischen den beiden Blockierungspunkten ein nahezu konstanter Spannkraftverlauf erreicht, da die Spannkraftverläufe von Spannglied A und B gegenläufig sind.

Im Ergebnis lässt sich feststellen, dass es sinnvoll ist, die Spann- und Festanker gleichmäßig zu verteilen.

5.5.2 Reibungsverluste und Spanngliedlänge

Neben der Anordnung der Spann- und Festanker beeinflusst auch die Spanngliedlänge die Kosten. Die Anker sind teuer im Verhältnis zum Spannstahl und auch ihr Einbau ist zeitaufwendig. Weiterhin ist die Zeit (und damit der Lohn) für die Spannarbeiten fast unabhängig von der Spanngliedlänge. Aus diesen beiden Punkten heraus wären möglichst lange Spannglieder anzustreben.

Andererseits bedeuten wachsende Längen auch steigende Spannkraftverluste ΔP_μ. Es liegen hier zwei gegenläufige Tendenzen vor, mit denen der planende Ingenieur in Abhängigkeit von den Randbedingungen des Projekts eine Optimierung der Spannglieder vorzunehmen hat. Wie eine Spanngliedführung optimiert werden kann, zeigt das folgende Beispiel, das der besseren Übersicht wegen mit fiktiven Spanngliedern operiert.

Beispiel 5.2: Optimierung der Spanngliedführung

Es liegt ein 4-Feld-Träger mit konstanten Stützweiten vor. Die äußeren Lasten und die Bauteilabmessungen erfordern die in **Abb. 5.10** beschriebenen Vorspannkräfte ΣP_{erf}. Eine möglichst wirtschaftliche Spanngliedführung ist gesucht. Es stehen Spannglieder zur Verfügung, die jeweils $P_0 = 1\,\text{MN}$ aufnehmen können. Der Spannkraftverlust beträgt für jedes Spannglied $0{,}2\,P_0$ je Feld.

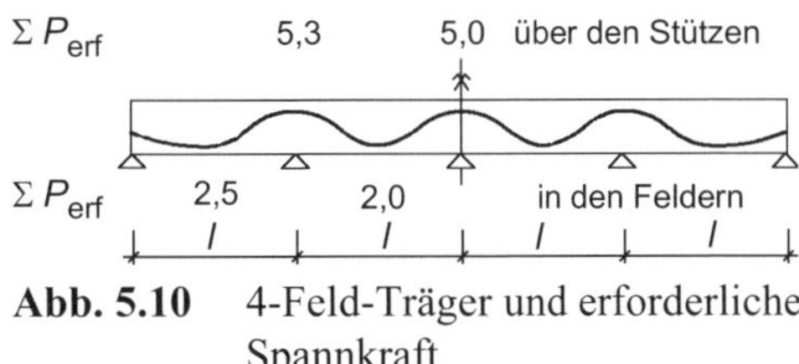

Abb. 5.10 4-Feld-Träger und erforderliche Spannkraft

Lösung:

Im Rahmen des Beispiels wird (vereinfachend) unterstellt, dass der Materialaufwand nur aus der laufenden Spanngliedlänge besteht. In diesem Fall ist die Spanngliedlänge direkt proportional zu den Materialkosten. Für den Spannaufwand wird näherungsweise die Zahl der Spannanker herangezogen. Zusätzlich soll auch die Qualität der Vorspannung für ein robustes Tragwerk[7] bewertet werden. Als Beurteilungskriterium hierzu dient das Minimum des Quotienten $\sum P_{\text{vorh}} / \sum P_{\text{erf}}$ an den Bemessungsstellen.

Variante 1:

Es werden drei Spannglieder gewählt, die über den gesamten Träger durchlaufen und beidseitig vorgespannt werden. Zusätzlich werden vier Spannglieder angeordnet, die nur in den beiden mittleren Feldern liegen. Auch sie werden beidseitig gespannt. **Abb. 5.11** zeigt, dass die vorhandenen Vorspannkräfte ΣP_{vorh} an jeder Stelle größer als die erforderlichen Vorspannkräfte ΣP_{erf} sind. Die Variante 1 erfüllt somit die statischen Anforderungen. Die Beurteilungskriterien ergeben sich zu:

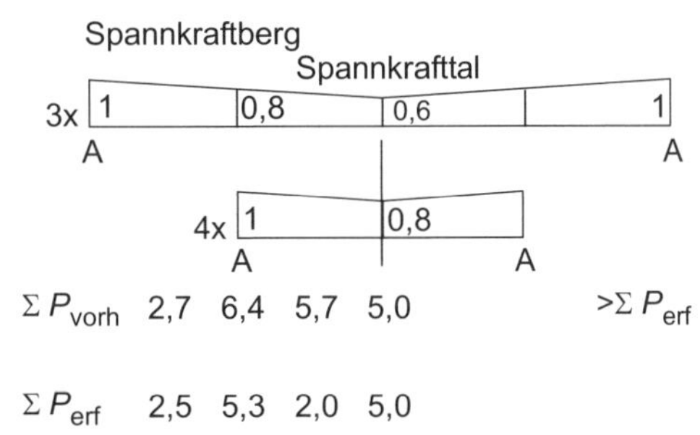

Abb. 5.11 Spannkraftverlauf Variante 1

- *Materialaufwand* ($\triangleq$ Spannstahlbedarf):

$$\sum P_{\max} \cdot l_{\text{p}} \approx 3 \cdot 4 \cdot l + 4 \cdot 2 \cdot l = 20 \cdot l$$

- *Lohnaufwand* ($\triangleq$ Anzahl Spannanker = A-Anker):

$$n_{\text{A-Anker}} = 2 \cdot (3+4) = 14$$

7 Robuste Tragwerke sind solche, die unplanmäßigen Beanspruchungen ohne Schaden widerstehen.

- *Robustheit*:
$$\min\frac{\sum P_{\text{vorh}}}{\sum P_{\text{erf}}}=\min\left\{\frac{2,7}{2,5};\frac{6,4}{5,3};\frac{5,7}{2,0};\frac{5,0}{5,0}\right\}=1,0$$

Es zeigt sich, dass die Spannkraftmaxima und -minima zusammenfallen und dass durch die große Spanngliedlänge der durchgehenden Spannglieder in Trägermitte ein Spannkraftverlust von 40 % auftritt. Die Spanngliedführung wird daher verändert.

Variante 2:

Die Spannglieder werden gekürzt und von unterschiedlichen Stellen gespannt (**Abb. 5.12**). Auch Variante 2 erfüllt die statischen Anforderungen. Die weiteren Beurteilungskriterien ergeben sich zu:

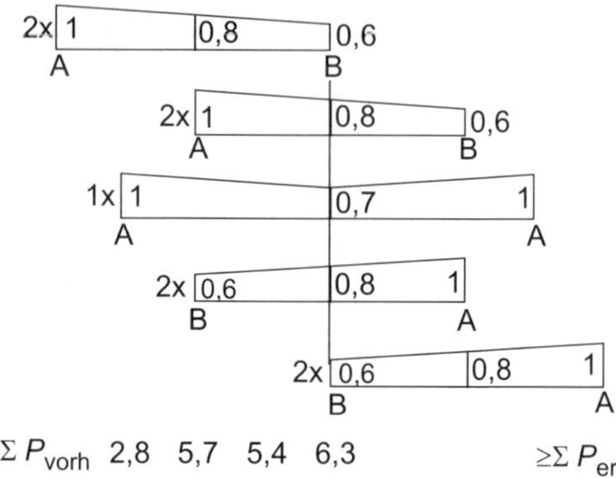

Abb. 5.12 Spannkraftverlauf Variante 2

- *Materialaufwand* (≙ Spannstahlbedarf): $\sum P_{\max}\cdot l_{\text{p}}\approx 2\cdot 2\cdot 2\cdot l+2\cdot 2\cdot 2\cdot l+2\cdot 1,5\cdot l=19\cdot l$
- *Lohnaufwand* (≙ Anzahl Spannanker = A-Anker):
$n_{\text{A-Anker}}=4\cdot 2+2=10$
- *Robustheit*:
$$\min\frac{\sum P_{\text{vorh}}}{\sum P_{\text{erf}}}=\min\left\{\frac{2,8}{2,5};\frac{5,7}{5,3};\frac{5,4}{2,0};\frac{6,3}{5,0}\right\}=1,08$$

Die Variante 2 ist nicht nur die kostengünstigere Lösung (weniger Material- und Lohnaufwand), sie führt auch zu einem robusteren Tragwerk.

5.5.3 Empfehlungen für die konstruktive Bearbeitung

Ausgangsbasis für die Bearbeitung ist die allgemeine bauaufsichtliche Zulassung des gewählten Spannverfahrens. Die hierin genannten Reibbeiwerte stellen Mindestwerte dar. Bei besonderen Randbedingungen sollten diese erhöht werden:

- Bei Hüllrohren, die lange unverpresst im Bauwerk liegen (z. B. Kontinuitätsspannglieder beim Freivorbau), sollte der Reibungsbeiwert μ um ca. 50 % erhöht werden.
- Die kleinstzulässigen Krümmungsradien sollten möglichst nicht ausgenutzt werden. Bei Ausnutzen dieser Krümmungsradien sind die Reibungsbeiwerte μ bis zu 20 % zu erhöhen.
- Bei einem Bauwerk mit vielen Arbeitsfugen (z. B. beim Freivorbau) ist eine Erhöhung des ungewollten Umlenkwinkels um $k=0,2$ bis $0,4$ °/m sinnvoll.

5.6 Vorspannung ohne Verbund

Der Reibungsbeiwert von Spanngliedern ohne Verbund ist deutlich geringer als die Werte von Spanngliedern mit nachträglichem Verbund ($\mu \approx 0{,}06$). Weiterhin ist in der Regel kein ungewollter Umlenkwinkel anzusetzen ($k = 0$, siehe Zulassung). Da die Spannglieder weiterhin polygonal verlaufen, also nur an den Umlenkstellen gekrümmt sind, ist die Spannkraft zwischen zwei Umlenkstellen nahezu konstant. Im Bereich der Umlenkstelle tritt ein Spannkraftabfall ein, der näherungsweise als Sprung im Spannkraftverlauf abgebildet werden kann. Ein ungewollter Nachlassweg infolge Keilschlupf führt demzufolge mindestens bis zur ersten Umlenkstelle zu einem Spannkraftabfall. Dieses ist jedoch nicht nachteilig, da die zulässige Spannkraft während des Spannvorgangs weiterhin nach Gl. (5.17) bestimmt werden darf. Ein Überspannen ist somit möglich, um die dauerhaft zulässigen Werte nach Gl. (5.18) zu erreichen.

5.7 Vorspannung mit sofortigem Verbund

Geradlinig gespannte Spannglieder mit sofortigem Verbund weisen über die gesamte Länge eine konstante Vorspannkraft auf. Die nach dem Lösen der Spannglieder zulässigen Vorspannkräfte werden nach Gl. (5.18) bestimmt. Innerhalb des Spannbetts weist der Spannstahl die Spannbettkraft $P^{(0)}$ auf (**Abb. 5.13**). Sie wird durch Gl. (5.17) begrenzt.

Aus der Kontinuitätsbedingung erhält man:

$$\varepsilon_{cp} = \varepsilon_p^{(0)} - \varepsilon_p \tag{5.21}$$

$$\varepsilon_p^{(0)} = \frac{P^{(0)}}{E_p \cdot A_p} \tag{5.22}$$

$$\varepsilon_p = \frac{P_0}{E_p \cdot A_p} \tag{5.23}$$

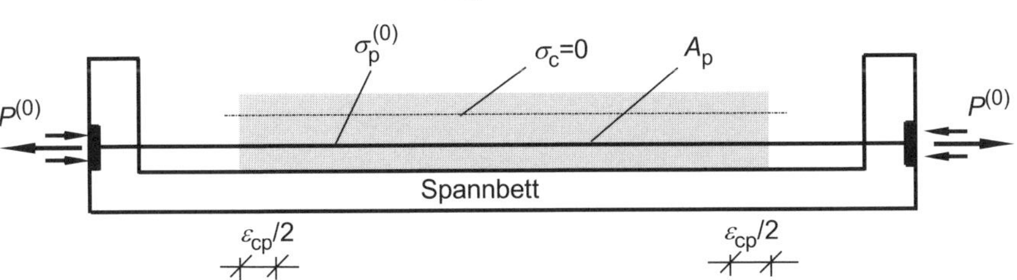

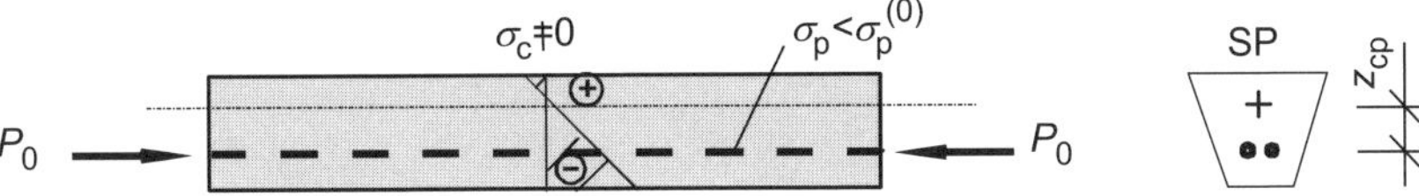

Abb. 5.13 Spannkräfte im Spannbett

$$\varepsilon_{cp} = \frac{\sigma_{cp}}{E_c} = \frac{P_0}{E_c \cdot A_{net}} \tag{5.24}$$

Die Gln. (5.22) bis (5.24) in (5.21) eingesetzt und das Ergebnis mit Gl. (1.8) vereinfacht:

$$\frac{P_0}{E_c \cdot A_{net}} = \frac{P^{(0)}}{E_p \cdot A_p} - \frac{P_0}{E_p \cdot A_p}$$

$$P_0 \cdot \left(\frac{1}{A_{net} \cdot E_c} + \frac{1}{A_p \cdot E_p} \right) = P^{(0)} \cdot \frac{1}{A_p \cdot E_p} \tag{5.25}$$

$$P^{(0)} = P_0 \cdot \frac{A_{net} + \alpha_e \cdot A_p}{A_{net}} = P_0 \cdot \frac{A_i}{A_{net}} \quad \textit{oder} \tag{5.26}$$

$$P^{(0)} = P_0 \cdot \left(1 + \alpha_e \cdot \rho_{p,net}\right) \tag{5.27}$$

mit: $$\rho_{p,net} = \frac{A_p}{A_{net}} \tag{5.28}$$

Damit ist die Spannbettkraft für zentrische Vorspannung bestimmbar. Bei außermittiger Spanngliedführung kann die Spannkraft über die Kontinuitätsbedingung in Höhe des Spanngliedes bestimmt werden. Man erhält:

$$P^{(0)} = P_0 \cdot \left(1 + \alpha_e \cdot \rho_{p,net} + \frac{\alpha_e \cdot A_p \cdot z_{cp,net}^2}{I_{net}} \right) \tag{5.29}$$

6 Spannweg und Spannprotokoll

6.1 Berechnung für ein Spannglied

6.1.1 Spannweg

Der Spannweg setzt sich zusammen aus den Dehnungen im Spannstahl Δl_p und Stauchungen im Beton Δl_c. Weiterhin ist ein evtl. auftretender Schlupf im Festanker Δl_w zu berücksichtigen. Er ist der jeweiligen Zulassung zu entnehmen.

$$\Delta l = \Delta l_\mathrm{p} + \Delta l_\mathrm{c} + \Delta l_\mathrm{w} \tag{6.1}$$

Für die Berechnung werden Beton und Spannstahl als elastische Werkstoffe vorausgesetzt. Nach der Elastizitätstheorie gilt:

$$\Delta l = \int_0^l \varepsilon \, \mathrm{d}x = \int_0^l \frac{N}{E \cdot A} \mathrm{d}x \tag{6.2}$$

Spannstahl:

$$\Delta l_\mathrm{p} = \int_0^{l_\mathrm{p}} \frac{P(s)}{E_\mathrm{p} \cdot A_\mathrm{p}} \mathrm{d}s \approx \frac{1}{E_\mathrm{p} \cdot A_\mathrm{p}} \int_0^{l_\mathrm{c}} P(x) \mathrm{d}x \tag{6.3}$$

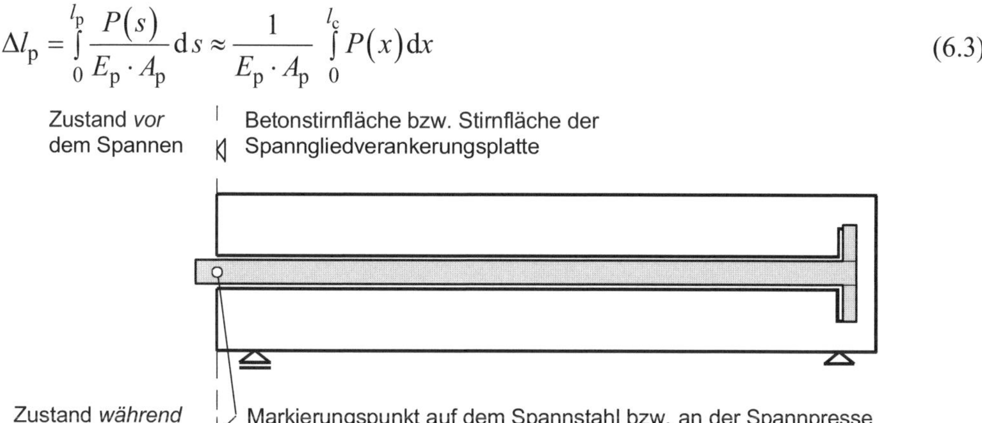

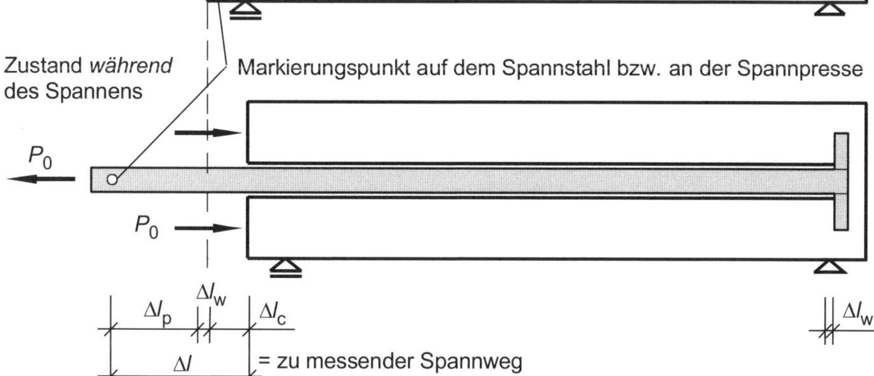

Abb. 6.1 Spannweg

Da der Spannstahlanteil nach Gl. (6.3) der bestimmende Summand in Gl. (6.1) ist, kann der Spannweg anschaulich (und genähert) als Fläche unter der Kurve in **Abb. 5.5** interpretiert werden. Die Betonstauchung und der Schlupf im Festanker verändern diese Fläche nicht mehr wesentlich.

Bei üblichen Bauteilschlankheiten $\leq l_{eff}/20$ ist die Länge des Spannglieds l_p nur unwesentlich länger als die zugehörige Bauteillänge l_c in x-Richtung (**Beispiel 5.1**) und wird daher durch l_p substituiert. Als zu integrierende Funktion der Vorspannkraft in Gl. (6.3) ist hierbei die EULER-Funktion entsprechend Gl. (5.12) zu verwenden. In praktischen Fällen wird zweckmäßig numerisch integriert. In der nachfolgenden Gleichung ist $P_i(x)$ die mittlere Vorspannkraft in einem Intervall (**Abb. 5.5**).

$$\Delta l_p \approx \frac{1}{E_p \cdot A_p} \sum_i \left[P_i(x) \mathrm{d}x \right] \tag{6.4}$$

Bei Linearisierung des Spannkraftverlaufs längs des Spannglieds ergibt sich:

$$\Delta l_p \approx \frac{\left[P(x=0) + P(x=l_c) \right] \cdot l_c}{2 \cdot E_p \cdot A_p} = \frac{(P_{0E} + P_1) \cdot l_c}{2 \cdot E_p \cdot A_p} \tag{6.5}$$

Beton:

$$\Delta l_c = \int_0^{l_c} \frac{|P(x)|}{E_c \cdot A_{net}} \mathrm{d}x \approx \int_0^{l_c} \frac{|N_c|}{E_c \cdot A_c} \mathrm{d}x \text{ [8]} \tag{6.6}$$

Bei konstanten Bauteilabmessungen erhält man:

$$\Delta l_c \approx \frac{(P_{0E} + P_1) \cdot l_c}{2 \cdot E_c \cdot A_c} \tag{6.7}$$

Die Betonstauchung ist deutlich kleiner als die Spannstahldehnung. Daher ist Gl. (6.7) selbst bei größeren Spanngliedlängen ausreichend genau.

Zum Messen des Spannweges wird neben der Messung bei Erreichen der Spannkraft P_0 (mindestens) eine zweite Messung benötigt. Der Startpunkt beim Vorspannen kann aus dem nachfolgend erläuterten Grund nicht verwendet werden: Im spannungslosen Zustand liegen die Spannglieder auf der Hüllrohrunterseite. Beim Anspannen versucht das Spannglied zunächst die kürzestmögliche Verbindung zwischen Spann- und Festanker zu erreichen. Es legt sich dabei an die zum Krümmungsmittelpunkt zeigenden Seiten des Hüllrohrs an. Diese Beseitigung des Spanngliеddurchhangs würde die Messung der

[8] Dem Leser mit Vorkenntnissen im Spannbetonbau wird auffallen, dass die Gl. (6.6) in dieser einfachen Form nur bei zentrischer Vorspannung gilt. Allgemein müsste auch die Stauchung aus dem Momentenanteil der Vorspannkraft berücksichtigt werden:

$$\Delta l_c = \int_0^{l_c} \frac{|N_c|}{E_c \cdot A_{net}} \mathrm{d}x + \int_0^{l_c} \frac{|M_p|}{E_c \cdot W_c} \mathrm{d}x$$

Die Auswirkungen des Vorspannmomentes werden hier aus didaktischen Gründen nicht betrachtet. Der zweite Term kann bei üblichen Hochbauten vernachlässigt werden. Bei großen Bauteilhöhen (z. B. Brücken großer Stützweite) ist der zweite Term zu berücksichtigen.

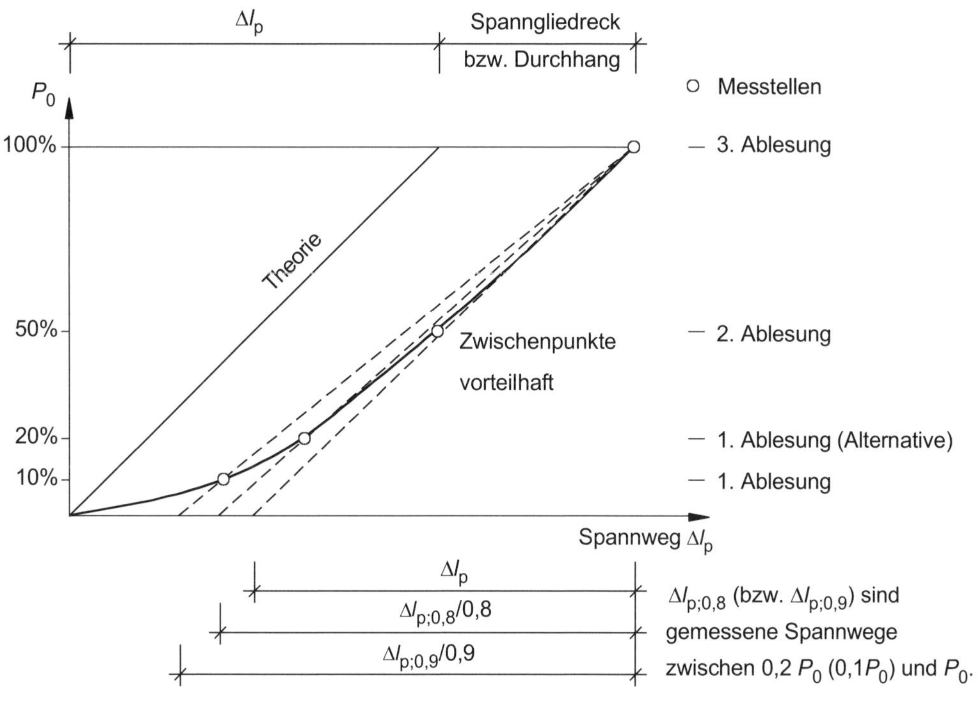

Abb. 6.2 Auswirkung des Spanngliedddurchhangs

Spannwege verfälschen (**Abb. 6.2**), wenn der Nullpunkt als weitere Messstelle verwendet würde. Daher erfolgt die Startmessung bei 10 % (oder auch 20 %) der Spannkraft P_0 und der gemessene Wert des Spannweges wird durch 0,9 (bzw. 0,8) dividiert.

6.1.2 Nachlassweg

Der Blockierungspunkt wurde bereits in **Abb. 5.5** eingetragen, bisher wurde aber noch nicht geklärt, wie viel das Spannglied nachgelassen werden muss, damit genau dieser Punkt erreicht wird. Dieser Nachlassweg wird nachfolgend bestimmt:

$$\Delta l_{sn} = \Delta l_{pl} - \Delta l_{sl} \tag{6.8}$$

mit: Δl_{sn} gemessener Nachlassweg an der Presse (to slacken)

Δl_{pl} geplanter Nachlassweg (to plan)

Δl_{sl} Keilschlupf (to slip))

Der geplante Nachlassweg bestimmt sich aus den Formänderungen der Spannkraftdifferenzen zwischen Anker und Blockierungspunkt (**Abb. 6.3**, Detail 1). Da die Betonstauchung an den gesamten Dehnungen nur einen kleinen Anteil hat, kann die Verminderung der Betonstauchung infolge des Rückgangs der Spannkraft von P_0 auf P_{0E} vollständig vernachlässigt werden. Damit ist der Nachlassweg nur noch vom Spannstahl abhängig.

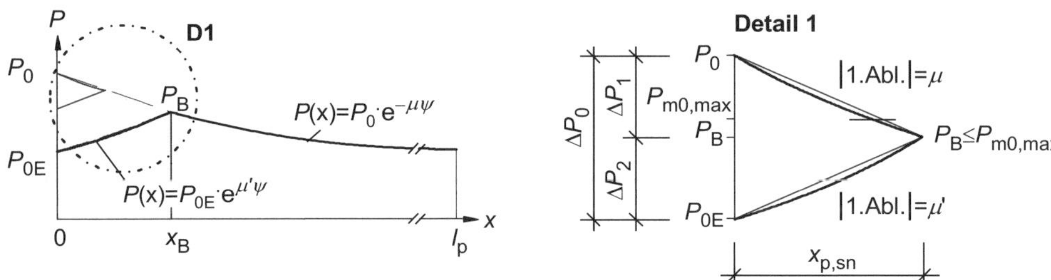

Abb. 6.3 Nachlassweg

$$\Delta l_{sn} = \int_0^{x_B} \frac{\left(P_0 \cdot e^{-\mu\psi} - P_{0E} \cdot e^{\mu'\psi}\right)}{E_p \cdot A_p} \, dx \tag{6.9}$$

Bei Linearisierung der EULER-Funktion ergibt sich hieraus:

$$\Delta l_{sn} \approx \frac{P_0 - P_{0E}}{2 \cdot E_p \cdot A_p} \cdot x_B = \frac{\Delta P_0}{2 \cdot E_p \cdot A_p} \cdot x_B \tag{6.10}$$

$$\frac{P_0 - P_B}{x_B} = \frac{P_0 - P(x)}{x} \qquad \text{und damit} \quad x_B \approx \frac{P_0 - P_B}{P_0 - P(x)} \cdot x \tag{6.11}$$

Die Spannkraftverluste ΔP_1 und ΔP_2 sind direkt abhängig von den Reibungskoeffizienten (**Abb. 6.3**, Detail 1):

$$\frac{\Delta P_1}{\mu} = \frac{\Delta P_2}{\mu'} \quad \Rightarrow \quad \Delta P_2 = \Delta P_1 \cdot \frac{\mu'}{\mu}$$

$$\Delta P_0 = \Delta P_1 + \Delta P_2 = \Delta P_1 \cdot \left(1 + \frac{\mu'}{\mu}\right) \tag{6.12}$$

eingesetzt in Gl. (6.10):

$$\Delta l_{sn} = \frac{\Delta P_1 \cdot \left(1 + \frac{\mu'}{\mu}\right)}{2 \cdot E_p \cdot A_p} \cdot x_B \tag{6.13}$$

Der Dreisatz für zwei beliebige Punkte liefert:

$$\frac{\overbrace{P_0 - P_B}^{\Delta P_1}}{x_B} = \frac{P_0 - P(x)}{x} \qquad \Rightarrow \quad x_B = \frac{\Delta P_1}{P_0 - P(x)} \cdot x \tag{6.14}$$

Die Gleichungen (6.13) und (6.14) können gleichgesetzt werden:

$$\Delta P_1^2 = \frac{\left[P_0 - P(x)\right] \cdot 2 \cdot E_p \cdot A_p \cdot \Delta l_{sn}}{x \cdot \left(1 + \frac{\mu'}{\mu}\right)}$$

eingesetzt in Gl. (6.12) und daraus die Wurzel gezogen:

$$\Delta P_0 = \sqrt{\frac{2 \cdot \Delta l_{sn}}{x} \left(1 + \frac{\mu'}{\mu}\right) \cdot E_p \cdot A_p \cdot \left[P_0 - P(x)\right]} \tag{6.15}$$

$$P_{0\mathrm{E}} = P_0 - \Delta P_0 \tag{6.16}$$

Entsprechend der Linearisierung in **Abb. 6.3**, Detail 1 ist $\frac{P_{0\mathrm{E}}}{P_\mathrm{B}} = \frac{P_\mathrm{B}}{P_0}$ und damit:

$$P_\mathrm{B} \approx \sqrt{P_0 \cdot P_{0\mathrm{E}}} = \sqrt{P_0 \cdot (P_0 - \Delta P_0)} \tag{6.17}$$

Beispiel 6.1: Spannkraftverlauf

Für die Spannglieder des in **Abb. 4.6** dargestellten Dachbinders ist der Verlauf der maximal erreichbaren Vorspannkraft unter Verwendung der in **Beispiel 4.2** erarbeiteten Spannstrangführung zu ermitteln.

Es werden Litzenspannglieder 6–9 aus St 1570/1770 verwendet. Die Querschnittsfläche einer Litze beträgt 140 mm^2. Die Spannglieder sind 2 Wochen im Hüllrohr, bevor ausgepresst wird.

Kenndaten des Spanngliedes laut Zulassung:

- Reibkennwert (Hüllrohrtyp II): $\mu = \mu' = 0,20$
- Spannkraftverlust durch Reibung im Spannanker: 0,7 %
- Schlupf im Spannanker: $\Delta l_\mathrm{sl} = 6$ mm
- ungewollter Umlenkwinkel: $k = 0,3°/\mathrm{m} = 0,005$ rad/m

Lösung:

Neigung des Spannstranges

Balkenanfang — $x = 0,00$ m

$\psi_\mathrm{p}(x) = y_1'(x) = 0,0126 \cdot x - 0,1519$

$\psi_\mathrm{p,a} = -0,152$ rad

$\psi_\mathrm{p}(x) = y_\mathrm{i}'(x) = \frac{\mathrm{d}y_\mathrm{i}(x)}{\mathrm{d}x}$

Wendepunkt im Randfeld — $x = 0,912 \cdot l_\mathrm{eff} = 27,36$ m

$\psi_\mathrm{p}(x) = y_2'(x) = 0,0082 \cdot x - 0,0976$

$\psi_\mathrm{p,w,r} = 0,0082 \cdot 27,36 - 0,0976 = 0,127$ rad

$\psi_\mathrm{p}(x) = y_\mathrm{i}'(x) = \frac{\mathrm{d}y_\mathrm{i}(x)}{\mathrm{d}x}$

Wendepunkt im Innenfeld — $x = 1,112 \cdot l_\mathrm{eff} = 33,36$ m

$\psi_\mathrm{p}(x) = y_4'(x) = -0,0470 \cdot x + 1,4109$

$\psi_\mathrm{p,w,i} = -0,0470 \cdot 33,36 + 1,4109 = -0,157$ rad

$\psi_\mathrm{p}(x) = y_\mathrm{i}'(x) = \frac{\mathrm{d}y_\mathrm{i}(x)}{\mathrm{d}x}$

Verlaufsfunktion der gewollten Umlenkwinkel

Die Verlaufsfunktion der gewollten Umlenkwinkel ist eine stetig steigende Funktion, die sich aus linearen Teilabschnitten (bedingt durch die parabelförmige Spanngliedführung) zusammensetzt. Der Anstieg der Teilabschnitte kann sich nur in den Wende- und Scheitelpunkten der Parabeln verändern.

$\theta(0\ \mathrm{m}) = 0,000$ rad — Balkenanfang

$\theta(12\text{ m}) = |\psi_{p,a}| = 0{,}152\text{ rad}$ — Scheitelpunkt Randfeld

$\theta(27{,}36\text{ m}) = \theta(12\text{ m}) + |\psi_{p,w,r}|$
$= 0{,}152 + 0{,}127 = 0{,}279\text{ rad}$ — Wendepunkt Randfeld

$\theta(30\text{ m}) = \theta(27{,}36\text{ m}) + |\psi_{p,w,r}|$
$= 0{,}279 + 0{,}127 = 0{,}406\text{ rad}$ — Scheitelpunkt Innenstütze

$\theta(33{,}36\text{ m}) = \theta(30\text{ m}) + |\psi_{p,w,i}|$
$= 0{,}406 + 0{,}157 = 0{,}563\text{ rad}$ — Wendepunkt Innenfeld

$\theta(45\text{ m}) = \theta(33{,}36\text{ m}) + |\psi_{p,w,i}|$
$= 0{,}563 + 0{,}157 = 0{,}720\text{ rad}$ — Scheitelpunkt Innenfeld

Die Werte der zweiten Trägerhälfte können in der gleichen Art und Weise berechnet werden. Zwischen den Werten kann linear interpoliert werden.

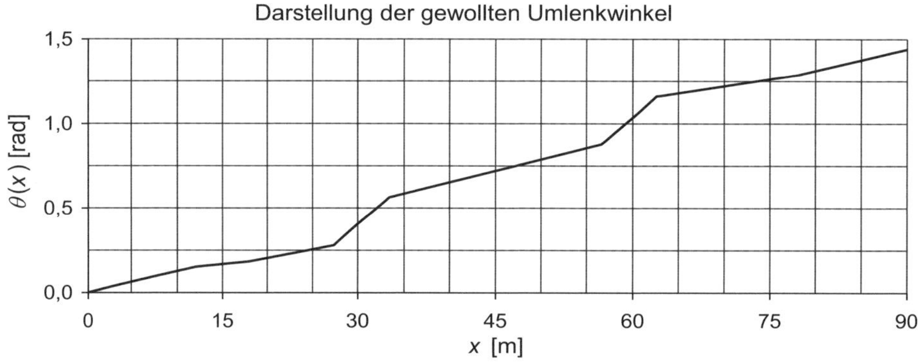

Zulässige Spannkraft je Spannglied

Spannglieder 1 und 2 während des Vorspannens

$$\theta(90\text{ m}) = 2\cdot|\psi_{p,a}| + 4\cdot|\psi_{p,w,r}| + 4\cdot|\psi_{p,w,i}| = 2\cdot 0{,}152 + 4\cdot 0{,}127 + 4\cdot 0{,}157 = 1{,}440$$

Summe der gewollten Umlenkwinkel am Festanker

2 Wochen ungeschützte Lagerung: $\kappa = 1{,}5$

ungeschützte Lage bis 3 Wochen

$$k_\mu = e^{-0{,}2\cdot(1{,}44+0{,}005\cdot 90)\cdot(1{,}5-1)} = 0{,}83$$

(5.20): $k_\mu = e^{-\mu\cdot(\theta(x)+k\cdot x)\cdot(\kappa-1)}$

$$P_{0,\max} = 0{,}83\cdot 9\cdot 140\cdot 10^{-3}\cdot \min\begin{cases}0{,}80\cdot 1770\\ \underline{0{,}90\cdot 1500}\end{cases} = 1412\text{ kN}$$

(5.19): $P_{0,\max} = k_\mu\cdot A_p\cdot \min\begin{cases}0{,}80\cdot f_{pk}\\ 0{,}90\cdot f_{p0,1k}\end{cases}$

$$P_0 = 0{,}993\cdot P_{0,\max} = 0{,}993\cdot 1412 = 1402\text{ kN}$$

0,7 % Reibungsverluste im Spannanker

Spannglieder 3 und 4 während des Vorspannens

$$\theta(33\text{ m}) = \left|\psi_{\text{p,a}}\right| + 2\cdot\left|\psi_{\text{p,w,r}}\right| + \left|\psi_{\text{p,w,i}}\right|\cdot\frac{s_{0,\text{gew,i}}}{s_{\text{w,i}}}$$

$$= 0{,}152 + 2\cdot 0{,}127 + 0{,}157\cdot\frac{0{,}1\cdot l_{\text{eff}}}{0{,}112\cdot l_{\text{eff}}} = 0{,}546$$

Summe der gewollten Umlenkwinkel am Festanker

$$k_{\mu} = \text{e}^{-0{,}2\cdot(0{,}546+0{,}005\cdot 33)\cdot(1{,}5-1)} = 0{,}93$$

(5.20): $k_{\mu} = \text{c}^{-\mu\cdot(\theta(x)+k\cdot x)\cdot(\kappa-1)}$

$$P_{0,\max} = 0{,}93\cdot 9\cdot 140\cdot 10^{-3}\cdot\min\begin{cases}0{,}80\cdot 1770\\ \underline{0{,}90\cdot 1500}\end{cases}$$

$$= 1582\text{ kN}$$

(5.19): $P_{0,\max} = k_{\mu}\cdot A_{\text{p}}\cdot\min\begin{cases}0{,}80\cdot f_{\text{pk}}\\ 0{,}90\cdot f_{\text{p0,1k}}\end{cases}$

$$P_0 = 0{,}993\cdot P_{0,\max} = 0{,}993\cdot 1582 = 1571\text{ kN}$$

0,7 % Reibungsverluste im Spannanker

Spannglieder 1 bis 4 permanent

$$P_{\text{m0,max}} = 9\cdot 140\cdot 10^{-3}\cdot\min\begin{cases}0{,}75\cdot 1770\\ \underline{0{,}85\cdot 1500}\end{cases} = 1607\text{ kN}$$

(5.18): $P_{\text{m0,max}} = A_{\text{p}}\cdot\min\begin{cases}0{,}75\cdot f_{\text{pk}}\\ 0{,}85\cdot f_{\text{p0,1k}}\end{cases}$

Spannkraftverlauf

Spannglieder 1 und 2

$$P(90) = P_1 = 1402\cdot\text{e}^{-0{,}2\cdot(1{,}44+0{,}005\cdot 90)} = 961\text{ kN}$$

(5.12): $P(x) = P_0\cdot\text{e}^{-\mu\cdot(\theta(x)+k\cdot x)}$

$\Delta l_{\text{sn}} = \Delta l_{\text{sl}}$ (kein geplanter Nachlassweg)

$$\Delta P_0 = \sqrt{\frac{2\cdot\Delta l_{\text{sn}}}{x}\cdot\left(1+\frac{\mu'}{\mu}\right)\cdot E_{\text{p}}\cdot A_{\text{p}}\cdot\left[P_0 - P(x)\right]}$$

$$= \sqrt{\frac{2\cdot 6}{90\cdot 10^3}\cdot 2\cdot 195000\cdot 9\cdot 140\cdot 10^{-3}\cdot(1402-961)}$$

$$= 170\text{ kN}$$

(6.15): Spannkraftverlust infolge Schlupf im Spannanker

$$P_{\text{B}} = \sqrt{1402\cdot(1402-170)}$$

$$= 1314\text{ kN} \ll P_{\text{m0,max}} = 1607\text{ kN}$$

(6.17): $P_{\text{B}} = \sqrt{P_0\cdot(P_0 - \Delta P_0)}$

$$P_{0\text{E}} = 1402 - 170 = 1232\text{ kN}$$

(6.16): $P_{0\text{E}} = P_0 - \Delta P_0$

$$x_{\text{B}} \approx \frac{1402-1314}{1402-961}\cdot 90 = 18{,}0\text{ m}$$

(6.11): $x_{\text{B}} \approx \dfrac{P_0 - P_{\text{B}}}{P_0 - P(x)}\cdot x$

$$P(x) = \begin{cases}1232\cdot\text{e}^{\mu'(\theta(x)+k\cdot x)} & \text{wenn } x \le 18{,}0\text{ m}\\ 1402\cdot\text{e}^{-\mu(\theta(x)+k\cdot x)} & \text{wenn } x > 18{,}0\text{ m}\end{cases}$$

Funktion zur Beschreibung der Spannkraft in den Spanngliedern 1 und 2

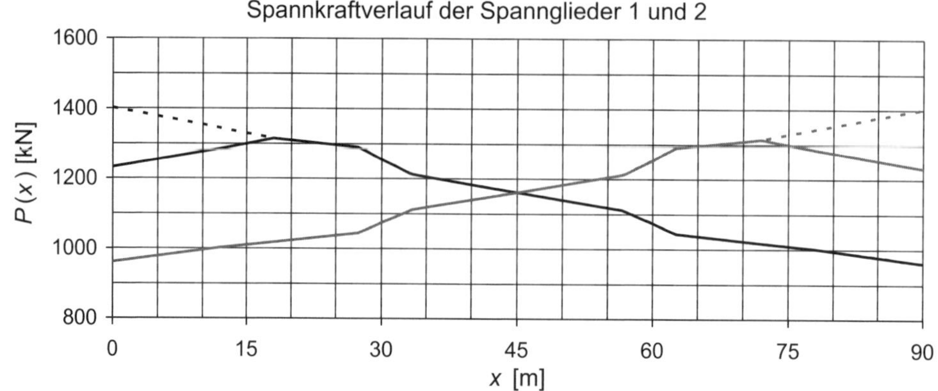

Spannglieder 3 und 4

$$P(33) = P_1 = 1571 \cdot e^{-0{,}2\cdot(0{,}546+0{,}005\cdot 33)} = 1363 \text{ kN}$$

(5.12): $P(x) = P_0 \cdot e^{-\mu\cdot(\theta(x)+k\cdot x)}$

$\Delta l_{sn} = \Delta l_{sl}$ (kein geplanter Nachlassweg)

$$\Delta P_0 = \sqrt{\frac{2\cdot \Delta l_{sn}}{x}\cdot\left(1+\frac{\mu'}{\mu}\right)\cdot E_p \cdot A_p \cdot \left[P_0 - P(x)\right]}$$

$$= \sqrt{\frac{2\cdot 6}{33\cdot 10^3}\cdot 2\cdot 195000\cdot 9\cdot 140\cdot 10^{-3}\cdot(1571-1363)}$$

$$= 193 \text{ kN}$$

(6.15): Spannkraftverlust infolge Schlupf im Spannanker

$$P_B = \sqrt{1571\cdot(1571-193)}$$

$$= 1471 \text{ kN} \ll P_{m0,max} = 1607 \text{ kN}$$

(6.17): $P_B = \sqrt{P_0 \cdot (P_0 - \Delta P_0)}$

$$P_{0E} = 1571 - 193 = 1378 \text{ kN}$$

(6.16): $P_{0E} = P_0 - \Delta P_0$

$$x_B \approx \frac{1571-1471}{1571-1363}\cdot 33 = 16{,}0 \text{ m}$$

(6.11): $x_B \approx \dfrac{P_0 - P_B}{P_0 - P(x)}\cdot x$

$$P(x) = \begin{cases} 1378\cdot e^{\mu'(\theta(x)+k\cdot x)} & \text{wenn } x \le 16{,}0 \text{ m} \\ 1571\cdot e^{-\mu(\theta(x)+k\cdot x)} & \text{wenn } 16{,}0 < x \le 33{,}0 \text{ m} \end{cases}$$

Funktion zur Beschreibung der Spannkraft in den Spanngliedern 3 und 4

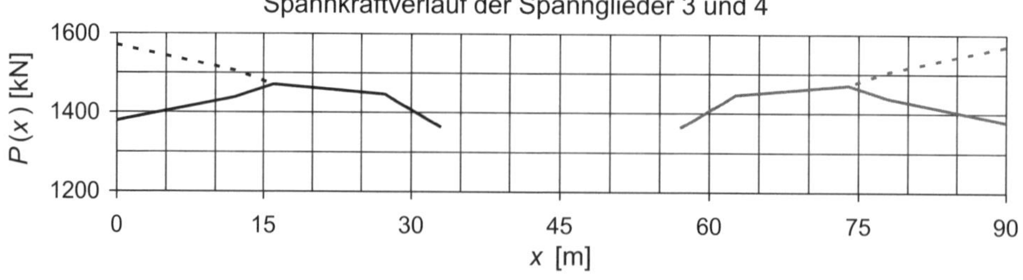

Tafel 6.1 Gründe für Spannkraft- bzw. Spannwegfehler (vgl. **Abb. 5.8**)

Proportionale Auswirkungen (Kurve 1)	Überproportionale Auswirkungen (Kurve 2)	Auswirkungen örtlicher Störungen (Kurve 3)
– Streuung des Reibungsbeiwertes von Litzenspanngliedern (unterschiedliche Reibungsbeiwerte zwischen den einzelnen Litzen und dem Hüllrohr) – falsche Annahmen zum ungewollten Umlenkwinkel (Unterstützungsabstand der Hüllrohre auf Baustelle anders als in Rechnung) – falsche Annahmen zum gewollten Umlenkwinkel (waagerechte Verziehungen von Spanngliedern im Grundriss nicht berücksichtigt, da bei Berechnung noch nicht bekannt) – Flugrost (Erhöhung des Reibungsbeiwertes auf 1,5 bis 2fachen Wert)	– Anzeigeungenauigkeit der Spannvorrichtung (Pressen sind kalibriert, maximal zulässige Abweichung 5 %) – Pressenreibung anders als geplant, da andere Presse verwendet wird – *E*-Modul Beton (falls erheblich später als geplant vorgespannt wird) – *E*-Modul Spannstahl (Zopfbildungseffekte der Bündelspannglieder führen zu höherem Seilreck) – Querschnittsabweichungen der Baustoffe – Ungenauigkeiten der Spannwegmessung (nur bei kurzen Spanngliedern <10 m wichtig) – Berücksichtigung des Spannglieddurchhanges nicht erfolgt	– örtliche Blockierung bei beweglichen Kopplungen – Verzopfungen der eingestoßenen Litzen – Betonpfropfen infolge Eindringen von Beton bei defektem Hüllrohr – eingedrückte Hüllrohre bei starken Krümmungen und erhöhtem Anpressdruck – örtlich begrenzter Rost im Hüllrohr – Einbaufehler

6.2 Kontrollen und Maßnahmen bei Abweichungen

6.2.1 Maßnahmen der Bauausführung

Zulässige Grenzwerte

Die Spannwege werden zusätzlich zu den Spannkräften gemessen, um eine Vorspannung des gesamten Spanngliedes entsprechend den Planungsvorgaben sicherzustellen. Weicht die erzielte Spannkraft oder der erzielte Spannweg um mehr als

- ±10 % von dem geplanten Wert des Einzelspanngliedes *oder*
- ±5 % von der Summe der geplanten Werte aller in einem Querschnitt liegenden Spannglieder

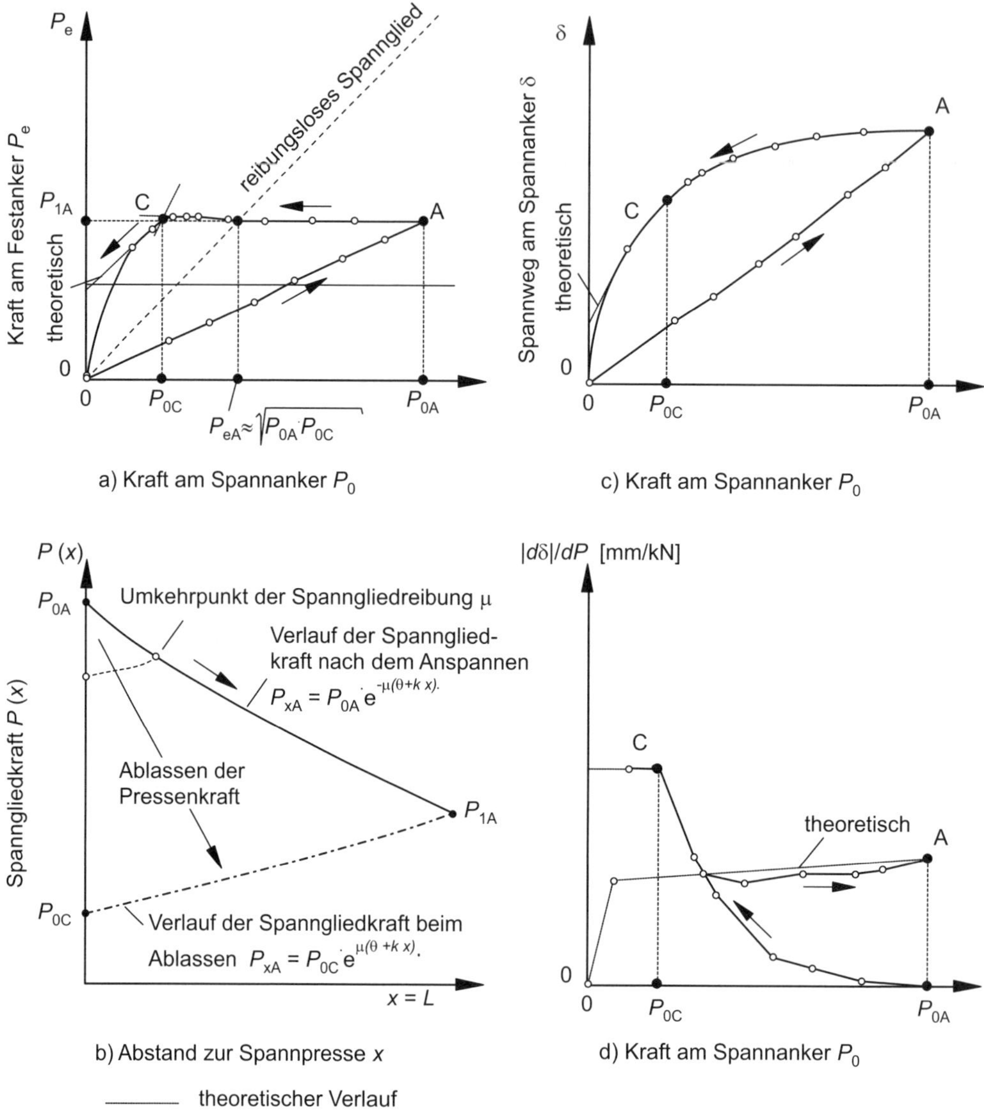

Abb. 6.4 Feststellen von Spannkraftfehlern nach der Umkehrmethode

ab, sind Nachbesserungsmaßnahmen vorzusehen, die mit der zuständigen Bauaufsichtsbehörde abzustimmen sind ([DIN 1045-3 – 12], 2.7.11). Mögliche Gründe für Abweichungen von den Sollwerten gibt **Tafel 6.1**.

Als zuerst zu ergreifende Maßnahmen bei Abweichungen von den Planungsvorgaben sind denkbar:

- Überprüfung der Spanngeräte (Manometeranzeige)
- Überprüfung der Baustoffkennwerte (Elastizitätsmoduli), ggf. Querschnittswerte bei kleinen Querschnitten
- Überprüfung der Dehnwegberechnung (Fehler in Rechnung?)

- Ablassen des Spanngliedes und erneutes Anspannen, um Keilschlupf zu überprüfen
- Überprüfung, ob Verklemmung der Spanndrähte vorliegt (Überspannen, Ablassen und abermaliges Anspannen)
- bei zu geringem Dehnweg Aufbringen von Längsschwingungen, um Reibungsbeiwert zu vermindern.

Umkehrmethode

Die Umkehrmethode ([Hegger et al. – 00]) wird anhand von **Abb. 6.4** erläutert. Am Spannanker wird auf die Spannkraft $P_{0\,\mathrm{A}}$ vorgespannt. In dieser Situation wird am Festanker $P_{1\,\mathrm{A}}$ erreicht (Abb. 6.4a). Bei Annahme einer unbekannten Reibung ist dann die Kraft $P_{1\,\mathrm{A}}$ unbekannt. Während des Spannvorgangs nimmt der Spannweg annähernd proportional zu (Abb. 6.4c). Abb. 6.4b zeigt mit der durchgezogenen Linie den üblichen Spannkraftverlauf. Nun wird die Spannkraft am Spannanker wieder abgelassen. In Abb. 6.4a ist zu sehen, dass sie an der Presse sofort sinkt, während die Kraft am Festanker solange konstant bleibt, bis der Blockierungspunkt (=Umkehrpunkt) den Festanker erreicht. Der Rückgang des Spannweges ist durch das immer größer werdende Dreieck (in Abb. 6.4b grau angelegt) bestimmt. Er nimmt zunächst langsam, dann immer schneller ab. Im Punkt C hat der Blockierungspunkt den Festanker erreicht. Die zugehörige Kraft ist unbekannt, es gilt $P_{1\,\mathrm{A}} = P_{1\mathrm{C}}$. Beim weiteren Nachlassen stellt sich eine lineare Funktion für den Nachlassweg ein. Theoretisch müsste zwar eine kleine Kraft im Festanker verbleiben ($P_{1\,\mathrm{A}} > 0$), in Versuchen wurde jedoch gezeigt, dass der Wert 0 erreicht wird, d. h. auch der Spannweg geht wieder auf null zurück. Unbekannt ist auch die Pressenkraft $P_{0\mathrm{C}}$, wenn der Blockierungspunkt den Festanker erreicht. Sie wird deutlich erkennbar, wenn der Spannweg nach der Pressenkraft abgeleitet wird.

$$\frac{\mathrm{d}\delta}{\mathrm{d}P}(P_\mathrm{i}) = \frac{\delta(P_\mathrm{i}) - \delta(P_{\mathrm{i}-1})}{P_\mathrm{i} - P_{\mathrm{i}-1}} \tag{6.18}$$

mit: $\mathrm{d}\delta/\mathrm{d}P(P_\mathrm{i})$ Ableitung des Spannweges δ nach der Spannkraft P am Spannanker bei Laststufe i

P_i, $P_{\mathrm{i}-1}$ Spannkraft am Spannanker in den Laststufen i und $i-1$

Diese Ableitung ist in Abb. 6.4d dargestellt. Der Punkt C tritt deutlich hervor, die Spannkraft $P_{0\mathrm{C}}$ kann auf der Abzisse abgelesen werden. Damit liegt ein Verfahren vor, mit dem auch an nicht zugänglichen Festankern die Spannkraft bestimmt werden kann.

Digitale Aufzeichnung der Spannkräfte und -wege

Die Dokumentation der gesamten Spannarbeiten erfolgt indirekt, die Messwerte werden vom Menschen abgelesen und in eine Tabelle eingetragen. Hierbei werden auch nur die Messergebnisse von zwei oder drei Messstellen für das Anspannen eines Spanngliedes dokumentiert. Es sind menschliche Fehler oder auch Manipulationen beim Auftreten von Schwierigkeiten möglich. Besser ist daher, die Messungen direkt aus den Daten der Presse zu dokumentieren. Die Vorspannkraft kann direkt über einen Drucksensor für den Öldruck der Presse, der Spannweg über einen Wegaufnehmer am Kolben gemessen und online in eine Datenbank eingetragen werden. Hierfür ist zunächst ein Notebook erforderlich, aber (zukünftig) auch mittels Telekommunikation ein stationärer Rechner denkbar. Die Spanndaten werden hierdurch sofort archiviert. Damit ist der Spannvorgang nachträglich jederzeit reproduzierbar und die Ursachen von Fehlern können besser ergründet werden. Manipulationen während des Spannvorgangs werden erschwert.

Im Forschungsvorhaben [Rombach – 01] wurden die Möglichkeiten für eine digitale Erfassung geschaffen und praktisch erprobt (Genaueres siehe [Rombach – 02]).

6.2.2 Ermöglichen des Überspannens

Es wurde gezeigt, dass ein Spannkraftfehler mit der Folge zu geringer Spannkräfte durch Überspannen beseitigt werden kann (**Abb. 5.7**). Da das Überspannen bei einer planmäßigen zulässigen Spannung nahe der Fließgrenze (vgl. Gl. (5.17)) praktisch nicht möglich ist, wird eine Überspannreserve erzeugt, indem der Abminderungsbeiwert k_μ gemäß Gl. (5.19) eingeführt wird.

6.2.3 Planung einer robusten Spanngliedführung

In äußerst seltenen Fällen lässt auch die Spannwegmessung Fehler unerkannt, z. B. wird Kurve 3b in **Abb. 5.8** praktisch zu keiner Veränderung des Spannweges führen. Der Spannweg bei planmäßigem Spannkraftverlauf soll sich von dem bei unplanmäßigem Verlauf deutlich unterscheiden. Wie bereits erwähnt, liefert Gl. (6.3) den maßgebenden Anteil für den gesamten Spannweg nach Gl. (6.1). Demzufolge gilt:

$$\Delta l^{\text{soll}} \approx \frac{1}{E_\text{p} \cdot A_\text{p}} \int_0^{l_\text{c}} P^{\text{soll}}(x)\,\text{d}x = \frac{1}{E_\text{p} \cdot A_\text{p}} \int_0^{l_\text{c}} P_0 \cdot \text{e}^{\mu^{\text{soll}}(\theta + k \cdot x)} \text{d}x \tag{6.19}$$

$$\Delta l^{\text{ist}} \approx \frac{1}{E_\text{p} \cdot A_\text{p}} \int_0^{l_\text{c}} P^{\text{ist}}(x)\,\text{d}x = \frac{1}{E_\text{p} \cdot A_\text{p}} \int_0^{l_\text{c}} P_0 \cdot \text{e}^{\mu^{\text{ist}}(\theta + k \cdot x)} \text{d}x \tag{6.20}$$

$$\mu^{\text{ist}} = \kappa \cdot \mu^{\text{soll}} \quad \text{mit} \quad \kappa > 1 \tag{6.21}$$

Mit Gl. (6.19) bis (6.21) lässt sich die prozentuale Spannwegabweichung bestimmen:

$$\frac{\Delta l^{\text{soll}} - \Delta l^{\text{ist}}}{\Delta l^{\text{soll}}} = \frac{\int_0^{l_\text{c}} \text{e}^{\mu^{\text{soll}}(\theta + k \cdot x)} \text{d}x - \int_0^{l_\text{c}} \text{e}^{\mu^{\text{ist}}(\theta + k \cdot x)} \text{d}x}{\int_0^{l_\text{c}} \text{e}^{\mu^{\text{soll}}(\theta + k \cdot x)} \text{d}x} = 1 - \int_0^{l_\text{c}} \text{e}^{\left(\mu^{\text{ist}} - \mu^{\text{soll}}\right)(\theta + k \cdot x)} \text{d}x$$

$$\frac{\Delta l^{\text{soll}} - \Delta l^{\text{ist}}}{\Delta l^{\text{soll}}} = 1 - \int_0^{l_\text{c}} \text{e}^{(\kappa - 1) \cdot \mu^{\text{soll}} \cdot (\theta + k \cdot x)} \text{d}x \tag{6.22}$$

Schon die Tragwerksplanung hat einen Einfluss darauf, ob Abweichungen von den Sollwerten während des Spannvorganges erkannt werden können. **Abb. 5.8** zeigt, das unplanmäßige Spanngliedkräfte gut erkannt werden, wenn sie weit entfernt vom Festanker auftreten (Kurve 3a gegenüber Kurve 3b). Diese Erkenntnis lässt sich nun auf die

Planung übertragen: Der übliche Grund für die Verringerung der Spannkraft ist die Reibung infolge der gewollten Umlenkwinkel θ bzw. der hieraus resultierenden Spanngliedkrümmungen. Große Krümmungen führen zu einem deutlichen Abfall der Funktion $P(x)$. Änderungen des Reibungsbeiwertes wirken sich hier stark aus. Sofern die Spannglieder weit entfernt vom Festanker große Krümmungen aufweisen, werden demzufolge bei einem höheren Reibungsbeiwert deutliche Abweichungen im Spannweg auftreten, während bei großen Krümmungen kurz vor dem Festanker nur unmerkliche Abweichungen auftreten. Dies soll im folgenden realistischen **Beispiel 6.2** gezeigt werden.

Beispiel 6.2: Robuste Spanngliedführung

Der in **Abb. 6.5** dargestellte Spannbetonbalken mit einer Spannweite l_{eff} von 25 m wird im Wesentlichen durch zwei Einzellasten beansprucht. Die Eigenlast ist unwesentlich und soll im Beispiel vernachlässigt werden. Die maßgebende Stelle für die Bemessung tritt im Bereich des Maximalmomentes dort auf, wo die Vorspannkraft am kleinsten wird.[9] Es werden zwei Spannglieder wie skizziert angeordnet, die beide von links gespannt werden. Die Werte sind einer Zulassung für ein Spannglied mit 4 Litzen 0,6" aus St 1570/1770 entnommen. Im Spannanker entsteht ein Verlust von 1,3 %.

$E_p = 195000 \text{ N/mm}^2$

$A_p = 4 \cdot 140 = 560 \text{ mm}^2$

$\mu = 0,24 \qquad k = 0,3$

Es soll untersucht werden, ob die Spanngliedführungen gleichwertig sind.

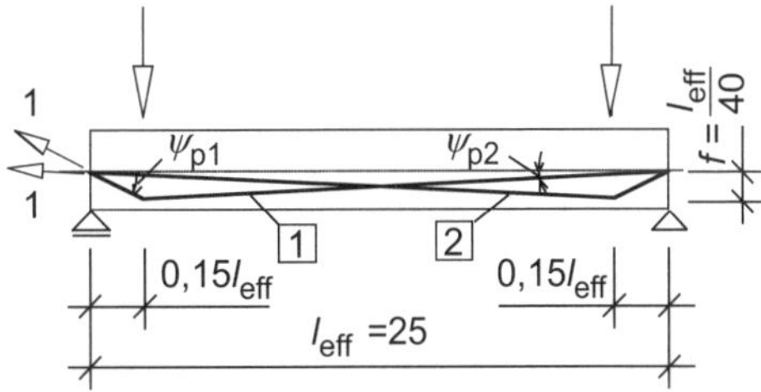

Abb. 6.5 Balken mit 2 Spanngliedern unter 2 Einzellasten

Lösung:

$$\psi_{p1} = \arctan \frac{l_{eff}}{40 \cdot 0,15 l_{eff}} = 9,46° \triangleq 0,165 \text{ rad}$$

$$\psi_{p2} = \arctan \frac{l_{eff}}{40 \cdot 0,85 l_{eff}} = 1,68° \triangleq 0,029 \text{ rad}$$

θ ist je nach Stelle x und Spannglied entweder 0 oder $\psi_{p1} + \psi_{p2}$

$$P_{0,max} = 0,987 \cdot 560 \cdot \min \begin{cases} 0,80 \cdot 1770 \\ \underline{0,90 \cdot 1500} \end{cases} = 746 \text{ kN}$$

(5.17):

$$P_{0,max} = A_p \cdot \min \begin{cases} 0,80\ f_{pk} \\ 0,90\ f_{p0,1k} \end{cases}$$

Es ergibt sich damit der planmäßige Spannkraftverlauf $P^{soll}(x)$ gemäß **Abb. 6.6**. Man erkennt, dass die für die Bemessung maßgebende Stelle unter der rechten Einzellast liegt und beide Spannglieder an dieser Stelle denselben Spannkraftverlust aufweisen. Wenn jetzt unterstellt wird, dass beim Vorspannen um 50 % höhere Reibungsbeiwerte auftreten, ergeben sich die ebenfalls in **Abb. 6.6** dargestellten Spannkraftverläufe $P^{ist}(x)$.

---

9 Die Schnittgrößenermittlung wird in Kapitel 7 gezeigt.

Die Verluste sind höher, aber an der Stelle unter der rechten Einzellast für beide Spannglieder gleich.

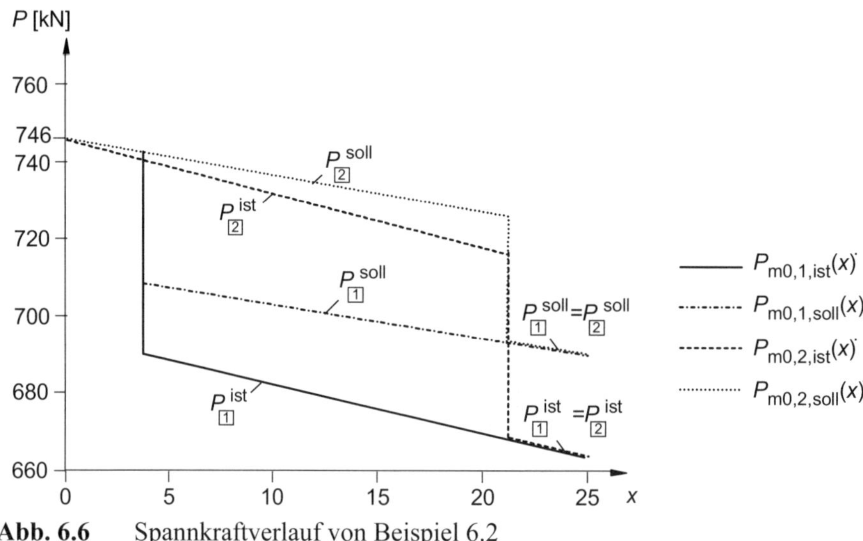

Abb. 6.6 Spannkraftverlauf von Beispiel 6.2

Die unterschiedliche Qualität der Spanngliedführungen zeigt sich, wenn die Spannwege betrachtet werden.

$$\Delta l_{\boxed{1}}^{\text{soll}} \approx \frac{746}{195000 \cdot 560} \int_0^{25} e^{\mu^{\text{soll}}(\theta + k \cdot x)} dx = 161{,}6 \text{ mm}$$

$$\Delta l_{\boxed{2}}^{\text{soll}} \approx \frac{746}{195000 \cdot 560} \int_0^{25} e^{\mu^{\text{soll}}(\theta + k \cdot x)} dx = 167{,}0 \text{ mm}$$

$\kappa = 1{,}5$

$\mu^{\text{ist}} = 1{,}5 \cdot 0{,}3 = 0{,}45$

$$\Delta l_{\boxed{1}}^{\text{ist}} \approx \frac{746}{195000 \cdot 560} \int_0^{l_c} e^{\mu^{\text{ist}}(\theta + k \cdot x)} dx = 157{,}2 \text{ mm}$$

$$\Delta l_{\boxed{2}}^{\text{ist}} \approx \frac{746}{195000 \cdot 560} \int_0^{l_c} e^{\mu^{\text{ist}}(\theta + k \cdot x)} dx = 165{,}2 \text{ mm}$$

$$\frac{\Delta l_{\boxed{1}}^{\text{soll}} - \Delta l_{\boxed{1}}^{\text{ist}}}{\Delta l_{\boxed{1}}^{\text{soll}}} = \frac{161{,}6 - 157{,}2}{161{,}6} = 0{,}027$$

$$\frac{\Delta l_{\boxed{2}}^{\text{soll}} - \Delta l_{\boxed{2}}^{\text{ist}}}{\Delta l_{\boxed{2}}^{\text{soll}}} = \frac{167{,}0 - 165{,}2}{167{,}0} = 0{,}011$$

(6.19):

$$\Delta l^{\text{soll}} \approx \frac{P_0}{E_p \cdot A_p} \int_0^{l_c} e^{\mu^{\text{soll}}(\theta + k \cdot x)} dx$$

vgl. Abschnitt 6.2.2

(6.21): $\mu^{\text{ist}} = \kappa \cdot \mu^{\text{soll}}$

(6.20):

$$\Delta l^{\text{ist}} \approx \frac{P_0}{E_p \cdot A_p} \int_0^{l_c} e^{\mu^{\text{ist}}(\theta + k \cdot x)} dx$$

(6.22):

$$\frac{\Delta l^{\text{soll}} - \Delta l^{\text{ist}}}{\Delta l^{\text{soll}}} = 1 - \int_0^{l_c} e^{(\kappa - 1) \cdot \mu^{\text{soll}} \cdot (\theta + k \cdot x)} dx$$

Bei Spannglied $\boxed{2}$ tritt im Spannweg nur eine Abweichung von 1,8 mm oder 1,1 % auf. Diese Abweichung wird mit großer Wahrscheinlichkeit während der Arbeiten nicht erkannt. Bei Spannglied [1] tritt die ca. 2,5fache Abweichung auf. Sie wird beim Vorspannen erkannt. Die Spannglieder sind also *nicht* gleichwertig!

6.3 Berechnung für mehrere Spannglieder

Üblich sind in einem Bauteil mehrere Spannglieder mit unterschiedlichen Längen und evtl. auch unterschiedlichen Größen. Der Spannweg ist für jedes Spannglied getrennt zu ermitteln. Ähnliche Spanngliedverläufe dürfen für die Spannkraft- und Spannwegberechnung *nicht* zu einem Spannstrang zusammengefasst werden, wie z. B. bei der Schnittgrößenermittlung.

Die in Abschnitt 6.1 hergeleiteten Gleichungen können sinngemäß weiter verwendet werden. Allerdings ist zu beachten, dass die Spannglieder nacheinander angespannt werden. Durch jedes Spannglied wird der Betonquerschnitt weiter gestaucht. Diese Verkürzung wirkt gleichmäßig auf die bereits gespannten Spannglieder. Sie verlieren einen Teil ihrer Vorspannung (siehe **Abb. 6.7**, bzw. **Beispiel 6.3**). Um dies zu vermeiden, sind die Spannglieder unter Beachtung von Gl. (5.17) zu überspannen, um nach Abschluss der Spannarbeiten die Zielvorspannung zu erreichen. Für jedes zu spannende Spannglied i gilt ausgehend von Gl. (6.1):

$$\Delta l_{\mathrm{i}} = \Delta l + \sum_{j=i+1}^{n} \Delta l_{\mathrm{cj}} = \Delta l + \sum_{j=i+1}^{n} \left\{ \int_0^{l_{\mathrm{c}}} \frac{\left|P_{\mathrm{j}}(x)\right|}{E_{\mathrm{c}} \cdot A_{\mathrm{net}}} \mathrm{d}x \right\} \tag{6.23}$$

mit: i aktuell zu spannendes Spannglied
n Gesamtzahl der zu spannenden Spannglieder

6.4 Spannanweisung und Spannprotokoll

6.4.1 Spannanweisung

Die Spannanweisung ist Teil der Technischen Bearbeitung. Sie gibt der Bauausführung alle notwendigen Informationen für den Spannvorgang. Hierzu gehören insbesondere:

- Spannstahlsorte und Spanngliedtyp
- zu verwendende Spannpressen, Pumpen, Messeinrichtungen
- erforderliche Betonfestigkeit beim Vorspannen (siehe **Tafel 3.1**)
- Nummerierung der Spannglieder entsprechend den zugehörigen Spanngliedplänen (jedes Spannglied mit eigener Positionsnummer)
- Reihenfolge des Spannens der Spannglieder
- Angaben zum Absenken von Lehrgerüsten oder zur Beseitigung von Festpunkten im Lehrgerüst.
- Angaben zum Einpressmörtel sowie Auspressen der Hüllrohre.

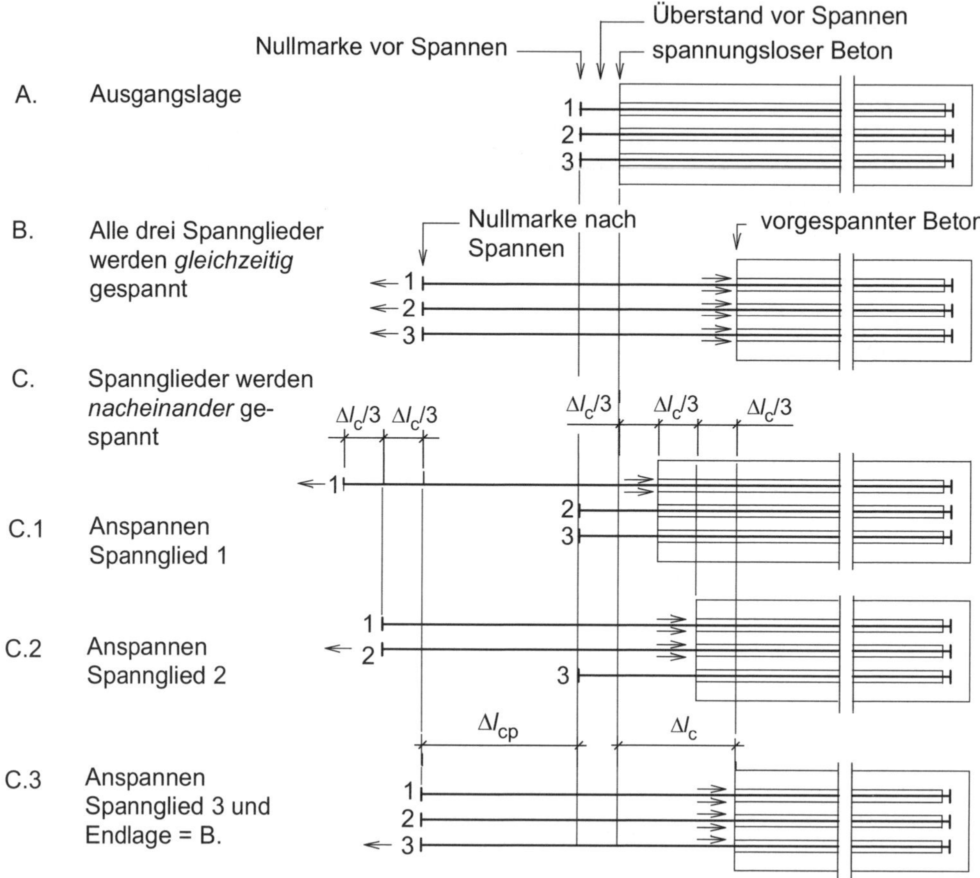

Abb. 6.7 Überspannen einzelner Spannglieder während des Spannvorganges

6.4.2 Spannprotokoll

Im Spannprotokoll werden zunächst die rechnerischen Vorgaben der Technischen Bearbeitung (Angaben 1 bis 27 in **Abb. 6.8**) eingetragen. Beim Vorspannen werden diese durch die gemessenen Werte ergänzt (ab 28 in **Abb. 6.8**).

1. Bezeichnung des verwendeten Spannverfahrens
2. Zugehöriger Plan der Spannbewehrung
3. Zugehöriger Band der Statik
4. Datum der Spannanweisung und Name des Sachbearbeiters
5. Angabe der Größe (Anzahl der Litzen); wenn mehrere Größen verarbeitet werden, wird für jeden Spannglied-Typ eine Seite im Spannprotokoll angelegt.
6. Zugehöriger Spannstahlquerschnitt zu 5
7. Mindestbetonfestigkeit zum Vorspannen nach **Tafel 3.1**
8. Für eine Spanngliedgröße sind unterschiedliche Pressentypen möglich. Die Type wird so gewählt, dass möglichst alle zu spannenden Spanngliedgrößen mit einer Presse gespannt werden können.

DYWIDAG-SYSTEMS INTERNATIONAL DSI — **SPANNWERTE UND SPANNPROTOKOLL** 1
DYWIDAG - AS LITZENSPANNGLIEDER — Seite: 11

Bau ____	Spannglied Typ 5	Spannpresse Typ 8
Bauabschnitt ____	Spannstahlquerschnitt Az 6 mm²	Spannkolbenfläche Ak 9 cm²
Bauteil ____		Spannpresse Nr. 28
Plannummer 2 Statik Nr. 3	erf. Mindest- betonfestigkeit Teilvorspann. 7 N/mm²	Manometer Nr. 28
Spannw. aufgest. am 4 von ____	Vollvorspann. 7 N/mm²	Pressereibung (bei P) 10 %

Datum Teilvorspann. 28
Datum Vollvorspann. 28
Fachbauleiter 28
Vertreter des Bauherrn 28

1	2	3	4	5	6	7	8	9	10	11	12	13	14	15	16	17	18	19	20	21	22	23	24
									Spannkraft				Manometerdr. einschl. Pressenreibung					Litzenüberstand gemessen				Spannweg	
Spann-folge	Spgl.-bezeich-nung	Spann-seite	Spann-glied-länge	Spann-stahlver-längerung	Schlupf	Spann-weg (5)+(6)	Beton-ver-kürzung hinzug.	Spann-weg (7)+(8)	rechne-risch	erforder-lich (10)x(9)/(7)	Nach-lassen	2. An-spannen	bei Zwi-schen-stufe	bei Spann-kraft (11)	Nach-lassen	2. An-spannen	Teil-spannweg Soll (9)x(15-14)/(15)	beim Druck (14)	beim Druck (15) Soll (19)+(18)	beim Druck (15) ist	Teil-spannweg ist (21)-(19)	Ist (22)x(15)/(15)-(14)	Ab-weichung (23)-(9)x100/(9)
l			l	Δl_z	Δl_s	Δl_o	Δl_b	Δl	P_o	P_1	P_2	P_3	p_z	p_1	p_2	p_3	Δl_t	l_x	l_p	$l_{p'}$	$\Delta l_{t'}$	$\Delta l'$	
	Nr.		m	mm	mm	mm	mm	mm	kN	kN	kN	kN	bar	bar	bar	bar	mm	mm	mm	mm	mm	mm	%
12	13	14	15	16	17	18	19	20	21	22	23	23	24	25	26	26	27	29	30	31	32	33	34

Bemerkungen:

nach Pressenprüfzeugnis Nr.:

Total im Mittel 35

Abb. 6.8 Spannprotokoll

9. Die Kenntnis der Spannkolbenfläche der Presse (gemäß 8) ist erforderlich, um den Öldruck (in bar) bestimmen zu können, der der gewünschten Spannkraft entspricht (Öldruck = Spannkraft/Spannkolbenfläche).
10. Die Pressenreibung kennzeichnet den Druckverlust in der Presse. Dieser ist abhängig vom Öldruck (= Spannkraft) und wird für den Öldruck bei Spannkraft P_0 angegeben. Um die gewünschte Spannkraft zu erreichen, muss der Öldruck an der Pumpe um den Druckverlust (Pressenreibung) erhöht werden.
11. Für jeden Spanngliedtyp wird mindestens eine Seite angelegt.
12. Die Spannfolge wird so gewählt, dass während des Vorspannens nicht unplanmäßige Sekundärschnittgrößen auftreten (z. B., wenn in einem zweistegigen Plattenbalken erst die Spannglieder eines Steges und dann die des anderen vorgespannt würden) und die Umsetzvorgänge der Presse gering gehalten werden. Die Spannfolge kann von den aufsteigenden Zeilen abweichen, wenn z. B. mehrere Spanngliedtypen und damit mehrere Seiten des Spannprotokolls vorliegen.
13. Die Spanngliedbezeichnung ist die zugehörige Positionsnummer des Plans entsprechend 2.
14. Die Spannseite ist insbesondere dann wichtig, wenn sich an beiden Enden des Spannglieds Spannanker befinden.
15. Die Spanngliedlänge ist ein Hilfswert zur Ermittlung des Spannstahlbedarfs beim Einstoßen der Litzen und zur Ermittlung der Spannstahlverlängerung nach 16.
16. Spannstahlverlängerung nach Gl. (6.3) und (6.6)
17. Schlupf nach Zulassung
18. Den rechnerischen Spannweg erhält man aus Addition von 16 und 17 (entspricht Gl. (6.1)).

19. Das Spannglied muss um die noch entstehende Betonstauchung entsprechend Gl. (6.23) überspannt werden.
20. Den Soll-Spannweg erhält man aus Addition von 18 und 19.
21. Spannkraft nach Gl. (5.17) oder (5.19)
22. Erhöhung der Spannkraft, um die noch entstehende Betonstauchung auszugleichen. Dabei darf der obere Grenzwert gemäß Gl. (5.17) nicht überschritten werden.
23. Sofern entsprechend **Abb. 5.6** gewollt nachgelassen und wieder angespannt wird, sind hier Zahlenwerte einzusetzen.
24. Zwischenwert entsprechend **Abb. 6.2**, um den Spanngliedddurchhang zu eliminieren.
25. Division der Spannkraft nach 22 durch die Spannkolbenfläche gemäß 9 ergibt den maßgebenden Öldruck.
26. Dito beim Nachlassen und zweiten Anspannen
27. Umrechnung auf den (Soll-) Teilspannweg entsprechend **Abb. 6.2**
28. Die Pressen-Nr., Manometer-Nr., Datum der Spannarbeiten, verantwortlicher Fachbauleiter und Vertreter des Bauherrn werden zur Qualitätssicherung dokumentiert.
29. Litzenüberstand beim Zwischenwert entsprechend 24
30. Sollwert des Litzenüberstandes bei Erreichen der erforderlichen Spannkraft nach 22
31. Istwert des Litzenüberstandes bei Erreichen der erforderlichen Spannkraft nach 22
32. Berechnung des Istwertes des Teilspannweges
33. Berechnung des Istwertes des Spannweges
34. Vergleichen des Sollwertes nach 20 und Istwertes nach 33 und Berechnung der prozentualen Abweichung. Die Abweichung darf nicht mehr als ±10 % entsprechend Abschnitt 6.2 betragen.
35. Vergleichen der mittleren Abweichung aller Werte. Sie darf nicht mehr als ±5 % entsprechend Abschnitt 6.2 betragen.

Beispiel 6.3: Spannkraftverlust infolge elastischer Verformung des Betons beim Anspannen weiterer Spannglieder[10]

Bei dem in **Abb. 6.9** dargestellten Spannbetonbalken aus Beton C30/37 mit einer Länge l_{beam} von 23,5 m sollen die Spannglieder [1] – [3] (Bündelspannglied 6-9) nacheinander gespannt werden. Die Querschnittsfläche einer Litze beträgt 140 mm².

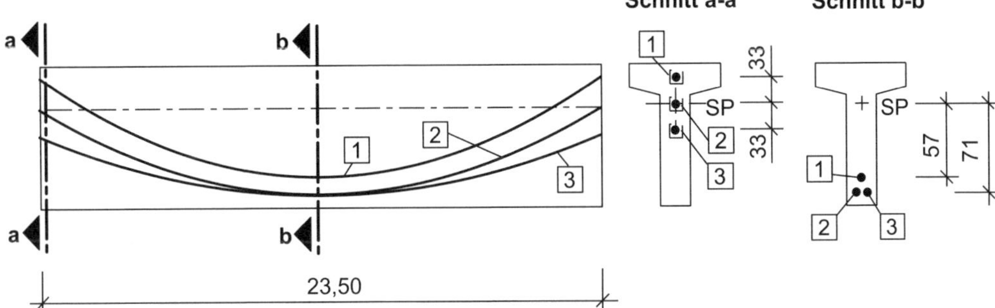

Abb. 6.9 Spannbetonbalken mit 3 parabelförmig geführten Spanngliedern

Die nach dem Spannen in den einzelnen Spanngliedern anzustrebenden Mittelwerte der Spannkraft sind in **Tafel 6.2** angegeben. Der Abstand zwischen der Schwerachse des einzelnen Spanngliedes *i* und der Schwerachse des Betonquerschnitts in Feldmitte bzw. am Trägerende kann **Schnitt a-a** bzw. **Schnitt b-b** entnommen werden. Die Werte sind in **Tafel 6.2** zusammengestellt.

Tafel 6.2 Mittlere Spannkräfte und Abstände der Schwerachsen der Spannglieder von der Schwerachse des Betonquerschnitts

	mittlere Spannkraft $P_{m0,i}$ [kN]	Trägermitte $z_{cp,m,i}$ [m]	Trägerende $z_{cp,e,i}$ [m]
Spannglied [1]:	1500	–0,57	0,33
Spannglied [2]:	1525	–0,71	0,00
Spannglied [3]:	1550	–0,71	–0,33

Auf die Berechnung der Netto-Querschnittswerte wird im Rahmen dieses Beispiels verzichtet. Der Spannkraftverlust infolge der elastischen Verformung des Betons wird mit den Brutto-Querschnittswerten bestimmt.

Brutto-Querschnittswerte: $A_c = 1{,}00\ \text{m}^2;\ I_c = 0{,}18\ \text{m}^4$

$z_{co} = 0{,}54\ \text{m};\ z_{cu} = 0{,}86\ \text{m}$

[10] Das Beispiel setzt die Kenntnisse zur Schnittgrößenermittlung (Kap. 7) voraus. Es sollte daher erst nach dem Lesen von Kap. 7 bearbeitet werden.

Lösung:

1. Anspannen von Spannglied [1]:

Nach dem Absetzen der Spannpresse sei im Spannglied [1] eine mittlere Spannkraft von $P_{m0,1} = 1500$ kN vorhanden.

2. Anspannen von Spannglied [2]:

Das System ist *einfach statisch unbestimmt*. Nach dem Absetzen der Spannpresse verbleibt im Spannglied [2] eine mittlere Spannkraft von $P_{m0,2} = 1525$ kN.

Im System wird das Spannglied [1] freigeschnitten und der Mittelwert der Spannkraft von Spannglied [2] in dessen Achse eingeleitet.

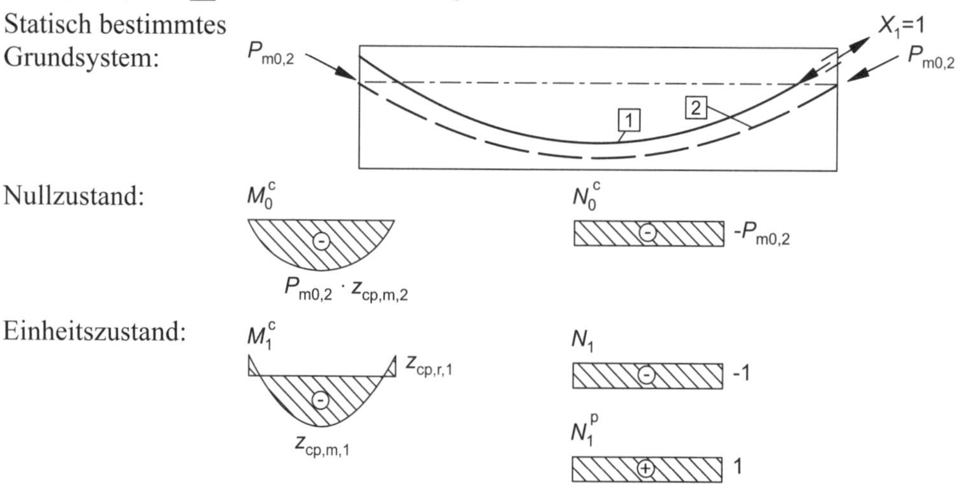

Die Verformungsgrößen werden unter Verwendung von Integraltafeln bestimmt (z.B. [Holschemacher – 13], S. 2.44):

$$\delta_{10} = \frac{1}{E_c \cdot A_c} \cdot \int N_0^c \cdot N_1^c \, dx + \frac{1}{E_c \cdot I_c} \cdot \int M_0^c \cdot M_1^c \, dx$$

$$\delta_{10} = P_{m0,2} \cdot \frac{l_{beam}}{E_c \cdot A_c} + P_{m0,2} \cdot \frac{l_{beam}}{E_c \cdot I_c} \cdot \left[\frac{2}{3} \cdot z_{cp,r,1} \cdot z_{cp,m,2} + \frac{8}{15} \cdot \left(z_{cp,m,1} - z_{cp,r,1} \right) \cdot z_{cp,m,2} \right]$$

$$\delta_{10} = 1525 \cdot \frac{23{,}5}{33000 \cdot 10^3 \cdot 1{,}0} + 1525 \cdot \frac{23{,}5}{33000 \cdot 10^3 \cdot 0{,}18} \cdot \left[-\frac{2}{3} \cdot 0{,}33 \cdot 0{,}71 - \frac{8}{15} \cdot \left(-0{,}57 - 0{,}33 \right) \cdot 0{,}71 \right]$$

$$\delta_{10} = 2{,}20 \cdot 10^{-3} \text{ m}$$

$$\delta_{11} = \frac{1}{E_c \cdot A_c} \cdot \int N_1^c \cdot N_1^c \, dx + \frac{1}{E_p \cdot A_p} \cdot \int N_1^p \cdot N_1^p \, dx + \frac{1}{E_c \cdot I_c} \cdot \int M_1^c \cdot M_1^c \, dx$$

$$\delta_{11} = \frac{l_{\text{beam}}}{E_c \cdot A_c} + \frac{l_{\text{beam}}}{E_p \cdot A_p} + \frac{l_{\text{beam}}}{E_c \cdot I_c} \cdot \left[z_{\text{cp,r,1}}^2 + \frac{4}{3} \cdot z_{\text{cp,r,1}} \cdot \left(z_{\text{cp,m,1}} - z_{\text{cp,r,1}} \right) + \frac{8}{15} \cdot \left(z_{\text{cp,m,1}} - z_{\text{cp,r,1}} \right)^2 \right]$$

$$\delta_{11} = \frac{23{,}5}{33000 \cdot 10^3 \cdot 1{,}0} + \frac{23{,}5}{195000 \cdot 10^3 \cdot 1{,}26 \cdot 10^{-3}} + \frac{23{,}5}{33000 \cdot 10^3 \cdot 0{,}18} \cdot \left[0{,}33^2 + \frac{4}{3} \cdot 0{,}33 \cdot (-0{,}57 - 0{,}33) + \frac{8}{15} \cdot (-0{,}57 - 0{,}33)^2 \right]$$

$$\delta_{11} = 9{,}69 \cdot 10^{-5} \ \frac{\text{m}}{\text{kN}}$$

$$X_1 = -\frac{\delta_{10}}{\delta_{11}} = -\frac{2{,}20 \cdot 10^{-3}}{9{,}69 \cdot 10^{-5}} = 22{,}8 \text{ kN}$$

Beim Anspannen von Spannglied [2] verringert sich die Spannkraft im Spannglied [1] um 22,8 kN auf $P_{\text{m0,1}} = 1477$ kN.

3. Anspannen von Spannglied [3]:

Das System ist *zweifach statisch unbestimmt*. Nach dem Absetzen der Spannpresse verbleibt im Spannglied [3] eine mittlere Spannkraft von $P_{\text{m0,3}} = 1550$ kN.

Im System werden die Spannglieder [1] und [2] freigeschnitten und die Kraft von Spannglied [3] in dessen Achse eingeleitet.

Statisch bestimmtes Grundsystem:

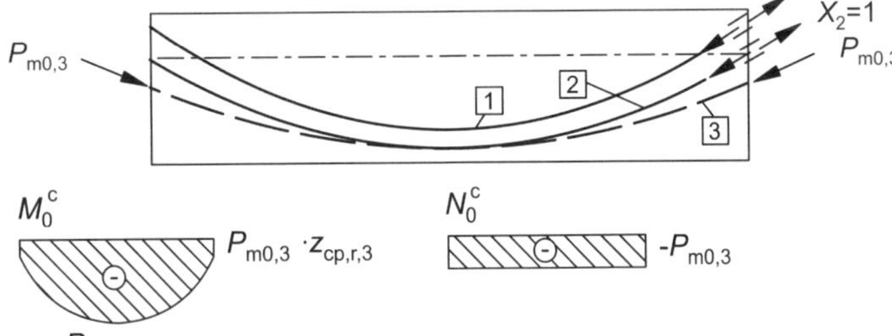

Einheitszustand:

- infolge der statisch Überzähligen X_1:

- infolge der statisch Überzähligen X_2:

Die Verformungsgrößen werden unter Verwendung von Integraltafeln bestimmt, z.B. [Holschemacher – 19].

$$\delta_{10} = \frac{1}{E_c \cdot A_c} \cdot \int N_0^c \cdot N_1^c \, dx + \frac{1}{E_c \cdot I_c} \cdot \int M_0^c \cdot M_1^c \, dx$$

$$\delta_{10} = P_{m0,3} \cdot \frac{l_{beam}}{E_c \cdot A_c} + P_{m0,3} \cdot \frac{l_{beam}}{E_c \cdot I_c} \cdot \left[\begin{array}{l} z_{cp,r,1} \cdot z_{cp,r,3} + \frac{2}{3} \cdot z_{cp,r,3} \cdot \left(z_{cp,m,1} - z_{cp,r,1}\right) \\ + \frac{2}{3} \cdot z_{cp,r,1} \cdot \left(z_{cp,m,3} - z_{cp,r,3}\right) + \frac{8}{15} \cdot \left(z_{cp,m,1} - z_{cp,r,1}\right) \cdot \left(z_{cp,m,3} - z_{cp,r,3}\right) \end{array} \right]$$

$$\delta_{10} = \frac{1550 \cdot 23{,}5}{33000 \cdot 10^3 \cdot 1{,}0} + \frac{1550 \cdot 23{,}5}{33000 \cdot 10^3 \cdot 0{,}18} \cdot \left(\begin{array}{l} -0{,}33 \cdot 0{,}33 - \frac{2}{3} \cdot 0{,}33 \cdot \left(-0{,}57 - 0{,}33\right) \\ + \frac{2}{3} \cdot 0{,}33 \cdot \left(-0{,}71 + 0{,}33\right) + \frac{8}{15} \cdot \left(-0{,}57 - 0{,}33\right) \cdot \left(-0{,}71 + 0{,}33\right) \end{array} \right)$$

$$\delta_{10} = 2{,}25 \cdot 10^{-3} \text{ m}$$

$$\delta_{20} = \frac{1}{E_c \cdot A_c} \cdot \int N_0^c \cdot N_2^c \, dx + \frac{1}{E_c \cdot I_c} \cdot \int M_0^c \cdot M_2^c \, dx$$

$$\delta_{20} = P_{m0,3} \cdot \frac{l_{beam}}{E_c \cdot A_c} + P_{m0,3} \cdot \frac{l_{beam}}{E_c \cdot I_c} \cdot \left[+ \frac{2}{3} \cdot z_{cp,m,2} \cdot z_{cp,r,3} + \frac{8}{15} \cdot z_{cp,m,2} \cdot \left(z_{cp,m,3} - z_{cp,r,3}\right) \right]$$

$$\delta_{20} = 1550 \cdot \frac{23{,}5}{33000 \cdot 10^3 \cdot 1{,}0} + 1550 \cdot \frac{23{,}5}{33000 \cdot 10^3 \cdot 0{,}18} \cdot \left(\frac{2}{3} \cdot 0{,}71 \cdot 0{,}33 - \frac{8}{15} \cdot 0{,}71 \cdot \left(-0{,}71 + 0{,}33\right) \right)$$

$$\delta_{20} = 2{,}95 \cdot 10^{-3} \text{ m}$$

$$\delta_{11} = \frac{1}{E_c \cdot A_c} \cdot \int N_1^c \cdot N_1^c \, dx + \frac{1}{E_p \cdot A_p} \cdot \int N_1^p \cdot N_1^p \, dx + \frac{1}{E_c \cdot I_c} \cdot \int M_1^c \cdot M_1^c \, dx$$

$$\delta_{11} = 9{,}69 \cdot 10^{-5} \ \frac{\text{m}}{\text{kN}}$$ siehe „2. Anspannen von Spannglied [2]"

$$\delta_{22} = \frac{1}{E_c \cdot A_c} \cdot \int N_2^c \cdot N_2^c \, dx + \frac{1}{E_p \cdot A_p} \cdot \int N_2^p \cdot N_2^p \, dx + \frac{1}{E_c \cdot I_c} \cdot \int M_2^c \cdot M_2^c \, dx$$

$$\delta_{22} = \frac{l_{beam}}{E_c \cdot A_c} + \frac{l_{beam}}{E_p \cdot A_p} + \frac{8}{15} \cdot \frac{l_{beam}}{E_c \cdot I_c} \cdot z_{cp,m,2}{}^2$$

$$\delta_{22} = \frac{23{,}5}{33000 \cdot 10^3 \cdot 1{,}0} + \frac{23{,}5}{195000 \cdot 10^3 \cdot 1{,}26 \cdot 10^{-3}} + \frac{8}{15} \cdot \frac{23{,}5}{33000 \cdot 10^3 \cdot 0{,}18} \cdot \left(-0{,}71\right)^2$$

$$\delta_{22} = 9{,}74 \cdot 10^{-5} \ \frac{\text{m}}{\text{kN}}$$

$$\delta_{12} = \delta_{22} = \frac{1}{E_c \cdot A_c} \cdot \int N_1^c \cdot N_2^c \, dx + \frac{1}{E_c \cdot I_c} \cdot \int M_1^c \cdot M_2^c \, dx$$

$$\delta_{12} = \delta_{21} = \frac{l_{beam}}{E_c \cdot A_c} + \frac{l_{beam}}{E_c \cdot I_c} \cdot \left[\frac{2}{3} \cdot z_{cp,r,1} \cdot z_{cp,m,2} + \frac{8}{15} \cdot \left(z_{cp,m,1} - z_{cp,r,1} \right) \cdot z_{cp,m,2} \right]$$

$$\delta_{12} = \frac{23{,}5}{33000 \cdot 10^3 \cdot 1{,}0} + \frac{23{,}5}{33000 \cdot 10^3 \cdot 0{,}18} \cdot \left[-\frac{2}{3} \cdot 0{,}33 \cdot 0{,}71 - \frac{8}{15} \cdot \left(-0{,}57 - 0{,}33 \right) \cdot 0{,}71 \right]$$

$$\delta_{12} = \delta_{21} = 0{,}15 \cdot 10^{-5} \ \frac{\text{m}}{\text{kN}}$$

Berechnung der statisch Überzähligen X_1 und X_2:

$$X_1 = \frac{-\delta_{10} \cdot \delta_{22} + \delta_{20} \cdot \delta_{12}}{\delta_{11} \cdot \delta_{22} - \delta_{12}^2}$$

$$= \frac{-2{,}25 \cdot 10^{-3} \cdot 9{,}74 \cdot 10^{-5} + 2{,}95 \cdot 10^{-3} \cdot 0{,}15 \cdot 10^{-5}}{9{,}69 \cdot 10^{-5} \cdot 9{,}74 \cdot 10^{-5} - \left(0{,}15 \cdot 10^{-5} \right)^2} = -22{,}8 \text{ kN}$$

$$X_2 = \frac{-\delta_{20} \cdot \delta_{11} + \delta_{10} \cdot \delta_{12}}{\delta_{11} \cdot \delta_{22} - \delta_{12}^2}$$

$$= \frac{-2{,}95 \cdot 10^{-3} \cdot 9{,}69 \cdot 10^{-5} + 2{,}25 \cdot 10^{-3} \cdot 0{,}15 \cdot 10^{-5}}{9{,}69 \cdot 10^{-5} \cdot 9{,}74 \cdot 10^{-5} - \left(0{,}15 \cdot 10^{-5} \right)^2} = -29{,}9 \text{ kN}$$

Beim Anspannen von Spannglied [3] verringern sich die Spannkraft im Spannglied [1] um 22,8 kN auf $P_{m0,1} = 1454$ kN sowie die in Spannglied [2] um 29,9 kN auf $P_{m0,2} = 1495$ kN.

Die Spannglieder [1] und [2] weisen nicht mehr die gewünschte Spannkraft auf. Die anzustrebende Spannkraft beträgt daher:

$$P_{m0,2} = 1525 + 29{,}9 = 1555 \text{ kN}$$

$$P_{m0,1} = 1500 + 1555 \cdot \frac{22{,}8}{1525} + 22{,}8 = 1546 \text{ kN}$$

Es ist zu beachten, dass die kurzzeitig zulässigen Werte nicht überschritten werden.

$$P_{0,max} = 9 \cdot 140 \cdot 10^{-3} \cdot \min \begin{cases} 0{,}80 \cdot 1770 \\ \underline{0{,}90 \cdot 1500} \end{cases} = 1701 \text{ kN}$$

(5.17):

$$P_{0,max} = A_p \cdot \min \begin{cases} 0{,}80 \ f_{pk} \\ 0{,}90 \ f_{p0,1k} \end{cases}$$

0,7 % Reibungsverluste im Spannanker

$$P_0 = 0{,}993 \cdot P_{0,max} = 0{,}993 \cdot 1701 = 1689 \text{ kN}$$

7 Schnittgrößen

7.1 Vorspannkraft für Schnittgrößenermittlung

Die Schnittgrößen für vorgespannte Tragwerke werden nach den üblichen Regeln der Statik berechnet. Für statisch bestimmte Systeme müssen die Gleichgewichtsbedingungen, für statisch unbestimmte Systeme zusätzlich die Verformungsbedingungen erfüllt werden. Die Schnittgrößen statisch unbestimmter Systeme können mit dem Kraftgrößen- oder dem Weggrößenverfahren bestimmt werden.

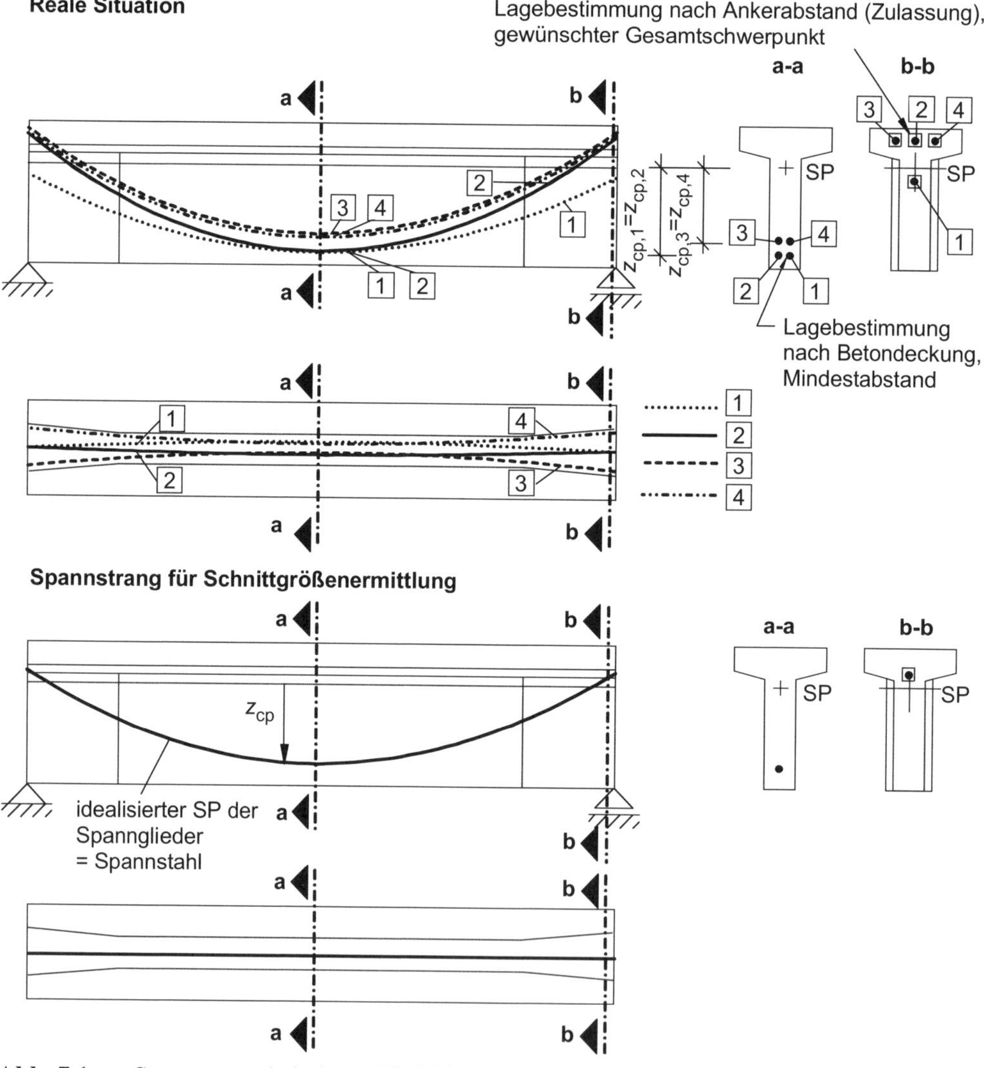

Abb. 7.1 Spannstrang bei einem Einfeldträger

Im Unterschied zur Berechnung der Spannkräfte und Spannwege muss für die Schnittgrößenermittlung nicht jedes Spannglied getrennt betrachtet werden. Ähnlich geführte Spannglieder werden zusammengefasst zu einem „Spannstrang“ (**Abb. 7.1**).

$$P_m = \sum_i P_i(x) \tag{7.1}$$

$$z_{cp} = \frac{\sum_i \left[P_i(x) \cdot z_{cp,i} \right]}{P_m} \tag{7.2}$$

Die Abstände $z_{cp,i}$ werden zwischen Systemachse und Schwerpunkt des Spanngliedes berechnet. Die außermittige Lage des Spanngliedes im Hüllrohr ist zu berücksichtigen (**Abb. 4.3**).

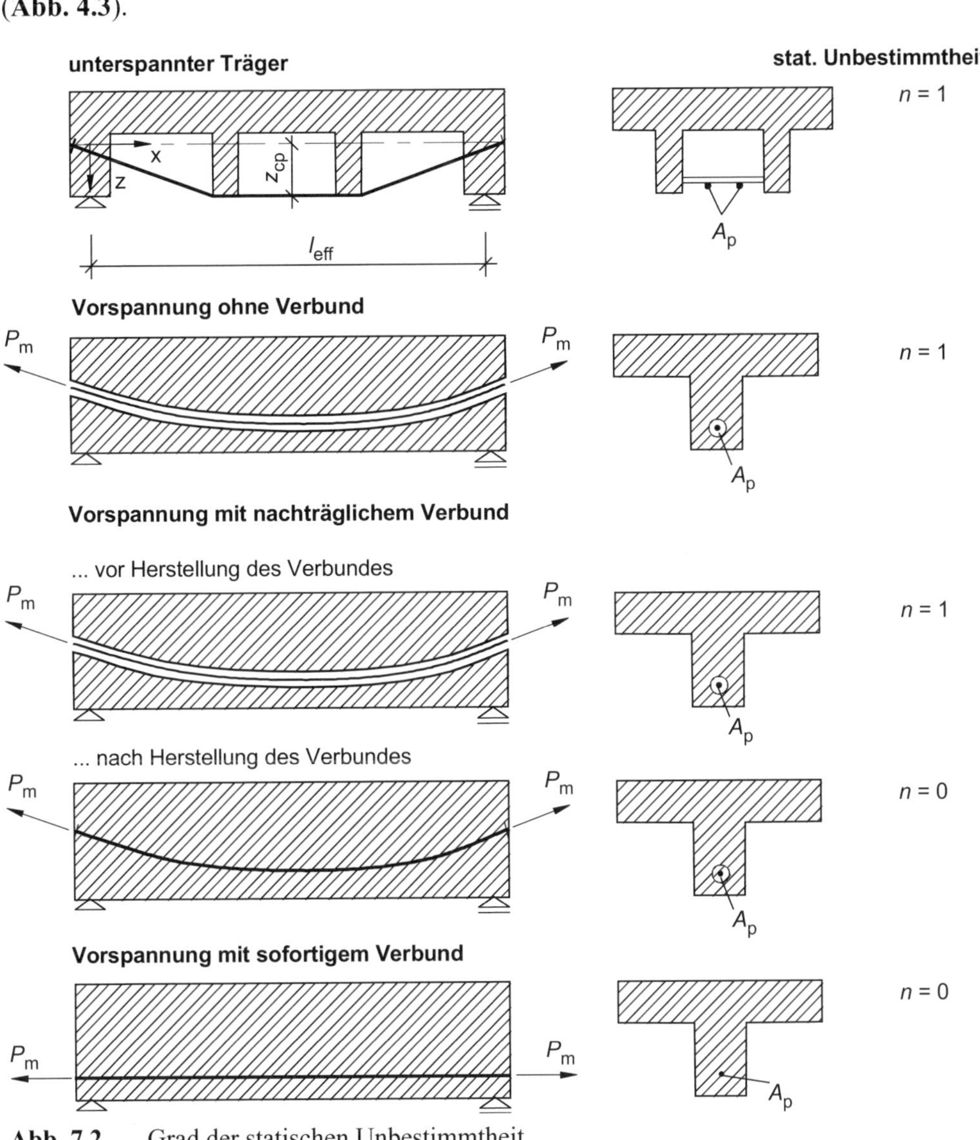

Abb. 7.2 Grad der statischen Unbestimmtheit

Für die Systemachse ist je nach vorliegender Situation entweder die des Nettoquerschnitts oder die des ideellen Querschnitts zu verwenden. Bei Hochbauten kann ebenfalls die Systemachse des Bruttoquerschnitts verwendet werden.

Vereinfachend (insbesondere für Handrechnungen) darf die Spannkraft jedes Spanngliedes $P_i(x)$ abschnittsweise (z. B. über die halbe Feldlänge) gemittelt werden, bevor die Gleichungen (7.1) und (7.2) ausgewertet werden.

Wie in Kapitel 8 noch gezeigt werden wird, verändert sich die Vorspannkraft zeitabhängig infolge Kriechen und Schwinden. Die Spannkraft und Schnittgrößen gelten daher für einen bestimmten Zeitpunkt *t*. Die Bezeichnung muss folglich vollständig $P_{m,t}$ lauten. Da die Berechnungsmethode jedoch für alle Zeitpunkte gleich ist, wird im Folgenden der zusätzliche Index *t* nicht geschrieben.

7.2 Äußerlich statisch bestimmte Systeme

7.2.1 Übersicht

Bei vorgespannten Tragwerken ist darauf zu achten, dass ein äußerlich statisch bestimmtes System nicht zwangsläufig statisch bestimmt ist (**Abb. 7.2**). Nur Systeme mit sofortigem Verbund sind statisch bestimmt. Systeme ohne Verbund sind statisch unbestimmt. Systeme mit nachträglichem Verbund sind zunächst statisch unbestimmt und nach Herstellen des Verbundes statisch bestimmt. Je Spannstrang ergibt sich eine statisch Unbestimmte.

Für den Lastfall Vorspannung ist die statisch Unbestimmte allerdings bekannt, denn die Kraft im Spannglied, die man sich nach dem Kraftgrößenverfahren als statisch Unbestimmte X_1 vorstellen kann, wird definiert mit der Spannpresse erzeugt. Es ist die Kraft P_0, bzw. für den Spannstrang die Summe der mittleren Spannkräfte entsprechend Gl. (7.1).

Zur Bestimmung der Schnittgrößen aus Vorspannung stehen zwei Verfahren zur Verfügung:

- Beschreibung der Vorspannwirkung durch Anker- und Umlenkkräfte
- Beschreibung durch die Kraft im freigeschnittenen Strang (Hebelarmmethode).

7.2.2 Beschreibung der Vorspannwirkung durch Anker- und Umlenkkräfte

In einem statisch bestimmten Träger befindet sich ein Spannstrang (**Abb. 7.3**). Die Wirkung dieses Spannstrangs auf den Balken wird erfasst, indem der Spannstrang herausgeschnitten wird und durch die freigeschnittenen Kräfte ersetzt wird. Es ist dies an den beiden Ankern die Kraft im Spannstrang P_m. Weiterhin werden die Kontaktkräfte zum Beton zerlegt in die Komponenten senkrecht zum Spannstrang u_p und parallel zum Spannstrang f_μ. Die Anteile parallel zum Spannstrang resultieren aus der Spanngliedreibung. Da die Kraft im Spannstrang P_m vor Beginn der Schnittgrößenermittlung gemittelt wurde, tritt rechnerisch keine Reibung mehr auf. Für die weitere Betrachtung kann $f_\mu = 0$ gesetzt werden.

Die freigeschnittenen Kräfte sind in **Abb. 7.3** angetragen. Zunächst wird eine kreisförmige Spanngliedführung angenommen. Unbekannt ist die Pressung infolge der Umlenkkraft u_p. Sie kann mit der Kesselformel bestimmt werden (siehe z. B. [Holschemacher – 13], S. 2.62):

$$P_m = u_p \cdot r \tag{7.3}$$

Die Pressung infolge der Umlenkkraft u_p und die Ankerkräfte werden in Anteile senkrecht und parallel zur Systemachse zerlegt. Übliche Spannbetonträger sind schlank. Für sie gilt:

$$\frac{f}{l_{eff}} < \frac{1}{12}$$

Dies bedeutet, das der Neigungswinkel ψ des Spannstrangs sehr klein ist und man kann vereinfachend schreiben $\cos\psi \approx 1$. Mit der zuvor genannten Näherung verbleibt nur eine Streckenlast u_p senkrecht zur Systemachse. Für flach geführte Spannglieder kann mit genügender Genauigkeit die Bogenlänge des Spannglieds durch die Stablänge ersetzt werden. Es ergibt sich damit das rechnerische Ersatzsystem in **Abb. 7.3**.

Wirkliche Richtung der Umlenkkräfte

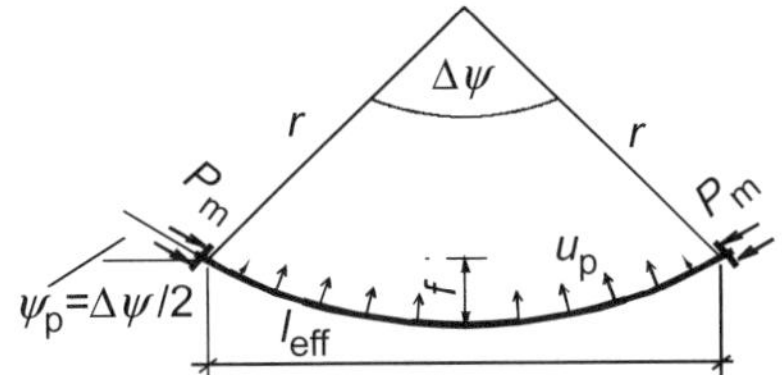

Angenäherte Richtung der Umlenkkräfte (vertikale Ausrichtung)

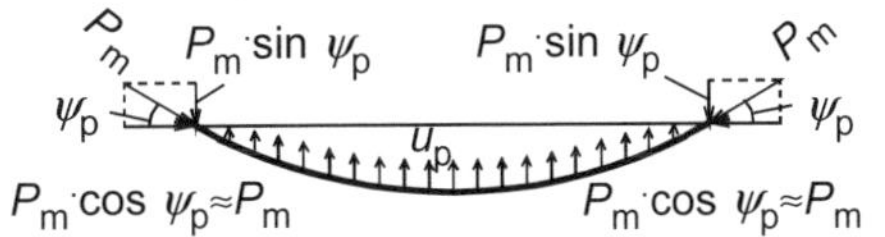

Rechnerisches Ersatzsystem

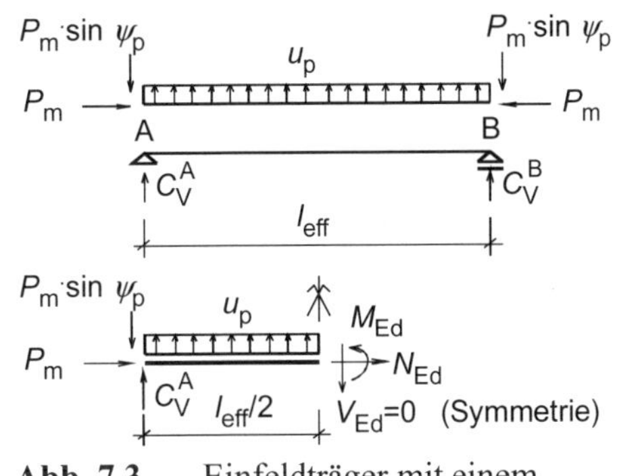

Abb. 7.3 Einfeldträger mit einem Spannstrang

Bei flach geführten Spannsträngen ist der Unterschied in der Krümmung eines Teilkreises (wie in **Abb. 7.3**) und einer Parabel vernachlässigbar. Daher kann für die Krümmung diejenige der Parabel angesetzt werden.

$$\frac{1}{r} = \frac{8f}{l_{eff}^2} \tag{7.4}$$

Mit Gl. (7.3) erhält man:

$$P_m = u_p \cdot \frac{l_{eff}^2}{8\,f} \tag{7.5}$$

Nun wird die Summe der Vertikalkräfte gebildet. Aus Symmetriegründen muss die Querkraft in Feldmitte null sein.

$$\sum V = 0: \quad C_V^A - P_m \cdot \sin\psi_p + u_p \cdot \frac{l_{eff}}{2} = 0 \tag{7.6}$$

Gl. (7.5) in Gl. (7.6) eingesetzt ergibt mit $\sin\psi_p = \sin\frac{\Delta\psi}{2} = \frac{l_{eff}/2}{r}$:

$$C_V^A - u_p \cdot r \cdot \frac{l_{eff}}{2r} + u_p \cdot \frac{l_{eff}}{2} = 0 \quad \Rightarrow \quad C_V^A = 0 \tag{7.7}$$

Schlussfolgerungen:

- Ankerkräfte P_m und Umlenkkräfte u_p beschreiben vollständig die Wirkung der Vorspannung auf ein Betontragwerk.
- Am äußerlich *statisch bestimmt* gelagerten Träger entstehen durch Vorspannung keine zusätzlichen Auflagerkräfte. Es herrscht ein reiner Eigenspannungszustand.
- Die Spannkräfte wirken bei Vorspannung ohne Verbund und mit nachträglichem Verbund auf den Netto-Querschnitt.

Mit der Beschreibung der Vorspannkräfte durch Anker- und Umlenkkräfte kann der Lastfall Vorspannung mit normalen DV-Programmen oder statischen Verfahren bearbeitet werden. Das Verfahren ist besonders geeignet für:

- Flächentragwerke
- statisch unbestimmte Stabtragwerke.

7.2.3 Beschreibung durch die Kraft im freigeschnittenen Strang (Hebelarmmethode)

In **Abb. 7.4** ist ein Balkenteil sichtbar, der durch einen Rundschnitt vom restlichen Tragwerk abgetrennt wurde. Die Wirkung dieses Spannstrangs auf den Balken wird erfasst, indem die Spannstrangkraft P_m am freigeschnittenen Ende angesetzt wird. Die Identitätsbedingungen liefern:

$$N_{cp} = -P_m \cdot \cos\psi_p \tag{7.8}$$
$$N_{cp} \approx -P_m \tag{7.9}$$
$$M_{cp} = P_m \cdot \cos\psi_p \cdot z_{cp} \tag{7.10}$$
$$M_{cp} \approx P_m \cdot z_{cp} \tag{7.11}$$

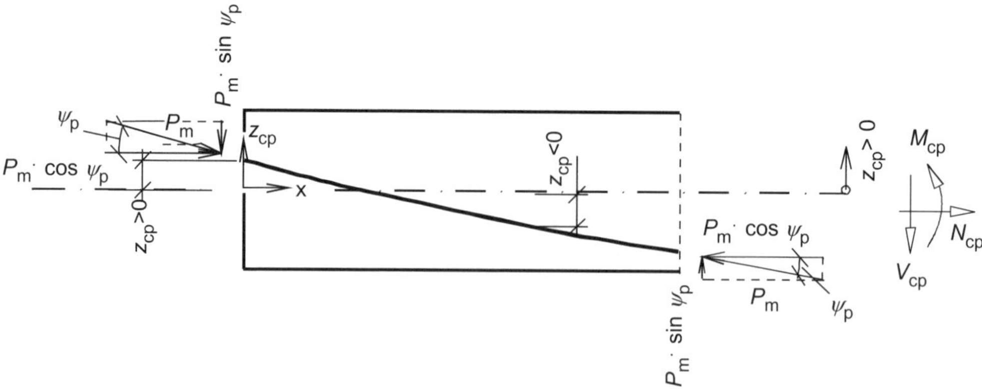

Abb. 7.4 Hebelarmmethode

$V_{cp} = P_m \cdot \sin \psi_p$ (7.12) $V_{cp} \approx 0$ (7.13)

Die Schnittgrößen lassen sich damit direkt bestimmen. Das Verfahren ist besonders geeignet für statisch bestimmte und statisch unbestimmte Stabtragwerke.

7.2.4 Grundsätze für Schnittgrößen aus Vorspannung statisch bestimmter Systeme

Aus den Gleichungen (7.8) bis (7.13) lassen sich weitere Schlussfolgerungen ableiten. Mit Gl. (7.11) wird sofort klar, dass die Form der Spanngliedführung der Momentenlinie aus den übrigen äußeren Lasten anzupassen ist, da das Moment M_{cp} vom Abstand des Spannstranges zur Systemachse z_{cp} abhängt. Weiterhin ist sichtbar, dass Spannglieder im Feld unten liegen müssen, da dann die Biegemomente aus Eigenlast und Verkehr bestmöglich verringert werden. Über Innenstützen muss das Spannglied demzufolge oben liegen und an den Endauflagern in der Systemachse enden.

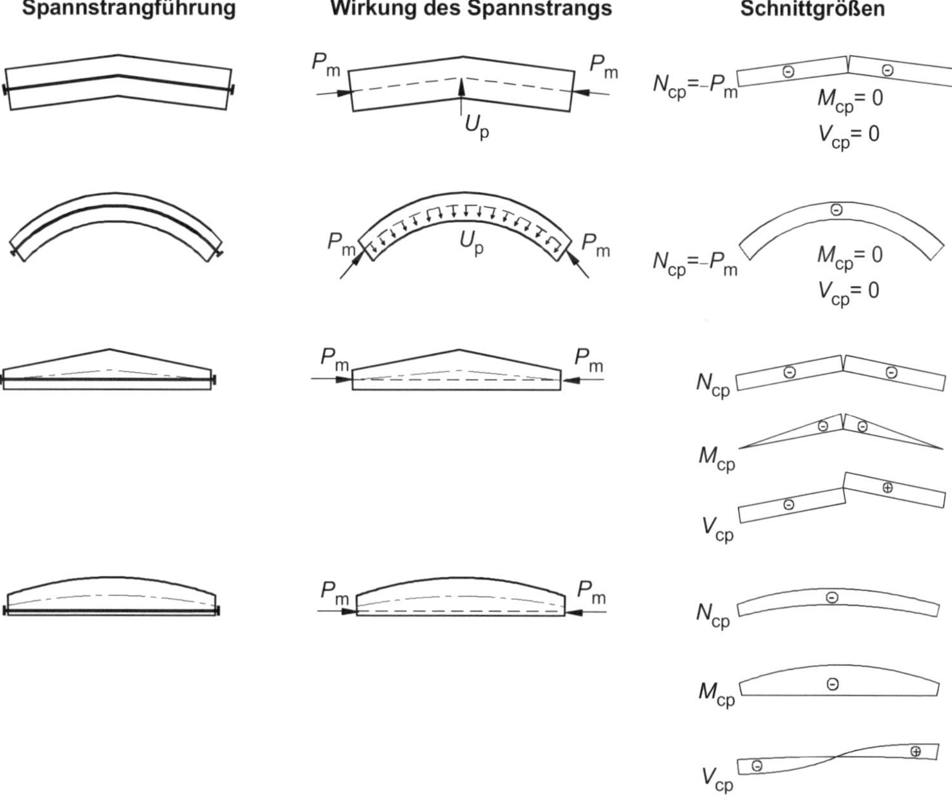

Abb. 7.5 Auswirkung einer gekrümmten oder geknickten Systemachse

Weiterhin bestimmt die Spanngliedneigung am Auflager die (i. d. R.) günstigen Querkräfte aus Vorspannung. Eine stärkere Neigung der Spannglieder an den Endauflagern ist vorteilhaft. Die Spannglieder werden zum Anker hin auf dem letzten Meter gerade geführt (keine Krümmungen im Bereich des Übergangsrohrs vgl. **Abb. 2.3**). Aufgrund des größeren Platzbedarfs der Anker reichen die Hüllrohrabstände nicht aus. Die Spannglieder werden daher in horizontaler und vertikaler Richtung (**Abb. 7.1**) gespreizt. Auch wenn sich hieraus bei einer sinnvollen symmetrischen Spreizung keine Resultierende ergibt, sind die lokalen Zugspannungen durch Betonstahl abzudecken.

In **Abb. 7.5** sind einige Spanngliedführungen dargestellt. Hieraus ergeben sich folgende Grundsätze:

- Wichtig ist die Spannstrangführung in Relation zur Systemachse.
- Sofern Spannstrang und Systemachse gleich gekrümmt oder geknickt sind, treten keine Biegemomente und Querkräfte auf. Demzufolge treten in einem zylindrischen Behälter, der durch eine ringförmige Vorspannung beansprucht wird, nur Druckkräfte im Beton auf.
- Auch eine gerade Spanngliedführung kann Querkräfte und veränderliche Momente bewirken, wenn die Systemachse gekrümmt oder geknickt ist.
- In **Abb. 7.6** zeigt die Kombination von Zug- und Druckspanngliedern, dass bei einer Gleichstreckenlast eine Spanngliedführung möglich ist, die weder zu Längskräfen, Querkräften noch zu Momenten führt! Ein Balken mit konstanten Abmessungen kann also unter Eigenlast vollständig ohne Schnittgrößen sein.

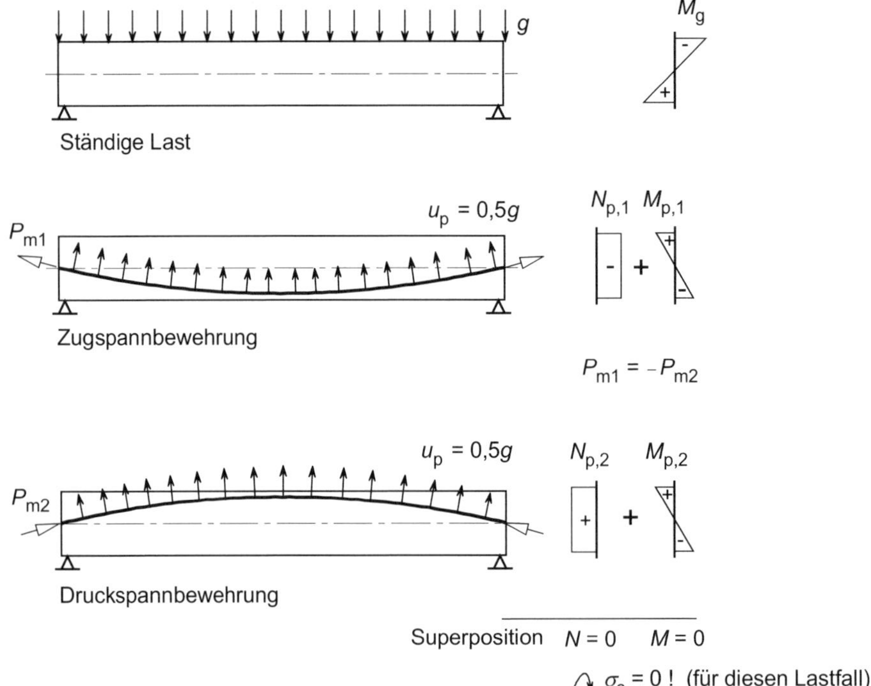

Abb. 7.6 Kombination von Zug- und Druckspanngliedern

7.2.5 Schnittgrößen im Spannbett

Die Spannbettkraft wurde in Abschnitt 5.7 bestimmt. Aufgrund des sofortigen Verbundes können die aus dem Lastfall Vorspannung (p) resultierenden Betonspannungen $\sigma_{cj,p}$ und Spannstahlspannungen $\sigma_{p,p}$ direkt aus den Dehnungen bestimmt werden.

$$\sigma_p^{(0)} = \frac{P^{(0)}}{A_p} \tag{7.14}$$

$$\sigma_{p,p} = \sigma_p^{(0)} - \alpha_e \cdot \sigma_{cp,p} \tag{7.15}$$

$$\sigma_{cj,p} = \frac{P^{(0)}}{A_i} \pm \frac{P^{(0)} \cdot z_{cp,i}}{I_i} z_{i,j} \qquad \textit{oder} \tag{7.16}$$

$$\sigma_{cj,p} = \frac{P_0}{A_{net}} \pm \frac{P_0 \cdot z_{cp,net}}{I_{net}} z_{net,j} \tag{7.17}$$

mit: $\sigma_{cj,p}$ Betonspannung (c) in der Faser j infolge Vorspannung (p)

$\sigma_{cp,p}$ Betonspannung (c) in Höhe des Spannstrangs (p) infolge Vorspannung (p)

$z_{i,j}$ Abstand der Faser j vom Schwerpunkt des ideellen Querschnitts (i)

$z_{net,j}$ Abstand der Faser j vom Schwerpunkt des Nettoquerschnitts (net)

$z_{cp,i}$ Abstand des Spannstrangs vom Schwerpunkt des ideellen Querschnitts (i)

$z_{cp,net}$ Abstand des Spannstrangs vom Schwerpunkt des Nettoquerschnitts (net)

Beispiel 7.1: Spannstahlspannung unmittelbar nach dem Lösen der Verankerung im Spannbett

Für einen in **Abb. 7.7** dargestellten vorgespannten Teilfertigteilträger mit einer Stützweite $l_{eff} = 17,5$ m soll die Spannstahlspannung unmittelbar nach dem Lösen der Verankerung (ca. 24 Stunden nach dem Betonieren des Fertigteils) berechnet werden. Der Binder aus Beton C35/45 ist mit 9 Spannstahllitzen aus St 1570/1770 im sofortigen Verbund vorgespannt. Die Querschnittsfläche einer Litze beträgt 140 mm^2.

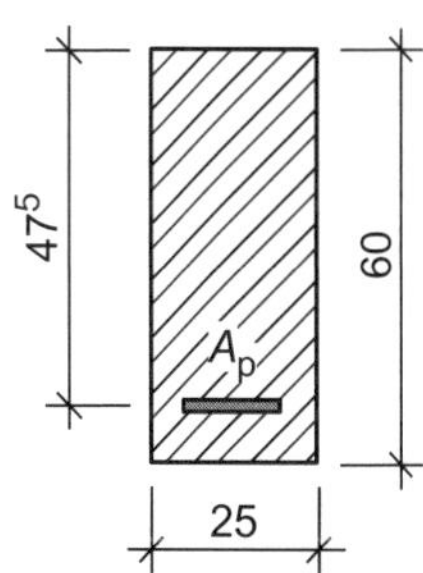

Abb. 7.7
Vorgespannter Teilfertigteilträger

Lösung:

Berechnung der Querschnittswerte

$A_p = 9 \cdot 140 \cdot 10^{-2} = 12,6 \text{ cm}^2$

Die Berechnung erfolgt unter Vernachlässigung der Betonstahlbewehrung.

Bruttoquerschnittswerte:

$A_c = 25 \cdot 60 = 1500 \text{ cm}^2$ | $A_c = b \cdot h$

$I_c = \dfrac{25 \cdot 60^3}{12} = 450000 \text{ cm}^4$ | $I_c = \dfrac{b \cdot h^3}{12}$

Ideelle Querschnittswerte:

$s = 0,2$

Tafel 3.2, CEM 52,5R:

(3.1): $f_{cm}(t) = f_{cm} \cdot e^{s \cdot \left[1-\sqrt{28/t}\right]}$

$$f_{cm}(t) = 43 \cdot e^{0,2 \cdot \left[1-\sqrt{28/6,8}\right]} = 35 \text{ N/mm}^2$$

(3.2): $E_{cm}(t) = \left[f_{cm}(t) / f_{cm}\right]^{0,3} \cdot E_{cm}$

$$E_{cm}(t) = \left[35/43\right]^{0,3} \cdot 34000 = 32000 \text{ N/mm}^2$$

Beispiel 3.1: $t_{0,eff} = 6,8$ Tage

(1.7): $\alpha_e = \dfrac{E_p}{E_c}$

$$\alpha_e = \frac{195000}{32000} = 6,1$$

(1.9): $A_i = A_c + (\alpha_e - 1) \cdot A_p$

$$A_i = 1500 + (6,1-1) \cdot 12,6 = 1564 \text{ cm}^2$$

(1.10): $e_i = \dfrac{A_c \cdot e_c + (\alpha_e - 1) \cdot A_p \cdot e_p}{A_i}$

$$e_i = \frac{1500 \cdot 30 + (6,1-1) \cdot 12,6 \cdot 47,5}{1564} = 30,7 \text{ cm}$$

(1.11): $I_i = I_c + A_c \cdot (e_i - e_c)^2 + (\alpha_e - 1) \cdot A_p \cdot (e_i - e_p)^2$

$$I_i = 450000 + 1500 \cdot (30,7-30)^2 + (6,1-1) \cdot 12,6 \cdot (30,7-47,5)^2 \approx 470000 \text{ cm}^4$$

Berechnung der zulässigen Spannstahlspannung

Vor dem Lösen der Verankerung:

(5.17): $\sigma_{p0,max} = \min \begin{cases} 0,80 \cdot f_{pk} \\ 0,90 \cdot f_{p0,1k} \end{cases}$

$$\sigma_{p0,max} = \min \begin{cases} 0,80 \cdot 1770 \\ \underline{0,90 \cdot 1500} \end{cases} = 1350 \text{ N/mm}^2$$

Nach dem Lösen der Verankerung:

(5.18): $\sigma_{pm0,max} = \min \begin{cases} 0,75 \cdot f_{pk} \\ 0,85 \cdot f_{p0,1k} \end{cases}$

$$\sigma_{pm0,max} = \min \begin{cases} 0,75 \cdot 1770 \\ \underline{0,85 \cdot 1500} \end{cases} = 1275 \text{ N/mm}^2$$

Spannbettkraft unter Berücksichtigung der Verluste infolge Spannstahlrelaxation

$$\frac{\sigma_{p0,max}}{f_{pk}} = \frac{1350}{1770} = 0,76$$

Ablesewert: $\Delta\sigma_{pr} / \sigma_{p0} = 3,7$ % (interpoliert)

Abb. 3.9: Spannstahlrelaxation nach 1000 h für Litzen

Ablesewert für 24 h: ≈ 40 %

Tafel 3.8: Relaxationsverluste bezogen auf den Wert bei 1000 h

$$\Delta\sigma_{pr} = 0,4 \cdot 0,037 \cdot \sigma_{p0,max} = 0,4 \cdot 0,037 \cdot 1350 = 20,0 \text{ N/mm}^2$$

$P^{(0)} = A_p \cdot (\sigma_{p0,max} - \Delta\sigma_{pr})$

$$P^{(0)} = 12,6 \cdot (1350 - 20) \cdot 10^{-1} = 1676 \text{ kN}$$

Auf den Träger einwirkende Spannbettkräfte

$$N_{p0} = P^{(0)} = -1676 \text{ kN}$$

$$z_{cp,i} = 30{,}7 - 47{,}5 = -16{,}8 \text{ cm}$$

$$M_{p0} = -1676 \cdot 16{,}8 \cdot 10^{-2} = -282 \text{ kNm}$$

Beton- und Spannstahlspannungen infolge der Spannbettkräfte

$$\sigma_{cp,p0} = \left(-\frac{1676}{1564} - \frac{282 \cdot 10^2}{470000} \cdot 16{,}8 \right) \cdot 10$$

$$= -20{,}8 \text{ N/mm}^2$$

$$\sigma_{p,p0} = 1350 - 20 - (6{,}1 \cdot 20{,}8)$$

$$= 1203 \text{ N/mm}^2$$

Beton- und Spannstahlspannungen infolge der Eigenlast des Trägers

$$g_{k,1} = 0{,}25 \cdot 0{,}60 \cdot 25 = 3{,}75 \text{ kN/m}$$

$$M_{g1} = \frac{3{,}75 \cdot 17{,}5^2}{8} = 144 \text{ kNm}$$

$$\sigma_{cp,g1} = \frac{144 \cdot 10^2}{470000} \cdot 16{,}8 \cdot 10 = 5{,}1 \text{ N/mm}^2$$

$$\sigma_{p,g1} = 6{,}1 \cdot 5{,}1 = 32 \text{ N/mm}^2$$

Beton- und Spannstahlspannungen unmittelbar nach dem Lösen der Verankerung

$$\sigma_{cp}(t_0) = -20{,}8 + 5{,}1 = -15{,}7 \text{ N/mm}^2$$

$$\sigma_p(t_0) = 1203 + 32$$

$$= 1235 \text{ N/mm}^2 < \sigma_{pm0,max} = 1275 \text{ N/mm}^2$$

$$N_{p0} = -P^{(0)}$$

$$z_{cp,i} = e_i - d_p$$

$$M_{p0} = P^{(0)} \cdot z_{cp,i}$$

bezogen auf die Schwerachse des Spannstahls

(7.16):

$$\sigma_{cp,p0} = \frac{N_{p0}}{A_i} + \frac{M_{p0}}{I_i} \cdot z_{cp,i}$$

(7.15):

$$\sigma_{p,p0} =$$

$$\sigma_{p0,max} - \Delta\sigma_{pr} + (\alpha_e \cdot \sigma_{cp,p0})$$

bezogen auf die Schwerachse des Spannstahls

$$g_{k,1} = b_c \cdot h_c \cdot \rho$$

$$M = \frac{q \cdot l^2}{8}$$

$$\sigma_{cp,g1} = \frac{M_{g1}}{I_i} \cdot z_{cp,i}$$

$$\sigma_{p,g1} = \alpha_e \cdot \sigma_{cp,g1}$$

bezogen auf die Schwerachse des Spannstahls

$$\sigma_{cp}(t_0) = \sigma_{cp,p0} + \sigma_{cp,g1}$$

$$\sigma_p(t_0) = \sigma_{p,p0} + \sigma_{p,g1}$$

7.2.6 Einfluss des Spannstrangs auf die Schnittgrößen

Vorspannung mit sofortigem Verbund:

Die mit sofortigem Verbund vorgespannten Bauteile sind innerlich statisch bestimmt. Die Änderung der Spannung im Spannstrang wird über die Annahme des vollkommenen Verbundes analog zum Stahlbeton bestimmt.

$$\Delta\sigma_p = \alpha_p \cdot \sigma_c \tag{7.18}$$

Vorspannung ohne Verbund:

Alle vorgespannten Bauteile ohne Verbund (oder mit nachträglichem Verbund vor Verbundherstellung) sind je Strang einfach statisch unbestimmt. Die Veränderung der Kraft im Spannstrang aus den anderen Lastfällen erhält man aus der statisch unbestimmten Rechnung (ergibt X_1).

Vorspannung mit nachträglichem Verbund:

Alle Lastfälle, die vor Herstellung des Verbundes auftreten, sind wie bei Vorspannung ohne Verbund zu behandeln. Alle Lastfälle, die nach der Herstellung des Verbundes auftreten, führen zu einer Spannungsänderung nach Gl. (7.18) wie bei Systemen mit sofortigem Verbund.

Tafel 7.1 Schnittgrößen bei äußerlich statisch unbestimmten Systemen

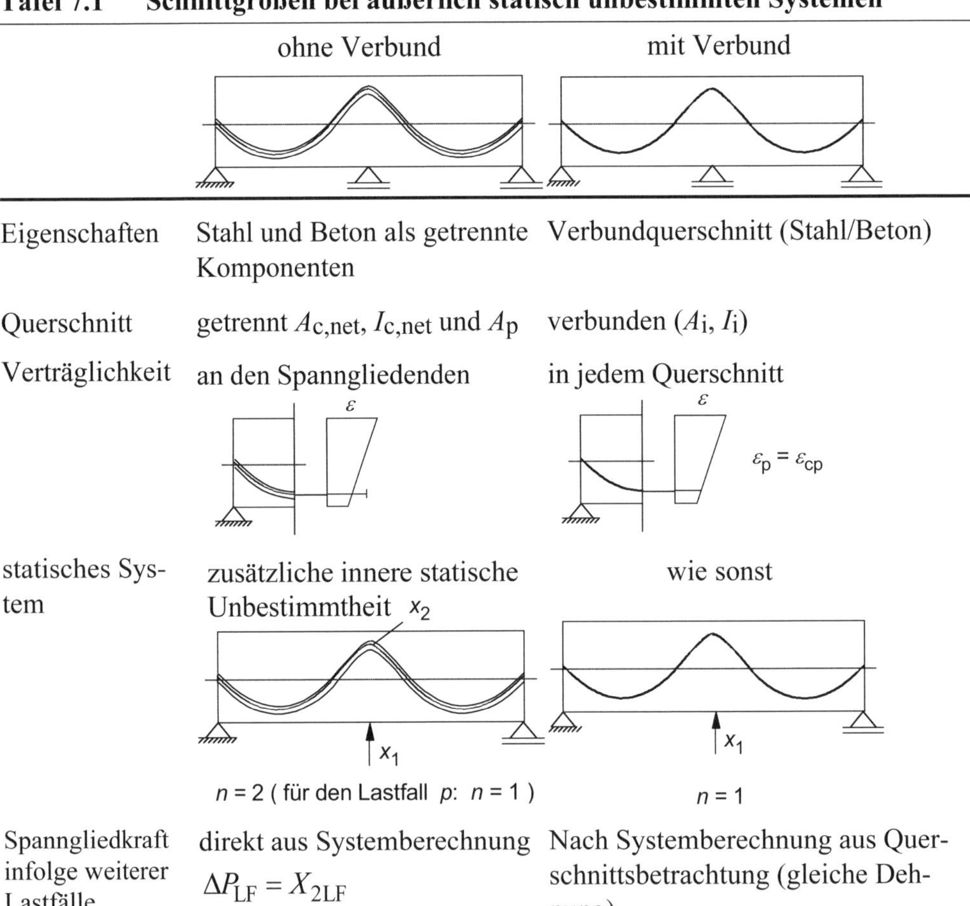

	ohne Verbund	mit Verbund
Eigenschaften	Stahl und Beton als getrennte Komponenten	Verbundquerschnitt (Stahl/Beton)
Querschnitt	getrennt $A_{c,net}$, $I_{c,net}$ und A_p	verbunden (A_i, I_i)
Verträglichkeit	an den Spanngliedenden	in jedem Querschnitt
statisches System	zusätzliche innere statische Unbestimmtheit x_2 $n = 2$ (für den Lastfall p: $n = 1$)	wie sonst $n = 1$
Spanngliedkraft infolge weiterer Lastfälle	direkt aus Systemberechnung $\Delta P_{LF} = X_{2LF}$	Nach Systemberechnung aus Querschnittsbetrachtung (gleiche Dehnung) $\Delta\varepsilon_p = \dfrac{\sigma_c}{E_c} = \dfrac{\Delta\sigma_p}{E_p}$ $\Delta P_{LF} = \Delta\sigma_p \cdot A_p$

7.3 Äußerlich statisch unbestimmte Systeme

7.3.1 Übersicht

Bei Systemen mit sofortigem Verbund entspricht der Grad der statischen Unbestimmtheit der äußerlichen Unbestimmtheit. Bei Systemen mit Verbund erhöht sich die statische Unbestimmtheit je Spannstrang um eins. Einen Überblick gibt **Tafel 7.1**.

7.3.2 Grundsätze für Schnittgrößen aus Vorspannung statisch unbestimmter Systeme

Die Grundsätze werden an einem 2-Feld-Träger gemäß **Abb. 7.8** entwickelt. Die Schnittgrößen werden mit dem Kraftgrößenverfahren bestimmt.

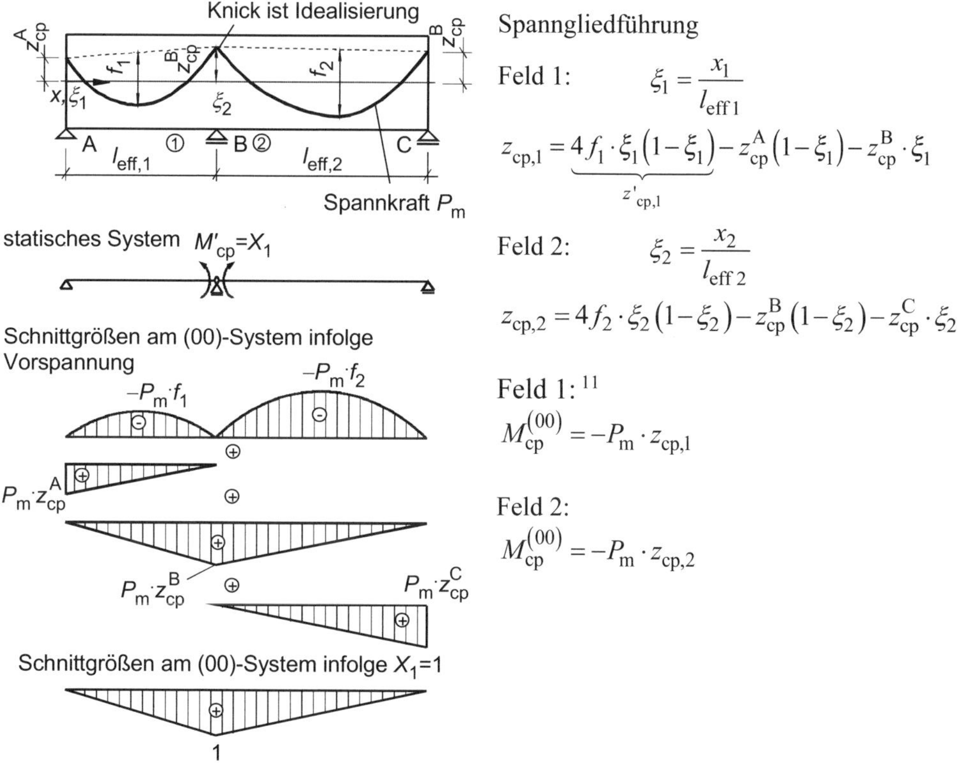

Abb. 7.8 Vorgespannter 2-Feld-Träger mit ungleichen Stützweiten

[11] Zur Unterscheidung des äußerlich statisch bestimmten Systems und des (äußerlich und innerlich) statisch bestimmten Systems kann ein Kopfzeiger verwendet werden. Der Kopfzeiger (0) kennzeichnet das äußerlich statisch bestimmte System, der Kopfzeiger (00) das statisch bestimmte System.

Bestimmung der δ_{ik}-Glieder:

Feld 1 Feld 2

$$EI \cdot \delta_{11} = \frac{1}{3} \cdot 1^2 \cdot l_{eff,1} + \frac{1}{3} \cdot 1^2 \cdot l_{eff,2} = \frac{1}{3}\left(l_{eff,1} + l_{eff,2}\right)$$

$$\begin{aligned} EI \cdot \delta_{1p} = & -\frac{1}{3} \cdot 1 \cdot \left(P_m \cdot f_1\right) \cdot l_{eff,1} - \frac{1}{3} \cdot 1 \cdot \left(P_m \cdot f_2\right) \cdot l_{eff,2} \\ & + \frac{1}{6} \cdot 1 \cdot P_m \cdot z_{cp}^A \cdot l_{eff,1} \\ & + \frac{1}{3} \cdot 1 \cdot P_m \cdot z_{cp}^B \cdot l_{eff,1} + \frac{1}{3} \cdot 1 \cdot P_m \cdot z_{cp}^B \cdot l_{eff,2} \\ & + \frac{1}{6} \cdot 1 \cdot P_m \cdot z_{cp}^C \cdot l_{eff,2} \end{aligned}$$

Umlagerungsschnittgröße = statisch Unbestimmte

$$X_{1p} = -\frac{\delta_{1p}}{\delta_{11}}$$

$$= P_m \left\{ \frac{f_1 \cdot l_{eff,1} + f_2 \cdot l_{eff,2}}{l_{eff,1} + l_{eff,2}} - \frac{1}{2} \cdot \frac{z_{cp}^A \cdot l_{eff,1}}{l_{eff,2} + l_{eff,2}} - z_{cp}^B \left[\frac{l_{eff,1} + l_{eff,2}}{l_{eff,1} + l_{eff,2}} \right] - \frac{1}{2} \cdot \frac{z_{cp}^C \cdot l_{eff,2}}{l_{eff,1} + l_{eff,2}} \right\}$$

Gesamtschnittgrößen infolge Vorspannung

$$M_{cp} = M_{cp}^{(00)} + X_{1p} \cdot M_{c,X_1=1}^{(00)} = M_{cp}^{(00)} + M'_{cp}$$ 11 (siehe Seite 107)

M'_{cp} wird im Spannbetonbau mit „Umlagerungsmoment“ bezeichnet.

Superposition in Feld 1

$$\begin{aligned} M_{cp} = & P_m \cdot \left[-z'_{cp,1} + z_{cp}^A \cdot \left(1 - \xi_1\right) + z_{cp}^B \cdot \xi_1 \right] \\ & + P_m \cdot \left[\frac{f_1 \cdot l_{eff,1} + f_2 \cdot l_{eff,2}}{l_{eff,1} + l_{eff,2}} - z_{cp}^B - \frac{1}{2} \cdot \frac{z_{cp}^A \cdot l_{eff,1} + z_{cp}^C \cdot l_{eff,2}}{l_{eff,1} + l_{eff,2}} \right] \cdot \xi_1 \end{aligned}$$

$$M_{cp} = P_m \left\{ -z'_{cp,1} + z_{cp}^A \left(1 - \xi_1\right) + \left[\frac{f_1 \cdot l_{eff,1} + f_2 \cdot l_{eff,2}}{l_{eff,1} + l_{eff,2}} - \frac{z_{cp}^A \cdot l_{eff,1} + z_{cp}^C \cdot l_{eff,2}}{2 \cdot \left(l_{eff,1} + l_{eff,2}\right)} \right] \cdot \xi_1 \right\} \quad (7.19)$$

Hieraus ergeben sich folgende (allgemein gültige) Grundsätze:

- Das Umlagerungsmoment M'_{cp} ist proportional zur Vorspannkraft P_m. Die Auflagerkräfte aus den Umlagerungsmomenten M'_{cp} bilden einen Gleichgewichtszustand. Die Summe dieser Auflagerkräfte ist null.
- In Gl. (7.19) tritt der Term z_{cp}^B nicht mehr auf. Die Schnittgrößen sind unabhängig von der Spannstrangexzentrizität über der Mittelstütze z_{cp}^B. Dies gilt für Durchlaufträger mit parabolischer Spannstrangführung allgemein über allen Innenstützen. Durch eine analoge Betrachtung am beidseitig starr eingespannten

Balken lässt sich erkennen, dass die Momente aus Vorspannung auch hierbei unabhängig von der Exzentrizität des Spannstranges an den Einspannstellen sind.

- Ein geradlinig geführter Spannstrang *ohne* Endexzentrizität am frei drehbaren Lager erzeugt keine Biegemomente und Querkräfte (**Abb. 7.9**). Es ergeben sich nur Längskräfte (zentrische Vorspannung). Der Spannstrang erzeugt jedoch Umlagerungsschnittgrößen und Auflagerkräfte.

Über die Angaben in Abschnitt 7.2.4 hinaus gilt für Balken, dass der Durchgang des Spannstrangs durch die Systemachse etwas zur Innenstützung hin verschoben wird (ca. $0{,}15\,l_{eff}$). Damit werden die Umlagerungsmomente günstig beeinflusst. Weiterhin werden die Spannglieder im Bereich des Momentennullpunktes (= Kreuzung mit Systemachse) aufgefächert, um eine günstige Wirkung gegenüber rechnerisch nicht erfassten Biegemomenten (die eine Verschiebung des Nullpunktes bewirken) zu erzeugen.

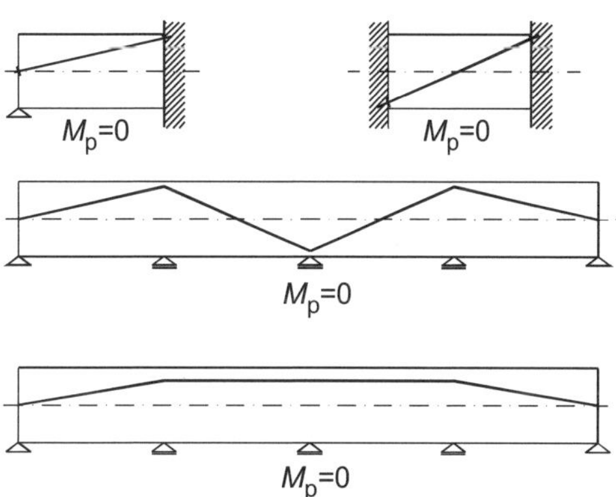

Abb. 7.9 Geradlinige Spannstrangführung ohne Biegemomente

Über den Innenstützen werden die Spannglieder stark gekrümmt. Dann ist im Abstand h vom Auflagerrand bereits eine deutliche Spannstrangneigung vorhanden, die eine günstige Querkraft (vgl. Gl. (7.12)) aus Vorspannung liefert.

Da die Biegemomente über den Innenstützungen deutlich größer als im Feld sind, wird hier eine größere Vorspannkraft benötigt. Dies wird erreicht, indem Spannglieder des linken und rechten Feldes über die Stütze in das jeweilige Nachbarfeld geführt werden und bei ca. $0{,}1\,l_{eff}$ von der Stütze entfernt enden.

7.3.3 Konkordante Vorspannung

Als konkordante Vorspannung bezeichnet man eine Führung des Spannstranges, sodass keine Umlagerungsmomente entstehen. Für den 2-Feld-Träger in Abschnitt 7.3.2 ergibt es sich, wenn die statisch Unbestimmte X_{1p} zu null gesetzt wird:

$$X_{1p} = P_m \left\{ \frac{f_1 \cdot l_{eff,1} + f_2 \cdot l_{eff,2}}{l_{eff,1} + l_{eff,2}} - \frac{1}{2} \cdot \frac{z_{cp}^{A} \cdot l_{eff,1}}{l_{eff,2} + l_{eff,2}} - z_{cp}^{B} - \frac{1}{2} \cdot \frac{z_{cp}^{C} \cdot l_{eff,2}}{l_{eff,1} + l_{eff,2}} \right\} = 0$$

Für die folgende Auswertung wird ein Balken mit gleichen Stützweiten und Spannstrangstichen betrachtet.

$$\frac{2 \cdot f \cdot l_{\text{eff}}}{2 \cdot l_{\text{eff}}} - z_{\text{cp}}^{\text{B}} - \frac{1}{2} \cdot \frac{\left(z_{\text{cp}}^{\text{A}} + z_{\text{cp}}^{\text{C}}\right) \cdot l_{\text{eff}}}{2 \cdot l_{\text{eff}}} = 0 \Rightarrow \qquad f = z_{\text{cp}}^{\text{B}} + \frac{1}{4} \cdot \left(z_{\text{cp}}^{\text{A}} + z_{\text{cp}}^{\text{C}}\right) \tag{7.20}$$

Aus Gl. (7.20) lassen sich folgende Grundsätze ableiten:

- Die konkordante Vorspannung ist unabhängig von der Spannkraft P_{m}.
- Die konkordante Vorspannung wird bei gleichen Stützweiten nicht durch deren Länge beeinflusst.
- In Verbindung mit der Schlussfolgerung über die Auflagerkräfte infolge der Umlagerungsmomente lässt sich feststellen: Die Auflagerkräfte aus konkordanter Vorspannung sind null.
- Bei konkordanter Vorspannung lässt sich im Feld nicht die Bauteilhöhe für die Spanngliedexzentrizität ausnutzen. Die konkordante Spanngliedführung ist daher i. d. R. für die Praxis nicht sinnvoll.

Eine Spannstrangführung, die im Unterschied zur konkordanten Vorspannung zu Umlagerungsmomenten führt, bezeichnet man auch als „diskordante Vorspannung".

7.3.4 Formtreue Vorspannung

In Sonderfällen kann es sinnvoll sein, Verformungen an einem Tragwerk zu minimieren. Die formtreue Vorspannung ist eine Spanngliedführung, die zu keinen Verformungen (z. B. Durchbiegungen) am Tragwerk führt, d. h. für eine bestimmte Lastkombination (z. B. Eigenlast plus 30 % Verkehr) wird der Spannstrang so geführt, dass er gerade die entgegengesetzten Verformungen wie die Lastkombination liefert.

7.3.5 Einfluss von Vouten

In **Abb. 7.10** ist die Wirkung des Spannstranges auf die Systemachse bei einer Voute dargestellt. Es ist zu erkennen, dass der Abstand z_{cp} anwächst und zusätzliche Umlenkkräfte wirken. Demzufolge vergrößern Vouten auch das Stützmoment der Vorspannung gegenüber einem Parallelgurt-Träger. Die Stützmomente aus Vorspannung wachsen jedoch nicht so stark, wie diejenigen aus anderen Lastfällen.

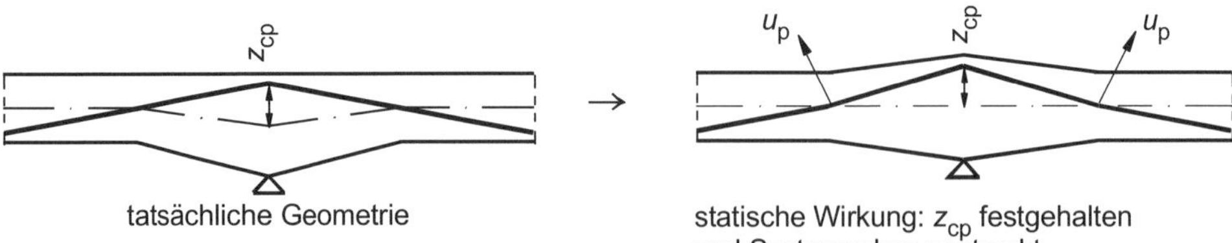

Abb. 7.10 Voute mit Spannstrang

7.3.6 Rahmentragwerke

Die bisherigen Erkenntnisse wurden für Durchlaufträger gewonnen. Sie gelten grundsätzlich und damit auch für andere statische Systeme. Bei Systemen mit abgewinkelter Systemachse ist zusätzlich zu beachten, ob die Verkürzung des Bauteils infolge Vorspannung zusätzliche Zwängungen und damit Schnittgrößen bewirkt. Bei einem Zweigelenkrahmen mit vorgespanntem Riegel bewirkt die Verkürzung desselben zusätzliche Querkräfte (und Biegemomente) in den Rahmenstielen. Da diese mit steigenden Abmessungen wachsen, sind dünne Stiele (evtl. auch eine einseitige Pendelstütze) anzustreben. Evtl. hat die Vorspannung des Riegels zur Folge, dass auch die Stiele vorgespannt werden müssen.

Beispiel 7.2: Schnittgrößen infolge Vorspannung am statisch unbestimmten System

An dem in **Abb. 4.6** dargestellten Dachbinder sind die Schnittgrößen infolge Vorspannung zu bestimmen. Es sind die in **Beispiel 4.2** erarbeitete Spannstrangführung sowie der in **Beispiel 6.1** ermittelte Spannkraftverlauf der Spannglieder 1 bis 4 zu berücksichtigen.

Die Schnittgrößen infolge Vorspannung sind mit Hilfe der Hebelarm- und der Umlenkkraftmethode zu bestimmen.

Lösung Hebelarmmethode:

Statisches System

Das Tragwerk des Dachbinders ist ein äußerlich zweifach unbestimmtes System. Als statisch bestimmtes Grundsystem wird eine Einfeldträgerkette mit Gelenken über den Innenstützen eingeführt.

Spannkraftverlauf des Spannstranges

$$P_m(0) = P_1(0) + P_2(0) + P_3(0) + P_4(0)$$
$$= 1232 + 961 + 1378 + 0 = 3571 \text{ kN}$$

(7.1):

$$P_m(x) = \sum_i P_i(x)$$

Für weitere bei der Schnittgrößenermittlung relevante Nachweisstellen sind in **Tafel 7.2** die Vorspannkräfte der einzelnen Spannglieder sowie die daraus resultierende Vorspannkraft im Spannstrang zusammengestellt. Der Abstand $z_{cp}(x)$ zwischen Systemachse und der Schwerachse des Spannstranges und dessen Neigung $\psi_p(x)$ wurde mit den Parabelgleichungen $y_i(x)$ aus **Beispiel 4.2** berechnet.

$$z_{cp}(x) = y_i(x)$$

$$\psi_p(x) = y_i'(x) = \frac{dy_i(x)}{dx}$$

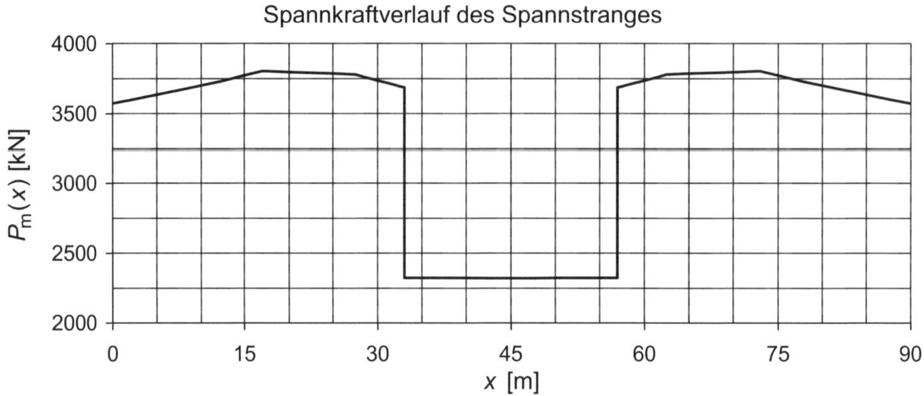

Tafel 7.2 Vorspannkräfte in den Spanngliedern bzw. im Spannstrang

x	$z_{cp}(x)$	$\psi_p(x)$	$P_1(x)$	$P_2(x)$	$P_3(x)$	$P_4(x)$	$P_m(x)$
[m]	[m]	[rad]	[kN]	[kN]	[kN]	[kN]	[kN]
0	0	–0,152	1232	961	1378	–	3571
12	–0,91	0	1285	1002	1438	–	3725
27	0	0,124	1291	1043	1447	–	3781
28,5	0,16	0,073	1275	1057	1428	–	3760
30	0,21	0	1254	1074	1406	–	3734
31,5	0,16	–0,069	1235	1090	1384	–	3709
33	0,	–0,139	1216	1108	1363	–	3687
33	0	–0,139	1216	1108	–	–	2324
45	–0,96	0	1161	1161	–	–	2322

Tafel 7.3 Momente infolge Vorspannung bzw. infolge der statisch Überzähligen X_1 und X_2 am statisch bestimmten Grundsystem

x	$M_{cp}^{(00)}(x)$	$M_{c1}^{(00)}(x)$	$M_{c2}^{(00)}(x)$	x	$M_{cp}^{(00)}(x)$	$M_{c1}^{(00)}(x)$	$M_{c2}^{(00)}(x)$
[m]	[kNm]	[–]	[–]	[m]	[kNm]	[–]	[–]
0	0	0	–	57	0	0,1	0,9
12	–3390	0,4	–	58,5	592	0,05	0,95
27	0	0,9	–	60	784	0	1
28,5	600	0,95	–	61,5	600	–	0,95
30	784	1	0	63	0	–	0,9
31,5	592	0,95	0,05	78	–3390	–	0,4
33	0	0,9	0,1	90	0	–	0
45	–2229	0,5	0,5				

Moment infolge Vorspannung am statisch bestimmten Grundsystem

$$M_{\text{cp}}^{(00)}(0) = 3571 \cdot \cos(-0{,}152) \cdot 0 = 0 \text{ kNm}$$

$$M_{\text{cp}}^{(00)}(12) = -3725 \cdot \cos(0) \cdot 0{,}91 = -3390 \text{ kNm}$$

Die Werte weiterer relevanter Nachweisstellen können **Tafel 7.3** entnommen werden.

(7.10):
$M_{\text{cp}}^{(00)}(x)$
$= P_{\text{m}}(x) \cdot \cos\psi_{\text{p}}(x) \cdot z_{\text{cp}}(x)$

$z_{\text{cp}}(x)$ aus Tafel 7.2

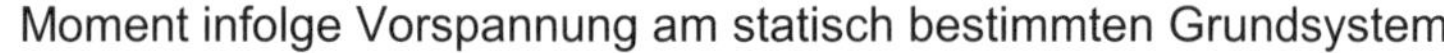

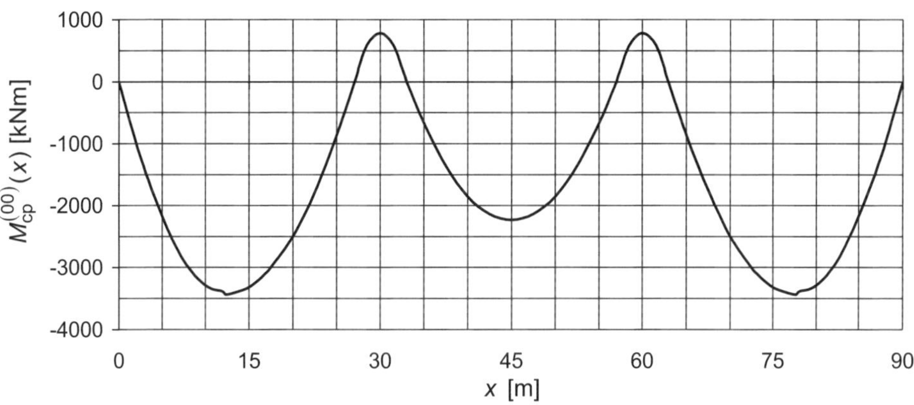

Moment infolge der statisch Überzähligen X_{i} am statisch bestimmten Grundsystem

$$M_{\text{c1}}^{(00)}(0) = 0$$

$$M_{\text{c1}}^{(00)}(12) = \frac{x}{l_{\text{eff}}} = \frac{12}{30} \cdot 1 = 0{,}4$$

$$M_{\text{c1}}^{(00)}(30) = 1$$

infolge der Überzähligen X_1

Die Werte weiterer relevanter Nachweisstellen können Tafel 7.3 entnommen werden.

Moment infolge der statisch Überzähligen X_{i} am statisch bestimmten Grundsystem

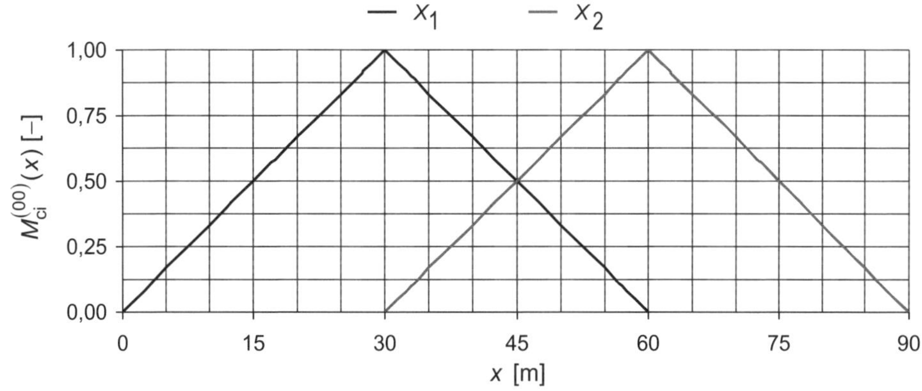

$M_{c2}^{(00)}(30) = 0$

$M_{c2}^{(00)}(31{,}5) = \frac{x - l_{eff}}{l_{eff}} = \frac{31{,}5 - 30}{30} \cdot 1 = 0{,}05$

$M_{c2}^{(00)}(60) = 1$

infolge der Überzähligen X_2

Die Werte weiterer relevanter Nachweisstellen können Tafel 7.3 entnommen werden.

Berechnung der statisch Überzähligen X_{ip}

$$EI \cdot \delta_{10} = \frac{1}{3} \cdot 27 \cdot -3390 \cdot 0{,}9$$
$$+\frac{1}{6} \cdot 3 \cdot \left[0 + 2 \cdot 600 \cdot (0{,}9 + 1) + 784 \cdot 1\right]$$
$$+\frac{1}{6} \cdot 3 \cdot \left[784 \cdot 1 + 2 \cdot 592 \cdot (1 + 0{,}9) + 0\right]$$
$$+\frac{1}{3} \cdot 24 \cdot -2229 \cdot (0{,}9 + 0{,}1)$$
$$+\frac{1}{6} \cdot 3 \cdot (0 + 2 \cdot 592) \cdot 0{,}1$$
$$= -42183 \text{ kNm}^2$$

Die Verformungsgrößen werden unter Verwendung von Integraltafeln bestimmt (z. B.: [Holschemacher – 19]).

$EI \cdot \delta_{10} = \int M_{cp}^{(00)} \cdot M_{c1}^{(00)} dx$

$EI \cdot \delta_{20} = EI \cdot \delta_{10}$

$EI \cdot \delta_{20} = -42183 \text{ kNm}^2$

$EI \cdot \delta_{11} = 2 \cdot \frac{1}{3} \cdot 30 \cdot 1 \cdot 1 = 20 \text{ m}$

$EI \cdot \delta_{22} = 20 \text{ m}$

$EI \cdot \delta_{11} = \int M_{c1}^{(00)} \cdot M_{c1}^{(00)} dx$

$EI \cdot \delta_{11} = EI \cdot \delta_{22}$

$EI \cdot \delta_{12} = \frac{1}{6} \cdot 30 \cdot 1 \cdot 1 = 5 \text{ m}$

$EI \cdot \delta_{21} = 5 \text{ m}$

$EI \cdot \delta_{12} = \int M_{c1}^{(00)} \cdot M_{c2}^{(00)} dx$

$EI \cdot \delta_{21} = EI \cdot \delta_{12}$

$$X_{1p} = X_{2p} = \frac{42183 \cdot 20 - 42183 \cdot 5}{20 \cdot 20 - 5^2} = 1687 \text{ kNm}$$

[Holschemacher – 19]:

$$X_{1,2} = \frac{-\delta_{10} \cdot \delta_{22} + \delta_{20} \cdot \delta_{12}}{\delta_{11} \cdot \delta_{22} - \delta_{12}^2}$$

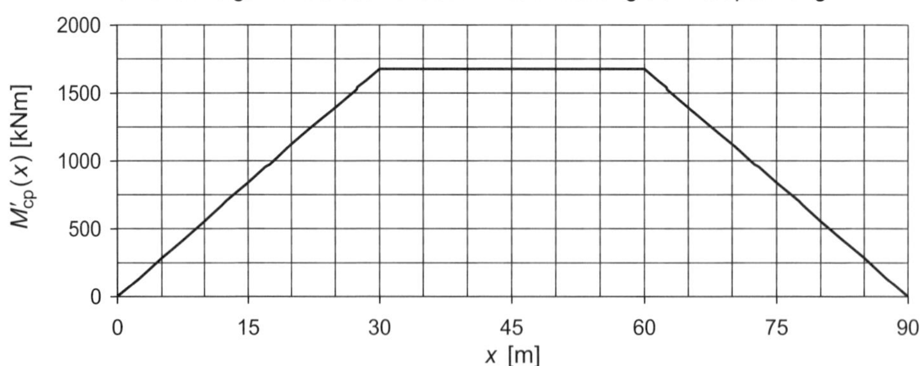

Moment infolge der statisch unbestimmten Wirkung der Vorspannung

$$M'_{\text{cp}}(12) = 0{,}4 \cdot 1687 + 0 \cdot 1687 = 675 \text{ kNm}$$

$$M'_{\text{cp}}(30) = 1 \cdot 1687 + 0 \cdot 1687 = 1687 \text{ kNm}$$

$$M'_{\text{cp}}(45) = 0{,}5 \cdot 1687 + 0{,}5 \cdot 1687 = 1687 \text{ kNm}$$

$$M'_{\text{cp}}(x) = M_{\text{c1}}^{(00)}(x) \cdot X_{1\text{p}} + M_{\text{c2}}^{(00)}(x) \cdot X_{2\text{p}}$$

Moment infolge Vorspannung

$$M_{\text{cp}}(12) = -3390 + 675 = -2715 \text{ kNm}$$

$$M_{\text{cp}}(30) = 784 + 1687 = 2471 \text{ kNm}$$

$$M_{\text{cp}}(45) = -2229 + 1687 = -542 \text{ kNm}$$

$$M_{\text{cp}}(x) = M_{\text{cp}}^{(00)}(x) + M'_{\text{cp}}(x)$$

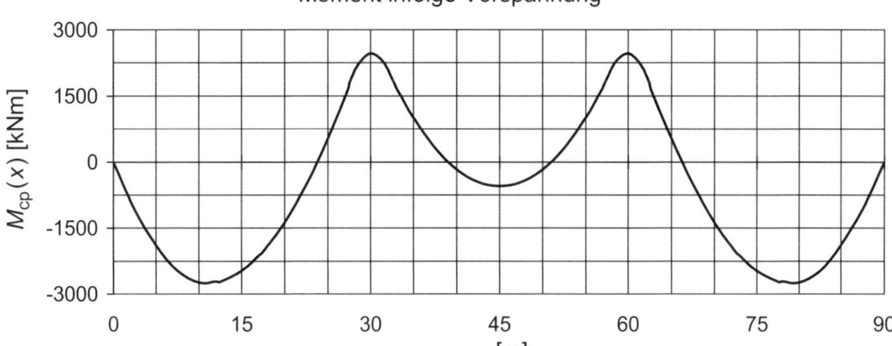

Querkraft infolge Vorspannung am statisch bestimmten Grundsystem

$$V_{\text{cp}}^{(00)}(0) = 3571 \cdot \sin(-0{,}152) = -540{,}7 \text{ kN}$$

$$V_{\text{cp}}^{(00)}(27) = 3781 \cdot \sin(0{,}124) = 467{,}6 \text{ kN}$$

$$V_{\text{cp,l}}^{(00)}(33) = 3687 \cdot \sin(-0{,}139) = -510{,}9 \text{ kN}$$

$$V_{\text{cp,r}}^{(00)}(33) = 2324 \cdot \sin(-0{,}139) = -322{,}0 \text{ kN}$$

(7.12):

$$V_{\text{cp}}^{(00)}(x) = P_{\text{m}}(x) \cdot \sin\psi_{\text{p}}(x)$$

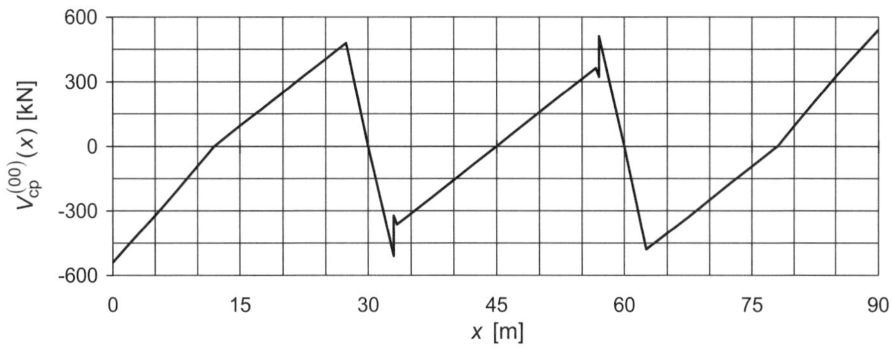

Auflagerkräfte und Querkräfte infolge der statisch unbestimmten Wirkung der Vorspannung

$$A'_{cp} = \frac{1687}{30} = 56{,}2 \text{ kN}$$

$$A'_{cp} = \frac{M'_{cp}(l_{eff})}{l_{eff}}$$

$$B'_{cp} = \frac{2}{30} \cdot \left(1687 - 56{,}2 \cdot 1{,}5 \cdot 30\right) = -56{,}2 \text{ kN}$$

$$B'_{cp} = \frac{2}{l_{eff}} \cdot \begin{pmatrix} M'_{cp}(1{,}5 \cdot l_{eff}) \\ -A'_{cp} \cdot 1{,}5 \cdot l_{eff} \end{pmatrix}$$

Aus den Auflagerkräften kann der Verlauf der Querkraft $V'_{cp}(x)$ infolge der statisch unbestimmten Wirkung der Vorspannung abgeleitet werden.

Querkraft infolge Vorspannung

$$V_{cp}(x) = V_{cp}^{(00)}(x) + V'_{cp}(x)$$

$$V_{cp}(0) = -540{,}7 + 56{,}2 = -484{,}5 \text{ kN}$$

$$V_{cp}(27) = 467{,}6 + 56{,}2 = 523{,}8 \text{ kN}$$

$$V_{cp,l}(33) = -510{,}9 \text{ kN}$$

$$V_{cp,r}(33) = -322{,}0 \text{ kN}$$

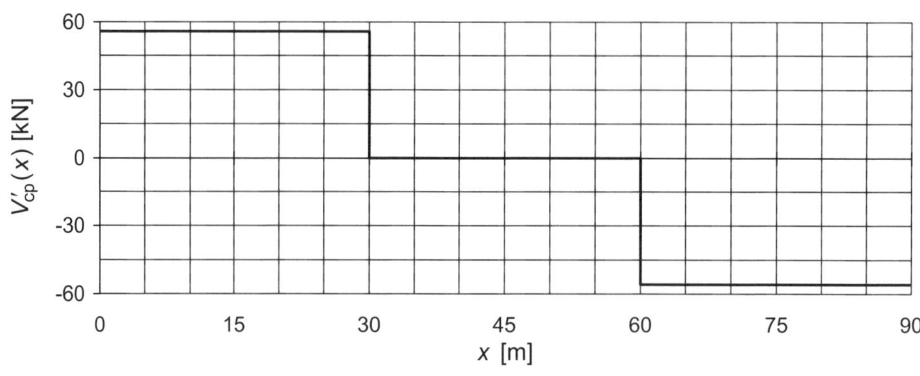

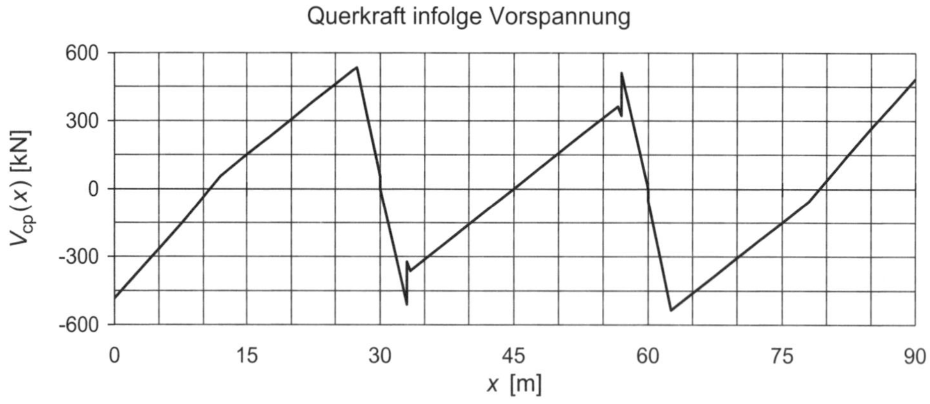

Lösung Umlenkkraftmethode:

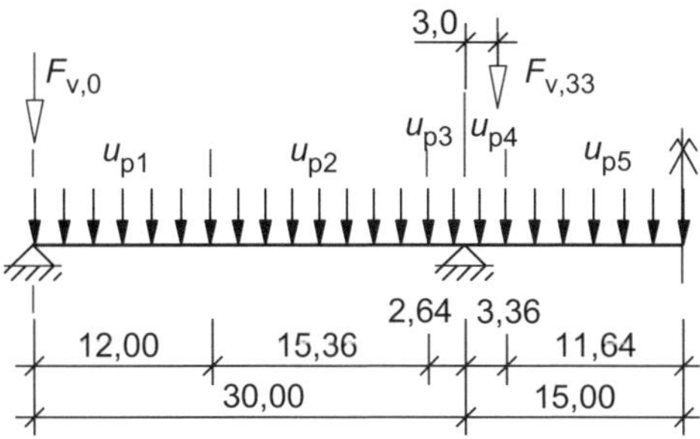

u_{p1} bis u_{p5} kennzeichnen die Wirkung der parabelförmigen Vorspannung, $F_{v,0}$ und $F_{v,33}$ die der Fest- und Spannanker

Bestimmung der Umlenkkräfte

1. Teilparabel: $0{,}00\ \text{m} \leq x \leq 0{,}4 \cdot l_{\text{eff}}$ — vom Balkenanfang bis zur Stelle des maximalen Momentes im Feld 1

$f_1 = z_{\text{cp}}(12) = -0{,}91\ \text{m}$ — $z_{\text{cp}}(x)$ aus Tafel 7.2

$P_{\text{m}}(0) = 3571\ \text{kN}$ — $P_{\text{m}}(x)$ aus Tafel 7.2

$P_{\text{m}}(12) = 3725\ \text{kN}$

$P_{\text{m},1} = 0{,}5 \cdot [P_{\text{m}}(0) + P_{\text{m}}(12)]$
$= 0{,}5 \cdot (3571 + 3725) = 3648\ \text{kN}$ — Mittelwert der Vorspannkraft

$$u_{\text{p},1} = -3648 \cdot \frac{8 \cdot 0{,}91}{(2 \cdot 12)^2} = -46{,}1\ \text{kN/m}$$

(7.5): $u_{\text{p}} = P_{\text{m}} \cdot \dfrac{8 \cdot f}{l_{\text{eff}}^2}$

2. Teilparabel: $0{,}4 \cdot l_{\text{eff}} < x \leq 0{,}912 \cdot l_{\text{eff}}$ — Fortsetzung bis zum Wendepunkt im Randfeld

$f_2 = z_{\text{cp}}(12) - z_{\text{cp,w,r}} = -0{,}91 - 0{,}05 = -0{,}96\ \text{m}$ — $z_{\text{cp}}(x)$ aus Tafel 7.2; $z_{\text{cp,w,r}}$ siehe **Beispiel 4.2**

$P_{\text{m}}(12) = 3725\ \text{kN}$ — $P_{\text{m}}(x)$ aus Tafel 7.2

$P_{\text{m}}(27{,}4) = 3775\ \text{kN}$ (interpoliert)

$P_{\text{m},2} = 0{,}5 \cdot [P_{\text{m}}(12) + P_{\text{m}}(27{,}4)]$
$= 0{,}5 \cdot (3725 + 3775) = 3750\ \text{kN}$ — Mittelwert der Vorspannkraft

$$u_{\text{p},2} = -3750 \cdot \frac{8 \cdot 0{,}96}{[2 \cdot (0{,}912 - 0{,}4) \cdot 30]^2} = -30{,}4\ \text{kN/m}$$

(7.5): $u_{\text{p}} = P_{\text{m}} \cdot \dfrac{8 \cdot f}{l_{\text{eff}}^2}$

3. Teilparabel: $0{,}912 \cdot l_{\text{eff}} < x \leq l_{\text{eff}}$ — Fortsetzung bis zur 1. Innenstütze

$f_3 = z_{\text{cp}}(30) - z_{\text{cp,w,r}}$ — $z_{\text{cp}}(x)$ aus Tafel 7.2

$f_3 = 0{,}21 - 0{,}05 = 0{,}16\ \text{m}$ — $z_{\text{cp,w,r}}$ siehe **Beispiel 4.2**

$P_{\text{m}}(27{,}4) = 3775\ \text{kN}$ (interpoliert) — $P_{\text{m}}(x)$ aus Tafel 7.2

$P_{\text{m}}(30) = 3734\ \text{kN}$

$P_{\text{m},3} = 0{,}5 \cdot [P_{\text{m}}(27{,}4) + P_{\text{m}}(30)]$
$= 0{,}5 \cdot (3775 + 3734) = 3755\ \text{kN}$ — Mittelwert der Vorspannkraft

$$u_{p,3} = 3755 \cdot \frac{8 \cdot 0{,}16}{[2 \cdot 0{,}088 \cdot 30]^2} = 172{,}4 \text{ kN/m}$$

(7.5): $u_p = P_m \cdot \frac{8 \cdot f}{l_{eff}^2}$

4. Teilparabel: $l_{eff} < x \leq 1{,}112 \cdot l_{eff}$

von der 1. Innenstütze zum Wendepunkt im Innenfeld

$$f_4 = z_{cp}(30) - z_{cp,w,i}$$

$z_{cp}(x)$ aus Tafel 7.2

$$f_4 = 0{,}21 + 0{,}05 = 0{,}26 \text{ m}$$

$z_{cp,w,i}$ siehe Beispiel 4.2

$$P_m(30) = 3734 \text{ kN}$$

$P_m(x)$ aus Tafel 7.2

$$P_m(33_{links}) = 3687 \text{ kN}$$

$$P_m(33_{rechts}) \approx P_m(33{,}4) \approx 2324 \text{ kN}$$

$$P_{m,4} = \frac{1}{0{,}112} \cdot \begin{Bmatrix} 0{,}1 \cdot 0{,}5 \cdot [P_m(30) + P_m(33_{links})] \\ +0{,}012 \cdot P_m(33_{rechts}) \end{Bmatrix}$$

Mittelwert der Vorspannkraft

$$= \frac{1}{0{,}112} \cdot \begin{pmatrix} 0{,}1 \cdot 0{,}5 \cdot (3734 + 3687) \\ +0{,}012 \cdot 2324 \end{pmatrix} = 3562 \text{ kN}$$

$$u_{p,4} = 3562 \cdot \frac{8 \cdot 0{,}26}{[2 \cdot 0{,}112 \cdot 30]^2} = 164{,}1 \text{ kN/m}$$

(7.5): $u_p = P_m \cdot \frac{8 \cdot f}{l_{eff}^2}$

5. Teilparabel: $1{,}112 \cdot l_{eff} < x \leq 1{,}5 \cdot l_{eff}$

vom Wendepunkt zur Mitte des Innenfeldes

$$f_5 = z_{cp}(45) - z_{cp,w,i}$$

$z_{cp}(x)$ aus Tafel 7.2

$$f_5 = -0{,}96 + 0{,}05 = -0{,}91 \text{ m}$$

$z_{cp,w,i}$ siehe Beispiel 4.2

$$P_m(33{,}4) \approx P_m(33_{rechts}) = 2324 \text{ kN}$$

$P_m(x)$ aus Tafel 7.2

$$P_m(45) = 2322 \text{ kN}$$

$$P_{m,5} = 0{,}5 \cdot [P_m(33{,}4) + P_m(45)]$$

Mittelwert der Vorspannkraft

$$= 0{,}5 \cdot (2324 + 2322) = 2323 \text{ kN}$$

$$u_{p,5} = -2323 \cdot \frac{8 \cdot 0{,}91}{[2 \cdot (1{,}5 - 1{,}112) \cdot 30]^2} = -31{,}2 \text{ kN/m}$$

(7.5): $u_p = P_m \cdot \frac{8 \cdot f}{l_{eff}^2}$

Bestimmung der vertikalen Ankerkräfte

Werte für die Berechnung sind Tafel 7.2 entnommen

$$F_{v,0} = -P_m(0) \cdot \sin \psi_p(0)$$

(7.12): $V_{cp} = -P_m \cdot \sin \psi_p$

$$= -3571 \cdot \sin(-0{,}152) = 540{,}7 \text{ kN}$$

(linkes Schnittufer)

$$F_{v,33} = P_3(33) \cdot \sin \psi_p(33)$$

(7.12): $V_{cp} = P_m \cdot \sin \psi_p$

$$= 1363 \cdot \sin(-0{,}139) = -188{,}8 \text{ kN}$$

(rechtes Schnittufer)

Mit Kenntnis der Umlenkpressungen und der vertikalen Ankerkräfte lassen sich die Schnittgrößen infolge Vorspannung mit einem Stabwerkprogramm berechnen. Die Ergebnisse der Berechnung können **Tafel 7.4** entnommen werden. Sie sind dort den Ergebnissen der Hebelarmmethode gegenübergestellt.

Tafel 7.4 Schnittgrößen infolge Vorspannung

Hebelarmmethode				Umlenkkraftmethode			
x	$M_{cp}(x)$	x	$V_{cp}(x)$	x	$M_{cp}(x)$	x	$V_{cp}(x)$
[m]	[kNm]	[m]	[kN]	[m]	[kNm]	[m]	[kN]
12	–2715	0	–485	12	–2729	0	–504
30	2471	27	524	30	2409	27	505
45	–542	33_{links}	–511	45	–539	33_{links}	–485
		33_{rechts}	–322			33_{rechts}	–296

7.4 Praktische Schnittgrößenermittlung

7.4.1 Verfahren zur Schnittgrößenermittlung

[DIN EN 1992-1-1 – 11] gestattet es, mit denselben Verfahren wie im Stahlbetonbau zu arbeiten. Es sind folgende Methoden zulässig:

- lineare Verfahren auf Basis der Elastizitätstheorie ohne Momentenumlagerung
- lineare Verfahren auf Basis der Elastizitätstheorie mit begrenzter Momentenumlagerung
- nichtlineare Verfahren
- Verfahren auf Grundlage der Plastizitätstheorie.

Baupraktisch wichtig sind die beiden Erstgenannten. Bei linearen Verfahren mit begrenzter Momentenumlagerung können die Momente unter Wahrung des Gleichgewichtes umgelagert werden, wobei ein Rotationsnachweis geführt werden muss. Dieser kann vereinfacht in Anlehnung an **Tafel 7.5** geführt werden.

$$M_{cal} = M_{el} - \Delta M \tag{7.21}$$

$$\delta = \frac{M_{cal}}{M_{el}} \tag{7.22}$$

$$1-\delta = 1-\frac{M_{cal}}{M_{el}} = 1-\frac{M_{el}-\Delta M}{M_{el}} = \frac{\Delta M}{M_{el}} \tag{7.23}$$

Tafel 7.5 Grenzwerte δ_{lim} nach [DIN EN 1992-1-1 – 11], 5.5

Eigenschaft von Beton- und Spannstahl	$\leq$ C50/60	$\geq$ C55/67
normalduktil	$\delta_{lim} = \max\begin{cases} 0{,}64+0{,}8\,x_u/d \\ 0{,}85 \end{cases}$	$\delta_{lim} = 1{,}0$
hochduktil	$\delta_{lim} = \max\begin{cases} 0{,}64+0{,}8\,x_u/d \\ 0{,}70 \end{cases}$	$\delta_{lim} = \max\begin{cases} 0{,}72+0{,}8\,x_u/d \\ 0{,}8 \end{cases}$

Zu beachten ist, dass der statisch bestimmte Anteil der Momente aus Vorspannung allein durch Hebelarm und Spannkraft festliegt. Er kann nicht geändert (umgelagert) werden! Die Umlagerungsmomente (= statisch unbestimmter Anteil) können umgelagert werden.

7.4.2 Hilfsmittel zur Schnittgrößenermittlung

In Abschnitt 7.2.2 wurde gezeigt, dass die Vorspannwirkung für die statische Berechnung als Streckenlast aufgefasst werden kann. In der Praxis können die Schnittgrößen mit üblicher Software ermittelt werden. Lediglich einige Hilfsmittel für Kontrollen und Überschlagsrechnungen werden hier vorgestellt. Sie bedingen, dass die Spannstrangführung polygonal oder weitestgehend parabelförmig ist.

Wenn nach dem Weggrößenverfahren gerechnet wird, sind in [Leonhardt – 73] die Volleinspannmomente für übliche Spanngliedführungen angegeben. Sofern mit dem Kraftgrößenverfahren gerechnet werden soll, können auch die Integraltafeln verwendet werden (z. B. [Holschemacher – 19]). Die Spanngliedführung wird dann aus superponierten Teilparabeln zusammengesetzt (**Abb. 7.11**).

$$u_{\mathrm{p}} = u_{\mathrm{p1}} = \frac{P_{\mathrm{m}} \cdot 8 \cdot f}{l_{\mathrm{eff}}^{2}} \tag{7.24}$$

$$u_{\mathrm{p}}^{\mathrm{a}} = \frac{P_{\mathrm{m}} \cdot 8 \cdot f_{\mathrm{a}}}{(2 \cdot a)^{2}} \tag{7.25}$$

$$u_{\mathrm{p2}} = u_{\mathrm{p}}^{a} + |u_{\mathrm{p1}}| \tag{7.26}$$

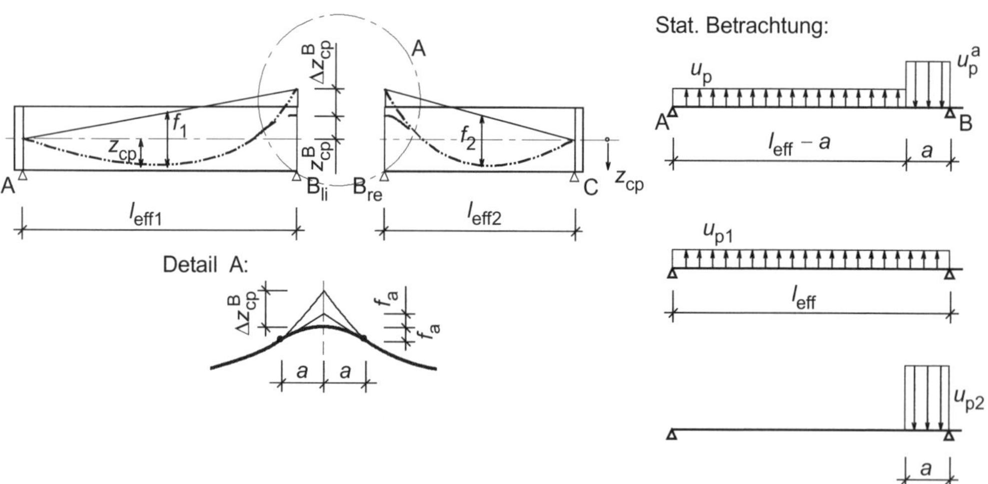

Abb. 7.11 Superposition von Teilparabeln zur Erfassung der Spannstrangwirkung

7.5 Mehrsträngige Vorspannung

Eine mehrsträngige Vorspannung ist oftmals bei sofortigem Verbund (Spannbett-Vorspannung) erforderlich (**Abb. 4.3**). Wenn die einsträngige Vorspannung auf Grund des großen Spannstrangabstandes z_{cp} zu hohe Zugspannungen auf dem abliegenden Querschnittsrand (Druckzone der restlichen Lastfälle) erzeugt, wird ein zweiter Spannstrang erforderlich (**Abb. 7.12**). Zwei Spannstränge sind im Grenzzustand der Tragfähigkeit auf Biegung besser geeignet, als ein Spannstrang mit nur einem kleinen Abstand zur Systemachse.

Aufgrund der Ausführungen in Abschnitt 7.3 wird die statische Unbestimmtheit durch den zweiten Spannstrang nur bei Spanngliedern ohne Verbund beeinflusst. Die Schnittgrößen werden prinzipiell so ermittelt, wie bei einsträngiger Vorspannung ohne Verbund. Es ist lediglich zu beachten, dass jeder Strang den Grad der statischen Unbestimmtheit um eins erhöht.

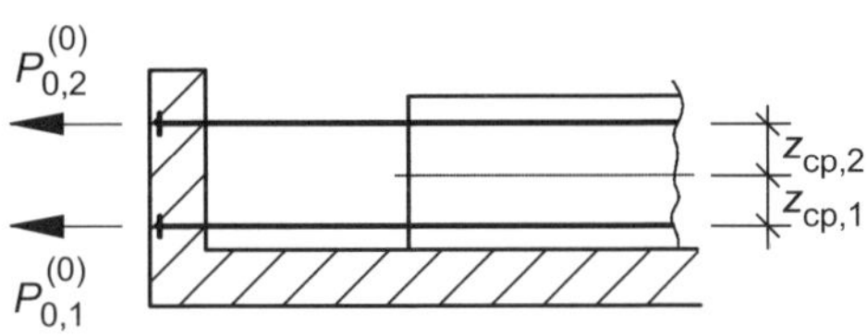

Abb. 7.12 Zweisträngige Vorspannung im Spannbett

8 Auswirkungen von Kriechen und Schwinden

8.1 Allgemeines

Die Prozesse des Kriechens und Schwindens von Beton wurden bereits in Abschnitt 3.2.2 bis 3.2.4 einführend beschrieben. Im Folgenden wird erläutert, wie das zeitabhängige Verhalten des Betons die Schnittgrößen und Verformungen beeinflusst. Kriechen und Schwinden haben positive und negative Auswirkungen für Stahlbeton- und Spannbetontragwerke.

- Von *Vorteil* ist der Abbau von Zwangsschnittgrößen.
- Von *Nachteil* ist die Zunahme der Verformungen.

Im Spannbetonbau ist das zeitabhängige Verhalten des Betons zu berücksichtigen.

- Durch die nachträgliche Verkürzung des Betons infolge Kriechen und Schwinden wird der vorgedehnte Stahl kürzer. Er verliert einen Teil seiner Spannung und infolgedessen der Beton die entsprechende Druckspannung.
- Die Verkürzungen des Betons können infolge des Schwindens je nach Betonart und Lagerungsbedingung ca. 0,5 ‰, infolge des Kriechens in Abhängigkeit von der Betonrezeptur ebenfalls bis zu 0,5 ‰ betragen. Bei den ersten Spannbetonkonstruktionen wurde normaler Betonstahl verwendet, der mit ca. 60 N/mm^2 (ca. 0,3 ‰) vorgespannt wurde, d. h., infolge des Kriechens und Schwindens des Betons waren die Vorspannkräfte bereits nach kurzer Zeit vollständig abgebaut (vgl. **Tafel 1.4**, erfolglose Versuche von KOENEN).
- Charakteristisch für eine Verformungseinwirkung ist, dass die geometrischen Randbedingungen durch das Tragwerk eingehalten werden müssen, d. h., erst wenn die Verformung behindert wird, werden innere Kräfte hervorgerufen. Bei statisch bestimmten Tragwerken werden demnach infolge des zeitabhängigen Verhaltens nur Verformungen erzeugt. Der Spannungszustand wird nicht beeinträchtigt. Bei statisch unbestimmten Systemen wird die freie Verformung behindert. Infolge des zeitabhängigen Verhaltens entstehen hier Zwangsschnittgrößen, die bei der Bemessung des Tragwerks berücksichtigt werden müssen (**Tafel 8.1**).

8.2 Verformungen infolge Kriechen

Die in diesem Abschnitt angestellten allgemeingültigen Überlegungen sind neben vorgespannten Betontragwerken auch auf Bauteile mit linear-viskoelastischem Werkstoffverhalten übertragbar.

Tafel 8.1 Auswirkungen von Kriechen und Schwinden bei einer im Freivorbau errichteten Brücke

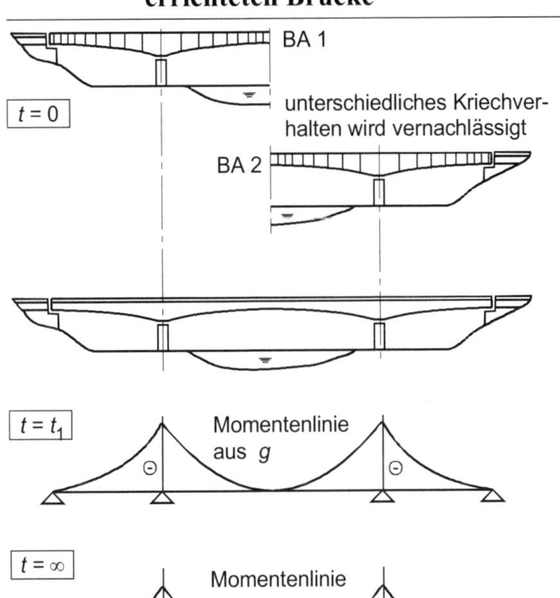

1. Ein Brückentragwerk wird in zwei Waagebalken (BA 1, BA 2) hergestellt und anschließend zu einem Durchlaufträger verbunden.
2. Am statisch bestimmten System *(halbes System)* führt das Kriechen des Betons von $t = 0$ bis $t = t_1$ zu einer Zunahme der Verformungen.
3. Am Durchlaufträger werden die weiteren Verformungen ab $t = t_1$ behindert, wodurch sich die Spannungen und entsprechend die Stützmomente reduzieren. So entstehen infolge der Eigenlast g im Laufe der Zeit bis $t = \infty$ positive Feldmomente, die bei der Bemessung der Konstruktion berücksichtigt werden müssen.

8.2.1 Kriechen unter konstanten Spannungen

Wird ein Bauteil aus einem linear-viskoelastischen Werkstoff mit einer Dauerlast beansprucht, dann setzt sich die Gesamtverformung des Bauteils $\varepsilon(t_\text{n})$ im Betrachtungspunkt t_n aus einem zum Zeitpunkt der Erstbelastung entstandenen elastischen Anteil $\varepsilon_\text{el}(t_0)$ und einem aus den linear-viskoelastischen Materialeigenschaften resultierenden Verformungsanteil $\varepsilon_\text{cc}(t_\text{n})$ zusammen.

$$\varepsilon(t_\text{n}) = \varepsilon_\text{el}(t_0) + \varepsilon_\text{cc}(t_\text{n}) \tag{8.1}$$

Im Abschnitt 3.2 wurde das Kriechen bereits phänomenologisch beschrieben. Es wurde die Kriechzahl eingeführt. Diese beschreibt das Verhältnis zwischen Kriechverformung $\varepsilon_\text{cc}(t_\text{n})$ und elastischer Verformung $\varepsilon_\text{el}(t_0)$. Gleichung (8.1) lässt sich unter Verwendung von Gl. (3.3) wie folgt erweitern:

$$\varepsilon_\text{cc}(t_\text{n}) = \varepsilon_\text{el}(t_0) \cdot \varphi(t_\text{n}, t_0) \tag{8.2}$$

$$\varepsilon(t_\text{n}) = \varepsilon_\text{el}(t_0) + \varepsilon_\text{el}(t_0) \cdot \varphi(t_\text{n}, t_0) = \varepsilon_\text{el}(t_0) \cdot \left[1 + \varphi(t_\text{n}, t_0)\right] \tag{8.3}$$

Beispiel 8.1: Verformungen an einem statisch bestimmten System

An dem in **Abb. 8.1** dargestellten Einfeldträger soll die Lagersenkung im Punkt A zum Zeitpunkt t_n berechnet werden. Das Material des Lagers weist ein linear-viskoelastisches Werkstoffverhalten auf.

Die Konstruktion wird zum Zeitpunkt t_0 mit der zeitlich konstanten Gleichstreckenlast q beansprucht.

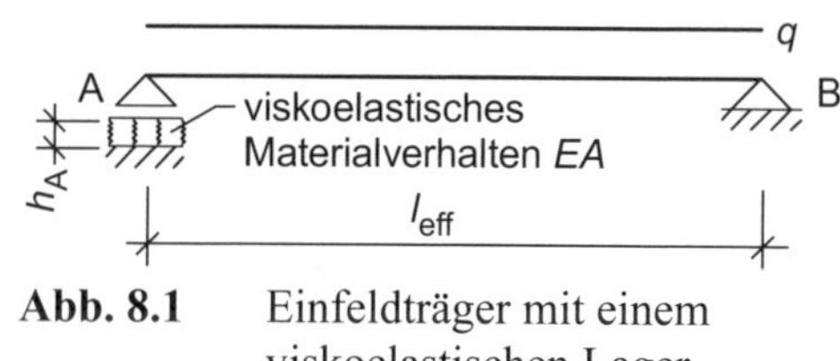

Abb. 8.1 Einfeldträger mit einem viskoelastischen Lager

Gegeben:

$E \cdot A$	Dehnsteifigkeit des linear-viskoelastischen Materials der Unterstützung
h_A	Höhe der viskoelastischen Unterstützung am Lager A
$\varphi(t_n, t_0)$	Kriechzahl

Lösung:

Elastische Anfangsverformung

$$\varepsilon_{el}(t_0) = \frac{A_v}{E \cdot A} = \frac{q \cdot l_{eff}}{2 \cdot E \cdot A}$$

Auflagerkraft im Lager A:

$$A_v = \frac{q \cdot l_{eff}}{2} \text{ (zeitlich konstant)}$$

Kriechverformung bis zum Zeitpunkt t_n

$$\varepsilon_{cc}(t_n) = \frac{q \cdot l_{eff}}{2 \cdot E \cdot A} \cdot \varphi(t_n, t_0)$$

(8.2):

$$\varepsilon_{cc}(t_n) = \varepsilon_{el}(t_0) \cdot \varphi(t_n, t_0)$$

Lagersenkung zum Zeitpunkt t_n

$$\varepsilon(t_n) = \frac{q \cdot l_{eff}}{2 \cdot E \cdot A} + \frac{q \cdot l_{eff}}{2 \cdot E \cdot A} \cdot \varphi(t_n, t_0)$$

$$w_A(t_n) = \varepsilon(t_n) \cdot h_A$$

(8.1): $\varepsilon(t_n) = \varepsilon_{el}(t_0) + \varepsilon_{cc}(t_n)$

8.2.2 Kriechen unter variablen Spannungen

Anwendung des Superpositionsprinzips nach BOLTZMANN bei stufenförmig veränderlichen Spannungen:

Das Superpositionsprinzip von BOLTZMANN besagt, dass eine bis zum Zeitpunkt t_n veränderliche Spannung $\sigma(t)$ in einzelne, konstante, positiv oder negativ wirkende Spannungsstufen, die jedoch stets bis zum Zeitpunkt t_n wirken müssen, zerlegt werden kann (**Abb. 8.2**).

Die Kriechverformungen der einzelnen Spannungsstufen können mit Hilfe der zugehörigen Kriechzahlen $\varphi(t_n, t_i)$ einzeln ermittelt und anschließend addiert werden. Es wird also angenommen, dass die Spannung $\sigma(t_0)$ von t_0 bis t_n konstant ist, womit sich zum Zeitpunkt t_n entsprechend Gl. (8.2) die folgende Kriechverformung ergibt:

$$\Delta\varepsilon_{cc0} = \frac{\sigma(t_0)}{E} \cdot \varphi(t_n, t_0)$$

Im Zeitpunkt t_1 ändert sich die Spannung von $\sigma(t_0)$ auf $\sigma(t_1)$. Es wird wiederum angenommen, dass die Spannungsdifferenz von $\sigma(t_0)$ und $\sigma(t_1)$ bis zum Zeitpunkt t_n wirkt, und dort die folgende Kriechverformung verursacht:

$$\Delta\varepsilon_{cc1} = \frac{\sigma(t_1)-\sigma(t_0)}{E}\cdot\varphi(t_n,t_1)$$

Mit den folgenden Spannungsänderungen verhält es sich genauso. Somit kann die vollständige Kriechverformung zum Zeitpunkt t_n mit Hilfe der folgenden Gleichung ermittelt werden:

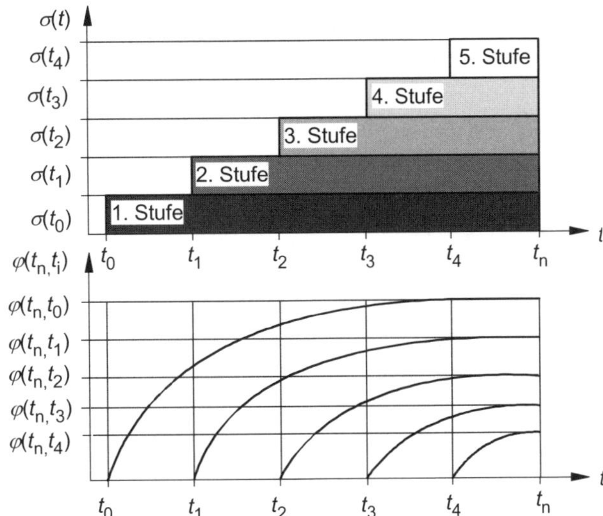

Abb. 8.2 Anwendung des Superpostionsprinzip nach BOLTZMANN bei stufenförmig veränderlichen Spannungen

$$\sum\Delta\varepsilon_{cci} = \varepsilon_{cc}(t_n) = \frac{\sigma(t_0)}{E}\cdot\varphi(t_n,t_0)+\frac{\sigma(t_1)-\sigma(t_0)}{E}\cdot\varphi(t_n,t_1)+\frac{\sigma(t_2)-\sigma(t_1)}{E}\cdot\varphi(t_n,t_2)$$

$$+\frac{\sigma(t_3)-\sigma(t_2)}{E}\cdot\varphi(t_n,t_3)+\frac{\sigma(t_4)-\sigma(t_3)}{E}\cdot\varphi(t_n,t_4)$$

$$\varepsilon_{cc}(t_n) = \frac{\sigma(t_0)}{E}\cdot\varphi(t_n,t_0)+\sum_{k=1}^{n-1}\left[\frac{\sigma(t_k)-\sigma(t_{k-1})}{E}\cdot\varphi(t_n,t_k)\right] \tag{8.4}$$

Die elastische Verformung zum Zeitpunkt t_n kann aus der Anfangsspannung $\sigma(t_0)$ und der Summe der Spannungsdifferenzen im Zeitraum t_0 bis t_n berechnet werden. Unter der Annahme, dass $E(t_0)=E(t_n)=E$ ist, ergibt sich die folgende Gleichung für deren Berechnung:

$$\varepsilon_{el}(t_n) = \frac{\sigma(t_0)}{E}+\frac{\sigma(t_1)-\sigma(t_0)}{E}+\frac{\sigma(t_2)-\sigma(t_1)}{E}+\frac{\sigma(t_3)-\sigma(t_2)}{E}+\frac{\sigma(t_4)-\sigma(t_3)}{E}$$

$$\varepsilon_{el}(t_n) = \frac{\sigma(t_0)}{E}+\sum_{k=1}^{n-1}\frac{\sigma(t_k)-\sigma(t_{k-1})}{E} \tag{8.5}$$

Addiert man zur Kriechverformung $\varepsilon_{cc}(t_n)$ die elastische Verformung $\varepsilon_{el}(t_n)$, erhält man die Gesamtverformung $\varepsilon(t_n)$ zum Zeitpunkt t_n:

$$\varepsilon(t_n) = \frac{\sigma(t_0)}{E}\cdot\left[1+\varphi(t_n,t_0)\right]+\sum_{k=1}^{n-1}\left\{\frac{\sigma(t_k)-\sigma(t_{k-1})}{E}\cdot\left[1+\varphi(t_n,t_k)\right]\right\} \tag{8.6}$$

Die Gleichungen (8.4), (8.5) und (8.6) unterstellen, dass sich der Zeitraum t_0 bis t_n in n Zeitintervalle Δt aufteilt, und sich die Spannung $\sigma(t_0)$ in diesem Zeitraum $(n-1)$-mal ändert.

Anwendung des Superpositionsprinzips nach BOLTZMANN bei stetig veränderlichen Spannungen:

Ist der Zeitraum zwischen t_k und t_{k+1} unendlich klein, kann unter Voraussetzung eines stetigen Spannungsverlaufes der folgende Ausdruck aus Gl. (8.4) mit Hilfe eines Spannungsdifferentials angeschrieben werden.

$$\frac{\sigma(t_k)-\sigma(t_{k-1})}{E}=\frac{1}{E}\cdot\frac{d\sigma(t)}{dt}\cdot dt$$

Durch Summieren aller Differentiale zwischen t_0 und t_n sowie Überlagerung mit der Kriechverformung infolge der 1. Spannungsstufe $\sigma(t_0)$ erhält man die vollständige Kriechverformung im Zeitpunkt t_n :

$$\varepsilon_{cc}(t_n)=\frac{\sigma(t_0)}{E}\cdot\varphi(t_n,t_0)+\frac{1}{E}\cdot\int_{t_0}^{t_n}\frac{d\sigma(t)}{dt}\cdot\varphi(t_n,t)\,dt$$

Addiert man zu $\varepsilon_{cc}(t_n)$ die im Zeitpunkt t_n vorhandene elastische Verformung $\varepsilon_{el}(t_n)$, erhält man die Gesamtverformung $\varepsilon(t_n)$:

$$\varepsilon(t_n)=\frac{\sigma(t_n)}{E}+\frac{\sigma(t_0)}{E}\cdot\varphi(t_n,t_0)+\frac{1}{E}\cdot\int_{t_0}^{t_n}\frac{d\sigma(t)}{dt}\cdot\varphi(t_n,t)\,dt \qquad (8.7)$$

Das Integral aus Gl. (8.7) wird mit Hilfe partieller Integration umgestellt:

Tafel 8.2 Lineare Kriechfunktion des viskoelastischen Materials von Beispiel 8.2

Folgende vereinfachte Annahmen werden getroffen:

- Die Anfangs-Kriechfunktion $\varphi(t,t_0)$ ist linear.
- Die Anfangs-Kriechfunktion beginnt im Koordinatenursprung, womit auf den Zeiger t_0 verzichtet werden kann.

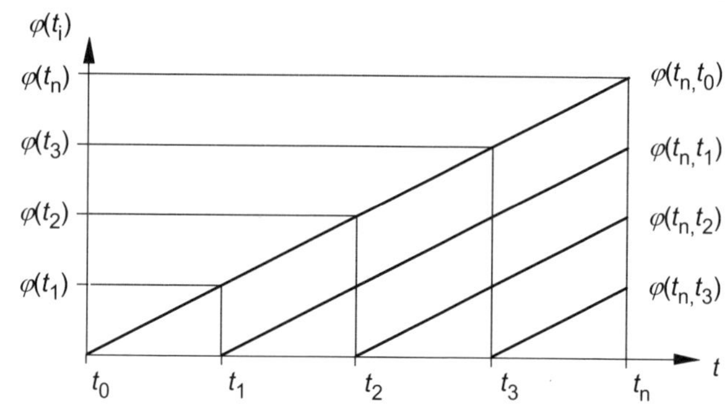

- Alle Kriechfunktionen $\varphi(t_n,t_i)$ lassen sich aus der Anfangs-Kriechfunktion $\varphi(t_n,t_0)$ entwickeln.

Der Vorteil dieser Annahmen ist, dass alle Kriechfunktionen in jedem beliebigen Zeitpunkt t_i dieselbe Steigung haben.

$$\varphi(t_n,t)=\varphi(t_n)-\varphi(t) \qquad \text{mit } \varphi(t_n)=\text{konstant}$$

$$\frac{d\varphi(t_n,t)}{dt}=\frac{d\varphi(t_n)}{dt}-\frac{d\varphi(t)}{dt}=-\frac{d\varphi(t)}{dt} \qquad (8.8)$$

$$\frac{1}{E}\cdot\int_{t_0}^{t_n}\frac{d\sigma(t)}{dt}\cdot\varphi(t_n,t)dt=\frac{\sigma(t)}{E}\cdot\varphi(t_n,t)\Big|_{t_0}^{t_n}-\frac{1}{E}\cdot\int_{t_0}^{t_n}\sigma(t)\cdot\frac{d\varphi(t_n,t)}{dt}dt$$

$$=-\frac{\sigma(t)}{E}\cdot\varphi(t_n,t_0)-\frac{1}{E}\cdot\int_{t_0}^{t_n}\sigma(t)\cdot\frac{d\varphi(t_n,t)}{dt}dt$$

Die Gesamtverformung im Zeitpunkt t_n kann ebenfalls auch mit Hilfe der folgenden Gleichung berechnet werden:

$$\varepsilon(t_n)=\frac{\sigma(t_n)}{E}-\frac{1}{E}\cdot\int_{t_0}^{t_n}\sigma(t)\cdot\frac{d\varphi(t_n,t)}{dt}dt \qquad (8.9)$$

Beispiel 8.2: Verformungen und Schnittgrößen an einem statisch unbestimmten System

An dem in **Abb. 8.3** dargestellten Zweifeldträger soll die Lagersenkung im Punkt B zum Zeitpunkt t_n berechnet werden. Das Material des Lagers weist ein linear-viskoelastisches Werkstoffverhalten auf. Es wird angenommen, dass die gesamten Kriechverformungen irreversibel sind.

Die dargestellte Konstruktion wird zum Zeitpunkt t_0 mit der zeitlich konstanten Gleichstreckenlast q beansprucht.

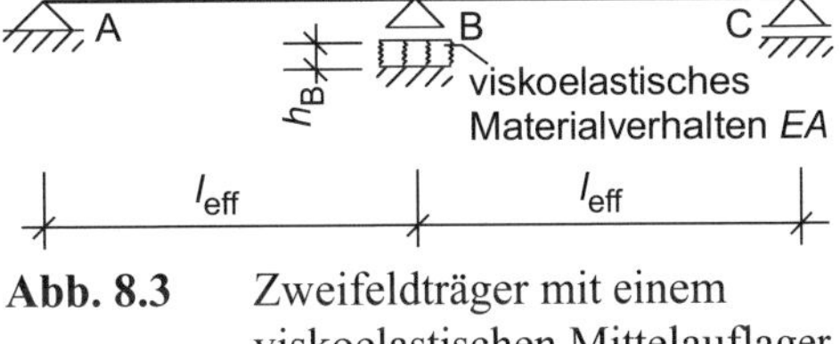

Abb. 8.3 Zweifeldträger mit einem viskoelastischen Mittelauflager

Gegeben:

$E\cdot A$	Dehnsteifigkeit des linear-viskoelastischen Materials der Unterstützung
$E\cdot I$	Biegesteifigkeit des Trägers
h_B	Höhe der linear-viskoelastischen Unterstützung am Lager B
$\varphi(t_n,t_0)$	Anfangs-Kriechfunktion (es gelten die vereinfachten Annahmen aus **Tafel 8.2**)

Lösung:

Infolge des elastischen Verhaltens kommt es bereits unmittelbar nach der Erstbelastung zu einer Senkung des Punktes B. Diese erhöht sich im Laufe der Zeit infolge des viskoelastischen Materialverhaltens. Die Berechnung der Lagersenkung zum Zeitpunkt $t_n=\infty$ kann nicht mit Hilfe von Gl. (8.3) erfolgen, da sich die Auflagerkraft $B_v(t_i)$ am Mittellager stetig ändert. Sie wird mit zunehmender Senkung des Lagers B kleiner.

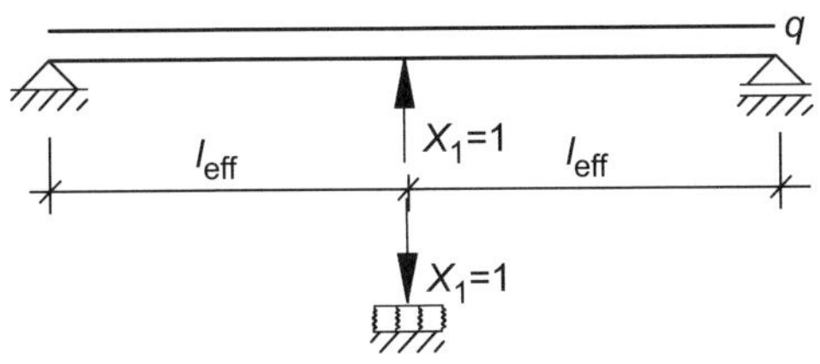

Statisch bestimmtes Grundsystem

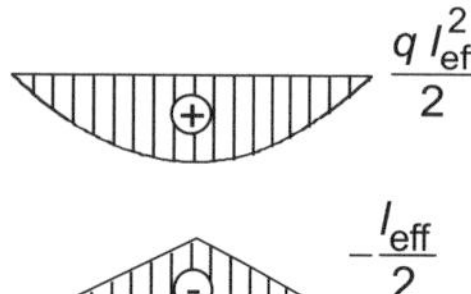

Nullzustand

Einheitszustand

Lagerkraft im Punkt B zum Zeitpunkt t_i

Lastwerte

$$\delta_{1q} = -\frac{1}{E \cdot I} \cdot \frac{5}{24} \cdot q \cdot l_{eff}^4$$

$$\delta_{1w}(t_i) = w_B(t_i)$$

Systemwerte

$$\delta_{11} = \frac{1}{E \cdot I} \cdot \frac{1}{6} \cdot l_{eff}^3$$

Kontinuitätsbedingung

$$X_1(t_i) \cdot \delta_{11} + \delta_{1q} + \delta_{1w}(t_i) = 0$$

$$B_v(t_i) = X_1(t_i) = -\frac{\delta_{1q} + \delta_{1w}(t_i)}{\delta_{11}}$$

$$B_v(t_i) = \frac{5}{4} \cdot q \cdot l_{eff} - \frac{6 \cdot E \cdot I}{l_{eff}^3} \cdot w_B(t_i)$$

$$= \frac{5}{4} \cdot q \cdot l_{eff} - \frac{6 \cdot E \cdot I}{l_{eff}^3} \cdot h_B \cdot \varepsilon_B(t_i)$$

Zur *Vereinfachung* der Gleichung zur Berechnung von $B_v(t_i)$ wird der Wert κ eingeführt.

$$B_v(t_i) = \frac{5}{4} \cdot q \cdot l_{eff} - \kappa \cdot \varepsilon_B(t_i) \tag{8.10}$$

mit:

$$\kappa = \frac{6 \cdot E \cdot I}{l_{eff}^3} \cdot h_B \tag{8.11}$$

Mit Hilfe der Gl. (8.10) soll nun die Funktion zur Beschreibung der Lagersenkung im Punkt B $w_B(t_i)$ ermittelt werden. Dazu wird eine numerische sowie eine analytische Lösung vorgestellt.

Numerische Berechnung der Lagersenkung im Punkt B

Es besteht die Möglichkeit, die Dehnungsänderungen in der Zeit von t_0 bis t_n schrittweise zu berechnen. Das Zeitintervall von t_0 bis t_n muss dazu in *n* Zeitschritte Δt_i zerlegt werden. Auf Grund des zeitlichen Verlaufes des Kriechens ist es sinnvoll, die zeitliche Länge der Intervalle vom Zeitpunkt der Erstbelastung bis zum Betrachtungspunkt t_n zu erhöhen. Im Rahmen dieses einführenden Beispiels wird jedoch darauf verzichtet und regelmäßige Zeitintervalle Δt_i verwendet.

Unmittelbar nach der Erstbelastung verformt sich der Lagerpunkt B infolge der Gleichstreckenlast q um $\varepsilon_{B,q}(t_0)$.

$$\varepsilon_{B,q}(t_0) = \frac{5 \cdot q \cdot l_{eff}}{4 \cdot E \cdot A} \tag{8.12}$$

Die Auflagerkraft des Lagers B zum Zeitpunkt t_0, die sich aus den Anteilen der Gleichstreckenlast q und der aus ihr resultierenden elastischen Verformung des Mittellagers zusammensetzt, kann unter Verwendung von Gl. (8.12) mit Hilfe von Gl. (8.10) berechnet werden.

$$B_{\mathrm{v}}(t_0) = \frac{5}{4} \cdot q \cdot l_{\mathrm{eff}} \cdot \left[1 - \frac{\kappa}{E \cdot A}\right] \tag{8.13}$$

Aus dieser Lagerkraft lässt sich die Lagersenkung zum Zeitpunkt t_0 bestimmen.

$$\varepsilon_{\mathrm{B}}(t_0) = \frac{B_{\mathrm{v}}(t_0)}{E \cdot A} \tag{8.14}$$

Da angenommen wird, dass die Lagerkraft B_{v} im Intervall von t_0 bis t_1 konstant ist, kann die Verformung des Lagers zum Zeitpunkt t_1 mit Hilfe von Gl. (8.3) berechnet werden.

$$\varepsilon_{\mathrm{B}}(t_1) = \varepsilon_{\mathrm{B}}(t_0) \cdot \left[1 + \varphi(t_1, t_0)\right] \tag{8.15}$$

Im Zeitpunkt t_1 verändern sich mit zunehmender Stützensenkung am Mittellager die Auflagerkräfte des Zweifeldträgers. Die Kraft am Mittellager und somit auch die rein elastische Verformung dieses Lagerpunktes werden geringer. Die Änderung der Lagerkraft im Zeitintervall von t_0 bis t_1 kann mit Hilfe des Subtrahenden aus Gl. (8.10) berechnet werden.

$$\Delta B_{\mathrm{v}}(t_1, t_0) = -\kappa \cdot \left[\varepsilon_{\mathrm{B}}(t_1) - \varepsilon_{\mathrm{B}}(t_0)\right] \tag{8.16}$$

Im Zeitpunkt t_2 setzt sich die Lagersenkung zusammen aus der elastischen Verformung des Lagers zum Zeitpunkt t_0, deren Kriechanteil, der sich im Zeitraum von t_0 bis t_2 gebildet hat, sowie der elastischen Rückverformung infolge der Änderung der Auflagerkraft im Punkt B zum Zeitpunkt t_1 und deren Kriechanteil, der sich im Zeitintervall von t_1 bis t_2 gebildet hat.

$$\begin{aligned}\varepsilon_{\mathrm{B}}(t_2) &= \varepsilon_{\mathrm{B}}(t_0) + \varepsilon_{\mathrm{B}}(t_0) \cdot \varphi(t_2, t_0) + \frac{\Delta B_{\mathrm{v}}(t_1, t_0)}{E \cdot A} + \frac{\Delta B_{\mathrm{v}}(t_1, t_0)}{E \cdot A} \cdot \varphi(t_2, t_1) \\ &= \varepsilon_{\mathrm{B}}(t_0) \cdot \left[1 + \varphi(t_2, t_0)\right] + \frac{\Delta B_{\mathrm{v}}(t_1, t_0)}{E \cdot A} \cdot \left[1 + \varphi(t_2, t_1)\right]\end{aligned} \tag{8.17}$$

Die Auflagerkraft B_{v} ändert sich zum Zeitpunkt t_2 gegenüber t_1 um den folgenden Betrag (in Anlehnung an Gl. (8.16)):

$$\Delta B_{\mathrm{v}}(t_2, t_1) = -\kappa \cdot \left[\varepsilon_{\mathrm{B}}(t_2) - \varepsilon_{\mathrm{B}}(t_1)\right] \tag{8.18}$$

In Anlehnung an Gl. (8.6), die unter Verwendung des Superpositionsprinzips nach BOLTZMANN abgeleitet wurde, kann die folgende allgemein gültige Formulierung zur Lösung des Problems verwendet werden:

$$\varepsilon_{\mathrm{B}}(t_{\mathrm{n}}) = \varepsilon_{\mathrm{B}}(t_0) \cdot \left[1 + \varphi(t_{\mathrm{n}}, t_0)\right] + \sum_{k=1}^{n-1} \left\{ \frac{\Delta B_{\mathrm{v}}(t_{\mathrm{k}}, t_{\mathrm{k-1}})}{E \cdot A} \cdot \left[1 + \varphi(t_{\mathrm{n}}, t_{\mathrm{k}})\right] \right\} \tag{8.19}$$

mit: $$\Delta B_{\mathrm{v}}(t_{\mathrm{k}}, t_{\mathrm{k-1}}) = -\kappa \cdot \left[\varepsilon_{\mathrm{B}}(t_{\mathrm{k}}) - \varepsilon_{\mathrm{B}}(t_{\mathrm{k-1}})\right] \tag{8.20}$$

Das Beispiel kann somit wie folgt numerisch gelöst werden:

1. Der Zeitraum von Erstbelastung bis zum Betrachtungspunkt t_n ist in n Zeitintervalle der Größe Δt zu zerlegen.
2. Mit den Gln. (8.13) bzw. (8.14) werden die Lagerkraft $B_v(t_0)$ und die Lagersenkung $\varepsilon_B(t_0)$ des Punktes B zum Zeitpunkt t_0 berechnet.
3. Zum Zeitpunkt $t_1 = \Delta t$ wird die Änderung der Lagerkraft $\Delta B_v(t_1, t_0)$ im ersten Zeitintervall und die Lagersenkung $\varepsilon_B(t_1)$ mit Hilfe von Gl. (8.15) bzw. (8.16) ermittelt.
4. Unter Verwendung von Gl. (8.19) bzw. (8.20) erfolgt dies analog für die folgenden Intervalle bis $i \cdot \Delta t = t_n$.
5. Mit $w_B(t_n) = \varepsilon_B(t_n) \cdot h_B$ kann schließlich die Senkung des Mittellagers im Zeitpunkt t_n berechnet werden.

Ein Nachteil dieser numerischen Lösung ist der Rechenaufwand, der sich ohne Verwendung eines Computers kaum realisieren lässt. Die Genauigkeit der Ergebnisse ist bereits bei einer geringen Anzahl von Zeitintervallen ausreichend genau (**Tafel 8.3**).

Analytische Berechnung der Lagersenkung im Punkt B

Im Zeitpunkt t_n kann die Verformung des Mittellagers B auch mit Hilfe von Gl. (8.7) berechnet werden:

$$\varepsilon_B(t_n) = \frac{w_B(t_n)}{h_B} = \frac{B_v(t_n)}{E \cdot A} + \frac{B_v(t_0)}{E \cdot A} \cdot \varphi(t_n, t_0) + \frac{1}{E \cdot A} \int_{t_0}^{t_n} \frac{dB_v(t)}{dt} \cdot \varphi(t_n, t) dt \tag{8.21}$$

Tafel 8.3 Vergleich des numerischen und analytischen Lösungsverfahrens

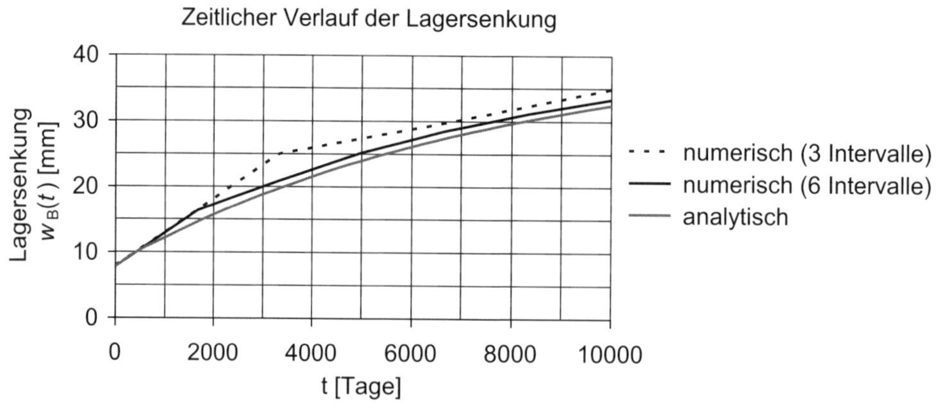

Systemwerte:	Lasten:	Kriechfunktion:
$E \cdot A = 1000$ kN	$q = 4{,}0\ \frac{\text{kN}}{\text{m}}$	$\varphi(t) = \frac{t}{1500}$
$E \cdot I = 3000$ MNm^2		$t_n = 10000$ Tage
$l_{eff} = 20$ m		
$h_B = 0{,}1$ m		

Die Auflagerkraft im Punkt B wird unter Berücksichtigung der Verformung des Lagers B $\varepsilon_B(t_i)$ mit Gl. (8.10) berechnet. Da $q \cdot l_{eff}$ eine Konstante ist, ergibt sich die Änderung der Lagerkraft im Punkt B im Zeitraum dt zu:

$$\frac{\mathrm{d}B_v(t)}{\mathrm{d}t} = -\kappa \cdot \frac{\mathrm{d}\varepsilon_B(t)}{\mathrm{d}t} \tag{8.22}$$

Unter Verwendung der Gln. (8.10) und (8.22) kann Gl. (8.21) wie folgt umgestellt werden:

$$\varepsilon_B(t_n) = \underbrace{\frac{\frac{5}{4} \cdot q \cdot l_{eff}}{E \cdot A}}_{\varepsilon_{B,q}(t_0)} - \frac{\kappa}{E \cdot A} \cdot \varepsilon_B(t_n) + \varepsilon_B(t_n) \cdot \varphi(t_n) - \frac{\kappa}{E \cdot A} \cdot \int_{t_0}^{t_n} \frac{\mathrm{d}\varepsilon_B(t)}{\mathrm{d}t} \cdot \varphi(t_n, t)\mathrm{d}t \tag{8.23}$$

Das Integral in Gl. (8.23) wird durch partielle Integration umgestellt.

$$\int_{t_0}^{t_n} \frac{\mathrm{d}\varepsilon_B(t)}{\mathrm{d}t} \cdot \varphi(t_n, t)\mathrm{d}t = -\varepsilon_B(t_0) \cdot \varphi(t_n) + \int_{t_0}^{t_n} \varepsilon_B(t) \cdot \frac{\mathrm{d}\varphi(t)}{\mathrm{d}t}\mathrm{d}t \tag{8.24}$$

Durch das Einsetzen von Gl. (8.24) in (8.23), das Umstellen nach $\varepsilon_B(t_n)$ und das anschließende Differenzieren nach dt erhält man die folgende Gleichung:

$$\frac{\mathrm{d}\varepsilon_B(t)}{\mathrm{d}t} \cdot \left(1 + \frac{\kappa}{E \cdot A}\right) = \varepsilon_B(t_0) \cdot \left(1 + \frac{\kappa}{E \cdot A}\right) \cdot \frac{\mathrm{d}\varphi(t)}{\mathrm{d}t} - \frac{\kappa}{E \cdot A} \cdot \varepsilon_B(t) \cdot \frac{\mathrm{d}\varphi(t)}{\mathrm{d}t}$$

Diese Gleichung mit dt multipliziert, durch d$\varphi(t)$ dividiert und vereinfacht:

$$\frac{\mathrm{d}\varepsilon_B(t)}{\mathrm{d}\varphi} + \frac{\kappa}{EA + \kappa} \cdot \varepsilon_B(t) = \varepsilon_B(t_0) \tag{8.25}$$

Gl. (8.25) ist eine Differentialgleichung der Form: $y' + A \cdot y = B$. Die allgemeine Lösung dieser Differentialgleichung lautet:

$$y = \frac{B}{A} + \mathrm{e}^{-A \cdot \varphi(t)} \cdot C \tag{8.26}$$

mit:

$$A = \frac{\kappa}{E \cdot A + \kappa} \tag{8.27}$$

$$B = \varepsilon_B(t_0) \tag{8.28}$$

$$\frac{B}{A} = \varepsilon_B(t_0) \cdot \left(\frac{EA + \kappa}{\kappa}\right) = B_v(t_0) \cdot \left(\frac{1}{EA} + \frac{1}{\kappa}\right) \tag{8.29}$$

Da $y(t_0) = \varepsilon_B(t_0) = \frac{B_v(t_0)}{E \cdot A}$ und $\varphi(t_0) = 0$ ergibt sich die Integrationskonstante C unter Verwendung von Gl. (8.29) zu:

$$\frac{B_v(t_0)}{E \cdot A} = B_v(t_0) \cdot \left(\frac{1}{E \cdot A} + \frac{1}{\kappa}\right) + C \quad \rightarrow \quad C = -B_v(t_0) \cdot \left(\frac{1}{\kappa}\right) \tag{8.30}$$

Die Gleichungen (8.27), (8.29) und (8.30) in die allgemeine Lösung von Gl. (8.25) eingesetzt ergibt die Gleichung zur Berechnung der Verformung des Lagerpunktes B zum Zeitpunkt t_n.

$$\varepsilon_B(t_n) = B_v(t_0) \cdot \left[\frac{1}{E \cdot A} + \frac{1}{\kappa} \cdot \left(1 - e^{-\frac{\kappa}{E \cdot A + \kappa} \cdot \varphi(t_n)} \right) \right] \tag{8.31}$$

Mit $w_B(t_n) = \varepsilon_B(t_n) \cdot h_B$ wird wie bereits bei der numerischen Lösungsmethode die Senkung des Mittellagers im Zeitpunkt t_n bestimmt.

In **Tafel 8.3** werden die Ergebnisse der numerischen und analytischen Lösung miteinander verglichen.

8.3 Einfach statisch unbestimmte Kopplung

Im Fall der einfach statisch unbestimmten Kopplung eines kriechfähigen (Index c) und eines elastischen Bauteils (Index p) wird zwischen der örtlichen und kontinuierlichen Kopplung differenziert (**Abb. 8.4**). Während das kriechfähige und das elastische Bauteil bei der örtlichen Kopplung nur an ihren Enden kraftschlüssig miteinander verbunden werden, sind sie bei der kontinuierlichen Kopplung über die gesamte Länge der Bauteile kraftschlüssig verbunden.

In beiden Fällen setzt sich der Gesamtquerschnitt aus zwei Teilquerschnitten zusammen, von denen derjenige mit dem rein elastischen Materialverhalten als punktförmig (= biegeweich) angenommen wird. Durch diese Annahme ist es möglich, dieses Problem mit Hilfe einer Kontinuitätsbedingung (z. B. $\varepsilon_c(t_n) = \varepsilon_p(t_n)$) zu lösen.

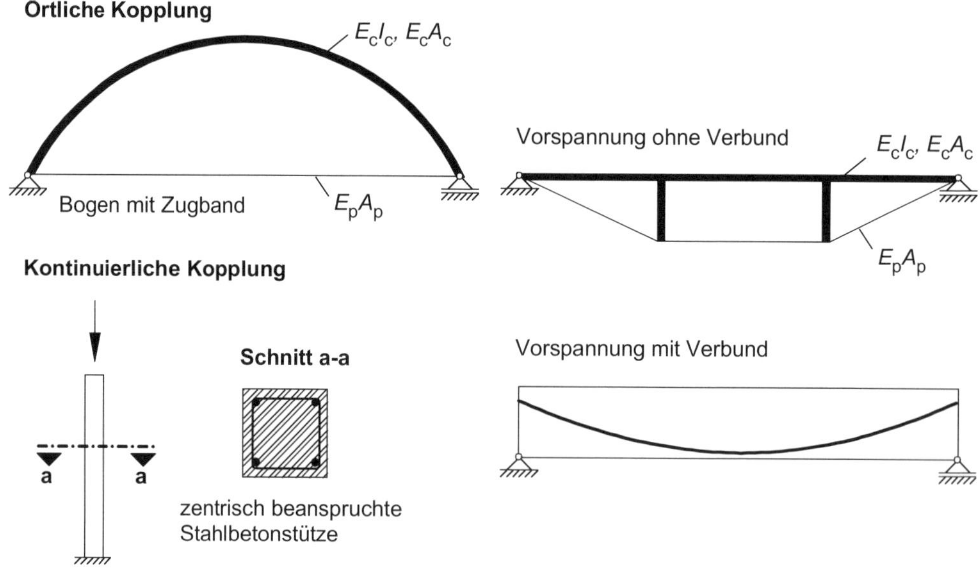

Abb. 8.4 Einfach statisch unbestimmte Kopplung eines kriechfähigen und eines elastischen Bauteils

In den Abschnitten 8.4 und 8.5 werden zwei analytische Verfahren vorgestellt, mit denen die Auswirkungen des Kriechens und Schwindens auf Systeme mit einfach statisch unbestimmter Kopplung vorherbestimmt werden können.

8.4 Erweiterte Kriechgleichungen nach DISCHINGER

8.4.1 Allgemeines

Die Gl. (8.7) wurde im Zusammenhang mit einem Kriechproblem des Betonbaus erstmals von DISCHINGER [Dischinger – 37] hergeleitet. DISCHINGER war jedoch die verzögert elastische Verformung $\varepsilon_{\mathrm{cd}}$ (**Abb. 3.2**) nicht bekannt. Er nahm an, dass bei vollständiger Entlastung nur die rein elastischen Verformungsanteile reversibel sind. Um Gl. (8.7) analytisch lösen zu können, wurden von DISCHINGER folgende Annahmen getroffen.

- Die Anfangs-Kriechfunktion beginnt im Koordinatenursprung, womit auf den Zeiger t_0 verzichtet werden kann.
- Alle Kriechfunktionen $\varphi(t_{\mathrm{n}}, t_{\mathrm{i}})$ lassen sich aus der Anfangs-Kriechfunktion $\varphi(t_{\mathrm{n}}, t_0)$ entwickeln:

$$\varphi(t_{\mathrm{n}}, t_{\mathrm{i}}) = \varphi(t_{\mathrm{n}}, t_0) - \varphi(t_{\mathrm{i}}, t_0) = \varphi(t_{\mathrm{n}}) - \varphi(t_{\mathrm{i}}) \tag{8.32}$$

- da $\varphi(t_{\mathrm{n}}) = \text{konstant}$ gilt:

$$\frac{\mathrm{d}\varphi(t_{\mathrm{n}}, t_{\mathrm{i}})}{\mathrm{d}t} = \frac{\mathrm{d}\varphi(t_{\mathrm{n}})}{\mathrm{d}t} - \frac{\mathrm{d}\varphi(t_{\mathrm{i}})}{\mathrm{d}t} = -\frac{\mathrm{d}\varphi(t_{\mathrm{i}})}{\mathrm{d}t} \tag{8.33}$$

RÜSCH und JUNGWIRTH [Rüsch/Jungwirth – 76] haben gezeigt, wie die verzögert elastische Verformung $\varepsilon_{\mathrm{cd}}$ beim Verfahren von DISCHINGER berücksichtigt werden kann. Die Verformungen des Betons zum Zeitpunkt t_{n} setzten sich aus der elastischen Verformung $\varepsilon_{\mathrm{el}}$ und der Kriechverformung $\varepsilon_{\mathrm{cc}}$ zusammen. Die Kriechverformung ist gemäß **Abb. 3.2** die Summe aus der verzögert elastischen Verformung $\varepsilon_{\mathrm{cd}}$ (reversibler Anteil) und der Fließverformung des Betons $\varepsilon_{\mathrm{cf}}$ (irreversibler Anteil).

$$\varepsilon_{\mathrm{cc}}(t_{\mathrm{n}}) = \varepsilon_{\mathrm{cd}}(t_{\mathrm{n}}) + \varepsilon_{\mathrm{cf}}(t_{\mathrm{n}}) \tag{8.34}$$

Da der Anteil der verzögert elastischen Verformung deutlich schneller als die Fließverformung seinen Endwert erreicht, wurde von RÜSCH und JUNGWIRTH vorgeschlagen, die elastische und die verzögert elastische Verformung (reversibler Anteil der Kriechverformungen) zusammenzufassen. Sie setzten für die verzögert elastische Verformung ca. 40 % des Wertes der elastischen Verformung an.

$$\varepsilon_{\mathrm{el}}^{*} = \varepsilon_{\mathrm{el}} + \varepsilon_{\mathrm{cd}}(t_{\mathrm{n}}) = \varepsilon_{\mathrm{el}} + 0{,}4 \cdot \varepsilon_{\mathrm{el}} = 1{,}4 \cdot \varepsilon_{\mathrm{el}} \tag{8.35}$$

Bei der Berechnung wird angenommen, dass der reversible Anteil der Kriechverformungen bereits unmittelbar nach dem Aufbringen der kriecherzeugenden Spannung voll wirksam wird.

$$\varphi(t_n) = \frac{\varepsilon_c(t_n) - \varepsilon_{el}}{\varepsilon_{el}} \tag{8.36}$$

Die Kriechzahl beschreibt entsprechend Gl. (8.36) das Verhältnis der Kriechverformung $\varepsilon_{cc}(t_n) = \varepsilon_c(t_n) - \varepsilon_{el}$ zur elastischen Verformung ε_{el}. Da der reversible Teil der Kriechverformungen ε_{cd} und die elastische Verformung ε_{el} zu ε_{el}^* zusammengefasst wurden, lautet die Definition der Kriechzahl in diesem Fall:

$$\varphi^*(t_n) = \frac{\varepsilon_c(t_n) - \varepsilon_{el}^*}{\varepsilon_{el}^*} = \frac{\varepsilon_c(t_n) - 1{,}4 \cdot \varepsilon_{el}}{1{,}4 \cdot \varepsilon_{el}} \tag{8.37}$$

Gleichung (8.36) nach $\varepsilon_c(t_n)$ umgestellt, in Gl. (8.37) eingesetzt und vereinfacht:

$$\varphi^*(t_n) = \frac{\varphi(t_n) - 0{,}4}{1{,}4} \tag{8.38}$$

Die Erhöhung der elastischen Anfangsverformung ε_{el} unmittelbar nach dem zeitlichen Beginn des Kriechens um $0{,}4 \cdot \varepsilon_{el}$ hat zur Folge, dass sich die Betonspannungen trotz zeitlich konstanter kriecherzeugender Spannung im Intervall von t_0 bis t_n ändern, da $\varepsilon_{el}(t_0) \neq \varepsilon_{el}(t_n)$ ist. Die Kontinuität zwischen dem Zeitpunkt t_0 und jedem beliebigen späteren Zeitpunkt muss durch die Modifizierung des Elastizitätsmoduls wieder hergestellt werden.

$$\sigma(t_0) = \sigma(t_n) \quad \Rightarrow \quad \varepsilon_{el} \cdot E_c = 1{,}4 \cdot \varepsilon_{el} \cdot E_c^* \quad \Rightarrow \quad E_c^* = \frac{E_c}{1{,}4} \tag{8.39}$$

8.4.2 Kontinuierliche Kopplung

Kriechgleichung für den Lastfall Dauerlast

In **Abb. 8.5** ist ein exzentrisch bewehrtes Betonprisma dargestellt. Dieses wird in Höhe der Schwerachse des nicht vorgespannten Stahls durch eine Dauerlast F beansprucht. Sie kann in die Anteile F_c und F_p zerlegt werden. Beide Kräfte wirken in der Schwerachse des Stahls. Das Verhältnis, mit dem sich F auf Stahl und Beton aufteilt, wird durch die Steifigkeiten der Teilquerschnitte beeinflusst.

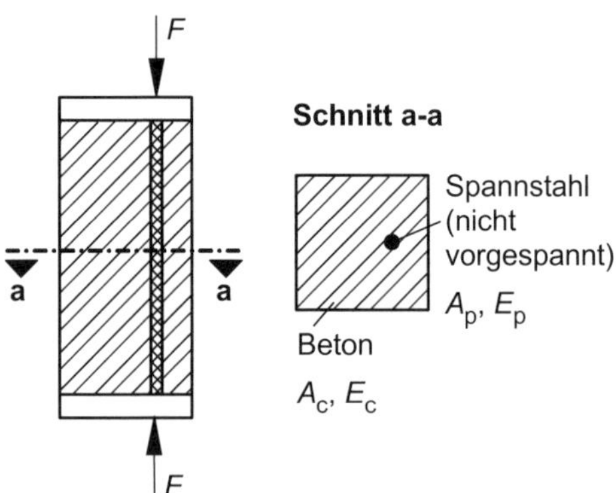

Abb. 8.5 Exzentrisch bewehrtes Betonprisma unter Dauerlast

Die Kontinuitätsbedingung $\varepsilon_c(t_n) = \varepsilon_p(t_n)$ muss in Höhe der Schwerachse des Stahls zu jedem beliebigen Zeitpunkt t_i erfüllt werden. Für den **Zeitpunkt t_0** kann die folgende Beziehung abgeleitet werden:

$$\frac{F_\mathrm{p}(t_0)}{E_\mathrm{p}\cdot A_\mathrm{p}}=\frac{F_\mathrm{c}(t_0)}{E_\mathrm{c}\cdot A_\mathrm{net}}+\frac{F_\mathrm{c}(t_0)\cdot z_\mathrm{cp,net}}{E_\mathrm{c}\cdot I_\mathrm{net}}\cdot z_\mathrm{cp,net}=\frac{F_\mathrm{c}(t_0)}{E_\mathrm{c}\cdot A_\mathrm{net}}\cdot\left(1+\frac{A_\mathrm{net}}{I_\mathrm{net}}\cdot z_\mathrm{cp,net}^2\right)$$

da $F = F_\mathrm{c}(t_0)+F_\mathrm{p}(t_0)$ und $F_\mathrm{c}(t_0)=F-F_\mathrm{p}(t_0)$ gilt:

$$F_\mathrm{p}(t_0) = \alpha\cdot F \tag{8.40}$$

mit: α Steifigkeitsbeiwert

$$\alpha=\frac{\dfrac{1}{E_\mathrm{c}\cdot A_\mathrm{net}}\cdot\left(1+\dfrac{A_\mathrm{net}}{I_\mathrm{net}}\cdot z_\mathrm{cp,net}^2\right)}{\dfrac{1}{E_\mathrm{p}\cdot A_\mathrm{p}}+\dfrac{1}{E_\mathrm{c}\cdot A_\mathrm{net}}\cdot\left(1+\dfrac{A_\mathrm{net}}{I_\mathrm{net}}\cdot z_\mathrm{cp,net}^2\right)} \tag{8.41}$$

Um die Wirkung der verzögert elastischen Verformung berücksichtigen zu können, werden dieser reversible Anteil der Kriechverformung und die rein elastische Verformung gemäß Gl. (8.35) zusammengefasst. Die verzögert elastische Verformung wird unmittelbar nach dem zeitlichen Beginn des Betonkriechens wirksam. Im Folgenden wird dieser Zeitpunkt mit t_0^* bezeichnet. Die Kraft im Stahl zum **Zeitpunkt t_0^*** kann mit Hilfe der folgenden Gleichung berechnet werden. Die Gleichung wurde in der gleichen Art und Weise wie die Gln. (8.40) und (8.41) unter Verwendung des modifizierten Elastizitätsmoduls des Betons E_c^* hergeleitet.

$$F_\mathrm{p}^*(t_0) = \alpha^*\cdot F \tag{8.42}$$

mit:

$$\alpha^*=\frac{\dfrac{1}{E_\mathrm{c}^*\cdot A_\mathrm{net}}\cdot\left(1+\dfrac{A_\mathrm{net}}{I_\mathrm{net}}\cdot z_\mathrm{cp,net}^2\right)}{\dfrac{1}{E_\mathrm{p}\cdot A_\mathrm{p}}+\dfrac{1}{E_\mathrm{c}^*\cdot A_\mathrm{net}}\cdot\left(1+\dfrac{A_\mathrm{net}}{I_\mathrm{net}}\cdot z_\mathrm{cp,net}^2\right)} \tag{8.43}$$

Da es nicht sinnvoll ist, für die Zeitpunkte t_0 und t_0^* jeweils einen Steifigkeitsbeiwert zu verwenden, wird Gl. (8.43) mit Hilfe der Gln. (8.39) und (8.41) so umgestellt, dass der Steifigkeitswert α^* aus dem mit Hilfe von Gl. (8.41) zu berechnenden Steifigkeitsbeiwert α abgeleitet werden kann.

$$\alpha^*=\frac{1{,}4\cdot\alpha}{1+0{,}4\cdot\alpha} \tag{8.44}$$

Die Dehnung des Betons zum **Zeitpunkt t_n** wird mit Hilfe von Gl. (8.9) berechnet. Diese Gleichung in die Kontinuitätsbedingung $\varepsilon_\mathrm{c}(t_\mathrm{n})=\varepsilon_\mathrm{p}(t_\mathrm{n})$ eingesetzt:

$$\begin{aligned}\frac{F_\mathrm{p}(t_\mathrm{n})}{E_\mathrm{p}\cdot A_\mathrm{p}}&=\frac{F_\mathrm{c}(t_\mathrm{n})}{E_\mathrm{c}^*\cdot A_\mathrm{net}}\cdot\left(1+\frac{A_\mathrm{net}}{I_\mathrm{net}}\cdot z_\mathrm{cp,net}^2\right)\\&\quad-\frac{1}{E_\mathrm{c}^*\cdot A_\mathrm{net}}\cdot\left(1+\frac{A_\mathrm{net}}{I_\mathrm{net}}\cdot z_\mathrm{cp,net}^2\right)\cdot\int_{t_0}^{t_\mathrm{n}}F_\mathrm{c}(t)\cdot\frac{\mathrm{d}\varphi^*(t_\mathrm{n},t)}{\mathrm{d}t}\,\mathrm{d}t\end{aligned}$$

$$\frac{F_p^*(t_0)}{E_p \cdot A_p} + \frac{\Delta F_p^*(t_n)}{E_p \cdot A_p} = \frac{F_c^*(t_0)}{E_c^* \cdot A_{net}} \cdot \left(1 + \frac{A_{net}}{I_{net}} \cdot z_{cp,net}^2\right) - \frac{\Delta F_c^*(t_n)}{E_c^* \cdot A_{net}} \cdot \left(1 + \frac{A_{net}}{I_{net}} \cdot z_{cp,net}^2\right) - \frac{1}{E_c^* \cdot A_{net}} \cdot \left(1 + \frac{A_{net}}{I_{net}} \cdot z_{cp,net}^2\right) \cdot \int_{t_0}^{t_n} F_c(t) \cdot \frac{d\varphi^*(t_n,t)}{dt} dt \tag{8.45}$$

Da im Zeitpunkt t_0^* die elastischen Dehnungen von Stahl und Beton gleich sind und sich die Kraft F von t_0 bis t_n nicht ändert, womit $\Delta F_c^*(t_n) = \Delta F_p^*(t_n)$ ist, kann Gl. (8.45) mit Hilfe des Steifigkeitswertes α^* wie folgt vereinfacht werden.

$$\Delta F_p^*(t_n) = -\alpha^* \cdot \int_{t_0}^{t_n} F_c(t) \cdot \frac{d\varphi^*(t_n,t)}{dt} dt \tag{8.46}$$

Die Kraft im Beton zum Betrachtungspunkt t_n ergibt sich aus der Betonkraft zum Zeitpunkt t_0^* und der bis zum Zeitpunkt t_n eingetretenen Änderung dieser Kraft.

$$F_c(t_n) = F_c^*(t_0) - \Delta F_c^*(t_n) \tag{8.47}$$

Da $\Delta F_c^*(t_n) = \Delta F_p^*(t_n)$ ist, lässt sich Gl. (8.46) unter Verwendung der Gln. (8.33) und (8.47) wie folgt umstellen:

$$\Delta F_p^*(t_n) = \alpha^* \cdot \int_{t_0}^{t_n} \left[F_c^*(t_0) - \Delta F_p^*(t_n)\right] \cdot \frac{d\varphi^*(t)}{dt} dt \tag{8.48}$$

Gl. (8.46) nach dt differenziert, mit dt multipliziert, durch $d\varphi^*(t)$ dividiert und vereinfacht:

$$\frac{d\Delta F_p^*(t_n)}{d\varphi^*} + \alpha^* \cdot \Delta F_p^*(t_n) = \alpha^* \cdot F_c^*(t_0) \tag{8.49}$$

Gleichung (8.49) ist eine Differentialgleichung der Form: $y' + A \cdot y = B$. Diese Differentialgleichung kann mit Hilfe von Gl. (8.26) gelöst werden. Da die Herleitung der Lösung einer derartigen Differentialgleichung bereits in **Beispiel 8.2** beschrieben wurde, wird an dieser Stelle auf eine Darstellung des Lösungsweges verzichtet. Die Lösung von Gl. (8.49) lautet:

$$\Delta F_p^*(t_n) = F_c^*(t_0) \cdot \left[1 - e^{-\alpha^* \cdot \varphi^*(t_n)}\right] \tag{8.50}$$

$F_c^*(t_0)$ in Gl. (8.50) kann durch die folgenden Überlegungen durch die Kraft im Stahl $F_p(t_0)$ (vor dem zeitlichen Beginn des Kriechens) ersetzt werden:
Da $F = F_c^*(t_0) + F_p^*(t_0)$ und $F_p^*(t_0) = \alpha^* \cdot F$ (siehe Gl. (8.42)), gilt:

$$F_c^*(t_0) = F_p^*(t_0)\cdot\left(\frac{1-\alpha^*}{\alpha^*}\right) \tag{8.51}$$

Gemäß der Gln. (8.40) und (8.42) gilt folgende Beziehung:

$$F_p^*(t_0) = F_p(t_0)\cdot\frac{\alpha^*}{\alpha} \tag{8.52}$$

Gl. (8.52) in (8.51) und das Ergebnis in Gl. (8.50) eingesetzt:

$$\Delta F_p^*(t_n) = F_p(t_0)\cdot\frac{\alpha^*}{\alpha}\cdot\left(\frac{1-\alpha^*}{\alpha^*}\right)\cdot\left[1-e^{-\alpha^*\cdot\varphi^*(t_n)}\right] \tag{8.53}$$

Addiert man zur Änderung der Kraft im Stahl $\Delta F_p^*(t_n)$ die Kraft im Stahl zum Zeitpunkt t_0^* (entsprechend Gl. (8.52)) und ersetzt in der so entstandenen Gleichung α^* durch α (mit Hilfe von Gl. (8.44)), sowie $\varphi^*(t_n)$ durch $\varphi(t_n)$ (mit Hilfe von Gl. (8.38)), erhält man die folgende Gleichung zur Berechnung der Kraft im Stahl zum Zeitpunkt t_n. Für den Lastfall Dauerlast wird der Index d eingeführt.

$$F_{p,d}(t_n) = F_{p,d}(t_0)\cdot C_d \tag{8.54}$$

mit:

$$C_d = \frac{1}{\alpha} - \frac{1-\alpha}{\alpha\cdot(1+0,4\cdot\alpha)}\cdot e^{-\alpha\cdot\frac{\varphi(t_n)-0,4}{1+0,4\cdot\alpha}} \tag{8.55}$$

Mit Hilfe von **Abb. 8.7** kann der Wert C_d unter Verwendung des Steifigkeitsbeiwertes α für verschiedene Kriechzahlen grafisch bestimmt werden.

Kriechgleichung für den Lastfall Vorspannung bzw. einen plötzlich entstehenden Zwang

In **Abb. 8.6** ist ein Betonprisma mit einem exzentrisch angeordneten Spannglied dargestellt. Die Größe der Vorspannkraft, die sich infolge der Vordehnung ε_{p0} nach dem Lösen der Verankerung im Spannstahl einstellt, wird durch die Steifigkeit des Betonquerschnitts beeinflusst.

$\varepsilon_p(t_n) = \varepsilon_{p0} - \varepsilon_c(t_n)$ muss zu jedem beliebigen Betrachtungspunkt in Höhe der Schwerachse des Stahls erfüllt werden. Für den **Zeitpunkt t_0** kann die folgende Beziehung abgeleitet werden.

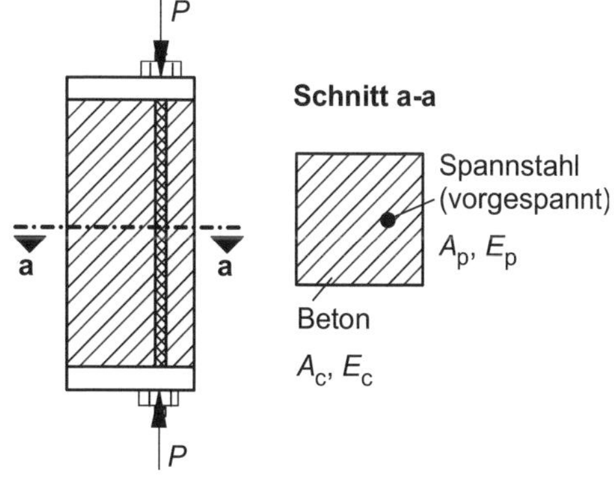

Abb. 8.6 Exzentrisch vorgespanntes Betonprisma

$$\frac{F_p(t_0)}{E_p\cdot A_p} = \varepsilon_{p0} - \frac{F_c(t_0)}{E_c\cdot A_{net}} - \frac{F_c(t_0)\cdot z_{cp,net}}{E_c\cdot I_{net}}\cdot z_{cp,net} = \varepsilon_{p0} - \frac{F_c(t_0)}{E_c\cdot A_{net}}\cdot\left(1+\frac{A_{net}}{I_{net}}\cdot z_{cp,net}^2\right)$$

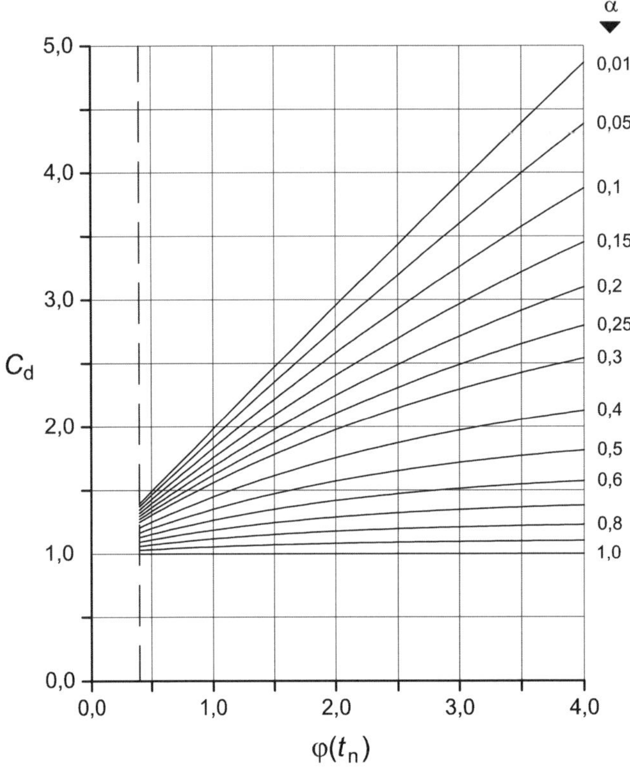

Abb. 8.7 Nomogramm zur grafischen Ermittlung von C_d

Da $F_p(t_0) = F_c(t_0) = P(t_0)$ ist, gilt:

$$F_p(t_0) = \alpha \cdot \frac{\varepsilon_{p0}}{\frac{1}{E_c \cdot A_{net}} \cdot \left(1 + \frac{A_{net}}{I_{net}} \cdot z_{cp,net}^2\right)} \tag{8.56}$$

Der Steifigkeitsbeiwert α kann mit Hilfe von Gl. (8.41) berechnet werden.

Wie beim Lastfall Dauerlast wird die verzögert elastische Verformung unmittelbar nach dem zeitlichen Beginn des Betonkriechens wirksam. Die Vorspannkraft zum **Zeitpunkt t_0^*** kann bestimmt werden mit Hilfe der folgenden Gleichung, die unter Verwendung des modifizierten Elastizitätsmoduls des Betons E_c^* abgeleitet wurde.

$$F_p^*(t_0) = \alpha^* \cdot \frac{\varepsilon_{p0}}{\frac{1}{E_c^* \cdot A_{net}} \cdot \left(1 + \frac{A_{net}}{I_{net}} \cdot z_{cp,net}^2\right)} \tag{8.57}$$

Für die Berechnung des Steifigkeitsbeiwertes α^* ist Gl. (8.43) bzw. Gl. (8.44) zu verwenden.

Für die Berechnung zum **Zeitpunkt t_n** lässt sich die für diesen Lastfall gültige Kontinuitätsbedingung unter Berücksichtigung von Gl. (8.9) wie folgt erweitern.

$$\begin{aligned}\frac{F_p^*(t_0)}{E_p \cdot A_p} - \frac{\Delta F_p^*(t_n)}{E_p \cdot A_p} = \varepsilon_{p0} &- \frac{F_c^*(t_0)}{E_c^* \cdot A_{net}} \cdot \left(1 + \frac{A_{net}}{I_{net}} \cdot z_{cp,net}^2\right) \\ &+ \frac{\Delta F_c^*(t_n)}{E_c^* \cdot A_{net}} \cdot \left(1 + \frac{A_{net}}{I_{net}} \cdot z_{cp,net}^2\right) \\ &+ \frac{1}{E_c^* \cdot A_{net}} \cdot \left(1 + \frac{A_{net}}{I_{net}} \cdot z_{cp,net}^2\right) \cdot \int_{t_0}^{t_n} F_c(t) \cdot \frac{d\varphi^*(t_n,t)}{dt} dt\end{aligned} \tag{8.58}$$

Aufgrund der Kontinuitätsbedingung zum Zeitpunkt t_0^* und der Tatsache, dass die Kraft im Beton gleich der Kraft im Stahl ist, kann Gl. (8.58) mit Hilfe des Steifigkeitswertes α^* folgendermaßen vereinfacht werden.

$$\Delta F_p^*(t_n) = -\alpha^* \cdot \int_{t_0}^{t_n} F_p(t) \cdot \frac{d\varphi^*(t_n,t)}{dt} dt \tag{8.59}$$

Das Integral von Gl. (8.59) lässt sich mit der Beziehung $F_p(t_n) = F_p^*(t_0) - \Delta F_p^*(t_n)$ und Gl. (8.33) umstellen.

$$\Delta F_p^*(t_n) = \alpha^* \cdot \int_{t_0}^{t_n} \left[F_p^*(t_0) - \Delta F_p^*(t_n)\right] \cdot \frac{d\varphi^*(t)}{dt} dt \tag{8.60}$$

Gl. (8.60) wird nach dt differenziert, mit dt multipliziert, durch $d\varphi^*(t)$ dividiert und vereinfacht:

$$\frac{d\Delta F_p^*(t_n)}{d\varphi^*} + \alpha^* \cdot \Delta F_p^*(t_n) = \alpha^* \cdot F_p^*(t_0) \tag{8.61}$$

Die Lösung von Gl. (8.61) kann unter Verwendung der allgemeinen Lösung Gl. (8.26) abgeleitet werden. Sie lautet:

$$\Delta F_p^*(t_n) = F_p^*(t_0) \cdot \left[1 - e^{-\alpha^* \cdot \varphi^*(t_n)}\right] \tag{8.62}$$

$F_p^*(t_0)$ in Gl. (8.62) kann durch die folgenden Überlegungen durch die Kraft im Stahl $F_p(t_0)$ (vor dem zeitlichen Beginn des Kriechens) ersetzt werden:
Gemäß Gl. (8.56) gilt:

$$\varepsilon_{p0} = F_p(t_0) \cdot \frac{1}{\alpha} \cdot \frac{1}{E_c \cdot A_{net}} \cdot \left(1 + \frac{A_{net}}{I_{net}} \cdot z_{cp,net}^2\right) \tag{8.63}$$

Gleichung (8.63) wird in Gl. (8.57) eingesetzt und umgestellt:

$$F_p^*(t_0) = \frac{\alpha^*}{\alpha} \cdot \frac{E_c^*}{E_c} \cdot F_p(t_0) \tag{8.64}$$

Gleichung (8.64) wird in Gl. (8.62) eingesetzt:

$$\Delta F_{\mathrm{p}}^{*}(t_{\mathrm{n}})=\frac{\alpha^{*}}{\alpha}\cdot\frac{E_{\mathrm{c}}^{*}}{E_{\mathrm{c}}}\cdot F_{\mathrm{p}}(t_{0})\cdot\left[1-\mathrm{e}^{-\alpha^{*}\cdot\varphi^{*}(t_{\mathrm{n}})}\right] \tag{8.65}$$

Zieht man von der Kraft im Stahl zum Zeitpunkt t_0^* (gemäß Gl. (8.64)) die Änderung der Stahlkraft $\Delta F_{\mathrm{p}}^{*}(t_{\mathrm{n}})$ ab, und ersetzt in der so entstandenen Gleichung α^* durch α (mit Hilfe von Gl. (8.44)), E_{c}^* durch E_{c} (mit Hilfe von Gl. (8.39)) sowie $\varphi^*(t_{\mathrm{n}})$ durch $\varphi(t_{\mathrm{n}})$ (mit Hilfe von Gl. (8.38)), erhält man die Gleichung zur Berechnung der Kraft im Stahl zum Zeitpunkt t_{n}. Für den Lastfall Vorspannung bzw. plötzlich wirkenden Zwang wird der Index p eingeführt.

$$F_{\mathrm{p,p}}(t_{\mathrm{n}})=F_{\mathrm{p,p}}(t_{0})\cdot C_{\mathrm{p}} \tag{8.66}$$

mit:

$$C_{\mathrm{p}}=\frac{\mathrm{e}^{-\alpha\cdot\frac{\varphi(t_{\mathrm{n}})-0{,}4}{1+0{,}4\cdot\alpha}}}{1+0{,}4\cdot\alpha} \tag{8.67}$$

Der Wert C_{p} kann unter Verwendung des Steifigkeitsbeiwertes α für verschiedene Kriechzahlen mit Hilfe von **Abb. 8.8** grafisch bestimmt werden.

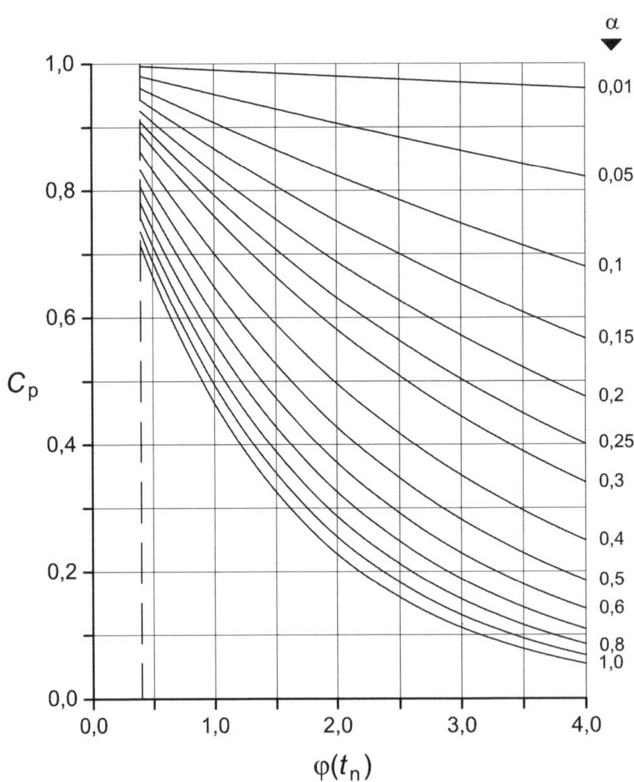

Abb. 8.8 Nomogramm zur grafischen Ermittlung von C_{p}

Kriechgleichung für den Lastfall Betonschwinden bzw. allmählich entstehenden Zwang

In **Abb. 8.9** ist schematisch dargestellt, wie ein exzentrisch im Betonquerschnitt angeordneter Stahlquerschnitt die Schwindverformung des Betons ε_{cs} behindert. Ohne den Stahl könnte sich der Beton ungehindert um ε_{cs} verkürzen. Während der Stahl der Verkürzung des Betons entgegenwirkt, entsteht in ihm eine Druckkraft. Da von außen keine Kraft am Querschnitt angreift, müssen die Kräfte in Stahl und Beton vom Betrag gleich sein.

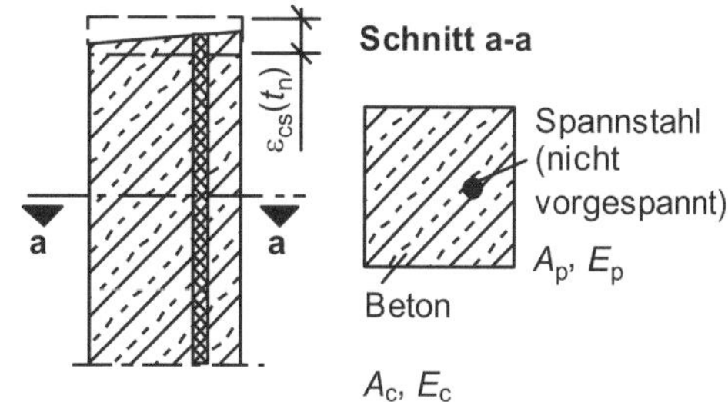

Abb. 8.9 Schwinden bei einem exzentrisch bewehrten Betonprisma

Zu jedem beliebigen Betrachtungspunkt muss in Höhe der Schwerachse des Stahls die Kontinuitätsbedingung $\varepsilon_p(t_n) = \varepsilon_{cs}(t_n) - \varepsilon_c(t_n)$ erfüllt werden. Der **Zeitpunkt t_0** bzw. t_0^* wird bei diesem Lastfall nicht berücksichtigt, da zu diesen Zeitpunkten noch keine Schwindverformungen eingetreten sind.

Für die folgenden Ableitungen wird angenommen, dass die im Laufe der Zeit entstehende Schwindverformung zeitlich affin zum Kriechen verläuft.

$$\varepsilon_{cs}(t_n) = \varepsilon_{cs}(t_\infty) \cdot \frac{\varphi(t_n)}{\varphi(t_\infty)} \tag{8.68}$$

Vernachlässigt man das Betonkriechen, so beträgt die Kraft im Stahl zum **Zeitpunkt t_∞**:

$$\varepsilon_p(t_\infty) = \varepsilon_{cs}(t_\infty) - \varepsilon_c(t_\infty)$$

$$\frac{F_p(t_\infty)}{E_p \cdot A_p} = \varepsilon_{cs}(t_\infty) - \frac{F_c(t_\infty)}{E_c \cdot A_{net}} - \frac{F_c(t_\infty) \cdot z_{cp,net}}{E_c \cdot I_{net}} \cdot z_{cp,net}$$

$$= \varepsilon_{cs}(t_\infty) - \frac{F_c(t_\infty)}{E_c \cdot A_{net}} \cdot \left(1 + \frac{A_{net}}{I_{net}} \cdot z_{cp,net}^2\right)$$

Da $F_p(t_\infty) = F_c(t_\infty)$ ist, gilt:

$$F_p(t_\infty) = \alpha \cdot \frac{\varepsilon_{cs}(t_\infty)}{\frac{1}{E_c \cdot A_{net}} \cdot \left(1 + \frac{A_{net}}{I_{net}} \cdot z_{cp,net}^2\right)} \tag{8.69}$$

Der Steifigkeitsbeiwert α ist mit Gl. (8.41) zu berechnen. Für die weiteren Ableitungen ist es zweckdienlich, diese Gleichung auf die Dehnsteifigkeit des Stahls zu beziehen. Gleichung (8.69) kann mit Hilfe von Gl. (8.41) umgestellt werden.

$$F_p(t_\infty) = (1 - \alpha) \cdot E_p \cdot A_p \cdot \varepsilon_{cs}(t_\infty) \tag{8.70}$$

Zum **Zeitpunkt t_n** ist die Kontinuitätsbedingung dieses Lastfalls mit Hilfe von Gl. (8.9) zu erweitern.

$$\frac{F_p(t_n)}{E_p \cdot A_p} = \varepsilon_{cs}(t_n) - \frac{F_c(t_n)}{E_c^* \cdot A_{net}} \cdot \left(1 + \frac{A_{net}}{I_{net}} \cdot z_{cp,net}^2\right) + \frac{1}{E_c^* \cdot A_{net}} \cdot \left(1 + \frac{A_{net}}{I_{net}} \cdot z_{cp,net}^2\right) \cdot \int_{t_0}^{t_n} F_c(t) \cdot \frac{d\varphi^*(t_n,t)}{dt} dt \qquad (8.71)$$

Da die Kraft im Beton gleich der Stahlkraft ist, kann Gl. (8.71) mit Hilfe von Gl. (8.68) und des Steifigkeitswertes α^* umgestellt werden.

$$F_p(t_n) = \frac{\alpha^* \cdot \varepsilon_{cs}(t_\infty) \cdot \frac{\varphi^*(t_n)}{\varphi^*(t_\infty)}}{\frac{1}{E_c^* \cdot A_{net}} \cdot \left(1 + \frac{A_{net}}{I_{net}} \cdot z_{cp,net}^2\right)} + \alpha^* \cdot \int_{t_0}^{t_n} F_p(t) \cdot \frac{d\varphi^*(t_n,t)}{dt} dt \qquad (8.72)$$

Das Integral von Gl. (8.72) lässt sich mit Gl. (8.33) umstellen.

$$F_p(t_n) = \frac{\alpha^* \cdot \varepsilon_{cs}(t_\infty) \cdot \frac{\varphi^*(t_n)}{\varphi^*(t_\infty)}}{\frac{1}{E_c^* \cdot A_{net}} \cdot \left(1 + \frac{A_{net}}{I_{net}} \cdot z_{cp,net}^2\right)} - \alpha^* \cdot \int_{t_0}^{t_n} F_p(t_n) \cdot \frac{d\varphi^*(t)}{dt} dt \qquad (8.73)$$

Gl. (8.60) nach dt differenziert, mit dt multipliziert, durch $d\varphi^*(t)$ dividiert und vereinfacht:

$$\frac{dF_p(t_n)}{d\varphi^*} + \alpha^* \cdot F_p(t_n) = \frac{\alpha^* \cdot \frac{\varepsilon_{cs}(t_\infty)}{\varphi^*(t_\infty)}}{\frac{1}{E_c^* \cdot A_{net}} \cdot \left(1 + \frac{A_{net}}{I_{net}} \cdot z_{cp,net}^2\right)} \qquad (8.74)$$

Die Lösung von Gl. (8.61) kann unter Verwendung der allgemeinen Lösung Gl. (8.26) abgeleitet werden. Sie lautet:

$$F_p(t_n) = \frac{\frac{\varepsilon_{cs}(t_\infty)}{\varphi^*(t_\infty)}}{\frac{1}{E_c^* \cdot A_{net}} \cdot \left(1 + \frac{A_{net}}{I_{net}} \cdot z_{cp,net}^2\right)} \cdot \left[1 - e^{-\alpha^* \cdot \varphi^*(t_n)}\right] \qquad (8.75)$$

Ersetzt man in Gl. (8.75) α^* durch α (mit Hilfe von Gl. (8.44)), E_c^* durch E_c (mit Hilfe von Gl. (8.39)) sowie $\varphi^*(t_n)$ durch $\varphi(t_n)$ (mit Hilfe von Gl. (8.38)) und vereinfacht das Ergebnis mit Gl. (8.70) erhält man die Gleichung zur Berechnung der Kraft im Stahl zum Zeitpunkt t_n infolge des Betonschwindens. Für den Lastfall Betonschwinden bzw. allmählich wirkenden Zwang wird der Index s eingeführt.

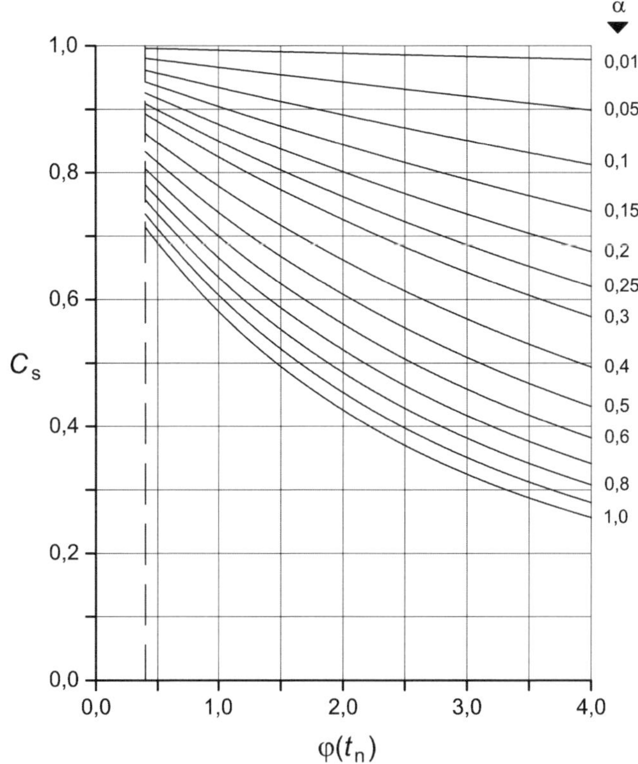

Abb. 8.10 Nomogramm zur grafischen Ermittlung von C_s

$$F_{p,s}(t_n) = F_{p,s}(t_\infty) \cdot \frac{\varphi(t_n) - 0,4}{\varphi(t_\infty) - 0,4} \cdot C_s \tag{8.76}$$

mit:

$$C_s = \frac{1 - e^{-\alpha \cdot \frac{\varphi(t_n) - 0,4}{1 + 0,4 \cdot \alpha}}}{\alpha \cdot \left[\varphi(t_n) - 0,4\right]} \tag{8.77}$$

Mit Hilfe von **Abb. 8.10** kann der Wert C_s unter Verwendung des Steifigkeitsbeiwertes α für verschiedene Kriechzahlen grafisch bestimmt werden.

Beispiel 8.3: Berechnung der Spannstahlspannung zum Zeitpunkt t_n (Vorspannung mit Verbund)

(Fortsetzung von **Beispiel 7.1**)

Für den in **Abb. 7.7** dargestellten vorgespannten Teilfertigteilbinder aus Beton C35/45 ist die Spannkraft zum Zeitpunkt t_n (75 Tage nach dem Lösen der Verankerung) unter Verwendung der erweiterten DISCHINGER-Gleichungen zu berechnen. Die Spannungsänderung im Spannstahl infolge Relaxation wird vernachlässigt.

Lösung:

Nettoquerschnittswerte:

$A_{net} = 1500 - 12,6 = 1487 \text{ cm}^2$ — (1.2): $A_{net} = A_c - A_p$

$e_{net} = \dfrac{1500 \cdot 0,5 \cdot 60 - 12,6 \cdot 47,5}{1487} = 29,9 \text{ cm}$ — (1.3): $e_{net} = \dfrac{A_c \cdot e_c - A_p \cdot e_p}{A_{net}}$

(1.4): $I_{net} = I_c + A_c \cdot (e_{net} - e_c)^2 - A_p \cdot (e_{net} - e_p)^2$

$$I_{net} = 450000 + 1500 \cdot (29,9 - 30)^2 - 12,6 \cdot (29,9 - 47,5)^2 = 446000 \text{ cm}^4$$

$z_{cp,net} = 47,5 - 29,9 = 17,6 \text{ cm}$ — $z_{cp,net} = d_p - e_{net}$

Steifigkeitsbeiwert

(8.41):

$$\alpha = \frac{\dfrac{1}{E_c \cdot A_{net}} \cdot \left(1 + \dfrac{A_{net}}{I_{net}} \cdot z_{cp,net}^2\right)}{\dfrac{1}{E_p \cdot A_p} + \dfrac{1}{E_c \cdot A_{net}} \cdot \left(1 + \dfrac{A_{net}}{I_{net}} \cdot z_{cp,net}^2\right)}$$

$$= \frac{\dfrac{1}{34000 \cdot 1487} \cdot \left(1 + \dfrac{1487}{446000} \cdot 17,6^2\right)}{\dfrac{1}{195000 \cdot 12,6} + \dfrac{1}{34000 \cdot 1487} \cdot \left(1 + \dfrac{1487}{446000} \cdot 17,6^2\right)} = 0,09$$

Hilfswerte C_d, C_p und C_s

Abb. 8.7: $C_d = 2,05$ — Beispiel 3.1: $\varphi(76,1) = 1,25$

Abb. 8.8: $C_p = 0,90$

Abb. 8.10: $C_s = 0,95$

Stahlspannung zum Zeitpunkt t_n

$\sigma_{p,d} = \sigma_{p,g1} = 32 \text{ N/mm}^2$ — Beispiel 7.1:

(8.54): $\sigma_{p,d}(t_n) = \sigma_{p,d}(t_0) \cdot C_d$

$\sigma_{p,d}(t_n) = 32 \cdot 2,05 = 66 \text{ N/mm}^2$

$\sigma_{p,p} = \sigma_{p,p0} = 1203 \text{ N/mm}^2$ — Beispiel 7.1:

$\sigma_{p,p}(t_n) = 1203 \cdot 0,90 = 1083 \text{ N/mm}^2$ — (8.66): $\sigma_{p,p}(t_n) = \sigma_{p,p}(t_0) \cdot C_p$

$\varepsilon_{cs}(t_\infty) = -62,5 \cdot 10^{-6} - 475 \cdot 0,886 \cdot 10^{-6} = -483 \cdot 10^{-6}$ — Beispiel 3.1: $\varepsilon_{cs}(t,t_s) = \varepsilon_{ca}(t) + \varepsilon_{cd}(t,t_s)$

$$\sigma_{p,s}(t_\infty) = (1-0{,}09)\cdot 195000\cdot(-483\cdot 10^{-6})$$

$$= -86 \text{ N/mm}^2$$

$$\varphi(76{,}1) = 1{,}25;\ \varphi(t_\infty) = \varphi_0 = 2{,}31$$

$$\sigma_{p,s}(t_n) = -86\cdot\frac{1{,}25-0{,}4}{2{,}31-0{,}4}\cdot 0{,}95$$

$$= -36 \text{ N/mm}^2$$

$$\sigma_p(t_n) = \sigma_{p,d}(t_n) + \sigma_{p,p}(t_n) + \sigma_{p,s}(t_n)$$

$$= 66 + 1083 - 36 = 1113 \text{ N/mm}^2$$

(8.70):

$$\sigma_{p,s}(t_\infty)$$

$$= (1-\alpha)\cdot E_p\cdot\varepsilon_{cs}(t_\infty)$$

Beispiel 3.1:

(8.76):

$$\sigma_{p,s}(t_n)$$

$$= \sigma_{p,s}(t_\infty)\cdot\frac{\varphi(t_n)-0{,}4}{\varphi(t_\infty)-0{,}4}\cdot C_s$$

8.4.3 Örtliche Kopplung

Auf die Darstellung der Herleitung der Kriechgleichungen für die einfach statisch unbestimmte örtliche Kopplung wird an dieser Stelle verzichtet. Die Einflüsse des zeitabhängigen Verhaltens können mit den in Abschnitt 8.4.2 abgeleiteten Gleichungen (8.54), (8.66) und (8.76) berechnet werden.

Für die Anwendung dieser Gleichungen ist es erforderlich, die aus dem entsprechenden Lastfall resultierende Kraft im Stahl $F_{p,d}(t_n)$, $F_{p,p}(t_n)$ bzw. $F_{p,s}(t_\infty)$ zu bestimmen. Dies kann mit Hilfe des Kraftgrößenverfahrens erfolgen. Das System muss durch das Zerschneiden des Teilquerschnitts mit den rein elastischen Materialeigenschaften (Index p) und der damit verbundenen Einführung der statisch Überzähligen X_1, welche die gesuchte Kraftgröße darstellt, in ein statisch bestimmtes Grundsystem umgewandelt werden. Über die Verformungsgröße δ_{10}, die am Teilquerschnitt mit dem kriechfähigen Material (Index c) bestimmt wird und den Systemwert δ_{11}, der sich aus den Anteilen des elastischen Teilquerschnitts δ_{11}^{p} und kriechfähigen Teilquerschnitts δ_{11}^{c} zusammensetzt, kann die statisch Überzählige X_1 berechnet werden.

Für die Bestimmung der Hilfswerte C_d, C_p und C_s muss der Steifigkeitsbeiwert α bekannt sein. Dieser ist mit Hilfe der Systemwerte δ_{11}^{c} und δ_{11}^{p} unter Verwendung der folgenden Gleichung zu ermitteln.

$$\alpha = \frac{\delta_{11}^{c}}{\delta_{11}^{c}+\delta_{11}^{p}} \tag{8.78}$$

Beispiel 8.4: Berechnung der Spannstahlspannung zum Zeitpunkt t_∞ (Vorspannung ohne Verbund)

An dem in **Abb. 8.11** dargestellten einsträngig vorgespannten Betonquerschnitt aus C30/37 ist die Spanngliedspannung zum Zeitpunkt t_∞ unter Verwendung der erweiterten DISCHINGER-Gleichungen zu berechnen.

Die Spannungsänderung im Spannstahl infolge Relaxation wird vernachlässigt.

Gegeben:
$A_\text{p} = 9{,}8\ \text{cm}^2$
$F_\text{p,p}(t_0) = 1250\ \text{kN}$
$A_\text{net} = 0{,}166\ \text{m}^2$
$I_\text{net} = 0{,}017\ \text{m}^4$
$z_\text{cp,net} = 0{,}52\ \text{m}$
$\varphi(t_\infty) = 2{,}5$
$\varepsilon_\text{cs}(t_\infty) = -500 \cdot 10^{-6}$
$M_\text{perm} = 500\ \text{kNm}$
$l_\text{eff} = 12{,}0\ \text{m}$

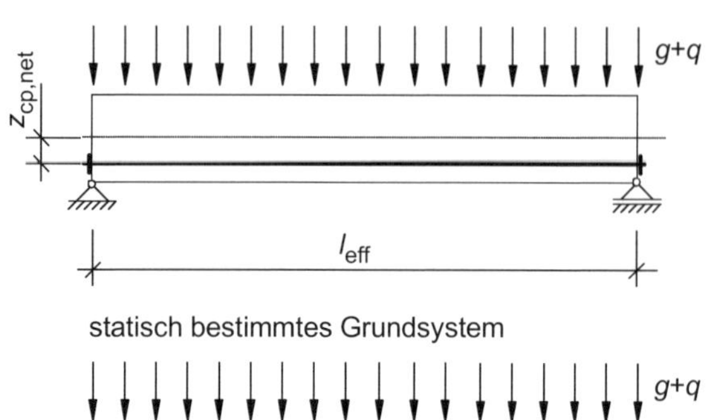

Abb. 8.11 Statisches System und Querschnittsabmessungen des vorgespannten Trägers

Lösung:

Nullzustand

$M_\text{c0} = M_\text{perm}$

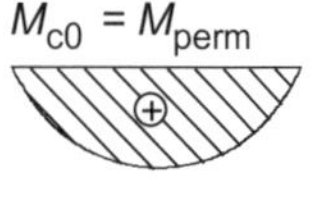

Einheitszustand

M_c1 ⊖ $-z_\text{cp,net}$

N_c1 ⊖ -1

N_p1 ⊕ 1

Kraft im Spannstahl infolge Dauerlast

$$\delta_{10} = -\frac{1}{E_\text{c} \cdot I_\text{net}} \cdot \frac{2}{3} \cdot l_\text{eff} \cdot M_\text{perm} \cdot z_\text{cp,net} = -\frac{1}{33000 \cdot 10^3 \cdot 0{,}017} \cdot \frac{2}{3} \cdot 12 \cdot 500 \cdot 0{,}51$$
$$= -0{,}0036\ \text{m} = -0{,}36\ \text{cm}$$

$$\delta_{11}^\text{c} = \frac{l_\text{eff}}{E_\text{c} \cdot A_\text{net}} + \frac{l_\text{eff}}{E_\text{c} \cdot I_\text{net}} \cdot z_\text{cp,net}^2 = \frac{12}{33000 \cdot 10^3 \cdot 0{,}166} + \frac{12}{33000 \cdot 10^3 \cdot 0{,}017} \cdot 0{,}52^2$$
$$= 8{,}0 \cdot 10^{-6}\ \text{m/kN} = 8{,}0 \cdot 10^{-4}\ \text{cm/kN}$$

$$\delta_{11}^\text{p} = \frac{l_\text{eff}}{E_\text{p} \cdot A_\text{p}} = \frac{12}{195000 \cdot 10^3 \cdot 9{,}8 \cdot 10^{-4}} = 62{,}8 \cdot 10^{-6}\ \text{m/kN} = 62{,}8 \cdot 10^{-4}\ \text{cm/kN}$$

$$F_\text{p,d}(t_0) = X_1(t_0) = -\frac{\delta_{10}}{\delta_{11}^\text{c} + \delta_{11}^\text{p}}$$
$$= \frac{0{,}36}{8{,}0 \cdot 10^{-4} + 62{,}8 \cdot 10^{-4}} = 51\ \text{kN}$$

Kontinuitätsbedingung

$$X_1(t_0) \cdot \left(\delta_{11}^\text{c} + \delta_{11}^\text{p}\right) + \delta_{10} = 0$$

Kraft im Spannstahl infolge Betonschwinden (ohne Berücksichtigung des Betonkriechens)

$$\alpha = \frac{8{,}0}{8{,}0 + 62{,}8} = 0{,}11$$

(8.78): $\alpha = \dfrac{\delta_{11}^\text{c}}{\delta_{11}^\text{c} + \delta_{11}^\text{p}}$

$$F_{\mathrm{p,s}}(t_\infty) = -(1-0{,}11)\cdot 195000\cdot 10^{-1}\cdot 9{,}8\cdot 500\cdot 10^{-6} = -85\ \mathrm{kN}$$

(8.70):
$$F_{\mathrm{p,s}}(t_\infty) = (1-\alpha)\cdot E_\mathrm{p}\cdot A_\mathrm{p}\cdot \varepsilon_\mathrm{cs}(t_\infty)$$

Hilfswerte C_d, C_p und C_s

Abb. 8.7: $C_\mathrm{d} = 2{,}85$

Abb. 8.8: $C_\mathrm{p} = 0{,}75$

Abb. 8.10: $C_\mathrm{s} = 0{,}85$

$\varphi(t_\infty) = 2{,}5$

Kraft im Spannstahl zum Zeitpunkt $t_\mathrm{n} = \infty$

$$F_{\mathrm{p,d}}(t_\mathrm{n}) = 51\cdot 2{,}85 = 145\ \mathrm{kN}$$

(8.54): $F_{\mathrm{p,d}}(t_\mathrm{n}) = F_{\mathrm{p,d}}(t_0)\cdot C_\mathrm{d}$

$$F_{\mathrm{p,p}}(t_\mathrm{n}) = 1250\cdot 0{,}75 = 938\ \mathrm{kN}$$

(8.66): $F_{\mathrm{p,p}}(t_\mathrm{n}) = F_{\mathrm{p,p}}(t_0)\cdot C_\mathrm{p}$

$$F_{\mathrm{p,s}}(t_\mathrm{n}) = -85\cdot 0{,}85 = -72\ \mathrm{kN}$$

(8.76):
$$F_{\mathrm{p,s}}(t_\mathrm{n}) = F_{\mathrm{p,s}}(t_\infty)\cdot \frac{\varphi(t_\mathrm{n})-0{,}4}{\varphi(t_\infty)-0{,}4}\cdot C_\mathrm{s}$$

$$F_\mathrm{p}(t_\mathrm{n}) = F_{\mathrm{p,d}}(t_\mathrm{n}) + F_{\mathrm{p,p}}(t_\mathrm{n}) + F_{\mathrm{p,s}}(t_\mathrm{n}) = 145 + 938 - 72 = 1011\ \mathrm{kN}$$

8.5 Kriechgleichungen nach TROST

8.5.1 Algebraisches Werkstoffgesetz nach TROST

Die Einflüsse des Kriechens und Schwindens können ebenfalls mit Hilfe des Berechnungsverfahrens von TROST vorherbestimmt werden. TROST zeigte, wie die auf Grundlage des Superpositionsprinzips von BOLTZMANN abgeleitete Integralgleichung (8.7) in eine einfache algebraische Gleichung (8.79) überführt werden kann ([DAfStb – 78]).

$$\begin{aligned}\varepsilon(t_\mathrm{n}) &= \frac{\sigma(t_0)}{E}\cdot\left[1+\varphi(t_\mathrm{n})\right] + \frac{\Delta\sigma(t_\mathrm{n})}{E}\cdot\left[1+\chi\cdot\varphi(t_\mathrm{n})\right]\\ &= \underbrace{\frac{\sigma(t_0)}{E}}_{\boxed{A}} + \underbrace{\frac{\Delta\sigma(t_\mathrm{n})}{E}}_{\boxed{B}} + \underbrace{\frac{\sigma(t_0)}{E}\cdot\varphi(t_\mathrm{n})}_{\boxed{C}} + \underbrace{\frac{\Delta\sigma(t_\mathrm{n})}{E}\cdot\chi\cdot\varphi(t_\mathrm{n})}_{\boxed{D}}\end{aligned} \tag{8.79}$$

$\boxed{A}$ elastische Verformung infolge äußerer Last zum Zeitpunkt t_0

$\boxed{B}$ elastische Verformung aufgrund von Umlagerungsschnittgrößen, die sich infolge des zeitabhängigen Verhaltens im Zeitraum zwischen t_0 und t_n einstellt

- [C] Kriechverformung, die sich infolge der zum Zeitpunkt t_0 aufgebrachten, im Zeitraum zwischen t_0 und t_n konstanten, äußeren Last aufbaut
- [D] Kriechverformung, die sich infolge von Spannungsänderungen $\Delta\sigma(t_i)$ im Zeitraum zwischen t_0 und t_n einstellt

Der Wert χ in Gl. (8.79) wird als Relaxationswert bezeichnet. Die Größe des Relaxationswertes ist abhängig vom zeitlichen Verlauf der kriecherzeugenden Spannung. Er kann mit Hilfe von Bauteilprüfungen bestimmt werden. Wenn der zeitliche Verlauf des Kriechens bekannt ist, kann der Relaxationswert auch durch numerische Simulationsrechnungen ermittelt werden. Der Relaxationswert, den TROST mit Hilfe von Versuchen bestimmt hat, kann unter Verwendung von Gl. (8.80) berechnet werden. Diese Gleichung wurde mit Hilfe von Gl. (8.6) und den Anteilen der Kriechverformung aus Gl. (8.79) (Term [C] und [D]) abgeleitet.

$$\chi = \frac{\sum_{k=1}^{n-1}\left[\Delta\sigma(t_k,t_{k-1})\cdot\varphi(t_n,t_k)\right]}{\Delta\sigma(t_n)\cdot\varphi(t_n)} \tag{8.80}$$

8.5.2 Ableitung der Kriechgleichung nach TROST

Im Folgenden soll kurz die Ableitung der Kriechgleichungen für die Lastfälle Dauerlast, Vorspannung und Betonschwinden am Beispiel der einfach statisch unbestimmten Kopplung mit kontinuierlichem Verbund zwischen dem rein elastischen und dem kriechfähigen Teilquerschnitt erläutert werden.

Kriechgleichung für den Lastfall Dauerlast (Index d)

Die Kriechgleichung soll für den in **Abb. 8.5** dargestellten exzentrisch bewehrten Verbundquerschnitt abgeleitet werden. Die Dehnung des Betons zum Zeitpunkt t_n wird mit Hilfe von Gl. (8.79) berechnet. Diese Gleichung in die Kontinuitätsbedingung $\varepsilon_p(t_n)=\varepsilon_c(t_n)$ eingesetzt:

$$\begin{aligned}\frac{F_p(t_0)}{E_p\cdot A_p}+\frac{\Delta F_p(t_n)}{E_p\cdot A_p}&=\frac{F_c(t_0)}{A_{net}}\cdot\left(1+\frac{A_{net}}{I_{net}}\cdot z_{cp,net}^2\right)\cdot\left[\frac{1}{E_c(t_0)}+\frac{\varphi(t_n)}{E_{c,28}}\right]\\&\quad-\frac{\Delta F_c(t_n)}{A_{net}}\cdot\left(1+\frac{A_{net}}{I_{net}}\cdot z_{cp,net}^2\right)\cdot\left[\frac{1}{E_c(t_n)}+\frac{\chi\cdot\varphi(t_n)}{E_{c,28}}\right]\end{aligned} \tag{8.81}$$

In Gl. (8.81) ist berücksichtigt, dass die Kriechzahlen auf die elastische Verformung im Alter von 28 Tagen bezogen sind (siehe Abschnitt 3.2.3). Durch das Ersetzen von $\Delta F_c(t_n)$ durch $\Delta F_p(t_n)$ und dem anschließenden Umstellen der Gleichung nach der Änderung der Kraft im Stahl erhält man:

$$\Delta F_{\mathrm{p,d}}(t_{\mathrm{n}})=\frac{\frac{E_{\mathrm{p}}}{E_{\mathrm{c,28}}}\cdot\overbrace{\frac{F_{\mathrm{c}}(t_0)}{A_{\mathrm{net}}}\cdot\left(1+\frac{A_{\mathrm{net}}}{I_{\mathrm{net}}}\cdot z_{\mathrm{cp,net}}^2\right)}^{\sigma_{\mathrm{cp,d}}}\cdot\varphi(t_{\mathrm{n}})}{1+\frac{E_{\mathrm{p}}\cdot A_{\mathrm{p}}}{E_{\mathrm{c,28}}\cdot A_{\mathrm{net}}}\cdot\left(1+\frac{A_{\mathrm{net}}}{I_{\mathrm{net}}}\cdot z_{\mathrm{cp,net}}^2\right)\cdot\left[\frac{E_{\mathrm{c,28}}}{E_{\mathrm{c}}(t_{\mathrm{n}})}+\chi\cdot\varphi(t_{\mathrm{n}})\right]}\cdot A_{\mathrm{p}} \tag{8.82}$$

Kriechgleichung für den Lastfall Vorspannung (Index p)

In **Abb. 8.6** ist ein Betonprisma mit einem exzentrisch angeordneten vorgespannten Spannglied dargestellt. Die Kontinuitätsbedingung $\varepsilon_{\mathrm{p}}(t_{\mathrm{n}})=\varepsilon_{\mathrm{p0}}-\varepsilon_{\mathrm{c}}(t_{\mathrm{n}})$ muss zu jedem beliebigen Betrachtungspunkt in Höhe der Schwerachse des Stahls erfüllt werden. Für die Berechnung zum Zeitpunkt t_{n} lässt sich die für diesen Lastfall gültige Kontinuitätsbedingung unter Berücksichtigung von Gl. (8.79) und der Spannstahlrelaxation $\Delta\sigma_{\mathrm{pr}}$ (der Wert ist mit negativen Vorzeichen einzusetzen) wie folgt erweitern.

$$\begin{aligned}\frac{F_{\mathrm{p}}(t_0)}{E_{\mathrm{p}}\cdot A_{\mathrm{p}}}-\frac{\Delta F_{\mathrm{p}}(t_{\mathrm{n}})}{E_{\mathrm{p}}\cdot A_{\mathrm{p}}}+\Delta\varepsilon_{\mathrm{pr}}=\varepsilon_{\mathrm{p0}}-\frac{F_{\mathrm{c}}(t_0)}{A_{\mathrm{net}}}\cdot\left(1+\frac{A_{\mathrm{net}}}{I_{\mathrm{net}}}\cdot z_{\mathrm{cp,net}}^2\right)\cdot\left[\frac{1}{E_{\mathrm{c}}(t_0)}+\frac{\varphi(t_{\mathrm{n}})}{E_{\mathrm{c,28}}}\right]\\+\frac{\Delta F_{\mathrm{c}}(t_{\mathrm{n}})}{A_{\mathrm{net}}}\cdot\left(1+\frac{A_{\mathrm{net}}}{I_{\mathrm{net}}}\cdot z_{\mathrm{cp,net}}^2\right)\cdot\left[\frac{1}{E_{\mathrm{c}}(t_{\mathrm{n}})}+\frac{\chi\cdot\varphi(t_{\mathrm{n}})}{E_{\mathrm{c,28}}}\right]\end{aligned} \tag{8.83}$$

Da die Änderung der Kraft im Stahl gleich der Änderung der Kraft im Beton ist, kann Gl. (8.83) in einfacher Art und Weise nach $\Delta F_{\mathrm{p}}(t_{\mathrm{n}})$ umgestellt werden:

$$\Delta F_{\mathrm{p,p}}(t_{\mathrm{n}})=\frac{\frac{E_{\mathrm{p}}}{E_{\mathrm{c,28}}}\cdot\overbrace{\frac{F_{\mathrm{c}}(t_0)}{A_{\mathrm{net}}}\cdot\left(1+\frac{A_{\mathrm{net}}}{I_{\mathrm{net}}}\cdot z_{\mathrm{cp,net}}^2\right)}^{\sigma_{\mathrm{cp,p}}(t_0)}\cdot\varphi(t_{\mathrm{n}})+\overbrace{\Delta\varepsilon_{\mathrm{pr}}\cdot E_{\mathrm{p}}}^{\Delta\sigma_{\mathrm{pr}}}}{1+\frac{E_{\mathrm{p}}\cdot A_{\mathrm{p}}}{E_{\mathrm{c,28}}\cdot A_{\mathrm{net}}}\cdot\left(1+\frac{A_{\mathrm{net}}}{I_{\mathrm{net}}}\cdot z_{\mathrm{cp,net}}^2\right)\cdot\left[\frac{E_{\mathrm{c,28}}}{E_{\mathrm{c}}(t_{\mathrm{n}})}+\chi\cdot\varphi(t_{\mathrm{n}})\right]}\cdot A_{\mathrm{p}} \tag{8.84}$$

Kriechgleichung für den Lastfall Betonschwinden (Index s)

In **Abb. 8.9** ist schematisch dargestellt, wie ein exzentrisch angeordneter Stahlquerschnitt die Schwindverformung des Betons $\varepsilon_{\mathrm{cs}}$ behindert. Zu jedem beliebigen Betrachtungspunkt muss in Höhe der Schwerachse des Stahls die Kontinuitätsbedingung $\varepsilon_{\mathrm{p}}(t_{\mathrm{n}})=\varepsilon_{\mathrm{cs}}(t_{\mathrm{n}})-\varepsilon_{\mathrm{c}}(t_{\mathrm{n}})$ erfüllt werden. Zum Zeitpunkt t_{n} ist diese Kontinuitätsbedingung mit Hilfe von Gl. (8.79) zu erweitern.

$$\frac{\Delta F_{\mathrm{p}}(t_{\mathrm{n}})}{E_{\mathrm{p}}\cdot A_{\mathrm{p}}}=\varepsilon_{\mathrm{cs}}(t_{\mathrm{n}})-\frac{\Delta F_{\mathrm{c}}(t_{\mathrm{n}})}{A_{\mathrm{net}}}\cdot\left(1+\frac{A_{\mathrm{net}}}{I_{\mathrm{net}}}\cdot z_{\mathrm{cp,net}}^2\right)\cdot\left[\frac{1}{E_{\mathrm{c}}(t_{\mathrm{n}})}+\frac{\chi\cdot\varphi(t_{\mathrm{n}})}{E_{\mathrm{c,28}}}\right] \tag{8.85}$$

Da $\Delta F_{\mathrm{c}}(t_{\mathrm{n}})=\Delta F_{\mathrm{p}}(t_{\mathrm{n}})$ ist, gilt:

$$\Delta F_{\text{p,s}}(t_{\text{n}}) = \frac{\varepsilon_{\text{cs}}(t_{\text{n}}) \cdot E_{\text{p}}}{1 + \frac{E_{\text{p}} \cdot A_{\text{p}}}{E_{\text{c,28}} \cdot A_{\text{net}}} \cdot \left(1 + \frac{A_{\text{net}}}{I_{\text{net}}} \cdot z_{\text{cp,net}}^2\right) \cdot \left[\frac{E_{\text{c,28}}}{E_{\text{c}}(t_{\text{n}})} + \chi \cdot \varphi(t_{\text{n}})\right]} \cdot A_{\text{p}} \tag{8.86}$$

8.5.3 Berechnung der Spannkraftverluste infolge Kriechen, Schwinden und Relaxation gemäß DIN EN 1992-1-1

Für die Berechnung der Spannkraftverluste infolge Kriechen, Schwinden und Relaxation werden in [DIN EN 1992-1-1 – 11] die im Abschnitt 8.5.2 abgeleiteten Gln. (8.82), (8.84) und (8.86) zusammengefügt. Der Relaxationswert beträgt $\chi = 0{,}8$. Durch die Einführung des Wertes α_{p}, der das Verhältnis der Elastizitätsmoduln von Spannstahl und Beton (im Alter von 28 Tagen) beschreibt, erhält man die folgende Gleichung ([DIN EN 1992-1-1 – 11], Gleichung 5.46) zur Berechnung der zeitabhängigen Änderung der Spannstahlspannung $\Delta\sigma_{\text{p,csr}}(t_{\text{n}})$:

$$\Delta\sigma_{\text{p,csr}}(t_{\text{n}}) = \frac{\alpha_{\text{p}} \cdot \sigma_{\text{c,QP}} \cdot \varphi(t_{\text{n}}) + 0{,}8\Delta\sigma_{\text{pr}} + \varepsilon_{\text{cs}}(t_{\text{n}}) \cdot E_{\text{p}}}{1 + \alpha_{\text{p}} \cdot \frac{A_{\text{p}}}{A_{\text{c}}} \cdot \left(1 + \frac{A_{\text{c}}}{I_{\text{c}}} \cdot z_{\text{cp}}^2\right) \cdot \left[1 + 0{,}8 \cdot \varphi(t_{\text{n}})\right]} \tag{8.87}$$

mit:

$\sigma_{\text{c,QP}}$ Betonspannung in Höhe der Schwerachse des Spanngliedes infolge der quasi-ständigen Lastkombination ($\sigma_{\text{cp,d}}$ in Gl. (8.82)) und des Anfangswertes des Vorspannkraft ($\sigma_{\text{cp,p}}$ in Gl. (8.84))

$\Delta\sigma_{\text{pr}}$ Spannungsänderung im Spannstahl infolge Relaxation (siehe Abschnitt 3.4.2)

$\alpha_{\text{p}} = \frac{E_{\text{p}}}{E_{\text{cm}}}$ Verhältnis der Elastizitätsmoduln von Spannstahl und Beton ($E_{\text{cm}} \mathrel{\hat{=}} E_{\text{c,28}}$)

In [DIN EN 1992-1-1 – 11] wird auf die Verwendung der Nettoquerschnittswerte verzichtet und stattdessen die Werte des reinen Betonquerschnitts verwendet. Darüber hinaus wird die elastische Verformung des Betons zum Zeitpunkt t_0 mit Hilfe des mittleren Elastizitätsmoduls des Betons nach 28 Tagen berechnet, wodurch die Beziehung $E_{\text{c,28}}/E_{\text{c}}(t_{\text{n}})$ in den Gln. (8.82), (8.84) und (8.86) zu eins gesetzt werden kann.

Beispiel 8.5: Berechnung der Spannstahlspannung zum Zeitpunkt t_{n} (Vorspannung mit Verbund)

(Fortsetzung von **Beispiel 7.1**)

Für den in **Abb. 7.7** dargestellten vorgespannten Teilfertigteilbinder aus Beton C35/45 sind die Spannkraftverluste zum Zeitpunkt t_{n} (75 Tage nach dem Lösen der Verankerung) zu berechnen.

Die Berechnung soll mit Hilfe eines *analytischen* (algebraische Kriechgleichung) sowie eines *numerischen Verfahrens* (schrittweise Integration) erfolgen. Auf Grundlage der Ergebnisse des numerischen Verfahrens ist der Relaxationswert χ zu bestimmen.

Die Spannungsänderung im Spannstahl infolge Relaxation wird vernachlässigt.

Lösung mit dem analytischen Verfahren:

$$\alpha_{\mathrm{p}} = \frac{195000}{34000} = 5{,}7$$ (1.8): $\alpha_{\mathrm{p}} = \frac{E_{\mathrm{p}}}{E_{\mathrm{cm}}}$

$$\varphi(76{,}1) = 1{,}25$$ Beispiel 3.1:

$$\varepsilon_{\mathrm{cs}}(76{,}1) = -239 \cdot 10^{-6}$$

$$A_{\mathrm{c}} = 1500\ \mathrm{cm}^2$$ Beispiel 7.1:

$$I_{\mathrm{c}} = 450000\ \mathrm{cm}^4$$

$$\sigma_{\mathrm{c,QP}} = \sigma_{\mathrm{cp,g1}} + \sigma_{\mathrm{cp,p0}} = 5{,}1 - 20{,}8 = -15{,}7\ \mathrm{N/mm}^2$$

$$z_{\mathrm{cp}} = 47{,}5 - 0{,}5 \cdot 60 = 17{,}5\ \mathrm{cm}$$ $z_{\mathrm{cp}} = d_{\mathrm{p}} - 0{,}5 \cdot h_{\mathrm{c}}$

(8.87):

$$\Delta\sigma_{\mathrm{p,csr}}(t_{\mathrm{n}}) = \frac{\alpha_{\mathrm{p}} \cdot \sigma_{\mathrm{c,QP}} \cdot \varphi(t_{\mathrm{n}}) + 0{,}8\Delta\sigma_{\mathrm{pr}} + \varepsilon_{\mathrm{cs}}(t_{\mathrm{n}}) \cdot E_{\mathrm{p}}}{1 + \alpha_{\mathrm{p}} \cdot \frac{A_{\mathrm{p}}}{A_{\mathrm{c}}} \cdot \left(1 + \frac{A_{\mathrm{c}}}{I_{\mathrm{c}}} \cdot z_{\mathrm{cp}}^2\right) \cdot \left[1 + 0{,}8 \cdot \varphi(t_{\mathrm{n}})\right]}$$

$$= \frac{5{,}7 \cdot (-15{,}7) \cdot 1{,}25 - 239 \cdot 10^{-6} \cdot 195000}{1 + 5{,}7 \cdot \frac{12{,}6}{1500} \cdot \left(1 + \frac{1500}{450000} \cdot 17{,}5^2\right) \cdot \left[1 + 0{,}8 \cdot 1{,}25\right]} = -133\ \mathrm{N/mm}^2$$

Spannstahlspannung 75 Tage nach Erstbelastung

$$\sigma_{\mathrm{p}}(t_{\mathrm{n}}) = 1235 - 133 = 1102\ \mathrm{N/mm}^2$$ $\sigma_{\mathrm{p}}(t_{\mathrm{n}}) = \sigma_{\mathrm{p}}(t_0) + \Delta\sigma_{\mathrm{p,csr}}(t_{\mathrm{n}})$

Beispiel 7.1:

$\sigma_{\mathrm{p}}(t_0) = 1235\ \mathrm{N/mm}^2$

Lösung mit dem numerischen Verfahren:

Für die schrittweise Integration wird der Betrachtungszeitraum Δt von 75 Tagen in 5 Intervalle n zerlegt. Auf Grund des zeitlichen Verlaufes des Kriechens und Schwindens sollte die Dauer der einzelnen Zeitintervalle nicht konstant sein. Für die Zeitfunktion wird deshalb ein kubischer Ansatz gewählt.

$$\tau = \frac{75}{5^3} = 0{,}6$$ $\tau = \frac{\Delta t}{n^3}$

$$t_0 = 1\ \mathrm{d}$$

$$t_1 = 0{,}6 \cdot 1^3 + 1 = 1{,}6\ \mathrm{d}$$ $t_{\mathrm{i}} = \tau \cdot i^3 + t_0$

$t_2 = 0{,}6 \cdot 2^3 + 1 = 5{,}8\ \text{d}$

Die Werte der weiteren Gitterpunkte lassen sich in der gleichen Art und Weise berechnen. Sie können **Tafel 8.4** entnommen werden.

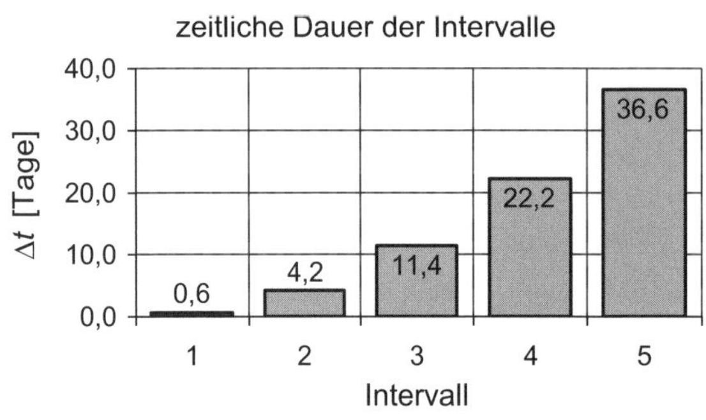

$\Delta t_i = t_i - t_0$

Tafel 8.4 *E*-Modul und Grundkriechzahl verschiedener Betrachtungspunkte

i	t_i	$t_{i,T}$	$t_{i,eff}$	$E_c\left(t_{i,eff}\right)$	$\beta(t_i)$	φ_k
[–]	[d]	[d]	[d]	[N/mm²]	[–]	[–]
0	1,0	2,4	6,8	32000	0,64	2,31
1	1,6	2,8	7,4	32100	0,63	2,27
2	5,8	5,4	10,5	32700	0,59	2,13
3	17,2	12,4	17,3	33500	0,54	1,92
4	39,4	26,1	30,6	34000	0,48	1,72
5	76,0	48,6	52,7	34500	0,43	1,56

E-Modul in den Betrachtungspunkten t_i

$$t_{1,T} = e^{-\left(\frac{4000}{273+10}-13{,}65\right)} \cdot (1{,}6-1) + 2{,}4 = 2{,}8\ \text{d}$$

$$t_{2,T} = e^{-\left(\frac{4000}{273+10}-13{,}65\right)} \cdot (5{,}8-1) + 2{,}4 = 5{,}4\ \text{d}$$

$$t_{1,eff} = 2{,}8 \cdot \left[\frac{9}{2+2{,}8^{1,2}}+1\right]^1 = 7{,}4\ \text{d}$$

$$t_{2,eff} = 5{,}4 \cdot \left[\frac{9}{2+5{,}4^{1,2}}+1\right]^1 = 10{,}5\ \text{d}$$

$s = 0{,}2$

Das Bauteil wird 75 Tage bei 10 °C gelagert.

(3.14):

$$t_{i,T} = e^{-\left(\frac{4000}{273+T}-13{,}65\right)} \cdot \Delta t_i + t_{0,T}$$

Beispiel 3.1: $t_{0,T} = 2{,}4$ d

(3.13):

$$t_{i,eff} = t_{i,T} \cdot \left[\frac{9}{2+t_{i,T}^{\ 1,2}}+1\right]^{\alpha}$$

Tafel 3.3: $\alpha = 1$ (CEM 52,5R)

Beispiel 3.1: $t_{0,eff} = 6{,}8$ d

Tafel 3.2, (CEM 52,5R):

$$E_c\left(t_{1,\text{eff}}\right)=34000\cdot e^{0,3\cdot 0,2\cdot\left[1-\sqrt{\frac{28}{7,4}}\right]}=32100\ \text{N/mm}^2$$

$$E_c\left(t_{2,\text{eff}}\right)=34000\cdot e^{0,3\cdot 0,2\cdot\left[1-\sqrt{\frac{28}{10,5}}\right]}=32700\ \text{N/mm}^2$$

(3.1) in (3.2) eingesetzt:

$$E_c\left(t\right)=E_{c,28}\cdot e^{0,3\cdot s\cdot\left[1-\sqrt{\frac{28}{t}}\right]}$$

Beispiel 7.1:

$$E_c\left(t_{0,\text{eff}}\right)=30000\ \text{N/mm}^2$$

Die Werte der weiteren Gitterpunkte können der **Tafel 8.4** entnommen werden.

Kriechfunktionen

Gegenüber den Werten von **Beispiel 3.1** ändern sich der Beiwert zur Berücksichtigung des Betonalters bei Erstbelastung und die Grundkriechzahl.

$$\beta\left(t_1\right)=\frac{1}{0,1+7,4^{0,2}}=0,63$$

$$\beta\left(t_2\right)=\frac{1}{0,1+10,5^{0,2}}=0,59$$

(3.12): $\beta\left(t_i\right)=\dfrac{1}{0,1+t_{i,\text{eff}}^{0,2}}$

Beispiel 3.1: $\beta\left(t_0\right)=0,64$

$$\varphi_1=1,41\cdot 2,56\cdot 0,63=2,27$$

$$\varphi_2=1,41\cdot 2,56\cdot 0,59=2,13$$

Die Werte der weiteren Gitterpunkte können der **Tafel 8.4** entnommen werden.

(3.8):

$$\varphi_i=\varphi_{RH}\cdot\beta\left(f_{cm}\right)\cdot\beta\left(t_i\right)$$

Beispiel 3.1:

$\varphi_{RH}=1,41$

$\beta\left(f_{cm}\right)=2,56$

$\varphi_0=2,31$

$\beta_H=500$

$$\beta_c\left(t_i,t_k\right)=\left[\frac{\left(t_i-t_k\right)}{\beta_H+\left(t_i-t_k\right)}\right]^{0,3}$$

Beispiel 3.1:
Funktion zur Beschreibung des zeitlichen Verlaufes des Kriechens

$$\varphi\left(t_i,t_k\right)=\varphi_k\cdot\left[\frac{\left(t_i-t_k\right)}{500+\left(t_i-t_k\right)}\right]^{0,3}$$

(3.7):

$$\varphi\left(t_i,t_k\right)=\varphi_k\cdot\beta_c\left(t_i,t_k\right)$$

Mit Hilfe dieser Kriechfunktion und den Werten aus **Tafel 8.4** kann nun jede beliebige Kriechzahl $\varphi\left(t_i,t_k\right)$ berechnet werden.

Berechnungen zum Zeitpunkt t_1

Bei der Berechnung zum Zeitpunkt t_1 wird angenommen, dass die kriecherzeugende Spannung im Zeitintervall von t_0 bis t_1 konstant ist. Es sind noch keine Spannkraftverluste aufgetreten. Es gilt:

$$\Delta\varepsilon_p(t_1)=\Delta\varepsilon_c(t_1)$$

$$\frac{\Delta F_{p,csr}(t_1)}{E_p\cdot A_p}=\frac{\sigma_{cp,p0}+\sigma_{cp,g1}}{E_{c,28}}\cdot\varphi(t_1,t_0)-\frac{\Delta F_{c,csr}(t_1)}{E_c(t_1)}\cdot\left(\frac{1}{A_{net}}+\frac{1}{I_{net}}\cdot z_{cp,net}^2\right)+\varepsilon_{cs}(t_1,t_s)$$

Da $\Delta F_{p,csr}(t_1) = \Delta F_{c,csr}(t_1)$ gilt:

$$\Delta\sigma_{p,csr}(t_1) = \frac{\frac{E_p}{E_{c,28}} \cdot \left(\sigma_{cp,p0} + \sigma_{cp,g1}\right) \cdot \varphi(t_1,t_0) + \varepsilon_{cs}(t_1,t_s) \cdot E_p}{1 + \frac{E_p}{E_c(t_1)} \cdot \frac{A_p}{A_{net}} \cdot \nu_{net}}$$

mit: $\nu_{net} = 1 + \frac{A_{net}}{I_{net}} \cdot z^2_{cp,net}$

$A_{net} = 1487 \text{ cm}^2$

$I_{net} = 446000 \text{ cm}^4$

$z_{cp,net} = 17{,}6 \text{ cm}$

$$\nu_{net} = 1 + \frac{1487}{446000} \cdot 17{,}6^2 = 2{,}03$$

$$\varphi\left(t_1,t_0\right) = 2{,}31 \cdot \left[\frac{\left(1{,}6-1\right)}{500+\left(1{,}6-1\right)}\right]^{0{,}3} = 0{,}31$$

$$\varepsilon_{cs}\left(t_1,t_s\right) = -62{,}5 \cdot 10^{-6} \cdot \left(1 - e^{-0{,}2\cdot\sqrt{1{,}6}}\right) - 475 \cdot 10^{-6} \cdot \frac{\left(1{,}6-1\right)}{\left(1{,}6-1\right) + 0{,}04\sqrt{176^3}} = -17 \cdot 10^{-6}$$

$\sigma_{c,QP} = \sigma_{cp,g1} + \sigma_{cp,p0} = 5{,}1 - 20{,}8 = -15{,}7 \text{ N/mm}^2$

Beispiel 8.3:

$\nu_{net} = 1 + \frac{A_{net}}{I_{net}} \cdot z^2_{cp,net}$

$\varphi\left(t_i,t_k\right) = \varphi_k \cdot \left[\frac{\left(t_i - t_k\right)}{\beta_H + \left(t_i - t_k\right)}\right]^{0{,}3}$

φ_k, t_k, t_i aus Tafel 8.4

Beispiel 3.1:

$\varepsilon_{cs}\left(t_i,t_s\right) = \varepsilon_{cas}\left(t_i\right) + \varepsilon_{cds}\left(t_i,t_s\right)$

t_i aus Tafel 8.4

Beispiel 7.1:

$E\left(t_i\right)$ aus Tafel 8.4

$$\Delta\sigma_{p,csr}(t_1) = \frac{\frac{195000}{34000} \cdot \left(-15{,}7\right) \cdot 0{,}31 - 17 \cdot 10^{-6} \cdot 195000}{1 + \frac{195000}{32100} \cdot \frac{12{,}6}{1487} \cdot 2{,}03} = -28 \text{ N/mm}^2$$

Berechnungen zum Zeitpunkt t_i (für $i > 1$)

Bei der Berechnung zum Zeitpunkt t_i wird angenommen, dass die kriecherzeugende Spannung im Zeitintervall von t_0 bis t_i konstant ist. Darüber hinaus müssen die aus der Änderung der Spannstahlspannung in den einzelnen Betrachtungspunkten im Zeitintervall von t_0 bis t_i resultierenden Kriechverformungen berücksichtigt werden. Es gilt:

$$\Delta\varepsilon_p(t_i) = \Delta\varepsilon_c(t_i)$$

$$\frac{\Delta F_{p,csr}(t_i)}{E_p \cdot A_p} = \frac{\left(\sigma_{cp,p0} + \sigma_{cp,g1}\right)}{E_{c,28}} \cdot \varphi(t_i, t_0)$$
$$- \sum_{k=1}^{i} \frac{\Delta\sigma_{p,csr}(t_k, t_{k-1}) \cdot A_p}{E_{c,28}} \cdot \left(\frac{1}{A_{net}} + \frac{1}{I_{net}} \cdot z_{cp,net}^2 \right) \cdot \varphi(t_i, t_k)$$
$$- \frac{\Delta F_{c,csr}(t_i)}{E_c(t_i)} \cdot \left(\frac{1}{A_{net}} + \frac{1}{I_{net}} \cdot z_{cp,net}^2 \right) + \varepsilon_{cs}(t_i, t_s)$$

Da $\Delta F_{p,csr}(t_1) = \Delta F_{c,csr}(t_1)$ gilt:

$$\Delta\sigma_{p,csr}(t_i) = \frac{1}{1 + \frac{E_p}{E_c(t_i)} \cdot \frac{A_p}{A_{net}} \cdot \nu_{net}} \cdot \left[\begin{array}{l} \frac{E_p}{E_{c,28}} \cdot \left(\sigma_{cp,p0} + \sigma_{cp,g1}\right) \cdot \varphi(t_i, t_0) \\ - \frac{A_p}{A_{net}} \cdot \nu_{net} \cdot \sum_{k=1}^{i} \frac{E_p}{E_{c,28}} \cdot \Delta\sigma_{p,csr}(t_k, t_{k-1}) \cdot \varphi(t_i, t_k) \\ + \varepsilon_{cs}(t_i, t_s) \cdot E_p \end{array} \right]$$

mit: $\nu_{net} = 1 + \frac{A_{net}}{I_{net}} \cdot z_{cp,net}^2$

Zeitpunkt t_2

$$\varphi(t_2, t_0) = 2{,}31 \cdot \left[\frac{(5{,}8 - 1)}{500 + (5{,}8 - 1)} \right]^{0{,}3} = 0{,}57$$

$$\varphi(t_2, t_1) = 2{,}27 \cdot \left[\frac{(5{,}8 - 1{,}6)}{500 + (5{,}8 - 1{,}6)} \right]^{0{,}3} = 0{,}54$$

$$\varepsilon_{cs}(t_1, t_s) = -62{,}5 \cdot 10^{-6} \cdot \left(1 - e^{-0{,}2 \cdot \sqrt{5{,}8}}\right)$$
$$-475 \cdot 10^{-6} \cdot \frac{(5{,}8 - 1)}{(5{,}8 - 1) + 0{,}04\sqrt{176^3}}$$
$$= -47 \cdot 10^{-6}$$

$$\Delta\sigma_{p,csr}(t_1, t_0) = -28 - 0 = -28 \text{ N/mm}^2$$

$\varphi(t_i, t_k)$
$= \varphi_k \cdot \left[\frac{(t_i - t_k)}{\beta_H + (t_i - t_k)} \right]^{0{,}3}$

φ_k, t_k, t_i aus Tafel 8.4

Beispiel 3.1:
$\varepsilon_{cs}(t_i, t_s)$
$= \varepsilon_{cas}(t_i) + \varepsilon_{cds}(t_i, t_s)$
t_i aus Tafel 8.4

$\Delta\sigma_{p,csr}(t_k, t_{k-1})$
$= \Delta\sigma_{p,csr}(t_k) - \Delta\sigma_{p,csr}(t_{k-1})$
$\sigma_{cp,p0}$, $\sigma_{cp,g1}$ aus Beispiel 7.1
$E(t_i)$ aus Tafel 8.4

$$\Delta\sigma_{p,csr}(t_2) = \frac{1}{1 + \frac{195000}{32700} \cdot \frac{12{,}6}{1487} \cdot 2{,}03} \cdot \left[\begin{array}{l} \frac{195000}{34000} \cdot (-15{,}7) \cdot 0{,}57 \\ + \frac{12{,}6}{1487} \cdot 2{,}03 \cdot \frac{195000}{34000} \cdot 28 \cdot 0{,}54 \\ -47 \cdot 10^{-6} \cdot 195000 \end{array} \right]$$
$$= -56 \text{ N/mm}^2$$

Zeitpunkt t_3

$$\varphi(t_3,t_0)=2{,}31\cdot\left[\frac{(17{,}2-1)}{500+(17{,}2-1)}\right]^{0{,}3}=0{,}82$$

$$\varphi(t_3,t_1)=2{,}27\cdot\left[\frac{(17{,}2-1{,}6)}{500+(17{,}2-1{,}6)}\right]^{0{,}3}=0{,}79$$

$$\varphi(t_3,t_2)=2{,}13\cdot\left[\frac{(17{,}2-5{,}8)}{500+(17{,}2-5{,}8)}\right]^{0{,}3}=0{,}68$$

$$\varepsilon_{cs}(t_1,t_s)=-62{,}5\cdot10^{-6}\cdot\left(1-e^{-0{,}2\cdot\sqrt{17{,}2}}\right)-475\cdot10^{-6}\cdot\frac{(17{,}2-1)}{(17{,}2-1)+0{,}04\sqrt{176^3}}=-105\cdot10^{-6}$$

$$\Delta\sigma_{p,csr}(t_2,t_1)=-56+28=-28\ \text{N/mm}^2$$

$$\Delta\sigma_{p,csr}(t_1,t_0)=-28\ \text{N/mm}^2$$

$$\varphi(t_i,t_k)=\varphi_k\cdot\left[\frac{(t_i-t_k)}{\beta_H+(t_i-t_k)}\right]^{0{,}3}$$

φ_k, t_k, t_i aus Tafel 8.4

Beispiel 3.1:

$$\varepsilon_{cs}(t_i,t_s)=\varepsilon_{cas}(t_i)+\varepsilon_{cds}(t_i,t_s)$$

t_i aus Tafel 8.4

$$\Delta\sigma_{p,csr}(t_k,t_{k-1})=\Delta\sigma_{p,csr}(t_k)-\Delta\sigma_{p,csr}(t_{k-1})$$

$\sigma_{cp,p0}$, $\sigma_{cp,g1}$ aus Beispiel 7.1

$E(t_i)$ aus Tafel 8.4

$$\Delta\sigma_{p,csr}(t_3)=\frac{1}{1+\frac{195000}{33500}\cdot\frac{12{,}6}{1487}\cdot2{,}03}\cdot\left[\begin{array}{l}\frac{195000}{34000}\cdot(-15{,}7)\cdot0{,}82\\+\frac{12{,}6}{1487}\cdot2{,}03\cdot\frac{195000}{34000}\cdot28\cdot0{,}79\\+\frac{12{,}6}{1487}\cdot2{,}03\cdot\frac{195000}{34000}\cdot28\cdot0{,}68\\-105\cdot10^{-6}\cdot195000\end{array}\right]=-89\ \text{N/mm}^2$$

$$\Delta\sigma_{p,csr}(t_4)=-125\ \text{N/mm}^2$$

$$\Delta\sigma_{p,csr}(t_5)=\Delta\sigma_{p,csr}(t_n,t_0)=-146\ \text{N/mm}^2$$

Die Werte für den Zeitpunkt t_4 bzw. t_5 lassen sich in der gleichen Art und Weise berechnen.

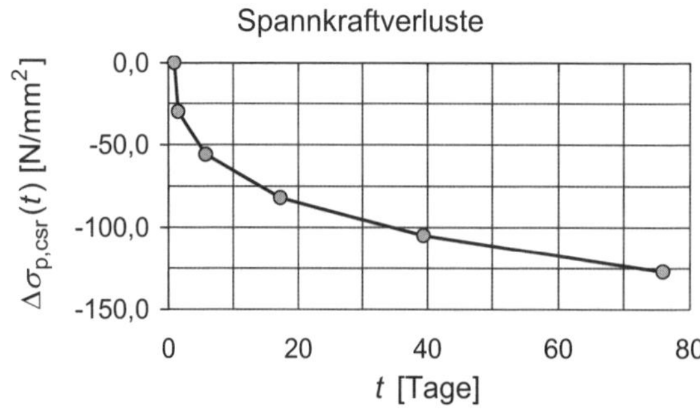

Spannstahlspannung 75 Tage nach Erstbelastung

$$\sigma_p(t_n) = 1236 - 146 = 1090 \text{ N/mm}^2$$

$$\sigma_p(t_n) = \sigma_p(t_0) + \Delta\sigma_{p,csr}(t_n)$$

Mit diesen Ergebnissen können nun die zugehörigen Relaxationszahlen bestimmt werden.

Berechnungen der zugehörigen Relaxationszahl

$$\varphi(t_5,t_0) = 2,31 \cdot \left[\frac{76-1}{500+(76-1)}\right]^{0,3} = 1,25$$

$$\varphi(t_5,t_1) = 2,27 \cdot \left[\frac{76-1,6}{500+(76-1,6)}\right]^{0,3} = 1,23$$

$$\varphi(t_5,t_2) = 2,13 \cdot \left[\frac{76-5,8}{500+(76-5,8)}\right]^{0,3} = 1,14$$

$$\varphi(t_5,t_3) = 1,92 \cdot \left[\frac{76-17,2}{500+(76-17,2)}\right]^{0,3} = 0,98$$

$$\varphi(t_5,t_4) = 1,72 \cdot \left[\frac{76-39,4}{500+(76-39,4)}\right]^{0,3} = 0,77$$

$$\varphi(t_i,t_k) = \varphi_k \cdot \left[\frac{t_i - t_k}{500+(t_i - t_k)}\right]^{0,3}$$

φ_k, t_k, t_i aus Tafel 8.4

$$\Delta\sigma_{p,csr}(t_4,t_3) = -125 + 89 = -36 \text{ N/mm}^2$$

$$\Delta\sigma_{p,csr}(t_3,t_2) = -89 + 56 = -33 \text{ N/mm}^2$$

$$\Delta\sigma_{p,csr}(t_2,t_1) = -28 \text{ N/mm}^2$$

$$\Delta\sigma_{p,csr}(t_1,t_0) = -28 \text{ N/mm}^2$$

$$\Delta\sigma_{p,csr}(t_5,t_0) = -146 \text{ N/mm}^2$$

$$\Delta\sigma_{p,csr}(t_k,t_{k-1}) = \Delta\sigma_{p,csr}(t_k) - \Delta\sigma_{p,csr}(t_{k-1})$$

(8.80):

$$\chi = \frac{\sum_{k=1}^{n-1}\left[\Delta\sigma_{p,csr}(t_k,t_{k-1}) \cdot \varphi(t_n,t_k)\right]}{\Delta\sigma_{p,csr}(t_n) \cdot \varphi(t_n)} = \frac{-28 \cdot 1,23 - 28 \cdot 1,14 - 33 \cdot 0,98 - 36 \cdot 0,77}{-146 \cdot 1,25} = 0,70$$

8.6 Zweifach statisch unbestimmte Kopplung

8.6.1 Grundlagen

Die in Abschnitt 8.4 und 8.5 für die einfach statisch unbestimmte Kopplung abgeleiteten Gleichungen sind nur dann anwendbar, wenn die Biegesteifigkeit des elastischen Teil-

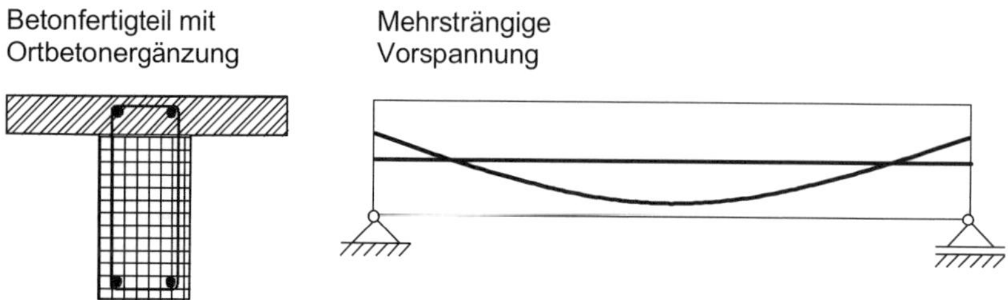

Abb. 8.12 Zweifach statisch unbestimmte Kopplung

querschnitts vernachlässigt und dieser als punktförmig angenommen werden kann. Setzt sich der Verbundquerschnitt aus zwei Teilquerschnitten zusammen, von denen beide eine nicht zu vernachlässigende Biegesteifigkeit besitzen, spricht man von einer zweifach statisch unbestimmten Kopplung (**Abb. 8.12**). Bei derartigen Verbundquerschnitten wird infolge des Verbundes zwischen den Teilquerschnitten neben der Dehnung auch die freie Verkrümmung der Teilquerschnitte behindert. Wenn sich die Materialeigenschaften der Querschnitte stark unterscheiden, entstehen infolge des zeitabhängigen Verhaltens Umlagerungsschnittgrößen, die bei der Bemessung des Tragwerks zu berücksichtigen sind.

Um die Umlagerungsschnittgrößen mit einfachen Mitteln berechnen zu können, müssen die folgenden Voraussetzungen erfüllt werden:

- Der Querschnitt kann in zwei Teilquerschnitte zerlegt werden, die im Folgenden mit dem Index 1 bzw. 2 bezeichnet sind (**Abb. 8.13**).
- Die Dehnungen verlaufen linear über die gesamte Höhe des Verbundquerschnitts (starrer Verbund zwischen den Teilquerschnitten).

Generell müssen in jedem beliebigen Betrachtungspunkt t_n die zwei folgenden Kontinuitätsbedingungen erfüllt werden:

$$\varepsilon_{12}(t_n) = \varepsilon_{22}(t_n) \tag{8.88}$$

mit: $\varepsilon_{ij}(t_n)$ auf die Schwerachse des Querschnitts *j* bezogene Dehnung des Querschnitts *i*

$$\kappa_1(t_n) = \kappa_2(t_n) \tag{8.89}$$

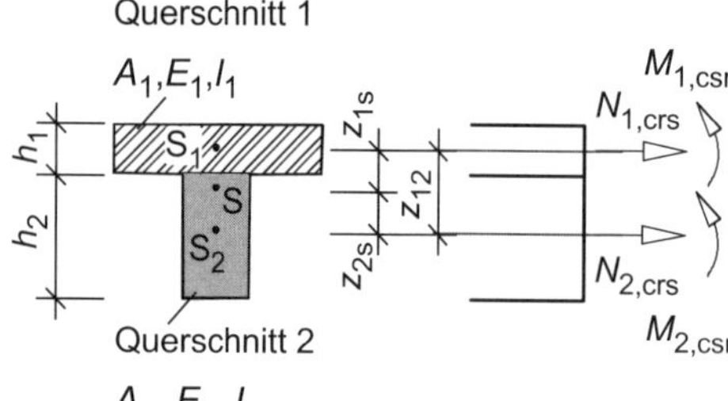

Abb. 8.13 Bezeichnungen und Umlagerungsschnittgrößen bei zweifach statisch unbestimmten Kopplungen

Im Folgenden wird angenommen, dass es sich sowohl beim Querschnitt 1 als auch beim Querschnitt 2 um ein Bauteil mit viskoelastischem Werkstoffverhalten handelt.

8.6.2 Glieder der Kontinuitätsbedingungen

Die Gleichungen für die Berechnung der Umlagerungsschnittgrößen werden mit Hilfe der Kontinuitätsbedingungen (8.88) und (8.89) unter Verwendung des algebraischen Werkstoffgesetzes nach TROST (Gl. (8.79)) hergeleitet. Die Dehnungen und Verkrümmungen infolge ständig wirkender Last g und Vorspannung p zum Zeitpunkt t_0 betragen:

$$\varepsilon_{12,\text{gp}}(t_0)=\frac{\sigma_{12,\text{gp}}(t_0)}{E_1} \tag{8.90}$$

$$\varepsilon_{22,\text{gp}}(t_0)=\frac{\sigma_{22,\text{gp}}(t_0)}{E_2} \tag{8.91}$$

$$\kappa_{1,\text{gp}}(t_0)=\frac{\sigma_{1\text{u},\text{gp}}(t_0)-\sigma_{1\text{o},\text{gp}}(t_0)}{E_1\cdot h_1}=\frac{\Delta\sigma_{1,\text{gp}}(t_0)}{E_1\cdot h_1} \tag{8.92}$$

$$\kappa_{2,\text{gp}}(t_0)=\frac{\sigma_{2\text{u},\text{gp}}(t_0)-\sigma_{2\text{o},\text{gp}}(t_0)}{E_2\cdot h_2}=\frac{\Delta\sigma_{2,\text{gp}}(t_0)}{E_2\cdot h_2} \tag{8.93}$$

Die Rand- und Schwerpunktspannungen in den Querschnitten 1 und 2 zum Zeitpunkt der Erstbelastung können mit Hilfe der ideellen Querschnittswerte bestimmt werden.

Mit Hilfe des algebraischen Werkstoffgesetzes nach TROST kann die Änderung der Dehnung des Querschnitts 1 in Höhe des Schwerpunktes von Querschnitt 2 im Intervall von t_0 bis t_n wie folgt berechnet werden:

$$\begin{aligned}\Delta\varepsilon_{12}(t_\text{n})=&\frac{\sigma_{12,\text{gp}}(t_0)}{E_1}\cdot\varphi_1(t_\text{n})\\&+\left(\frac{\Delta N_1(t_\text{n})}{E_1\cdot A_1}+\frac{\Delta M_1(t_\text{n})}{E_1\cdot I_1}\cdot z_{12}\right)\cdot\left[1+\chi_{\text{N1}}\cdot\varphi_1(t_\text{n})\right]+\varepsilon_{1\text{s}}(t_\text{n})\end{aligned} \tag{8.94}$$

Dies kann analog für die Änderung der Dehnung des Querschnitts 2 in Höhe dessen Schwerpunktes im Zeitraum von t_0 bis t_n erfolgen.

$$\Delta\varepsilon_{22}(t_\text{n})=\frac{\sigma_{22,\text{gp}}(t_0)}{E_2}\cdot\varphi_2(t_\text{n})+\left(\frac{\Delta N_2(t_\text{n})}{E_2\cdot A_2}\right)\cdot\left[1+\chi_{\text{N2}}\cdot\varphi_2(t_\text{n})\right]+\varepsilon_{2\text{s}}(t_\text{n}) \tag{8.95}$$

Auch die Änderung der Verkrümmung im Intervall von t_0 bis t_n kann in Anlehnung an Gl. (8.79) beschrieben werden. Für den Querschnitt 1 bzw. 2 ergeben sich demnach:

$$\Delta\kappa_1(t_n) = \frac{\Delta\sigma_{1,gp}(t_0)}{E_2 \cdot h_2} \cdot \varphi_1(t_n) + \left(\frac{\Delta M_1(t_n)}{E_1 \cdot I_1}\right) \cdot \left[1 + \chi_{M1} \cdot \varphi_1(t_n)\right] \quad (8.96)$$

$$\Delta\kappa_2(t_n) = \frac{\Delta\sigma_{2,gp}(t_0)}{E_2 \cdot h_2} \cdot \varphi_2(t_n) + \left(\frac{\Delta M_2(t_n)}{E_2 I_2}\right) \cdot \left[1 + \chi_{M2} \cdot \varphi_2(t_n)\right] \quad (8.97)$$

8.6.3 Gleichgewichtsbedingungen

Für die Berechnung wird angenommen, dass die äußere Beanspruchung im Zeitraum von t_0 bis t_n konstant ist. Infolgedessen gelten zwischen den Umlagerungsschnittgrößen in den Teilquerschnitten 1 und 2 die folgenden Beziehungen:

$$\Delta N_1(t_n) = -\Delta N_2(t_n) \quad (8.98)$$

$$\Delta M_1(t_n) = -\Delta N_2(t_n) \cdot z_{12} - \Delta M_2(t_n) \quad (8.99)$$

8.6.4 Bestimmungsgleichungen

Durch das Einsetzen von Gl. (8.98) bzw. (8.99) in die Gln. (8.94) und (8.96) können die Umlagerungsschnittgrößen des Querschnitts 1 durch die des Querschnitts 2 ersetzt werden. Mit Hilfe der Kontinuitätsbedingungen Gl. (8.88) und (8.89) sowie der Gln. (8.94) bis (8.97) können so im Querschnitt 2 die Umlagerungsschnittgrößen $\Delta N_2(t_n)$ und $\Delta M_2(t_n)$ berechnet werden.

Es werden die folgenden Hilfswerte für die Berechnung der Umlagerungsschnittgrößen eingeführt:

$$\psi_1 = \frac{1}{E_1 \cdot I_1} \cdot \left[1 + \chi_{M1} \cdot \varphi_1(t_n)\right] \quad (8.100)$$

$$\psi_2 = \frac{1}{E_2 \cdot I_2} \cdot \left[1 + \chi_{M2} \cdot \varphi_2(t_n)\right] \quad (8.101)$$

$$\psi_3 = \frac{1}{E_1 \cdot A_1} \cdot \left[1 + \chi_{N1} \cdot \varphi_1(t_n)\right] \quad (8.102)$$

$$\psi_4 = \frac{1}{E_2 \cdot A_2} \cdot \left[1 + \chi_{N2} \cdot \varphi_2(t_n)\right] \quad (8.103)$$

Die Längskraft im Querschnitt 2 infolge der Einflüsse von Kriechen und Schwinden beträgt:

$$\Delta N_2(t_n) = \frac{1}{\psi_5} \cdot \left[\begin{array}{l} \frac{\varphi_1(t_n)}{E_1} \cdot \left(\sigma_{12,gp}(t_0) - \Delta\sigma_{1,gp}(t_0) \cdot \frac{z_{12}}{h_1} \cdot \frac{\psi_1}{\psi_1 + \psi_2}\right) + \varepsilon_{1s}(t_n) \\ + \frac{\varphi_2(t_n)}{E_2} \cdot \left(\Delta\sigma_{2,gp}(t_0) \cdot \frac{z_{12}}{h_2} \cdot \frac{\psi_1}{\psi_1 + \psi_2} - \sigma_{22,gp}(t_0)\right) - \varepsilon_{2s}(t_n) \end{array}\right] \quad (8.104)$$

mit: $$\psi_5 = \psi_1 \cdot z_{12}^2 - \frac{\psi_1}{\psi_1 + \psi_2} \cdot \psi_1 \cdot z_{12}^2 + \psi_3 + \psi_4 \quad (8.105)$$

Das Moment infolge der Einflüsse von Kriechen und Schwinden kann im Querschnitt 2 mit Hilfe der folgenden Gleichung berechnet werden:

$$\Delta M_2(t_n) = \frac{\frac{\varphi_1(t_n)}{E_1 \cdot h_1} \cdot \Delta\sigma_{1,gp}(t_0) - \frac{\varphi_2(t_n)}{E_2 \cdot h_2} \cdot \Delta\sigma_{2,gp}(t_0) - \Delta N_2(t_n) \cdot \psi_1 \cdot z_{12}}{\psi_1 + \psi_2} \quad (8.106)$$

Die Umlagerungsschnittgrößen im Querschnitt 1 $\Delta N_1(t_n)$ und $\Delta M_1(t_n)$ sind abschließend mit Hilfe der Gln. (8.98) bzw. (8.99) zu bestimmen.

Beispiel 8.6: Berechnung von Umlagerungsschnittgrößen zum Zeitpunkt t_∞ (Fortsetzung von **Beispiel 8.5**)

Ein vorgespannter Fertigteilbinder aus C35/45 wird 73 Tage nach dem Lösen der Verankerung durch eine Ortbetonplatte aus Beton C20/25 ergänzt. In **Abb. 8.14** ist der dadurch entstehende Verbundquerschnitt dargestellt. Nach dem Erhärten des Betons der Gurtplatte wird auf dem Gesamtquerschnitt eine Ausbaulast von $1,25\ \text{kN/m}^2$, sowie eine Verkehrslast von $2,0\ \text{kN/m}^2$ wirksam. Es wird angenommen, dass Steg und Gurtplatte bereits nach zwei Tagen (75 Tage nach Lösen der Verankerung) als Verbundquerschnitt zusammenwirken.

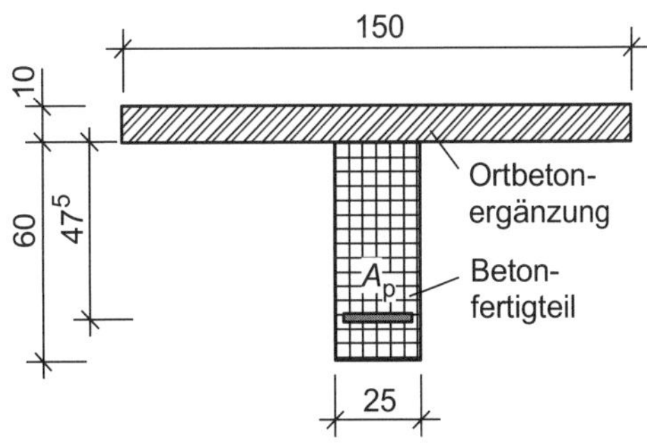

Abb. 8.14 Abmessungen des Verbundquerschnitts

Für die Berechnung der Umlagerungsschnittgrößen wird angenommen, dass die mittlere relative Luftfeuchtigkeit 70 % beträgt. Für die Relaxationswerte kann ein Wert von 0,8 angesetzt werden.

Die Berechnung erfolgt unter Vernachlässigung jeglicher Beton- und Spannstahlbewehrung.

Lösung:

Eigenlast von Gurt und Steg

$g_{k,1} = 0,10 \cdot 1,5 \cdot 25\ \text{kN/m}^3 = 3,8\ \text{kN/m}$ | $g_{k,i} = b_i \cdot h_i \cdot \rho$

$g_{k,2} = 0,25 \cdot 0,60 \cdot 25\ \text{kN/m}^3 = 3,8\ \text{kN/m}$

Weitere Einwirkungen

$\sigma_{p,p0} = 1203\ \text{N/mm}^2$ | Beispiel 7.1:

$\Delta\sigma_{p,csr}(t_{75}) = -133\ \text{N/mm}^2$ | Beispiel 8.5:

Vorspannkraft zum Zeitpunkt der Systemerweiterung (75 Tage nach dem Lösen der Verankerung im Fertigteilwerk)

$P_m(t_{75}) = 12{,}6 \cdot (1203 - 133) \cdot 10^{-1} = 1348 \text{ kN}$

$P_m(t_{75}) = A_p \cdot (\sigma_{p,p0} - \Delta\sigma_{p,csr}(t_{75}))$

$g_{k,a} = b_1 \cdot 1{,}25 \text{ kN/m}^2 = 1{,}5 \cdot 1{,}25 = 1{,}9 \text{ kN/m}$ — Ausbaulast

$q_k = b_1 \cdot 2{,}0 \text{ kN/m}^2 = 1{,}5 \cdot 2{,}0 = 3{,}0 \text{ kN/m}$ — Verkehrslast

Querschnittswerte der Teilquerschnitte

$A_1 = 150 \cdot 10 = 1500 \text{ cm}^2$

$A_2 = 25 \cdot 60 = 1500 \text{ cm}^2$

$A_i = b_i \cdot h_i$

$I_1 = \frac{150 \cdot 10^3}{12} = 12500 \text{ cm}^4$

$I_2 = \frac{25 \cdot 60^3}{12} = 450000 \text{ cm}^4$

$I_i = \frac{b_i \cdot h_i^3}{12}$

$z_{12} = 0{,}5 \cdot (10 + 60) = 35 \text{ cm}$

$z_{12} = 0{,}5 \cdot (h_1 + h_2)$

E-Moduln der Teilquerschnitte

$E_1 = E_{c,28} = 30000 \text{ N/mm}^2$ — Querschnitt 1: C20/25

$E_2 = E_{c,28} = 34000 \text{ N/mm}^2$ — Querschnitt 2: C35/45

Trägheitsmoment des Verbundquerschnitts

$$z_{SP} = \frac{1500 \cdot 0{,}5 \cdot 10 + \frac{34000}{30000} \cdot 1500 \cdot (10 + 0{,}5 \cdot 60)}{1500 + \frac{34000}{30000} \cdot 1500} = 23{,}6 \text{ cm}$$

$$z_{SP} = \frac{\sum A_i \cdot z_i}{\sum A_i}$$

$$I_y = 12500 + 1500 \cdot (0{,}5 \cdot 10 - 23{,}6)^2 + \frac{34000}{30000} \cdot \left[450000 + 1500 \cdot (10 + 0{,}5 \cdot 60 - 23{,}6)^2\right] = 1500000 \text{ cm}^4$$

$$I_y = \sum (I_i + A_i \cdot z_{si}^2)$$

Randspannungen im Querschnitt 2 infolge der Eigenlasten von Querschnitt 1 und 2

$$M_{gk,1+2} = \frac{(3{,}8 + 3{,}8) \cdot 17{,}5^2}{8} = 291 \text{ kNm}$$

$$M = \frac{q \cdot l^2}{8}$$

$$\sigma_{2u,1+2} = -\sigma_{2o,1+2} = \frac{291 \cdot 10^3}{450000} \cdot 0{,}5 \cdot 60 = 19{,}4 \text{ N/mm}^2$$

$$\sigma(z) = \frac{M_{gk,1+2}}{I_2} \cdot z$$

Rand- und Schwerpunktspannungen im Querschnitt 2 infolge der Wirkung der Vorspannung

$$\sigma_{2o,p} = \left(-\frac{1348}{1500} + \frac{1348 \cdot 17{,}5}{450000} \cdot 30\right) \cdot 10 = 6{,}7 \text{ N/mm}^2$$

$$\sigma_{2u,p} = \left(-\frac{1348}{1500} - \frac{1348 \cdot 17{,}5}{450000} \cdot 30\right) \cdot 10 = -24{,}7 \text{ N/mm}^2$$

$$\sigma_{22,p} = -\frac{1348}{1500} \cdot 10 = -9{,}0 \text{ N/mm}^2$$

$$\sigma(z) = \frac{P_m(t_{75})}{A_2} + \frac{P_m(t_{75}) \cdot z_{cp}}{I_2} \cdot z$$

Rand- und Schwerpunktspannungen im Verbundquerschnitt infolge der Ausbau- und Verkehrslast

$$M_{gk,a} = \frac{1{,}9 \cdot 17{,}5^2}{8} = 73 \text{ kNm}$$

$$M = \frac{q \cdot l^2}{8}$$

$$M_{qk} = \frac{3{,}0 \cdot 17{,}5^2}{8} = 115 \text{ kNm}$$

$$\sigma_{1o,a+q} = -\frac{(73 + 0{,}3 \cdot 115) \cdot 10^3}{1500000} \cdot 23{,}8 = -1{,}7 \text{ N/mm}^2$$

$$\sigma(z) = \frac{M_{gk,a} + \psi_2 \cdot M_{qk}}{I_y} \cdot z$$

$$\sigma_{1u,a+q} = -\frac{(73 + 0{,}3 \cdot 115) \cdot 10^3}{1500000} \cdot (23{,}6 - 10) = -1{,}0 \text{ N/mm}^2$$

$$\sigma_{12,a+q} = \frac{(73 + 0{,}3 \cdot 115) \cdot 10^3}{1500000} \cdot (30 + 10 - 23{,}6) = 1{,}2 \text{ N/mm}^2$$

$$\sigma_{2o,a+q} = -\frac{34000}{30000} \cdot \frac{(73 + 0{,}3 \cdot 115) \cdot 10^3}{1500000} \cdot (23{,}6 - 10) = -1{,}1 \text{ N/mm}^2$$

$$\sigma_{2u,a+q} = \frac{34000}{30000} \cdot \frac{(73 + 0{,}3 \cdot 115) \cdot 10^3}{1500000} \cdot (60 + 10 - 23{,}6) = 3{,}8 \text{ N/mm}^2$$

$$\sigma_{22,a+q} = \frac{34000}{30000} \cdot \frac{(73 + 0{,}3 \cdot 115) \cdot 10^3}{1500000} \cdot (30 + 10 - 23{,}6) = 1{,}3 \text{ N/mm}^2$$

Die kriecherzeugende Spannung wird für die quasiständige Lastkombination berechnet. M_{qk} ist aus diesem Grund mit dem Kombinationsbeiwert ψ_2 zu multiplizieren.

$\psi_2 = 0{,}3$

Rand- und Schwerpunktspannungen sowie Spannungsdifferenzen

$$\sigma_{1o,gp}(t_0) = -1{,}7 \text{ N/mm}^2$$

$$\sigma_{1u,gp}(t_0) = -1{,}0 \text{ N/mm}^2$$

$$\sigma_{i,gp} = \sigma_{i,1+2} + \sigma_{i,p} + \sigma_{i,a+q}$$

$\sigma_{12,gp}(t_0) = 1,2 \text{ N/mm}^2$

$\sigma_{2o,gp}(t_0) = -19,4 + 6,7 - 1,1 = -13,8 \text{ N/mm}^2$

$\sigma_{2u,gp}(t_0) = 19,4 - 24,7 + 3,8 = -1,5 \text{ N/mm}^2$

$\sigma_{22,gp}(t_0) = 0 - 9,0 + 1,3 = -7,7 \text{ N/mm}^2$

$\Delta\sigma_{1,gp}(t_0) = -1,0 + 1,7 = 0,7 \text{ N/mm}^2$

$\Delta\sigma_{i,gp} = \sigma_{iu,gp} - \sigma_{io,gp}$

$\Delta\sigma_{2,gp}(t_0) = -1,5 + 13,8 = 12,3 \text{ N/mm}^2$

Endkriechzahl und -schwindmaß

Beton C20/25 (CEM 32,5R)
Betonalter bei Erstbelastung: $t_0 = 2$ Tage
wirksame Bauteilhöhe: $h_0 = 102$ mm

Die Werte für den Querschnitt 1 können in Anlehnung an das Beispiel 3.1 berechnet werden.

$\varphi_1(t_\infty) = 4,2$

$\varepsilon_{1s}(t_\infty) = -430 \cdot 10^{-6}$

$\varphi(t_\infty, t_0) = \varphi_0 = 2,31$

Beispiel 3.1:

$\varphi(t_{76}, t_0) = 1,25$

$\varphi_2(t_\infty) = 2,31 - 1,25 \approx 1,1$

$\varphi = \varphi(t_\infty, t_0) - \varphi(t_{76}, t_0)$

Die geringfügige Änderung der wirksamen Bauteilhöhe von Querschnitt 2 wird nicht berücksichtigt.

$\varepsilon_{cs}(t_\infty, t_s) = -62,5 \cdot 10^{-6} - 475 \cdot 10^{-6} \cdot 0,886 = -483 \cdot 10^{-6}$

Beispiel 3.1:

$\varepsilon_{cs}(t_{76}, t_s) = -239 \cdot 10^{-6}$

$\varepsilon_{2s}(t_\infty) = -483 \cdot 10^{-6} + 239 \cdot 10^{-6} \approx -244 \cdot 10^{-6}$

$\varepsilon_{cs}(t_\infty) = \varepsilon_{cs}(t_\infty, t_s) - \varepsilon_{cs}(t_{76}, t_s)$

Umlagerungsschnittgrößen

$$\psi_1 = \frac{10^8}{30000 \cdot 12500} \cdot [1 + 0,8 \cdot 4,2] = 1,163 \ \frac{1}{\text{MN m}^2}$$

(8.100): $\psi_1 = \frac{1}{E_1 \cdot I_1} \cdot [1 + \chi_{M1} \cdot \varphi_1(t_n)]$

$$\psi_2 = \frac{10^8}{34000 \cdot 450000} \cdot (1 + 0,8 \cdot 1,1) = 0,012 \ \frac{1}{\text{MN m}^2}$$

(8.101): $\psi_2 = \frac{1}{E_2 \cdot I_2} \cdot [1 + \chi_{M2} \cdot \varphi_2(t_n)]$

$$\psi_3 = \frac{10^4}{30000 \cdot 1500} \cdot (1 + 0,8 \cdot 4,2) = 9,7 \cdot 10^{-4} \ \frac{1}{\text{MN}}$$

(8.102): $\psi_3 = \frac{1}{E_1 \cdot A_1} \cdot [1 + \chi_{N1} \cdot \varphi_1(t_n)]$

$$\psi_4 = \frac{10^4}{34000 \cdot 1500} \cdot (1 + 0,8 \cdot 1,1) = 3,7 \cdot 10^{-4} \ \frac{1}{\text{MN}}$$

(8.103): $\psi_4 = \frac{1}{E_2 \cdot A_2} \cdot [1 + \chi_{N2} \cdot \varphi_2(t_n)]$

$$\psi_5 = 1{,}163 \cdot 0{,}35^2 - \frac{1{,}163}{1{,}163 + 0{,}012} \cdot 1{,}163 \cdot 0{,}35^2 + 9{,}7 \cdot 10^{-4} + 3{,}7 \cdot 10^{-4} = 27{,}9 \cdot 10^{-4} \ \frac{1}{\text{MN}}$$

(8.105): $\psi_5 = \psi_1 \cdot z_{12}^2 - \frac{\psi_1}{\psi_1 + \psi_2} \cdot \psi_1 \cdot z_{12}^2 + \psi_3 + \psi_4$

Die Längskraft im Steg wird mit Hilfe von Gl. (8.104) berechnet.

$$\Delta N_2(t_\infty) = \frac{1}{\psi_5} \cdot \left[\begin{array}{l} \frac{\varphi_1(t_\infty)}{E_1} \cdot \left(\sigma_{12,\text{gp}}(t_0) - \Delta\sigma_{1,\text{gp}}(t_0) \cdot \frac{z_{12}}{h_1} \cdot \frac{\psi_1}{\psi_1 + \psi_2} \right) + \varepsilon_{1\text{s}}(t_\infty) \\ + \frac{\varphi_2(t_\infty)}{E_2} \cdot \left(\Delta\sigma_{2,\text{gp}}(t_0) \cdot \frac{z_{12}}{h_2} \cdot \frac{\psi_1}{\psi_1 + \psi_2} - \sigma_{22,\text{gp}}(t_0) \right) - \varepsilon_{2\text{s}}(t_\infty) \end{array} \right]$$

$$= \frac{1}{27{,}9 \cdot 10^{-4}} \cdot \left[\begin{array}{l} \frac{4{,}2}{30000} \cdot \left(1{,}2 - 0{,}7 \cdot \frac{35}{10} \cdot \frac{1{,}163}{1{,}163 + 0{,}012} \right) - 430 \cdot 10^{-6} \\ + \frac{1{,}1}{34000} \cdot \left(12{,}3 \cdot \frac{35}{60} \cdot \frac{1{,}163}{1{,}163 + 0{,}012} + 7{,}7 \right) + 244 \cdot 10^{-6} \end{array} \right]$$

$$= 0{,}043 \text{ MN} = 43 \text{ kN}$$

Das Moment im Steg wird mit Hilfe von Gl. (8.106) berechnet.

$$\Delta M_2(t_\infty) = \frac{\frac{\varphi_1(t_\infty)}{E_1 \cdot h_1} \cdot \Delta\sigma_{1,\text{gp}}(t_0) - \frac{\varphi_2(t_\infty)}{E_2 \cdot h_2} \cdot \Delta\sigma_{2,\text{gp}}(t_0) - \Delta N_2(t_\text{n}) \cdot \psi_1 \cdot z_{12}}{\psi_1 + \psi_2}$$

$$= \frac{\frac{4{,}2}{30000 \cdot 0{,}10} \cdot 0{,}7 - \frac{1{,}1}{34000 \cdot 0{,}60} \cdot 12{,}3 - 0{,}043 \cdot 1{,}163 \cdot 0{,}35}{1{,}163 + 0{,}012}$$

$$= -0{,}015 \text{ MNm} = -15 \text{ kNm}$$

$\Delta N_1(t_\infty) = -43 \text{ kN}$ | (8.98): $\Delta N_1(t_\infty) = -\Delta N_2(t_\infty)$

$\Delta M_1(t_\infty) = -43 \cdot 0{,}35 + 15 = -0{,}1 \text{ kNm}$ | (8.99): $\Delta M_1(t_\infty) = -\Delta N_2(t_\infty) \cdot z_{12} - \Delta M_2(t_\infty)$

Aus den Umlagerungsschnittgrößen können mit Hilfe der entsprechenden Querschnittswerte des Teilquerschnitts 1 bzw. 2 die aus dem zeitabhängigen Verhalten der Werkstoffe resultierenden Änderung der Rand- und Schwerpunktspannungen für den Zeitpunkt t_∞ bestimmt werden. Auf eine Darstellung des Rechenganges wird verzichtet und stattdessen nur die Ergebnisse angegeben.

$$\Delta\sigma_\text{i}(z) = \frac{\Delta N_\text{i}}{A_\text{i}} + \frac{\Delta M_\text{i}}{I_\text{i}} \cdot z$$

$\Delta\sigma_{1\text{o},t\infty} = -0{,}25 \text{ N/mm}^2$ $\Delta\sigma_{1\text{u},t\infty} = -0{,}33 \text{ N/mm}^2$

$\Delta\sigma_{2\text{o},t\infty} = 0{,}71 \text{ N/mm}^2$ $\Delta\sigma_{2\text{u},t\infty} = -1{,}29 \text{ N/mm}^2$

9 Grundlagen der Bemessung

9.1 Unterschiede zum Stahlbeton

Für die folgenden Abschnitte wird vorausgesetzt, dass die Bemessung von Stahlbetonbauteilen nach [DIN EN 1992-1-1 – 11] bekannt ist. In diesem Buch wird vornehmlich die Bemessung für vorgespannte Hochbauten nach [DIN EN 1992-1-1 – 11] erläutert. Für Brückenbauwerke sind in [DIN EN 1992-2 – 10] ergänzende Regeln niedergelegt, die nicht behandelt werden.

Im Überblick bestehen folgende Unterschiede zum Stahlbetonbau:

- Die ständigen Lasten g sind zu unterscheiden in Eigenlast des Konstruktionsbetons g_1 (auch erste Eigenlast genannt) und Ausbaulast g_2 (z. B. Estrich, Putz), auch zweite Eigenlast genannt. Bei Kombinationen von Halbfertigteilen mit Ortbeton muss evtl. in weitere Eigenlastanteile g_3, g_4 differenziert werden.
- Es gibt eine weitere ständige Einwirkung, den Lastfall Vorspannung p.
- Es gibt einen oder mehrere zeitabhängige Lastfälle *csr* aus Kriechen und Schwinden des Betons sowie der Spannstahlrelaxation.
- Aufgrund der Auswirkungen von Kriechen und Schwinden muss die Bemessung für unterschiedliche Zeitpunkte t erfolgen. Sofern es zur Klarstellung wichtig ist, wird ein zusätzlicher Index t eingeführt.
- Bei Spannbeton können Druck- und Zugzone je nach Verkehrslast wechseln. Dann wird auch bei vornehmlich auf Biegung beanspruchten Bauteilen eine beidseitige Bewehrung erforderlich.
- Für die Bauteilabmessungen (und den Spannstahlbedarf) werden Nachweise im Grenzzustand der Gebrauchstauglichkeit bestimmend. Daher ist es sinnvoll, zunächst die Nachweise im Grenzzustand der Gebrauchstauglichkeit zu führen.
- Neben den aus dem Stahlbetonbau bekannten Nachweisen kommt im Grenzzustand der Gebrauchstauglichkeit der Nachweis der Dekompression hinzu.

Nachweise im Grenzzustand der Gebrauchstauglichkeit (GZG[12]):

- Nachweis der *Dekompression* (siehe Abschnitt 10.1)
- Begrenzung der *Spannungen* (siehe Abschnitt 10.2)
- Beschränkung der *Rissbreite* (siehe Abschnitt 10.3)
- Begrenzung der *Verformungen* (siehe Abschnitt 10.4)
- Begrenzung von *Schwingungen* (im Hochbau i. d. R. nicht erforderlich)

---

12 Oftmals auch mit SLS für service limit state bezeichnet.

Tafel 9.1 Teilsicherheitsbeiwerte nach [DIN EN 1992-1-1 – 11] bzw. [DIN EN 1992-1-1/NA – 13], Tab. 2.1DE

Bemessungssituation	Beton [a]	Betonstahl oder Spannstahl
Ständige und vorübergehende Kombination	1,5 [a]	1,15
Außergewöhnliche Kombination (ausgenommen Erdbeben)	1,3	1,0
Nachweis gegen Ermüdung	1,5	1,15

[a] Bei Fertigteilen darf der Wert bei einer werksmäßigen und ständig überwachten Herstellung der Fertigteile auf $\gamma_c = 1{,}35$ verringert werden.

Nachweise im Grenzzustand der Tragfähigkeit (GZT[13]):

- *Biegung* und Längskraft (siehe Abschnitte 11.1 und 11.2)
- *Querkraft* (siehe Abschnitt 11.4)
- *Durchstanzen* (siehe Abschnitte 11.4 und 14.1)
- *Torsion* (siehe Abschnitt 11.6)
- durch Tragwerksverformung beeinflusste Beanspruchungen (*Stabilitätsnachweis*)
- *Lagesicherheit* (ist nur zu führen, sofern diese ohne Rechnung nicht eindeutig als gesichert erkannt werden kann)

Die Angaben von **Tafel 9.1** gelten für die Schnittgrößenermittlung nach der Elastizitätstheorie (ohne und mit Momentenumlagerung). Sofern andere Verfahren verwendet werden, sind die Teilsicherheitsbeiwerte nach [DIN EN 1992-1-1/NA – 13], NA.10 zu verwenden.

9.2 Bemessungswerte im Grenzzustand der Tragfähigkeit

In einer Bemessung wird nachgewiesen, dass der auf ein Tragwerk wirkende Bemessungswert der Einwirkungen (= Beanspruchungen) E_d nicht größer als der Bemessungswert des Tragwiderstands R_d (= Bauteilwiderstand) ist [DIN EN 1990 – 10].

$$E_d \leq R_d \tag{9.1}$$

$$R_d = R_d\left[f_{cd} = \alpha\,\frac{f_{ck}}{\gamma_c};\ f_{yd} = \frac{\left(f_{yk};f_{tk}\right)}{\gamma_s};\ f_{pd} = \frac{\left(f_{p0.1k};f_{pk}\right)}{\gamma_s}\right] \tag{9.2}$$

Die ungünstigsten Bemessungssituationen (d. h. Kombinationen von Einwirkungen) zur Ermittlung von Beanspruchungen entsprechend der linken Seite von Gl. (9.1) sind anhand der folgenden Kombinationsregeln zu bestimmen:

[13] Oftmals auch mit ULS für ultimate limit state bezeichnet.

- *ständige und vorübergehende Bemessungssituationen* (Grundkombination), ausgenommen Nachweise auf Ermüdung

$$E_d = \sum_{j\geq 1} \gamma_{G,j} \cdot G_{k,j} + \gamma_P \cdot P_k \oplus \gamma_{Q,1} \cdot Q_{k,1} \oplus \sum_{i>1} \gamma_{Q,i} \cdot \psi_{0,i} \cdot Q_{k,i} \quad (9.3)$$

$\oplus$ bedeutet Überlagerung im Sinne einer Extremwertbildung

- *außergewöhnliche Bemessungssituationen* (nicht Erdbeben)

$$E_d = \sum_{j\geq 1} \gamma_{GA,j} \cdot G_{k,j} + \gamma_{PA} \cdot P_k \oplus A_d \oplus \psi_{1,1} \cdot Q_{k,1} \oplus \sum_{i>1} \psi_{2,i} \cdot Q_{k,i} \quad (9.4)$$

Während die äußeren Lasten im Grenzzustand der Tragfähigkeit mit den Teilsicherheitsbeiwerten erhöht werden, bleibt die definiert aufgebrachte Vorspannung unverändert. Der Teilsicherheitsbeiwert ist daher in der Regel $\gamma_p = 1{,}0$[14] ([DIN EN 1992-1-1/NA – 13], NDP zu 2.4.2.2 (2)). Streuungen der Vorspannkraft haben auf das Moment im Grenzzustand der Tragfähigkeit keine Auswirkungen, wenn die Spannstahldehnung größer als die Dehnung an der Fließgrenze $f_{p0,1k}$ ist (und der Verfestigungsbereich des Spannstahls nicht genutzt wird, vgl. **Abb. 3.8**). Daher darf für das charakteristische Vorspannmoment M_{pk} näherungsweise der Mittelwert der Spannkraft im Spannstrang P_m verwendet werden.

Nur für den Nachweis der lokalen Lasteinleitung der Verankerung von Spanngliedern im sofortigen Verbund ist für die Bestimmung der Spaltzugbewehrung $\gamma_{p,unfav} = 1{,}35$ zu verwenden (vgl. Abschnitt 12.2).

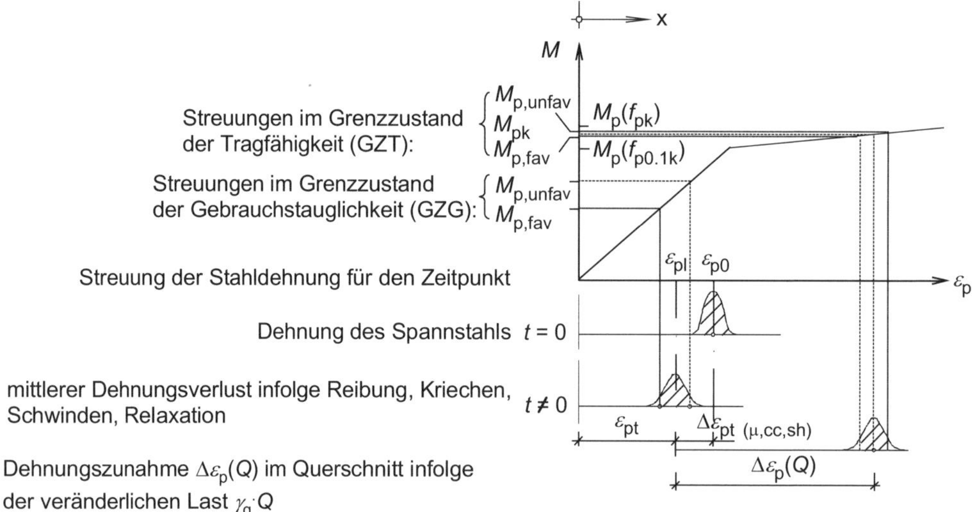

Abb. 9.1 Streuung der Spannkräfte und die Auswirkungen auf das Moment

[14] Bei nichtlinearen Verfahren der Schnittgrößenermittlung ist ein oberer $\gamma_{p,fav} = 0{,}83$ und ein unterer $\gamma_{p,unfav} = 1{,}2$ Grenzwert zu berücksichtigen. Diese Differenzierung steigert jedoch den Rechenaufwand deutlich.

9.3 Bemessungswerte im Grenzzustand der Gebrauchstauglichkeit

Es werden Gebrauchseigenschaften durch das Erfüllen der Nachweise sichergestellt. Die Bemessungsgleichung lautet:

$$E_d \leq C_d \tag{9.5}$$

Die Beanspruchungen aus Einwirkungen E_d sind nach der Elastizitätstheorie zu ermitteln. Für den festgelegten Grenzwert der Nutzungseigenschaften C_d werden die Teilsicherheitsbeiwerte üblicherweise mit 1,0 angesetzt.

$$C_d = C_d\left[f_{cd} = \alpha \frac{f_{ck}}{\gamma_c};\, f_{yd} = \frac{\left(f_{yk};f_{tk}\right)}{\gamma_s};\, f_{pd} = \frac{\left(f_{p0.1k};f_{pk}\right)}{\gamma_s}\right] \tag{9.6}$$

Je nach Nachweis sind unterschiedliche Einwirkungsniveaus zu unterscheiden:

- *Seltene* (charakteristische)Kombination (rare)

$$E_d = \sum_{j\geq 1} G_{k,j} + P_k \oplus Q_{k,1} \oplus \sum_{i>1} \psi_{0,i} \cdot Q_{k,i} \tag{9.7}$$

- *Häufige* (charakteristische)Kombination (frequent)

$$E_d = \sum_{j\geq 1} G_{k,j} + P_k \oplus \psi_{1,1} \cdot Q_{k,1} \oplus \sum_{i>1} \psi_{2,i} \cdot Q_{k,i} \tag{9.8}$$

- *Quasi-ständige* (charakteristische)Kombination (perm)

$$E_d = \sum_{j\geq 1} G_{k,j} + P_k \oplus \sum_{i\geq 1} \psi_{2,i} \cdot Q_{k,i} \tag{9.9}$$

Aus **Abb. 9.1** ist deutlich zu erkennen, dass die Spannkraft und damit das Moment aufgrund der Streuung der Dehnungen variieren. Es werden Streuungsbeiwerte für den unteren Quantilwert r_{inf} (inferior), bzw. für den oberen Quantilwert r_{sup} (superior) eingeführt ([DIN EN 1992-1-1 – 11], 5.10.9). Gemäß [DAfStb – 12] sind die Beiwerte r_{inf} bzw. r_{sup} lediglich beim Nachweis der Dekompression sowie beim Nachweis der Rissbreitenbegrenzung zu berücksichtigen. Beim Spannungs- und Verformungsnachweis dürfen die Mittelwerte der Vorspannkräfte angesetzt werden.

Die Spannkraft ist mit dem unteren, wenn sie günstig wirkt, oder mit dem oberen Beiwert zu multiplizieren, wenn sie ungünstig wirkt. Daher gilt für die charakteristische Kraft im Spannstrang:

- *Vorspannung mit nachträglichem Verbund* ([DIN EN 1992-1-1 – 11], 5.10.9)

  Diese Streuungsbeiwerte decken die Unsicherheiten in der Vorhersage der Reibungsverluste und der Auswirkungen aus Kriechen und Schwinden ab.

  Günstige Wirkung $$P_k = r_{inf} \cdot \gamma_p \cdot P_m = 0{,}9 \cdot 1{,}0 \cdot P_m \tag{9.10}$$

  Ungünstige Wirkung $$P_k = r_{sup} \cdot \gamma_p \cdot P_m = 1{,}1 \cdot 1{,}0 \cdot P_m \tag{9.11}$$

– *Vorspannung mit sofortigem Verbund* und *Vorspannung ohne Verbund* ([DIN EN 1992-1-1 – 11], 5.10.9)

  Diese Streuungsbeiwerte sind kleiner als bei Vorspannung mit nachträglichem Verbund, da Reibungsverluste nicht auftreten (bzw. in viel kleinerem Umfang bei Vorspannung ohne Verbund).

  Günstige Wirkung $P_k = r_{inf} \cdot \gamma_p \cdot P_m = 0{,}95 \cdot 1{,}0 \cdot P_m$ (9.12)

  Ungünstige Wirkung $P_k = r_{sup} \cdot \gamma_p \cdot P_m = 1{,}05 \cdot 1{,}0 \cdot P_m$ (9.13)

Bei Bauzuständen sind die zeitabhängigen Spannkraftverluste noch nicht voll eingetreten, und damit auch nicht die Unsicherheit in der Vorhersage. Hier gelten die Werte nach **Abb. 9.2**.

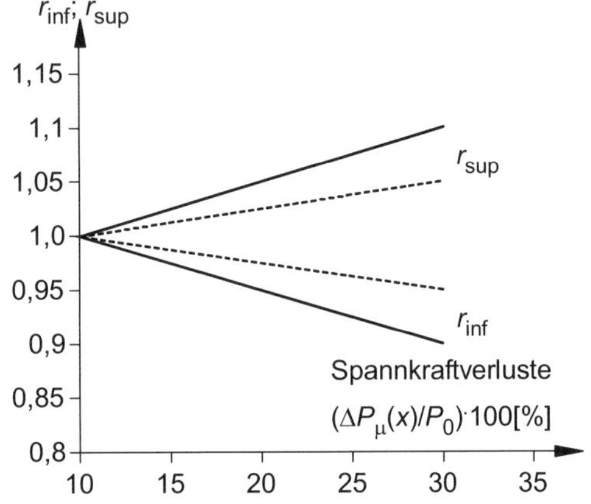

Abb. 9.2 Streuungsbeiwerte für Bauzustände (nach [DAfStb – 03], Bild H8-9)

9.4 Zeitpunkte für die Bemessung

Infolge der zeitabhängigen Spannkraft sind mehrere Zeitpunkte zu untersuchen. Mindestens gehören hierzu die Zeitpunkte:

- *unmittelbar nach dem Spannen*
  Das Bauteil muss nur die ständigen Lasten g_1 übertragen, Ausbaulasten und Verkehr fehlen noch. Ziel des Nachweises ist das Einhalten von Betondruckspannungen in der vorgedrückten Zugzone und die Ermittlung einer evtl. erforderlichen Biegezugbewehrung für die Druckzone des Endzustandes.
- *zum Nutzungsbeginn* (volle Verkehrslasten)
  Die Spannungen unter den vollen Eigen- und Verkehrslasten müssen eingehalten werden.
- *am Ende der Nutzungsdauer* ($t = \infty$)
  Die Biegezugbewehrung (einschließlich der Vorspannbewehrung) ist nachzuweisen.

Bei Systemänderungen infolge von Bauverfahren (z. B. Fertigteile mit Ortbetonergänzung, Freivorbau, Taktschieben) oder veränderlicher Dauerlasten müssen weitere Zeitpunkte betrachtet werden.

10 Nachweise im Grenzzustand der Gebrauchstauglichkeit

10.1 Nachweis der Dekompression

Das Dekompressionsmoment M_{dc} (decompression) ist das Moment (für einen festgelegten Querschnitt), das zu einer Randspannung Null führt (**Abb. 10.1**). Es lässt sich aus der Bedingung für die Randspannungen ermitteln.

$$\sigma_{c2,p} + \sigma_{c2,g+q} = 0 \tag{10.1}$$

mit: $\sigma_{c2,p}$ Randspannung der vorgedrückten Zugzone infolge Vorspannung
$\sigma_{c2,g+q}$ Randspannung der vorgedrückten Zugzone unter der maßgebenden Einwirkungskombination

Der Nachweis kann auch über die Biegemomente geführt werden.

$$M_{Ed} \leq M_{dc} \tag{10.2}$$

Die Spannung $\sigma_{c,g+q}$ gehört hierbei zu den Schnittgrößen der maßgebenden Einwirkungskombination.

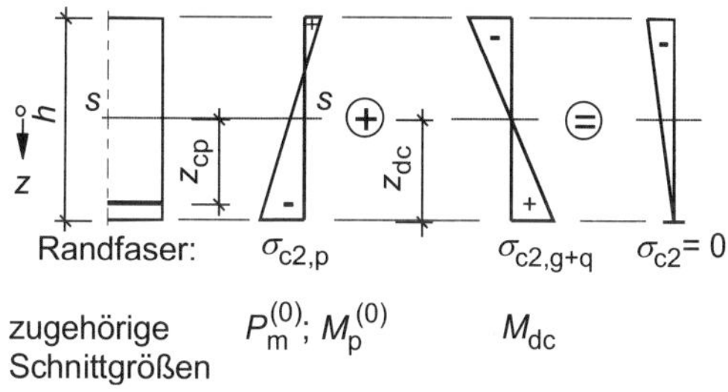

Abb. 10.1 Spannungen beim Dekompressionsmoment

Gemäß [DIN EN 1992-1-1/NA – 13] muss durch den Dekompressionsnachweis sichergestellt werden, dass der Querschnitt unter *dieser* Einwirkungskombination in einem Bereich von 100 mm oder von 1/10 der Querschnittshöhe um das Spannglied herum überdrückt ist, es somit nicht zum Aufreißen des Querschnitts im Bereich des Spannglieds kommt. Für die praktische Arbeit ist es jedoch von Vorteil, wie in [DIN 1045-1 – 08], den Nulldurchgang immer für den Querschnittsrand zu fordern, da hierdurch der Rechenaufwand erheblich verringert wird.

Der Dekompressionsnachweis ergänzt den Nachweis zur Beschränkung der Rissbreite (indem er Risse im Bereich der Spannglieder rechnerisch ausschließt). Der Nachweis soll die Dauerhaftigkeit vorgespannter Bauteile hinsichtlich:

– des *Korrosionsschutz*es (zusammen mit der Betondeckung und den Anforderungen an die Betontechnologie) sicherstellen.
– einer Begrenzung der *Schwingbreiten* (durch Verbleiben im Zustand I) und damit Verhinderung der Ermüdung sichern.

Die Einwirkungskombination, die dem Nachweis (mindestens) zu Grunde zu legen ist (**Tafel 10.1**), wird in [DIN EN 1992-1-1 – 11] in Abhängigkeit von den Expositionsklassen (nach [DIN EN 1992-1-1/NA – 13], Tab. 4.1) definiert. Da Bauzustände nur eine vorübergehende Situation darstellen, somit die Umwelteinflüsse des Bauzustandes den Korrosionsschutz nicht nachhaltig beeinträchtigen, darf hierfür von den Werten der **Tafel 10.1** abgewichen werden.[15]

Aus Gl. (10.1) kann das Dekompressionsmoment M_{dc} direkt bestimmt werden. Es enthält auch die Momente infolge der statisch unbestimmten Wirkung der Vorspannung. Gl. (10.3) gilt für $N_{Ed} = 0$:

$$\frac{-r_{inf} \cdot P_m^{(0)}}{A_c} - \frac{r_{inf} \cdot P_m^{(0)} \cdot z_{cp}}{I_c} \cdot z_{dc} + \frac{M_{dc}}{I_c} \cdot z_{dc} = 0 \tag{10.3}$$

$$M_{dc} = \frac{r_{inf} \cdot P_m^{(0)} \cdot I_c}{A_c \cdot z_{dc}} + r_{inf} \cdot P_m^{(0)} \cdot z_{cp} = r_{inf} \cdot P_m^{(0)} \cdot \left(z_{cp} + \frac{I_c}{A_c \cdot z_{dc}} \right) \tag{10.4}$$

Dieses Moment ist für den Zeitpunkt der geringsten Vorspannung (i. d. R. $t = \infty$) für die vorgedrückte Zugzone und im Bauzustand (nur g_1 vorhanden) für die Druckzone (die nicht zur Zugzone werden darf) nachzuweisen.

Tafel 10.1 Anforderungen an die Dekompression und an die Begrenzung der Rissbreite, Rechenwerte der maximalen Rissbreite w_{max} in [mm] ([DIN EN 1993-1-1/NA – 13], Tabelle 7.1DE)

	Stahlbeton und Vorspannung ohne Verbund	Vorspannung mit nachträglichem Verbund	Vorspannung mit sofortigem Verbund	
	mit Einwirkungskombination			
Expositionsklasse	quasi-ständig	häufig	häufig	selten
X0, XC1	0,4 [a)]	0,2	0,2	–
XC2 – XC4			0,2 [b)]	–
XS1 – XS3 XD1, XD2, XD3 [d)]	0,3	0,2 [b) c)]	Dekompression	0,2

a) Nur zur Wahrung eines akzeptablen Erscheinungsbildes.
b) Zusätzlich ist der Nachweis der Dekompression unter der quasi-ständigen Einwirkungskombination zu führen.
c) Wenn der Korrosionsschutz anderweitig sichergestellt ist (nach Zulassung des Spannverfahrens), darf der Dekompressionsnachweis entfallen.
d) Bei Bauteilen der Expositionsklasse XD3 können, je nach Art des Angriffsrisikos, besondere Maßnahmen erforderlich werden.

[15] Z. B. ist auch ein Innenbauteil während des Rohbaus ein Außenbauteil. Dieser Umstand darf unberücksichtigt bleiben.

Im Endbereich eines vorgespannten Bauteils darf der Nachweis der Dekompression entfallen. Die Länge des Endbereichs ist bei Vorspannung mit nachträglichem Verbund und bei Vorspannung ohne Verbund gleich der Länge der Lastausbreitungszone (Abschnitt 12.2.2) und bei Vorspannung mit sofortigem Verbund gleich der Eintragungslänge $l_{p,eff}$ (Abschnitt 12.2.1), gemessen jeweils von der Bauteilaußenkante.

Beispiel 10.1: Nachweis der Dekompression

Für eine im Spannbett hergestellte Platte (Plattendicke $h = 20$ cm, Beton C30/37) für die Zwischendecke einer Garage (Stützweite $l_{eff} = 7,2$ m) ist der Dekompressionsnachweis zu führen. Je Meter Plattenbreite sind 10 Spannstahllitzen mit einer Querschnittsfläche von je 52 mm^2 angeordnet. Die Spannbewehrung hat eine statische Höhe $d_p = 15$ cm. Unmittelbar vor dem Lösen der Verankerung beträgt die Spannstahlspannung $\sigma_{pm0}^{(0)} = 1160$ N/mm^2.

Neben der Eigenlast wird die Platte durch eine Ausbau- und Verkehrslast von $g_{k,2} = 0,75$ kN/m^2 bzw. $q_k = 2,0$ kN/m^2 beansprucht. Die Spannkraft verringert sich infolge Kriechen und Schwinden auf 90 % des Anfangswertes $(\alpha_{csr} = 0,90)$.

Gegeben: $e_i = 10,1$ cm

$A_i = 2025$ cm^2

$I_i = 67290$ cm^4

Lösung:

Moment infolge Einwirkung

Nachweis der Dekompression erfolgt mit der quasiständigen Einwirkungskombination.

$$F_{perm} = 5 + 0,75 + 0,3 \cdot 2,0 = 6,35 \text{ kN/m}^2$$

Die folgenden Berechnungen werden an einem Plattenstreifen von 1 m Breite erläutert.

$$F_{perm} = 6,35 \text{ kN/m}$$

$$M_{perm} = \frac{6,35 \cdot 7,2^2}{8} = 41,1 \text{ kNm}$$

Dekompressionsmoment

$$P_{mt}^{(0)} = 0,9 \cdot 1160 \cdot 10 \cdot 52 \cdot 10^{-3} = 543 \text{ kN}$$

$$z_{cp,i} = 15 - 10,1 = 4,9 \text{ cm}$$

$$M_{dc} = 0,95 \cdot 543 \cdot \left(4,9 + \frac{67290}{2025 \cdot (20 - 10,1)}\right) \cdot 10^{-2}$$
$$= 42,6 \text{ kNm} > 41,1 \text{ kNm} = M_{perm}$$

Tafel 10.1: sofortiger Verbund, Expositionsklasse XC3

(9.9): $F_{perm} = g_{k,1} + g_{k,2} + \psi_2 \cdot q_k$

$g_{k,1} = 0,2 \cdot 25 = 5$ kN/m^2

$M = \frac{q \cdot l_{eff}^2}{8}$

maßgebend ist $t = \infty$

$P_{mt}^{(0)} = \alpha_{csr} \cdot \sigma_{pm0}^{(0)} \cdot A_p$

$z_{cp,i} = d_p - e_i$

(10.4): $M_{dc} = r_{inf} \cdot P_{mt}^{(0)} \cdot \left(z_{cp,i} + \frac{I_i}{A_i \cdot z_{dc,i}}\right)$

10.2 Begrenzung der Spannungen

10.2.1 Erfordernis

Im Grenzzustand der Tragfähigkeit verhält sich Spannbeton nichtlinear. Dies kann bei der Ermittlung der Schnittgrößen (siehe Abschnitt 7.4) berücksichtigt werden. Unter Gebrauchsbedingungen verhält sich Spannbeton jedoch weitgehend elastisch. Daher ist zusätzlich zur Biegebemessung nachzuweisen, dass das Bauteil im Grenzzustand der Gebrauchstauglichkeit keine unzulässigen Schädigungen erleidet (z. B. Risse parallel zu Bewehrungsstäben). Bei zu hohen Spannungen im Beton bzw. im Stahl besteht zudem die Gefahr, dass die Dauerhaftigkeit nachteilig beeinflusst wird. Im Unterschied zum Stahlbeton ist der Nachweis explizit zu führen und kann nicht durch Konstruktionsregeln erfüllt werden.

Die Nachweise der Betonspannungen und der Betonstahlspannungen entsprechen weitgehend denen des Stahlbetons. Hervorzuheben ist, dass die Nachweise auch für Bauzustände zu erfüllen sind, somit unterschiedliche Zeitpunkte nachzuweisen sind, wie in Abschnitt 9.4 erläutert.

10.2.2 Höhe der Betondruckzone

Für den Grenzzustand der Gebrauchstauglichkeit kann dem Beton linear-elastisches Materialverhalten unterstellt werden. In **Abb. 10.2** sind Spannungen und resultierende innere Kräfte dargestellt. Der Querschnitt des Betonstahls A_s muss bekannt sein (gewählt oder durch die Biegebemessung nach Abschnitt 11.2 bestimmt).

Vorspannung mit Verbund

Der vorgespannte Spannstahl A_p wird durch seine Wirkung substituiert. Diese Wirkung wird bei den Längskräften und den Momenten erfasst.

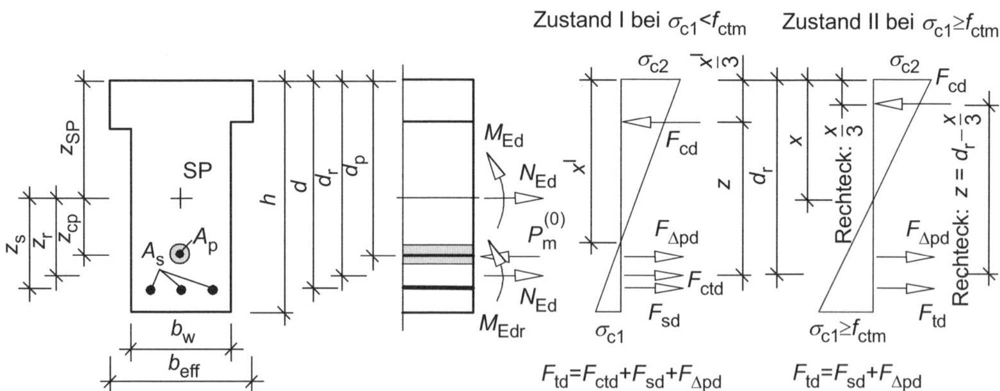

Abb. 10.2 Spannungsverläufe in Spannbetonquerschnitten beim Nachweis der Spannungsbegrenzung

$$\widetilde{N}_{\mathrm{Ed}} = N_{\mathrm{Ed}} - P_{\mathrm{m}}^{(0)} \tag{10.5}$$

$$\widetilde{M}_{\mathrm{Edr}} = M_{\mathrm{Ed}} + M'_{\mathrm{cp}} - N_{\mathrm{Ed}} \cdot z_{\mathrm{r}} + P_{\mathrm{m}}^{(0)} \cdot \left(z_{\mathrm{r}} - z_{\mathrm{cp}}\right) \tag{10.6}$$

Bei allen weiteren Einwirkungen verhält sich der Spannstahl genauso wie Betonstahl: Infolge des Dehnungsverlaufs über den Querschnitt weist der Spannstahl (Zusatz-) Dehnungen auf, die zu einer Spannungsänderung führen. Betonstahl und Spannstahl können daher als eine zweilagige Bewehrung angesehen werden. Für die weitere Rechnung wird sie durch einen im Bewehrungsschwerpunkt (Index r) vorhandenen Ersatzquerschnitt erfasst. Hierzu werden die folgenden Werte eingeführt:

$$\rho = \frac{1}{b_{\mathrm{eff}} \cdot d_{\mathrm{r}}} \cdot \frac{\left(\chi \cdot A_{\mathrm{p}} + A_{\mathrm{s}}\right)^2}{\chi^2 \cdot A_{\mathrm{p}} + A_{\mathrm{s}}} \tag{10.7}$$

$$\chi = \frac{\Delta\sigma_{\mathrm{p}}}{\sigma_{\mathrm{s}}} = \frac{d_{\mathrm{p}} - x}{d - x} \tag{10.8}$$

$$d_{\mathrm{r}} = \frac{\chi \cdot A_{\mathrm{p}} \cdot d_{\mathrm{p}} + A_{\mathrm{s}} \cdot d}{\chi \cdot A_{\mathrm{p}} + A_{\mathrm{s}}} \tag{10.9}$$

$$\xi = \frac{x}{d_{\mathrm{r}}} \qquad x = \xi \cdot d_{\mathrm{r}} \tag{10.10}$$

Aufgrund der Hypothese von BERNOULLI gilt:

$$\frac{\varepsilon_{\mathrm{c2}}}{\varepsilon_{\mathrm{s}}} = \frac{x}{d - x} \qquad \varepsilon_{\mathrm{c2}} = \frac{x}{d - x} \cdot \varepsilon_{\mathrm{s}} \tag{10.11}$$

Aus den Identitätsbedingungen kann die Höhe der Druckzone x im Zustand II bestimmt werden. Die Ableitung der maßgebenden Gleichung erfolgt analog zum Stahlbeton (vgl. z. B. [Avak – 07]), wobei für den Spannbeton nicht wie für Stahlbeton reine Biegung, sondern Biegung mit Längskraft angesetzt wird. Für die im Querschnitt wirkenden Kräfte lässt sich die folgende Identitätsbedingung formulieren (**Abb. 10.2**):

$$\widetilde{N}_{\mathrm{Ed}} \equiv F_{\mathrm{sd}} + F_{\Delta\mathrm{pd}} - F_{\mathrm{cd}} = \varepsilon_{\mathrm{s}} \cdot E_{\mathrm{s}} \cdot \left(A_{\mathrm{s}} + \frac{\Delta\sigma_{\mathrm{p}}}{\sigma_{\mathrm{s}}} \cdot A_{\mathrm{p}}\right) - \frac{1}{2} \cdot \alpha_{\mathrm{c}}(x) \cdot \varepsilon_{\mathrm{c2}} \cdot E_{\mathrm{c}} \cdot b_{\mathrm{eff}} \cdot x \tag{10.12}$$

Der Wert $\alpha_{\mathrm{c}}(x)$ ist ein Formbeiwert. Er ist abhängig von der geometrischen Form der Betondruckzone bzw. deren Abmessungen. Bei einer rechteckförmigen Betondruckzone ist $\alpha_{\mathrm{c}}(x) = 1$. Hat die Betondruckzone die Form eines Plattenbalkens, so kann $\alpha_{\mathrm{c}}(x)$ mit Hilfe der folgenden Gleichung berechnet werden:

$$\alpha_{\mathrm{c}}(x) = 2 \cdot \Bigg(\underbrace{\int_0^{1-\frac{h_{\mathrm{f}}}{x}} \frac{b_{\mathrm{w}}}{b_{\mathrm{eff}}} \cdot z \, \mathrm{d}z}_{\text{Steg}} + \underbrace{\int_{1-\frac{h_{\mathrm{f}}}{x}}^{1} z \, \mathrm{d}z}_{\text{Platte}} \Bigg) = \left(1 - \frac{h_{\mathrm{f}}}{x}\right)^2 \cdot \left(\frac{b_{\mathrm{w}}}{b_{\mathrm{eff}}} - 1\right) + 1 \tag{10.13}$$

Analog lässt sich für das Moment die Identitätsbedingung formulieren (**Abb. 10.2**):

$$\widetilde{M}_{\mathrm{Edr}} \equiv -\varepsilon_{\mathrm{s}} \cdot E_{\mathrm{s}} \cdot \left[A_{\mathrm{s}} \cdot (d - d_{\mathrm{r}}) - \frac{\Delta\sigma_{\mathrm{p}}}{\sigma_{\mathrm{s}}} \cdot A_{\mathrm{p}} \cdot (d_{\mathrm{p}} - d_{\mathrm{r}}) \right] - \frac{1}{2} \cdot \varepsilon_{\mathrm{c2}} \cdot E_{\mathrm{c}} \cdot \alpha_{\mathrm{c}}(x) \cdot b_{\mathrm{eff}} \cdot x \cdot \left[d_{\mathrm{r}} - k_{\mathrm{a}}(x) \cdot x \right] \tag{10.14}$$

Gl. (10.14) wurde unter Verwendung des Formbeiwertes $\alpha_{\mathrm{c}}(x)$ sowie des auf die Druckzonenhöhe bezogenen Abstandes zwischen Schwerpunkt der inneren Druckkraft und der am stärksten gedrückten Faser der Druckzone $k_{\mathrm{a}}(x)$ geschrieben. Der Wert beträgt bei einer rechteckförmigen Druckzone $1/3$. Für Plattenbalken gilt:

$$k_{\mathrm{a}}(x) = 1 - \frac{2}{\alpha_{\mathrm{c}}(x)} \cdot \left(\underbrace{\int_0^{1-\frac{h_{\mathrm{f}}}{x}} \frac{b_{\mathrm{w}}}{b_{\mathrm{eff}}} \cdot z^2 \, \mathrm{d}z}_{\text{Steg}} + \underbrace{\int_{1-\frac{h_{\mathrm{f}}}{x}}^{1} z^2 \, \mathrm{d}z}_{\text{Platte}} \right)$$

$$k_{\mathrm{a}}(x) = 1 - \frac{2}{3 \cdot \alpha_{\mathrm{c}}(x)} \cdot \left[\left(1 - \frac{h_{\mathrm{f}}}{x}\right)^3 \cdot \left(\frac{b_{\mathrm{w}}}{b_{\mathrm{eff}}} - 1\right) + 1 \right] \tag{10.15}$$

Werden Gl. (10.12) nach ε_{s} sowie Gl. (10.14) nach $\varepsilon_{\mathrm{c2}}$ umgestellt, die Ergebnisse in Gl. (10.11) eingesetzt und vereinfacht, liefert nach einiger Rechnung die folgende kubische Gleichung für die gesuchte bezogene Höhe der Druckzone:

$$\alpha_{\mathrm{c}}(x) \cdot k_{\mathrm{a}}(x) \cdot \eta \cdot (\xi)^3 - \alpha_{\mathrm{c}}(x) \cdot (1 - \eta) \cdot (\xi)^2 + 2 \cdot \rho \cdot \alpha_{\mathrm{e}} \cdot (1 - \xi) = 0 \tag{10.16}$$

mit: $$\eta = \frac{\widetilde{N}_{\mathrm{Ed}} \cdot d_{\mathrm{r}}}{\widetilde{M}_{\mathrm{Edr}}} \tag{10.17}$$

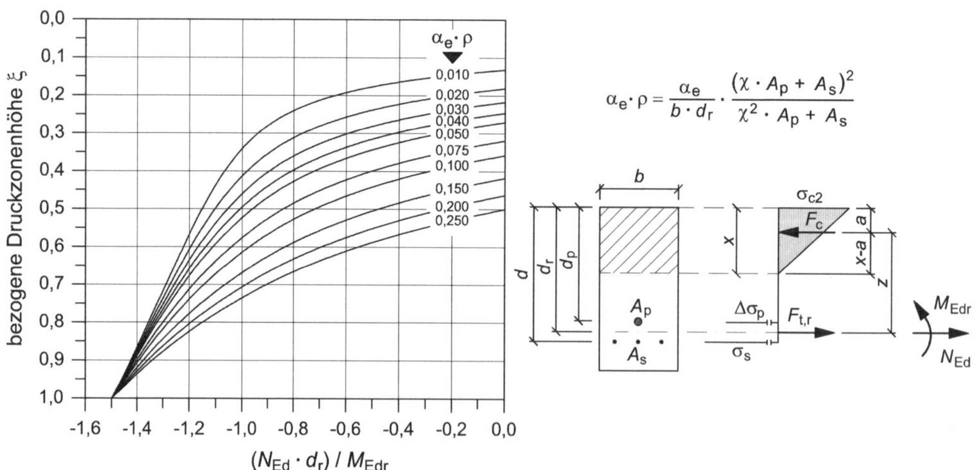

Abb. 10.3 Nomogramm zur Ermittlung der bezogenen Druckzonenhöhe ξ

Gl. (10.16) wurde für Rechteckquerschnitte in **Abb. 10.3** ausgewertet. Bei bekannter Bewehrung können die Höhe der Druckzone x mit Gl. (10.10) und der Hebelarm der inneren Kräfte z mit Gl. (10.18) bestimmt werden.

$$z = d_r - k_a(x) \cdot x \qquad z = \zeta \cdot d_r \tag{10.18}$$

Hilfsmittel zur Berechnung der Druckzonenhöhe x sowie des Hebelarms der inneren Kräfte z von Plattenbalkenquerschnitten sind in **Tafel A.2** bis **Tafel A.7** zu finden.

Mit Kenntnis der Druckzonenhöhe und des Hebelarmes der inneren Kräfte können die Spannungen im Beton bzw. im Betonstahl sowie die Spannungsänderung im Spannstahl mit Hilfe der folgenden Gleichungen berechnet werden:

$$\sigma_{c2} = \frac{x}{d - x} \cdot \frac{\sigma_s}{\alpha_e} = \frac{\xi \cdot d_r}{d - \xi \cdot d_r} \cdot \frac{\sigma_s}{\alpha_e} \tag{10.19}$$

$$\sigma_s = \frac{1}{A_s + \chi \cdot A_p} \cdot \left(\frac{\widetilde{M}_{Edr}}{z} + \widetilde{N}_{Ed} \right) \tag{10.20}$$

$$\Delta\sigma_p = \chi \cdot \sigma_s \tag{10.21}$$

Vorspannung ohne Verbund

Bei Vorspannung ohne Verbund kann die bezogene Druckzonenhöhe ξ und der bezogene Hebelarm der inneren Kräfte ζ mit dem aus der entsprechenden Einwirkungskombination resultierenden Moment und der zugehörigen mittleren Längsdruckkraft unter Verwendung von **Abb. 10.3** (Rechteck) bzw. **Tafel A.2** bis **Tafel A.7** (Plattenbalken) berechnet werden. Die Schnittgrößen sind auf die Schwerachse des Betonstahlquerschnitts zu beziehen. Der Spannstahl wird nicht berücksichtigt.

10.2.3 Berücksichtigung von Langzeiteinflüssen

Bereits in [DIN V ENV 1992 – 92] wird darauf hingewiesen, dass bei der Spannungsermittlung das Kriechen des Betons zu berücksichtigen ist. In [DIN EN 1992-1-1 – 11] sind keine konkreten Angaben zur Berücksichtigung dieser Langzeiteinflüsse enthalten. Analog zu den Regelungen für die Verformungsberechnung ([DIN EN 1992-1-1 – 11], 7.4.3 (5)) kann das Kriechen des Betons bei der Spannungsermittlung näherungsweise über einen wirksamen Elastizitätsmodul des Betons $E_{c,eff} = E_{cm} / \left(1 + \varphi(\infty, t_0)\right)$ erfasst werden. Dies führt in der Regel zu einem Verhältnis der Elastizitätsmoduln von Stahl und Beton α_e zwischen 10 und 15.

10.2.4 Begrenzung der Betondruckspannung

Der Nachweis ist ein normaler Spannungsnachweis in der Form:

$$|\sigma_{c2}| \leq \sigma_{c,lim} \tag{10.22}$$

Es ist vorab zu prüfen, ob das Bauteil unter der maßgebenden Einwirkungskombination im Zustand I verbleibt oder in den Zustand II übergeht. Danach kann die Betonspannung mit den folgenden Gleichungen bestimmt werden:

Zustand I: $$\sigma_{c2} = \frac{\widetilde{N}_{Ed}}{A} - \frac{\widetilde{M}_{Ed}}{I} \cdot z_{SP} \tag{10.23}$$

Zustand II: $$\sigma_{c2} = \frac{x}{d-x} \cdot \frac{\sigma_s}{\alpha_e} = \frac{\xi \cdot d_r}{d - \xi \cdot d_r} \cdot \frac{\sigma_s}{\alpha_e} \tag{10.19}$$

mit: $\widetilde{N}_{Ed}$; $\widetilde{M}_{Ed}$ Schnittgrößen im Grenzzustand der Gebrauchstauglichkeit (infolge äußerer Einwirkungen und Vorspannung)

A, I Querschnittswerte, je nach Zeitpunkt Nettowerte oder ideelle Werte

Die zulässige Betonspannung $\sigma_{c,lim}$ beträgt im Rahmen des Nachweises mit Gl. (10.22):

- unter der *seltenen* Einwirkungskombination und den Bedingungen der Expositionsklassen XD, XF und XS, wenn keine zusätzlichen Maßnahmen, wie z. B. Erhöhung der Betondeckung in der Druckzone oder eine Umschnürung der Druckzone durch Querbewehrung, getroffen werden.

  $$\left|\sigma_{c2,rare}\right| \le \sigma_{c,lim} = 0{,}6\, f_{ck} \tag{10.24}$$

  Der Grenzwert kennzeichnet die beginnende Mikrorissbildung im Beton. Beim Überschreiten dieses Wertes bilden sich im Beton Längsrisse (parallel zur Bewehrung verlaufend), da dann die Spannungen infolge der Querdehnung die Zugfestigkeit des Betons erreichen. In Verbindung mit den genannten (aggressiven) Expositionsklassen (Frostangriff und Chloridangriff) kann die Dauerhaftigkeit des Bauteils beeinträchtigt werden, wenn diese Risse nicht verhindert werden.

- unter den *quasi-ständigen* Einwirkungen

  $$\left|\sigma_{c2,perm}\right| \le \sigma_{c,lim} = 0{,}45\, f_{ck} \tag{10.25}$$

  Nur bis zu dieser Grenze ist die Kriechzahl des Betons eine von der kriecherzeugenden Spannung unabhängige Materialkonstante. Wenn der Wert nicht eingehalten wird, sind Kriechzahl und Verformungen aus Kriechen nichtlinear zu berechnen. Ein einmaliges längeres Überschreiten von Gl. (10.25) löst einen Kriechprozess aus, der auch weiterhin nichtlinear verläuft, wenn zu späteren Zeitpunkten die Betondruckspannung den Grenzwert der Gl. (10.25) wieder unterschreitet. Die Spannungsgrenze für quasi-ständige Einwirkungen wird bei großen und gleichzeitig langzeitigen Verkehrslasten (z. B. Behälter) bestimmend für die gesamte Bemessung.

Für Bauzustände (z. B.: Zeitpunkt des Vorspannens) ist die zu diesem Zeitpunkt vorhandene Betondruckfestigkeit $f_c \le f_{ck}$ zu verwenden.

10.2.5 Begrenzung der Betonstahlspannung

Betonstahl soll grundsätzlich nur elastische Formänderungen erfahren. Daher ist für den Nachweis der Betonstahlspannung die seltene Einwirkungskombination zu verwenden. Der Nachweis ist ein normaler Spannungsnachweis in der Form:

$$\sigma_{s,rare} \leq \sigma_{s,lim} \tag{10.26}$$

Die vorhandene Betonstahlspannung kann im Zustand I aus der Betonspannung in Höhe der Bewehrung bestimmt werden. Im Zustand II wird sie mit Gl. (10.20) berechnet.

Im Zustand I: $$\sigma_{s,rare} = \alpha_e \cdot \sigma_{cs,rare} \tag{10.27}$$

Im Zustand II: $$\sigma_{s,rare} = \frac{1}{A_s + \chi \cdot A_p} \cdot \left(\frac{\widetilde{M}_{Edr}}{z} + \widetilde{N}_{Ed} \right) \tag{10.20}$$

Die zulässige Betonstahlspannung $\sigma_{s,lim}$ beträgt hierbei:

– bei *ausschließlicher Zwangbeanspruchung*

$$\sigma_{s,rare} \leq \sigma_{s,lim} = 1{,}0\, f_{yk} \tag{10.28}$$

– ansonsten

$$\sigma_{s,rare} \leq \sigma_{s,lim} = 0{,}8\, f_{yk} \tag{10.29}$$

10.2.6 Begrenzung der Spannstahlspannung

Beim Nachweis der Begrenzung der Spannstahlspannung muss die folgende Bedingung eingehalten werden:

$$\sigma_p \leq \sigma_{p,lim} \tag{10.30}$$

Die zulässige Spannstahlspannung $\sigma_{p,lim}$ beträgt im Rahmen des Nachweises mit Gl. (10.30):

– unter der *seltenen* Einwirkungskombination

$$\sigma_{p,rare} \leq \sigma_{p,lim} = \min \begin{cases} 0{,}80 \cdot f_{pk} \\ 0{,}90 \cdot f_{p0,1k} \end{cases} \tag{10.31}$$

Die mittlere Spannstahlspannung darf diesen Wert nach dem Absetzen der Presse bzw. dem Lösen der Verankerung in keinem Querschnitt und zu keinem Zeitpunkt überschreiten ([DIN EN 1992-1-1/NA – 13], NCI zu 7.2, (NA.6)).

– unter der *quasi-ständigen* Einwirkungskombination

$$\sigma_{p,perm} \leq \sigma_{p,lim} = 0{,}65 \cdot f_{pk} \tag{10.32}$$

Die Spannstahlspannung ist unter Berücksichtigung der Spannkraftverluste infolge Kriechen, Schwinden und Spannstahlrelaxation zu bestimmen.

Der Nachweis der Begrenzung der Spannstahlspannung kann bei Momentenumlagerung bzw. großen Eigenlasten (z. B. weit gespannte Bauteile) dazu führen, dass die zulässige Spannstahlspannung nach Gl. (5.17) bzw. (5.18) nicht ausgenutzt werden darf.

Spannstahl *mit Verbund*

$$\sigma_p = \sigma_{pm0}^{(0)} + \Delta\sigma_p \tag{10.33}$$

Bei Spannstahl im Verbund bewirken die Schnittgrößen aus äußeren Einwirkungen eine Spannungsänderung im Spannstahl $\Delta\sigma_p$. Diese kann wie folgt abgeschätzt werden:

Im Zustand I: $$\Delta\sigma_p = \alpha_p \cdot \sigma_{cp} \tag{10.34}$$

Im Zustand II: $$\Delta\sigma_p = \frac{d_p - x}{d - x} \cdot \sigma_s = \chi \cdot \sigma_s \tag{10.21}$$

Im Bereich der kleinen planmäßigen Biegemomente können schon geringe Änderungen in der Schnittgröße zu einer Rissentwicklung im Querschnitt führen, sofern die Bemessung nur für das planmäßige Biegemoment erfolgte. Nach der Rissbildung auftretende höhere Momente werden durch einen Spannungszuwachs im Betonstahl und Spannstahl aufgenommen. Sofern der Betonstahlquerschnitt gering ist, führt dies zu einem großen Spannungsanstieg, der zu vorzeitiger Ermüdung des Spannstahls führen kann (**Abb. 10.4**).

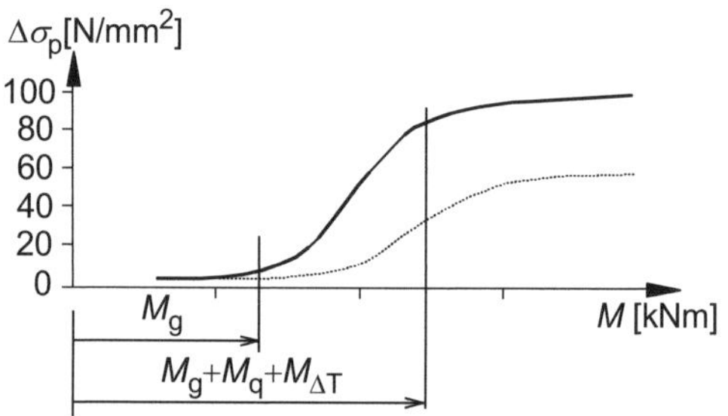

Abb. 10.4 Spannungsänderung im Spannstahl in Abhängigkeit der Betonstahlbewehrung

Spannstahl *ohne Verbund*

$$\sigma_p = E_p \cdot \varepsilon_{pm} \tag{10.35}$$

Beispiel 10.2: Spannungsnachweise (Fortsetzung von **Beispiel 10.1**)

Für den in **Beispiel 10.1** gegebenen vorgespannten 20 cm hohen Plattenquerschnitt aus Beton C30/37 sind die Spannungsnachweise für den Beton, den Betonstahl sowie den Spannstahl zu führen.

Lösung:

Moment infolge seltener Einwirkungskombination	
$F_{rare} = 5 + 0{,}75 + 2{,}0 = 7{,}75\ \text{kN/m}^2$	(9.7): $F_{rare} = g_{k,1} + g_{k,2} + q_k$
Die folgenden Berechnungen werden an einem Plat-	

tenstreifen von 1 m Breite erläutert.

$F_{\text{rare}} = 7,75 \text{ kN/m}$

$$M_{\text{rare}} = \frac{7,75 \cdot 7,2^2}{8} = 50,2 \text{ kNm}$$

$$M = \frac{q \cdot l^2}{8}$$

Querschnittswerte

Beispiel 10.1

$e_{\text{i}} = 10,1 \text{ cm}$

$A_{\text{i}} = 2025 \text{ cm}^2$

$I_{\text{i}} = 67290 \text{ cm}^4$

Nachweis der Betondruckspannung

(10.5):

$$\widetilde{N}_{\text{Ed,rare}} = N_{\text{rare}} - P_{\text{mt}}^{(0)}$$

$$\widetilde{N}_{\text{Ed,rare}} = 0 - 543 = -543 \text{ kN}$$

Beispiel 10.1: $P_{\text{mt}}^{(0)} = 543 \text{ kN}$

(10.6):

$$\widetilde{M}_{\text{Ed,rare}} = M_{\text{rare}} - P_{\text{mt}}^{(0)} \cdot z_{\text{cp,i}}$$

$$\widetilde{M}_{\text{Ed,rare}} = 50,2 - 543 \cdot 4,9 \cdot 10^{-2} = 23,6 \text{ kNm}$$

Beispiel 10.1: $z_{\text{cp,i}} = 4,9 \text{ cm}$

Betonspannung infolge der seltenen Einwirkungskombination an der <u>Unterseite</u> des Querschnitts

(10.23):

$$\sigma_{\text{c1,rare}} = \frac{\widetilde{N}_{\text{Ed,rare}}}{A_{\text{i}}} + \frac{\widetilde{M}_{\text{Ed,rare}}}{I_{\text{i}}} \cdot (h_{\text{c}} - e_{\text{i}})$$

$$\sigma_{\text{c1,rare}} = \left[\frac{-543}{2025} + \frac{23,6 \cdot 10^2}{67290} \cdot (20 - 10,1)\right] \cdot 10$$

$$= 0,8 \text{ N/mm}^2 < 2,9 \text{ N/mm}^2 = f_{\text{ctm}}$$

Die Berechnung kann im Zustand I erfolgen.

Betonspannung infolge der seltenen Einwirkungskombination an der <u>Oberseite</u> des Querschnitts

(10.23):

$$\sigma_{\text{c2,rare}} = \frac{\widetilde{N}_{\text{Ed,rare}}}{A_{\text{i}}} + \frac{\widetilde{M}_{\text{Ed,rare}}}{I_{\text{i}}} \cdot e$$

$$\sigma_{\text{c2,rare}} = \left[\frac{-543}{2025} - \frac{23,6 \cdot 10^2}{67290} \cdot 10,1\right] \cdot 10 = -6,2 \text{ N/mm}^2$$

$$\left|\sigma_{\text{c2,rare}}\right| = 6,2 \text{ N/mm}^2 < 18,0 \text{ N/mm}^2 = 0,6 \cdot 30$$

(10.24): $\left|\sigma_{\text{c2,rare}}\right| \le 0,6 \cdot f_{\text{ck}}$

(10.25): $\left|\sigma_{\text{c2,perm}}\right| \le 0,45 \cdot f_{\text{ck}}$

Der Nachweis der Betonspannungen in der quasiständigen EWK wird nicht geführt, da die Betonspannungen in der seltenen EWK kleiner als $0,45 f_{\text{ck}}$ sind.

Nachweis der Betonstahlspannung

Es wird angenommen, dass die Betonstahlbewehrung in Höhe der Schwerachse des Spannstahls liegt.

$$\sigma_{\text{cs}} = (0,8 + 6,2) \cdot \frac{15}{20} - 6,2 = -1,0 \text{ N/mm}^2$$

$$\sigma_{\text{cs}} = (\sigma_{\text{cu}} - \sigma_{\text{co}}) \cdot \frac{d_{\text{p}}}{h_{\text{c}}} + \sigma_{\text{co}}$$

Keine Zugspannungen im Betonstahl.

Beispiel 10.1: $d_\mathrm{p} = 15$ cm

Nachweis der Spannstahlspannung in der seltenen Einwirkungskombination

$$P_{\mathrm{m0}}^{(0)} = \sigma_{\mathrm{pm0}}^{(0)} \cdot A_\mathrm{p} = 1160 \cdot 10 \cdot 52 \cdot 10^{-3} = 603 \text{ kN}$$

Beispiel 10.1:
$\sigma_{\mathrm{pm0}}^{(0)} = 1160 \text{ N/mm}^2$
$A_\mathrm{p} = 52 \text{ mm}^2$

(10.5): $\widetilde{N}_{\mathrm{Ed,rare}} = N_{\mathrm{rare}} - P_{\mathrm{m0}}^{(0)}$

$$\widetilde{N}_{\mathrm{Ed,rare}} = 0 - 603 = -603 \text{ kN}$$

(10.6): $\widetilde{M}_{\mathrm{Ed,rare}} = M_{\mathrm{rare}} - P_{\mathrm{m0}}^{(0)} \cdot z_{\mathrm{cp,i}}$

$$\widetilde{M}_{\mathrm{Ed,rare}} = 50{,}2 - 603 \cdot 4{,}9 \cdot 10^{-2} = 20{,}7 \text{ kNm}$$

Betonspannung in Höhe des Spannstahls

(10.23): $\sigma_{\mathrm{cp,rare}} = \dfrac{\widetilde{N}_{\mathrm{Ed,rare}}}{A_\mathrm{i}} + \dfrac{\widetilde{M}_{\mathrm{Ed,rare}}}{I_\mathrm{i}} \cdot z_{\mathrm{cp,i}}$

$$\sigma_{\mathrm{cp,rare}} = \left[\frac{-603}{2025} + \frac{20{,}7 \cdot 10^2}{67290} \cdot 4{,}9\right] \cdot 10 = -1{,}5 \text{ N/mm}^2$$

Änderung der Spannstahlspannung

(1.8): $\alpha_\mathrm{p} = \dfrac{E_\mathrm{p}}{E_\mathrm{c}}$

$$\alpha_\mathrm{p} = \frac{195000}{31900} = 6{,}11$$

(10.34): $\Delta\sigma_{\mathrm{p,rare}} = \alpha_\mathrm{p} \cdot \sigma_{\mathrm{cp,rare}}$

$$\Delta\sigma_{\mathrm{p,rare}} = -6{,}11 \cdot 1{,}5 = -9{,}2 \text{ N/mm}^2$$

Spannstahlspannung

(10.33): $\sigma_{\mathrm{p,rare}} = \sigma_{\mathrm{pm0}}^{(0)} + \Delta\sigma_{\mathrm{p,rare}}$

$$\sigma_{\mathrm{p,rare}} = 1160 - 9{,}2 = 1151 \text{ N/mm}^2$$

(10.31): $\sigma_{\mathrm{p,rare}} \le \min\begin{cases} 0{,}8 \cdot f_{\mathrm{pk}} \\ 0{,}9 \cdot f_{\mathrm{p0,1k}} \end{cases}$

$$\sigma_{\mathrm{p,rare}} = 1151 \text{ N/mm}^2 < 1350 \text{ N/mm}^2 = \min\begin{cases} 0{,}8 \cdot 1770 \\ \underline{0{,}9 \cdot 1500} \end{cases}$$

Nachweis der Spannstahlspannung in der quasi-ständigen Einwirkungskombination

(10.5): $\widetilde{N}_{\mathrm{Ed,perm}} = N_{\mathrm{perm}} - P_{\mathrm{mt}}^{(0)}$

$$\widetilde{N}_{\mathrm{Ed,perm}} = 0 - 543 = -543 \text{ kN}$$

(10.6): $\widetilde{M}_{\mathrm{Ed,perm}} = M_{\mathrm{perm}} - P_{\mathrm{mt}}^{(0)} \cdot z_{\mathrm{cp,i}}$

$$\widetilde{M}_{\mathrm{Ed,perm}} = 41{,}1 - 543 \cdot 4{,}9 \cdot 10^{-2} = 14{,}5 \text{ kNm}$$

Beispiel 10.1:
$M_{\mathrm{perm}} = 41{,}1 \text{ kNm}$

Betonspannung in Höhe des Spannstahls

$$\sigma_{\text{cp,perm}} = \left[\frac{-543}{2025} + \frac{14{,}5 \cdot 10^2}{67290} \cdot 4{,}9\right] \cdot 10$$

$$= -1{,}6 \text{ N/mm}^2$$

(10.23):

$$\sigma_{\text{cp,perm}} = \frac{\widetilde{N}_{\text{Ed,perm}}}{A_{\text{i}}} + \frac{\widetilde{M}_{\text{Ed,perm}}}{I_{\text{i}}} \cdot z_{\text{cp,i}}$$

Änderung der Spannstahlspannung

$$\Delta\sigma_{\text{p,perm}} = -6{,}11 \cdot 1{,}6 = -9{,}8 \text{ N/mm}^2$$

(10.34): $\Delta\sigma_{\text{p}} = \alpha_{\text{p}} \cdot \sigma_{\text{cp}}$

Spannstahlspannung

$$\sigma_{\text{pmt}}^{(0)} = 0{,}9 \cdot 1160 = 1044 \text{ N/mm}^2$$

$\sigma_{\text{pmt}}^{(0)} = \alpha_{\text{csr}} \cdot \sigma_{\text{pm0}}^{(0)}$

Beispiel 10.1: $\alpha_{\text{csr}} = 0{,}9$

(10.33):

$\sigma_{\text{p,perm}} = \sigma_{\text{pmt}}^{(0)} + \Delta\sigma_{\text{p,perm}}$

$$\sigma_{\text{p,perm}} = 1044 - 9{,}8 = 1034 \text{ N/mm}^2$$

$$\sigma_{\text{p,perm}} = 1034 \text{ N/mm}^2 < 1151 \text{ N/mm}^2 = 0{,}65 \cdot 1770$$

(10.32): $\sigma_{\text{p,perm}} \leq 0{,}65 \cdot f_{\text{pk}}$

10.3 Begrenzung der Rissbreite

10.3.1 Erfordernis

Auch im Spannbeton können planmäßig Risse auftreten, wenn das Bauteil nicht voll vorgespannt ist (**Tafel 1.2** und **Tafel 10.1**). Daher ist der Nachweis zur Begrenzung der Rissbreite in den Anforderungsklassen B bis F zu führen. Die Rissbreite ist zu begrenzen, um Betonstahl und Spannstahl vor Korrosion zu schützen und die Dauerhaftigkeit zu sichern. Aufgrund der größeren Empfindlichkeit von Spannstahl gelten kleinere Grenzwerte als im Stahlbetonbau.

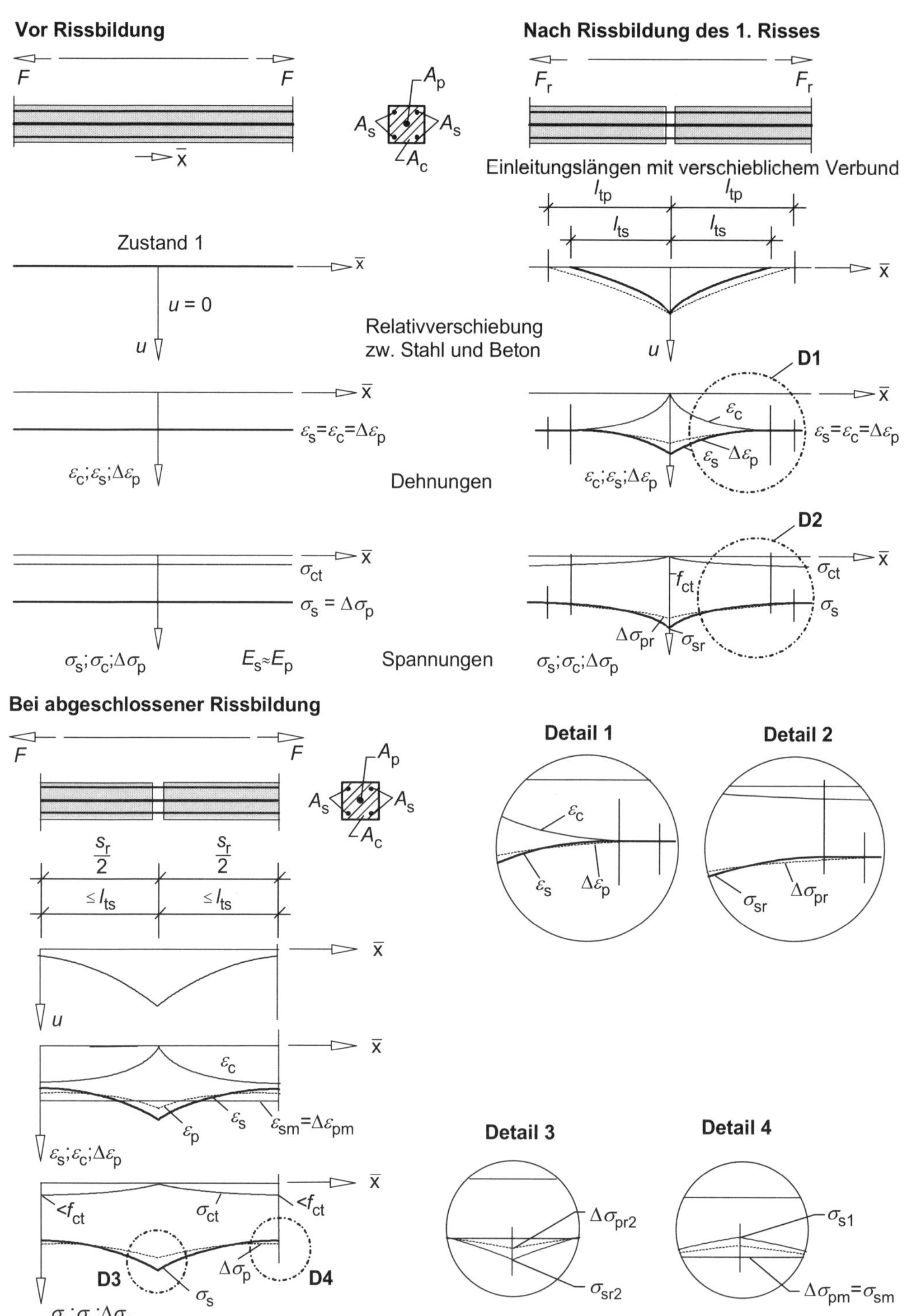

Abb. 10.5 Spannbetonprisma unter zentrischem Zug

10.3.2 Berechnung der Rissbreite

Die Bemessungsgleichungen für die Rissbreite werden in ähnlicher Weise wie im Stahlbeton bestimmt. Hierzu wird entsprechend **Abb. 10.5** ein Betonprisma mit einem zentrisch angeordneten Spannstahl und Betonstahl betrachtet.[16]

Prisma im Zustand I:

Das Prisma ist zunächst ungerissen. Wenn die äußere Kraft F langsam gesteigert wird, sind die Dehnungen von Beton und Betonstahl gleich (**Abb. 10.5**). Die Zusatzdehnung im Spannstahl $\Delta\varepsilon_p$ entspricht ebenfalls diesen Dehnungen. Aus der Gleichgewichtsbedingung unmittelbar vor Auftreten des ersten Risses erhält man:

$$F_r = f_{ct} \cdot A_{ct} + \sigma_s \cdot A_s + \Delta\sigma_p \cdot A_p \tag{10.36}$$

Die Zugfestigkeit f_{ct} beschreibt die wirksame Zugfestigkeit des Betons zum betrachteten Zeitpunkt (in [DIN EN 1992-1-1 – 11], 7.3.2 als $f_{ct,eff}$ bezeichnet). A_{ct} ist die Fläche der Betonzugzone im Querschnitt.

Erstrissbildung:

Bei Auftreten des Risses übernehmen Betonstahl *und* Spannstahl (bei Vorspannung mit Verbund) die in der Betonzugzone freigesetzte Kraft.

$$\Delta F_{s+p} = f_{ct} \cdot A_{ct} = \left(\sigma_{sr} - \sigma_s\right) \cdot A_s + \left(\Delta\sigma_{pr} - \Delta\sigma_p\right) \cdot A_p \tag{10.37}$$

$$F_r = F_{s+p} = \sigma_{sr} \cdot A_s + \Delta\sigma_{pr} \cdot A_p \tag{10.38}$$

Die zusätzlich im Riss in den Bewehrungselementen aufgenommenen Spannungen werden in der Nachbarschaft des Risses wieder in den Beton übertragen. Aufgrund der unterschiedlichen Verbundeigenschaften beider Bewehrungen unterscheidet sich die Eintragungslänge des Spannstahls l_{tp} von der des Betonstahls l_{ts}. Während der Erstrissbildung können sich die Eintragungslängen voll ausbilden, benachbarte Risse beeinflussen sich noch nicht. Die mittleren Stahldehnungen sind deutlich größer als die Betondehnung.

$$\varepsilon_{cm} = \frac{\int_0^{l_{ts}} \frac{\sigma_c}{E_{cm}} \, dx}{l_{ts}} = \frac{\frac{\alpha \cdot f_{ct} \cdot l_{ts}}{E_{cm}}}{l_{ts}} = \frac{\alpha \cdot f_{ct}}{E_{cm}} \tag{10.39}$$

$$w_s = \int_0^{2l_{ts}} \left(\varepsilon_s - \varepsilon_c\right) \cdot dx = 2 \cdot l_{ts} \cdot \left(\varepsilon_{sm} - \varepsilon_{cm}\right) \approx 2 \cdot l_{ts} \cdot \varepsilon_{sm} \tag{10.40}$$

$$w_p = \int_0^{2l_{tp}} \left(\Delta\varepsilon_p - \varepsilon_c\right) \cdot dx = 2 \cdot l_{tp} \left(\Delta\varepsilon_{pm} - \varepsilon_{cm}\right) \approx 2 \cdot l_{tp} \cdot \Delta\varepsilon_{pm} \tag{10.41}$$

Die Verläufe der Dehnungen im Betonstahl und der Zusatzdehnungen im Spannstahl sind affin. Daher gilt für die Völligkeitsbeiwerte $\alpha = \alpha_s = \alpha_p$

16 Eine einführende Betrachtungsweise für Stahlbeton findet sich in [Avak – 12], Abschnitt 1.3.

$$\alpha_s = \frac{\varepsilon_{sm}}{\varepsilon_s} = \frac{1}{l_{ts} \cdot \sigma_{sr}} \cdot \int_0^{l_{ts}} \sigma_s \, dx \leq 1 \tag{10.42}$$

$$\alpha_p = \frac{\Delta\varepsilon_{pm}}{\Delta\varepsilon_p} = \frac{1}{l_{tp} \cdot \Delta\sigma_{pr}} \cdot \int_0^{l_{tp}} \Delta\sigma_p dx \leq 1 \tag{10.43}$$

Wenn davon ausgegangen wird, dass Betonstahl und Spannstahl näherungsweise dieselbe Lage im Querschnitt haben (dies gilt insbesondere an den Stellen der Extremalmomente), gilt für die Rissbreite $w_s \approx w_p$. Ferner gilt $E_s \approx E_p$. Hiermit ergibt sich aus Gl. (10.40) bis (10.43):

$$w_s = 2 \cdot l_{ts} \cdot \varepsilon_{sm} = 2 \cdot l_{ts} \cdot \alpha_s \cdot \varepsilon_s = 2 \cdot l_{ts} \cdot \alpha \cdot \frac{\sigma_{sr}}{E_s}$$

$$w_p = 2 \cdot l_{tp} \cdot \Delta\varepsilon_{pm} = 2 \cdot l_{tp} \cdot \alpha_p \cdot \Delta\varepsilon_p = 2 \cdot l_{tp} \cdot \alpha \cdot \frac{\Delta\sigma_{pr}}{E_s}$$

$$l_{ts} \cdot \sigma_{sr} = l_{tp} \cdot \Delta\sigma_{pr} \qquad \Rightarrow \; l_{tp} = \frac{\sigma_{sr}}{\Delta\sigma_{pr}} \cdot l_{ts} \tag{10.44}$$

Über die Einleitungslänge gilt aus dem Gleichgewicht für die Bewehrungen:

$$\left(\sigma_{sr} - \sigma_s\right) \cdot \frac{\pi \cdot \phi_s^2}{4} = \tau_{sm} \cdot \phi_s \cdot \pi \cdot l_{ts} \qquad \Rightarrow \; l_{ts} = \frac{\sigma_{sr}}{\tau_{sm}} \cdot \frac{\phi_s}{4} \tag{10.45}$$

$$\left(\Delta\sigma_{pr} - \Delta\sigma_p\right) \cdot \frac{\pi \cdot \phi_p^2}{4} = \tau_{pm} \cdot \phi_p \cdot \pi \cdot l_{tp} \qquad \Rightarrow \; l_{tp} = \frac{\Delta\sigma_{pr}}{\tau_{pm}} \cdot \frac{\phi_p}{4} \tag{10.46}$$

Die Verbundspannungen von Betonstahl τ_{sm} und Spannstahl τ_{pm} sind für eine bekannte Betonfestigkeitsklasse und Stahlprofilierung bekannt. Gl. (10.46) in Gl. (10.44) eingesetzt, das Ergebnis nach $\Delta\sigma_{pr}$ umgestellt und anschließend mit Gl. (10.45) erweitert:

$$\Delta\sigma_{pr} = \sqrt{\frac{4 \cdot l_{ts} \cdot \sigma_{sr} \cdot \tau_{pm}}{\phi_p}} = \sqrt{\sigma_{sr}^2 \cdot \frac{\tau_{pm}}{\tau_{sm}} \cdot \frac{\phi_s}{\phi_p}} = \xi_1 \cdot \sigma_{sr} \tag{10.47}$$

mit: ξ_1 Beiwert für die unterschiedlichen Verbundeigenschaften der Bewehrungen

$$\xi_1 = \sqrt{\frac{\tau_{pm}}{\tau_{sm}} \cdot \frac{\phi_s}{\phi_p}} = \sqrt{\xi \cdot \frac{\phi_s}{\phi_p}} < 1 \tag{10.48}$$

ξ Verhältnis der mittleren Verbundfestigkeiten von Spannstahl und Betonstahl nach **Tafel 10.2**

ϕ_p äquivalenter Durchmesser der Spannstahlbewehrung

Tafel 10.2 Verhältnis ξ der Verbundfestigkeit von Spannstahl zur Verbundfestigkeit von Betonrippenstahl ([DIN EN 1992-1-1 – 11], Tabelle 6.2)

Spannstahlart	Spannglieder mit sofortigem Verbund		Spannglieder mit nachträglichem Verbund	
	bis C55/60	ab C70/85	bis C50/60	ab C70/85
glatte Stäbe	nicht anwendbar		0,3	0,15
Litzen	0,6	0,30	0,5	0,25
profilierte Drähte	0,7	0,35	0,6	0,30
gerippte Stäbe	0,8	0,40	0,7	0,35

Anmerkung: Zwischenwerte dürfen interpoliert werden.

$$\phi_p = 1{,}60 \cdot \sqrt{A_p} \quad \text{für Bündelspannglieder}^{17} \qquad (10.49)$$

$$\phi_p = 1{,}20 \cdot \phi_{wire} \quad \text{für Einzellitzen mit 3 Drähten} \qquad (10.50)$$

$$\phi_p = 1{,}75 \cdot \phi_{wire} \quad \text{für Einzellitzen mit 7 Drähten} \qquad (10.51)$$

Hiermit ist ersichtlich, dass sich der Spannstahl zwar an der Aufnahme der freigesetzten Kraft beteiligt, aber die Spannungszunahme im Spannstahl kleiner als im Betonstahl ist (vgl. Gl. (10.47)). Gl. (10.47) wird in Gl. (10.38) eingesetzt:

$$F_r = F_{s+p} = \sigma_{sr} \cdot A_s + \xi_1 \cdot \sigma_{sr} \cdot A_p = \sigma_{sr} \cdot \left(A_s + \xi_1 \cdot A_p\right) \qquad (10.52)$$

Nach Auftreten des ersten Risses bilden sich weitere. Zwischen den Einleitungslängen verbleiben noch Bereiche im ebenen Dehnungszustand ($\varepsilon_c = \varepsilon_s = \varepsilon_p$). Die Risse verdichten sich weiter, ohne dass die Kraft F deutlich steigt. Bei ca. $1{,}3 F_r$ ist die (Erst-) Rissbildung abgeschlossen.

Abgeschlossene Rissbildung:

Bei abgeschlossener Rissbildung sind die Rissabstände so gering, dass sich die Einleitungslängen nicht mehr voll ausbilden können, zwischen den Rissen also kein ebener Dehnungszustand mehr möglich ist. Da die Einleitungslänge nicht ausreicht, um im Beton die Zugfestigkeit f_{ct} wieder zu erreichen, können keine weiteren Risse entstehen. Bei Vorliegen des maximalen Rissabstandes kann gerade die Zugfestigkeit erreicht werden.

$$\Delta F_{s+p} = f_{ct} \cdot A_{ct} = \left(\tau_{sm} \cdot u_s + \tau_{pm} \cdot u_p\right) \cdot \frac{s_{r,max}}{2}$$

Diese Beziehung nach $s_{r,max}$ umgestellt und mit Hilfe von Gl. (10.48) vereinfacht:

[17] A_p beschreibt die Querschnittsfläche eines Spanngliedes.

$$s_{r,max} = \frac{f_{ct} \cdot A_{ct} \cdot \phi_s}{2 \cdot \tau_{sm} \cdot \left(A_s + \xi_1^2 \cdot A_p\right)} \tag{10.53}$$

Im Riss gilt:

$$F_r = F_{s+p} = \sigma_{sr2} \cdot A_s + \Delta\sigma_{pr2} \cdot A_p \tag{10.54}$$

Es gelten weiterhin die Gl. (10.40) und (10.41), wobei das Integrationsintervall der Rissabstand s_r ist (**Abb. 10.5**). Bei Annahme ähnlicher Höhenlage der Bewehrungselemente gilt $w_s \approx w_p$ und es kann formuliert werden:

$$w_s = \int_0^{s_r} \left(\varepsilon_s - \varepsilon_c\right) dx = s_r \cdot \left(\varepsilon_{sm} - \varepsilon_{cm}\right) \approx s_r \cdot \varepsilon_{sm} \tag{10.55}$$

$$w_p = \int_0^{s_r} \left(\Delta\varepsilon_p - \varepsilon_c\right) dx = s_r \cdot \left(\Delta\varepsilon_{pm} - \varepsilon_{cm}\right) \approx s_r \cdot \Delta\varepsilon_{pm} \tag{10.56}$$

$$w_s \approx w_p \quad \Rightarrow \quad \Delta\varepsilon_{pm} = \varepsilon_{sm} \tag{10.57}$$

$$E_s \approx E_p \quad \Rightarrow \quad \Delta\sigma_{pm} = \sigma_{sm} \tag{10.58}$$

Über die Einleitungslänge gilt für die Bewehrungen:

$$\sigma_{sr2} \cdot A_s = \sigma_{s1} \cdot A_s + \pi \cdot \phi_s \cdot \tau_{sm} \cdot \frac{s_r}{2} \quad \Rightarrow \quad \sigma_{sr2} - \sigma_{s1} = 2 \cdot s_r \cdot \frac{\tau_{sm}}{\phi_s} \tag{10.59}$$

$$\Delta\sigma_{pr2} \cdot A_p = \Delta\sigma_{p1} \cdot A_p + \pi \cdot \phi_p \cdot \tau_{pm} \cdot \frac{s_r}{2} \quad \Rightarrow \quad \Delta\sigma_{pr2} - \Delta\sigma_{p1} = 2 \cdot s_r \cdot \frac{\tau_{pm}}{\phi_p} \tag{10.60}$$

Unter Verwendung vorgenannter Gleichungen ergibt sich aus **Abb. 10.5** unter Ansatz des Völligkeitsbeiwerts $\alpha = \alpha_s = \alpha_p$:

$$\sigma_{sm} = \sigma_{sr2} - \alpha \cdot \left(\sigma_{sr2} - \sigma_{s1}\right) = \sigma_{sr2} - \alpha \cdot 2 \cdot s_r \cdot \frac{\tau_{sm}}{\phi_s} \tag{10.61}$$

$$\Delta\sigma_{pm} = \Delta\sigma_{pr2} - \alpha \cdot \left(\Delta\sigma_{pr2} - \Delta\sigma_{p1}\right) = \Delta\sigma_{pr2} - \alpha \cdot 2 \cdot s_r \cdot \frac{\tau_{pm}}{\phi_p} \tag{10.62}$$

Diese Gleichungen können entsprechend Gl. (10.58) gleichgesetzt werden. Unter Verwendung von Gl. (10.48) erhält man:

$$\sigma_{sr2} - 2 \cdot \alpha \cdot s_r \cdot \frac{\tau_{sm}}{\phi_s} = \Delta\sigma_{pr2} - 2 \cdot \alpha \cdot s_r \cdot \frac{\tau_{pm}}{\phi_p}$$

$$\Delta\sigma_{pr2} = \sigma_{sr2} - 2 \cdot \alpha \cdot s_r \cdot \left(\frac{\tau_{sm}}{\phi_s} - \frac{\tau_{pm}}{\phi_p}\right) = \sigma_{sr2} - 2 \cdot \alpha \cdot s_r \frac{\tau_{sm}}{\phi_s} \cdot \left(1 - \xi_1^2\right) \tag{10.63}$$

Diese Gleichung wird in Gl. (10.54) eingesetzt:

$$F_{s+p} = \sigma_{sr2} \cdot A_s + \left[\sigma_{sr2} - 2 \cdot \alpha \cdot s_r \cdot \frac{\tau_{sm}}{\phi_s} \cdot \left(1 - \xi_1^2\right) \right] \cdot A_p$$

$$= \sigma_{sr2} \cdot \left(A_s + A_p\right) - 2 \cdot \alpha \cdot s_r \cdot \frac{\tau_{sm}}{\phi_s} \cdot \left(1 - \xi_1^2\right) \cdot A_p$$

$$\sigma_{sr2} = \frac{F_{s+p}}{A_s + A_p} + 2 \cdot \alpha \cdot s_r \cdot \frac{\tau_{sm}}{\phi_s} \cdot \left(1 - \frac{A_s + \xi_1^2 \cdot A_p}{A_s + A_p}\right) \quad \text{mit Gl. (10.53)} \tag{10.64}$$

$$\sigma_{sr2} = \sigma_s + \alpha \cdot f_{ct} \cdot \left(\frac{1}{\rho_{p,eff}} - \frac{1}{\rho_{p,tot}} \right) \tag{10.65}$$

mit: $\sigma_s = \dfrac{F_{s+p}}{A_s + A_p}$ Spannung im Betonstahl bzw. Spannungszuwachs im Spannstahl im Zustand II für die maßgebende Einwirkungskombination unter Annahme des starren Verbundes

$\alpha = 0,4$

f_{ct} wirksame Betonzugfestigkeit im betrachteten Zeitpunkt
Es ist der Mittelwert der Zugfestigkeit f_{ctm} anzusetzen. Bei Zwang aus abfließender Hydratationswärme ist wie in [DIN EN 1992-1-1 – 11], 7.3.2 (2) beschrieben zu verfahren.

$$\rho_{p,eff} = \frac{A_s + \xi_1^2 \cdot A_p}{A_{ct}} \tag{10.66}$$

$$\rho_{p,tot} = \frac{A_s + A_p}{A_{ct}} \tag{10.67}$$

Für die zu berechnende Rissbreite w_k kann in Anlehnung an Gl. (10.55) geschrieben werden:

$$w_k = \int_0^{s_{r,max}} \left(\varepsilon_s - \varepsilon_c\right) \cdot dx = s_{r,max} \cdot \left(\varepsilon_{sm} - \varepsilon_{cm}\right) \tag{10.68}$$

Eine obere Abschätzung des Rissabstandes wurde mit Gl. (10.53) gegeben. Hieraus ergibt sich mit Gl. (10.66):

$$s_{r,max} = \frac{f_{ct} \cdot A_{ct} \cdot \phi_s}{2 \cdot \tau_{sm} \cdot \left(A_s + \xi_1^2 \cdot A_p\right)} = \frac{f_{ct} \cdot \phi_s}{2 \cdot \tau_{sm} \cdot \rho_{p,eff}} \tag{10.69}$$

Als mittlere Verbundspannung darf unabhängig vom Zustand der Rissbildung ein konstanter Wert $\tau_{sm} = 1,8 f_{ct}$ angesetzt werden. Unter Berücksichtigung dieses Wertes und des in [DIN EN 1992-1-1 – 11], 7.3.4 (3) gegebenen maximal zulässigen Rissabstandes kann Gl. (10.69) wie folgt umgestellt werden:

$$s_{r,max} = \frac{\phi_s}{3,6 \cdot \rho_{p,eff}} \le \frac{\sigma_{sr2} \cdot \phi_s}{3,6 \cdot f_{ct}} \tag{10.70}$$

Aus Gl. (10.61) und (10.69) erhält man

$$\sigma_{sm}=\sigma_{sr2}-\alpha\cdot 2\cdot\frac{f_{ct}\cdot\phi_s}{2\cdot\tau_{sm}\cdot\rho_{p,eff}}\cdot\frac{\tau_{sm}}{\phi_s}=\sigma_{sr2}-\alpha\cdot\frac{f_{ct}}{\rho_{p,eff}} \tag{10.71}$$

Die Differenz der mittleren Dehnungen von Beton und Betonstahl kann somit mit Hilfe der Gln. (10.39) und (10.71) berechnet werden. Gemäß [DIN EN 1992-1-1 – 11], 7.3.4 (2) muss die Dehnungsdifferenz grundsätzlich größer als 60 % der Betonstahldehnung im Riss sein. Unter Berücksichtigung dieses Grenzwertes und einem Völligkeitsbeiwert $\alpha = 0,4$ gilt bezüglich der Differenz der mittleren Dehnungen von Beton und Betonstahl:

$$\left(\varepsilon_{sm}-\varepsilon_{cm}\right)=\frac{\sigma_{sr2}-0,4\cdot\frac{f_{ct}}{\rho_{p,eff}}\cdot\left(1+\alpha_e\cdot\rho_{p,eff}\right)}{E_s}\geq 0,6\cdot\frac{\sigma_{sr2}}{E_s} \tag{10.72}$$

10.3.3 Beschränkung der Rissbreite ohne direkte Berechnung

Es ist möglich, die Gleichungen zur Berechnung der Rissbreite analog zum Stahlbetonbau umzuformen und allgemein auszuwerten. Dies führt auf die Nachweise „Begrenzen des Stahldurchmessers“ und „Begrenzen des zulässigen Stababstandes“. Auf die Ableitung und Darstellung des Nachweises „Begrenzen des zulässigen Stababstandes“ ([DIN EN 1992-1-1 – 11], Tabelle 7.3N) wird an dieser Stelle verzichtet, da sich vor allem bei mehrlagiger Bewehrungsanordnung auf der unsicheren Seite liegende Ergebnisse ergeben. Auf diese Nachweisform sollte daher nach [Tue/Pierson – 01] eher verzichtet werden.

Begrenzen des Stahldurchmessers:

Die Gln. (10.70) und (10.72) in Gl. (10.68) eingesetzt:

$$w_k=\frac{\phi_s}{3,6\cdot\rho_{p,eff}}\cdot\frac{\sigma_{sr2}-0,4\cdot\frac{f_{ct}}{\rho_{p,eff}}\cdot\left(1+\alpha_e\cdot\rho_{p,eff}\right)}{E_s} \tag{10.73}$$

Das Ergebnis wird nach ϕ_s umgestellt:

$$\phi_s\leq\frac{3,6\cdot\rho_{p,eff}\cdot E_s\cdot w_k}{\sigma_{sr2}-0,4\cdot\frac{f_{ct}}{\rho_{p,eff}}\cdot\left(1+\alpha_e\cdot\rho_{p,eff}\right)} \tag{10.74}$$

Gl. (10.74) kann mit Hilfe der folgenden Überlegungen vereinfacht werden. Der Spannstahlquerschnitt wird nicht zur Rissbreitenbegrenzung herangezogen. Anstatt Gl. (10.66) gilt:

$$\rho_{p,eff}=\frac{A_s}{A_{ct}} \tag{10.75}$$

Die Kräfte in Beton (vor der Rissbildung) und Stahl (nach der Rissbildung) können vereinfacht mit Hilfe der folgenden Gleichungen berechnet werden.

$$F_r = f_{ct} \cdot A_{ct} \tag{10.76}$$

$$F_s = \sigma_{sr2} \cdot A_s \tag{10.77}$$

Wird Gl. (10.74) unter Verwendung von Gl. (10.78) ausgewertet sowie der Ausdruck $\left(1+\alpha_e \cdot \rho_{p,eff}\right)$ vereinfacht zu 1,0 gesetzt, ergibt sich die folgende Gleichung zur Berechnung des Grenzdurchmessers ϕ_s^*.

$$\phi_s^* = \frac{6{,}0 \cdot f_{ct} \cdot E_s \cdot w_k}{\sigma_{sr2}^2} \tag{10.78}$$

Wenn Gl. (10.78) mit $f_{ct} = 2{,}9\ \text{N/mm}^2$ und $E_s = 200000\ \text{N/mm}^2$ ausgewertet wird, erhält man den Grenzdurchmesser ϕ_s^* wie in **Tafel 10.3** angegeben.

Tafel 10.3 Grenzdurchmesser ϕ_s^* der Betonstahlbewehrung
(Auszug aus [DIN EN 1992-1-1/NA – 13], Tabelle 7.2DE)

Stahlspannung σ_{sr2} in N/mm² nach Gl. (10.65) [18]	**Grenzdurchmesser** ϕ_s^* in mm in Abhängigkeit vom Rechenwert der Rissbreite w_k		
	$w_k = 0{,}4$ mm	$w_k = 0{,}3$ mm	$w_k = 0{,}2$ mm
160	54	41	27
200	35	26	17
240	24	18	12
280	18	13	9
320	14	10	7
360	11	8	5
400	9	7	4
450	7	5	3

In Abhängigkeit von der Bauteilhöhe ist der Grenzdurchmesser ϕ_s^* nach Gl. (10.79) zu modifizieren.

$$\phi_s = \phi_s^* \cdot \frac{\sigma_{sr2} \cdot A_s}{4 \cdot (h-d) \cdot b \cdot f_{ct0}} \geq \phi_s^* \cdot \frac{f_{ct}}{f_{ct0}} \tag{10.79}$$

mit: f_{ct} wirksame Betonzugfestigkeit $f_{ct,eff}$ zum betrachteten Zeitpunkt. In der Regel ist bei diesem Nachweis der Mittelwert der Zugfestigkeit f_{ctm} anzusetzen. Bei Zwang aus abfließender Hydratationswärme ist wie in [DIN EN 1992-1-1 – 11], 7.3.2 (2) beschrieben zu verfahren.

f_{ct0} Bezugszugfestigkeit des Betons ($f_{ct0} = 2{,}9\ \text{N/mm}^2$)

18 Gl. (10.65) ist mit [DIN EN 1992-1-1/NA – 13], Gleichung (NA 7.5.3) identisch.

Beispiel 10.3: Begrenzung der Rissbreite

Für den in **Abb. 4.6** dargestellten vorgespannten Plattenbalken aus Beton C40/50 (Innenbauteil) ist im Feld 1 die Rissbreite w_k auf den nach [DIN EN 1992-1-1 – 11] zulässigen Wert zu begrenzen. Die Spannkraft beträgt im Endzustand 85 % des Anfangswertes ($\alpha_{csr} = 0,85$). Die statische Höhe des Betonstahls beträgt $d = 1,45$ m. Der Dachbinder wird neben seiner Eigenlast durch eine Ausbau- und Verkehrslast von 1,0 kN/m² bzw. 5,0 kN/m² beansprucht.

Lösung:

Schnittgrößen

Der Nachweis der Rissbreitenbegrenzung erfolgt mit der häufigen Einwirkungskombination. Die Rissbreite w_k ist auf 0,2 mm zu begrenzen.

Tafel 10.1: nachträglicher Verbund, Expositionsklasse XC1

Eigenlast des Dachbinders

$g_{k,1} = 1,56 \cdot 25 = 39$ kN/m

Beispiel 4.2: $A_c = 1,56$ m²

$g_{k,1} = A_c \cdot \rho$

Ausbaulast

$g_{k,2} = 5,0 \cdot 1,0 = 5,0$ kN/m

Beispiel 4.2: $b = b_{eff} = 5,0$ m

$g_{k,2} = b_{eff} \cdot 1,0$ kN/m²

Verkehrslast

$q_k = 5,0 \cdot 5,0 = 25,0$ kN/m

$q_k = b_{eff} \cdot 5,0$ kN/m²

Bemessungswert der Einwirkungen

$F_{freq,g} = 39,0 + 5,0 = 44,0$ kN/m

$F_{freq,g} = g_{k,1} + g_{k,2}$

$F_{freq,q} = 0,7 \cdot 25,0 = 17,5$ kN/m

$F_{freq,q} = \psi_1 \cdot q_k$

Maximales Moment im Randfeld

[Holschemacher – 19]:

$M_{1,freq,g} = 0,08 \cdot 44,0 \cdot 30^2 = 3168$ kNm

$M_{1,g} = 0,08 \cdot g \cdot l_{eff}^2$

$M_{1,freq,q} = 0,101 \cdot 17,5 \cdot 30^2 = 1591$ kNm

$M_{1,q} = 0,101 \cdot q \cdot l_{eff}^2$

Beispiel 4.2: $l_{eff} = 30$ m

$M_{1,freq} = 3168 + 1591 = 4759$ kNm

$M_{1,freq} = M_{1,freq,g} + M_{1,freq,q}$

Beton- und Spannstahlquerschnitt und deren statische Höhe

Betonstahl: gewählte Bewehrung 7 Ø20

Spannstahl: 3 Spannglieder mit je 9 Litzen à 140 mm²

$A_s = 22,0$ cm² $\quad A_p = 3 \cdot 9 \cdot 140 \cdot 10^{-2} = 37,8$ cm²

$d_s = 1,45$ m $\quad d_p = 1,31$ m

Betonspannung an der Unterseite des Querschnitts

Beispiel 7.2:
$P_{\mathrm{m}}(12) = P_{\mathrm{m0}} = 3725$ kN
$z_{\mathrm{cp}}(12) = z_{\mathrm{cp}} = -0{,}91$ m

$P_{\mathrm{mt}} = 0{,}9 \cdot 0{,}85 \cdot 3725 = 2850$ kN
$M'_{\mathrm{cpt}} = 0{,}9 \cdot 0{,}85 \cdot 675 = 516$ kNm

$P_{\mathrm{mt}} = r_{\mathrm{inf}} \cdot \alpha_{\mathrm{csr}} \cdot P_{\mathrm{m0}}$
$M'_{\mathrm{cpt}} = r_{\mathrm{inf}} \cdot \alpha_{\mathrm{csr}} \cdot M'_{\mathrm{cp}}$
Beispiel 7.2:
$M'_{\mathrm{cp}}(12) = M'_{\mathrm{cp}} = 675$ kNm
Beispiel 4.2: $z_{\mathrm{cu}} = 1{,}10$ m

$$\sigma_{\mathrm{cu}} = -\frac{P_{\mathrm{mt}}}{A_{\mathrm{c}}} + \frac{M_{1,\mathrm{freq}} + M'_{\mathrm{cpt}} + P_{\mathrm{mt}}^{(0)} \cdot z_{\mathrm{cp}}}{I_{\mathrm{c}}} \cdot z_{\mathrm{cu}}$$
$$= -\frac{2850}{1{,}56 \cdot 10^3} + \frac{4759 + 516 - 2850 \cdot 0{,}91}{0{,}32 \cdot 10^3} \cdot 1{,}1$$
$$= 7{,}4 \text{ N/mm}^2$$

Zustand II, da $\sigma_{\mathrm{cu}} \geq f_{\mathrm{ctm}} = 3{,}5$ N/mm^2

Berechnung der Druckzonenhöhe und des Hebelarmes der inneren Kräfte im Zustand II

$\chi_{\mathrm{est}} = 0{,}87$

geschätztes Verhältnis des Spannungsunterschiedes zwischen Spannstahl und Betonstahl

$$d_{\mathrm{r}} = \frac{1{,}45 \cdot 22{,}0 + 0{,}87 \cdot 1{,}31 \cdot 37{,}8}{22{,}0 + 0{,}87 \cdot 37{,}8} = 1{,}37 \text{ m}$$

(10.9): $d_{\mathrm{r}} = \dfrac{d_{\mathrm{s}} \cdot A_{\mathrm{s}} + \chi \cdot d_{\mathrm{p}} \cdot A_{\mathrm{p}}}{A_{\mathrm{s}} + \chi \cdot A_{\mathrm{p}}}$

$$\rho = \frac{1}{5{,}0 \cdot 1{,}37} \cdot \frac{(22{,}0 + 0{,}87 \cdot 37{,}8)^2}{22{,}0 + 0{,}87^2 \cdot 37{,}8} \cdot 10^{-4} = 8{,}7 \cdot 10^{-4}$$

(10.7):
$$\rho = \frac{1}{b_{\mathrm{eff}} \cdot d_{\mathrm{r}}} \cdot \frac{(A_{\mathrm{s}} + \chi \cdot A_{\mathrm{p}})^2}{A_{\mathrm{s}} + \chi^2 \cdot A_{\mathrm{p}}}$$

$N_{\mathrm{Ed}} = 0$ kN
$M_{\mathrm{Ed}} = 4759$ kNm
$\widetilde{N}_{\mathrm{Ed}} = 0 - 2850 = -2850$ kN
$\widetilde{M}_{\mathrm{Edr}} = 4759 + 516 - 2850 \cdot (1{,}37 - 1{,}31)$
$= 5104$ kN

$M_{\mathrm{Ed}} = M_{1,\mathrm{freq}}$
$\widetilde{N}_{\mathrm{Ed}} = N_{\mathrm{Ed}} - P_{\mathrm{mt}}$
$\widetilde{M}_{\mathrm{Edr}} = M_{\mathrm{Ed}} + M'_{\mathrm{cpt}}$
$- P_{\mathrm{mt}} \cdot (d_{\mathrm{r}} - d_{\mathrm{p}})$

Berechnung der Tafeleingangswerte für Tafel A.7

$$\eta = -\frac{2850 \cdot 1{,}37}{5104} = -0{,}76$$

(10.17): $\eta = \dfrac{\widetilde{N}_{\mathrm{Ed}} \cdot d_{\mathrm{r}}}{\widetilde{M}_{\mathrm{Edr}}}$

$\dfrac{b_{\mathrm{eff}}}{b_{\mathrm{w}}} = \dfrac{5{,}0}{0{,}5} = 10$ $\qquad \dfrac{h_{\mathrm{f}}}{d_{\mathrm{r}}} = \dfrac{0{,}18}{1{,}36} = 0{,}13$

$\rho \cdot \alpha_{\mathrm{e}} = 8{,}7 \cdot 10^{-4} \cdot 15 = 0{,}013$

Berücksichtigung der Lang-

	zeiteinflüsse: $\alpha_e = 15$
$\xi = 0{,}30$	Tafel A.7a:
$x = 0{,}30 \cdot 1{,}37 = 0{,}41$ m	(10.10): $x = \xi \cdot d_r$
$\zeta = 0{,}93$	Tafel A.7b:
$z = 0{,}93 \cdot 1{,}37 = 1{,}27$ m	(10.18): $z = \zeta \cdot d_r$

Der Hebelarm der inneren Kräfte kann aber auch mit den Gln. (10.13) und (10.15) berechnet werden.

(10.13):

$$\alpha_c(x) = \left(1 - \frac{h_f}{x}\right)^2 \cdot \left(\frac{b_w}{b_{eff}} - 1\right) + 1$$

$$= \left(1 - \frac{0{,}18}{0{,}41}\right)^2 \cdot \left(\frac{0{,}5}{5{,}0} - 1\right) + 1 = 0{,}72$$

(10.15):

$$k_a(x) = 1 - \frac{2}{3 \cdot \alpha_c(x)} \left[\left(1 - \frac{h_f}{x}\right)^3 \cdot \left(\frac{b_w}{b_{eff}} - 1\right) + 1\right]$$

$$k_a(x) = 1 - \frac{2}{3 \cdot 0{,}72} \left[\left(1 - \frac{0{,}18}{0{,}41}\right)^3 \cdot \left(\frac{0{,}5}{5{,}0} - 1\right) + 1\right] = 0{,}22$$

$$z = 1{,}37 - 0{,}22 \cdot 0{,}41 = 1{,}28 \text{ m}$$

(10.18): $z = d_r - k_a(x) \cdot x$

$$\chi = \frac{1{,}31 - 0{,}41}{1{,}45 - 0{,}41} = 0{,}865 \approx 0{,}87$$

(10.8): $\chi = \dfrac{d_p - x}{d - x}$

Das geschätzte Verhältnis von Spannungsänderung Spannstahl und Betonstahlspannung war richtig.

Berechnung der Spannung im Betonstahl

(10.20): $\sigma_s = \dfrac{1}{A_s + \chi \cdot A_p} \cdot \left(\dfrac{\widetilde{M}_{Edr}}{z} + \widetilde{N}_{Ed}\right)$

$$\sigma_s = \frac{1}{22{,}0 + 0{,}865 \cdot 37{,}8} \cdot \left(\frac{5104}{1{,}28} - 2850\right) \cdot 10$$

$$= 211 \text{ N/mm}^2$$

Wirkungsbereich der Bewehrung

[DIN EN 1991-1-1 – 11], Bild 7.1: $A_{ct} = A_{c,eff} = 2{,}5 \cdot (h - d) \cdot b$

$$A_{ct} = 2{,}5 \cdot (1{,}50 - 1{,}45) \cdot 0{,}5 \cdot 10^4 = 625 \text{ cm}^2$$

Geometrischer und effektiver Bewehrungsgrad

(10.67): $\rho_{p,tot} = \dfrac{A_s + A_p}{A_{ct}}$

$$\rho_{p,tot} = \frac{22{,}0 + 37{,}8}{625} = 0{,}096$$

(10.49): $\phi_p = 1{,}6 \cdot \sqrt{A_p}$

$$\phi_p = 1{,}6 \cdot \sqrt{9 \cdot 140} = 57 \text{ mm}$$

Der Beiwert zur Berücksichtigung des unterschiedlichen Verbundverhaltens von Beton und Spannstahl wird mit einem Betonstahldurchmesser $\phi_s = 20$ mm und einem äquivalenten Spannstahldurchmesser $\phi_p = 57$ mm berechnet.

$\xi = 0,5$
(Spannstahllitze mit nachträglichem Verbund)

$$\xi_1 = \sqrt{0,5 \cdot \frac{20}{57}} = 0,42$$

$$\rho_{p,eff} = \frac{22,0 + 0,42^2 \cdot 37,8}{625} = 0,046$$

$$f_{ct} = f_{ctm} = 3,5 \text{ N/mm}^2 \geq 2,9 \text{ N/mm}^2$$

$$\sigma_{sr2} = \sigma_s + 0,4 \cdot f_{ct} \cdot \left(\frac{1}{\rho_{p,eff}} - \frac{1}{\rho_{p,tot}} \right)$$

$$= 211 + 0,4 \cdot 3,5 \cdot \left(\frac{1}{0,046} - \frac{1}{0,096} \right) = 227 \text{ N/mm}^2$$

Tafel 10.2:
Beton C40/50

(10.48): $\xi_1 = \sqrt{\xi \cdot \frac{\phi_s}{\phi_p}}$

(10.66): $\rho_{p,eff} = \frac{A_s + \xi_1^2 \cdot A_p}{A_{ct}}$

Beton C40/50

(10.65):

Überprüfung der vorhandenen Bewehrung

$\phi_s^* = 13$ mm (interpoliert)

$$\phi_s = 13 \cdot \frac{227 \cdot 22,0}{4 \cdot (1,5 - 1,45) \cdot 0,5 \cdot 2,9} \cdot 10^{-4}$$

$$= \underline{22,4 \text{ mm}} > 15,7 \text{ mm} = 13 \cdot \frac{3,5}{2,9}$$

gewählt: 7 Ø20

$A_{s,vorh} = 22,0 \text{ cm}^2$

Tafel 10.3:

$\sigma_{sr2} = 227 \text{ N/mm}^2$

Rissbreite $w_k = 0,2$ mm

(10.79):

$$\phi_s = \phi_s^* \cdot \frac{\sigma_{sr2} \cdot A_s}{4 \cdot (h-d) \cdot b \cdot f_{ct0}}$$

$$\geq \phi_s^* \cdot \frac{f_{ct}}{f_{ct0}}$$

Beispiel 10.4: Berechnung der Rissbreite

Für den in **Abb. 4.6** dargestellten vorgespannten Plattenbalkenquerschnitt aus Beton C40/50 (Innenbauteil) ist im Randfeld die Rissbreite w_k zu berechnen. Der Querschnitt ist an dieser Stelle mit 7 Ø20 bewehrt.

Lösung:

Es wird auf die Ergebnisse von **Beispiel 10.3** zurückgegriffen.

Anforderungsklasse D

Nachweis der Rissbreitenbegrenzung erfolgt mit der häufigen Einwirkungskombination. Die bei dieser Einwirkungskombination auftretende Stahlspannung wurden bereits in Beispiel 10.3 berechnet.

Tafel 10.1:
nachträglicher Verbund;
Expositionsklasse XC1

$\sigma_{sr2} = 227\ \text{N/mm}^2$

$f_{ct} = f_{ctm} = 3{,}5\ \text{N/mm}^2 \geq 2{,}9\ \text{N/mm}^2$ — Beton C40/50

Gl. (10.70):
$$s_{r,max} = \frac{\phi_s}{3{,}6 \cdot \rho_{p,eff}} \leq \frac{\sigma_{sr2} \cdot \phi_s}{3{,}6 \cdot f_{ct}}$$

Beispiel 10.3: $\rho_{p,eff} = 0{,}04$

$$s_{r,max} = \frac{20}{3{,}6 \cdot 0{,}046} = \underline{121\ \text{mm}} \leq 360\ \text{mm} = \frac{227 \cdot 20}{3{,}6 \cdot 3{,}5}$$

Gl. (10.72):

$$(\varepsilon_{sm} - \varepsilon_{cm}) = \frac{\sigma_{sr2} - 0{,}4 \cdot \frac{f_{ct}}{\rho_{p,eff}} \cdot \left(1 + \frac{E_s}{E_c} \cdot \rho_{p,eff}\right)}{E_s} \geq 0{,}6 \cdot \frac{\sigma_{sr2}}{E_s}$$

$$(\varepsilon_{sm} - \varepsilon_{cm}) = \frac{227 - 0{,}4 \cdot \frac{3{,}5}{0{,}046} \cdot \left(1 + \frac{200000}{35000} \cdot 0{,}046\right)}{200000}$$
$$= \underline{9{,}4 \cdot 10^{-4}} > 6{,}8 \cdot 10^{-4} = 0{,}6 \cdot \frac{227}{200000}$$

Gl. (10.68):
$$w_k = s_{r,max} \cdot (\varepsilon_{sm} - \varepsilon_{cm})$$

$$w_k = 121 \cdot 9{,}4 \cdot 10^{-4} = 0{,}12\ \text{mm}$$

10.3.4 Mindestbewehrung zur Begrenzung der Rissbreite

Die Mindestbewehrung soll die Rissbreite auch bei nicht rechnerisch erfassten Zwangseinwirkungen begrenzen. Sie darf im Spannbetonbau entfallen, sofern sichergestellt ist, dass der Querschnitt in der vorgedrückten Zugzone ausreichend überdrückt ist.

In Bauteilen mit Vorspannung im Verbund ist die Mindestbewehrung zur Rissbreitenbegrenzung nicht in Bereichen erforderlich, in denen im Beton unter der *seltenen* Einwirkungskombination und unter den maßgebenden charakteristischen Werten der Vorspannung Betondruckspannungen $\sigma_{c,rare} \leq -1\ \text{N/mm}^2$ am Querschnittsrand auftreten ([DIN EN 1992-1-1/NA – 13], NDP zu 7.3.2 (4)). Im Bereich von Arbeitsfugen mit Spanngliedkopplungen sollte diese Regelung nicht angewendet werden. Hier ist die Mindestbewehrung unabhängig von der Höhe der Spannung am Querschnittsrand anzuordnen.

Die Mindestbewehrung muss die bei Auftreten eines Risses freigesetzte Kraft der Betonzugzone aufnehmen und wird wie im Stahlbetonbau berechnet.

$$A_{s,min} = k_c \cdot k \cdot f_{ct} \cdot \frac{A_{ct}}{\sigma_s} \tag{10.80}$$

Bei Vorspannung mit Verbund darf der Spannstahl unter Berücksichtigung seiner schlechteren Verbundeigenschaften angerechnet werden, sofern der Achsabstand zwischen Betonstahl und Spannglied 150 mm nicht übersteigt.

$$A_{s,min} = k_c \cdot k \cdot f_{ct} \cdot \frac{A_{ct}}{\sigma_s} - \xi_1 \cdot A_p \tag{10.81}$$

mit: f_{ct} wirksame Betonzugfestigkeit im betrachteten Zeitpunkt

Bei diesem Nachweis ist der Mittelwert der Zugfestigkeit f_{ctm} anzusetzen. Bei Zwang aus abfließender Hydratationswärme ist wie in [DIN EN 1992-1-1 – 11], 7.3.2 (3) beschrieben zu verfahren.

k_c Beiwert zur Berücksichtigung des Einflusses der Spannungsverteilung innerhalb der Zugzone A_{ct} vor der Erstrissbildung sowie der Änderung des inneren Hebelarms beim Übergang in den Zustand II.

$$k_c = 0{,}4 \cdot \left(1 + \frac{\sigma_c}{k_1 \cdot \left(h/h^* \right) \cdot f_{ct,eff}} \right) \leq 1 \tag{10.82}$$

$$k_1 = \begin{cases} 1{,}5 & \text{für Längsdruckkraft} \\ \frac{2}{3} \cdot \frac{h}{h^*} & \text{für Längszugkraft} \end{cases} \tag{10.83}$$

$$h^* = \begin{cases} h & \text{für } h < 1\,\text{m} \\ 1\,\text{m} & \text{für } h \geq 1\,\text{m} \end{cases} \tag{10.84}$$

h ist die Höhe des (Teil-) Querschnitts

k Beiwert zur Berücksichtigung von nichtlinear über den Querschnitt verteilter Eigenspannungen, die an anderer Stelle im Nachweis nicht erfasst werden.

– Zugspannungen infolge inneren Zwangs:

$$k = 0{,}8 \text{ für } h \leq 300\,\text{mm} \tag{10.85}$$

$$k = 0{,}5 \text{ für } h \geq 800\,\text{mm} \tag{10.86}$$

Zwischenwerte dürfen linear interpoliert werden. h ist der kleinere Wert von Höhe und Breite des (Teil-) Querschnitts.

– Zugspannungen infolge äußeren Zwangs (z.B. Stützensenkung):

$$k = 1{,}0 \tag{10.87}$$

σ_s zulässige Spannung im Betonstahl in Abhängigkeit vom gewählten Grenzdurchmesser ϕ_s^* nach **Tafel 10.3**

Bei stark gegliederten Querschnitten wie Hohlkästen und Plattenbalken ist es erforderlich, die Mindestbewehrung $A_{s,min}$ separat für jeden Teilquerschnitt (Gurt bzw. Steg) zu berechnen. Dadurch werden Zwangspannungen berücksichtigt, die aus der gegenseitigen Dehnungsbehinderung zwischen den Teilquerschnitten resultieren.

Die Begrenzung der Rissbreite darf durch eine Begrenzung des Stabdurchmessers auf den folgenden Wert nachgewiesen werden.

$$\phi_{s,vorh} \leq \phi_s = \phi_s^* \cdot \frac{k_c \cdot k \cdot h_t}{4 \cdot (h-d)} \cdot \frac{f_{ct}}{f_{ct0}} \geq \phi_s^* \cdot \frac{f_{ct}}{f_{ct0}} \tag{10.88}$$

mit: ϕ_s^* gewählter Grenzdurchmesser der Bewehrung

h_t Höhe der Zugzone im (Teil-) Querschnitt vor Beginn der Erstrissbildung

f_{ct0} Bezugszugfestigkeit des Betons ($f_{ct0} = 2,9$ N/mm^2)

Die Erläuterung der weiteren Werte können den Hinweisen zu den Gln. (10.80) bzw. (10.81) entnommen werden.

Beispiel 10.5: Mindestbewehrung zur Begrenzung der Rissbreite

Für den in **Abb. 4.6** dargestellten vorgespannten Plattenbalkenquerschnitt aus Beton C40/50 (Innenbauteil) ist die Mindestbewehrung zur Begrenzung der Rissbreite zu bestimmen. Die Mindestbewehrung ist im Feld sowie im Stützbereich erforderlich, da die Betonrandspannung unter der seltenen Einwirkungskombination und unter dem maßgebenden charakteristischen Wert der Vorspannung größer als $-1,0$ N/mm^2 ist. Die Spannkraft verringert sich im Endzustand auf 85 % des Anfangswertes, d.h. $\alpha_{csr} = 0,85$.

Lösung:

Nachweis der Mindestbewehrung im Feldbereich

Betonspannung im Schwerpunkt des Gesamtquerschnitts

$$\sigma_{cm} = -\frac{0,9 \cdot 0,85 \cdot 3725}{1,56 \cdot 10^3} = -1,8 \text{ N/mm}^2$$

$$\sigma = \frac{N}{A} = -\frac{r_{inf} \cdot \alpha_{csr} \cdot P_m}{A_c}$$

Beispiel 4.2:
$A_c = 1,56$ m^2

Beispiel 7.2:
$P_m(12) = 3725$ kN

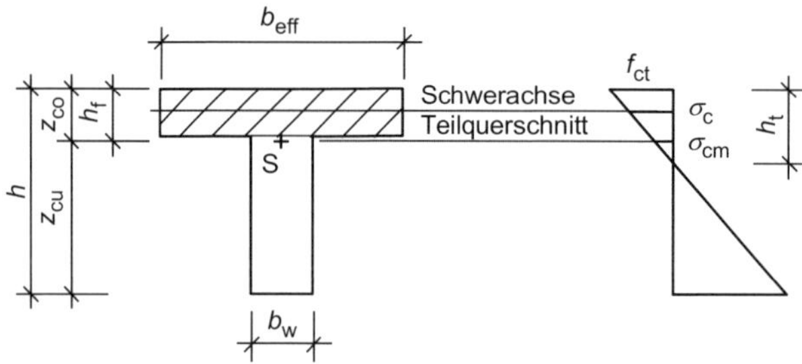

Betonspannung im Schwerpunkt des Teilquerschnitts

$$f_{ct} = f_{ctm} = 3,5 \text{ N/mm}^2 \geq 2,9 \text{ N/mm}^2$$

Beton C40/50

$$\sigma_c = 3,5 - \frac{0,5 \cdot 1,5}{1,1} \cdot (3,5 + 1,8) = -0,1 \text{ N/mm}^2$$

$$\sigma_c = f_{ct} - \frac{0,5 \cdot h}{z_{cu}} \cdot (f_{ct} - \sigma_{cm})$$

Beispiel 4.2:
$h = 1,50$ m

Fläche der Betonzugzone

$$h_t = \frac{3,5}{3,5+1,8} \cdot 1,1 = 0,73 \text{ m}$$

$$A_{ct} = 0,5 \cdot 0,73 = 0,37 \text{ m}^2$$

Beiwert k_c

$$k_1 = 1,5$$

$$h^* = 1,0 \text{ m}$$

$$k_c = 0,4 \cdot \left(1 - \frac{0,1}{1,5 \cdot (1,50/1,0) \cdot 3,5}\right) = 0,39$$

Beiwert k

$$\underline{b_w = 0,5 \text{ m}} \le h = 1,5 \text{ m}$$

$k = 0,68$ interpoliert

Berechnung der Mindestbewehrung

$$\phi_s^* = 17 \text{ mm}$$

$$\sigma_s = 200 \text{ N/mm}^2$$

$$\phi_s = 17 \cdot \frac{0,39 \cdot 0,68 \cdot 0,73}{4 \cdot (1,5 - 1,45)} \cdot \frac{3,5}{2,9}$$

$$= 19,9 \text{ mm} < 17 \cdot \frac{3,5}{2,9} = \underline{20,5 \text{ mm}}$$

$$A_{s,min} = 0,39 \cdot 0,68 \cdot 3,5 \cdot \frac{0,37}{200} \cdot 10^4 = 17,2 \text{ cm}^2$$

gewählt: 6 Ø20

$$A_{s,vorh} = 18,9 \text{ cm}^2 > A_{s,min} = 17,2 \text{ cm}^2$$

Nachweis der Mindestbewehrung im Stützbereich

Betonspannung im Schwerpunkt des Gesamtquerschnitts

$$\sigma_{cm} = -\frac{0,9 \cdot 0,85 \cdot 3734}{1,24 \cdot 10^3} = -2,3 \text{ N/mm}^2$$

$$z_{cu} = 1,10 \text{ m}$$

$$h_t = \frac{f_{ct}}{f_{ct} - \sigma_{cm}} \cdot z_{cu}$$

$$A_{ct} = b_w \cdot h_t$$

Längsdruckkraft: (10.83)

(10.84):

(10.82):

$$k_c = 0,4 \cdot \left(1 + \frac{\sigma_c}{k_1 \cdot (h/h^*) \cdot f_{ct}}\right)$$

kleinerer Wert von b_w und h maßgebend

(10.86):

gewählter Grenzdurchmesser

Tafel 10.3: Rissbreite $w_k = 0,2$ mm

(10.88):

$$\phi_s = \phi_s^* \cdot \frac{k_c \cdot k \cdot h_t}{4 \cdot (h-d)} \cdot \frac{f_{ct}}{f_{ct0}}$$

$$\ge \phi_s^* \cdot \frac{f_{ct}}{f_{ct0}}$$

(10.80):

$$A_{s,min} = k_c \cdot k \cdot f_{ct} \cdot \frac{A_{ct}}{\sigma_s}$$

Beispiel 7.2

$$P_m(30) = 3734 \text{ kN}$$

$$\sigma = \frac{N}{A} = -\frac{r_{inf} \cdot \alpha_{csr} \cdot P_m}{A_c}$$

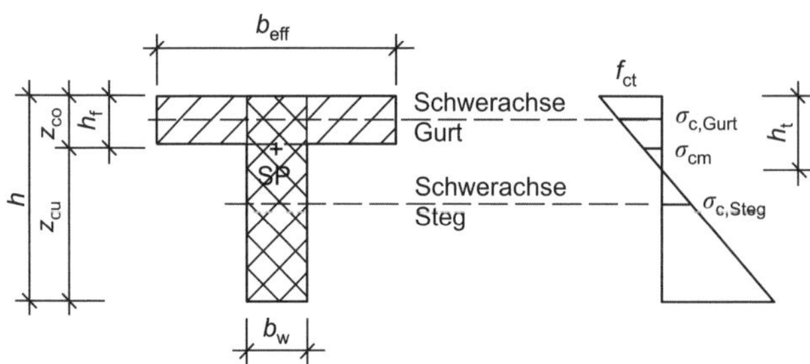

Unter Berücksichtigung der mitwirkenden Plattenbreite im Stützbereich ($b_{eff} = 3,2$ m) ergeben sich folgende Querschnittswerte:

$A_c = 1,24\ \text{m}^2 \quad z_{co} = 0,49$ m

[a] … Nachweis der Platte

Betonspannung im Schwerpunkt des Teilquerschnitts

$$h_t = \frac{3,5}{3,5+2,3} \cdot 0,49 = 0,30\ \text{m} \geq h_f = 18\ \text{cm}$$

$$h_t = \frac{f_{ct}}{f_{ct} - \sigma_{cm}} \cdot z_{co}$$

$$\sigma_c = 3,5 \cdot \frac{0,30 - 0,5 \cdot 0,18}{0,30} = 2,5\ \text{N/mm}^2$$

$$\sigma_c = f_{ct} \cdot \frac{h_t - 0,5 \cdot h_f}{h_t}$$

Fläche der Betonzugzone

$$A_{ct} = 0,18\ \text{m}^2/\text{m}$$

$$A_{ct} = h_f$$

Beiwerte k_c und k

(10.83): Längszugkraft

$$k_1 = \frac{2}{3} \cdot \frac{1,50}{1,0} = 1,0$$

(10.82):

$$k_c = 0,4 \cdot \left(1 + \frac{2,5}{1,0 \cdot (1,50/1,0) \cdot 3,5}\right) = 0,59$$

$$k_c = 0,4 \cdot \left(1 + \frac{\sigma_c}{k_1 \cdot (h/h^*) \cdot f_{ct}}\right)$$

(10.85):

$$k = 0,8$$

Berechnung der Mindestbewehrung

gewählter Grenzdurchmesser

$$\phi_s^* = 6\ \text{mm}$$

Tafel 10.3: $w_k = 0,2$ mm

$$\sigma_s = 340\ \text{N/mm}^2$$

(10.88):

$$\phi_s = 6 \cdot \frac{0,59 \cdot 0,8 \cdot 0,18}{4 \cdot (0,18 - 0,15)} \cdot \frac{3,5}{2,9}$$

$$= 5,1\ \text{mm} < 6 \cdot \frac{3,5}{2,9} = \underline{7,2\ \text{mm}}$$

$$\phi_s = \phi_s^* \cdot \frac{k_c \cdot k \cdot h_t}{4 \cdot (h-d)} \cdot \frac{f_{ct}}{f_{ct0}} \geq \phi_s^* \cdot \frac{f_{ct}}{f_{ct0}}$$

Für h ist die Plattenhöhe h_f zu verwenden, die statische Höhe d der Platte beträgt 15 cm.

(10.80):

$$A_{s,min} = 0,59 \cdot 0,8 \cdot 3,5 \cdot \frac{0,18}{340} \cdot 10^4 = 8,8\ \text{cm}^2/\text{m}$$

$$A_{s,min} = k_c \cdot k \cdot f_{ct} \cdot \frac{A_{ct}}{\sigma_s}$$

gewählt: oben und unten Doppelstab Ø7 – 12,5

$$A_{s,vorh} = 12,3\ \text{cm}^2/\text{m} > A_{s,min} = 8,7\ \text{cm}^2/\text{m}$$

[b] … Nachweis des Steges

Betonspannung im Schwerpunkt des Teilquerschnitts

$$\sigma_c = 3{,}5 - \frac{0{,}5 \cdot 1{,}5}{0{,}3} \cdot 3{,}5 = -5{,}25 \text{ N/mm}^2$$

$$\sigma_c = f_{ct} - \frac{0{,}5 \cdot h}{h_t} \cdot f_{ct}$$

Beispiel 4.2: $h = 1{,}50$ m

Fläche der Betonzugzone

$$A_{ct} = 0{,}5 \cdot 0{,}3 = 0{,}15 \text{ m}^2$$

$$A_{ct} = b_w \cdot h_t$$

Beiwerte k_c und k

Längsdruckkraft:

(10.83): $k_1 = 1{,}5$

(10.84): $h^* = 1{,}0$ m

(10.82):

$$k_c = 0{,}4 \cdot \left(1 - \frac{5{,}25}{1{,}5 \cdot (1{,}50/1{,}0) \cdot 3{,}5}\right) = 0{,}13$$

$$k_c = 0{,}4 \cdot \left(1 + \frac{\sigma_c}{k_1 \cdot (h/h^*) \cdot f_{ct}}\right)$$

$\underline{b_w} = 0{,}5 \text{ m} \leq h = 1{,}5$ m

kleinerer Wert von b_w und h maßgebend

(10.86):

$k = 0{,}68$ interpoliert

Berechnung der Mindestbewehrung

$\phi_s^* = 11$ mm

gewählter Grenzdurchmesser

$\sigma_s = 250 \text{ N/mm}^2$

Tafel 10.3: Rissbreite $w_k = 0{,}2$ mm

(10.88):

$$\phi_s = 11 \cdot \frac{0{,}13 \cdot 0{,}68 \cdot 0{,}30}{4 \cdot (1{,}5 - 1{,}45)} \cdot \frac{3{,}5}{2{,}9}$$

$$= 1{,}8 \text{ mm} < 11 \cdot \frac{3{,}5}{2{,}9} = \underline{13{,}3 \text{ mm}}$$

$$\phi_s = \phi_s^* \cdot \frac{k_c \cdot k \cdot h_t}{4 \cdot (h - d)} \cdot \frac{f_{ct}}{f_{ct0}} \geq \phi_s^* \cdot \frac{f_{ct}}{f_{ct0}}$$

(10.80):

$$A_{s,min} = 0{,}13 \cdot 0{,}68 \cdot 3{,}5 \cdot \frac{0{,}15}{250} \cdot 10^4 = 1{,}9 \text{ cm}^2$$

$$A_{s,min} = k_c \cdot k \cdot f_{ct} \cdot \frac{A_{ct}}{\sigma_s}$$

gewählt: 2 Ø12

$A_{s,vorh} = 2{,}2 \text{ cm}^2 > A_{s,min} = 1{,}9 \text{ cm}^2$

10.4 Begrenzung der Verformungen

10.4.1 Anforderungen

Der Nachweis der Verformungen wird bei vorgespannten Tragwerken meistens nicht maßgebend, da diese infolge der Vorspannung unter Gebrauchslasten zumeist im Zustand I verbleiben und dadurch im Vergleich zu nicht vorgespannten Bauteilen eine höhere Steifigkeit aufweisen. Lediglich in Bauteilen mit sehr geringer Vorspannung kann die Verformung maßgebend werden. Dies ist z. B. bei punktgestützten Platten möglich.

Der Nachweis wird entsprechend [DIN EN 1992-1-1 – 11], 7.4 geführt. Es gelten dieselben Forderungen wie für Bauteile des Stahlbetonbaus. Für den üblichen Hochbau ist eine ausreichende Gebrauchstauglichkeit vorhanden, wenn der Durchhang unter der quasi-ständigen Einwirkungskombination $l_{eff}/250$ nicht übersteigt. Wenn auf dem betrachteten Bauteil verformungsempfindliche andere Bauteile stehen, sollte der Durchhang nach dem Einbau dieser Teile auf $l_{eff}/500$ begrenzt werden. Überhöhungen sollten $l_{eff}/250$ nicht überschreiten.

10.4.2 Vereinfachter Nachweis ohne direkte Berechnung

Der vereinfachte Nachweis ist in [DIN EN 1992-1-1 – 11], 7.4.2 geregelt. Da die Durchbiegungen wesentlich von den Lagerungsbedingungen und der Art des Systems abhängen, wird die tatsächliche Stützweite durch einen Korrekturbeiwert K (Tab. 10.4) modifiziert. Der Grenzwert der Biegeschlankheit des Bauteils beträgt dann in Abhängigkeit von der Betonfestigkeit und vom vorhandenen Bewehrungsgrad:

$$\frac{l}{d} = \begin{cases} K \cdot \left[11 + 1{,}5\sqrt{f_{ck}}\,\frac{\rho_0}{\rho} + 3{,}2\sqrt{f_{ck}} \cdot \sqrt{\left(\frac{\rho_0}{\rho} - 1\right)^3} \right] & \text{wenn } \rho < \rho_0 \\ K \cdot \left[11 + 1{,}5\sqrt{f_{ck}}\,\frac{\rho_0}{\rho - \rho'} + \frac{1}{12}\sqrt{f_{ck}} \cdot \sqrt{\frac{\rho'}{\rho}} \right] & \text{wenn } \rho > \rho_0 \end{cases} \qquad (10.89)$$

mit:

ρ_0	Referenzbewehrungsgrad $\rho_0 = 10^{-3} \cdot \sqrt{f_{ck}}$
ρ	erforderlicher Zugbewehrungsgrad in Feldmitte bzw. am Einspannquerschnitt beim Kragträger
ρ'	erforderlicher Druckbewehrungsgrad in Feldmitte bzw. am Einspannquerschnitt beim Kragträger
f_{ck}	Betondruckfestigkeit in [N/mm²]

Tafel 10.4 Beiwert *K* zur Berücksichtigung der statischen Systeme für die Biegeschlankheiten von Stahlbetonbauteilen ([DIN EN 1992-1-1/NA – 13], Tabelle 7.4N)

Statisches System	***K***
frei drehbar gelagerter Einfeldträger; gelenkig gelagerte einachsig oder zweiachsig gespannte Platte	1,0
Endfeld eines Durchlaufträgers oder einer einachsig gespannten durchlaufenden Platte; Endfeld einer zweiachsig gespannten Platte, die kontinuierlich über einer längere Seite durchläuft	1,3
Mittelfeld eines Balkens oder einer einachsig oder zweiachsig gespannten Platte	1,5
Platte, die ohne Unterzüge auf Stützen gelagert ist (Flachdecke) (auf Grundlage der größeren Spannweite)	1,2
Kragträger	0,4

Die Biegeschlankheiten nach Gleichung (10.90) sind jedoch begrenzt auf:

$$\frac{l}{d} \leq K \cdot 35 \qquad \text{allgemein im üblichen Hochbau} \qquad (10.90)$$

$$\frac{l}{d} \leq K^2 \cdot \frac{150}{l} \qquad \text{bei leichten Trennwänden} \qquad (10.91)$$

Bei weiter gespannten Tragwerken halten diese Gleichungen nicht die Verformungsbedingungen $l_{\text{eff}}/250$ bzw. $l_{\text{eff}}/500$ ein. Daher sind die Verformungen besser direkt zu berechnen.[19]

10.4.3 Direkte Berechnung der Verformungen

Die Durchbiegung muss nur dann berechnet werden, wenn:

- der Vorspanngrad κ deutlich unter 1 liegt;
- die Durchbiegungen wirklichkeitsnäher ermittelt werden sollen, um z. B. die Schalung zu überhöhen.

Die Durchbiegung wird unter der quasi-ständigen Einwirkungskombination ermittelt. Zur Beurteilung, ob das Bauteil ungerissen oder gerissen ist, ist die seltene Einwirkungskombination zu betrachten und die sich hieraus ergebenden Schnittgrößen sind dahingehend zu prüfen, ob die Randzugspannungen die Betonzugfestigkeit $f_{\text{ct}} = f_{\text{ctk;0,05}}$ unterschreitet. In diesem Fall liegt Zustand I vor.

Sofern sich Teile des Tragwerkes im Zustand II befinden, ist eine Berechnung auf Basis der tatsächlichen Verkrümmungen im Querschnitt zu führen.

[19] Den nach [DIN EN 1992-1-1 – 11] zwar zulässigen vereinfachten Nachweis nicht verwenden.

11 Nachweise im Grenzzustand der Tragfähigkeit

11.1 Biegebemessung bei Vorspannung ohne Verbund

Bei Vorspannung ohne Verbund ist die Verträglichkeitsbedingung zwischen Spannstrang und Beton nur an den Ankerstellen zu gewährleisten. Die Kraft im Spannstrang P_m ist bekannt, damit auch die Längskraft im Betonquerschnitt.

$$\widetilde{N}_{Ed} = N_{g+q} - P_m - \Delta P_m \tag{11.1}$$

Infolge der zusätzlichen Lastfälle (Verkehr, Wind, Schnee etc.) ändert sich die Kraft im Spannstrang geringfügig um den Wert ΔP_m. Bei exzentrisch geführten internen Spanngliedern ohne Verbund darf dieser Wert ohne genauere Rechnung abgeschätzt werden ([DIN EN 1992-1-1 – 11], 5.10.8 (2) und [DAfStb – 12]):

$$\Delta P_m = \Delta\sigma_p \cdot A_p \tag{11.2}$$

- Einfeldträger: $\Delta\sigma_p = 100 \text{ N/mm}^2$ (11.3)
- Kragträger: $\Delta\sigma_p = 50 \text{ N/mm}^2$ (11.4)
- Flachdecken mit *n*-Feldern: $\Delta\sigma_p = 350 \text{ N/mm}^2$ (11.5)

Unter Beachtung der für die Bemessung zu berücksichtigenden unterschiedlichen Zeitpunkte t wird wie für einen Stahlbetonquerschnitt unter Biegung mit Längsdruckkraft bemessen.

Auch Spannglieder mit nachträglichem Verbund sind für den Bauzustand Spannglieder ohne Verbund (alle Zeitpunkte vor dem Auspressen der Hüllrohre)!

11.2 Biegebemessung bei Vorspannung mit Verbund

11.2.1 Allgemeines

Der Nachweis dient wie im Stahlbetonbau zur Sicherung der Betondruckzone und zur Ermittlung eines ausreichenden Stahlquerschnitts der Biegezugbewehrung. Sie besteht hierbei aus dem Spannstahl und (falls erforderlich) zusätzlichem Betonstahl. Da die Vorspannung vor dem Führen des Nachweises bereits gewählt wurde, ist der Querschnitt des Spannstahls bekannt, und es wird nur noch der Querschnitt des Betonstahls gesucht.

$$M_{Ed} \le M_{Rd} \tag{11.6}$$

Die Bemessung erfolgt mit den Identitätsbedingungen auf Querschnittsebene und ist eine Erweiterung der Biegebemessung des Stahlbetonbaus. Bei der Biegebemessung geht man von folgenden Annahmen aus:

- Die Hypothese von BERNOULLI gilt, d. h., Querschnitte, die vor der Verformung eben waren, bleiben auch während der Verformung eben. Hieraus folgt, dass die Verzerrungen mit zunehmendem Abstand von der Nulllinie linear zunehmen.
- Zwischen dem Beton und der Bewehrung liegt vollkommener Verbund vor, d. h. die Biegezugbewehrung hat dieselbe Dehnung wie die Betonfaser auf Höhe des Schwerpunkts des Bewehrungsstranges. Die Dehnung des Betonstahls im GZT beträgt nach [DIN EN 1992-1-1/NA – 13], NDP zu 3.2.7 (2) $\varepsilon_{ud} = 0{,}025$. Für den Spannstrang (oder die Spannstränge) ist zusätzlich eine Vordehnung $\varepsilon_p^{(0)}$ vorhanden. Die Bruchdehnung des Spannstahls beträgt deshalb nach [DIN EN 1992-1-1/NA – 13], NDP zu 3.3.6 (7) $\varepsilon_{ud} = \varepsilon_p^{(0)} + 0{,}025$.
- Die Zugfestigkeit des Betons wird rechnerisch nicht berücksichtigt, sämtliche Zugkräfte müssen von der Bewehrung aufgenommen werden.
- Die Verknüpfung der Stauchungen (bzw. Dehnungen) mit den Spannungen erfolgt über festgelegte Werkstoffgesetze für Beton und Stahl (siehe Kapitel 3).
- Die Wirkung der Vorspannung wird in den statisch bestimmten Anteil $M_{cp}^{(00)}$ und den statisch unbestimmten Anteil M'_{cp} aufgespalten. Der statisch bestimmte Anteil kann bei der Biegebemessung sowohl auf der Seite des Bauteilwiderstandes R_d als auch auf der Seite der Einwirkungen E_d berücksichtigt werden. Der statisch unbestimmte Anteil wird grundsätzlich auf der Seite der Einwirkungen E_d berücksichtigt. Diese Vorgehensweise ist sinnvoll, da die Schnittgrößen nach der Elastizitätstheorie mit begrenzter Momentenumlagerung ermittelt werden können (siehe Abschnitt 7.4.1). Nur der statisch unbestimmte Anteil darf umgelagert werden.

Ansatz 1 mit maßgebenden Vordehnungen

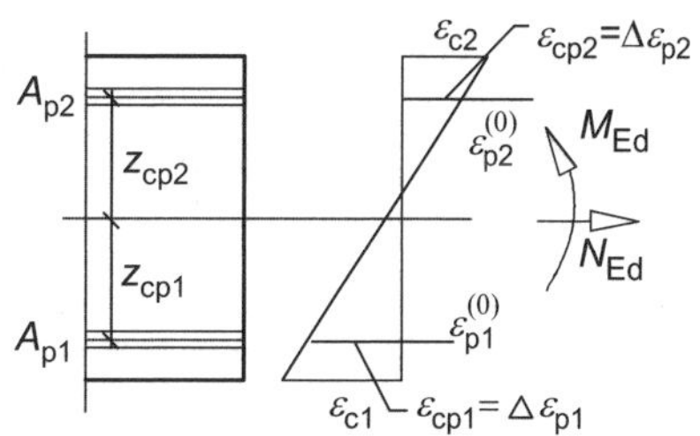

Ansatz 2 mit aus der Vordehnung resultierenden Kräften im Spannstrang

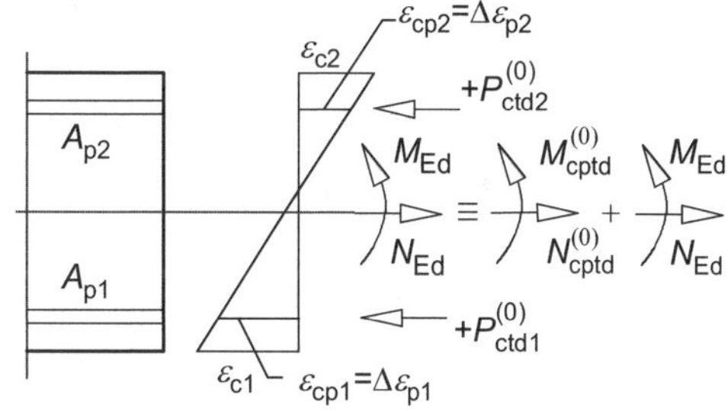

Ansatz 3 mit aus Vordehnung und Zusatzdehnung resultierenden Kräfte im Spannstrang

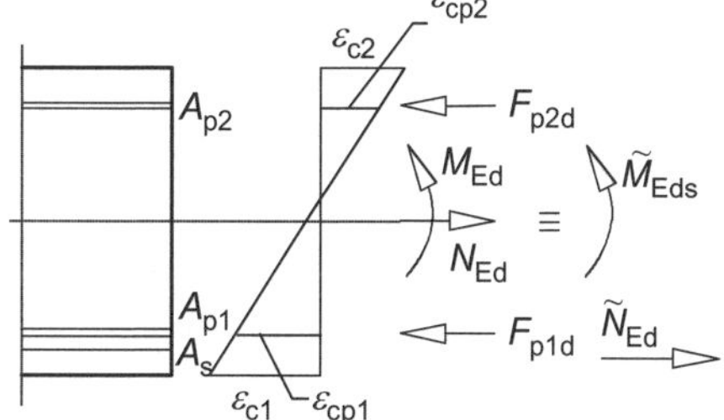

Abb. 11.1 Mögliche Ansätze für den statisch bestimmten Anteil aus Vorspannung

Berücksichtigung des statisch bestimmten Anteils der Vorspannung

Der statisch bestimmte Anteil kann mit drei verschiedenen Ansätzen in der Bemessung berücksichtigt werden (**Abb. 11.1**). Selbstverständlich führen alle Ansätze zu identischen Ergebnissen:

- **Ansatz 1** (*maßgebende Vordehnungen*):
  Alle am Gesamtquerschnitt angreifenden Schnittgrößen werden auf die Schwerachse des Spannstrangs bezogen. Die Auswirkungen der Vordehnung $\varepsilon_p^{(0)}$ und der Zusatzdehnung $\Delta\varepsilon_p$ werden auf der Seite des Bauteilwiderstandes R_d erfasst.
- **Ansatz 2** (aus den *Vordehnungen resultierende Spannkräfte*):
  Alle Schnittgrößen werden auf die Schwerachse des Spannstrangs bezogen. Die aus den Vordehnungen $\varepsilon_p^{(0)}$ resultierenden Spannkräfte werden in Höhe des Spannstrangs auf den Beton wirkend angesetzt. Dieser Ansatz besitzt bei der Biegebemessung gegenüber Ansatz 1 keinen Vorteil und soll aus diesem Grund im Folgenden unberücksichtigt bleiben. Ansatz 2 wurde bereits beim Nachweis der Spannungsbegrenzung angewendet (**Abb. 10.2**).
- **Ansatz 3** (aus *Vor- und Zusatzdehnungen resultierende Spannkräfte*):
  Alle Schnittgrößen werden auf die Schwerachse des Betonstahls bezogen. Die aus der Vordehnung $\varepsilon_p^{(0)}$ und der Zusatzdehnung $\Delta\varepsilon_p$ resultierende Kraft im Spannstrang wird als zusätzliche Einwirkung betrachtet und demzufolge auf der Seite der Einwirkungen E_d berücksichtigt.

Die Zusatzdehnungen $\Delta\varepsilon_p$ sind zunächst unbekannt, meistens sind sie jedoch so groß, dass der Spannstahl die Fließgrenze erreicht. Mit dieser Annahme erübrigt sich häufig eine Iteration für die Spannstahlspannungen. Der erforderliche Betonstahlquerschnitt kann bei allen drei Ansätzen mit Hilfe von Bemessungshilfsmitteln des Stahlbetonbaus bzw. iterativ auf Grundlage einer elementaren Bemessung bestimmt werden.

Auf die Betonstahl- bzw. Spannstrangachse bezogene Schnittgrößen

Im allgemeinen Fall wird die Bewehrung aus Spannstahl und Betonstahl bestehen. Bei einer praktischen Bemessung sind die Fläche und Lage des Spannstahls bekannt, während die Querschnittsfläche und Lage des Betonstahls gesucht werden.

Für die zunächst theoretische Betrachtung lassen sich beide Bewehrungsarten gedanklich wieder als zweilagige Bewehrung interpretieren, deren resultierende Wirkung mit der statischen Höhe d_r erfasst wird. Dies führt auf eine Situation, wie sie in **Abb. 10.2** dargestellt wurde, nur dass im GZT die Betondruckspannungen durch das Parabel-Rechteck-Diagramm beschrieben werden (**Abb. 11.2**). Während jedoch beim Spannungsnachweis die Fläche des Betonstahls bekannt ist, wird diese bei der Biegebemessung gesucht. Daher ist die statische Höhe d_r eine weitere zu schätzende Unbekannte. Für die praktische Bemessung wäre es deshalb ungeschickt, die Bewehrungen zu einer Resultierenden zusammenzufassen. Besser ist es, die Schnittgrößen auf die Höhe der (wie im Stahlbetonbau zu schätzenden) Betonstahlbewehrung zu beziehen und dabei die Wirkung des Spannstranges zu berücksichtigen. **Abb. 11.3** zeigt, wie die Schnittgrößen des Spannbetons auf die Schwerachse des Betonstahls transformiert werden:

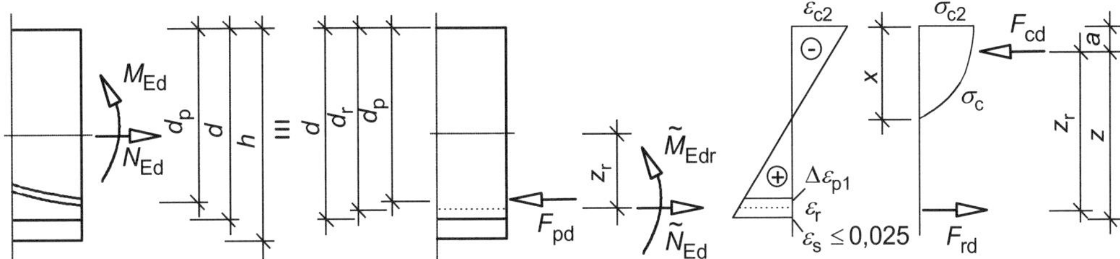

Abb. 11.2 Innere Kräfte in einem Spannbetonquerschnitt im GZT

Bezug auf Höhe von A_{s1}: $\tilde{N}_{Ed} = N_{Ed} - F_{pd}$ (11.7)

$$\tilde{M}_{Eds} = M_{Ed} + M'_{cp} - N_{Ed} \cdot z_s + F_{pd} \cdot (d - d_p) \quad (11.8)$$

Die Gln. (11.7) und (11.8) werden bei Nutzung des Ansatzes 3 verwendet.

Es ist ebenfalls möglich, die Schnittgrößen auf die Schwerachse des Spannstrangs zu transformieren. Dies ist vor allem dann sinnvoll, wenn erwartet wird, dass der Spannstahl allein ausreicht (und kein zusätzlicher Betonstahl erforderlich ist). Gl. (11.7) gilt weiterhin. Anstatt von Gl. (11.8) gilt:

Bezug auf Höhe von A_p: $\tilde{M}_{Edp} = M_{Ed} + M'_{cp} - N_{Ed} \cdot z_s$ (11.9)

Die Gln. (11.7) und (11.9) werden bei Nutzung des Ansatzes 1 verwendet.

Die Biegebemessung muss auch nachweisen, ob evtl. eine Bewehrung A_{s2} in der dem Spannstahl gegenüberliegenden Querschnittshälfte erforderlich ist. Dies kann z. B. im Bauzustand auftreten, wenn die ständigen Lasten sehr gering sind. Entsprechend **Abb. 11.4** gilt für die Schnittgrößen:

Bezug auf Höhe von A_{s2}: $\tilde{N}_{Ed} = N_{Ed} - P_{m0}$ (11.10)

$$\tilde{M}_{Eds} = M_{Ed} + M'_{cp} + N_{Ed} \cdot z_{s2} - P_{m0} \cdot (d_p - d_2) \quad (11.11)$$

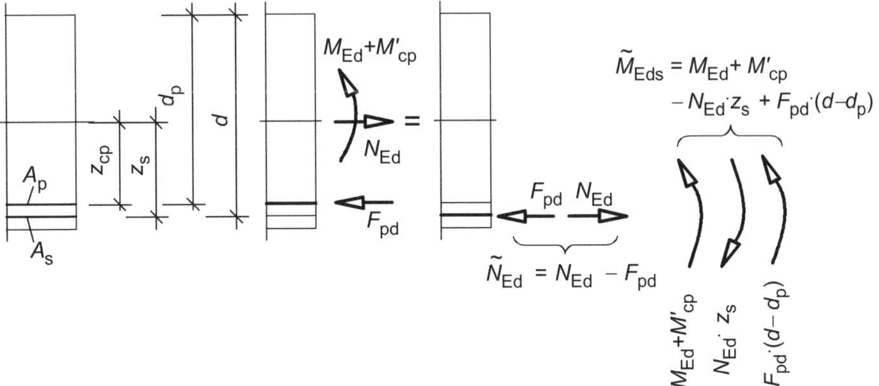

Abb. 11.3 Transformation der Schnittgrößen auf die untere Betonstahlbewehrung

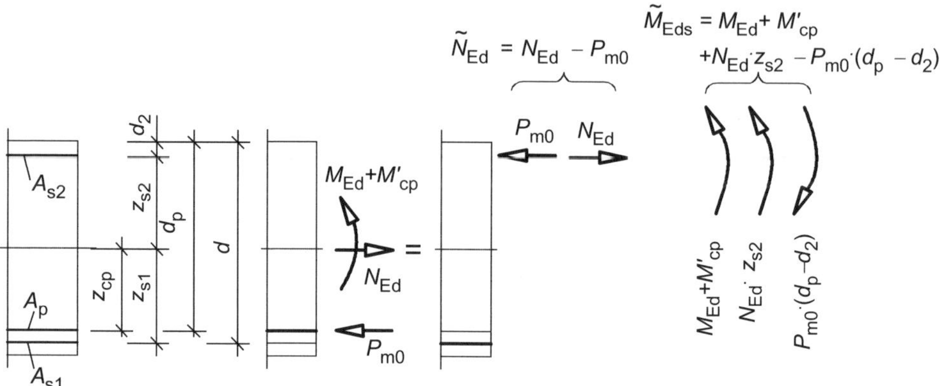

Abb. 11.4 Transformation der Schnittgrößen auf die obere Betonstahlbewehrung

11.2.2 Einsträngige Vorspannung ohne Druckbewehrung

Ansatz 3:

Bei Ansatz 3 (**Abb. 11.1**) wird der Spannstrang durch seine (noch unbekannte) Kraft F_{pd} ersetzt. Sie beinhaltet die Auswirkung aus Vordehnung und Zusatzdehnung (**Abb. 11.5**). Da die Zusatzdehnung $\Delta\varepsilon_p$ unbekannt ist, wird für die Spannstahlspannung zunächst angenommen, dass die Fließgrenze erreicht wird. Diese Annahme ist nach der Bemessung zu überprüfen.

$$F_{pd} = \sigma_{pd} \cdot A_p = \left(\varepsilon_{pm}^{(0)} + \Delta\varepsilon_p\right) \cdot E_p \cdot A_p \leq \frac{f_{p0,1k}}{\gamma_s} \cdot A_p \tag{11.12}$$

Erst mit Gl. (11.12) können $\widetilde{N}_{Ed}$ und $\widetilde{M}_{Eds}$ mit Hilfe der Gln. (11.7) bzw. (11.8) bestimmt werden!

Die Situation in **Abb. 11.2** rechts und die Gleichungen (11.7) bzw. (11.8) unterscheiden sich von der Situation im Stahlbeton nur durch die Tilden über den Schnittgrößen. Eine Ableitung würde identische Bemessungstafeln wie im Stahlbetonbau ergeben. Die gesuchte Bewehrung ergibt sich für dimensionslose ω-Tafeln:

Bezug auf Höhe von A_s: $$\mu_{Eds} = \frac{\widetilde{M}_{Eds}}{b \cdot d^2 \cdot f_{cd}} \tag{11.13}$$

$$A_s = \frac{1}{\sigma_{sd}} \cdot \left(\omega \cdot b \cdot d \cdot f_{cd} + \widetilde{N}_{Ed}\right) \qquad \textit{oder} \tag{11.14}$$

$$A_s = \frac{1}{\sigma_{sd}} \cdot \left(\frac{\widetilde{M}_{Eds}}{\zeta \cdot d} + \widetilde{N}_{Ed}\right) \tag{11.15}$$

In den Gln. (11.14) und (11.15) ist die Bewehrung A_s je nach betrachteter Situation (**Abb. 11.3** oder **Abb. 11.4**) A_{s1} oder A_{s2}. Sofern der Spannstahl allein bereits ausreicht, um Gl. (11.6) zu erfüllen, ergibt sich ein negativer Betonstahlquerschnitt.

Wenn keine Bemessungshilfsmittel zur Verfügung stehen, kann die Biegebemessung iterativ erfolgen. In **Abb. 11.5** sind die Stauchungen und Dehnungen dargestellt. Über die Werkstoffgesetze lassen sich Spannungen zuordnen. Die Integrale der Spannungen sind die inneren Kräfte, die identisch den Schnittgrößen sein müssen.

Die Bemessung erfolgt in folgenden Teilschritten:

1. Ermittlung der Vordehnung $\varepsilon_{\mathrm{pm}}^{(0)}$
2. Wahl eines Dehnungsverlaufes, z. B.: $\varepsilon_{\mathrm{c2}} / \varepsilon_{\mathrm{s}} = -3{,}5/25$ ‰

   $$\Delta\varepsilon_{\mathrm{p}} = \frac{d_{\mathrm{p}}}{d} \cdot \left(\left|\varepsilon_{\mathrm{c2}}\right| + \varepsilon_{\mathrm{s}}\right) - \left|\varepsilon_{\mathrm{c2}}\right| \tag{11.16}$$

3. Berechnung der Spannkraft F_{pd} sowie der Beanspruchungen N_{Ed} und M_{Eds}
4. Ermittlung der Betondruckkraft F_{cd} (mit dem Spannungsblock oder dem Parabel-Rechteck-Diagramm), deren Randabstands a (siehe z. B. [Avak – 12], Abschnitt 7.5.1) und des inneren Hebelarms z

   $$z = d - a \tag{11.17}$$

5. Bestimmung des Bauteilwiderstandes M_{Rds}

   $$M_{\mathrm{Rds}} = F_{\mathrm{cd}} \cdot (d - a) = F_{\mathrm{cd}} \cdot z \tag{11.18}$$

6. Sofern $M_{\mathrm{Rds}} \equiv M_{\mathrm{Eds}}$ ist (im anderen Fall muss eine neue Dehnungsverteilung gewählt werden), kann der Betonstahlquerschnitt A_{s} berechnet werden.

   $$A_{\mathrm{s}} = \frac{\gamma_{\mathrm{s}}}{f_{\mathrm{yk}}} \cdot \left(F_{\mathrm{cd}} + \widetilde{N}_{\mathrm{Ed}}\right) \tag{11.19}$$

7. Überprüfung der zulässigen Höhe der Druckzone entsprechend **Tafel 7.5**.

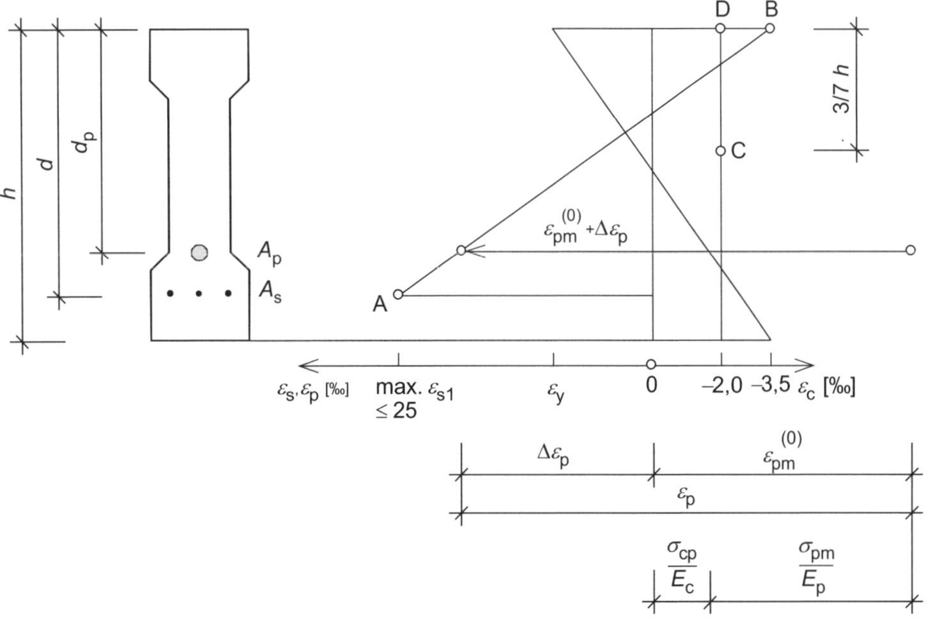

Abb. 11.5 Stauchungen und Dehnungen im Querschnitt

Ansatz 1:

Alternativ ist Ansatz 1 mit der Spannstrangachse als Bezugslage möglich. Analog zu Gl. (11.13) bis (11.15) ergibt sich dann:

Bezug auf Höhe von A_p: $$\mu_{Edp} = \frac{\widetilde{M}_{Edp}}{b \cdot d_p^2 \cdot f_{cd}} \tag{11.20}$$

$$A_p = \frac{1}{\sigma_{pd}} \cdot \left(\underbrace{\omega \cdot b \cdot d_p \cdot f_{cd}}_{F_{cd}} + N_{Ed} \right) \quad \textit{oder} \tag{11.21}$$

$$A_p = \frac{1}{\sigma_{pd}} \cdot \left(\frac{\widetilde{M}_{Edp}}{\zeta \cdot d_p} + N_{Ed} \right) \tag{11.22}$$

Die Spannstahlspannung beträgt:

$$\sigma_{pd} = \left(\varepsilon_p^{(0)} + \Delta\varepsilon_p \right) \cdot E_p \leq \frac{f_{p0,1k}}{\gamma_s} \tag{11.23}$$

Wenn $A_p \leq A_{p,vorh}$ ist, ist der Nachweis bereits erfüllt (es ist kein Betonstahl erforderlich). Im anderen Fall ist der Betonstahl unter Beachtung ungleicher Höhenlagen mit Hilfe der folgenden Gleichung zu berechnen:

$$A_s = \left(A_p - A_{p,vorh} \right) \cdot \frac{\sigma_{pd}}{f_{yd}} \cdot \frac{d_p - a}{d - a} \tag{11.24}$$

Beispiel 11.1: Biegebemessung mit Ansatz 1 und 3 ohne Bemessungshilfen

Der in **Abb. 11.6** dargestellte vorgespannte Plattenbalkenquerschnitt aus Beton C35/45 ist im GZT unter Verwendung der Ansätze 1 und 3 auf Biegung zu bemessen. Die Spannstahlfläche beträgt $A_p = 16{,}8\ \text{cm}^2$. Das Bemessungsmoment M_{Ed} (Moment aus Einwirkung und statisch unbestimmter Wirkung der Vorspannung M'_{cp}) ist 2600 kNm.

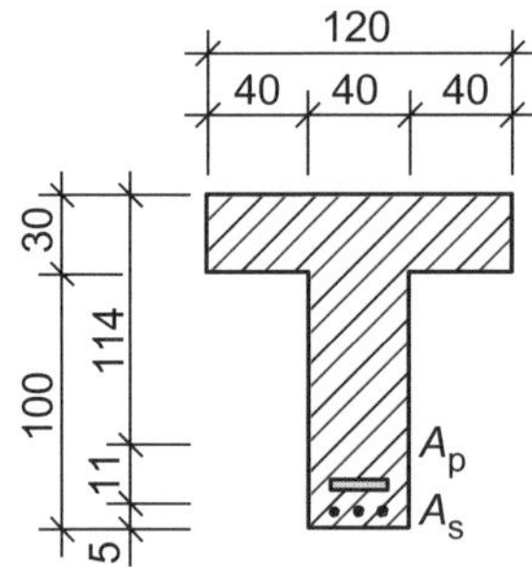

Abb. 11.6 Plattenbalkenquerschnitt

Lösung mit Ansatz 3 durch Iteration:

*Auf die Schwerachse des **Betonstahls** bezogene Einwirkung*

$$F_{pd} = \frac{1500}{1{,}15} \cdot 16{,}8 \cdot 10^{-1} = 2191\ \text{kN}$$

(11.12): $F_{pd} = \frac{f_{p0,1k}}{\gamma_s} \cdot A_p$

$$\widetilde{N}_{Ed} = 0 - 2191 = -2191\ \text{kN}$$

(11.7): $\widetilde{N}_{Ed} = N_{Ed} - F_{pd}$

$$\widetilde{M}_{\text{Eds}} = 2600 - 0 + 2191 \cdot (1{,}25 - 1{,}14)$$
$$= 2841 \text{ kNm}$$

*Auf die Schwerachse des **Betonstahls** bezogener Bauteilwiderstand*

$\varepsilon_{c2} = -2{,}89\ ‰ / \varepsilon_s = 25\ ‰$

$$x = \frac{2{,}89}{2{,}89 + 25} \cdot 125 = 13{,}0 \text{ cm} < h_f = 30 \text{ cm}$$

Nulllinie in der Platte

$$\alpha_R = 1 - \frac{2}{3 \cdot 2{,}89} = 0{,}769$$

$$k_a = \frac{2{,}89 \cdot (3 \cdot 2{,}89 - 4) + 2}{2{,}89 \cdot (6 \cdot 2{,}89 - 4)} = 0{,}402$$

Betondruckkraft

$$f_{cd} = 0{,}85 \cdot \frac{35}{1{,}5} = 19{,}8 \text{ N/mm}^2$$

$F_c = 0{,}769 \cdot 120 \cdot 13{,}0 \cdot 19{,}8 \cdot 10^{-1} = 2375$ kN

Schwerpunkt der Betondruckkraft

$a = 0{,}402 \cdot 13{,}0 = 5{,}2$ cm

Bauteilwiderstand

$$M_{\text{Rds}} = 2375 \cdot (125 - 5{,}2) \cdot 10^{-2} = 2845 \text{ kNm}$$

2841 kNm ≈ 2845 kNm

Berechnung der erforderlichen Bewehrung

$$A_s = \frac{1{,}15}{500} \cdot (2375 - 2191) \cdot 10 = 4{,}2 \text{ cm}^2$$

Lösung mit Ansatz 1 durch Iteration:

*Auf die Schwerachse des **Spannstahls** bezogene Einwirkung*

$\widetilde{M}_{\text{Edp}} = 2600$ kNm

*Auf die Schwerachse des **Spannstahls** bezogener Bauteilwiderstand*

$\varepsilon_{c2} = -2{,}91\ ‰ / \varepsilon_s = 25\ ‰$

$$\Delta\varepsilon_p = \frac{1{,}14}{1{,}25} \cdot (|-2{,}91| + 25) - |-2{,}91| = 22{,}54\ ‰$$

(11.8):

$$\widetilde{M}_{\text{Eds}} = M_{\text{Ed}} + M'_{\text{cp}} - N_{\text{Ed}} \cdot z_s + F_{\text{pd}} \cdot (d - d_p)$$

Im Folgenden ist nur der letzte Schritt der iterativen Berechnung dargestellt.

$$x = \frac{|\varepsilon_{c2}|}{|\varepsilon_{c2}| + \varepsilon_s} \cdot d$$

da $|\varepsilon_{c2}| \geq 2{,}0\ ‰$ gilt:

$$\alpha_R = 1 - \frac{2}{3 \cdot |\varepsilon_{c2}|}$$

$$k_a = \frac{|\varepsilon_{c2}| \cdot (3 \cdot |\varepsilon_{c2}| - 4) + 2}{|\varepsilon_{c2}| \cdot (6 \cdot |\varepsilon_{c2}| - 4)}$$

$$f_{cd} = \alpha \cdot \frac{f_{ck}}{\gamma_c}$$

$$F_c = \alpha_R \cdot b \cdot x \cdot f_{cd}$$

$$a = k_a \cdot x$$

(11.18): $M_{\text{Rds}} = F_c \cdot (d - a)$

$\widetilde{M}_{\text{Eds}} \approx M_{\text{Rds}}$

(11.19): $A_s = \frac{\gamma_s}{f_{yk}} \cdot \left(F_c + \widetilde{N}_{\text{Ed}}\right)$

(11.9):

$$\widetilde{M}_{\text{Edp}} = M_{\text{Ed}} + M'_{\text{cp}} - N_{\text{Ed}} \cdot z_{\text{cp}}$$

Im Folgenden ist nur der letzte Schritt der iterativen Berechnung dargestellt.

$$\Delta\varepsilon_p = \frac{d_p}{d} \cdot (|\varepsilon_{c2}| + \varepsilon_s) - |\varepsilon_{c2}|$$

Der Spannstahl erreicht aufgrund der gewählten Dehnungsänderung $\Delta\varepsilon_p$ bereits seine Fließgrenze.

$$x = \frac{2{,}91}{2{,}91+22{,}54}\cdot 114 = 13{,}0 \text{ cm} < h_f = 30 \text{ cm}$$

$$x = \frac{|\varepsilon_{c2}|}{|\varepsilon_{c2}|+\Delta\varepsilon_p}\cdot d_p$$

Nulllinie in der Platte

da $|\varepsilon_{c2}| \geq 2{,}0$ ‰ gilt:

$$\alpha_R = 1-\frac{2}{3\cdot 2{,}91} = 0{,}771$$

$$\alpha_R = 1-\frac{2}{3\cdot|\varepsilon_{c2}|}$$

$$k_a = \frac{2{,}91\cdot(3\cdot 2{,}91-4)+2}{2{,}91\cdot(6\cdot 2{,}91-4)} = 0{,}402$$

$$k_a = \frac{|\varepsilon_{c2}|\cdot(3\cdot|\varepsilon_{c2}|-4)+2}{|\varepsilon_{c2}|\cdot(6\cdot|\varepsilon_{c2}|-4)}$$

Betondruckkraft

$$F_c = 0{,}771\cdot 120\cdot 13{,}0\cdot 19{,}8\cdot 10^{-1} = 2381 \text{ kN}$$

$$F_c = \alpha_R\cdot b\cdot x\cdot f_{cd}$$

Schwerpunkt der Betondruckkraft

$$a = 0{,}402\cdot 13{,}0 = 5{,}2 \text{ cm}$$

$$a = k_a\cdot x$$

Bauteilwiderstand

$$M_{Rdp} = 2381\cdot(114-5{,}2)\cdot 10^{-2} = 2591 \text{ kNm}$$

$$M_{Rdp} = F_c\cdot(d_p - a)$$

$$2600 \text{ kNm} \approx 2591 \text{ kNm}$$

$$\widetilde{M}_{Edp} \approx M_{Rdp}$$

Erforderlicher Beton- und Spannstahlquerschnitt

(11.21) + (11.23):

$$A_p = \frac{1{,}15}{1500}\cdot 2381\cdot 10 = 18{,}3 \text{ cm}^2 > 16{,}8 \text{ cm}^2 = A_{p,vorh}$$

$$A_p = \frac{\gamma_s}{f_{p0,1k}}\cdot(F_c + N_{Ed})$$

(11.24):

$$A_s = (18{,}3-16{,}8)\cdot\frac{1500}{500}\cdot\frac{114-5{,}2}{125-5{,}2} = 4{,}2 \text{ cm}^2$$

$$A_s = (A_p - A_{p,vorh})\cdot\frac{f_{p0,1k}}{f_{yk}}\cdot\frac{d_p - a}{d - a}$$

Beispiel 11.2: Biegebemessung mit Ansatz 3 unter Verwendung von Bemessungshilfsmitteln (ω-Verfahren)

An dem in **Abb. 4.6** dargestellten vorgespannten dreifeldrigen Dachbinder aus Beton C40/50 soll über der 1. Innenstütze die Biegebemessung zu den Zeitpunkten t_0 und t_∞ durchgeführt werden. Die Spannkraft beträgt im Endzustand 85 % des Anfangswertes ($\alpha_{csr} = 0{,}85$). Die statische Höhe des Betonstahls wird geschätzt zu $d = 1{,}45$ m.

Der Dachbinder wird neben seiner Eigenlast $g_{k,1} = 39$ kN/m durch eine Ausbau- und Verkehrslast von $g_{k,2} = 5{,}0$ kN/m bzw. $q_k = 5{,}0$ kN/m beansprucht (vgl. Beispiel 10.3).

Lösung:

Rechenwert der Betondruckfestigkeit eines C40/50

$$f_{cd} = 0{,}85 \cdot \frac{40}{1{,}5} = 22{,}7 \ \frac{\text{N}}{\text{mm}^2}$$

$$f_{cd} = \alpha \cdot \frac{f_{ck}}{\gamma_c}$$

Momente infolge Eigen- und Verkehrslasten:

[Holschemacher – 19]:

$$M_{b,g1} = -0{,}1 \cdot 39 \cdot 30^2 = -3510 \text{ kNm}$$

$$M_{b,g} = -0{,}1 \cdot g \cdot l^2$$

$$M_{b,g2} = -0{,}1 \cdot 5{,}0 \cdot 30^2 = -450 \text{ kNm}$$

$$M_{b,q} = -0{,}117 \cdot q \cdot l^2$$

$$M_{b,q} = -0{,}117 \cdot 25{,}0 \cdot 30^2 = -2633 \text{ kNm}$$

Beispiel 4.2: $l_{eff} = 30$ m

Bemessung zum Zeitpunkt t_0

gesucht: Bewehrung unten

$$N_{Ed} = 0 \text{ kN}$$

$$M_{Ed} = -1{,}0 \cdot 3510 = -3510 \text{ kNm}$$

$$M_{Ed} = \gamma_G \cdot M_{b,g1}$$

Eigenlast wirkt günstig

Tafel 7.2:

$$P_m(30) = P_{m0} = 3734 \text{ kN}$$

$$\widetilde{N}_{Ed} = 0 - 3734 = -3734 \text{ kN}$$

(11.10): $\widetilde{N}_{Ed} = N_{Ed} - P_{m0}$

$$\widetilde{M}_{Eds} = \left|-3510 + 1687\right| - 3734 \cdot (1{,}31 - 0{,}05) = -2882 \text{ kNm}$$

(11.11):

$$\widetilde{M}_{Eds} = M_{Ed} + M'_{cp} - P_{m0} \cdot (d_p - d_2)$$

Beispiel 7.2:

$$M'_{cp}(30) = 1687 \text{ kNm}$$

Die mitwirkende Plattenbreite im Stützbereich beträgt $b_{eff} = 3{,}2$ m.

$$\mu_{Eds} = \frac{\left|-2882\right|}{320 \cdot 145^2 \cdot 22{,}6} \cdot 10^3 = 0{,}019$$

(11.13): $\mu_{Eds} = \dfrac{\widetilde{M}_{Eds}}{b \cdot d^2 \cdot f_{cd}}$

$\omega = 0{,}019$; $\xi = 0{,}043$; $\sigma_{sd} = 457 \text{ N/mm}^2$

Tafel A.1:

$$x = 0{,}043 \cdot 145 = 6{,}2 \text{ cm} \ll h_f = 18 \text{ cm}$$

$$x = \xi \cdot d$$

Nulllinie in der Platte

(11.14):

$$A_s = \frac{1}{457 \cdot 10^{-1}} \cdot \left(0{,}019 \cdot 320 \cdot 145 \cdot 22{,}7 \cdot 10^{-1} - 3734\right) = -37{,}9 \text{ cm}^2 \Rightarrow \text{keine Bewehrung erforderlich}$$

$$A_s = \frac{1}{\sigma_{sd}} \cdot \left(\omega \cdot b \cdot d \cdot f_{cd} + \widetilde{N}_{Ed}\right)$$

Bemessung zum Zeitpunkt t_n

gesucht: Bewehrung oben

$N_{Ed} = 0$ kN

$M_{Ed} = -1{,}35 \cdot (3510 + 450) - 1{,}5 \cdot 2633$
$= -9296$ kNm

$M_{Ed} = \gamma_G \cdot \left(M_{b,g1} + M_{b,g2}\right) + \gamma_Q \cdot M_{b,q}$

$F_{pd} = \frac{1500}{1{,}15} \cdot 3 \cdot 9 \cdot 140 \cdot 10^{-3} = 4930$ kN

(11.12): $F_{pd} = \frac{f_{p0,1k}}{\gamma_s} \cdot A_p$

3 Spannglieder mit je 9 Litzen à 140 mm²

$\varepsilon_{p,erf} = \frac{1500}{1{,}15 \cdot 195000} \cdot 10^3 = 6{,}7$ ‰

$\varepsilon_{p,erf} = \frac{f_{p0,1k}}{\gamma_s \cdot E_p}$

$\widetilde{N}_{Ed} = 0 - 4930 = -4930$ kN

(11.7): $\widetilde{N}_{Ed} = N_{Ed} - F_{pd}$

$\widetilde{M}_{Eds} = \left|-9296 + 0{,}85 \cdot 1687\right| + 4930 \cdot (1{,}45 - 1{,}31)$
$= 8552$ kNm

(11.8): $\widetilde{M}_{Eds} = \left|M_{Ed} + M'_{cp}\right| + F_{pd} \cdot \left(d - d_p\right)$

$\mu_{Eds} = \frac{8552}{50 \cdot 145^2 \cdot 22{,}7} \cdot 10^3 = 0{,}358 > 0{,}296$

(11.13): $\mu_{Eds} = \frac{\widetilde{M}_{Eds}}{b \cdot d^2 \cdot f_{cd}}$

Druckbewehrung erforderlich

Beispiel 4.2: $b_w = 0{,}5$ m

$\omega_1 = 0{,}430 \qquad \omega_2 = 0{,}065$
$\varepsilon_{s1} = 4{,}3$ ‰ $\qquad \varepsilon_{s2} = -3{,}1$ ‰

[Holschemacher – 19]:

$\frac{d_2}{d} = \frac{0{,}05}{1{,}45} = 0{,}035$

$x = \frac{|\varepsilon_{c2}|}{|\varepsilon_{c2}| + \varepsilon_{s1}} \cdot d = \frac{3{,}5}{3{,}5 + 4{,}3} \cdot 145 = 65$ cm

Erreicht der Spannstahl die Fließgrenze?

$\Delta\varepsilon_p = 4{,}3 \cdot \frac{1{,}31 - 0{,}65}{1{,}45 - 0{,}65} = 3{,}5$ ‰

$\Delta\varepsilon_p = \varepsilon_{s1} \cdot \frac{d_p - x}{d - x}$

Näherung:

$\varepsilon_{pmt}^{(0)} \approx \frac{0{,}85 \cdot 3734 \cdot 10^3}{195000 \cdot 3 \cdot 9 \cdot 140} = 4{,}3$ ‰

$\varepsilon_{pmt}^{(0)} \approx \frac{\alpha_{csr} \cdot P_{m0}}{E_p \cdot A_p}$

$\varepsilon_p = 3{,}5 + 4{,}2 = 7{,}7$ ‰ $> \varepsilon_{p,erf} = 6{,}7$ ‰

$\varepsilon_p = \Delta\varepsilon_p + \varepsilon_{pmt}^{(0)}$

Bewehrung oben:

$A_{s1} = \frac{1}{435 \cdot 10^{-1}} \cdot \left(0{,}430 \cdot 50 \cdot 145 \cdot 22{,}6 \cdot 10^{-1} - 4930\right)$
$= 48{,}6$ cm²

(11.14):

$A_s = \frac{1}{\sigma_{sd}} \cdot \left(\omega \cdot b \cdot d \cdot f_{cd} + \widetilde{N}_{Ed}\right)$

Bewehrung unten:

$A_{s2} = 0{,}065 \cdot 50 \cdot 145 \cdot \frac{22{,}6}{435} = 24{,}5$ cm²

$A_{s2} = \omega_2 \cdot b \cdot d \cdot \frac{f_{cd}}{f_{yd}}$

11.2.3 Einsträngige Vorspannung mit Druckbewehrung

Wie im Stahlbetonbau kann die Tragfähigkeit der Druckzone gesteigert werden, wenn der Beton teilweise durch Betonstahl ersetzt wird. Dies kann bei weit gespannten durchlaufenden Plattenbalken über den Stützungen erforderlich werden. Die entsprechenden Beziehungen lassen sich direkt aus denen des Stahlbetons ableiten:

$$M_{\mathrm{Eds,lim}} = \mu_{\mathrm{Eds,lim}} \cdot b \cdot d^2 \cdot f_{\mathrm{cd}} \tag{11.25}$$

$$\Delta M_{\mathrm{Eds}} = \widetilde{M}_{\mathrm{Eds}} - M_{\mathrm{Eds,lim}} \tag{11.26}$$

$$A_{\mathrm{s1}} = \frac{1}{\sigma_{\mathrm{s1d}}} \cdot \left[\frac{M_{\mathrm{Eds,lim}}}{\zeta_{\mathrm{lim}} \cdot d} + \frac{\Delta M_{\mathrm{Eds}}}{d - d_2} + \widetilde{N}_{\mathrm{Ed}} \right] \tag{11.27}$$

$$A_{\mathrm{s2}} = \frac{1}{\sigma_{\mathrm{s2d}}} \cdot \frac{\Delta M_{\mathrm{Eds}}}{d - d_2} \tag{11.28}$$

$$\sigma_{\mathrm{s2d}} = \varepsilon_{\mathrm{s2}} \cdot E_{\mathrm{s}} \le -f_{\mathrm{yd}} \tag{11.29}$$

11.2.4 Mehrsträngige Vorspannung

Die mehrsträngige Vorspannung tritt häufig im Fertigteilbau, bei Spannbettvorspannung oder im Brückenbau beim Taktschiebeverfahren auf. Die allgemeine Situation ist in **Abb. 11.7** dargestellt.

$$F_{\mathrm{p1d}} = \sigma_{\mathrm{p1d}} \cdot A_{\mathrm{p1}} = \left(\varepsilon_{\mathrm{pm1}}^{(0)} + \Delta\varepsilon_{\mathrm{p1}} \right) \cdot E_{\mathrm{p}} \cdot A_{\mathrm{p1}} \le \frac{f_{\mathrm{p0,1k}}}{\gamma_{\mathrm{s}}} \cdot A_{\mathrm{p1}} \tag{11.30}$$

$$F_{\mathrm{p2d}} = \sigma_{\mathrm{p2d}} \cdot A_{\mathrm{p2}} = \left(\varepsilon_{\mathrm{pm2}}^{(0)} + \Delta\varepsilon_{\mathrm{p2}} \right) \cdot E_{\mathrm{p}} \cdot A_{\mathrm{p2}} \le \frac{f_{\mathrm{p0,1k}}}{\gamma_{\mathrm{s}}} \cdot A_{\mathrm{p2}} \tag{11.31}$$

$$\widetilde{N}_{\mathrm{Ed}} = N_{\mathrm{Ed}} - F_{\mathrm{p1d}} - F_{\mathrm{p2d}} \tag{11.32}$$

$$\widetilde{M}_{\mathrm{Eds}} \approx M_{\mathrm{Ed}} + M'_{\mathrm{cp}} - N_{\mathrm{Ed}} \cdot z_{\mathrm{s1}} + F_{\mathrm{p1d}} \cdot \left(d - d_{\mathrm{p1}} \right) + F_{\mathrm{p2d}} \cdot \left(d - d_{\mathrm{p2}} \right) \tag{11.33}$$

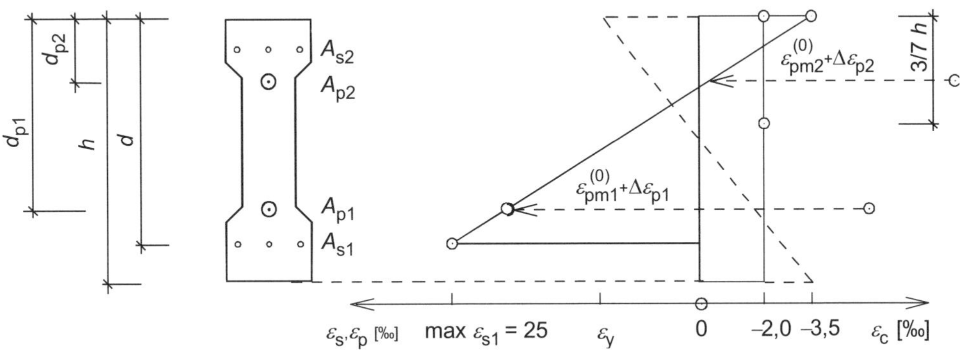

Abb. 11.7 Bezeichnungen bei mehrsträngiger Vorspannung

11.3 Robustheitsbewehrung

11.3.1 Vereinfachter Nachweis (Oberer Grenzwert)

Das Sicherheitskonzept der [DIN EN 1992-1-1 – 11] für Nachweise im Grenzzustand der Tragfähigkeit setzt eine Vorankündigung durch Bauteilverformungen voraus, bevor ein Versagen eintritt. Bei gering bewehrten Bauteilen besteht die Gefahr eines schlagartigen Versagens, wenn das Rissmoment des Querschnitts M_r über dem durch die Bewehrung aufnehmbaren Moment liegt. Daher ist eine Robustheitsbewehrung vorzusehen. Das Rissmoment ist mit dem Mittelwert der Zugfestigkeit des Betons f_{ctm} zu berechnen ([DIN EN 1992-1-1/NA – 13], NDP zu 9.2.1.1 (1)). Weiterhin ist von der ungünstigsten denkbaren Situation auszugehen, dass alle Spannglieder im betrachteten Querschnitt gebrochen sind (d. h., die Vorspannkraft Null ist).

$$M_r = \left(f_{ctm} + \frac{N_{Ed}}{A_c} \right) \cdot W_c \tag{11.34}$$

$$A_{s,min} = \frac{M_r}{z \cdot f_{yk}} \approx \frac{M_r}{0{,}9 \cdot d \cdot f_{yk}} \tag{11.35}$$

Auf die Mindestbewehrung darf ein Drittel der Fläche der im Verbund liegenden Spannglieder angerechnet werden, wenn mindestens zwei Spannglieder vorhanden sind. Es sind jedoch nur die Spannglieder anzurechnen, die nicht mehr als $0{,}2\,h$ oder 250 mm (kleinerer Wert ist maßgebend) vom Betonstahlquerschnitt entfernt liegen.

Die im Feld erforderliche Mindestbewehrung (am unteren Querschnittsrand) ist zu den Auflagern zu führen und dort zu verankern oder mit der Bewehrung des Nachbarfeldes kraftschlüssig zu stoßen. Die im Stützbereich erforderliche Mindestbewehrung (am oberen Querschnittsrand) ist mindestens bis zu den Viertelpunkten der angrenzenden Stützweiten zu führen. Bei Kragarmen muss die Mindestbewehrung über die gesamte Kraglänge geführt werden.

Beispiel 11.3: Robustheitsbewehrung (Fortsetzung von **Beispiel 11.2**)

Für den in **Abb. 4.6** dargestellten Dachbinder ist die Robustheitsbewehrung zu bestimmen. Unter Berücksichtigung der mitwirkenden Plattenbreite im Stützbereich ($b_{eff} = 3{,}2$ m) ergeben sich folgende Querschnittswerte: $I_c = 0{,}27\ \text{m}^4$, $z_{co} = 0{,}49$ m. Die Querschnittswerte im Bereich des Feldes können Beispiel 4.2 entnommen werden.

Lösung:

$f_{ctm} = 3{,}5\ \text{N/mm}^2$ | Mittelwert der Zugfestigkeit eines C40/50

Oberseite des Plattenbalkens

$M_r = (3{,}5 + 0) \cdot \frac{0{,}27}{0{,}49} \cdot 10^3 = 1929\ \text{kNm}$ | (11.34): $M_r = \left(f_{ctm} + \frac{N_{Ed}}{A_c} \right) \cdot W_c$

$$A_{s,min} = \frac{1929}{0,9 \cdot 145 \cdot 500} \cdot 10^3 = 29,6\ \text{cm}^2$$

(11.35): $A_{s,min} = \dfrac{M_r}{0,9 \cdot d \cdot f_{yk}}$

Die drei im Stützbereich angeordneten Spannglieder liegen aufgrund der parabelförmigen Spanngliedführung teilweise weiter als 250 mm bzw. $0,2 \cdot h$ von der Betonstahlbewehrung entfernt. Aus diesem Grund wird der Spannstahl nicht berücksichtigt.

gewählt: 10 Ø20

$$A_{s,vorh} = 31,4\ \text{cm}^2 > A_{s,erf} = 29,6\ \text{cm}^2$$

Unterseite des Plattenbalkens

$$M_r = (3,5+0) \cdot \frac{0,32}{1,1} \cdot 10^3 = 1018\ \text{kNm}$$

(11.34):

$$M_r = \left(f_{ctm} + \frac{N_{Ed}}{A_c} \right) \cdot W_c$$

Beispiel 4.2:

$I_c = 0,32\ \text{m}^4$

$z_{cu} = 1,10\ \text{m}$

$$A_{s,min} = \frac{1018}{0,9 \cdot 145 \cdot 500} \cdot 10^3 = 15,6\ \text{cm}^2$$

(11.35): $A_{s,min} = \dfrac{M_r}{0,9 \cdot d \cdot f_{yk}}$

gewählt: 5 Ø20

$$A_{s,vorh} = 15,7\ \text{cm}^2 > A_{s,erf} = 15,6\ \text{cm}^2$$

Der Spannstahlquerschnitt bleibt aufgrund der parabelförmigen Spanngliedführung unberücksichtigt.

11.3.2 Genauerer Nachweis (Unterer Grenzwert)

Eine Rissbildung im Querschnitt tritt nicht erst dann auf, wenn alle Spannglieder gebrochen sind, sondern wenn die Vorspannung so weit abgesunken ist, dass die Zugfestigkeit des Betons am Rand überschritten wird [DAfStb – 12].

$$\sigma_c = \sigma_{c,g+q} + \sigma_{c,pr} = f_{ct} \tag{11.36}$$

mit: $\sigma_{c,pr}$ Randspannung aus der verbliebenen Vorspannkraft P_r mit dem zugehörigen Querschnitt der Spannglieder A_{pr}

$$\sigma_{c,pr} = \frac{P_r}{A_c} + \frac{M_{pr}}{W_c} = \frac{-P_r}{A_c} - \frac{P_r \cdot z_{cp}}{W_c} = -\sigma_p \cdot A_{pr} \cdot \left(\frac{1}{A_c} + \frac{z_{cp}}{W_c} \right) \tag{11.37}$$

$\sigma_{c,g+q}$ Randspannung aus den Schnittgrößen der *häufigen* Lastkombination (siehe Gl. (9.8)) und dem Umlagerungsmoment aus (planmäßiger) Vorspannung bei äußerlich statisch unbestimmten Systemen. Ein lokaler Ausfall von Spanngliedern beeinflusst das Umlagerungsmoment nur geringfügig, da infolge der Verbundwirkung die Spannkraft nach der Einleitungslänge wieder voll vorhanden ist. Es braucht daher nicht verringert zu werden.

f_{ct} Als Zugfestigkeit ist das 95%-Quantil $f_{ctk;0,95}$ zu verwenden.

Zustand I unmittelbar vor der Rissbildung:

Die Spannung im Spannstrang entspricht der Spannung infolge Vordehnung $\varepsilon_{\mathrm{pmt}}^{(0)}$ und Zusatzdehnung $\Delta\varepsilon_{\mathrm{p}}$ aus den aktuell wirkenden Beanspruchungen. Bereits aus dem Stahlbetonbau ist bekannt, dass die Rissbildung im Beton bei einer Randdehnung von ca. 0,1 ‰ auftritt. Das Spannglied liegt im Bauteilinneren ($d_{\mathrm{p}} / h \approx 0{,}85$), die Dehnung ist somit kleiner. Die Zuatzspannung $\Delta\sigma_{\mathrm{p}} < 0{,}001 \cdot 0{,}85 \cdot 195000 \approx 16\ \mathrm{N/mm^2}$ ist vernachlässigbar. Damit erhält man aus Gl. (11.36) und (11.37):

$$\sigma_{\mathrm{c,g+q}} - \varepsilon_{\mathrm{pmt}}^{(0)} \cdot E_{\mathrm{p}} \cdot A_{\mathrm{pr}} \cdot \left(\frac{1}{A_{\mathrm{c}}} + \frac{z_{\mathrm{cp}}}{W_{\mathrm{c}}} \right) = f_{\mathrm{ct}}$$

$$A_{\mathrm{pr}} = \frac{\sigma_{\mathrm{c,g+q}} - f_{\mathrm{ct}}}{\varepsilon_{\mathrm{pmt}}^{(0)} \cdot E_{\mathrm{p}} \cdot \left(\frac{1}{A_{\mathrm{c}}} + \frac{z_{\mathrm{cp}}}{W_{\mathrm{c}}} \right)} \tag{11.38}$$

Sofern diese Spannstahlfläche erreicht oder unterschritten wird, reißt der Querschnitt.

Zustand II unmittelbar nach der Rissbildung:

Das Bauteil soll infolge des Risses nicht unangekündigt versagen, das Rissmoment $M_{\mathrm{r}} = M_{\mathrm{Ed}} - M_{\mathrm{cpr}}^{(00)}$ muss weiterhin aufgenommen werden können. Die erforderliche Bewehrung kann in Anlehnung an Ansatz 1 (**Abb. 11.1**) bestimmt werden. Die Schnittgrößen sind jedoch auf die Wirkungslinie der Betondruckkraft zu beziehen. Anstatt der planmäßigen Kraft im Spannstrang (im GZT) ist die sich aufgrund der Restfläche A_{pr} ergebende Kraft zu verwenden. Es kann davon ausgegangen werden, dass der Beton nicht für das Versagen maßgebend ist und näherungsweise ein linearer Spannungsverlauf in der Druckzone vorliegt.

$$M_{\mathrm{cpr}}^{(00)} \approx F_{\mathrm{pr}} \cdot \left(d_{\mathrm{p}} - a \right) = \left(\varepsilon_{\mathrm{pmt}}^{(0)} + \Delta\varepsilon_{\mathrm{p}} \right) \cdot E_{\mathrm{p}} \cdot A_{\mathrm{pr}} \cdot \left(d_{\mathrm{p}} - \frac{x}{3} \right) \tag{11.39}$$

$$A_{\mathrm{s,min}} \approx \frac{M_{\mathrm{Ed}} - M_{\mathrm{cpr}}^{(00)}}{f_{\mathrm{yk}} \cdot \left(d - \frac{x}{3} \right)} \tag{11.40}$$

Das Moment M_{Ed} ist in der *seltenen* Lastkombination zu bestimmen. Es kann in Anlehnung an Gl. (9.7) berechnet werden.

$$A_{\mathrm{s,min}} \approx \frac{\left(\sum_{j \geq 1} M_{\mathrm{gk,j}} + M'_{\mathrm{cp}} \oplus M_{\mathrm{qk,1}} \oplus \sum_{i > 1} \psi_{0,\mathrm{i}} \cdot M_{\mathrm{qk,i}} \right) - \left(\varepsilon_{\mathrm{pmt}}^{(0)} + \Delta\varepsilon_{\mathrm{p}} \right) \cdot E_{\mathrm{p}} \cdot A_{\mathrm{pr}} \cdot \left(d_{\mathrm{p}} - \frac{x}{3} \right)}{f_{\mathrm{yk}} \cdot \left(d - \frac{x}{3} \right)} \tag{11.41}$$

Sofern Gl. (11.41) zu einem negativen Ergebnis führt, reicht die verbliebene Spannstahlfläche ohne zusätzliche Betonstahlbewehrung aus, um einen Kollaps zu vermeiden.

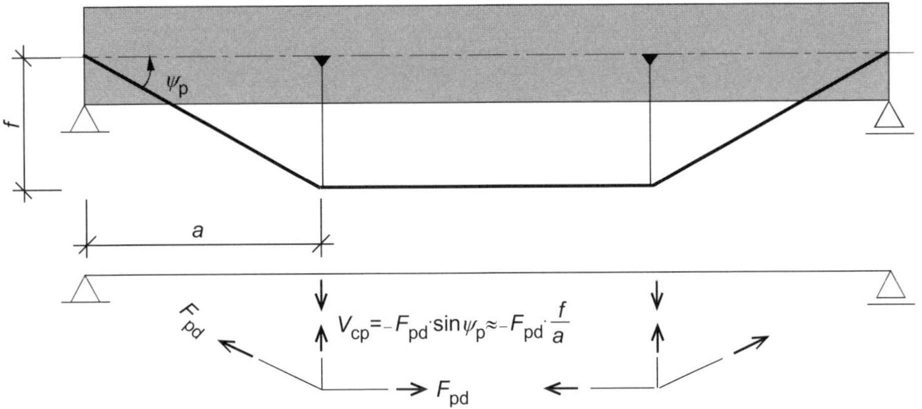

Abb. 11.8 Querkraft bei Vorspannung ohne Verbund

11.4 Querkraftbemessung bei Vorspannung ohne Verbund

Bei Vorspannung ohne Verbund ist die Querkraft unmittelbar aus der Hängewerkswirkung erkennbar (**Abb. 11.8**). Die Bemessung erfolgt wie für Stahlbeton unter Beachtung der zusätzlichen Querkraft V_{cp}.

$$V_{cp} = V_{cp}^{(00)} + V'_{cp} = -F_{pd} \cdot \sin\psi_p + V'_{cp} \tag{11.42}$$

$$F_{pd} = \gamma_p \cdot \sigma_{pm} \cdot A_p \le \frac{f_{p0,1k}}{\gamma_s} \cdot A_p \tag{11.43}$$

11.5 Querkraftbemessung bei Vorspannung mit Verbund

11.5.1 Grundbemessungswert der auf den Querschnitt einwirkenden Querkraft

Zunächst ist entsprechend den Einwirkungen und Lagerungsbedingungen der Bemessungswert der einwirkenden Querkraft V_{Ed} zu bestimmen. Da der Spannstrang im allgemeinen Fall geneigt ist, überträgt er die Querkraftkomponente V_{cp}. Die Berechnung dieses Wertes kann mit Hilfe von Gl. (7.13) erfolgen. $V_{cp}^{(00)}$ beschreibt den statisch bestimmten Querkraftanteil der Vorspannung. Bei äußerlich statisch unbestimmten Systemen ist darüber hinaus der aus dem Umlagerungsmoment resultierende Querkraftanteil V'_{cp} zu berücksichtigen. Dieser wird in der einwirkenden Querkraft V_{Ed} mit erfasst. Gemäß **Abb. 11.9** erhält man dann:

$$\widetilde{V}_{Ed} \equiv V_{Ed} + V_{ccd} + V_{td} + V_{cp} = V_{Ed} + V_{ccd} + V_{td} + V_{cp}^{(00)} + V'_{cp} \tag{11.44}$$

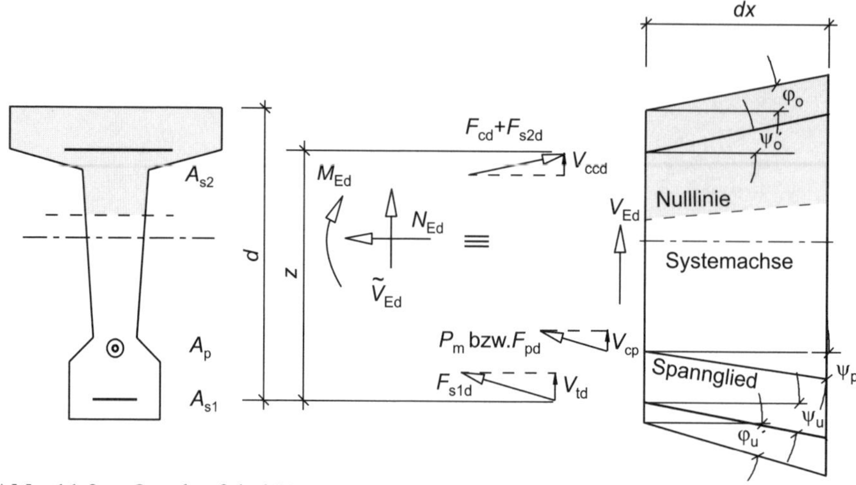

Abb. 11.9 Querkraft bei Vorspannung mit Verbund

mit: V_{Ed} Bemessungswert der einwirkenden Querkraft inkl. evtl. vorhandenem statisch unbestimmten Anteil aus Vorspannung V'_{pd}

V_{ccd} Bemessungswert der Querkraftkomponente in der Druckzone

V_{td} Bemessungswert der Querkraftkomponente der Zugkraft im Betonstahl

V_{cp} Bemessungswert der Querkraftkomponente der Zugkraft im Spannstahl

Er kann die Querkraft V_{Ed} (betragsmäßig) abmindern oder erhöhen. Im erstgenannten Fall *darf* die Wirkung berücksichtigt werden; im zweitgenannten Fall *muss* die Wirkung berücksichtigt werden.

$V_{\mathrm{cp}}^{(00)}$ statisch bestimmter Querkraftanteil der Vorspannung

Bei äußerlich statisch bestimmten Systemen wird üblich der Kopfzeiger nicht geschrieben.

V'_{cp} statisch unbestimmter Querkraftanteil aus Vorspannung

– Günstige Wirkung:

$$V_{\mathrm{cp}}^{(00)} = \gamma_{\mathrm{p}} \cdot P_{\mathrm{m}} \cdot \sin\psi_{\mathrm{p}} = 1{,}0 \cdot \sigma_{\mathrm{pm}} \cdot A_{\mathrm{p}} \cdot \sin\psi_{\mathrm{p}} \tag{11.45}$$

– Ungünstige Wirkung:

$$V_{\mathrm{cp}}^{(00)} = \gamma_{\mathrm{p}} \cdot F_{\mathrm{pd}} \cdot \sin\psi_{\mathrm{p}} = 1{,}0 \cdot \frac{f_{\mathrm{p0,1k}}}{\gamma_{\mathrm{s}}} \cdot A_{\mathrm{p}} \cdot \sin\psi_{\mathrm{p}} \tag{11.46}$$

11.5.2 Bauteile ohne Querkraftbewehrung

Der Nachweis wird in der aus dem Stahlbetonbau bekannten Form geführt:

$$\tilde{V}_{\mathrm{Ed}} \leq V_{\mathrm{Rd,c}} \tag{11.47}$$

$$\tilde{V}_{\mathrm{Ed}} \leq V_{\mathrm{Rd,max}} \tag{11.48}$$

Ungerissene Querschnitte:

Wenn nachgewiesen wird, dass die Betonzugspannungen im Grenzzustand der Tragfähigkeit stets kleiner sind als die Betonzugfestigkeit f_{ctd}, darf die Querkrafttragfähigkeit in den auflagernahen Bereichen von Stahlbeton- und Spannbetonbauteilen aus der zulässigen Hauptzugspannung f_{ctd} berechnet werden:

$$\sigma_1 \overset{!}{=} f_{ctd} = \frac{\sigma_x}{2} + \sqrt{\frac{\sigma_x^2}{4} + \tau^2} \tag{11.49}$$

$$f_{ctd}^2 - f_{ctd} \cdot \sigma_x = \tau^2 \qquad \text{mit } \tau = \frac{\widetilde{V}_{Ed} \cdot S}{I \cdot b_w}$$

$$\widetilde{V}_{Ed} = \frac{I \cdot b_w}{S} \cdot \sqrt{f_{ctd}^2 - f_{ctd} \cdot \sigma_x}$$

Diese Gleichung wird in die Grenzbedingung nach Gl. (11.47) eingesetzt und das Ergebnis mit $\sigma_x = \alpha_1 \cdot \sigma_{cd}$ erweitert:

$$V_{Rd,ct} = \frac{I \cdot b_w}{S} \cdot \sqrt{f_{ctd}^2 + \alpha_1 \cdot \sigma_{cd} \cdot f_{ctd}} \tag{11.50}$$

mit: I Flächenmoment 2. Grades des Querschnitts (brutto, netto oder ideell)

S Flächenmoment 1. Grades des Querschnitts bezogen auf dessen Schwerpunkt (statisches Moment)

f_{ctd} Bemessungswert der Betonzugfestigkeit

$$f_{ctd} = \alpha_{ct} \cdot f_{ctk;0,05} / \gamma_c \tag{11.51}$$

mit $\alpha_{ct} = 0{,}85$ zur Berücksichtigung von Langzeiteffekten und

$\gamma_c = 1{,}50$ Teilsicherheitsbeiwert für Beton

σ_{cd} Bemessungswert der Betonlängsspannung in Höhe des Schwerpunkts des Querschnitts (**Druckspannung positiv!**) $\sigma_{cd} = N_{Ed} / A_c$

α_1 Zunahme der Längsspannung σ_{cd} im Bereich der Eintragungslänge (siehe Abschnitt 12.2.1)

$$\alpha_1 = \frac{l_x}{l_{pt2}} \leq 1{,}0 \quad \text{bei Vorspannung im sofortigem Verbund}$$
$$\alpha_1 = 1{,}0 \quad \text{in den übrigen Fällen} \tag{11.52}$$

l_{pt2} oberer Bemessungswert der Übertragungslänge des Spanngliedes (siehe Abschnitt 12.2.1)

$$l_{pt2} = 1{,}2 \cdot l_{pt} \tag{12.11}$$

l_x Abstand des betrachteten Querschnitts vom Beginn der Verankerungslänge des Spannglieds

Beispiel 11.4: Querkraftbemessung bei ungerissenem Querschnitt

An dem in **Beispiel 10.1** gegebenen vorgespannten Plattenquerschnitt aus Beton C30/37 ist der Querkraftnachweis zu führen. Der Beton hat beim Lösen der Verankerung eine Betondruckfestigkeit von 30 N/mm^2. Die Platten liegen beidseitig mit einer Tiefe von ca. 0,12 m auf einer KS-Wand. Die zu berücksichtigenden Spannkraftverluste betragen 10 % ($\alpha_{csr} = 0,9$).

Lösung:

Schnittgrößen im GZT

Nachweisstelle x im Abstand d_p vom Lagerrand — Beispiel 10.1: $d_p = 15$ cm

$$x = \frac{1}{3} \cdot 0,12 + 0,15 = 0,19 \text{ m} \qquad x = \frac{1}{3} \cdot b_{Lager} + d_p$$

Bemessungswert der Einwirkung

$$F_{Ed} = 1,35 \cdot (5 + 0,75) + 1,5 \cdot 2,0 = 10,8 \text{ kN/m}^2 \qquad F_{Ed} = \gamma_g \cdot (g_{k,1} + g_{k,2}) + \gamma_q \cdot q_k$$

Die folgenden Berechnungen werden an einem Plattenstreifen von 1 m Breite erläutert.

$$F_{Ed} = 10,8 \text{ kN/m}$$

Querkraft am Auflager

$$V_{Ed} = \frac{10,8 \cdot 7,2}{2} = 38,9 \text{ kN} \qquad V_{Ed} = \frac{F_{Ed} \cdot l_{eff}}{2}$$

$$V_{Ed,red} = 38,9 - 10,8 \cdot 0,19 = 36,8 \text{ kN} \qquad V_{Ed,red} = V_{Ed} - F_{Ed} \cdot x$$

(11.44):

$$\widetilde{V}_{Ed} = 36,8 + 0 + 0 + 0 = 36,8 \text{ kN} \qquad \widetilde{V}_{Ed} \equiv V_{Ed} + V_{ccd} + V_{td} + V_{cp}$$

Schnittgrößen im Abstand d_p vom Lagerrand

$$M_{Ed}(x) = 38,9 \cdot 0,19 - \frac{10,8 \cdot 0,19^2}{2} = 7,2 \text{ kNm} \qquad M_{Ed}(x) = V_{Ed} \cdot x - \frac{F_{Ed} \cdot x^2}{2}$$

Spannstahlspannungen unmittelbar nach dem Lösen der Verankerung

Auf die Platte einwirkende Spannbettkräfte

$$N_{p0} = -1160 \cdot 520 \cdot 10^{-3} = -603 \text{ kN} \qquad N_{p0} = -P^{(0)} = -\sigma_{pm0}^{(0)} \cdot A_p$$

$$z_{cp,i} = 10,1 - 15,0 = -4,9 \text{ cm} \qquad z_{cp,i} = e_i - d_p$$

Beispiel 10.1: $e_i = 10,1$ cm

$$M_{p0} = -603 \cdot 4,9 \cdot 10^{-2} = -29,5 \text{ kNm} \qquad M_{p0} = P^{(0)} \cdot z_{cp,i} = -N_{p0} \cdot z_{cp,i}$$

Beton- und Spannstahlspannungen infolge der Spannbettkräfte

$$\sigma_{cp,p0} = \left(-\frac{603}{2025} - \frac{29{,}5 \cdot 10^2}{67290} \cdot 4{,}9 \right) \cdot 10 = -5{,}1 \text{ N/mm}^2$$

bezogen auf die Schwerachse des Spannstahls

$$\sigma_{cp,p0} = \frac{N_{p0}}{A_i} + \frac{M_{p0}}{I_i} \cdot z_{cp,i}$$

Beispiel 10.1: $A_i = 2025 \text{ cm}^2$, $I_i = 67290 \text{ cm}^4$

$$\alpha_p = \frac{195000}{33000} = 5{,}91$$

(1.8): $\alpha_p = \dfrac{E_p}{E_c}$

Beispiel 10.1:
$\sigma_{pm0}^{(0)} = 1160 \text{ N/mm}^2$

$$\sigma_{p,p0} = 1160 - 5{,}91 \cdot 5{,}1 = 1130 \text{ N/mm}^2$$

$$\sigma_{p,p0} = \sigma_{pm0}^{(0)} + \alpha_p \cdot \sigma_{cp,p0}$$

Beton- und Spannstahlspannungen infolge der Eigenlast der Platte

bezogen auf die Schwerachse des Spannstahls

$$M_{g1} = \frac{5 \cdot 7{,}2^2}{8} = 32{,}4 \text{ kNm}$$

$$M_{g1} = \frac{g_{k,1} \cdot l_{eff}^2}{8}$$

$$\sigma_{cp,g1} = \frac{32{,}4 \cdot 10^2}{67290} \cdot 4{,}9 \cdot 10 = 2{,}4 \text{ N/mm}^2$$

$$\sigma_{cp,g1} = \frac{M_{g1}}{I_i} \cdot z_{cp,i}$$

$$\sigma_{p,g1} = 5{,}91 \cdot 2{,}4 = 14{,}2 \text{ N/mm}^2$$

$$\sigma_{p,g1} = \alpha_p \cdot \sigma_{cp,g1}$$

Spannstahlspannungen nach Lösen der Verankerung

$$\sigma_{pm0} = 1130 + 14{,}2 = 1144 \text{ N/mm}^2$$

$$\sigma_{pm0} = \sigma_{p,p0} + \sigma_{p,g1}$$

Bemessungswert der Übertragungslänge

$$f_{ctd} = 0{,}85 \cdot 0{,}7 \cdot 2{,}9/1{,}5 = 1{,}15 \text{ N/mm}^2$$

$$f_{ctd} = \alpha_{ct} \cdot 0{,}7 \cdot f_{ctm} / \gamma_c$$

$A_p = 52 \text{ mm}^2$

$\phi_p = 9{,}3 \text{ mm}$

Beispiel 10.1:

$$l_{pt} = 1{,}0 \cdot 0{,}19 \cdot 9{,}3 \cdot \frac{1144}{2{,}85 \cdot 1{,}0 \cdot 1{,}15} \cdot 10^{-3} = 0{,}62 \text{ m}$$

(12.5):

$$l_{pt} = \alpha_1 \cdot \alpha_2 \cdot \phi_p \cdot \frac{\sigma_{pm0}}{\eta_{p1} \cdot \eta_1 \cdot f_{ctd}(t)}$$

(12.6): $\alpha_1 = 1{,}0$

(12.7): $\alpha_2 = 0{,}19$

(12.8): $\eta_{p1} = 2{,}85$

(12.9): $\eta_1 = 1{,}0$

$l_{pt2} = 1{,}2 \cdot 0{,}62 = 0{,}74$ m

(12.11): $l_{pt2} = 1{,}2 \cdot l_{pt}$

Querschnitt gerissen oder ungerissen?

$P_{mt}^{(0)} = 0{,}9 \cdot 1160 \cdot 520 \cdot 10^{-3} = 543$ kN

$P_{mt}^{(0)} = \alpha_{csr} \cdot \sigma_{pm0}^{(0)} \cdot A_p$

$P_{mt}^{(0)}(x) = 543 \cdot \dfrac{0{,}12 + 0{,}15}{0{,}74} = 198$ kN

$P_{mt}^{(0)}(x) = P_{mt}^{(0)} \cdot \dfrac{b_{Lager} + d_p}{l_{pt2}}$

$\widetilde{N}_{Ed}(x) = 0 - 198 = -198$ kN

$\widetilde{N}_{Ed}(x) = N_{Ed} - P_{mt}^{(0)}(x)$

$\widetilde{M}_{Ed}(x) = 7{,}2 - 198 \cdot (15 - 10{,}1) \cdot 10^{-2}$
$= -2{,}5$ kNm

$\widetilde{M}_{Ed}(x) = M_{Ed}(x) - P_{mt}^{(0)}(x) \cdot z_{cp,i}$

Betonspannung an der Unterseite des Querschnitts

$$\sigma_{c1}(x) = \left[-\frac{198}{2025} - \frac{2{,}5 \cdot 10^2}{67290} \cdot (20 - 10{,}1) \right] \cdot 10 = -1{,}3 \text{ N/mm}^2$$

$$\sigma_{c1}(x) = \frac{\widetilde{N}_{Ed}(x)}{A_i} + \frac{\widetilde{M}_{Ed}(x)}{I_i} \cdot (h_c - e_i)$$

Der Querschnitt ist an der betrachteten Nachweisstelle ungerissen.

Berechnung der vom Querschnitt aufnehmbaren Querkraft

$S = \dfrac{20^2}{8} = 5000$ cm³/m

$S = \dfrac{h_c^2}{8}$

$I = \dfrac{20^3}{12} = 66667$ cm⁴/m

$I = \dfrac{h_c^3}{12}$

$\sigma_{cd} = -\dfrac{198}{100 \cdot 20} \cdot 10 = -1{,}0$ N/mm²

$\sigma_{cd} = \dfrac{\widetilde{N}_{Ed}(x)}{b_c \cdot h_c}$

$\alpha_1 = \dfrac{0{,}12 + 0{,}15}{0{,}74} = \underline{0{,}36} < 1{,}0$

(11.52): $\alpha_1 = \dfrac{l_x}{l_{pt2}} \leq 1{,}0$

(11.50):

$$V_{Rd,ct} = \frac{I \cdot b_w}{S} \cdot \sqrt{f_{ctd}^2 + \alpha_1 \cdot \sigma_{cd} \cdot f_{ctd}}$$

$$= \frac{66667 \cdot 100}{5000 \cdot 10} \cdot \sqrt{\left(0{,}85 \cdot \frac{2{,}0}{1{,}8}\right)^2 + 0{,}36 \cdot 1{,}0 \cdot 0{,}85 \cdot \frac{2{,}0}{1{,}8}} = 170 \text{ kN}$$

$\widetilde{V}_{Ed} = 36{,}8 \text{ kN} < 170 \text{ kN} = V_{Rd,ct}$

(11.47): $\widetilde{V}_{Ed} \leq V_{Rd,ct}$

Gerissene Querschnitte:

Es wird dasselbe Modell wie für nicht vorgespannte Bauteile benutzt. Die Querkrafttragwirkung besteht aus Bogentragwirkung (Querkraftabtrag der Druckzone), Rissverzahnung und Dübelwirkung. Infolge der Vorspannung wird die Druckzone größer und der Anteil der Bogentragwirkung steigt an.

Zugstrebe im *Hochbau* ([DIN EN 1992-1-1 – 11], 6.2.2 und zugehöriger NA) und im *Brückenbau* ([DIN EN 1992-2 – 10], 6.2.2 und zugehöriger NA):

$$V_{\mathrm{Rd,c}} = \left[0{,}10 \cdot k \cdot \left(100 \cdot \rho_{\mathrm{l}} \cdot f_{\mathrm{ck}}\right)^{1/3} + 0{,}12\,\sigma_{\mathrm{cd}}\right] \cdot b_{\mathrm{w,nom}} \cdot d$$

$$> \begin{cases} \left(0{,}0525/\gamma_{\mathrm{c}}\right) \cdot k^{3/2} \cdot f_{\mathrm{ck}}^{1/2} & \text{für } d \le 600 \text{ mm} \\ \left(0{,}0375/\gamma_{\mathrm{c}}\right) \cdot k^{3/2} \cdot f_{\mathrm{ck}}^{1/2} & \text{für } d > 800 \text{ mm} \end{cases} \tag{11.53}$$

Zwischenwerte dürfen linear interpoliert werden

$$k = 1 + \sqrt{200/d} \le 2{,}0 \qquad \text{mit } d \text{ in [mm]} \tag{11.54}$$

Druckstrebe ([DIN EN 1992-1-1 – 11], 6.2.3 und zugehöriger NA):

$$V_{\mathrm{Rd,max}} = \nu_1 \cdot f_{\mathrm{cd}} \cdot b_{\mathrm{w,nom}} \cdot z \cdot \frac{\cot\theta + \cot\alpha}{1 + \cot^2\theta} \tag{11.55}$$

Es werden nur die zum Stahlbetonbau abweichenden Terme erläutert:

ρ_{l} Längsbewehrungsgrad mit $\rho_{\mathrm{l}} = \dfrac{A_{\mathrm{sl}}}{b_{\mathrm{w}} \cdot d} \le 0{,}02$

Die Fläche der Zugbewehrung, die mindestens um das Maß d über den betrachteten Querschnitt hinausgeführt und dort wirksam verankert wird. Bei Vorspannung mit sofortigem Verbund darf die Spannstahlfläche voll auf A_{sl} angerechnet werden.

b_{w} kleinste Querschnittsbreite innerhalb der Zugzone des Querschnitts

$b_{\mathrm{w,nom}}$ kleinste (Nenn-) Querschnittsbreite

– nicht ausgepresste Hüllrohre sind mit einem erhöhten Wert abzuziehen, da der Kraftfluss auf die verbleibenden Restflächen umgelenkt werden muss und hiermit der Querschnitt höher beansprucht ist.

$$b_{\mathrm{w,nom}} = b_{\mathrm{w}} - 1{,}2 \cdot \Sigma\phi_{\mathrm{h}} \tag{11.56}$$

– nebeneinander liegende auspresste Hüllrohre mit $\Sigma\phi_{\mathrm{h}} \le b_{\mathrm{w}}/8$

$$b_{\mathrm{w,nom}} = b_{\mathrm{w}} \tag{11.57}$$

– nebeneinander liegende auspresste Hüllrohre mit $\Sigma\phi_{\mathrm{h}} > b_{\mathrm{w}}/8$

$$b_{\mathrm{w,nom}} = \begin{cases} b_{\mathrm{w}} - 0{,}5 \cdot \Sigma\phi_{\mathrm{h}} & \text{für} \le \text{C50/60} \\ b_{\mathrm{w}} - 1{,}0 \cdot \Sigma\phi_{\mathrm{h}} & \text{für} \ge \text{C55/67} \end{cases} \tag{11.58}$$

ν_1 Abminderungsbeiwert für die Betonfestigkeit bei Schubrissen

$$\nu_1 = 0{,}75 \cdot \nu_2$$

$$\text{mit} \quad \nu_2 = 1{,}0 \qquad \text{für} \leq \text{C50/60}$$
$$\nu_2 = (1{,}1 - f_{\text{ck}} / 500) \qquad \text{für} \geq \text{C55/67} \tag{11.59}$$

θ Neigungswinkel der Druckstrebe

$$1{,}0 \leq \cot\theta \leq \frac{1{,}2 + 1{,}4 \dfrac{\sigma_{\text{cd}}}{f_{\text{cd}}}}{1 - \dfrac{V_{\text{Rd,cc}}}{V_{\text{Ed}}}} \leq 3{,}0 \tag{11.60}$$

$$V_{\text{Rd,cc}} = 0{,}24 \cdot f_{\text{ck}}^{1/3} \cdot \left(1 - 1{,}2 \frac{\sigma_{\text{cd}}}{f_{\text{cd}}}\right) \cdot b_{\text{w}} \cdot z \tag{11.61}$$

11.5.3 Bauteile mit Querkraftbewehrung

Es liegt der Bemessung dasselbe Fachwerkmodell zu Grunde, wie im Stahlbetonbau. Dies gilt sowohl für die Bemessung von Stegen als auch von Gurten. Während bei Stahlbetonbauteilen der Nachweis des Bauteilwiderstands der schrägen Druckstrebe $V_{\text{Rd,max}}$ (nach Gl. (11.55)) im Allgemeinen nicht explizit geführt werden muss, kann diese bei vorgespannten Bauteilen maßgebend werden. Für sie und die Bestimmung der Bewehrung aus der Zugstrebe gelten:

$$V_{\text{Rd,s}} = \frac{A_{\text{sw}}}{s_{\text{w}}} \cdot f_{\text{yd}} \cdot z \cdot (\cot\theta + \cot\alpha) \cdot \sin\alpha \tag{11.62}$$

mit: $b_{\text{w.nom}}$ kleinste Nenn-Querschnittsbreite nach Gl. (11.56) bis (11.58)

A_{sw} gesamte Querkraftbewehrung innerhalb eines Fachwerkfeldes oder allgemein in einem Querkraftbereich gleichen Vorzeichens

s_{w} Abstand der Stäbe der Querkraftbewehrung in Bauteillängsrichtung

Für die Höchstabstände der Querkraftbewehrung gelten dieselben Grenzwerte wie im Stahlbetonbau.

Mindestbewehrung:

Ähnlich wie bei der Robustheitsbewehrung für Biegung soll die Mindestquerkraftbewehrung ein Schubversagen ohne Vorankündigung verhindern. Der Querkraftbewehrungsgrad ergibt sich aus der Forderung, dass die Schubrisslast des Betonquerschnitts mit einfacher Sicherheit von der Bewehrung aufgenommen werden muss. In der Platte vorgespannte Bauteile mit schmalen Stegen weisen eine erheblich höhere Schubrisslast als Stahlbetonbauteile auf. Daher wird der Mindestquerkraftbewehrungsgrad gegenüber dem Stahlbeton um 60 % erhöht (Gl. 9.5aDE und 9.5bDE in [DIN EN 1992-1-1/NA – 13]:

$$\rho_w = \frac{a_{sw}}{b_w \cdot \sin\alpha} \geq \rho_{w,min} \tag{11.63}$$

$$\rho_{w,min} = \begin{cases} 0{,}16 \cdot f_{ctm} / f_{yk} & \text{im Allgemeinen} \\ 0{,}256 \cdot f_{ctm} / f_{yk} & \text{bei gegliederten Querschnitten mit vorgespanntem Zuggurt} \end{cases} \tag{11.64}$$

Beispiel 11.5: Querkraftbemessung bei gerissenem Querschnitt

An dem in **Abb. 4.6** dargestellten dreifeldrigen Dachbinder aus Beton C40/50 ist im Bereich der ersten Innenstütze der Querkraftnachweis zu führen. Die Spannkraft beträgt im Endzustand 85 % des Anfangswertes ($\alpha_{csr} = 0{,}85$). Der Binder ist an der Nachweisstelle auf einer 30 cm breiten Stahlbetonwand aufgelagert. Die statische Höhe des Betonstahls beträgt $d = 1{,}45$ m.

Lösung:

Querkraft infolge ständiger und veränderlicher Einwirkungen

Nachweisstelle x im Abstand d vom Lagerrand

$x = \frac{1}{2} \cdot 0{,}30 + 1{,}45 = 1{,}60$ m | $x = \frac{1}{3} \cdot b_{Lager} + d$

Bemessungswert der Einwirkung

$F_{Ed,g} = 1{,}35 \cdot (39 + 1{,}0 \cdot 5{,}0) = 59{,}4$ kN/m | $F_{Ed,g} = \gamma_g \cdot (g_{k,1} + g_{k,2} \cdot b_{eff})$

Beispiel 10.3: $g_{k,1} = 39$ kN/m

$g_{k,2} = 1{,}0$ kN/m²

Beispiel 4.2: $b = b_{eff} = 5{,}0$ m

$F_{Ed,q} = 1{,}5 \cdot 5{,}0 \cdot 5{,}0 = 37{,}5$ kN/m | $F_{Ed,q} = \gamma_q \cdot q_k \cdot b_{eff}$

Querkraft an der ersten Innenstütze | [Holschemacher – 19]:

$V_{Ed,bl,g} = -0{,}6 \cdot 59{,}4 \cdot 30 = -1069$ kN | $V_{Ed,bl,g} = -0{,}6 \cdot F_{Ed,g} \cdot l_{eff}$

$V_{Ed,bl,q} = -0{,}617 \cdot 37{,}5 \cdot 30 = -694$ kN | $V_{Ed,bl,q} = -0{,}617 \cdot F_{Ed,q} \cdot l_{eff}$

$V_{Ed,bl} = -1069 - 694 = -1763$ kN | $V_{Ed,bl} = V_{Ed,bl,g} + V_{Ed,bl,q}$

Querkraft im Abstand d vom Lagerrand

$V_{Ed,red}(28{,}4) = -1763 + (59{,}4 + 37{,}5) \cdot 1{,}6 = -1608$ kN | $V_{Ed,red}(x) = V_{Ed,bl} + F_{Ed} \cdot x$

Querkraft infolge Vorspannung

Vorspannkraft im Abstand d vom Lagerrand

$P_m(28{,}4) = 3762$ kN (interpoliert) | Beispiel 7.2:

$P_m(27) = 3781$ kN

$P_m(28{,}5) = 3760$ kN

Spannstrangneigung im Abstand d vom Lagerrand

$$\psi_p(x) = y_3{}'(x) = -0{,}0480 \cdot x + 1{,}4411$$
$$= -0{,}0480 \cdot 28{,}4 + 1{,}4411 = 0{,}078 \text{ rad}$$

Teilparabel 3 aus Beispiel 4.2:

$$\psi_p(x) = y_i{}'(x) = \frac{dy_i(x)}{dx}$$

$$V_{cp}^{(00)}(28{,}4) = 3762 \cdot \sin(0{,}078) = 293 \text{ kN}$$
$$V_{cp}(28{,}4) = 293 + 56{,}2 = 349 \text{ kN}$$

Gl. (7.12):

$$V_{cp}^{(00)}(x) = P_m(x) \cdot \sin \psi_p(x)$$
$$V_{cp}(x) = V_{cp}^{(00)}(x) + V'_{cp}$$

Beispiel 7.2: $V'_{cp} = 56{,}2$ kN

$$V_{cpt}(28{,}4) = 0{,}85 \cdot 349 = 297 \text{ kN}$$

Spannkraftverluste von 15 %

Bemessungswert der Querkraft

Bemessungswert im Abstand d vom Lagerrand

$$\tilde{V}_{Ed,red}(28{,}4) = -1608 + 0 + 0 + 297 = -1311 \text{ kN}$$

(11.44): für $t = \infty$

$$\tilde{V}_{Ed} = V_{Ed} + V_{ccd} + V_{td} + V_{cp}$$

Bemessungswert an der ersten Innenstütze

$$\tilde{V}_{Ed} = -1763 + 0 + 0 + 0 + 56{,}2 = -1707 \text{ kN}$$

(11.44): für $t = 0$

$$\tilde{V}_{Ed} = V_{Ed} + V_{ccd} + V_{td} + V_{cp}^{(00)} + V'_{cp}$$

Querkraftnachweis

Nenn-Querschnittsbreite

$$\Sigma\phi_h = 2 \cdot 77 = 154 \text{ mm} > 62{,}5 \text{ mm} = \frac{b_w}{8} = \frac{500}{8}$$

Beispiel 4.2:
Zwei nebeneinander angeordnete Hüllrohre mit Außendurchmesser $\phi_h = 77$ mm.

$$b_{w,nom} = 500 - 0{,}5 \cdot 2 \cdot 77 = 423 \text{ mm} = 0{,}42 \text{ m}$$

(11.58):

$$b_{w,nom} = b_w - 0{,}5 \cdot \Sigma\phi_h$$

Querschnitt ohne Querkraftbewehrung?

[DIN EN 1992-1-1 – 11], Gl. (71):

$$k = 1 + \sqrt{\frac{200}{1450}} = 1{,}37$$

$$k = 1 + \sqrt{\frac{200}{d}} \le 2$$

$$\rho_l = \frac{38{,}8}{0{,}5 \cdot 1{,}45 \cdot 10^4} = 0{,}0054$$

$$\rho_l = \frac{A_{sl}}{b_w \cdot d}$$

Beispiel 11.2: $A_{sl} = 38{,}8 \text{ cm}^2$

$$\sigma_{cd} = -\frac{0{,}85 \cdot 3762}{1{,}56} \cdot 10^{-3} = -2{,}0 \text{ N/mm}^2$$

$$\sigma_{cd} = \frac{N_{Ed}}{A_c} = -\frac{\alpha_{csr} \cdot P_m(28{,}4)}{A_c}$$

Beispiel 4.2: $A_c = 1{,}56 \text{ m}^2$

Auf der sicheren Seite liegend wird die Betonquerschnittsfläche des Feldbereiches verwendet.

$$V_{\mathrm{Rd,c}} = \begin{bmatrix} 0{,}10 \cdot k \cdot \left(100 \cdot \rho_1 \cdot f_{\mathrm{ck}}\right)^{1/3} \\ +0{,}12 \cdot \sigma_{\mathrm{cd}} \end{bmatrix} \cdot b_{\mathrm{w,nom}} \cdot d$$ (11.53):

$$= \begin{bmatrix} 0{,}10 \cdot 1{,}37 \cdot \left(100 \cdot 0{,}0054 \cdot 40\right)^{1/3} \\ +0{,}12 \cdot 2{,}0 \end{bmatrix} \cdot 0{,}42 \cdot 1{,}45$$

$$= 0{,}378 \text{ MN} = 378 \text{ kN}$$

$$\left|\widetilde{V}_{\mathrm{Ed,red}}\right| = 1311 \text{ kN} > 378 \text{ kN} = V_{\mathrm{Rd,c}}$$ (11.47): $\widetilde{V}_{\mathrm{Ed}} \leq V_{\mathrm{Rd,c}}$

Querkraftbewehrung erforderlich

Neigung der Druckstrebe

$$V_{\mathrm{Rd,cc}} = 0{,}24 \cdot f_{\mathrm{ck}}^{1/3} \cdot \left(1 - 1{,}2 \frac{\sigma_{\mathrm{cd}}}{f_{\mathrm{cd}}}\right) \cdot b_{\mathrm{w,nom}} \cdot 0{,}9 \cdot d$$ (11.61):

$$V_{\mathrm{Rd,c}} = \left[0{,}24 \cdot 40^{1/3} \cdot \left(1 - 1{,}2 \cdot \frac{2{,}0}{22{,}7}\right)\right] \cdot 0{,}42 \cdot 0{,}9 \cdot 1{,}45$$

$$= 0{,}397 \text{ MN} = 397 \text{ kN}$$

$$\cot\theta = \frac{1{,}2 + 1{,}4 \cdot \dfrac{\sigma_{\mathrm{cd}}}{f_{\mathrm{cd}}}}{1 - \dfrac{V_{\mathrm{Rd,cc}}}{\left|\widetilde{V}_{\mathrm{Ed}}\right|}} = \frac{1{,}2 - 1{,}4 \cdot \dfrac{-2{,}0}{22{,}7}}{1 - \dfrac{397}{1707}} = \underline{1{,}72} \quad \begin{matrix} > 1{,}0 \\ < 3{,}0 \end{matrix}$$ (11.60):

Erforderliche Querkraftbewehrung

$$a_{\mathrm{sw}} = \frac{\left|\mathrm{red}\ \widetilde{V}_{\mathrm{Ed}}\right|}{0{,}9 \cdot d \cdot f_{\mathrm{yd}} \cdot \left(\cot\theta + \cot\alpha\right) \cdot \sin\alpha}$$ (11.62):

$$= \frac{1311}{0{,}9 \cdot 1{,}45 \cdot 435 \cdot \left(1{,}72 + 0\right) \cdot 1} \cdot 10$$

$$= 13{,}4 \text{ cm}^2/\text{m}$$

Gewählt: Bü Ø12−15

$a_{\mathrm{sw,vorh}} = 15{,}1 \text{ cm}^2/\text{m} > a_{\mathrm{sw,erf}} = 13{,}4 \text{ cm}^2/\text{m}$

Überprüfung der Druckstebentragfähigkeit

$$V_{Rd,max} = \nu_1 \cdot f_{cd} \cdot b_{w,nom} \cdot 0{,}9 \cdot d \cdot \frac{(\cot\theta + \cot\alpha)}{1 + \cot^2\theta}$$ (11.55):

$$= 0{,}75 \cdot 22{,}7 \cdot 0{,}42 \cdot 0{,}9 \cdot 1{,}45 \cdot \frac{(1{,}72 + 0)}{1 + 1{,}72^2} \cdot 10^3$$

$$= 4055 \text{ kN}$$

$$\left|\tilde{V}_{Ed}\right| = 1707 \text{ kN} < 4055 \text{ kN} = V_{Rd,max}$$ (11.48): $\tilde{V}_{Ed} \leq V_{Rd,max}$

Überprüfung der Mindestquerkraftbewehrung

$$\rho_{w,min} = 0{,}256 \cdot f_{ctm} / f_{yk}$$ (11.64):

$$= 0{,}256 \cdot 3{,}5 / 500 = 0{,}00179$$

(11.63): $\rho_w = \frac{a_{sw}}{b_w \cdot \sin\alpha} \geq \rho_{w,min}$

$$\rho_w = \frac{15{,}1}{0{,}5 \cdot 1} \cdot 10^{-4} = 0{,}0030 > 0{,}00179 = \rho_{w,min}$$

Mindestbewehrung wird nicht maßgebend.

Zulässige Längs- und Querabstände der Bügel

$$\frac{\left|\tilde{V}_{Ed}\right|}{V_{Rd,max}} = \frac{1707}{4055} = 0{,}42$$

$$s_{max} = \min\begin{cases} 0{,}5 \cdot h = 0{,}5 \cdot 1500 = 750 \text{ mm} \\ \underline{300 \text{ mm}} \end{cases}$$

[DIN EN 1992-1-1/NA – 13], Tab. NA 9.1: Beton C40/50

11.6 Bemessung bei Torsion

Die Bemessung der Quer- und Längsbewehrung infolge Torsion erfolgt auf Grundlage desselben Fachwerkmodells wie im Stahlbetonbau. Es gelten dieselben Gleichungen. Lediglich beim Nachweis der Druckstreben sind für die Querschnittsbreite die Gleichungen (11.56) bis (11.58) zu verwenden.

11.7 Bemessung auf Durchstanzen

Gegenüber Stahlbeton ergeben sich keine Änderungen. Durchstanzen ist bei Flachdecken ein für die Bemessung maßgebendes Kriterium. Im Hinblick auf die Spanngliedführung werden in Abschnitt 14.1.2 Hinweise gegeben.

11.8 Nachweis gegen Ermüdung

11.8.1 Besonderheiten vorgespannter Bauteile gegenüber Stahlbetonbauteilen

Einwirkungen unter vielfacher Wiederholung (= nicht ruhende Belastung) führen im Stahlbeton- und Spannbeton (wie auch bei anderen Baustoffen) zu einer Schädigung des Baustoffgefüges und damit verbunden zu einem Absinken der Festigkeit. Die für Stahlbeton geltenden Grundlagen sind in Lehrbüchern zum Stahlbetonbau (z. B.: [Avak – 12]) erläutert. Bei Spannbetonbauteilen sind unter zyklischer Belastung folgende Versagensarten möglich:

- Versagen des Spannstahls
- Versagen des Betonstahls (Biegezugbewehrung oder Querkraftbewehrung)
- Versagen des Betons auf Druck (in der Biegedruckzone oder als Betondruckstrebe im Fachwerkmodell)
- Verschlechterung des Verbundes zwischen der Bewehrung (Spann- oder Betonstahl) und dem umgebenden Beton (bzw. Mörtel in den Hüllrohren).

Bei vorgespannten Bauteilen ist die Ermüdung von (noch) höherer Bedeutung als im Stahlbetonbau. Dies hat folgende Gründe:

- Vorgespannte Tragwerke können nach Überschreiten des Dekompressionsmoments vom Zustand I in den Zustand II übergehen. Dies ist insbesondere bei Bauteilen in den günstigen Expositionsklassen X0 oder X1 (**Tafel 10.1**) möglich. In diesem Fall steigen die Spannungsamplituden $\Delta\sigma_s$ und $\Delta\sigma_p$ deutlich an (**Abb. 11.10**). Aufgrund des schlechteren Verbundes des Spannstahls erhöhen sich die Spannungen im Betonstahl um den Faktor η stärker.

  $$\eta = \frac{A_s + A_p}{A_s + A_p \cdot \sqrt{\xi \cdot \frac{\phi_s}{\phi_p}}} \quad \text{(gilt streng genommen nur für den Zugstab)} \qquad (11.65)$$

  $$\eta = \frac{A_s + \frac{d_p - x}{d - x} \cdot A_p}{A_s + \frac{d_p - x}{d - x} \cdot A_p \cdot \sqrt{\xi \cdot \frac{\phi_s}{\phi_p}}} \quad \text{(gilt bei Biegung mit Druckzonenhöhe } x\text{)} \qquad (11.66)$$

  mit: ξ Verhältnis der mittleren Verbundfestigkeiten von Spannstahl und Betonstahl nach **Tafel 10.2**

- Spannstahl ist empfindlicher als Betonstahl gegenüber Ermüdung (**Tafel 11.1**). Bei Vorspannung mit Verbund sind hierbei die Spannungsamplituden (**Abb. 11.10**) zu begrenzen. Bei Vorspannung ohne Verbund sind die Spannungsamplituden deutlich geringer, da die lokale Zusatzdehnung im Rissquerschnitt auf die gesamte Spanngliedlänge verteilt wird.
- Bei Spanngliedern ohne Verbund kann an den Umlenkstellen der Spannglieder Reibkorrosion und dadurch bedingt Reibermüdung auftreten. Infolge der Verformungen des Tragwerks bei Be- und Entlastung kommt es an den Umlenkstellen der Spannglieder zu Relativverschiebungen zwischen Spannglied und

Baukörper und dadurch zu Scheuerbewegungen zwischen den Litzen. Diese können Anrisse in der Oberfläche des Spannstahls bewirken, die in der weiteren Folge zu einem Ermüdungsversagen führen können.

- Koppelstellen und Anker sind besonders empfindliche Bauteile im Hinblick auf Ermüdung, da Reibkorrosion zwischen den Verankerungselementen und dem Spannstahl auftreten kann.
- Spannbeton wird (in Deutschland) insbesondere im Brückenbau eingesetzt. Brücken sind nicht ruhend beansprucht. Die stetige Zunahme des Schwerlastverkehrs (LKWs, Schwerlasttransporte) in der Vergangenheit und ebenso prognostiziert für die Zukunft führt zu Beanspruchungen von Straßenbrücken, die früher als nicht möglich erschienen. Für Brückenbauwerke sind daher in [DIN EN 1992-2 – 10] gegenüber [DIN EN 1992-1-1 – 11], 6.8 weitergehenden Regelungen vorhanden.

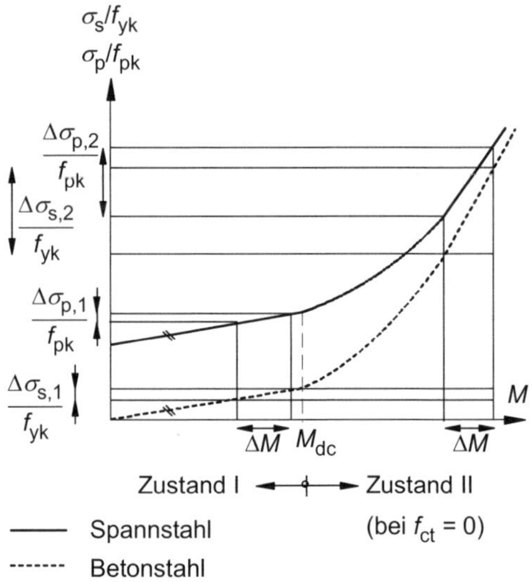

Abb. 11.10 Spannungserhöhung in Beton- und Spannstahl (im Verbund) unter und über dem Dekompressionsmoment M_{dc}

Tafel 11.1 Wöhlerlinie für Spannstahl (mit Parametern nach [DIN EN 1992-1-1/NA – 13], Tabelle 6.4DE, Angaben in den Zulassungen haben Vorrang)

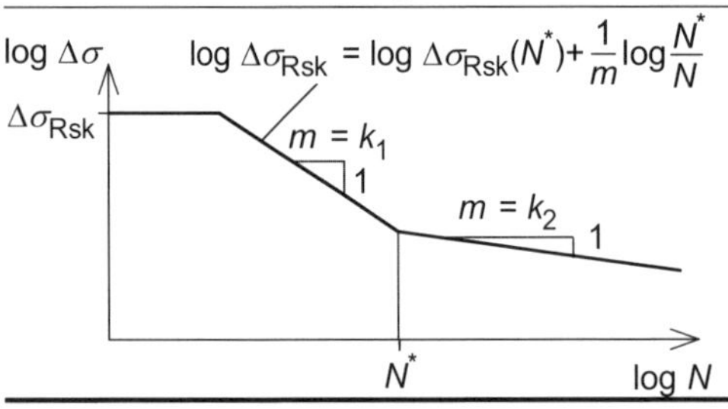

		N^*	Spannungsexponent k_1	Spannungsexponent k_2	$\Delta\sigma_{Rsk}$ [N/mm²] bei N^* Zyklen, Klasse 1
Spannstahl mit *sofortigem* Verbund		10^6	5	9	185
Spannstahl mit *nachträglichem* Verbund	Einzellitzen in Kunststoffhüllrohren	10^6	5	9	185
	Gerade Spannglieder; gekrümmte Spannglieder in Kunststoffhüllrohren	10^6	5	9	150
	Gekrümmte Spannglieder in Stahlhüllrohren	10^6	3	7	120
	Kopplungen	10^6	3	5	80

11.8.2 Möglichkeiten der Nachweisführung

Der Nachweis gegen Ermüdung braucht für folgende Tragwerke nicht geführt zu werden (genaue Regelungen siehe [DIN EN 1992-1-1 – 11], 6.8 und NA):

- nicht vorgespannte Tragwerke des üblichen Hochbaus (Ausnahmen sind Gebäude mit dynamisch erregten Maschinen auf den Decken)
- Fußgängerbrücken
- überschüttete Boden- und Rahmentragwerke (mit einer Erdüberdeckung von mindestens 1,0 m bei Straßen- und 1,5 m bei Eisenbahnbrücken)
- Fundamente
- Widerlager, Pfeiler und Stützen, die mit dem Überbau von Brücken nicht biegesteif verbunden sind.

Sofern ein Nachweis geführt werden muss, bestehen folgende Möglichkeiten der Nachweisführung (**Abb. 11.11**):

- Vereinfachter Nachweis als *Spannungsnachweis* (Stufe 1)
- *Vereinfachter Betriebsfestigkeitsnachweis* mit schädigungsäquivalenten Spannungen (Stufe 2)
- *Betriebsfestigkeitsnachweis* auf Basis der PALMGREN-MINER-Regel (Stufe 3).

Diese Regeln werden nachfolgend erläutert.

11.8.3 Vereinfachter Nachweis

Nachweis für Beton:

Der vereinfachte Nachweis ([DIN EN 1992-1-1 – 11], 6.8.6) ist mit der *häufigen* Lastkombination zu erbringen. Für Beton unter Druckspannungen sind für jede Querschnittsfaser nachfolgende Gleichungen einzuhalten:

$$\frac{|\sigma_{\text{c,max}}|}{f_{\text{cd,fat}}} \leq 0{,}5 + 0{,}45 \cdot \frac{|\sigma_{\text{c,min}}|}{f_{\text{cd,fat}}} \leq \begin{cases} 0{,}9 & \text{bis C50/60 oder LC50/55} \\ 0{,}8 & \text{ab C55/67 oder LC55/60} \end{cases} \tag{11.67}$$

$$f_{\text{cd,fat}} = 1{,}0 \cdot \beta_{\text{cc}}(t_0) \cdot \left[1 - \frac{f_{\text{ck}}}{250}\right] \cdot f_{\text{cd}} \tag{11.68}$$

mit: $|\sigma_{\text{c,max}}|$ maximale Betondruckspannung unter häufiger Einwirkungskombination

$|\sigma_{\text{c,min}}|$ minimale Betondruckspannung (bei Zugspannungen: $|\sigma_{\text{c,min}}| = 0$)

$\beta_{\text{cc}}(t) = e^{s\cdot(1-\sqrt{28/t})}$ Erhärtungsfunktion des Betons (vgl. Gl. (3.1))

Gleichung (11.67) gilt auch für Druckstreben von Bauteilen mit Querkraftbewehrung. In diesem Fall ist die Betondruckfestigkeit nach Gl. (11.68) mit dem Abminderungsbeiwert ν_1 abzumindern (vgl. [DIN EN 1992-1-1 – 11], 6.2.3). Bei Bauteilen unter

Querkraftbeanspruchung, die rechnerisch keine Querkraftbewehrung benötigen, sind folgende Bedingungen einzuhalten:

– für $\dfrac{V_{\mathrm{Ed,min}}}{V_{\mathrm{Ed,max}}} \geq 0$:

$$\left|\frac{V_{\mathrm{Ed,max}}}{V_{\mathrm{Rd,c}}}\right| \leq 0{,}5 + 0{,}45 \cdot \left|\frac{V_{\mathrm{Ed,min}}}{V_{\mathrm{Rd,c}}}\right| \leq \begin{cases} 0{,}9 & \text{bis C50/60 oder LC50/55} \\ 0{,}8 & \text{ab C55/67 oder LC55/60} \end{cases} \tag{11.69}$$

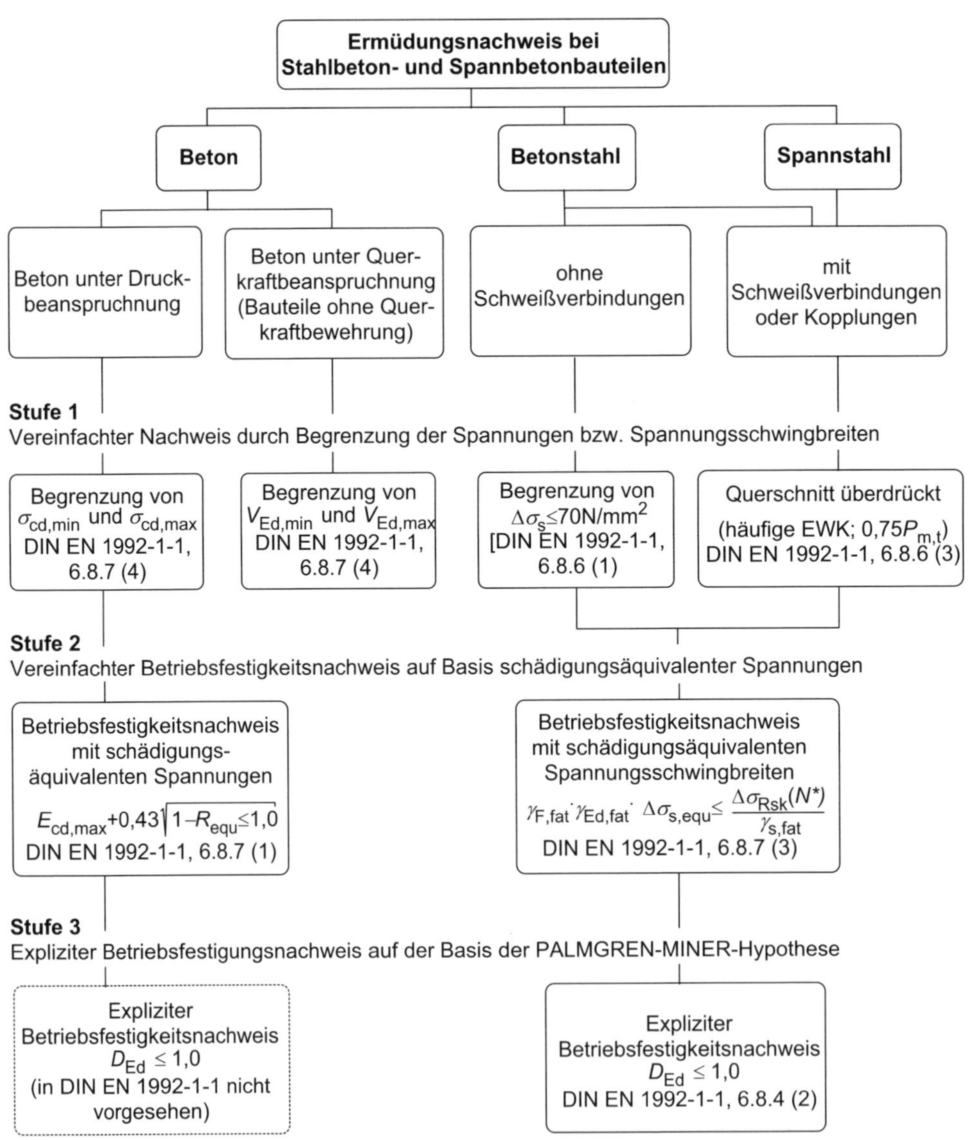

Abb. 11.11 Möglichkeiten und Ablauf des Nachweises gegen Ermüdung gemäß [DIN EN 1992-1-1 – 11]

– für $\frac{V_{\text{Ed,min}}}{V_{\text{Ed,max}}} < 0$:

$$\left|\frac{V_{\text{Ed,max}}}{V_{\text{Rd,c}}}\right| \leq 0{,}5 - \left|\frac{V_{\text{Ed,min}}}{V_{\text{Rd,c}}}\right| \tag{11.70}$$

mit: $V_{\text{Ed,max}}$, $V_{\text{Ed,min}}$ Bemessungswert der maximalen (minimalen) Querkraft unter der häufigen Einwirkungskombination jeweils im selben Querschnitt

Nachweis für Betonstahl:

Der vereinfachte Nachweis ist für die häufige Lastkombination zu führen.

$$\Delta\sigma_{\text{s,freq}} \leq \Delta\sigma_{\text{s,lim}} \tag{11.71}$$

Nachfolgende Bedingungen gelten für jegliche Art von Bewehrung. Für ungeschweißte Bewehrungsstähle unter Zugbeanspruchung darf ein ausreichender Ermüdungswiderstand angenommen werden, wenn unter der häufigen Einwirkungskombination die Spannungsschwingbreite

$$\Delta\sigma_{\text{s,lim}} \leq 70 \text{ N/mm}^2 \tag{11.72}$$

nicht überschreitet. Für geschweißte Betonstähle muss zusätzlich der Querschnitt im Bereich um 200 mm um die Betonstahleinlagen unter der häufigen Einwirkungskombination und mit einer auf 75 % abgeminderten mittleren Vorspannkraft P_{m} überdrückt sein.

$$\sigma_{\text{c}} \leq 0 \text{ N/mm}^2 \tag{11.73}$$

Nachweis für Spannstahl:

Beim vereinfachten Nachweis wird die Koppelstelle als besonders ungünstige Stelle nachgewiesen. Hierzu wird der Mittelwert der Vorspannkraft im Spannstrang um 25 % abgemindert. Der statisch bestimmte Anteil der Schnittgrößen aus Vorspannung ist daher für $0{,}75\,P_{\text{m}}$ zu ermitteln. Der statisch unbestimmte Anteil bleibt dagegen von lokalen Veränderungen weitgehend unbeeinflusst und ist mit dem 1,0-fachen Wert zu berechnen.

Der Ermüdungsnachweis gilt als erfüllt, wenn der Betonquerschnitt (im Bereich von 200 mm um die Koppelstelle) unter der häufigen Einwirkungskombination vollständig unter Druckbeanspruchung steht.

11.8.4 Nachweise auf Basis der Betriebsfestigkeit

Die Nachweismöglichkeiten der Stufe 2 oder 3 unterscheiden sich für Spannbetonbauteile nicht von denen des Stahlbetons (siehe [Avak – 12]). Der Spannstahl wird vollkommen analog zum Betonstahl nachgewiesen (**Abb. 11.11**).

12 Bauliche Durchbildung

12.1 Oberflächenbewehrung

Vorgespannte Bauteile sind an allen Oberflächen mit einer orthogonalen Netzbewehrung zu versehen. Aufgabe dieser Oberflächenbewehrung ist es, die Rissbildung infolge von Eigenspannungen aus unterschiedlichem Schwinden und aus Temperaturgradienten innerhalb des Betonquerschnitts so zu steuern, dass Risse an der Oberfläche die Dauerhaftigkeit des Bauteils nicht negativ beeinflussen.

Die hierzu erforderliche Oberflächenbewehrung lässt sich wie folgt abschätzen. Es wird angenommen, dass die Zugzone 25 % der Bauteilhöhe beträgt und die Zugspannungen innerhalb dieser Fläche (ungerissener Querschnitt) von der Oberflächenbewehrung aufgenommen werden sollen. Für die Zugspannungsfläche kann man einen Völligkeitsbeiwert 0,8 ansetzen (zum Vergleich: Völligkeitsbeiwert bei HOOKEschem Gesetz 0,5). Weiterhin wird angenommen, dass die Betonzugfestigkeit bei Rissentstehung ca. 80 % der 28-Tage-Festigkeit beträgt [DAfStb – 12]. Damit erhält man:

$$F_{sr} = 0{,}8 \cdot b \cdot 0{,}25 \cdot h \cdot 0{,}8 \cdot f_{ctm} = A_s \cdot f_{yk}$$

$$A_s = \frac{0{,}8 \cdot 0{,}25 \cdot 0{,}8 \cdot b \cdot h \cdot f_{ctm}}{f_{yk}} = 0{,}16 \cdot \frac{f_{ctm}}{f_{yk}} \cdot b \cdot h = \rho \cdot b \cdot h \qquad (12.1)$$

mit: ρ Grundwert für die Mindestbewehrung

$$\rho = 0{,}16 \cdot \frac{f_{ctm}}{f_{yk}} \qquad (12.2)$$

Der Grundwert ρ nach Gl. (12.2) ist für BSt 500 in **Tafel 12.1** ausgewertet.

Für größere Bauteilhöhen darf berücksichtigt werden, dass die Höhe der Zugfläche des Eigenspannungsprofils nichtlinear mit der Bauteilhöhe zunimmt. Wenn die Obergrenze einer möglichen Zugspannungsfläche infolge Eigenspannungen der 2,5-fache Achsabstand der Bewehrung vom Querschnittsrand ist, erhält man aus Gl. (12.1):

$$a_s = \frac{0{,}8 \cdot 1{,}0 \cdot 2{,}5 \cdot (h-d) \cdot 0{,}8 \cdot f_{ctm}}{f_{yk}} = \frac{0{,}8 \cdot 2{,}5 \cdot (h-d) \cdot 0{,}8 \cdot \rho}{0{,}16} = 10 \cdot (h-d) \cdot \rho \qquad (12.3)$$

Tafel 12.1 Grundwerte ρ für die Ermittlung der Mindestbewehrung
([DIN EN 1992-1-1/NA – 13], Gl. (9.5aDE))

f_{ck}	12	16	20	25	30	35	40	45	50	55	60	70	80	90	100
ρ [‰]	0,51	0,61	0,70	0,82	0,93	1,03	1,12	1,21	1,30	1,35	1,39	1,48	1,55	1,61	1,67

Bei Leichtbeton dürfen die Werte ρ mit h_1 nach [DIN EN 1992-1-1 – 11], Tab. 11.3.1 multipliziert werden, wobei kein kleinerer Wert als $\eta_1 = 0{,}85$ in Ansatz gebracht werden darf.

Tafel 12.2 Mindestoberflächenbewehrung für die verschiedenen Bereiche eines vorgespannten Bauteils (([DIN EN 1992-1-1/NA – 13], Tab.NA.J.4.1)

	Platten, Gurtplatten und breite Balken ($b_w > h$) je m		Balken mit $b_w \leq h$ und Stege von Plattenbalken und Kastenträgern	
	Bauteile in Umgebungsbedingungen der Expositionsklassen			
	XC1 bis XC4	sonstige	XC1 bis XC4	sonstige
– bei Balken an jeder Seitenfläche – bei Platten mit $h \geq 1{,}0$ m an jedem gestützten oder nicht gestützten Rand [a]	$0{,}5 \cdot \rho \cdot h$ bzw. $0{,}5 \cdot \rho \cdot h_f$	$1{,}0 \cdot \rho \cdot h$ bzw. $1{,}0 \cdot \rho \cdot h_f$	$0{,}5 \cdot \rho \cdot b_w$ je m	$1{,}0 \cdot \rho \cdot b_w$ je m
– in der Druckzone von Balken und Platten am äußeren Rand [a] – in der vorgedrückten Zugzone von Platten [a b]	$0{,}5 \cdot \rho \cdot h$ bzw. $0{,}5 \cdot \rho \cdot h_f$	$1{,}0 \cdot \rho \cdot h$ bzw. $1{,}0 \cdot \rho \cdot h_f$	–	$1{,}0 \cdot \rho \cdot h \cdot b_w$
– in Druckgurten mit $h > 12$ cm (obere und untere Lage je für sich) [a]	–	$1{,}0 \cdot \rho \cdot h_f$	–	–

[a] Eine Oberflächenbewehrung größer als 3,35 cm^2/m je Richtung ist nicht erforderlich.

[b] Siehe [DIN EN 1992-1-1/NA – 13], NA.J.4 (4) und (5).

Dabei sind:
- h die Höhe des Balkens oder die Dicke der Platte
- ρ der Grundwert nach **Tafel 12.1**
- h_f die Dicke des Druck- oder Zuggurtes von profilierten Querschnitten
- b_w die Stegbreite des Balkens

Aufgrund der erforderlichen Betondeckung beträgt der Achsabstand der Bewehrung im Mittel ca. 3,5 cm. Damit erhält man für eine mittlere Betonfestigkeit C35/45:

$$a_s = 10 \cdot (h - d) \cdot \rho = 10 \cdot 3{,}5 \cdot 1{,}02 = 3{,}57 \text{ cm}^2/\text{m} \tag{12.4}$$

Dies entspricht in etwa einer Bewehrung Ø8 – 15 mit $a_s = 3{,}4 \text{ cm}^2/\text{m}$ und ist die obere Grenze für die Oberflächenbewehrung nach **Tafel 12.2**.

Die Oberflächenbewehrung ist *nicht* zusätzlich zur Robustheitsbewehrung (Abschnitt 11.3) oder zur Mindestbewehrung zur Rissbreitenbegrenzung (Abschnitt 10.3) zu addieren, sondern darf voll auf die statisch erforderliche Bewehrung angerechnet werden.

Hierbei sind die Regeln zur Anordnung und Verankerung gemäß [DIN EN 1992-1-1/NA – 13], NA.J4 (1) bis (5) zu beachten.

12.2 Verankerung von Spanngliedern

12.2.1 Verankerung durch Verbund

Bei Vorspannung im Spannbett wird die Bewehrung an den Enden über Verbundwirkung verankert. Die erforderliche Verankerungslänge hängt von der im Einzelfall vorliegenden Situation ab. Der Nachweis kann daher für die ohnehin nur mögliche gerade Verankerung des Spannstahls analog zum Betonstahl allein über den Durchmesser und die Betonfestigkeitsklasse mit einem Grundwert der Verankerungslänge erfolgen.

Die Verbundwirkung erfolgt über dieselben Mechanismen wie bei Betonstahl und wird entscheidend durch die Oberfläche des Spannstahls bestimmt. Wesentlicher Anteil ist der Scherverbund, der durch die Verdrillung der Drähte zu Litzen ähnlich den Rippen des Betonstahls möglich ist. Hinzu kommt im Endbereich der HOYER-Effekt (**Abb.1.4**).

Bei Spanngliedern mit sofortigem Verbund ist zu unterscheiden zwischen (**Abb. 12.1**):

- der *Übertragungslänge* l_{pt}, innerhalb derer die Spannkraft P_0 eines Spanngliedes voll auf den Beton übertragen wird
- der *Eintragungslänge* l_{disp}, innerhalb der die Betonspannung in eine lineare Verteilung im Betonquerschnitt übergeht
- der *Verankerungslänge* l_{bpd}, innerhalb der die maximale Kraft im Spannglied im Grenzzustand der Tragfähigkeit vollständig verankert ist.

Übertragungslänge:

Es wird angenommen, dass die gesamte Vorspannkraft über eine konstante Verbundspannung in den Beton eingetragen wird:

$$\alpha_1 \cdot P_0 = A_{\mathrm{p}} \cdot \sigma_{\mathrm{pm0}} \cdot \underbrace{\alpha_1 \cdot \alpha_2}_{\text{Beiwerte}} = \eta_{\mathrm{p1}} \cdot \eta_1 \cdot \pi \cdot \phi_{\mathrm{p}} \cdot l_{\mathrm{pt}} \cdot f_{\mathrm{ctd}}$$

$$l_{\mathrm{pt}} = \alpha_1 \cdot \alpha_2 \cdot \phi_{\mathrm{p}} \cdot \frac{\sigma_{\mathrm{pm0}}}{\eta_{\mathrm{p1}} \cdot \eta_1 \cdot f_{\mathrm{ctd}}} = \alpha_1 \cdot \alpha_2 \cdot \phi_{\mathrm{p}} \cdot \frac{\sigma_{\mathrm{pm0}}}{f_{\mathrm{bpt}}} \tag{12.5}$$

mit: α_1 Beiwert, wie die Spannkraft aufgebracht und in den Beton eingeleitet wird:

stufenweises Eintragen der Vorspannung: $\alpha_1 = 1,0$

schlagartiges Eintragen der Vorspannung: $\alpha_1 = 1,25$ (12.6)

α_2 Beiwert, der den Querschnitt des Spannstahls berücksichtigt:

Spannstahl mit runden Querschnitten: $\alpha_2 = 0,25$

Litzen mit 3 und 7 Drähten: $\alpha_2 = 0,19$ (12.7)

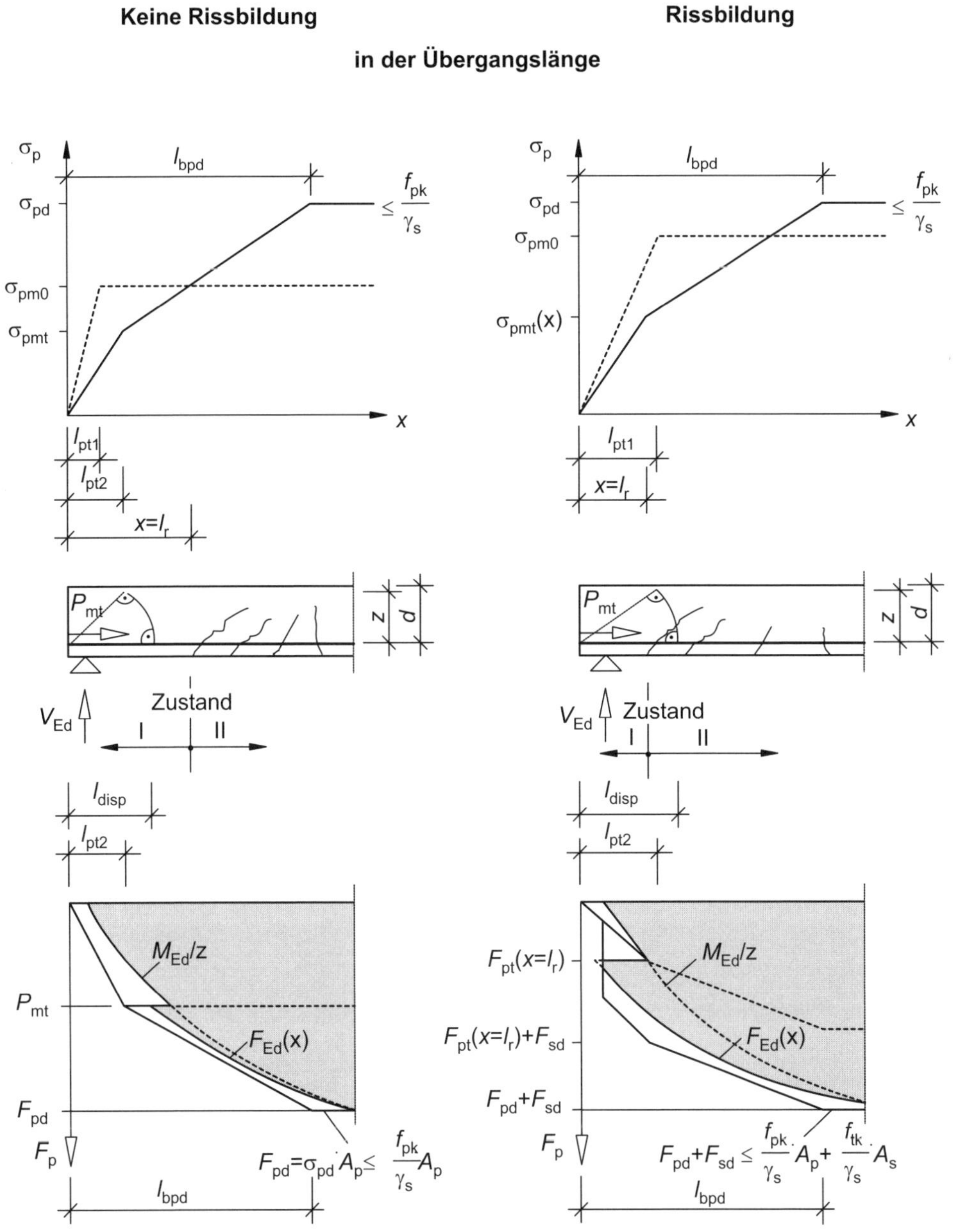

Abb. 12.1 Übertragungs-, Eintragungs- und Verankerungslänge

η_{p1} Beiwert zur Berücksichtigung der Art des Spannglieds und des HOYER-Effekts

für profilierte Drähte mit $\phi \leq 8$ mm und Litzen: $\eta_{p1} = 2{,}85$ (12.8)

η_1 Beiwert zur Berücksichtigung der Verbundbedingungen

gute Verbundbedingungen: $\eta_1 = 1{,}0$

schlechte Verbundbedingungen: $\eta_1 = 0{,}7$ (12.9)

Tafel 12.3 Verbundspannung in der Übertragungslänge von Litzen und Drähten mit sofortigem Verbund im Spannbett unmittelbar nach Absetzen der Spannkraft ([DIN EN 1992-1-1 – 11], Gl. (8.15))

Betondruckfestigkeit $f_{cm}(t)$ in N/mm²	Betonzugfestigkeit $f_{ctm}(t)$ in N/mm²	Verbundspannung f_{bpt} in N/mm² guter Verbund	mäßiger Verbund
25	2,56	2,9	2,0
30	2,90	3,3	2,3
35	3,21	3,6	2,5
40	3,51	4,0	2,8
45	3,80	4,3	3,0
50	4,07	4,6	3,2
60	4,35	4,9	3,4
70	4,61	5,2	3,6
80	4,84	5,5	3,8
≥ 90	5,04	5,7	4,0

f_{ctd} Betonzugfestigkeit zum Zeitpunkt des Absetzens der Vorspannkraft

$$f_{ctd} = \alpha_{ct} \cdot 0{,}7 \cdot f_{ctm}(t) / \gamma_c \tag{12.10}$$

mit: $f_{ctm}(t) = e^{s \cdot (1-\sqrt{28/t})} \cdot f_{ctm}$

Der Bemessungswert der Übertragungslänge l_{pt2} setzt eine Variation um ±20 % an.

$$l_{pt2} = \begin{cases} 1{,}2 \cdot l_{pt} \\ 0{,}8 \cdot l_{pt} \end{cases} \quad \text{(ungünstigerer Wert maßgebend)} \tag{12.11}$$

Eintragungslänge:

Am Ende des Bemessungswertes der Übertragungslänge l_{pt2} ist die Vorspannkraft voll in den Beton eingeleitet worden, sie muss sich jedoch noch gleichmäßig über die Höhe des Querschnitts verteilen ([DAfStb – 12]). Für Rechteckquerschnitte mit unten liegenden Spanngliedern gilt (**Abb. 12.1**):

$$l_{disp} = \sqrt{l_{pt}^2 + d^2} \tag{12.12}$$

Verankerungslänge der Spannglieder in den Grenzzuständen der Tragfähigkeit:

Im Grenzzustand der Tragfähigkeit nimmt die Spannung im Spannstahl infolge der Zusatzdehnung weiter zu. Die Verankerungslänge l_{bpd} ergibt sich aus der Eintragungslänge und den Kräften aus Zusatzdehnung, die über die Mantelfläche des Spannstahls übertragen werden müssen Beim Nachweis der Verankerung am Auflager sind dann zwei Fälle zu unterscheiden:

– *keine Rissbildung innerhalb der Übertragungslänge*

Dies ist der Fall, wenn die Biegezugspannungen aus äußerer Last im Grenzzustand der Tragfähigkeit unter Berücksichtigung der maßgebenden 1,0-fachen Vorspannkraft kleiner als der untere charakteristische Wert der Betonzugfestigkeit $f_{ctk;0,05}$ sind. Diesen Fall kennzeichnet, dass die Zugspannungsdeckungslinie des Spannstahls schneller anwächst als die Zugkraftlinie (M_{Ed}/z-Linie). Biegerisse treten erst außerhalb der Übertragungslänge auf, wenn die Biegzugspannungen aus Schnittgrößen infolge äußerer Lasten die Wirkung der (vollständig eingeleiteten) Vorspannkraft aufheben und die Betonzugfestigkeit $f_{ctk;0,05}$ überschritten wird. Ab dem ersten Riss ist die Zugkraftlinie um das Versatzmaß zu verschieben, um die vergrößerten Zuggurtkräfte $F_{Ed}(x)$ nach der Fachwerkanalogie zu berücksichtigen.

$$F_{Ed}(x) = \frac{M_{Ed}(x)}{z} + \frac{1}{2} \cdot V_{Ed}(x) \cdot [\cot\theta - \cot\alpha] \quad (12.13)$$

Die Funktion für die Zunahme der Spannung im Spannstahl hat am Ende der Übertragungslänge (= Erreichen der Spannung σ_{pm0}) einen Knick und verläuft danach flacher, da außerhalb der Übertragungslänge der HOYER-Effekt nicht mehr vorhanden ist. Hieraus ergibt sich die erforderliche Verankerungslänge zu:

$$l_{bpd} = l_{pt2} + \alpha_2 \cdot \phi \cdot \frac{\sigma_{pd} - \sigma_{pmt}}{\eta_{p2} \cdot \eta_1 \cdot f_{ctd}} \quad (12.14)$$

η_{p2} Beiwert zur Berücksichtigung der Art des Spannglieds und des HOYER-Effekts

für profilierte Drähte und Litzen mit 7 Drähten: $\eta_{p2} = 1,4$ (12.15)

– *Rissbildung innerhalb der Übertragungslänge*
  Ist bei geringerer Vorspannung zu erwarten, da die Zugkraftlinie (M_{Ed}/z-Linie) schneller anwächst als die Zugspannungsdeckungslinie des Spannstahls. Auch hier ist die Zugkraftlinie um das Versatzmaß zu verschieben. Um die Zugkraftdeckungslinie über die Zugkraftlinie anzuheben, ist eine zusätzliche Betonstahlbewehrung, zur Aufnahme der Zugkraft F_{sd} erforderlich. Die Verankerung dieser Bewehrung am Auflager ist getrennt nachzuweisen ([DIN EN 1992-1-1 – 11], 9.2.1.4 (2)). Die Verankerungslänge des Spannstahls ergibt sich in diesem Fall aus der Länge des ungerissenen Verankerungsbereichs l_r und dem Versatzmaß und beträgt dann:

$$l_{bpd} = l_r + \alpha_2 \cdot \phi \cdot \frac{\sigma_{pd} - \sigma_{pt}(l_r)}{\eta_{p2} \cdot \eta_1 \cdot f_{ctd}} \quad (12.16)$$

12.2.2 Verankerung mit Ankerkörpern am Bauteilende

Die Ankerkörper leiten die Vorspannkraft in den Beton ein. Die Vorspannkraft verteilt sich im Bereich der Lastausbreitungszone (Prinzip von DE SAINT-VENANT) gleichmäßig über den Querschnitt (**Abb. 12.2**). Der Ausbreitungswinkel beträgt rechnerisch $\beta = 33,7°$ ([DIN EN 1992-1-1 – 11], 8.10.3 (5)).

Die Beanspruchung des Betons unmittelbar um den Anker ist extrem hoch. Die Spannungen überschreiten bei größeren Spanngliedern die einaxiale Betonfestigkeit. Mittels einer starken Wendelbewehrung wird ein mehrdimensionaler Spannungszustand erzeugt (ähnlich dem Prinzip der umschnürten Stütze) und die deutlich höhere mehraxiale Betondruckfestigkeit aktiviert. Die Tragfähigkeit des Ankers und des Betons um den Anker wird im Rahmen des Zulassungsverfahrens für das Spannglied experimentell geprüft. Eine Bemessung ist für diesen Bereich nicht erforderlich, jedoch muss eine Zusatzbewehrung (Wendel, Bügel) entsprechend den Angaben der Zulassung angeordnet werden.

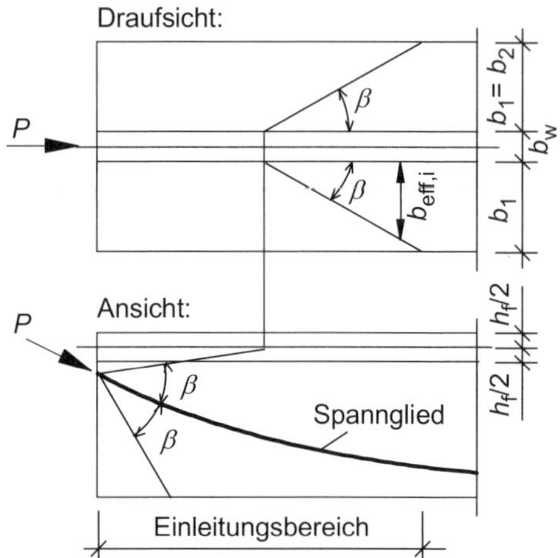

Abb. 12.2 Lastausbreitungszone für die Spannkraft in einem Plattenbalken

Die in den Beton eingeleitete Ankerkraft stellt eine Teilflächenbeanspruchung dar. Die Lastausbreitung über den Querschnitt muss nachgewiesen werden. Dies erfolgt zweckmäßig mit Stabwerkmodellen (**Abb. 12.3**) nach [Schlaich/Schäfer – 01]. Wesentliches Nachweisziel ist hierbei die Bemessung der Zugstäbe T, die aus den Spaltzug- und Randzugkräften herrühren.

Als Überschlagsformel kann die für zentrisch angeordnete Spannglieder (oder Teilflächenpressungen) geltende Gl. (12.17) dienen:

$$F_{sd} = \frac{P_{anch}}{4} \cdot \left(1 - \frac{h_0}{h_1}\right) \overset{(<)}{=} \frac{A_p \cdot f_{pk}}{4} \cdot \left(1 - \frac{h_0}{h_1}\right) \tag{12.17}$$

$$A_s = \frac{F_{sd}}{f_{yd}} \tag{12.18}$$

mit: P_{anch} Kraft im Anker (<u>anch</u>orage) unter ungünstigen Bedingungen; im Hinblick auf die Pressenreibung und ein evtl. erforderliches Überspannen ist für $P_{anch} > P_{0,max}$ (z. B. $P_{0,max} = A_p \cdot f_{pk}$) zu bemessen.

h_0 Ankerabmessung in der betrachteten Richtung

h_1 Bauteilabmessung in der betrachteten Richtung (z. B. h oder b)

12.2.3 Verankerung mit Ankerkörpern im Bauteil bei internen Spanngliedern

Im Brückenbau ist es üblich, die Spannkraft zu staffeln. Bei sehr langen Bauwerken wird weiterhin die Länge der Spannglieder kleiner sein als die Brückenlänge, um die Verluste aus Spanngliedreibung zu begrenzen. Dies führt dazu, dass Spannglieder innerhalb des Bauteils verankert werden müssen.

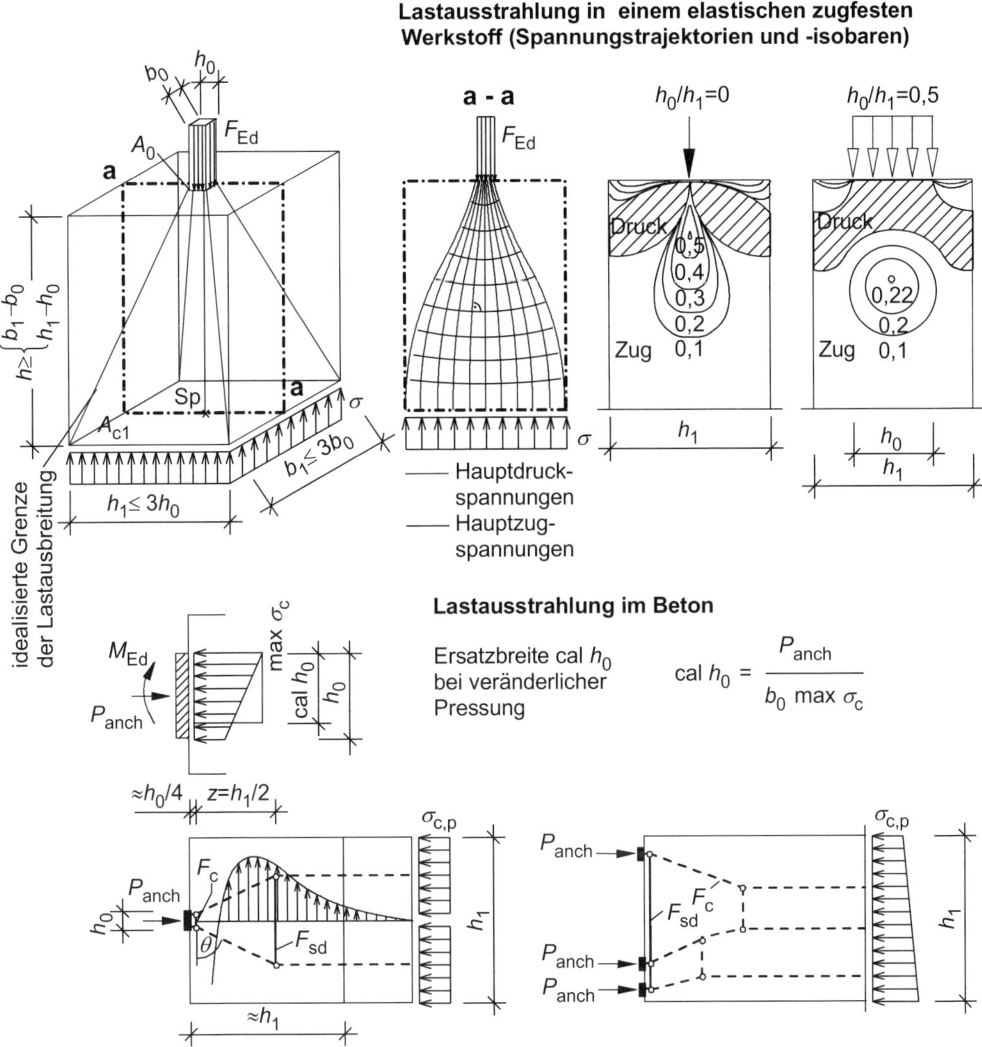

Abb. 12.3 Stabwerkmodelle für ein zentrisch angeordnetes Spannglied und eine exzentrische mehrsträngige Spanngliedanordnung

Sofern es sich um nicht zugängliche Festanker handelt, können diese in die Stege integriert werden. Wenn es zugängliche Festanker oder Spannanker sind, wird das Spannglied über eine „Lisene" aus dem Bauteil herausgeführt (**Abb. 12.4**). Bei Hohlkästen können Lisenen im Inneren angeordnet werden (Stege, Bodenplatte, Fahrbahnplatte zum Hohlkasten hin), bei anderen Querschnittstypen werden sie aufgrund ästhetischer Überlegungen nicht verwendet.

Neben der eigentlichen Beanspruchung aus der Teilflächenpressung des Ankers sind auch die Umlenkkräfte durch zusätzlichen Betonstahl aufzunehmen (in **Abb. 12.4** sind horizontale Umlenkkräfte vorhanden). Weiterhin kommt es durch die hohen lokalen Pressungen im Beton zu großen Verformungen (Stauchungen). Aus Kontinuitätsbedingungen müssen daher hinter dem Anker (**Abb. 12.4**) Dehnungen und damit Zugkräfte auftreten. Zur Aufnahme dieser ist eine Zusatzbewehrung erforderlich (ΔA_s in **Abb. 12.4**), die einen Teil der Ankerkräfte rückverankert.

$$\Delta A_s \approx \frac{\sum_i \gamma_p \cdot P_{k,i}}{4 \cdot f_{yd}} \approx \frac{f_{pk} \cdot \sum_i A_{p,i}}{4 \cdot f_{yd}} \tag{12.19}$$

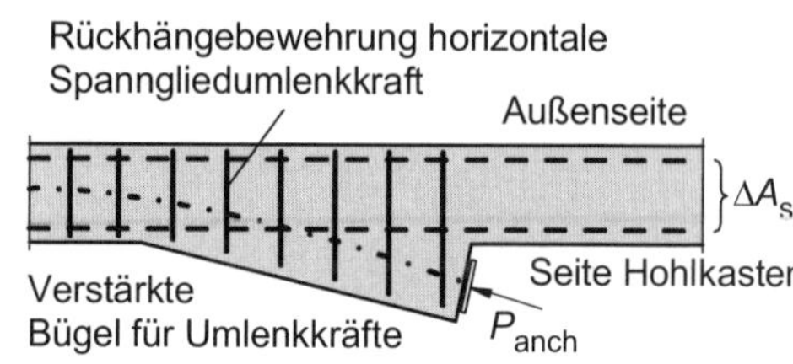

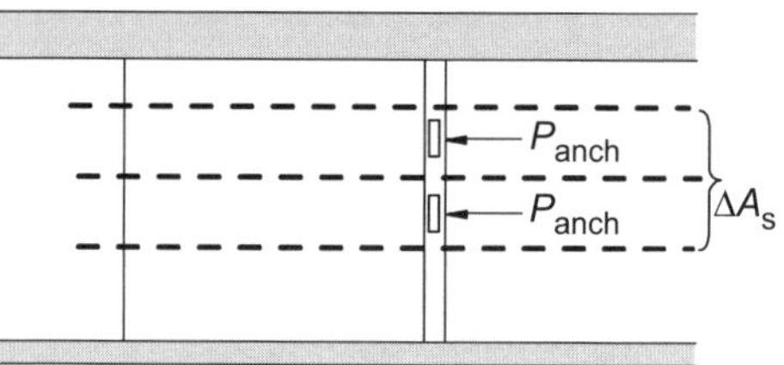

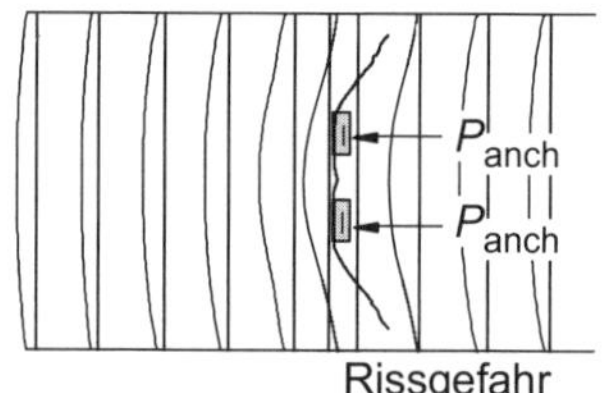

Abb. 12.4 Lisene für interne Spannglieder

12.2.4 Verankerung mit Ankerkörpern im Bauteil bei externen Spanngliedern

Externe Spannglieder werden bei Hohlkastenquerschnitten im Brückenbau angewendet. Für die Verankerung sind ebenfalls Lisenen erforderlich (**Abb. 12.5**). Da die externen Spannglieder weit von der Stegachse entfernt liegen, wirken große Versatzmomente $P_{anch} \cdot e_w$. Um die Zusatzbeanspruchung im Bauteil infolge dieser an sich unerwünschten Momente gering zu halten, sollten die Lisenen mit Fahrbahn- und Bodenplatte verbunden werden. Dann ist die Ableitung entsprechend dem in **Abb. 12.5** skizzierten Stabwerkmodell möglich. Die Ankerkraft wird durch ein horizontales (dunkelgrau in **Abb. 12.5**) und ein vertikales Stabwerkmodell (hellgrau in **Abb. 12.5**) abgetragen.

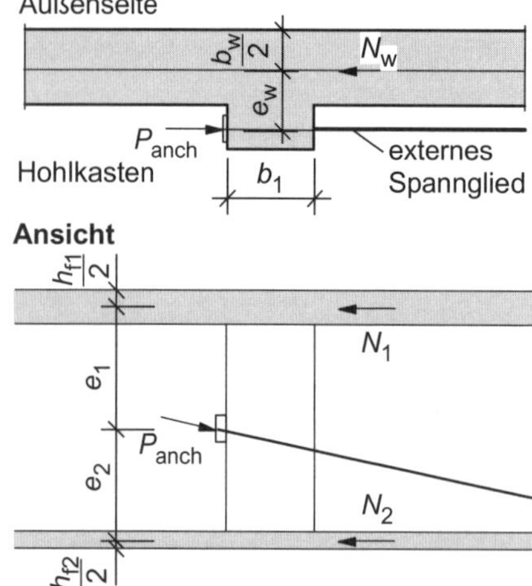

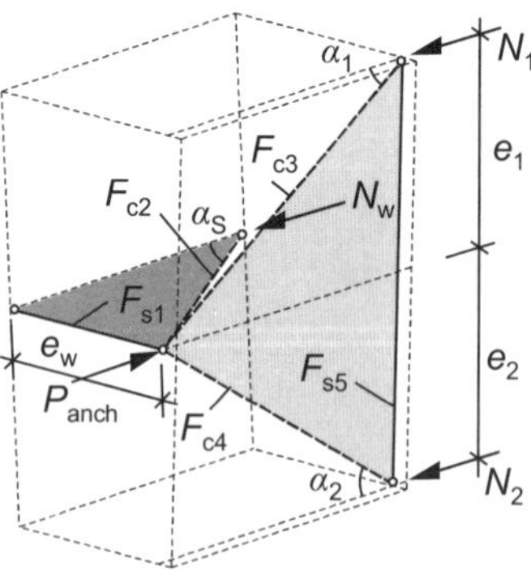

Abb. 12.5 Lisene für externe Spannglieder mit Stabwerkmodell der Gl. (12.20) bis (12.27)

$$N_{\mathrm{w}} = P_{\mathrm{anch}} \cdot \frac{\kappa_{\mathrm{corb}}}{\kappa_{\mathrm{corb}} + \kappa_{\mathrm{beam}}} \tag{12.20}$$

mit: κ_{corb} Kennwert der Steifigkeit des Konsolmodells (corbel)

$$\kappa_{\mathrm{corb}} = \frac{e_1}{e_{\mathrm{w}}} \cdot \frac{1}{\left(\eta_{\mathrm{CT}} \cdot \tan^2 \alpha_{\mathrm{s}} + \frac{1}{\cos^2 \alpha_{\mathrm{s}} \cdot \sin \alpha_{\mathrm{s}}}\right)} \tag{12.21}$$

κ_{beam} Kennwert der Steifigkeit des wandartigen Trägermodells

$$\kappa_{\mathrm{beam}} = \frac{\left(1 + \frac{e_1}{e_2}\right)^2}{\frac{1}{\cos^2 \alpha_1 \cdot \sin \alpha_1} + \frac{e_1}{e_2} \cdot \frac{1}{\cos^2 \alpha_2 \cdot \sin \alpha_2}} \tag{12.22}$$

η_{CT} Verhältnis der Steifigkeiten von Betondruckstrebe zur Stahlzugstrebe[20]

$$\eta_{\mathrm{CT}} = \frac{E_{\mathrm{c}} \cdot A_{\mathrm{c}}}{E_{\mathrm{s}} \cdot A_{\mathrm{s}}} \tag{12.23}$$

$$F_{\mathrm{s1}} = N_{\mathrm{w}} \cdot \tan \alpha_{\mathrm{S}} = P_{\mathrm{anch}} \cdot \frac{\kappa_{\mathrm{corb}}}{\kappa_{\mathrm{corb}} + \kappa_{\mathrm{beam}}} \cdot \tan \alpha_{\mathrm{S}} \tag{12.24}$$

$$N_1 = \left(P_{\mathrm{anch}} - N_{\mathrm{w}}\right) \cdot \frac{e_2}{e_1 + e_2} = P_{\mathrm{anch}} \cdot \left(1 - \frac{\kappa_{\mathrm{corb}}}{\kappa_{\mathrm{corb}} + \kappa_{\mathrm{beam}}}\right) \cdot \frac{1}{1 + \frac{e_1}{e_2}} \tag{12.25}$$

$$N_2 = \left(P_{\mathrm{anch}} - N_{\mathrm{w}}\right) \cdot \frac{e_1}{e_1 + e_2} = P_{\mathrm{anch}} \cdot \left(1 - \frac{\kappa_{\mathrm{corb}}}{\kappa_{\mathrm{corb}} + \kappa_{\mathrm{beam}}}\right) \cdot \frac{1}{1 + \frac{e_2}{e_1}} \tag{12.26}$$

$$F_{\mathrm{s5}} = N_1 \cdot \tan \alpha_1 = P_{\mathrm{anch}} \cdot \left(1 - \frac{\kappa_{\mathrm{corb}}}{\kappa_{\mathrm{corb}} + \kappa_{\mathrm{beam}}}\right) \cdot \frac{1}{1 + \frac{e_1}{e_2}} \cdot \tan \alpha_1 \tag{12.27}$$

Bemessungstafeln auf Basis des Stabwerkmodells (Gl. (12.20) bis (12.27)) wurden von [Hegger/Neuser – 04] veröffentlicht.

12.2.5 Spanngliedkopplungen

Wenn Tragwerke abschnittsweise hergestellt werden, benötigt man Koppelstellen, um die Spannglieder verlängern zu können. Koppelstellen sind Schwachpunkte im Bauteil, da erhöhte Beanspruchungen mit geringeren Bauteilwiderständen zusammentreffen. Sie werden daher an Stellen geringer Beanspruchung (im Bereich der Momentennullpunkte) angeordnet. Die Anzahl der zu koppelnden Spannglieder ist zu begrenzen:

[DAfStb – 12]: $$\sum_j P_{\mathrm{coup,j}} \leq 0{,}70 \cdot \sum_i P_{\mathrm{i}} \tag{12.28}$$

üblich: $$\sum_j P_{\mathrm{coup,j}} \leq 0{,}50 \cdot \sum_i P_{\mathrm{i}} \tag{12.29}$$

[20] Für den Verhältniswert kann entsprechend [Hegger/Neuser – 04] 1,0 angesetzt werden.

Tafel 12.4 Verformungen und Spannungen in einer zentrisch vorgespannten Scheibe im Bereich der Koppelstelle

Bausituation	Beschreibung
BA1; h_0; h	1. Der BA 1 ist betoniert, aber noch nicht vorgespannt.
$\sigma_{c,p,coup} = \frac{P}{b \cdot h_0}$; $\sigma_{c,p} = \frac{P}{b \cdot h}$; BA1; P	2. Der BA 1 ist vorgespannt. Die konzentrierte *Kraft an der Koppelstelle* tritt *am freien Scheibenrand* auf. Im Bereich des Ankers (= 1. Teil der Koppelstelle) treten Stauchungen auf. Die Kräfte im Beton entsprechen einem Anker (**Abb. 12.3** links unten).
BA2; BA1; $\sigma_{c,p,coup}$; P	3. BA 2 wird gegen den verformten BA 1 betoniert.
$\sigma_{c,p} = \frac{P}{b \cdot h}$; BA2; BA1; $-\sigma_{c,p,coup}$; P	4. BA 2 ist vorgespannt. Die *Entlastung der Koppelstelle* tritt *im Inneren einer Scheibe* auf. Die Kräfte im Beton entsprechen **Abb. 12.4**. Um die Koppelstelle entstehen große Zugspannungen, die von der gleichmäßigen Spannung σ_c nicht überdrückt werden. Die durch die Entlastung der Koppelstelle entstehenden Spannungen sind kontinuitätsbedingt und damit Zwangspannungen. Sie werden durch Kriechen auf ca. 20 % des Anfangswertes vermindert.

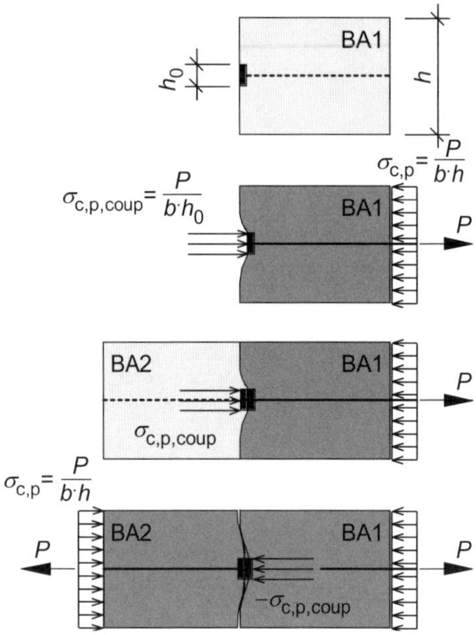

mit: $\sum_j P_{coup,j}$ Summe der Kräfte in der Spanngliedkopplung (<u>coup</u>ler) aller zu koppelnden Spannglieder j

$\sum P_i$ Summe der Kräfte aller vorhandenen Spannglieder i

Verminderter Bauteilwiderstand an der Koppelstelle:

Nachfolgend werden nur die wichtigsten Ursachen aufgeführt.

- Die Haftzugfestigkeit einer Arbeitsfuge (Koppelstelle) ist geringer als die Zugfestigkeit des Betons.
- Im Bereich der Koppelstelle weist der Spannstahl eine geringere Ermüdungsfestigkeit auf als in der freien Spanngliedlänge (daher wird die Koppelstelle in den Bereich des Momentennullpunktes gelegt).

Zusatzbeanspruchungen an der Koppelstelle:

Nachfolgend werden nur die wichtigsten Zusatzbeanspruchungen aufgeführt.

- Nichtlinearer Spannungsverlauf aus abschnittsweisem Vorspannen (Erläuterung siehe **Tafel 12.4**)

Tafel 12.5 Spannungen in einer zentrisch vorgespannten Scheibe bei sprunghafter Veränderung des Spanngliedquerschnitts

Zeitpunkt	Beschreibung
Spannglied Kopplung; $\sigma_{c,p}$; P_0	1. Das Spannglied ist vorgespannt (vorgedehnt). Da die Koppelstelle einen größeren Stahlquerschnitt aufweist, sind die elastischen Dehnungen in der Koppelstelle geringer.
$\sigma_{c,pt}$; P_{1t}; $P_{2t}<P_{1t}$	2. Der Beton verkürzt sich infolge Kriechen gleichmäßig. Die Spannung nimmt auf $\sigma_{c,pt}$ ab.
P_{1t}; ΔP_t; P_{2t}	3. Aufgrund des größeren Stahlquerschnitts der Koppelstelle ist der Spannkraftverlust hier um ΔP_t größer. Aufgrund des Gleichgewichts muss ΔP_t an den Stirnseiten der Koppelstelle in den Beton eingeleitet werden. Dies entspricht der Situation in **Tafel 12.4**, Nr. 4: Es entstehen Zugspannungen. Je länger die Koppelstelle ist, desto ungünstiger ist die Situation.

– Erhöhte Spannkraftverluste aus Kriechen und Schwinden im Bereich der Koppelstelle (Erläuterung siehe **Tafel 12.5**). Die ohne diesen Einfluss ermittelten Spannkraftverluste (vgl. Kapitel 8) sind daher um den Faktor 1,5 bis 4 zu erhöhen. Der entsprechende Wert ist der Zulassung des Spannverfahrens zu entnehmen.

– Der Momentennullpunkt weicht bei statisch unbestimmten Systemen durch ungenaue Lastannahmen, Steifigkeitsänderungen (Rissbildung) und Zwängungen (z. B. Temperaturänderungen) gegenüber der Rechnung ab. Die Koppelstelle liegt im Bereich des Vorzeichenwechsels des Momentes (Wechselbeanspruchung). Um die wechselnde Biegebeanspruchung aufnehmen zu können, werden die Spannglieder aufgefächert, sodass ein Teil ober-, der Rest unterhalb der Systemachse liegt und damit ein Teil zum Bauteilwiderstand beiträgt (**Abb. 12.6**).

– Durch die Hydratationswärme des später anbetonierten Bauteilabschnitts werden Zwängungsspannungen in beiden Bauabschnitten erzeugt.

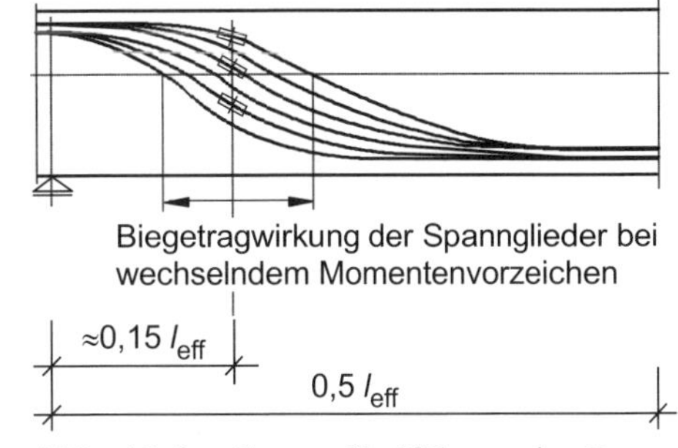

Abb. 12.6 Spanngliedführung im Bereich eines Momentennullpunktes mit Kopplung von 50 % der Spannglieder

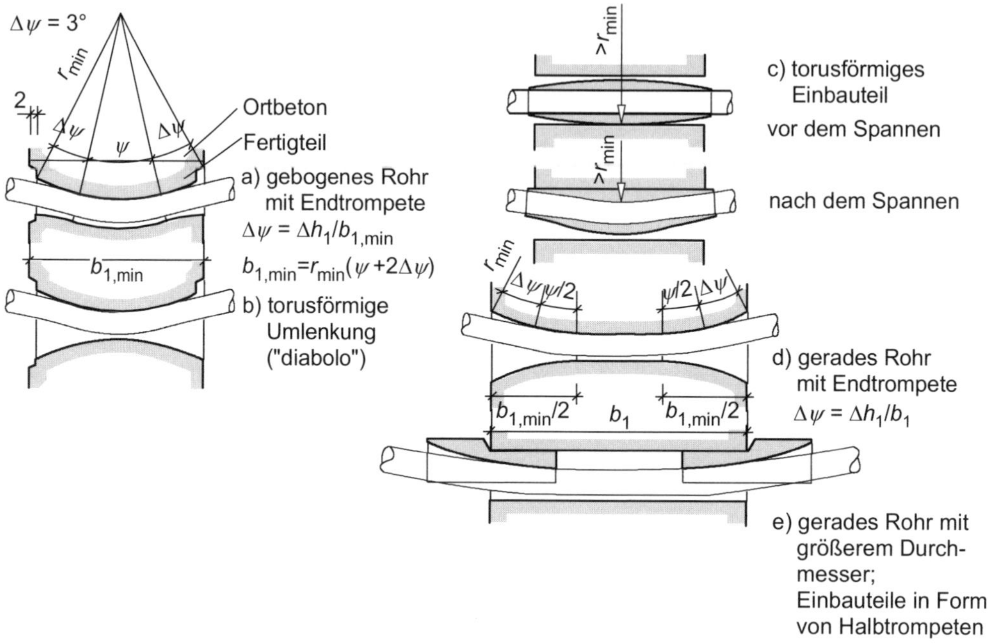

Abb. 12.7 Ausbildungsmöglichkeiten für Umlenkstellen externer Spannglieder

12.3 Umlenkstellen von externen Spanngliedern

Externe Spannglieder werden geradlinig oder polygonal geführt. Bei geradliniger Führung reichen Lisenen an den Ankerstellen aus (entsprechend **Abb. 12.5**). Bei polygonaler Spanngliedführung werden zusätzlich Umlenkstellen benötigt, die ähnlich ausgeführt werden. Eine lokale Konsole mit Verbindung nur zum Steg oder zur Bodenplatte hätte große Zusatzbeanspruchungen im anschließenden Bauteil zur Folge. Daher sollte auch hier der dreiseitige Anschluss zu Fahrbahn-, Bodenplatte und Steg bevorzugt werden. Die erforderliche Länge der Lisene $b_{1,\min}$ ergibt sich aus dem Umlenkwinkel ψ und den beidseitigen Ausrundungen $\Delta\psi$ (**Abb. 12.7**). Die Ausrundungen sind ein Vorhaltemaß und sollen verhindern, dass es bei geringen unplanmäßigen Lageabweichungen des Spannglieds zu einem lokalen Knick an der Außenkante der Umlenkstelle kommt. Dies würde zu einer Biegebeanspruchung und zu Reibkorrosion im Spannglied führen. Das Vorhaltemaß kann der Zulassung entnommen werden und beträgt üblicherweise $\Delta\psi = 0{,}055 \text{ rad} \approx 3°$. Weitere Ausführungen und Begründungen zum Vorhaltemaß gibt [Baumann – 00].

Um die Spannglieder genau zu führen, kann der Umlenksattel als Fertigteil hergestellt werden. Es wird in die Schalung gelegt und durch den Ortbeton der Lisene ergänzt (**Abb. 12.7**, Lösung a). Daneben gibt es weitere in **Abb. 12.7** beschriebene Möglichkeiten. Die Lösungen b und c haben gegenüber a den Vorteil, dass aufgrund der Rotationssymmetrie keine Lagefehler aus Verdrehungen gegenüber der lotrechten trägerparallelen Ebene entstehen können. Die Lösungen d und e werden bei Querträgern gewählt, die aus statischen Gründen $b_1 > b_{1,\min}$ aufweisen müssen.

Tafel 12.6 Darstellung von Spannbewehrung

Beschreibung	in Plänen nach [DIN EN ISO 3766 – 04]	in Skizzen
Vorgespannter Stab oder Drahtbündel		
Schnitt durch eine nachträglich vorgespannte Bewehrung in Hüllrohren liegend	○	○
Schnitt durch eine vorgespannte Bewehrung mit sofortigem Verbund	+	+
Spannanker		
Festanker		
Ansicht Anker		
Bewegliche Kopplung		
Feste Kopplung		

12.4 Planunterlagen

Für vorgespannte Tragwerke sind – wie für Stahlbetontragwerke – Schal- und Bewehrungspläne erforderlich. Da bei Vorspannung mit sofortigem Verbund (Spannbett) die Spanngliedführung einfach (geradlinig) ist, und alle Spannglieder gleichartig vorgespannt werden, können die Spannglieder hierbei mit in den Bewehrungsplan für den Betonstahl aufgenommen werden. Hierzu werden sie bei konstantem Randabstand durch eine Darstellung im Querschnitt eindeutig und hinreichend beschrieben. Zusätzlich ist die aufzubringende Spannbett-Vorspannung anzugeben.

In allen anderen Fällen werden zusätzliche Pläne für die Spannbewehrung erforderlich. Hierin wird die Spanngliedführung jedes Spanngliedes in Grund- und Aufriss und hin-

Tafel 12.7 Unterstützungen für die Montage

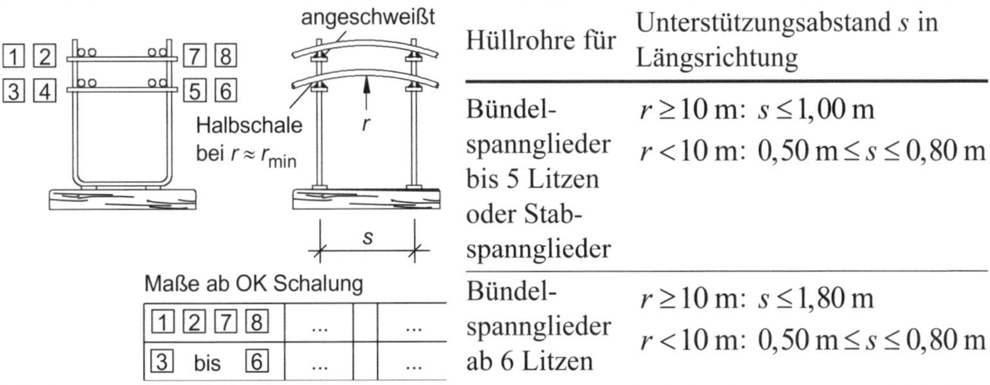

Hüllrohre für	Unterstützungsabstand s in Längsrichtung
Bündelspannglieder bis 5 Litzen oder Stabspannglieder	$r \geq 10$ m: $s \leq 1{,}00$ m $r < 10$ m: $0{,}50\ \text{m} \leq s \leq 0{,}80$ m
Bündelspannglieder ab 6 Litzen	$r \geq 10$ m: $s \leq 1{,}80$ m $r < 10$ m: $0{,}50\ \text{m} \leq s \leq 0{,}80$ m

sichtlich der zu verwendenden Anker beschrieben (**Tafel 12.6**). Auch geometrisch identische Spannglieder erhalten unterschiedliche Positionsnummern, um sie während des Anspannvorgangs unterscheiden zu können. Zur Unterscheidung von Betonstahl können rechteckige oder sechseckige Positionsmarkierungen verwendet werden.

Zum Verlegen von Hüllrohren interessiert nicht der Abstand zur (fiktiven) Stabachse, sondern ein umsetzbares Maß. Üblich ist der Abstand von Oberkante Schalung zur Unterkante Hüllrohr (**Tafel 12.7**). Für die Montageunterstützungen werden Bügel (in der Position der Querkraftbewehrung aus Betonstahl) verwendet, an die Querstäbe angeschweißt werden. Um eine ausreichende Steifigkeit der Bügel zu erreichen, ist $\phi_{\text{s,bü}} \geq 16\,\text{mm}$ erforderlich. Hinweise zu den erforderlichen Unterstützungsabständen sind der jeweiligen Zulassung zu entnehmen (**Tafel 12.7**). Insbesondere bei hohen Stegen (im Brückenbau) ist auf ausreichenden Raum für Schüttrohr und Rüttler zu achten. Die Spannglieder sind möglichst symmetrisch zur vertikalen Symmetrieachse (Stegmitte) anzuordnen, um unplanmäßige Biegemomente M_z infolge Vorspannung zu vermeiden.

13 Vorbemessung

13.1 Notwendigkeit

Spannstahl ist – verglichen mit Beton und Betonstahl – ein teurer Baustoff. Daher ist anzustreben, nicht mehr als die „optimale" Menge im Tragwerk zu verwenden. Um dies zu erreichen, ist eine genauere Vorbemessung erforderlich. Der nachfolgende Abschnitt beschreibt die Vorgehensweise. Dabei wird auf die in den vorangegangenen Abschnitten dargestellten Nachweise Bezug genommen.[21]

Die nachfolgenden Betrachtungen behandeln das Tragwerk unabhängig von der Herstellung. Im Brückenbau sind auch die Bauzustände bei der Vordimensionierung zu beachten.

13.2 Teilschritte der Vorbemessung

13.2.1 Vorgehensweise

Die Vorbemessung lässt sich in Teilschritte zerlegen:

1. Festlegen des Betonquerschnitts (Querschnittsform)
2. Festlegen der Spannstrangführung
3. Vorbemessung der Betondruckzone
4. Vorbemessung des Spannstahlquerschnitts
5. Wahl der Spannglieder
6. Überprüfung der vorgedrückten Zugzone

Tafel 13.1 Eignung von Querschnitten im Spannbetonbau

Querschnitt	Eignung
Rechteck	– nur bei Ortbeton-Flächentragwerken, z. B. vorgespannte Flachdecken
Plattenbalken	– im Hochbau bei Fertigteilen $l_{eff} \leq 45$ m (Längenbegrenzung transportbedingt) – bei Brücken mit Stützweiten $l_{eff} \leq 35$ m
I-Träger (Doppelplattenbalken); Hohlkasten	– im Hochbau bei Fertigteilen $l_{eff} \leq 45$ m (Längenbegrenzung transportbedingt) – bei Spannbeton-Fertigdecken $l_{eff} \leq 18$ m – bei Brücken mit Stützweiten $l_{eff} > 35$ m

[21] Dies ist der Grund, dass der erste Schritt der Praxis im Buch erst zu diesem Zeitpunkt erläutert wird.

13.2.2 Festlegen der Querschnittsform

Wesentliches Entwurfskriterium von Seiten der Beanspruchung ist die Biegebeanspruchung. Die Querkräfte brauchen daher nicht betrachtet zu werden. Das Ziel für einen geeigneten Querschnitt ist eine möglichst geringe Spannungsschwankung infolge der Verkehrslastfälle, sowie eine möglichst kleine Vorspannkraft. Geeignet sind daher Querschnittsformen mit großer Kernweite[22]. Der Rechteckquerschnitt ist somit weniger geeignet und wird nur für vorgespannte Ortbeton-Platten (z. B. bei Flachdecken) verwendet.

Besser geeignet sind Plattenbalken, sofern das Moment vornehmlich positiv ist. Bei wechselnden Momentenvorzeichen eignen sich Doppelplattenbalken und Hohlkästen. Der Doppelplattenbalken hat genau wie der Hohlkasten eine sehr große Kernweite. Der Zweitgenannte ist darüber hinaus sehr gut geeignet zur Aufnahme von Torsionsmomenten. Dieser Querschnitt wird daher vorzugsweise bei weit gespannten Brücken verwendet. Die Spannbeton-Fertigdecke ist ein vielzelliger Hohlkasten.

13.2.3 Festlegen der Spannstrangführung

Die Führung des Spannstrangs wird zunächst punktweise bestimmt:

- An den Stellen der Extremalmomente sollen die Spannglieder möglichst weit am Bauteilrand liegen. Die Betondeckung und die Achsabstände der Spannglieder (siehe Abschnitt 4.2) sind einzuhalten.
- An den Momentennullpunkten sollte der Spannstrang die Systemachse kreuzen. Die Spannglieder werden an diesen Stellen aufgefächert, um:
  - an den Bauteilenden den größeren Platzbedarf der Anker befriedigen zu können. Unmittelbar am Anker sind die Spannglieder geradlinig zu führen (ca. 1 m)
  - bei Durchlaufsystemen einen höheren Bauteilwiderstand für den Momentennullpunkt (**Abb. 12.6**) zu erzeugen.

Die so festgelegten Punkte werden verbunden:

- bei Vorspannung ohne Verbund und mit sofortigem Verbund geradlinig
- bei Vorspannung mit nachträglichem Verbund girlandenförmig. Im Feldbereich ist dabei die Kurve des Spannstrangs etwas fülliger als eine Parabel, da dann die in längeren Bereichen außen liegenden Spannglieder besser beim Nachweis der Rissbreitenbeschränkung mitwirken (siehe Gl. (10.66)). Im Stützbereich werden die Spannglieder mit einem sehr kleinen (evtl. dem minimal zulässigen) Krümmungsradius geführt. Hierzu müssen das Spannverfahren und die Größe des Spannglieds gewählt werden.
- Der Wendepunkt zwischen den Krümmungen im Feld und über der Stütze liegt meistens über der Systemachse. Die Kurve der Spannstrangführung kann mit einer DIN-A3-Skizze und elastischem Kurvenlineal gefunden werden. Bei einer

[22] Die Kernweite ist das Maß, bis zu welcher Exzentrizität ein Querschnitt keine Zugspannungen aufweist.

Formulierung der Spannstrangführung im PC werden Spline-Funktionen 3. Grades verwendet.

13.2.4 Vorbemessung der Betondruckzone

Auf den Grundlagen der Biegebemessung (siehe Abschnitt 11.2) kann die Betondruckzone bestimmt bzw. überprüft werden. Die nachfolgende Ableitung gilt für den Plattenbalken (**Abb. 13.1**). Es wird von einer Nulllinie ausgegangen, die nicht größer als die 0,5-fache statische Höhe d_p ist. Unter der Annahme der Randstauchung –3,5 ‰ erhält man das erforderliche Widerstandsmoment mit den Abkürzungen δ für die bezogene Plattendicke und β für die bezogene Stegbreite.

$$\delta = \frac{h_f}{d_p} \tag{13.1}$$

$$\beta = \frac{b_w}{b} \tag{13.2}$$

Das einwirkende Biegemoment (inklusive bekannt angenommenem statisch unbestimmtem Anteil aus Vorspannung) ist identisch mit dem Bauteilwiderstand.

$$M_{Rdp} \equiv \widetilde{M}_{Edp} = M_{Ed} + M'_{cp} - N_{Ed} \cdot z_{cp} \approx M_{Ed} - N_{Ed} \cdot z_{cp} \tag{13.3}$$

Der Bauteilwiderstand kann entsprechend **Abb. 13.1** aus der Differenz der Bauteilwiderstände von Teilquerschnitt 1 und 2 bestimmt werden.

$$M_{Rdp} = M_{Rdp,1} - M_{Rdp,2} \tag{13.4}$$

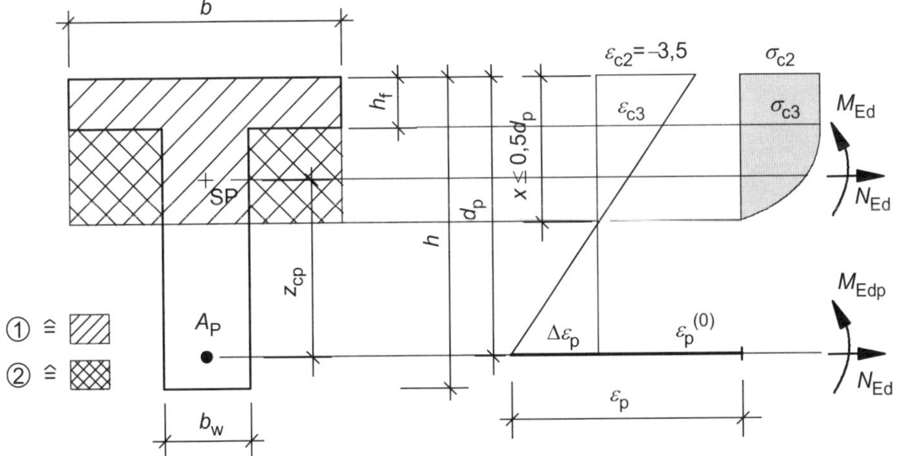

Abb. 13.1 Dehnungen und Spannungen für die Vorbemessung der Betondruckzone

Tafel 13.2 Tafelbeiwert η''

η''	$\beta = \frac{b_w}{b}$ \ $\delta = \frac{h_f}{d_p}$	**0,050**	**0,075**	**0,100**	**0,125**	**0,150**	**0,200**	**0,300**	**0,400**
Plattenbalken	**0,10**	13,14	10,31	8,49	7,27	6,36	5,15	3,85	3,28
	0,20	9,68	8,21	7,13	6,33	5,70	5,80	3,75	3,26
	0,30	7,66	6,82	6,14	5,61	5,17	4,50	3,66	3,24
	0,40	6,34	5,83	5,39	5,04	4,72	4,23	3,57	3,22
	0,50	5,41	5,09	4,81	4,57	4,35	3,99	3,48	3,20
	0,60	4,72	4,52	4,34	4,18	4,03	3,78	3,40	3,19
	0,70	4,18	4,06	3,95	3,85	3,76	3,59	3,33	3,17
	0,80	3,75	3,69	3,63	3,57	3,52	3,42	3,25	3,15
	0,90	3,41	3,38	3,35	3,33	3,30	3,26	3,18	3,13
Rechteck	**1,00**	3,12	3,12	3,12	3,12	3,12	3,12	3,12	3,12

Teilfläche 1:

$$F_{\text{cd,1}} = \alpha_{\text{R}} \cdot b \cdot x \cdot f_{\text{cd}} = 0{,}81 \cdot b \cdot \left(0{,}5 \cdot d_{\text{p}}\right) \cdot f_{\text{cd}}$$

$$M_{\text{Rdp,1}} = F_{\text{cd,1}} \cdot \left(d_{\text{p}} - k_{\text{a}} \cdot x\right) = F_{\text{cd,1}} \cdot \left[d_{\text{p}} - 0{,}416 \cdot \left(0{,}5 \cdot d_{\text{p}}\right)\right]$$

Teilfläche 2 (Abzugsfläche):

$$F_{\text{cd,2}} = \alpha_{\text{R}}\left(\varepsilon_{\text{c3}}\right) \cdot b \cdot d_{\text{p}} \cdot f_{\text{cd}} \cdot (1-\beta) \cdot (0{,}5-\delta)$$

$$M_{\text{Rd,2}} = F_{\text{cd,2}} \cdot d_{\text{p}} \cdot \left[(1-\delta) + (0{,}5-\delta) \cdot k_{\text{a}}\left(\varepsilon_{\text{c3}}\right)\right]$$

Das Einsetzen dieser Ergebnisse in die Gl. (13.4) liefert zusammen mit Gl. (13.3) die Gleichung zur Berechnung der erforderlichen Bauteilabmessungen:

$$\text{erf}\left(b \cdot d_{\text{p}}^2\right) = \frac{M_{\text{Edp}}}{f_{\text{cd}}} \cdot \eta'' \tag{13.5}$$

mit: η'' Tafelbeiwert nach **Tafel 13.2**

Mit Gl. (13.5) kann der Querschnitt gewählt werden. Bei dem angenommenen Dehnungsverlauf über den Querschnitt erreicht der Spannstahl selbst dann noch die Fließgrenze, wenn ein Spannkraftverlust aus Kriechen und Schwinden von 20 % auftritt.

$$\sigma_{\text{pm}\infty} = 0{,}80 \cdot 0{,}85 \cdot f_{\text{p0,1k}} = 0{,}80 \cdot 0{,}85 \cdot 1500 = 1020 \text{ N/mm}^2$$

$$\varepsilon_{\text{p}}^0 \approx \frac{\sigma_{\text{pm}\infty}}{E_{\text{p}}} = \frac{1020}{195000} = 5{,}23\ ‰$$

$$\Delta\varepsilon_{\text{p}} = \varepsilon_{\text{c1}} = 3{,}5\ ‰ \quad \text{da } x = 0{,}5 \cdot d_{\text{p}}$$

$$\varepsilon_{\text{p}} = \varepsilon_{\text{p}}^0 + \Delta\varepsilon_{\text{p}} = 5{,}23 + 3{,}5 = 8{,}73\ ‰ > 6{,}7\ ‰ = \varepsilon_{\text{p,erf}} = \frac{0{,}85 \cdot f_{\text{p0,1k}}}{E_{\text{p}} \cdot \gamma_{\text{s}}} = \frac{0{,}85 \cdot 1500}{195000 \cdot 1{,}15}$$

13.2.5 Vorbemessung des Spannstahlquerschnitts

Grundlage zur Ermittlung der erforderlichen Vorspannkraft und der hierfür notwendigen Spannstahlfläche ist normalerweise der Nachweis der Dekompression, da in Abhängigkeit von den vorliegenden Umweltbedingungen der Querschnitt unter der vorgegebenen Einwirkungskombination (siehe **Tafel 10.1**) überdrückt sein muss. Außerdem soll oft unter Gebrauchslasten die volle Steifigkeit des Zustands I erhalten werden. Die Biegebemessung und der Rissbreitennachweis können durch Zulagen von Betonstahl erfüllt werden. Sie sind daher kein hinreichendes Kriterium. Lediglich bei geringen Vorspanngraden (Expositionsklasse X0, XC1) ist nicht der Dekompressionsnachweis, sondern der Spannungsnachweis für Spannstahl das maßgebende Kriterium.

Das Erfüllen des Dekompressionsnachweises bedeutet mit dem Vorspanngrad κ entsprechend Gl. (1.1) und Gl. (10.1):

$$\kappa = \frac{\left|\sigma_{c2,p}\right|}{\sigma_{c2,g+q}} = \frac{\left|\sigma_{c,p}^{cen} + \sigma_{c2,p}^{ecc}\right|}{\sigma_{c2,g+q}} = \kappa_{cen} + \kappa_{ecc} = 1 \qquad (13.6)$$

$$\kappa_{cen} = 1 - \kappa_{ecc} = \frac{\left|\sigma_{c,p}^{cen}\right|}{\sigma_{c2,g+q}} = \frac{\left|\frac{N_{cp\infty}}{A_c}\right|}{\sigma_{c2,g+q}} \qquad (13.7)$$

mit: $\sigma_{c2,g+q}$ Betonspannung aus der maßgebenden Einwirkungskombination (ohne Vorspannung) am Querschnittsrand der vorgedrückten Zugzone[23]

$N_{cp\infty}$ Längskraft im Bauteil nach Abschluss von Kriechen und Schwinden

$$\left|N_{cp\infty}\right| = r_{inf} \cdot \left(1 - \alpha_{loss}\right) \cdot A_{p,erf} \cdot \sigma_{pm0} \qquad (13.8)$$

α_{loss} Beiwert zur Berücksichtigung der Spannkraftverluste (Schätzwert) $\alpha_{loss} = 1 - \alpha_{csr}$

σ_{pm0} zulässige Spannstahlspannung unmittelbar nach dem Spannen oder der Krafteinleitung entsprechend Abschnitt 5.4.1

r_{inf} Streuungsbeiwert der Spannkraft (vgl. Abschnitt 9.3)

Gl. (13.8) in Gl. (13.7) eingesetzt und nach $A_{p,erf}$ aufgelöst, ergibt:

$$A_{p,erf} = \kappa_{cen} \cdot \frac{\frac{\sigma_{c2,g+q}}{\sigma_{pm0}}}{r_{inf} \cdot \left(1 - \alpha_{loss}\right)} \cdot A_c \qquad (13.9)$$

In Gl. (13.7) kann Gl. (1.1) eingesetzt werden:

$$\kappa_{cen} = \frac{\left|\frac{N_{cp\infty}}{A_c}\right|}{\sigma_{c2,g+q}} = \frac{\left|\frac{N_{cp\infty}}{A_c}\right|}{\left|\sigma_{c2,p}\right|} = \frac{\left|\frac{N_{cp\infty}}{A_c}\right|}{\left|\frac{N_{cp\infty}}{A_c}\right| + \left|\frac{M_{cp\infty}}{W_c}\right|} = \frac{1}{1 + \left|\frac{M_{cp\infty}}{N_{cp\infty}} \cdot \frac{A_c}{W_c}\right|} \qquad (13.10)$$

---

23 Streng genommen wird die Dekompression nur in einem Bereich von 100 mm bzw. 1/10 der Querschnittshöhe um das Spannglied gefordert ([DIN EN 1992-1-1/NA – 13], NCI zu 7.3.1 (5)). Hierbei müssen die Spannungen dann jedoch im Zustand II ermittelt werden, was den Rahmen einer Vorbemessung sprengt.

Für äußerlich statisch bestimmte Systeme gilt $M_{\text{cp}\infty} = P_{\text{m}\infty} \cdot z_{\text{cp}}$. Bei statisch unbestimmten Systemen ist streng genommen das Umlagerungsmoment zu beachten. Sofern es im Rahmen der Vorbemessung vernachlässigt wird, gilt $M_{\text{cp}\infty} \approx P_{\text{m}\infty} \cdot z_{\text{cp}}$ und damit:

$$\kappa_{\text{cen}} \approx \frac{1}{1+\left|\frac{P_{\text{m}\infty} \cdot z_{\text{cp}}}{N_{\text{cp}\infty}} \cdot \frac{A_{\text{c}}}{W_{\text{c}}}\right|} = \frac{1}{1+\left|\frac{N_{\text{cp}\infty} \cdot z_{\text{cp}}}{N_{\text{cp}\infty}} \cdot \frac{A_{\text{c}}}{W_{\text{c}}}\right|} = \frac{1}{1+\left|\frac{z_{\text{cp}}}{k}\right|} \tag{13.11}$$

mit: k Kernweite für den nachzuweisenden Rand (für die in **Abb. 13.2** dargestellte Situation ist $k = k_{\text{u}}$ einzusetzen)

$$k = \frac{W_{\text{c}}}{A_{\text{c}}} \tag{13.12}$$

Da die Spannstranglage festgelegt wurde, kann Gl. (13.11) bestimmt werden. Damit liefert Gl. (13.9) den erforderlichen Spannstahlbedarf. Für übliche Träger werden von [Graubner/Six – 04] Nomogramme angegeben, die eine direkte Bestimmung der Spannstahlbewehrung ermöglichen. Sie berücksichtigen auch die Umlagerungsmomente aus Vorspannung bei statisch unbestimmten Systemen.

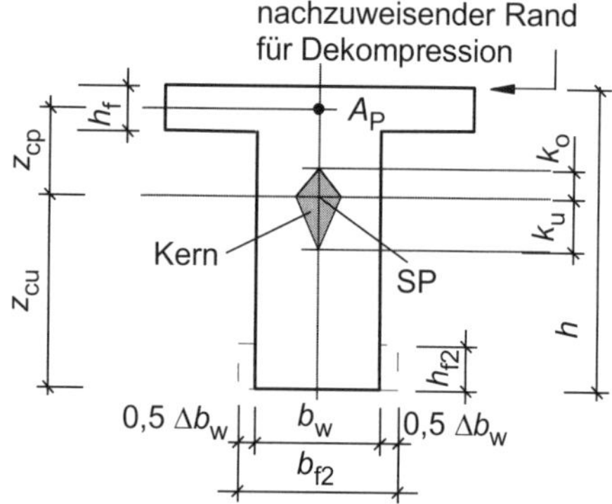

Abb. 13.2 Kernweiten und Dekompressionsnachweis

13.2.6 Wahl der Spannglieder

Aus dem Spannstahlquerschnitt und der bereits vorher gewählten Spanngliedgröße kann die Anzahl der Spannglieder bestimmt werden. Danach ist zu prüfen, ob die geschätzten Rand- und Achsabstände an den Stellen der Extremalmomente eingehalten werden können.

Weiterhin ist an den Bauteilenden zu prüfen, ob der Querschnitt ausreichend groß für die Anker ist. Sofern Zwischenanker und Koppelstellen erforderlich sind, werden diese an Stellen geringer Beanspruchung angeordnet. Bei längeren Bauteilen ist zu prüfen, ob die Spanngliedlänge und damit die Reibungsverluste nicht zu groß werden.

- Einseitiges Anspannen: $P_{\text{min}} \geq 0{,}60\, P_0$ (13.13)
- Beidseitiges Anspannen: $P_{\text{min}} \geq 0{,}65\, P_0$ (13.14)

13.2.7 Überprüfung der vorgedrückten Zugzone

Die Höhe der Vorspannung ist aufgrund des Nachweises der Dekompression bekannt. Der Dekompressionsnachweis ist üblicherweise im Zeitpunkt $t = \infty$ einzuhalten. Damit erhält man aus der Bedingung ungerissener Querschnitte:

$$\frac{N_{p\infty}}{A_c}+\frac{M_{p\infty}}{W_c}+\frac{M_{g+q,GZG}}{W_c}=0$$

$$\frac{N_{p0}}{A_c}+\frac{M_{p0}}{W_c}=-\frac{M_{g+q,GZG}}{r_{inf}\cdot\alpha_{csr}\cdot W_c} \tag{13.15}$$

mit: $M_{g+q,GZG}$ Moment aus Eigen- und Verkehrslasten in der Lastkombination entsprechend der Anforderungsklasse (**Tafel 10.1**)

Die Überprüfung erfolgt im Grenzzustand der Gebrauchstauglichkeit zum Zeitpunkt $t=0$ unter Ansatz des minimalen Biegemomentes. Für die vorgedrückte Zugzone ist der Spannungsnachweis zu erfüllen, d. h., unter der seltenen Einwirkungskombination ist Gl. (10.24) einzuhalten.

$$\frac{N_{p0}}{A_c}+\frac{M_{p0}}{W_c}+\frac{M_{g+q,rare}}{W_c}\leq 0{,}6\ f_{ck} \qquad \text{mit Gl. (13.15)}$$

$$-\frac{M_{g+q,GZG}}{r_{inf}\cdot\alpha_{csr}\cdot W_c}+\frac{M_{g+q,rare}}{W_c}\leq 0{,}6\ f_{ck}$$

$$W_{c,erf}\geq\frac{M_{g+q,rare}-\frac{M_{g+q,GZG}}{r_{inf}\cdot\alpha_{csr}}}{0{,}6\cdot f_{ck}} \tag{13.16}$$

Reicht das vorhandene Widerstandsmoment nicht aus, muss die vorgedrückte Zugzone verstärkt werden. Bei einem geringen Fehlbetrag kann die Stegbreite um Δb_w erhöht werden.

$$\Delta W_c=W_{c,erf}-W_c \tag{13.17}$$

$$\Delta b_w=\frac{12\cdot\Delta W_c\cdot z_{cu}}{(h-h_f)^3+12\cdot(h-h_f)\cdot\left[z_{cu}-0{,}5\cdot(h-h_f)\right]^2} \tag{13.18}$$

Sofern dies nicht ausreicht, sollte in der vorgedrückten Zugzone eine Platte vorgesehen werden (I-Träger oder Hohlkasten). Zuerst ist die Höhe der zweiten Platte h_{f2} (**Abb. 13.2**) zu wählen. Dann kann die erforderliche Gurtbreite b_{f2} nach Gl. (13.19) bestimmt werden.

$$b_{f2}=b_w+\frac{12\cdot\Delta W_c\cdot z_{cu}}{h_{f2}^3+12\cdot h_{f2}\cdot(z_{cu}-0{,}5\cdot h_{f2})^2} \tag{13.19}$$

14 Vorspannung von Flächentragwerken

14.1 Vorgespannte Flachdecken

14.1.1 Vergleich von vorgespannten und nicht vorgespannten Flachdecken

Vorgespannte Flachdecken bieten zahlreiche Vorteile gegenüber der nicht vorgespannten Variante (**Tafel 14.1**). Trotz dieser Vorteile werden sie in Deutschland (im Gegensatz zum benachbarten Ausland: Schweiz, Niederlande, Frankreich oder auch USA) nicht sehr häufig verwendet. Der Hauptgrund hierfür sind die früheren DIN-Normen und daraus folgend die Scheu der im Hochbau tätigen Tragwerksplaner vor Spannbeton. Diese Zurückhaltung ist nicht gerechtfertigt, da die Berechnung vorgespannter Flachdecken nicht schwierig ist. Dies gilt auch für die Bauausführung. Die Spannglieder werden auf der unteren Bewehrung ausgerollt. Bei Vorspannen ohne Verbund entfallen Einpressarbeiten. Wochentakte pro Geschoss sind weiterhin möglich.

14.1.2 Wahl der Vorspannart und Spanngliedführung

Die erforderliche Bauteilhöhe kann mit **Abb. 14.1** geschätzt werden. Die Biegeschlankheit vorgespannter Decken beträgt:

Tafel 14.1 Vor- und Nachteile vorgespannter Flachdecken gegenüber denen aus Stahlbeton

Vorteile	Nachteile
– Geringere Bauteilhöhe bei gleicher Stützweite; damit können weitere Kosten in der Gründung und in der Fassade gespart werden, evtl. ist ein zusätzliches Geschoss bei begrenzter Traufhöhe möglich. – Größere Stützweiten (**Abb. 14.1**); wenige Stützen erlauben unterschiedliche Nutzungsmöglichkeiten (bessere Vermietbarkeit) – Geringere Durchbiegungen (Vorspannung wirkt Eigenlast entgegen) – Vermeiden von Durchstanzbewehrung durch günstig wirkende Querkraftanteile aus Vorspannung – Größere Kragweiten (z. B. über Gehwegen) sind möglich	– Zusätzliches Gewerk während der Rohbauarbeiten – Umbaumaßnahmen und nachträgliches Herstellen großer Öffnungen (für Fahrtreppen etc.) schlechter möglich als bei Stahlbeton – Spannbeton bedarf einer Bauwerksüberwachung (auch wenn im Hochbau nicht vorgeschrieben)

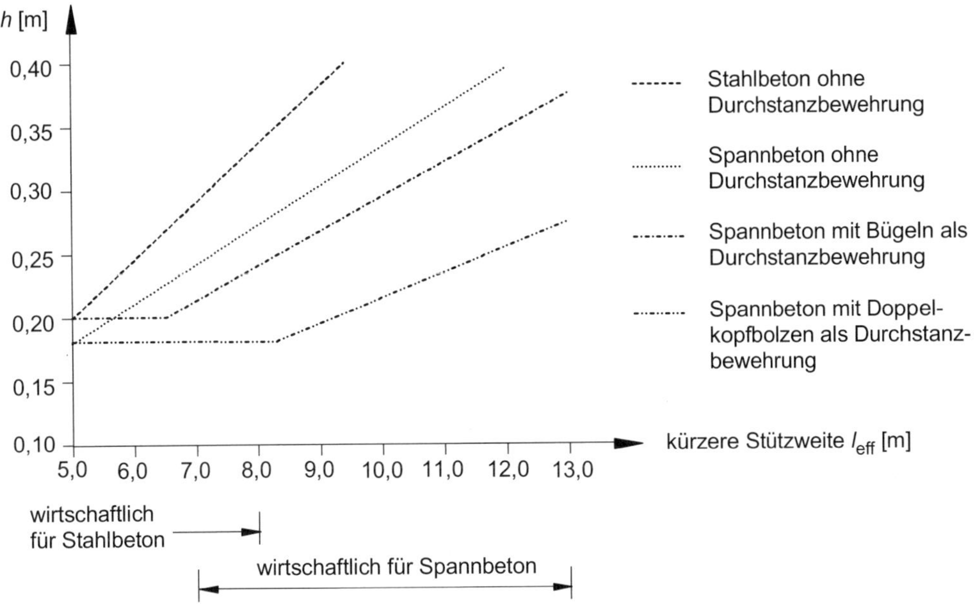

Abb. 14.1 Erforderliche Bauteilhöhe von Flachdecken

$$\frac{l_{\text{eff}}}{h} = 35 \div 40 \tag{14.1}$$

Möglich sind Vorspannung mit Verbund oder Vorspannung ohne Verbund. Für geringe Flächenlasten $q \leq 5{,}0\,\text{kN/m}^2$ eignet sich eher Vorspannung ohne Verbund. Bei $q \geq 10{,}0\,\text{kN/m}^2$ eignet sich dagegen besser Vorspannung mit Verbund, da hier die Vorspannung nicht nur für den Grenzzustand der Gebrauchstauglichkeit benötigt wird, sondern auch für die Biegebemessung (Grenzzustand der Tragfähigkeit) erforderlich ist. In beiden Fällen werden die Spannglieder intern geführt. Da die Bauteilhöhe klein im Vergleich zu Balken ist, können nur kleine Spannglieder verwendet werden. Sonst wären durch das große Hüllrohr nur geringe Maximalabstände zur Systemachse möglich (z_{cp} ist klein und damit M_{cp}). Spannglieder ohne Verbund benötigen kleinere Hüllrohre als diejenigen mit Verbund. Verwendet werden Monolitzen (= Spannglieder mit nur einer Litze) oder Spannglieder mit mehreren nebeneinander liegenden Litzen (**Abb. 2.2**).

Spanngliedführung im Aufriss:

Ein weiterer Vorteil der Spannglieder ohne Verbund ist der sehr kleine minimale Krümmungsradius. Er ermöglicht eine wirkungsvolle Spanngliedführung, um Querkraftanteile aus Vorspannung zu erzeugen, die dem Durchstanzen entgegen wirken. Die Wendepunkte der Spanngliedführung werden auf den rechnerischen Durchstanzkegel gelegt (**Abb. 14.2**).

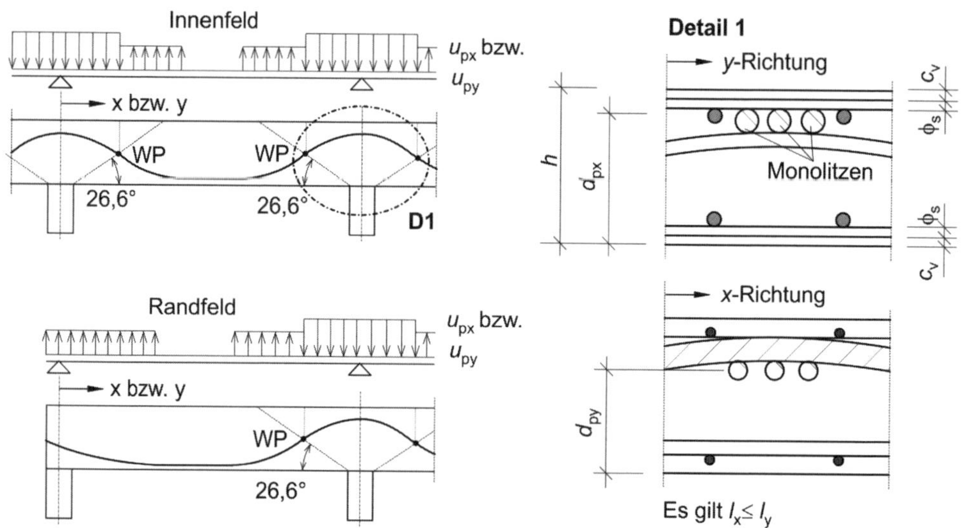

Abb. 14.2 Spanngliedführung im Aufriss

Die Hoch- und Tiefpunkte werden analog zu Kapitel 4 festgelegt. Bei demselben Spanngliedtyp für die x- und y-Richtung gilt (**Abb. 14.2**):

$$d_{px} = h - c_v - \phi_s - \frac{\phi_h}{2} \tag{14.2}$$

$$d_{py} = d_{px} - \phi_h \tag{14.3}$$

Hinsichtlich des Spanngliedverlaufs kann zwischen zwei Möglichkeiten gewählt werden:

- *Parabolische Spanngliedführung*
  Sie erzeugt Umlenkkräfte, die denjenigen aus äußeren Einwirkungen entgegen wirken. Die Feldparabel liegt dabei zwischen den beiden Wendepunkten auf den Durchstanzkegeln an den Stützen. Über den Stützen wird kreisförmig mit dem minimalen Krümmungsradius r_{min} ausgerundet. Der Nachteil der parabolischen Spanngliedführung besteht darin, dass eine große Zahl von Unterstützungsstellen (großer Aufwand) benötigt wird, andererseits die Höhenunterschiede zwischen benachbarten Unterstützungsstellen nur sehr gering sind, da die Plattenhöhe gering ist.
- *Freie Spanngliedlage*
  Die freie Spanngliedlage vermeidet den Nachteil vieler Unterstützungsstellen. Das Spannglied wird im Wesentlichen nur noch an den Hochpunkten (im Stützenbereich) unterstützt (**Abb. 14.2**). Von diesen Hochpunkten neigt es sich infolge Eigenlast nach unten, bis es auf der unteren Bewehrung aufliegt. Dort wird es in großen Abständen mit doppelter Rödelung befestigt, um die Lagesicherheit und ein Aufschwimmen beim Betonieren zu vermeiden (**Abb. 14.3**). Die freie Spanngliedlage ist möglich bei Plattenhöhen $h \leq 0{,}45$ m. Nähere Angaben zur freien Spanngliedlage und die mathematische Beschreibung des sich hierbei ergebenden Spannstrangverlaufs sind bei

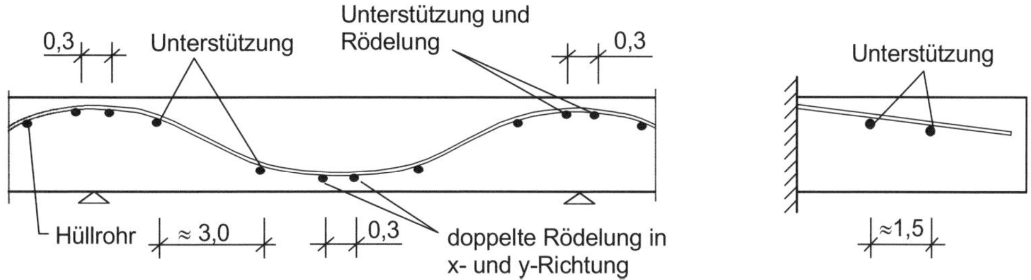

Abb. 14.3 Erforderliche Abstände von Unterstützungen bei der freien Spanngliedlage

[Maier/Wicke – 00] zu finden. Die freie Spanngliedlage sollte nur für Vorspannung ohne Verbund verwendet werden.

Spanngliedführung im Grundriss:

Die Flachdecke ist eine zweiachsig tragende Platte. Daher ist es sinnvoll, auch die Spannglieder in x- und y-Richtung anzuordnen, um den zweiachsigen Lastabtrag zu verbessern. Möglich sind:

– *Stützstreifenvorspannung*
  Die Spannglieder werden nur im Bereich der Gurtstreifen (= Verbindungslinie der Stützen) angeordnet (**Abb. 14.4**). Die Spannstränge an den vier Rändern eines mittleren Plattenfeldes steigern die Biegesteifigkeit dieser Ränder. Sie haben damit eine ähnliche Wirkung wie Unterzüge; die Schnittgrößen der Platte nähern sich denjenigen der vierseitig kontinuierlich gestützten Platte an. Der Stützstreifen, in dem die Spannglieder verlegt werden, hat die Breite des kritischen Durchmessers im Durchstanznachweis.
– *Verteilte Vorspannung*
  Zusätzlich zu den Stützstreifen werden auch die Feldstreifen vorgespannt. Der Spanngliedabstand in den Feldbereichen ist deutlich größer (**Abb. 14.4**).

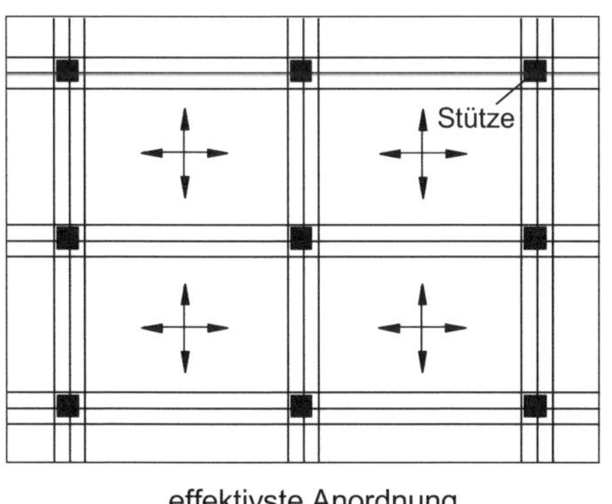

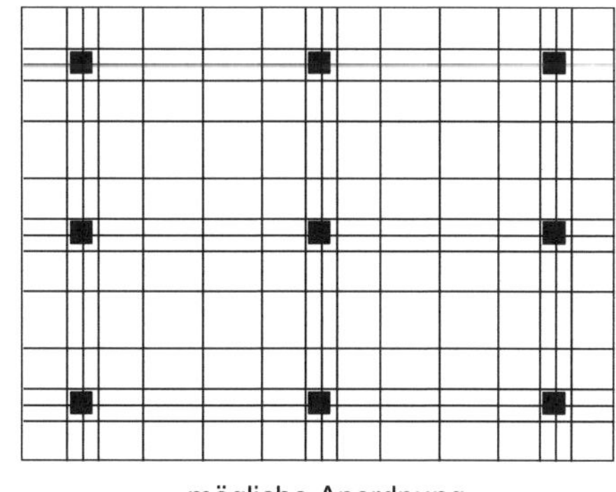

——— Spannglied

Abb. 14.4 Spanngliedanordnungen im Grundriss

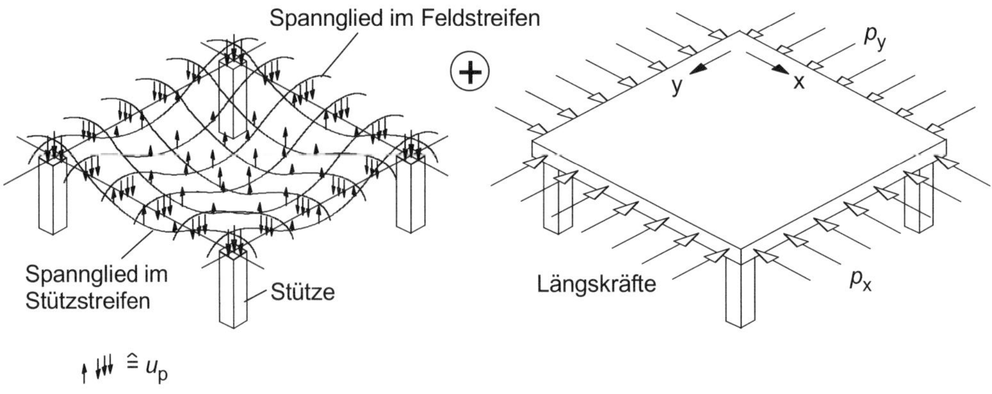

Abb. 14.5 Kombinierte Platten- und Scheibentragwirkung bei flächenhafter Vorspannung

Die gesamte Spanngliedzahl wird zu jeweils 50 % auf die Stützstreifen und die Feldstreifen verteilt. Diese Spanngliedführung ermöglicht noch geringere Plattenhöhen als die Stützstreifenvorspannung. Sie erfordert jedoch einen wesentlich höheren Spannstahlbedarf. Aus den Umlenkkräften in **Abb. 14.5** ist erkennbar, dass die Spannglieder der Feldstreifen dort, wo sie die Stützstreifen queren, eine *belastende* Wirkung haben. Sie erfordern damit deutlich mehr Spannglieder in den Stützstreifen. Insgesamt ist der Spannstahlbedarf etwa doppelt so hoch wie bei der Stützstreifenvorspannung.

14.1.3 Vorspanngrad und Verteilung der Vorspannung auf *x*- und *y*-Richtung

In **Abb. 14.5** wurde die Wirkung der Spannglieder gezeigt. Die Umlenkkräfte sind bei Flächentragwerken Umlenkflächenlasten u_p und ergeben sich durch Superposition der Wirkungen beider Spanngliedrichtungen. Für die verteilte Vorspannung gemäß **Abb. 14.4** gilt:

$$u_p = u_{px} + u_{py} \qquad \left[\text{kN/m}^2\right] \tag{14.4}$$

Die Vorspannung auf *x*- und *y*-Richtung wird im Verhältnis der Biegemomente eines Innenfeldes verteilt.

$$\frac{m_x}{m_y} \approx \frac{l_{eff,x}^2}{l_{eff,y}^2} \stackrel{!}{=} \frac{u_{px}}{u_{py}} \qquad u_{py} = \frac{l_{eff,y}^2}{l_{eff,x}^2} \cdot u_{px} \tag{14.5}$$

$$u_p = u_{px} + \frac{l_{eff,y}^2}{l_{eff,x}^2} \cdot u_{px} = \left(1 + \frac{l_{eff,y}^2}{l_{eff,x}^2}\right) \cdot u_{px} \qquad \left[\text{kN/m}^2\right] \tag{14.6}$$

Weiterhin gilt analog zu Gl. (7.5):

$$u_{px} = \frac{8 p_x \cdot f_x}{l_{eff,x}^2} \qquad \left[\mathrm{kN/m^2}\right] \qquad (14.7)$$

Der Vorspanngrad wird bei verteilter Vorspannung so gewählt, dass der Dekompressionsnachweis für die Eigenlasten erfüllt wird (vgl. **Tafel 10.1**). Ein weiteres Kriterium ist das Verhältnis zwischen den Preisen von Betonstahl und Spannstahl. Dies führt auf wirtschaftliche Vorspanngrade $0{,}4 \le \kappa \le 0{,}7$.

Die erforderliche Vorspannkraft bei der Stützstreifenvorspannung ergibt sich aus der Bedingung, dass keine Durchstanzbewehrung erforderlich wird. Die Wirkung der Vorspannung wird wie in Abschnitt 11.4 bei den Einwirkungen und im Bauteilwiderstand $v_{Rd,c}$ bei den Längsspannungen σ_{cp} berücksichtigt ([DIN EN 1992-1-1 – 11], 6.4.4).

$$v_{Ed} \le v_{Rd,c} = C_{Rd,c} \cdot k \cdot \left(100 \cdot \rho_l \cdot f_{ck}\right)^{\frac{1}{3}} + 0{,}10 \cdot \sigma_{cp} \qquad (14.8)$$

Bei der Stützstreifenvorspannung ist die Obergrenze des Vorspanngrades das Maximum der möglichen Spannglieder innerhalb des Durchstanzkegels.

14.1.4 Schnittgrößen und Bemessung

Schnittgrößen werden mit der FEM bestimmt. Die Bemessung erfolgt wie für Stabtragwerke, wobei sich die Nachweise jeweils auf einen Streifen der Breite ein Meter beziehen. Für den Durchstanznachweis gelten die Regeln des Stahlbetons.

14.1.5 Konstruktive Durchbildung

Die Spannglieder werden nach dem Verlegen der unteren Bewehrung ausgerollt. Ein abschnittsweises Betonieren ist prinzipiell möglich. Aufgrund der ohnehin kurzen Spanngliedlängen sind Koppelstellen jedoch nicht sinnvoll. Die Spannglieder können bei abschnittsweiser Herstellung nicht vollständig ausgerollt und somit auch nicht vorgespannt werden. Damit ist es unmöglich, bereits betonierte Deckenteile auszuschalen. Bei vorgespannten Decken ist daher anzustreben, dass das gesamte Deckenfeld gleichzeitig betoniert und danach insgesamt vorgespannt wird.

Öffnungen, insbesondere bei größeren Abmessungen sollten nicht in den Stützstreifen liegen. In den Feldbereichen sind sie problemlos möglich. Im Fall der Stützstreifenvorspannung stören keine zu trennenden Spannglieder. Im Fall der verteilten Spannbewehrung sind die Spannglieder seitlich an den Öffnungen zu übergreifen (**Abb. 14.6**, analog zum Betonstahl, der auch seitlich verstärkt wird).

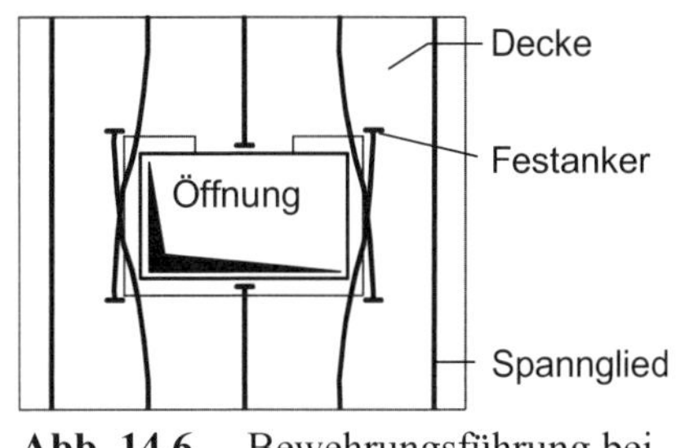

Abb. 14.6 Bewehrungsführung bei größeren Öffnungen

An den Gebäudeaußenseiten werden die innerhalb eines Streifens verlaufenden Spannglieder gespreizt, um den erforderlichen Platzbedarf für die Anker zu erreichen.

14.2 Vorgespannte Flachgründungen

Elastisch gebettete Platten können vorgespannt werden. Zu beachten ist hierbei, dass ein Teil der Spannkraft über Reibung in der Sohlfuge in den Baugrund eingeleitet wird und damit nicht zur Vorspannung des Bauteils führt. Angaben hierzu werden von [Falkner – 91] gegeben.

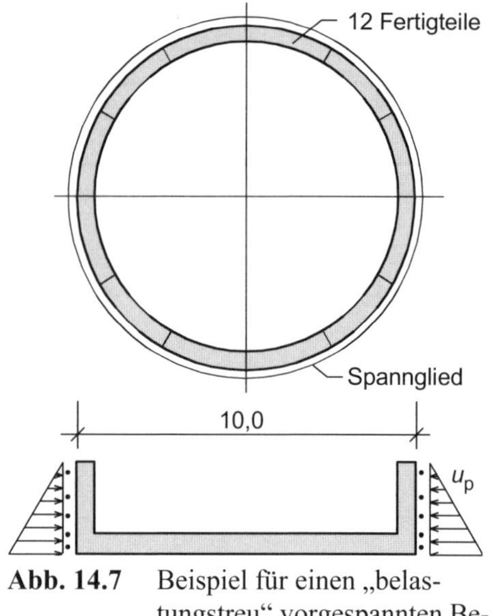

Abb. 14.7 Beispiel für einen „belastungstreu" vorgespannten Behälter

Die Spannglieder können in der Schwerachse, aber auch girlandenförmig geführt werden. Während durch die erstgenannte Spanngliedführung vornehmlich die Rissbildung infolge zentrischen Druckes verringert wird, hat die zweite Lösung den weiteren Vorteil, dass der Sohldruck ausgeglichen werden kann und unter den Stützen der Bauteilwiderstand gegen Durchstanzen gesteigert wird. Für ein Vorspannen der Fundamentplatte ist es günstig, wenn die Größe der Baugrube an alle Seiten Spannarbeiten zulässt. Sofern dies z. B. aufgrund einer Nachbarbebauung nicht möglich ist, könnte aber aus innen liegenden Nischen heraus gespannt werden. Der Aufwand – auch in konstruktiver Hinsicht – erschwert dann jedoch eine wirtschaftliche Bauweise.

Der Vorspanngrad von vorgespannten Flachgründungen sollte zu einer zentrischen Druckspannung $0{,}5 \le |\sigma_c| \le 2{,}0\ \text{N/mm}^2$ führen. Flachgründungen können bei Behältern auch vorgespannt werden, um Risse während der Erhärtungsphase zu vermeiden. Hier ist dann eine frühzeitige Teilvorspannung sinnvoll.

14.3 Vorgespannte Behälter

Insbesondere bei zylindrischen Behältern bietet die Vorspannung die einfache Möglichkeit, den Druck des Lagergutes aufzunehmen (**Abb. 14.7**). Bei größeren Durchmessern ist dies mit Stahlbeton nicht mehr möglich, da die Zugkräfte bei großem Krümmungsradius sehr groß werden (vgl. Kesselformel Gl. (5.2)).

Die Spannglieder werden bei zylindrischen Behältern um 360° geführt. Aus einer Nische wird das Spannglied gespannt (**Abb. 14.8**). Die Koppelstelle ist gleichzeitig der Fest- und der Spannanker. Aufgrund des großen Umlenkwinkels ist die Verwendung von Spanngliedern ohne Verbund gegenüber denen mit nachträglichem Verbund von Vorteil, da die Spannkraftverluste sehr viel geringer sind.

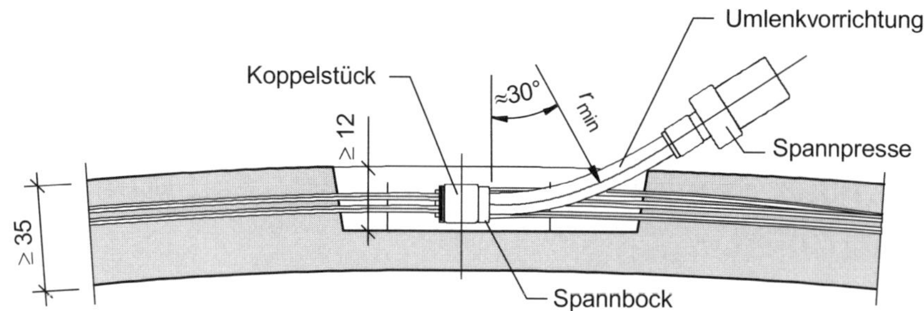

Abb. 14.8 Koppelstelle des Spanngliedes für einen Behälter

Die erforderliche Wanddicke des Behälters ist durch die beidseitige Bewehrung und den Platzbedarf beim Einbringen des Betons bestimmt. Weiterhin muss auch die Aussparung für die Koppelstelle innerhalb der Wanddicke möglich sein. Damit ist ein sinnvolles Mindestmaß $h \geq 35\,\text{cm}$.

Die Größe der Vorspannkraft im Behälter ist so zu wählen, dass das Bauteil im Zustand I bleibt. Bei niedrigen Behältern (Wind vernachlässigbar) gilt damit:

$$\sigma_{c,g} + \sigma_{c,p\infty} + \sigma_{c,w} \leq f_{ctk;0,05} \tag{14.9}$$

mit: $\sigma_{c.w}$ Spannung in der Behälterwandung infolge Behälterfüllung

Beispiel 14.1: Vergleich der Reibungsverluste von Vorspannung ohne Verbund und mit Verbund an einem Güllebehälter

Der in **Abb. 14.7** dargestellte Behälter hat einen Durchmesser von 10 m. Die Daten aus der Zulassung für die in beiden Fällen verwendeten Monolitzen lauten:

- Vorspannung mit Verbund: $\mu = 0,15$; $k = 0,80$ °/m
- Vorspannung ohne Verbund: $\mu = 0,06$; $k = 0,50$ °/m

Wie groß sind die Spannkraftverluste?

Lösung:

Mit Verbund:

$$k = 0,80 \cdot \frac{\pi}{180} = 0,0140\ \text{rad}$$

$k[\text{rad}] = k[°] \cdot \dfrac{\pi}{180}$

$$\frac{\Delta P_\mu(\pi \cdot 10)}{P_0} = 1 - e^{-0,15 \cdot (2 \cdot \pi + 0,0140 \cdot \pi \cdot 10)} = 0,64$$

(5.13): $\Delta P_\mu(x) = P_0\left[1 - e^{-\mu(\theta + k \cdot x)}\right]$

Ohne Verbund:

$$k = 0,50 \cdot \frac{\pi}{180} = 0,0087\ \text{rad}$$

$k[\text{rad}] = k[°] \cdot \dfrac{\pi}{180}$

$$\frac{\Delta P_\mu(\pi \cdot 10)}{P_0} = 1 - e^{-0,06 \cdot (2 \cdot \pi + 0,0087 \cdot \pi \cdot 10)} = 0,33 \ll 0,64$$

(5.13): $\Delta P_\mu(x) = P_0\left[1 - e^{-\mu(\theta + k \cdot x)}\right]$

15 Komplexbeispiel Zweifeldträger

15.1 Statisches System, Querschnittswerte und Baustoffkenngrößen

Der in **Abb. 15.1** dargestellte vorgespannte Zweifeldträger hat eine Gesamtlänge von 35 m. Der Plattenbalkenquerschnitt aus Beton der Festigkeitsklasse C35/45 soll in nachträglichem Verbund mit 7-drähtigen Litzenspanngliedern (St 1570/1770) vorgespannt werden. Das Tragwerk wird neben der Eigenlast des Trägers g_{1k} durch eine Ausbaulast g_{2k} und eine Verkehrslast q_k beansprucht.

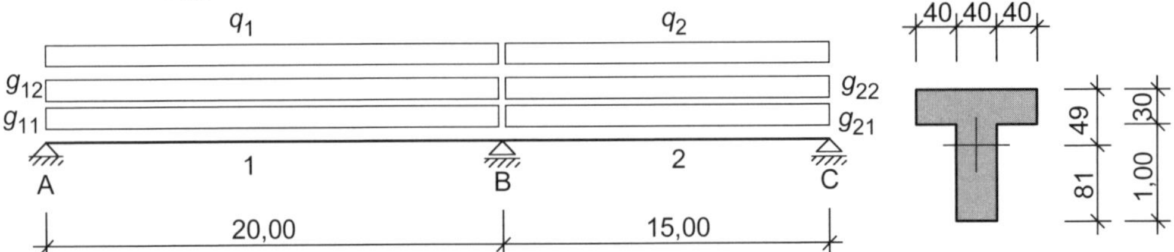

Abb. 15.1 Statisches System

Da es sich um ein Innenbauteil handelt, wird es entsprechend [DIN EN 1992-1-1 – 11], Tab. 4.1 in die Umweltklasse XC1 eingestuft. Gemäß [DIN EN 1992-1-1/NA – 13], Tab. 4.4DE und 4.5DE (vgl. **Tafel 4.2)** sind die folgenden Betondeckungen zu gewährleisten.

- **Betonstahl:** Mindestbetondeckung: $c_{\min} = 10$ mm
  Vorhaltemaß: $\Delta c = 10$ mm
  Nennmaß: $c_{\text{nom}} = c_{\min} + \Delta c = 10 + 10 = 20$ mm

Es wird angenommen, dass die Biegezugbewehrung einen Durchmesser von maximal 20 mm hat. Damit wird für die Längsbewehrung bei der Berechnung des Nennmaßes der Betondeckung die Sicherung des Verbundverhaltens ($c_{\min} \geq d_{s,l}$) maßgebend.

Mindestbetondeckung: $c_{\min} = d_{s,l} = 20$ mm
Nennmaß: $c_{\text{nom}} = c_{\min} + \Delta c = 20 + 10 = 30$ mm

- **Spannstahl:** Mindestbetondeckung: $c_{\min} = d_{h,a} = 87$ mm
  (siehe Abschnitt 15.3.1)
  Vorhaltemaß: $\Delta c = 10$ mm
  Nennmaß: $c_{\text{nom}} = c_{\min} + \Delta c = 87 + 10 = 97$ mm

Im Unterschied zu Betonstahl ist bei Spannstahl das Verlegemaß gleich dem Nennmaß (und nicht das auf volle 5 cm aufgerundete Maß).

Bei allen im Folgenden geführten Nachweisen werden Bruttoquerschnittswerte verwendet. Sie können **Tafel 15.1** entnommen werden.

Entsprechend der oben getroffenen Annahmen werden bei den Berechnungen die folgenden Baustoffkenngrößen für Beton und Betonstahl berücksichtigt.

$$f_{cd} = \frac{\alpha \cdot f_{ck}}{\gamma_c} = \frac{0,85 \cdot 35}{1,5} = 19,8 \text{ N/mm}^2$$

$$f_{yd} = \frac{f_{yk}}{\gamma_s} = \frac{500}{1,15} = 435 \text{ N/mm}^2$$

Tafel 15.1 Bruttoquerschnittswerte des Plattenbalkens

A_c	$0,760 \text{ m}^2$
W_{co}	$0,237 \text{ m}^3$
W_{cu}	$0,143 \text{ m}^3$
I_c	$0,112 \text{ m}^4$

15.2 Schnittgrößen infolge Lasten

Die Schnittgrößen infolge äußerer Lasten werden linear-elastisch ermittelt. Auf eine Momentenumlagerung wird verzichtet.

Tafel 15.2 beinhaltet alle im Rahmen dieser Berechnungen betrachteten Lastfallkombinationen. Im Grenzzustand der Gebrauchstauglichkeit wurden die seltene (rare) und quasi-ständige (perm) Lastfallkombination berücksichtigt. Es wurde ein Kombinationswert $\psi_2 = 0,6$ angesetzt.

Die für die einzelnen Nachweise interessanten bzw. bemessungsrelevanten Schnittgrößen sind in **Tafel 15.3** und **Tafel 15.4** zusammengestellt. Es wurden die folgenden ständigen und veränderlichen Lastanteile berücksichtigt:

$g_{1k} = \rho \cdot A_c = 25 \cdot 0,76 = 19 \text{ kN/m}$

$g_{2k} = 10 \text{ kN/m}$

$q_k = 20 \text{ kN/m}$

15.3 Vorspannung

15.3.1 Vorbemessung

Die Vorbemessung wird auf Grundlage von [Graubner/Six – 04] durchgeführt. Aus Erfahrung wird davon ausgegangen, dass die Abmessungen des Bauteils ausreichend sind und somit auf die Vordimensionierung der Biegedruckzone und die Überprüfung der vorgedrückten Zugzone im Rahmen der Vorbemessung verzichtet werden können. Es wird nur die Vorbemessung des erforderlichen Spannstahlquerschnitts durchgeführt.

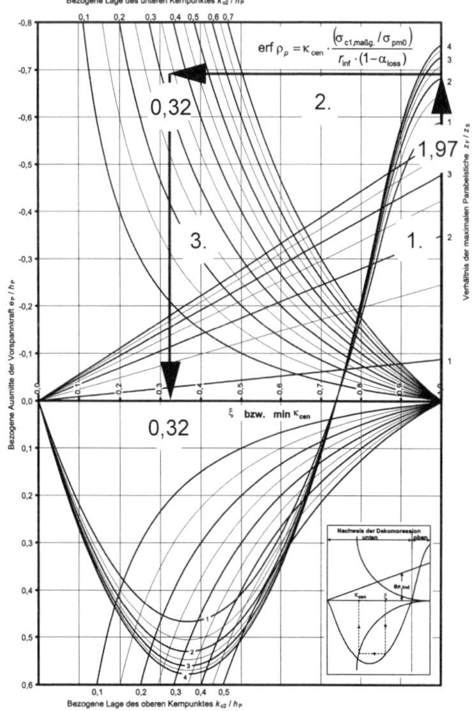

Abb. 15.2 Tafel F.4.7 aus [Graubner/Six – 04]

Tafel 15.2 Berücksichtigte Lastfallkombinationen

LFK	g_{11}	g_{12}	g_{21}	g_{22}	q_1	q_2
1	1,0		1,0			
2	1,0	1,0	1,0	1,0		
3 (rare)	1,0	1,0	1,0	1,0	1,0	
3 (perm)	1,0	1,0	1,0	1,0	0,6	
4 (rare)	1,0	1,0	1,0	1,0		1,0
4 (perm)	1,0	1,0	1,0	1,0		0,6
5 (rare)	1,0	1,0	1,0	1,0	1,0	1,0
5 (perm)	1,0	1,0	1,0	1,0	0,6	0,6
6	1,35		1,35			
7	1,35	1,35	1,35	1,35		
8	1,35	1,35	1,35	1,35	1,5	
9	1,35	1,35	1,35	1,35		1,5
10	1,35	1,35	1,35	1,35	1,5	1,5
11	1,0	1,0	1,0	1,0	1,5	
12	1,0	1,0	1,0	1,0		1,5
13	1,0	1,0	1,0	1,0	1,5	1,5
14	1,35	1,35	1,0	1,0	1,5	
15	1,0	1,0	1,35	1,35		1,5

rare… selten
perm… quasi-ständig

g_{ij}… Last j im Feld i
j = 1 … Eigenlast
j = 2 … Ausbaulast

Tafel 15.3 Schnittgrößen im Grenzzustand der Tragfähigkeit

LFK	max M_1 [kNm]	x_1 [m]	min M_B [kNm]	max M_2 [kNm]	x_2 [m]	A_v [kN]	$V_{B,li}$ [kN]	B_v [kN]	$V_{B,re}$ [kN]	C_v [kN]
10	2196	7,97	**–2809**	794	10,21	551	**–831**	**1537**	**706**	331
14	**2393**	8,32	–2325	67	12,85	**575**	–807	1180	373	63
15	783	7,13	–1662	**1203**	9,10	207	–373	1003	630	**408**

Tafel 15.4 Schnittgrößen im Grenzzustand der Gebrauchstauglichkeit

LFK	max M_1 [kNm]	x_1 [m]	min M_B [kNm]	max M_2 [kNm]	x_2 [m]
1	603	7,97	–772	218	10,21
2	921	7,97	–1178	332	10,21
3 (rare)	1653	8,23	–1750	175	10,52
4 (rare)	827	7,55	–1419	760	9,43
5 (rare)	1556	7,97	–1991	562	10,21
5 (perm)	1302	7,97	–1666	471	10,21

Das beschriebene Verfahren wurde so abgeleitet, dass der Nachweis der Dekompression erfüllt ist. Für Vorspannung mit nachträglichem Verbund sind in der Expositionsklasse XC1 gemäß **Tafel 10.1** die Rissbreiten unter der häufigen Lastkombination auf 0,2 mm zu begrenzen. Der Nachweis der Dekompression darf entfallen. Die nachfolgend ermittelte Bewehrung stellt deshalb die obere sinnvolle Grenze dar.

Ermittlung der Eingangswerte für das Nomogramm (Abb. 15.2):

Es wird davon ausgegangen, dass sich der Schwerpunkt des Spanngliedes an den Stellen der extremalen Momente jeweils 16 cm vom Bauteilrand entfernt befindet und dass die Wendepunkte nicht mehr als $0{,}15 \cdot l_{\text{eff}}$ von der Mittelstütze entfernt sind. Liegen die Wendepunkte näher am Mittelauflager, so stellt dies die sichere Seite dar. Die Vorbemessung erfolgt für die Stelle mit dem betragsmäßig größten Moment, also über der Mittelstütze und hier zur Vereinfachung ohne eine Momentenausrundung.

Tafel 15.4, LFK 5: $M_{\text{perm}} = -1666 \text{ kNm}$

$$\sigma_{\text{c1,maßg.}} = \frac{|M_{\text{perm}}|}{W_{\text{co}}} = \frac{1{,}666}{0{,}237} = 7{,}04 \text{ N/mm}^2$$

Gl. (5.18): $$\sigma_{\text{pm0}} = \min \begin{cases} 0{,}75 \cdot f_{\text{pk}} = 0{,}75 \cdot 1770 \text{ N/mm}^2 = 1328 \text{ N/mm}^2 \\ 0{,}85 \cdot f_{\text{p0,1k}} = 0{,}85 \cdot 1500 \text{ N/mm}^2 = \underline{1275 \text{ N/mm}^2} \end{cases}$$

Gl. (13.12): $$k_{\text{c2}} = \frac{W_{\text{co}}}{A_{\text{c}}} = \frac{0{,}237}{0{,}76} = 0{,}311 \text{ m}$$

Abstand Höchstpunkt – Tiefstpunkt Spannglied:

$$h_{\text{p}} = z_{\text{cp,F}} + z_{\text{cp,S}} = 0{,}65 + 0{,}33 = 0{,}98 \text{ m}$$

Eingangswerte für Abb. 15.2: $$\frac{k_{\text{c2}}}{h_{\text{p}}} = 0{,}32$$

$$\frac{z_{\text{F}}}{z_{\text{S}}} = \frac{0{,}65}{0{,}33} = 1{,}97$$

Damit ergibt sich für $\xi = x/L = 1{,}0$ aus **Abb. 15.2**: $k_{\text{cen}} = 0{,}32$

$A_{\text{p,erf}}$ bei $r_{\text{inf}} = 0{,}9$ und einem geschätzten Spannkraftverlust $\alpha_{\text{loss}} = 0{,}15$:

Gl. (13.9): $$A_{\text{p,erf}} = k_{\text{cen}} \cdot \frac{\sigma_{\text{c1,maßg.}}}{\sigma_{\text{pm0}} \cdot r_{\text{inf}} \cdot (1 - \alpha_{\text{loss}})} \cdot A_{\text{c}}$$

$$= 0{,}32 \cdot \frac{7{,}04}{1275 \cdot 0{,}9 \cdot (1 - 0{,}15)} \cdot 0{,}76 \cdot 10^4 = 17{,}6 \text{ cm}^2$$

Mit 140 mm²/Litze ergibt sich die erforderliche Litzenzahl:

$$n_{\text{Litze}} = \frac{A_{\text{p,erf}}}{A_{\text{Litze}}} = \frac{17{,}6}{140 \cdot 10^{-2}} \approx 12$$

Gewählt: Litzenspannglied 6–12 St1570/1770

$$A_{\mathrm{p}} = n_{\mathrm{Litze}} \cdot A_{\mathrm{Litze}} = 12 \cdot 140 = 1680\ \mathrm{mm}^2 = 16{,}8\ \mathrm{cm}^2$$

Hüllrohrtyp II:

- min. Krümmungsradius: $r_{\min} = 5{,}5$ m
- Hüllrohrdurchmesser: $\phi_{\mathrm{h,i}} = 80$ mm
  $\phi_{\mathrm{h,a}} = 87$ mm
- Reibkennwert: $\mu = 0{,}20$
- Spannkraftverlust durch Reibung im Spannanker: 0,8 %
- Schlupf im Spannanker: $\Delta l_{\mathrm{sl}} = \Delta l_{\mathrm{sn}} = 6$ mm
- ungewollter Umlenkwinkel: $k = 0{,}3°/\mathrm{m}$

15.3.2 Spanngliedführung

Da nur ein Spannglied verwendet wird, ist die Lage des Spanngliedes gleichzeitig die des Spannstrangs. Die Spanngliedführung wird annähernd affin zum Momentenverlauf infolge äußerer Lasten gewählt. In **Abb. 15.3** sind der Momentenverlauf der seltenen Lastkombinationen und der gewählte Spanngliedverlauf dargestellt. Der Schnittpunkt des Spanngliedes mit der Schwerachse des Querschnitts wurde mit $0{,}15 \cdot l_{\mathrm{eff}}$ näher an das Mittelauflager gelegt, als es der Momentennullpunkt ist. Hierdurch wird das Umlagerungsmoment aus Vorspannung hinsichtlich des Stützmomentes günstig beeinflusst. Der in **Abb. 15.3** dargestellte Spanngliedverlauf stellt die Achse des Spanngliedes dar.

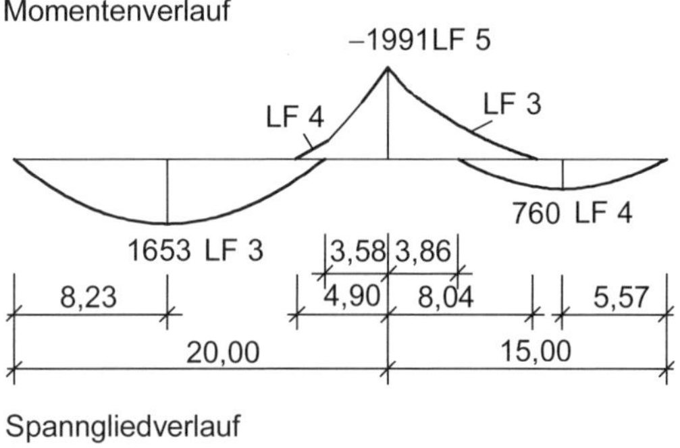

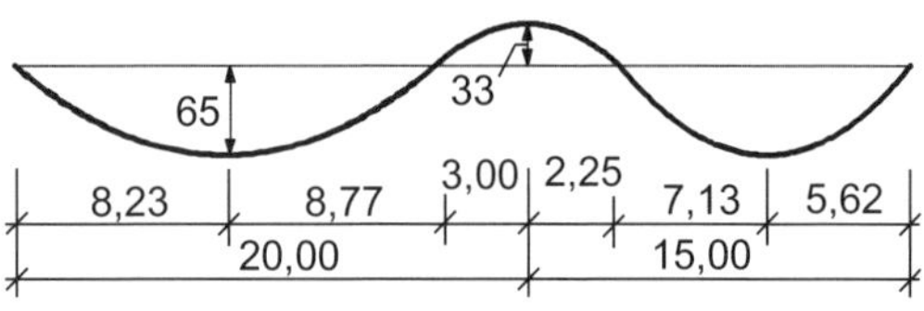

Abb. 15.3 Gewählter Spanngliedverlauf

Die Litzen schmiegen sich in den Hoch- und Tiefpunkten an die Hüllrohrwandungen an. Zur Ermittlung der Schnittgrößen aus Vorspannung wird daher angenommen, dass der Schwerpunkt der Litzen im oberen (Feld) bzw. unteren (Mittelstützung) Drittelspunkt des inneren Hüllrohrdurchmessers liegt (**Abb. 4.3**). Mit Hilfe von **Abb. 15.1** und **Abb. 15.3** kann der minimale Abstand vom Rand des Hüllrohres zur Bauteilkante bestimmt werden. Die berechneten Werte müssen größer als die in Abschnitt 15.1 für das Spannglied bestimmte Mindestbetondeckung c_{nom} sein.

$$c_{\mathrm{u,h}} = z_{\mathrm{cu}} - z_{\mathrm{cp,F}} - \frac{\phi_{\mathrm{h,i}}}{6} - \frac{\phi_{\mathrm{h,a}}}{2} = 81{,}0 - 65{,}0 - \frac{8}{6} - \frac{8{,}7}{2}$$

$$c_{\mathrm{o,h}} = z_{\mathrm{co}} - z_{\mathrm{cp,S}} - \frac{\phi_{\mathrm{h,i}}}{6} - \frac{\phi_{\mathrm{h,a}}}{2} = 49{,}0 - 33{,}0 - \frac{8}{6} - \frac{8{,}7}{2}$$

$$c_{\mathrm{nom}} = 9{,}7\ \mathrm{cm} < \min \begin{cases} c_{\mathrm{u,h}} = 10{,}3\ \mathrm{cm} \\ c_{\mathrm{o,h}} = 10{,}3\ \mathrm{cm} \end{cases}$$

Die Lage der Wendepunkte wird in Anlehnung an Abschnitt 4.3.3 so bestimmt, dass sich ein harmonischer Übergang der Teilparabeln ergibt.

Lage des Wendepunktes im linken Feld (20 m Stützweite)

Gewählter Abstand Momentennullpunkt – Innenstütze:

Abb. 15.3: $s_{0,\mathrm{gew}} = 3{,}0\ \mathrm{m}$

Abstand maximales Feldmoment – Innenstütze:

Abb. 15.3: $s_{\mathrm{m}} = 8{,}77 + 3{,}0 = 11{,}77\ \mathrm{m}$

Gl. (4.13): $\lambda = \dfrac{s_{0,\mathrm{gew}}}{s_{\mathrm{m}}} = \dfrac{3{,}0}{11{,}77} = 0{,}255$

Abb. 15.3: $e_1 = 0{,}65\ \mathrm{m}$

$e_2 = 0{,}33\ \mathrm{m}$

Wenn $\dfrac{e_2}{e_1 + e_2} \cdot s_{\mathrm{m}} \geq s_{0,\mathrm{gew}}$ ist β mit Gl. (4.11) zu berechnen.

$$\frac{0{,}33}{0{,}65 + 0{,}33} \cdot 11{,}77 = 3{,}96\ \mathrm{m} > 3{,}0\ \mathrm{m}$$

Gl. (4.11): $\beta = 1 - \dfrac{e_1 + e_2}{e_1} \cdot (1 - \lambda)^2 = 1 - \dfrac{|65{,}0 + 33{,}0|}{|65{,}0|} \cdot (1 - 0{,}255)^2 = 0{,}163$

Abstand des Wendepunktes von der Innenstütze:

Gl. (4.14): $s_{\mathrm{w}} = \beta \cdot s_{\mathrm{m}} = 0{,}163 \cdot 11{,}77 = 1{,}92\ \mathrm{m}$

Abstand zwischen Wendepunkt und Schwerachse des Betonquerschnitts:

Gl. (4.15): $z_{\mathrm{cp,w}} = e_2 - \beta \cdot (e_1 + e_2) = 0{,}33 - 0{,}163 \cdot (0{,}65 + 0{,}33) = 0{,}17\ \mathrm{m}$

Lage des Wendepunktes im rechten Feld (15 m Stützweite)

Auf eine Darstellung des Rechenweges wird verzichtet, da der Lösungsalgorithmus dem der Berechnung der Werte im linken Feld gleicht. Der Abstand des Wendepunktes von der Innenstütze bzw. zur Schwerachse des Betonquerschnitts beträgt:

$$s_{\mathrm{w}} = 1{,}20\ \mathrm{m}$$

$$z_{\mathrm{cp,w}} = 20{,}4\ \mathrm{cm}$$

Parabelgleichungen

Die Parabelgleichungen werden mit den Gleichungen aus Abschnitt 4.3.3 bestimmt. Die Anwendung der Gleichungen wird an dieser Stelle für die 1. Teilparabel erläutert.

Der Nullpunkt des Koordinatensystems liegt am Balkenanfang in Höhe der Schwerachse des Bruttobetonquerschnitts.

Punkt 1 $x_1 = 2 \cdot 8,23 = 16,46$ m

$y_1 = 0,00$ m

Punkt 2 $x_2 = 8,23$ m

$y_2 = -0,65$ m

Punkt 3 $x_3 = 0,00$ m

$y_3 = 0,00$ m

Gl. (4.8): $\xi_{2,1} = \frac{x_2}{x_1} = \frac{8,23}{16,46} = 0,5$

$\xi_{3,1} = \xi_{3,2} = 0$

Gl. (4.7): $$C = \frac{y_3 - \xi_{3,1}^2 \cdot y_1 - \xi_{3,2} \cdot \left[\frac{1-\xi_{3,1}}{1-\xi_{2,1}}\right] \cdot \left[y_2 - \xi_{2,1}^2 \cdot y_1\right]}{1 - \xi_{3,1}^2 - \xi_{3,2} \cdot \left[\frac{1-\xi_{3,1}}{1-\xi_{2,1}}\right] \cdot \left[1 - \xi_{2,1}^2\right]} = 0$$

Gl. (4.6): $$B = \frac{y_2 - \xi_{2,1}^2 \cdot y_1 - C \cdot \left[1 - \xi_{2,1}^2\right]}{x_2 - \xi_{2,1}^2 \cdot x_1} = \frac{-0,65}{8,23 - 0,5^2 \cdot 16,46} = -0,1580$$

Gl. (4.5): $$A = \frac{y_1 - x_1 \cdot B - C}{x_1^2} = \frac{16,46 \cdot 0,1580}{16,46^2} = 0,0096\ \text{m}^{-1}$$

Parabelgleichung: $y(x) = 0,0096 \cdot x^2 - 0,1580 \cdot x$

Die Parabelgleichungen der weiteren Teilabschnitte können **Tafel 15.5** entnommen werden.

Tafel 15.5 Parabelgleichungen

$0,00\ \text{m} \le x \le 8,23$ m:	$y(x) = 0,0096 \cdot x^2 - 0,1580 \cdot x$
$8,23\ \text{m} < x \le 18,08$ m:	$y(x) = 0,0085 \cdot x^2 - 0,1391 \cdot x - 0,0775$
$18,08\ \text{m} < x \le 20,00$ m:	$y(x) = -0,0434 \cdot x^2 + 1,7361 \cdot x - 17,0311$
$20,00\ \text{m} < x \le 21,20$ m:	$y(x) = -0,0875 \cdot x^2 + 3,500 \cdot x - 34,6700$
$21,20\ \text{m} < x \le 29,38$ m:	$y(x) = 0,0128 \cdot x^2 - 0,7500 \cdot x + 10,3668$
$29,38\ \text{m} < x \le 35,00$ m:	$y(x) = 0,0206 \cdot x^2 - 1,2093 \cdot x + 17,1141$

15.3.3 Spannkraftverlauf

Zur Berechnung des Spannkraftverlaufs ist es erforderlich, die Neigung der Parabelgleichungen im entsprechenden Nachweispunkt zu kennen. Mit Kenntnis der Neigungen können die planmäßigen Umlenkwinkel berechnet werden. Der Rechengang wird beispielhaft an der 1. Teilparabel demonstriert. Die 1. Ableitung dieser Parabelgleichung lautet:

$$\psi_p(x) = y'(x) = 0{,}0192 \cdot x - 0{,}1580$$

Mit dieser Gleichung lassen sich die Anstiege in den folgenden Punkten berechnen:

$$x = 0{,}00 \text{ m} \quad \Rightarrow \quad \psi_p = -0{,}158 \text{ rad} = -9{,}05°$$
$$x = 5{,}00 \text{ m} \quad \Rightarrow \quad \psi_p = -0{,}062 \text{ rad} = -3{,}55°$$
$$x = 8{,}23 \text{ m} \quad \Rightarrow \quad \psi_p = 0{,}000 \text{ rad} = 0{,}00°$$

Dies lässt sich für die anderen Teilparabeln wiederholen. In **Tafel 15.6** sind die Anstiege der Teilparabeln in ausgewählten Punkten angegeben.

In **Abb. 15.4** ist der Verlauf der planmäßigen Umlenkwinkel graphisch dargestellt. Es wurden die Werte aus **Tafel 15.6** verwendet.

Das Spannglied des Binders wird einseitig am linken Bauteilende vorgespannt. Die zulässige Spannstahlspannung nach Beendigung des Spannvorgangs beträgt:

Gl. (5.18):
$$\sigma_{pm0} = \min \begin{cases} 0{,}75 \cdot f_{pk} = 0{,}75 \cdot 1770 = 1328 \text{ N/mm}^2 \\ 0{,}85 \cdot f_{p0,1k} = 0{,}85 \cdot 1500 = \underline{1275 \text{ N/mm}^2} \end{cases}$$

Während des Spannens darf die Spannstahlspannung den folgenden Wert nicht überschreiten:

Gl. (5.19):
$$\sigma_{p0,max,red} = \min \begin{cases} k_\mu \cdot 0{,}8 \cdot f_{pk} \\ k_\mu \cdot 0{,}9 \cdot f_{p0,1k} \end{cases}$$

Der Abminderungswert k_μ kann unter Berücksichtigung des Reibungsbeiwertes μ und der planmäßigen und ungewollten Umlenkwinkel berechnet werden.

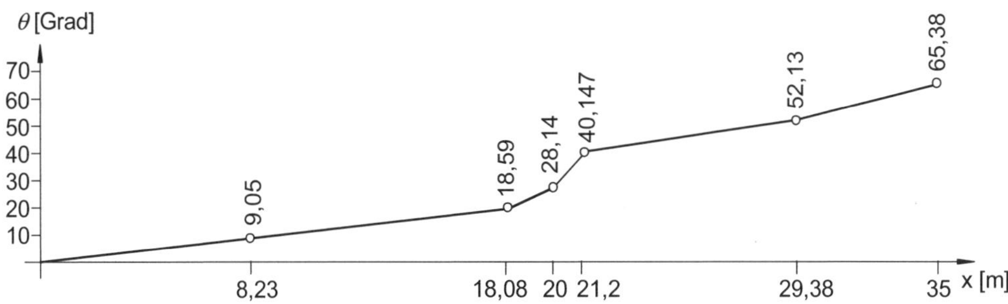

Abb. 15.4 Darstellung der gewollten Umlenkwinkel

Abb. 15.4: $\theta = 65{,}38 \cdot \dfrac{\pi}{180} = 1{,}141\ \text{rad}$

Gl. (5.20): $k_\mu = \mathrm{e}^{-\mu\cdot(\theta + k\cdot x)\cdot(\kappa - 1)} = \mathrm{e}^{-0{,}20\cdot(1{,}141+0{,}005\cdot 35)\cdot(1{,}5-1)} = 0{,}876$

mit: $\kappa = 1{,}5$ … ungeschützte Lage des Spannstahls im Hüllrohr bis zu 3 Wochen ohne Maßnahmen zum Korrosionsschutz

Die maximal zulässige Spannstahlspannung während des Vorspannens beträgt:

$$\sigma_{\text{p0,max,red}} = \min \begin{cases} 0{,}876 \cdot 0{,}8 \cdot 1770 = 1240\ \text{N/mm}^2 \\ 0{,}876 \cdot 0{,}9 \cdot 1500 = \underline{1183\ \text{N/mm}^2} \end{cases}$$

Da die zulässige kurzzeitige Spannstahlspannung infolge des Abminderungswertes k_μ kleiner als die dauerhaft zulässige Spannung ist, sind keine gewollten Nachlasswege erforderlich.

Unter Berücksichtigung der Ankerreibung von 0,8 % ergibt sich die folgende am Spannanker erreichbare Maximalkraft.

$$P_0 = 0{,}992 \cdot \sigma_{\text{p0,max}} \cdot A_\text{p} = 0{,}992 \cdot 1183 \cdot 1680 \cdot 10^{-3} = 1971\ \text{kN}$$

Die Spannkraft im Spannglied an der Stelle x lässt sich mit der folgenden Gleichung berechnen. Die gewollten Umlenkwinkel können aus **Abb. 15.4** entnommen werden. Sie sind im Bogenmaß in die Gleichung einzusetzen. Die Rechnung wird nur an der Stelle $x = 18{,}08$ m demonstriert. Die Werte anderer ausgewählter Punkte können **Abb. 15.5** bzw. **Tafel 15.6** entnommen werden.

Gewollte Umlenkwinkel: $\theta = 18{,}59° \Rightarrow 0{,}32\ \text{rad}$

Ungewollte Umlenkwinkel: $k = 0{,}3°/\text{m} \Rightarrow 0{,}005\ \text{rad/m}$

Gl. (5.12): $P(18{,}08) = P_0 \cdot \mathrm{e}^{-\mu\cdot(\theta + k\cdot x)} = 1971 \cdot \mathrm{e}^{-0{,}2\cdot(0{,}32+0{,}005\cdot 18{,}08)} = 1814\ \text{kN}$

Da keine gewollten Nachlasswege sinnvoll sind, ergibt sich der Blockierungspunkt aus dem Ankerschlupf des Spannankers von 6 mm. Aus Erfahrung kann der Blockierungspunkt bei ca. 15 m erwartet werden. Im Rahmen dieses Beispiels wird daher für die folgende Rechnung die (nächstliegende ausgewertete) Stützstelle 18,08 m verwendet.

Gl. (6.15):

$$\Delta P_0 = \sqrt{\frac{2 \cdot \Delta l_\text{sn}}{x} \cdot \left(1 + \frac{\mu'}{\mu}\right) \cdot E_\text{p} \cdot A_\text{p} \cdot \left(P_0 - P(x)\right)}$$

$$= \sqrt{\frac{2 \cdot 0{,}6}{1808} \cdot 2 \cdot 195000 \cdot 1680 \cdot 10^{-3} \cdot (1971 - 1814)} = 261\ \text{kN}$$

Zur Vereinfachung wird die Änderung der Spannkraft vom aktiven Ende des Spanngliedes bis zur Stelle $x = 18{,}08$ m als linear angenommen.

Gl. (6.17): $P_\text{B} = \sqrt{P_0 \cdot (P_0 - \Delta P_0)} = \sqrt{1971 \cdot (1971 - 261)} = 1836\ \text{kN}$

Mit Hilfe dieser Werte kann die Lage des Blockierungspunktes bestimmt werden.

Gl. (6.11): $$x_B = \frac{P_0 - P_B}{P_0 - P(x)} \cdot x = \frac{1971-1836}{1971-1814} \cdot 18{,}08 = 15{,}5 \text{ m}$$

Mit Kenntnis des Blockierungspunktes können die Spannkräfte vom aktiven Verankerungspunkt des Spanngliedes über den Blockierungspunkt bis hin zum passiven Ende des Spanngliedes in der eben erläuterten Art und Weise bestimmt werden. In **Abb. 15.5** ist der über die Länge des Zweifeldträgers idealisierte Spannkraftverlauf dargestellt.

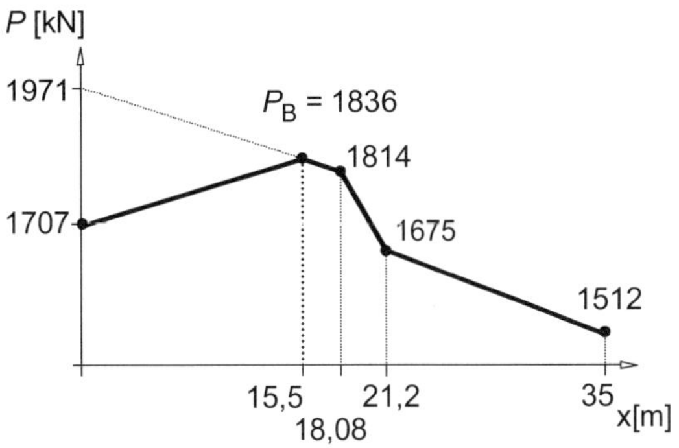

Abb. 15.5 Spannkraftverlauf

15.3.4 Schnittgrößen infolge Vorspannung

Bei dem zu bemessenden Durchlaufträger handelt es sich um ein äußerlich einfach statisch unbestimmtes Tragwerk. Da keine konkordante Vorspannung vorliegt, ergeben sich infolge der Vorspannung Schnittgrößen aus der Summe der statisch bestimmten und der statisch unbestimmten Anteile. Aufgrund der nur an einer Stelle horizontal unverschieblichen Lagerung tritt hinsichtlich der Normalkraft kein statisch unbestimmter Anteil auf.

Bei statisch unbestimmten Systemen können die Schnittgrößen aus Vorspannung mit Hilfe des Kraftgrößenverfahrens bestimmt werden. Die Berechnung erfolgt für den Lastfall Vorspannung und die statisch Überzählige am statisch bestimmten, dem so genannten „offenen" System (Kopfzeiger $^{(00)}$). Die statisch Überzählige wird mit Hilfe der aus der Statik bekannten Elastizitätsgleichung bestimmt. Deren Glieder werden unter Verwendung der Integraltafeln oder mit Hilfe numerischer Integration berechnet. Mit Kenntnis der statisch Überzähligen lassen sich die anderen statisch unbestimmten Anteile der Vorspannung problemlos ermitteln.

Das statisch bestimmte Grundsystem ist eine Einfeldträgerkette mit Gelenk über der Mittelstütze. In einem ersten Schritt sollen die statisch bestimmten Schnittgrößenanteile infolge Vorspannung am statisch bestimmten Grundsystem bestimmt werden. Die Längs- und Querkraft im Querschnitt wird von der Größe der Spannkraft und der Neigung des Spanngliedes im betrachteten Schnitt beeinflusst. Die Vorspannkraft und die Neigung des Spanngliedes an ausgewählten Stellen des Zweifeldträgers können **Tafel 15.6** entnommen werden. Das Moment infolge Vorspannung am statisch bestimmten Grundsystem berechnet sich als Produkt der Kraft im Spannglied und dem Abstand des Spanngliedes von der Schwerachse des Bauteilquerschnitts. Der Abstand des Spanngliedes von der Schwerachse kann für jede beliebige Querschnittsstelle entlang der Bauteilachse mit Hilfe der Parabelgleichungen in **Tafel 15.5** berechnet werden.

Für die Stelle $x = 5{,}00$ m soll die Berechnung der statisch bestimmten Anteile nachfolgend demonstriert werden.

Gl. (7.8): $N_{cp}^{(00)}(5{,}0) = -P_{m0}(x) \cdot \cos\psi_p = -1749 \cdot \cos(-3{,}55°) = -1746$ kN

Gl. (7.12): $V_{cp}^{(00)}(5{,}0) = P_{m0}(x) \cdot \sin\psi_p = 1749 \cdot \sin(-3{,}55°) = -108$ kN

Gl. (7.11): $M_{cp}^{(00)}(5{,}0) = P_{m0}(x) \cdot z_{cp}(x) = -1749 \cdot 0{,}55 = -962$ kNm

Die statisch bestimmten Schnittgrößenanteile infolge Vorspannung an anderen Nachweisstellen können **Tafel 15.6** entnommen werden.

Für die Berechnung der Schnittgrößen infolge der statisch unbestimmten Wirkung der Vorspannung werden die Querkraft- und Momentenverläufe infolge der statisch Überzähligen $X_1 = 1$ benötigt. Diese sind neben dem Momentenbild infolge Vorspannung am statisch bestimmten Grundsystem in **Abb. 15.6** dargestellt.

Die Verformungsgröße δ_{10} soll mit Hilfe einer numerischen Integration berechnet werden. Es wird die Trapezregel angewendet, wobei die gewählte Intervallbreite 5 m beträgt. Die entsprechenden Werte sind **Tafel 15.6** entnommen.

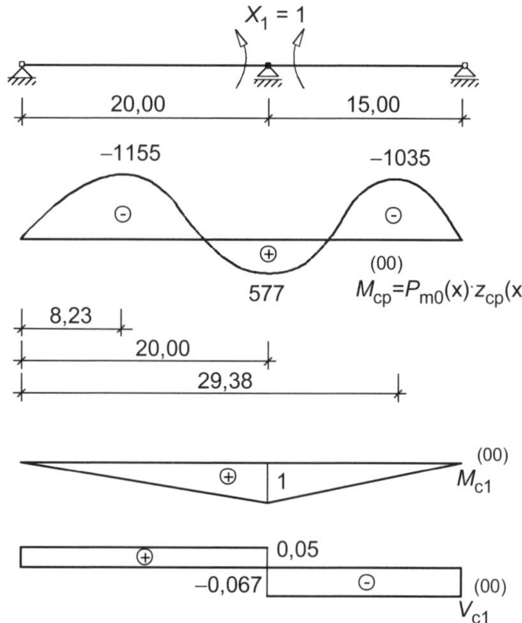

Abb. 15.6 Berechnung der Schnittgrößen

$$EI \cdot \delta_{10} = \int M_{cp}^{(00)} \cdot M_{c1}^{(00)}\, dx$$

$$= \frac{5{,}0}{2} \cdot \begin{bmatrix} 0 \cdot 0 + 2 \cdot 0{,}25 \cdot (-962) + 2 \cdot 0{,}5 \cdot (-1116) \\ +2 \cdot 0{,}75 \cdot (-482) + 2 \cdot 1{,}0 \cdot 577 \\ +2 \cdot 0{,}67 \cdot (-663) + 2 \cdot 0{,}33 \cdot (-1017) + 0 \cdot 0 \end{bmatrix}$$

$$= -6819 \text{ kNm}^2$$

Es ist ebenfalls möglich, die Verformungsgröße δ_{10} z. B. mit Hilfe eines Computeralgebrasystems numerisch zu berechnen. Für das erläuterte Beispiel wurde dieser Wert ebenfalls mit Hilfe von Mathcad[24] bestimmt. Das Ergebnis weicht um etwa 9 % von dem mit der Trapezregel bestimmten Wert ab und beträgt:

$$EI \cdot \delta_{10} = -7459 \text{ kNm}^2$$

Für alle weiteren Berechnungen soll im Folgenden dieser Wert verwendet werden.

[24] Mathcad ist ein Computeralgebrasystem der Firma MathSoft.

Tafel 15.6 Maßgebende Schnittgrößen infolge Vorspannung

x	0,00	5,00	8,23	10,00	15,00	15,50	18,08	20,00	21,20	25,00	29,38	30,00	35,00
ψ_p	–9,1	–3,6	0,0	1,7	6,6	7,1	9,5	0,0	–12,0	–6,4	0,0	1,5	13,3
z_{cp}	0,00	–0,55	–0,65	–0,62	–0,26	–0,20	0,17	0,33	0,20	–0,41	–0,65	–0,64	0,00
P_{m0}	1707	1749	1777	1791	1831	1836	1814	1749	1675	1637	1593	1584	1512
$N_{cp}^{(00)}$	–1686	–1746	–1777	–1790	–1819	–1821	–1787	–1749	–1638	–1627	–1593	–1583	–1472
$V_{cp}^{(00)}$	–261	–108	0	61	205	239	288	0	–332	242	0	36	339
$M_{cp}^{(00)}$	0	–962	–1155	–1116	–482	–371	308	577	342	–663	–1035	–1017	0
$M_{c1}^{(00)}$	0,00	0,25	0,41	0,50	0,75	0,78	0,90	1,00	0,92	0,67	0,38	0,33	0,00
V'_{cp}	32	32	32	32	32	32	32	32 –42	–42	–42	–42	–42	–42
M'_{cp}	0	160	263	320	479	496	578	639	588	426	240	213	0
M_{cp}	0	–802	–892	–796	–2	125	886	1216	930	–237	–796	–804	0

In der Tabelle sind Längenmaße in m, Kräfte in kN, Momente in kNm und Winkel in ° angegeben.

Die Verformungsgröße δ_{11} kann mit dem Momentenbild des Einheitslastfalls unter Verwendung der Integraltafeln bestimmt werden. Die Querkraftanteile wurden vernachlässigt.

$$EI \cdot \delta_{11} = \int M_{c1}^{(00)} \cdot M_{c1}^{(00)} \,\mathrm{d}x = \frac{20}{3} \cdot 1 \cdot 1 + \frac{15}{3} \cdot 1 \cdot 1 = 11{,}7 \text{ m}$$

Mit Kenntnis der Verformungsgrößen δ_{10} und δ_{11} kann die statisch Überzählige X_1 bestimmt werden.

$$X_1 = -\frac{\delta_{10}}{\delta_{11}} = \frac{7459}{11{,}7} = 639{,}3 \text{ kNm}$$

Die mit Hilfe der statisch Überzähligen X_1 berechneten Schnittgrößen infolge der statisch unbestimmten Wirkung der Vorspannung M'_{cp} und V'_{cp} können an ausgewählten Nachweisstellen **Tafel 15.6** entnommen werden.

15.3.5 Zeitabhängige Spannkraftverluste

Die Spannkraftverluste werden bei dem zu untersuchenden Bauteil für den Endzustand ermittelt. Die Spannungsänderung in den Spanngliedern aus Kriechen und Schwinden des Betons sowie der Spannstahlrelaxation lassen sich wie folgt berechnen:

Gl. (8.87):
$$\Delta\sigma_{p,csr}(t_n) = \frac{\alpha_p \cdot \sigma_{c,QP} \cdot \varphi(t_n) + 0{,}8\Delta\sigma_{pr} + \varepsilon_{cs}(t_n) \cdot E_p}{1 + \alpha_p \cdot \frac{A_p}{A_c} \cdot \left(1 + \frac{A_c}{I_c} \cdot z_{cp}^2\right) \cdot \left[1 + 0{,}8 \cdot \varphi(t_n)\right]}$$

Da es sich um ein vorgespanntes Bauteil mit nachträglichem Verbund handelt, gehört der Verpressmörtel nicht ständig zum „wirksamen“ Querschnitt. Die nachfolgenden Berechnungen beziehen sich vereinfacht auf den Bruttoquerschnitt, dessen Querschnittswerte Tafel 15.1 entnommen werden können.

Für die Berechnungen wird angenommen, dass die Erstbelastung 28 Tage nach dem Betonieren des Tragwerks erfolgt. Die mittlere relative Luftfeuchtigkeit *RH* beträgt 50 %. Es wird davon ausgegangen, dass die Hüllrohre unmittelbar nach dem Vorspannen verpresst werden und kurz darauf die Ausbaulast wirksam wird.

Mit diesen Vorgaben lässt sich die Endkriechzahl mit Hilfe von **Abb. 3.4** grafisch bestimmen. Für die Anwendung des Nomogramms ist es erforderlich, die wirksame Bauteilhöhe zu berechnen. Diese wird unter der Annahme ermittelt, dass der gesamte Querschnittsumfang an die Außenluft grenzt.

Gl. (3.10):
$$h_0 = \frac{2 \cdot A_c}{u} = \frac{2 \cdot 0{,}76}{2 \cdot 1{,}2 + 2 \cdot 1{,}3} = 30 \text{ cm}$$

Wenn $h_0 = 30$ cm, $t_0 = 28$ Tage und der Beton C35/45 aus CEM 42,5N hergestellt ist, ergibt sich gemäß **Abb. 3.4** eine Endkriechzahl $\varphi(t_\infty) = 2{,}0$. Das Endschwindmaß $\varepsilon_{cs}(\infty{,}28)$ wird mit den gleichen Eingangswerten aus der Summe der autogenen Schwinddehnung $\varepsilon_{ca}(t = \infty)$ (nach Gl. (3.25)) und der Trocknungsschwinddehnung $\varepsilon_{cd}(t = \infty)$ (nach Gl. (3.28)) bestimmt. Es beträgt –0,00040.

Nach [DIN EN 1992-1-1/NA – 13], 3.3.2 ist die Spannungsänderung infolge Spannstahlrelaxation $\Delta\sigma_{pr}$ der bauaufsichtlichen Zulassung des Spannstahls zu entnehmen. Um die Größenordnung abschätzen zu können, ohne sich bereits auf ein Spannverfahren festlegen zu müssen wird der Spannkraftverlust infolge Relaxation auf Grundlage von [DIN V ENV 1992 – 92] berechnet. Für die Bestimmung der Spannstahlrelaxation bei Tragwerken des üblichen Hochbaus darf die Ausgangsspannung mit 95 % der anfänglichen Spannstahlspannung aus Vorspannung und Eigenlast angenommen werden.

$$\sigma_{p0} = 0{,}95 \cdot \sigma_{pg0}$$

Streng betrachtet muss an jeder Stelle, an der eine Biegebemessung durchgeführt werden soll, die Spannungsänderung im Spannglied infolge Relaxation bestimmt werden. Im Folgenden wird die Berechnung vereinfacht mit den mittleren Vorspannkräften an den Stellen der extremalen Momente durchgeführt.

Berechnung der anfänglichen Spannstahlspannung aus Vorspannung und Eigenlast im Feld 1 an der Stelle $x = 8{,}23$ m (Index 1) mit der mittleren Vorspannkraft nach **Tafel 15.6**:

$$\sigma_{pg0,1} = \frac{P_{m0,1}}{A_p} = \frac{1777}{16{,}8} \cdot 10 = 1058 \text{ N/mm}^2$$

Analog ergeben sich die Werte über der Innenstütze (Index B) und im Feld 2 an der Stelle $x = 29{,}38$ m (Index 2).

$$\sigma_{pg0,B} = 1041 \text{ N/mm}^2$$
$$\sigma_{pg0,2} = 948 \text{ N/mm}^2$$

Mit Hilfe dieser Werte kann die Ausgangsspannung σ_{p0} bestimmt und die Spannkraftverluste infolge Relaxation nach 1000 Stunden auf Grundlage von **Abb. 3.9** bestimmt werden.

Für den Endwert der Relaxationsverluste für den Zeitpunkt $t = \infty$ ist nach [DIN V ENV 1992 – 92] der dreifache Wert des Relaxationsverlustes nach 1000 Stunden anzusetzen. Im Folgenden soll die Berechnung am Beispiel der ersten Teilparabel erläutert werden. Als Erstes wird das Verhältnis Ausgangsspannung zu charakteristischer Zugspannung σ_{p0}/f_{pk} bestimmt.

$$\frac{\sigma_{p0}}{f_{pk}} = \frac{0{,}95 \cdot \sigma_{pg0,1}}{f_{pk}} = \frac{0{,}95 \cdot 1058}{1770} = 0{,}57 \mathrel{\hat{=}} 57\ \%$$

Da ein derartiger Wert nicht vertafelt ist (siehe **Abb. 3.9**), wird das Verhältnis zu 60 % angenommen. Unter Verwendung dieses Wertes lässt sich für Spannstahllitzen in der Abbildung ein Relaxationsverlust nach 1000 h von 1,0 % ablesen. Der Endwert der Relaxationsverluste in der ersten Teilparabel ergibt sich zu:

$$\Delta\sigma_{pr,1} = -3 \cdot 0{,}01 \cdot 0{,}95 \cdot \sigma_{pg0,1}$$
$$= -3 \cdot 0{,}01 \cdot 0{,}95 \cdot 1058 = -30{,}2 \text{ N/mm}^2$$

Analog ergibt sich für anderen Nachweisstellen:

$$\Delta\sigma_{pr,B} = -29{,}7 \text{ N/mm}^2$$
$$\Delta\sigma_{pr,2} = -27{,}0 \text{ N/mm}^2$$

Für die Berechnung der Spannkraftverluste müssen die kriecherzeugenden zeitlich konstanten Betonspannungen in Höhe der Spanngliedachse infolge von Eigenlast und anderen ständigen Lastanteilen und Vorspannwirkung bekannt sein.

Die Momente infolge der ständigen Lasten und infolge des statisch unbestimmten Anteils der Vorspannung können **Tafel 15.4** bzw. **Tafel 15.6** entnommen werden. Unter Berücksichtigung dieser Schnittgrößen, des Abstandes des Spanngliedes von der Schwerachse des Querschnitts, sowie des Trägheitsmomentes, das **Tafel 15.1** entnommen werden kann, lassen sich die Spannungen im Beton in Höhe der Spannstahlachse infolge ständiger Lastanteile berechnen. Die Betonspannung an der Stelle des maximalen Feldmomentes im Grenzzustand der Gebrauchstauglichkeit im Feld 1 ($x = 8{,}23$ m) beträgt:

$$\sigma_{cg,1} = \frac{M_{g,1} + M'_{cp}}{I_c} \cdot z_{cp} = \frac{1302 + 263}{0{,}116} \cdot 0{,}65 \cdot 10^{-3} = 8{,}8 \text{ N/mm}^2$$

Für $M_{g,1}$ wurde näherungsweise max M_1 (siehe **Tafel 15.4**, LFK 5) angesetzt.

An den Stellen des maximalen Stütz- ($x = 20,00$ m) und Feldmomentes im Feld 2 ($x = 29,38$ m) betragen die Betonspannungen in Höhe der Spanngliedachse:

$$\sigma_{\text{cg,B}} = 2,9 \text{ N/mm}^2$$

$$\sigma_{\text{cg,2}} = 4,0 \text{ N/mm}^2$$

Bei der Berechnung der Betonspannung in Höhe der Spanngliedachse infolge der Vorspannung sind nur die Schnittgrößen infolge der statisch bestimmten Wirkung der Vorspannung zu berücksichtigen, da der statisch unbestimmte Anteil bereits bei den Momenten infolge ständiger Lasten berücksichtigt wurde. Die Schnittgrößen infolge der statisch bestimmten Wirkung der Vorspannung können **Tafel 15.6** entnommen werden. Die Berechnung der Betonspannungen in Höhe der Spanngliedachse infolge Vorspannung wird nachfolgend wieder für die maßgebende Nachweisstelle im Bereich der ersten Teilparabel ($x = 8,23$ m) näher erläutert.

$$\sigma_{\text{cp,1}} = \frac{N_{\text{cp}}^{(00)}}{A_{\text{c}}} + \frac{M_{\text{cp}}^{(00)}}{I_{\text{c}}} \cdot z_{\text{cp}}$$

$$= \left[\frac{1777}{0,76} + \frac{-1155}{0,116} \cdot 0,65\right] \cdot 10^{-3} = -8,8 \text{ N/mm}^2$$

Die Werte an den Stellen des maximalen Stütz- und Feldmomentes im Feld 2 lassen sich in der gleichen Art und Weise bestimmen:

$$\sigma_{\text{cp,B}} = -3,9 \text{ N/mm}^2$$

$$\sigma_{\text{cp,2}} = -7,9 \text{ N/mm}^2$$

Mit diesen Werten können nun die Spannkraftverluste aus Kriechen und Schwinden des Betons sowie Spannstahlrelaxation berechnet werden. Der Rechengang wird nachfolgend für die maßgebende Nachweisstelle im Feld 1 demonstriert.

$$\Delta\sigma_{\text{p,csr,1}} = \frac{\alpha_{\text{p}} \cdot \sigma_{\text{c,QP}} \cdot \varphi(t_\infty) + 0,8\Delta\sigma_{\text{pr}} + \varepsilon_{\text{cs}}(t_\infty) \cdot E_{\text{p}}}{1 + \alpha_{\text{p}} \cdot \frac{A_{\text{p}}}{A_{\text{c}}} \cdot \left(1 + \frac{A_{\text{c}}}{I_{\text{c}}} \cdot z_{\text{cp}}^2\right) \cdot \left[1 + 0,8 \cdot \varphi(t_\infty)\right]}$$

Gl. (8.87):

$$= \frac{\frac{195000}{34000} \cdot (8,8 - 8,8) \cdot 2,0 - 0,8 \cdot 30,2 - 0,00040 \cdot 195000}{1 + \frac{195000}{34000} \cdot \frac{16,8 \cdot 10^{-4}}{0,76} \cdot \left(1 + \frac{0,76}{0,112} \cdot 0,65^2\right) \cdot (1 + 0,8 \cdot 2,0)}$$

$$= -91 \text{ N/mm}^2$$

Dies lässt sich für die Stelle des maximalen Stütz- und Feldmomentes im Feld 2 wiederholen.

$$\Delta\sigma_{\text{p,csr,B}} = -109 \text{ N/mm}^2$$

$$\Delta\sigma_{\text{p,csr,2}} = -130 \text{ N/mm}^2$$

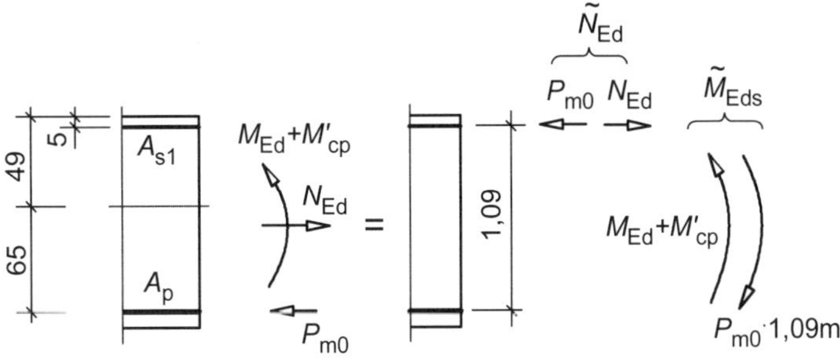

Abb. 15.7 Biegebemessung zum Zeitpunkt $t = 0$ im Feld 1

Damit ergeben sich an der Stelle des maximalen Momentes im Feld 1 folgende Vorspannverluste:

$$\Delta P_{\text{csr},1} = \Delta\sigma_{\text{p,csr},1} \cdot A_{\text{p}} = -91 \cdot 10^{-1} \cdot 16{,}8 = -153 \text{ kN}$$

$$\alpha_{\text{csr},1} = 1 - \frac{|\Delta P_{\text{csr},1}|}{P_{\text{m0},1}} = 1 - \frac{153}{1777} = 0{,}914$$

Die Werte für die Stelle des maximalen Stütz- und Feldmomentes im Feld 2 können in der gleichen Art und Weise berechnet werden.

$$\Delta P_{\text{csr,B}} = -182 \text{ kN} \qquad \alpha_{\text{csr,B}} = 0{,}896$$
$$\Delta P_{\text{csr},2} = -218 \text{ kN} \qquad \alpha_{\text{csr},2} = 0{,}863$$

15.4 Nachweise im Grenzzustand der Tragfähigkeit

15.4.1 Biegebemessung

Folgende Nachweise sind in diesem Fall zu führen:

1. Für $t = 0$ (nach Vorspannung) nur unter der günstig wirkenden Eigenlast. Dabei ist die vorgedrückte Zugzone auf Druck nachzuweisen; für die spätere Druckzone ist zu klären, ob für $t = 0$ eine Zugbewehrung erforderlich ist.
2. Für $t = \infty$ unter Wirkung der ungünstigsten Einwirkungskombination.

15.4.1.1 Biegebemessung Zeitpunkt $t = 0$

Feld 1

Tafel 15.4, LFK 1: $\max M_1 = M_{\text{Ed},1} = 603$ kNm

Tafel 15.6, $x = 8{,}23$ m: $M'_{\text{cp},1} = 263$ kNm

Tafel 15.6, $x = 8{,}23$ m: $P_{\text{m0}} = 1777$ kN

Statische Höhe: $d = h - c_{\text{nom}} - \phi_{\text{s,bü}} - \frac{\phi_{\text{s},1}}{2} = 1{,}30 - 0{,}03 - 0{,}01 - \frac{0{,}02}{2} = 1{,}25$ m

Auf die Betonstahlbewehrung am oberen Rand (siehe **Abb. 15.7**) bezogene Bemessungsschnittgrößen:

gemäß Abb. 15.7: $\widetilde{N}_{\text{Ed}} = -P_{\text{m0}} = -1777 \text{ kN}$

gemäß Abb. 15.7: $\widetilde{M}_{\text{Eds}} = M_{\text{Ed,1}} + M'_{\text{cp,1}} - P_{\text{m0}} \cdot 1{,}09 \text{ m}$

$$= 603 + 263 - 1777 \cdot 1{,}09 = -1071 \text{ kNm}$$

Die Bemessung erfolgt mit dem k_{d}-Verfahren (z. B. [Holschemacher – 13], S. 3.124).

$$k_{\text{d}} = \frac{d}{\sqrt{\frac{\left|\widetilde{M}_{\text{Eds}}\right|}{b_{\text{w}}}}} = \frac{125}{\sqrt{\frac{|-1071|}{0{,}4}}} = 2{,}42$$

$$k_{\text{s}} = 2{,}42 \quad \Rightarrow \quad \xi = 0{,}12 < \xi_{\text{lim}} = 0{,}45$$

$$A_{\text{s}} = k_{\text{s}} \cdot \frac{\left|\widetilde{M}_{\text{Eds}}\right|}{d} + \frac{\widetilde{N}_{\text{Ed}}}{43{,}5} = 2{,}42 \cdot \frac{|-1071|}{125} + \frac{-1777}{43{,}5} = -20{,}1 \text{ cm}^2$$

Unter dem statischen Gesichtspunkt ist keine Bewehrung in der späteren Druckzone erforderlich. Konstruktiv wird eine Bewehrung angeordnet, siehe Abschnitt 15.4.3 und **Abb. 15.9**.

Mittelauflager

Tafel 15.4, LFK 1: $\min M_{\text{B}} = M_{\text{Ed,B}} = -772 \text{ kNm}$

Tafel 15.6, $x = 20{,}0$ m: $M'_{\text{cp,B}} = 639 \text{ kNm}$

$$M_{\text{Ed,B}} = \min M_{\text{B}} + M'_{\text{cp,B}} = -772 + 639 = -133 \text{ kNm}$$

Tafel 15.6, $x = 20{,}0$ m: $P_{\text{m0}} = 1749 \text{ kN}$

Statische Höhe: $d = 1{,}25 \text{ m}$

Auf die Betonstahlbewehrung am unteren Rand (siehe **Abb. 15.8**) bezogene Bemessungsschnittgrößen:

gemäß Abb. 15.8: $\widetilde{N}_{\text{Ed}} = -P_{\text{m0}} = -1749 \text{ kN}$

$$\widetilde{M}_{\text{Eds}} = M_{\text{Ed,B}} + M'_{\text{cp,B}} + P_{\text{m0}} \cdot 1{,}09 \text{ m}$$

$$= -772 + 639 + 1749 \cdot 1{,}09 = 1773 \text{ kNm}$$

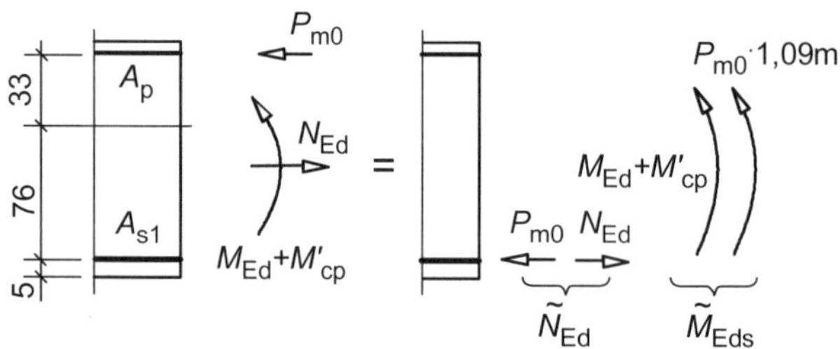

Abb. 15.8 Biegebemessung zum Zeitpunkt $t = 0$ über der Stütze

Die Bemessung erfolgt mit dem ω-Verfahren (**Tafel A.1**).

$$\mu_{\text{Eds}} = \frac{\widetilde{M}_{\text{Eds}}}{b_{\text{eff}} \cdot d^2 \cdot f_{\text{cd}}} = \frac{1773}{1{,}2 \cdot 125^2 \cdot 19{,}8} \cdot 10 = 0{,}048$$

$$\omega = 0{,}0494 \quad \Rightarrow \quad \xi = 0{,}076 < \xi_{\text{lim}} = 0{,}45$$

$$A_{\text{s}} = \frac{1}{\sigma_{\text{sd}}} \cdot \left(\omega \cdot b_{\text{eff}} \cdot d \cdot f_{\text{cd}} + \widetilde{N}_{\text{Ed}}\right)$$

$$= \frac{1}{457 \cdot 10^{-1}} \cdot \left(0{,}049 \cdot 1{,}2 \cdot 1{,}25 \cdot 19{,}8 \cdot 10^3 - 1749\right) = -6{,}4 \text{ cm}^2$$

Über der Stütze ist für den untersuchten Lastfall auf der Balkenunterseite keine zusätzliche Bewehrung erforderlich.

Feld 2

Der Rechengang soll an dieser Stelle nicht dokumentiert werden. Auch hier ist keine Bewehrung in der späteren Druckzone erforderlich.

15.4.1.2 Biegebemessung zum Zeitpunkt $t = \infty$

Die statisch unbestimmten Schnittgrößen infolge Vorspannung, die auf der Belastungsseite mit anzusetzen sind, können näherungsweise durch Multiplikation mit den Abminderungsfaktoren α_{csr} ermittelt werden, die die zeitabhängigen Spannkraftverluste berücksichtigen.

Die Bemessung erfolgt in diesem Beispiel exemplarisch nur an den Stellen mit den extremalen Schnittgrößen. Bei schlaff bewehrten Bauteilen und parallelgurtigen Trägern ist dies ausreichend. Bei parabelförmigem Spanngliedverlauf ändern sich über die Trägerlänge nicht nur die Schnittgrößen infolge äußerer Lasten, sondern auch der Hebelarm der auf der Widerstandsseite anzusetzenden Vorspannkraft. Aus diesem Grund ist nicht sofort ersichtlich, ob nicht andere Stellen ungünstiger sind.

Bei der Biegebemessung wird unterstellt, dass der Spannstahl im Grenzzustand der Tragfähigkeit die maximal zulässige Spannstahlspannung erreicht. Diese beträgt unter Vernachlässigung des Verfestigungsbereiches:

Gl. (11.12): $$\sigma_{\text{pd}} = \frac{f_{\text{p0,1k}}}{\gamma_{\text{s}}} = \frac{1500}{1{,}15} = 1304 \text{ N/mm}^2$$

Die zugehörige Dehnung ergibt sich zu:

$$\varepsilon_{\text{p,erf}} = \frac{\sigma_{\text{pd}}}{E_{\text{p}}} = \frac{1304}{195000} = 0{,}0067$$

Die auf der Widerstandsseite anzusetzende Spannkraft beträgt damit:

Gl. (11.12): $$F_{\text{pd}} = \sigma_{\text{pd}} \cdot A_{\text{p}} = 1304 \cdot 16{,}8 \cdot 10^{-1} = 2191 \text{ kN}$$

Feld 1

Tafel 15.3, LFK 14: $\max M_1 = M_{Ed,1} = 2393$ kNm

Tafel 15.6, $x = 8,32$ m: $M'_{cp,1} \approx 266$ kNm

$$M'_{cp,1}(\infty) = \alpha_{csr,1} \cdot M'_{cp,1} = 0,914 \cdot 266 = 243 \text{ kNm}$$

Statische Höhe: $d = 1,25$ m

$d_p = 1,14$ m

Auf die angenommene Betonstahlbewehrung am unteren Rand (siehe **Abb. 11.3**) bezogene Bemessungsschnittgrößen:

gemäß Abb. 11.3: $\widetilde{N}_{Ed} = -F_{pd} = -2191$ kN

$$\widetilde{M}_{Eds} = M_{Ed,1} + M'_{cp,1}(\infty) + F_{pd} \cdot (d - d_p)$$
$$= 2393 + 243 + 2191 \cdot (1,25 - 1,14) = 2877 \text{ kNm}$$

Die Bemessung erfolgt mit dem k_d-Verfahren (z. B. [Holschemacher – 05], S. 3.124).

$$k_d = \frac{d}{\sqrt{\dfrac{\widetilde{M}_{Eds}}{b_{eff}}}} = \frac{125}{\sqrt{\dfrac{2877}{1,2}}} = 2,55$$

$$k_s = 2,40 \quad \Rightarrow \quad \xi = 0,104 < \xi_{lim} = 0,45$$

Gl. (10.10): $x = \xi \cdot d = 0,104 \cdot 125 = 13 \text{ cm} < h_f = 30 \text{ cm}$

Es ist noch zu prüfen, ob der Spannstahl die erforderliche Dehnung für die angesetzte Spannung erreicht. Aus der k_d-Tafel ergibt sich die Dehnung der schlaffen Bewehrung zu $\varepsilon_{s1} = 0,025 = 25$ ‰. Damit beträgt die Zusatzdehnung des Spannstahles unter Beachtung der unterschiedlichen Höhenlage:

$$\Delta\varepsilon_p = \varepsilon_s \cdot \frac{d_p - x}{d - x} = 0,025 \cdot \frac{1,14 - 0,15}{1,25 - 0,15} = 0,0225$$

Bereits die Zusatzdehnung von 22,5 ‰ ist größer als die erforderliche Gesamtdehnung (Vordehnung + Zusatzdehnung) von 6,7 ‰.

$$A_s = k_s \cdot \frac{\widetilde{M}_{Eds}}{d} + \frac{\widetilde{N}_{Ed}}{43,5} = 2,40 \cdot \frac{2877}{125} + \frac{-2191}{43,5} = 4,9 \text{ cm}^2$$

Nachweis der Mindestbewehrung (Robustheitsbewehrung)

Die in Abschnitt 11.3.1 genannten Bedingungen für eine teilweise Anrechnung der Spannglieder (Spannglieder im Verbund, mindestens zwei je Bauteil, Abstand von der schlaffen Bewehrung $\leq 0,2\,h$ und ≤ 250 mm) sind hier nicht eingehalten. Im Feld 1 bzw. Feld 2 ist die folgende Mindestbewehrung anzuordnen:

Gl. (11.34): $M_r = \frac{f_{ctm} \cdot I_c}{z_{cu}} = \frac{3,2 \cdot 0,116}{0,81} = 0,46 \text{ MNm} = 460 \text{ kNm}$

mit: $f_{ctm} = 3,2 \text{ N/mm}^2$ (C35/45)

Tafel 15.1: $I_c = 0,116 \text{ m}^4$ (Trägheitsmoment vor Rissbildung)

$z_{cu} = 0,81$ m (Schwerpunktabstand von der UK im Zustand I)

$z \approx h_0 - 0,5 \cdot h_f = 1,30 - 0,5 \cdot 0,30 = 1,15$ m

Gl. (11.35): $A_{s,min} = \frac{M_r}{z \cdot f_{yk}} = \frac{460}{1,15 \cdot 50} = 8,0 \text{ cm}^2$

Damit wird die Mindestbewehrung maßgebend, es können z. B. gewählt werden 4 ∅16 mit $A_{s,vorh} = 8,04 \text{ cm}^2 > A_{s,min} = 8,00 \text{ cm}^2$.

Mittelauflager

Tafel 15.3, LFK 10: $\min M_B = M_{Ed,B} = -2809$ kNm

Tafel 15.6, $x = 20,0$ m: $M'_{cp,B} = 639$ kNm

$M'_{cp,B}(\infty) = \alpha_{csr,B} \cdot M'_{cp,B} = 0,896 \cdot 639 = 573$ kNm

Statische Höhe: $d = 1,25$ m

$d_p = 1,14$ m

Auf die angenommene Betonstahlbewehrung am oberen Rand (siehe **Abb. 11.3**) bezogene Bemessungsschnittgrößen:

gemäß Abb. 11.3: $\widetilde{N}_{Ed} = -F_{pd} = -2191$ kN

$$\widetilde{M}_{Eds} = \left| M_{Ed,B} + M'_{cp,B}(\infty) \right| + F_{pd} \cdot (d - d_p)$$
$$= \left| -2809 + 573 \right| + 2191 \cdot (1,25 - 1,14) = 2477 \text{ kNm}$$

Die Bemessung erfolgt mit dem ω-Verfahren (**Tafel A.1**).

$$\mu_{Eds} = \frac{\widetilde{M}_{Eds}}{b_w \cdot d^2 \cdot f_{cd}} = \frac{2477 \cdot 10^{-3}}{0,4 \cdot 1,25^2 \cdot 19,8} = 0,200$$

$\omega = 0,2263$

$\Rightarrow \quad \xi = 0,280 < \xi_{lim} = 0,45$

$\Rightarrow \quad \varepsilon_{s1} = 9,02$ ‰

$$\Delta\varepsilon_p = \varepsilon_{s1} \cdot \frac{d_p - x}{d - x} = 9,02 \cdot \frac{1,14 - 0,15}{1,25 - 0,15} = 8,1 \text{ ‰} > \varepsilon_{p,erf} = 6,7 \text{ ‰}$$

$$A_s = \frac{1}{\sigma_{sd}} \cdot \left(\omega \cdot b_w \cdot d \cdot f_{cd} + \widetilde{N}_{Ed} \right)$$
$$= \frac{1}{43,5} \cdot \left(0,2263 \cdot 0,4 \cdot 1,25 \cdot 19,8 \cdot 10^3 - 2191 \right) = 1,2 \text{ cm}^2$$

Nachweis der Mindestbewehrung (Robustheitsbewehrung)

Gl. (11.34): $M_r = \dfrac{f_{ctm} \cdot I_c}{z_{co}} = \dfrac{3{,}2 \cdot 0{,}116}{0{,}49} = 0{,}755 \text{ MNm} = 755 \text{ kNm}$

mit: $f_{ctm} = 3{,}2 \text{ N/mm}^2$ (C35/45)

Tafel 15.1: $I_c = 0{,}116 \text{ m}^4$ (Trägheitsmoment vor Rissbildung)

$z_{co} = 0{,}49$ m (Schwerpunktabstand von der OK im Zustand I)

$z \approx 0{,}9 \cdot d_s = 0{,}9 \cdot 1{,}25 = 1{,}125$ m

Gl. (11.35): $A_{s,min} = \dfrac{M_r}{z \cdot f_{yk}} = \dfrac{755}{1{,}125 \cdot 50} = 13{,}4 \text{ cm}^2$

Über der Stütze wird die Mindestbewehrung maßgebend, die mindestens bis zu den Viertelspunkten der angrenzenden Felder zu führen ist. Es können z. B. 6 ∅20 gewählt werden ($A_{s,vorh} = 18{,}9 \text{ cm}^2 > A_{s,min} = 13{,}4 \text{ cm}^2$).

Feld 2

Die Nachweisführung an dieser Stelle wird nicht erläutert. Es ist keine Bewehrung erforderlich. Es wird die im Feld 1 berechnete Mindestbewehrung (Robustheitsbewehrung) angeordnet.

15.4.2 Querkraftbemessung

15.4.2.1 Bemessung des Plattenbalkensteges

Den Schnittgrößen aus Lasten ist der statisch unbestimmte Anteil aus der Vorspannung zuzuordnen. Die Querkraftbemessung soll exemplarisch für Auflager A und für die größere Querkraft am Auflager B gezeigt werden. Als Zeitpunkt für den Nachweis wird $t = \infty$ gewählt.

Es ist zu prüfen, ob die ganze Stegbreite auf der Widerstandsseite angesetzt werden darf oder ob ein Abzug erfolgen muss. Mit dem äußeren Hüllrohrdurchmesser des gewählten Spanngliedes ergibt sich:

$$\phi_{h,a} = 8{,}7 \text{ cm} > \frac{b_w}{8} = \frac{40}{8} = 5 \text{ cm}$$

Gl. (11.58): $b_{w,nom} = b_w - 0{,}5 \cdot \phi_{h,a} = 40 - 0{,}5 \cdot 8{,}7 = 35{,}6$ cm

Bemessung am Auflager A

Bei Auflager A wird die Bemessung vereinfacht direkt über dem Auflager und nicht *d* vom Auflagerrand entfernt durchgeführt.

Tafel 15.3, LFK 14: $V_A = A_v = 575$ kN

Tafel 15.6, $x = 0{,}0$ m: $V_{cp,A}^{(00)} = -261$ kN

$$V_{cp,A}^{(00)}(\infty) = \alpha_{csr,1} \cdot V_{cp,A}^{(00)} = -0{,}914 \cdot 261 = -239 \text{ kN}$$

Tafel 15.6, $x = 0{,}0$ m: $V'_{\text{cp,A}} = 32$ kN

$$V'_{\text{cp,A}}(\infty) = \alpha_{\text{csr,1}} \cdot V'_{\text{cp,A}} = 0{,}914 \cdot 32 = 29{,}2 \text{ kN}$$

Die Vertikalkomponente der Vorspannkraft wirkt der Querkraft aus Lasten entgegen, wenn die statische Höhe des Spanngliedes d_p mit vom Betrag zunehmendem Moment steigt (Analogie Voute).

Gl. (11.44):

$$\widetilde{V}_{\text{Ed,A}} = V_\text{A} + V_\text{ccd} + V_\text{td} + V^{(00)}_{\text{cp,A}}(\infty) + V'_{\text{cp,A}}(\infty)$$
$$= 575 + 0 + 0 - 239 + 29{,}2 = 365 \text{ kN}$$

Der Winkel der Druckstrebe wird nicht berechnet, sondern vereinfacht mit $\cot\theta = 1{,}2$ angenommen (siehe [DIN EN 1992-1-1/NA – 13], NDP zu 6.2.3 (2)). Die Bügel werden wie üblich senkrecht angeordnet, d. h. $\alpha = 90°$.

Gl. (11.60):

$$a_{\text{sw,A}} = \frac{\widetilde{V}_{\text{Ed,A}}}{0{,}9 \cdot d \cdot f_\text{yd} \cdot (\cot\theta + \cot\alpha) \cdot \sin\alpha}$$
$$= \frac{365 \cdot 100}{0{,}9 \cdot 125 \cdot 43{,}5 \cdot (1{,}2 + 0) \cdot 1} = 6{,}2 \text{ cm}^2/\text{m}$$

Überprüfung der Druckstrebentragfähigkeit:

Gl. (11.55):

$$V_{\text{Rd,max}} = \alpha_\text{c} \cdot f_\text{cd} \cdot b_{\text{w,nom}} \cdot 0{,}9 \cdot d \cdot \frac{\cot\theta + \cot\alpha}{1 + \cot^2\theta}$$
$$= 0{,}75 \cdot 1{,}98 \cdot 35{,}6 \cdot 0{,}9 \cdot 125 \cdot \frac{1{,}2 + 0}{1 + 1{,}2^2} = 2930 \text{ kN}$$

Gl. (11.48): $V_{\text{Rd,max}} = 2930 \text{ kN} > \widetilde{V}_{\text{Ed,A}} = 365 \text{ kN}$

Überprüfung der Mindestquerkraftbewehrung (ρ ist **Tafel 12.1** zu entnehmen):

Gl. (11.64): $\rho_{\text{w,min}} = \rho = 0{,}00103$

Gl. (11.63):

$$a_{\text{sw,min}} = \rho_{\text{w,min}} \cdot b_\text{w} \cdot \sin\alpha = 0{,}00103 \cdot 40 \cdot 1 \cdot 100$$
$$= 4{,}12 \text{ cm}^2/\text{m} < a_{\text{sw,A}} = 6{,}4 \text{ cm}^2/\text{m}$$

Zulässige Längs- und Querabstände von Bügelschenkeln und Querkraftzulagen nach [DIN EN 1992-1-1/NA – 13], Tab. NA.9.1 und NA.9.2:

$$\frac{\widetilde{V}_{\text{Ed,A}}}{V_{\text{Rd,max}}} = \frac{365}{2930} = 0{,}12 < 0{,}3$$

Längsrichtung: $\max s_{\text{bü,A}} = \min \begin{cases} 0{,}7 \cdot h = 0{,}7 \cdot 130 = 91 \text{ cm} \\ \underline{30 \text{ cm}} \end{cases}$

Querrichtung: $\max s_{\text{bü,A}} = \min \begin{cases} 1{,}0 \cdot h = 1{,}0 \cdot 130 = 130 \text{ cm} \\ 80 \text{ cm} > b_\text{w} = 40 \text{ cm} \end{cases}$

Damit sind zweischnittige Bügel ausreichend. Bei einem gewählten Stabdurchmesser von 10 mm ergibt sich mit der Schnittigkeit $t = 2$ und der Querschnittsfläche eines Stabes von $A_s = 0{,}785\ \text{cm}^2$ der folgende Bügelabstand:

$$s_{\text{bü,erf}} = \frac{t \cdot A_s}{a_{\text{sw,A}}} = \frac{2 \cdot 0{,}785}{6{,}3} \cdot 100 = 24{,}9\ \text{cm}$$

Da die erforderliche Bewehrung wegen der deutlich auf der sicheren Seite liegenden Annahmen zu groß ermittelt wurde, sind im Auflagerbereich A Bügel Ø10–25 zur Querkraftsicherung ausreichend.

Bemessung am Auflager B

Tafel 15.3, LFK 10: $V_{\text{B,li}} = -831\ \text{kN}$

Für Auflager B wird eine Breite von $t = 30$ cm angenommen. Die maßgebende Querkraft kann damit in folgendem Abstand von der Auflagerachse bestimmt werden:

$$x_V = d + 0{,}5 \cdot t = 1{,}25 + 0{,}5 \cdot 0{,}3 = 1{,}40\ \text{m}$$

$$\begin{aligned}\text{red } V_{\text{Ed,B,li}} &= V_{\text{Ed,B,li}} + \left[\gamma_G \cdot (g_{1k} + g_{2k}) + \gamma_Q \cdot q_k\right] \cdot x_v \\ &= -831 + \left[1{,}35 \cdot (19 + 10) + 1{,}5 \cdot 20\right] \cdot 1{,}40 = -734\ \text{kN}\end{aligned}$$

Bestimmung des statisch bestimmten Querkraftanteils aus der Vorspannung an der Stelle $x = l_1 - x_V = 20 - 1{,}40 = 18{,}6$ m.

Aus der Parabelgleichung (**Tafel 15.5**) ergibt sich für diese Stelle nach der 1. Ableitung der Anstieg des Spanngliedes von: $\psi_p = 0{,}122 = 6{,}96°$. Die Vorspannkraft (linear interpoliert) beträgt an der Nachweisstelle $P_{m0} = 1795$ kN.
Unter Berücksichtigung der zeitabhängigen Spannkraftverluste ergibt sich:

$$P_{m\infty} = P_{m0} + \Delta P_{\text{csr,B}} = 1795 - 182 = 1613\ \text{kN}$$

$$V^{(00)}_{\text{cp,B,li}}(\infty) = P_{m\infty} \cdot \sin\psi_p = 1538 \cdot \sin 6{,}96° = 195\ \text{kN}$$

Der statisch unbestimmte Querkraftanteil beträgt:

Tafel 15.6, $x = 20{,}0$ m: $V'_{\text{cp,B,li}} = 32$ kN

$$V'_{\text{cp,B,li}}(\infty) = \alpha_{\text{csr,B}} \cdot V'_{\text{cp,B,li}} = 0{,}896 \cdot 32 = 29\ \text{kN}$$

Die maßgebende Querkraft ergibt sich damit zu:

$$\begin{aligned}\widetilde{V}_{\text{Ed,B,li}} &= \text{red } V_{\text{Ed,B,li}} + V^{(00)}_{\text{cp,B,li}}(\infty) + V'_{\text{cp,B,li}}(\infty) \\ &= -734 + 195 + 29 = -510\ \text{kN}\end{aligned}$$

Wäre die Querkraftbemessung direkt über Auflager B vorgenommen worden, so hätte als Spannstahlkraft die im Zustand der Tragfähigkeit maximal zulässige Kraft (siehe Biegebemessung zum Zeitpunkt $t = \infty$) angesetzt werden können. Wegen der Spannstahlneigung $\psi = 0°$ an dieser Stelle würde sich dann allerdings kein günstig wirkender Vertikalanteil ergeben. Bei der obigen Rechnung wird der Anstieg der Spannstahlspannung im Grenzzustand der Tragfähigkeit auf der sicheren Seite liegend vernachlässigt.

Der Winkel der Druckstrebe wird wie beim Nachweis am Auflager A vereinfacht mit $\cot\theta = 1,2$ angenommen. Ermittlung der erforderlichen Querkraftbewehrung:

Gl. (11.60):
$$a_{\mathrm{sw,B}} = \frac{\left|\tilde{V}_{\mathrm{Ed,B,li}}\right|}{0,9 \cdot d \cdot f_{\mathrm{yd}} \cdot (\cot\theta + \cot\alpha) \cdot \sin\alpha} = \frac{510 \cdot 100}{0,9 \cdot 125 \cdot 43,5 \cdot (1,2+0) \cdot 1} = 8,7\ \mathrm{cm^2/m}$$

Die Druckstrebentragfähigkeit $V_{\mathrm{Rd,max}}$ wurde bereits beim Nachweis am Auflager A berechnet.

Gl. (11.48):
$$V_{\mathrm{Rd,max}} = 2930\ \mathrm{kN} > \left|\tilde{V}_{\mathrm{Ed,B,li}}\right| = 510\ \mathrm{kN}$$

Überprüfung der Mindestquerkraftbewehrung (vorgespannter Zuggurt):

Tafel 12.1: $\rho = 0,00103$

Gl. (11.63): $\rho_{\mathrm{w,min}} = 1,6 \cdot \rho = 1,6 \cdot 0,00103 = 0,00165$

Gl. (11.61):
$$a_{\mathrm{sw,min}} = \rho_{\mathrm{w,min}} \cdot b_{\mathrm{w}} \cdot \sin\alpha = 0,00165 \cdot 40 \cdot 1 \cdot 100 = 6,6\ \mathrm{cm^2/m} < a_{\mathrm{sw,B}} = 8,7\ \mathrm{cm^2/m}$$

Zulässige Längs- und Querabstände von Bügelschenkeln und Querkraftzulagen nach [DIN 1045-1 – 01], 13.2.3(6):

$$\frac{\left|\tilde{V}_{\mathrm{Ed,B,li}}\right|}{V_{\mathrm{Rd,max}}} = \frac{510}{2930} = 0,17 < 0,3$$

Es ergeben sich dieselben zulässigen Bügelabstände wie am Auflager A.

$$s_{\mathrm{bü,erf}} = \frac{t \cdot A_{\mathrm{s}}}{a_{\mathrm{sw,B}}} = \frac{2 \cdot 0,785}{8,7} \cdot 100 = 18,1\ \mathrm{cm}$$

Gewählt: Bügel ∅10–15 mit $a_{\mathrm{sw,vorh}} = 10,5\ \mathrm{cm^2/m} > a_{\mathrm{sw,erf}} = 8,7\ \mathrm{cm^2/m}$

15.4.2.2 Schubkräfte zwischen Balkensteg und Gurten

Anschluss des Druckgurtes

Die Bemessung erfolgt exemplarisch für Feld 1. Der Abstand vom Auflager bis zum maximalen Feldmoment beträgt $x = 8,32$ m (**Tafel 15.3**, LFK 14). Die betrachtete Länge ergibt sich aus dem halben Abstand zwischen Momentennullpunkt und Momentenmaximum.

$$\Delta x = 0,5 \cdot 8,32 = 4,16\ \mathrm{m}$$

Die aufzunehmende Querkraft ist wie folgt zu berechnen:

$V_{Ed} = \Delta F_d$

mit: ΔF_d Längskraftdifferenz in einem einseitigen Gurtabschnitt mit der Länge Δx, in dem die Längsschubkraft als konstant angenommen werden kann

Maßgebendes Moment an der Stelle $x = 4{,}16$ m:

$$M_{Ed}(4{,}16) = \max A_v \cdot \Delta x - (g_d + q_d) \cdot \frac{\Delta x^2}{2}$$

$$= 575 \cdot 4{,}16 - (39{,}15 + 30) \cdot \frac{4{,}16^2}{2} = 1795 \text{ kNm}$$

$$M_{cp}(4{,}16) = \alpha_{csr,1} \cdot \frac{4{,}16}{5} \cdot M_{cp}(5{,}0)$$

$$= 0{,}87 \cdot \frac{4{,}16}{5} \cdot (-802) = -581 \text{ kNm}$$

$$\widetilde{M}_{Ed} = M_{Ed}(4{,}16) + M_{cp}(4{,}16) = 1794 - 581 = 1213 \text{ kNm}$$

$$F_{cd} = \frac{\widetilde{M}_{Ed}}{0{,}9 \cdot d} = \frac{1213}{0{,}9 \cdot 125} = 1078 \text{ kN}$$

$$V_{Ed} = \Delta F_d = \frac{0{,}5 \cdot (b_{eff} - b_w)}{b_{eff}} \cdot F_{cd} = \frac{0{,}5 \cdot (1{,}2 - 0{,}4)}{1{,}2} \cdot 1078 = 359 \text{ kN}$$

Mit $\cot\theta = 1{,}2$ (nach [DIN EN 1992-1-1/NA – 13], NDP zu 6.2.4 (4) näherungsweise beim Druckgurt ansetzbar) ergibt sich die erforderliche Anschlussbewehrung:

Gl. (11.60):

$$a_{sf} = \frac{V_{Ed}}{\Delta x \cdot f_{yd} \cdot \cot\theta}$$

$$= \frac{359}{4{,}16 \cdot 43{,}5 \cdot 1{,}2} = 1{,}7 \text{ cm}^2/\text{m}$$

Nachweis der Druckstrebentragfähigkeit:

Gl. (11.55):

$$V_{Rd,max} = \alpha_c \cdot f_{cd} \cdot h_f \cdot \Delta x \cdot \frac{\cot\theta + \cot\alpha}{1 + \cot^2\theta}$$

$$= 0{,}75 \cdot 1{,}98 \cdot 0{,}3 \cdot 4{,}16 \cdot \frac{1{,}2 + 0}{1 + 1{,}2^2} = 9115 \text{ kN}$$

Gl. (11.48): $V_{Rd,max} = 9115 \text{ kN} > V_{Ed} = 359 \text{ kN}$

Überprüfung der Mindestquerkraftbewehrung:

Tafel 12.1: $\rho = 0{,}00103$

Gl. (11.63): $\rho_{w,min} = 1{,}0 \cdot \rho = 0{,}00103$

Gl. (11.61):

$$a_{sw,min} = \rho_{w,min} \cdot h_f \cdot \sin 90°$$

$$= 0{,}00103 \cdot 30 \cdot 1 \cdot 100 = 3{,}1 \text{ cm}^2/\text{m} < a_{sw} = 1{,}7 \text{ cm}^2/\text{m}$$

In der Gurtplatte muss oben der größere Wert aus Querbiegung (in diesem Beispiel nicht berechnet) und 50 % von $a_{\text{sw,min}}$ und an der Unterseite 50 % von $a_{\text{sw,min}}$ angeordnet werden.

Gewählt: Bügel ∅8–25 mit $a_{\text{sw,vorh}} = 6{,}5 \text{ cm}^2/\text{m} > \text{erf } a_{\text{sw,min}} = 3{,}1 \text{ cm}^2/\text{m}$

Anschluss des Zuggurtes

Über der Stütze wurde nur die Mindestbewehrung erforderlich, weshalb nur ein geringer Bewehrungsanteil ausgelagert wird. Die in der Platte konstruktiv anzuordnende Bügelbewehrung ist damit in diesem Bereich als Anschlussbewehrung ausreichend.

15.4.3 Oberflächenbewehrung

Nach Abschnitt 12.1 ist bei vorgespannten Bauteilen stets eine Oberflächenbewehrung anzuordnen, wobei die aus anderen Nachweisen stammende Bewehrung voll angerechnet werden darf. Bei Balken werden an jeder Seitenfläche nach **Tafel 12.2** bei Expositionsklassen XC1 bis XC4 für C35/45 gefordert:

Tafel 12.1: $\rho = 0{,}00103$

$$a_{\text{s,min}} = 0{,}5 \cdot \rho \cdot b_{\text{w}} = 0{,}5 \cdot 0{,}00103 \cdot 40 \cdot 100 = 2{,}06 \text{ cm}^2/\text{m}$$

Gewählt: ∅8–20 mit $a_{\text{s,vorh}} = 2{,}5 \text{ cm}^2/\text{m} > a_{\text{s}} = 2{,}06 \text{ cm}^2/\text{m}$

In der Druckzone am äußeren Rand von Balken und Platten der Expositionsklasse XC1 darf die Oberflächenbewehrung entfallen. Konstruktiv wird jeweils in den Bügelecken der Flansche und zusätzlich dazwischen je ein Längsstab ∅10 angeordnet, siehe **Abb. 15.9**.

15.4.4 Zusatzbewehrung im Bereich der Spannanker

Die Eignung der Verankerung für die Überleitung der Spannkräfte auf den Bauwerksbeton wird durch Zulassungsversuche nachgewiesen. In der Zulassung sind Angaben zur erforderlichen Bewehrung im unmittelbaren Ankerbereich vorhanden, die entsprechend einzubauen ist. Die Aufnahme der im Bauwerksbeton außerhalb der Wendelbewehrung auftretenden Spaltzugkräfte muss in Abhängigkeit von der konkreten Bauteilgeometrie nachgewiesen werden.

Laut der Zulassung ergibt sich für das gewählte Spannglied und die gewählte Betonfestigkeitsklasse ein Anker mit dem Durchmesser $D = 285 \text{ mm}$. Da die Formeln sich auf rechteckige Ankerplatten beziehen, wird von einem flächengleichen Quadrat mit $B = 25 \text{ cm}$ ausgegangen. Die Ankerkraft beträgt:

gemäß Gl. (12.17): $P_{\text{anch}} = f_{\text{pk}} \cdot A_{\text{p}} = 1770 \cdot 16{,}8 \cdot 10^{-1} = 2974 \text{ kN}$

Es kann davon ausgegangen werden, dass die Einleitungslänge, nach der eine gleichmäßige Spannungsverteilung erreicht wird, genauso groß wie die Ausstrahlungsbreite ist.

Bemessung der horizontalen Bewehrung im Steg

Ausstrahlung der Pressung unter der Ankerplatte auf die Stegbreite $b_w = 0,4$ m

Gl. (12.17): $$F_s \approx \frac{P_{anch}}{4} \cdot \left(1 - \frac{B}{b_w}\right) = \frac{2974}{4} \cdot \left(1 - \frac{25}{40}\right) = 279 \text{ kN}$$

Gl. (12.18): $$A_{s,erf} = \frac{F_s}{f_{yd}} = \frac{279}{43,5} = 6,4 \text{ cm}^2$$

Gewählt: 5 Bügel ∅10–10 mit $A_{s,vorh} = 7,9 \text{ cm}^2/\text{m} > A_{s,erf} = 6,4 \text{ cm}^2/\text{m}$

Bemessung der horizontalen Bewehrung in der Platte

Ausstrahlung über die Plattenbreite von 1,2 m

Gl. (12.17): $$F_s \approx \frac{P_{anch}}{4} \cdot \left(1 - \frac{B}{b}\right) = \frac{2974}{4} \cdot \left(1 - \frac{25}{120}\right) = 589 \text{ kN}$$

Gl. (12.18): $$A_{s,erf\,(1.Hälfte)} = \frac{F_s}{f_{yd}} = \frac{\frac{2}{3} \cdot 589}{43,5} = 9,0 \text{ cm}^2$$

$$A_{s,erf\,(2.Hälfte)} = \frac{F_s}{f_{yd}} = \frac{\frac{1}{3} \cdot 589}{43,5} = 4,5 \text{ cm}^2$$

Es wird angenommen, dass in Balkenlängsrichtung in der ersten Hälfte der Einleitungslänge (60 cm) zwei Drittel und in der zweiten Hälfte ein Drittel dieser Kraft aufzunehmen sind.

Gewählt: 1. Hälfte: Bügel ∅10–10 mit $A_{s,vorh} = 9,4 \text{ cm}^2 > A_{s,erf} = 9,0 \text{ cm}^2$

2. Hälfte: Bügel ∅10–20 mit $A_{s,vorh} = 4,7 \text{ cm}^2 > A_{s,erf} = 3,5 \text{ cm}^2$

Bemessung der vertikalen Bewehrung

Es liegt eine exzentrische Krafteinleitung vor, der kleinste Achsabstand bis zum Rand beträgt $z_{co} = 49$ cm.

Gl. (12.17): $$F_s \approx \frac{P_{anch}}{4} \cdot \left(1 - \frac{B}{2 \cdot z_{co}}\right) = \frac{2974}{4} \cdot \left(1 - \frac{25}{2 \cdot 49}\right) = 554 \text{ kN}$$

Die Bewehrung wird auf der Länge $2 \cdot z_{co} = 2 \cdot 0,49 \approx 1$ m angeordnet. Für die Verteilung innerhalb der Einleitungslänge gelten die gleichen Annahmen wie in der Platte.

Gl. (12.18): $$A_{s,erf\,(1.Hälfte)} = \frac{F_s}{f_{yd}} = \frac{\frac{2}{3} \cdot 554}{43,5} = 8,5 \text{ cm}^2$$

$$A_{s,erf\,(2.Hälfte)} = \frac{F_s}{f_{yd}} = \frac{\frac{1}{3} \cdot 554}{43,5} = 4,2 \text{ cm}^2$$

Gewählt: 1. Hälfte: Bügel ∅10–7,5 mit $A_{s,vorh} = 10,5 \text{ cm}^2 > A_{s,erf} = 8,5 \text{ cm}^2$

2. Hälfte: Bügel ∅10–15 mit $A_{s,vorh} = 5,2 \text{ cm}^2 > A_{s,erf} = 4,2 \text{ cm}^2$

Zur Vereinfachung werden die Bügel im Steg- und im Plattenbereich mit den gleichen Abständen gewählt. In der Nähe des Auflagers brauchen die Querkraftbügel nicht zusätzlich angeordnet werden. Auf der sicheren Seite liegend werden die Bügel Pos. 5 und 6 (siehe **Abb. 15.9**) bis 0,6 m im Abstand von 7,5 cm, anschließend bis 1,2 m im Abstand von 15 cm und danach im Abstand von 25 cm angeordnet. Die 5 Zusatzbügel für die Querausstrahlung der Ankerkraft im Steg (in **Abb. 15.9** nicht dargestellt) werden quadratisch (36 cm x 36 cm) ausgebildet und zentrisch zum Spannglied im Ankerbereich im Abstand von ebenfalls 7,5 cm angeordnet, sie sind somit unproblematisch an den Stegbügeln Pos. 5 zu befestigen. In den Bügelecken sind konstruktiv Längsstäbe anzuordnen.

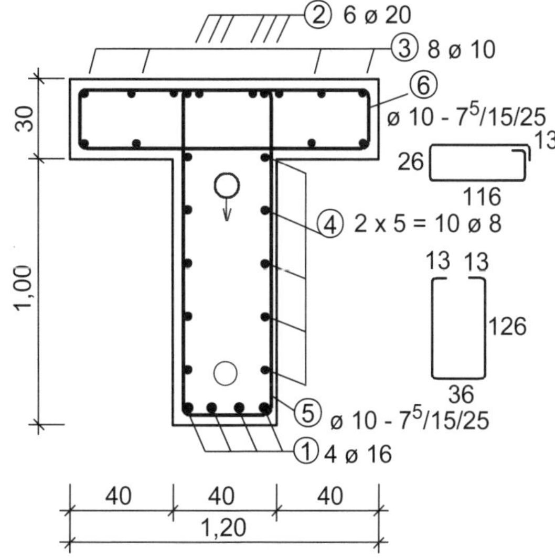

Abb. 15.9 Querschnittszeichnung

15.5 Nachweise im Grenzzustand der Gebrauchstauglichkeit

15.5.1 Spannungsbegrenzung

Der Nachweis der Spannungsbegrenzung erfolgt hier exemplarisch für Feld 1 bei $x = 8,23$ m. Nach [DAfStb – 12] ist bei Spannungsnachweisen mit der mittleren Vorspannkraft zu rechnen. Für die Nachweise darf von einem ungerissenen Querschnitt ausgegangen werden, wenn bei der *seltenen* Lastkombination der Mittelwert der Betonzugfestigkeit nicht überschritten wird.

Tafel 15.4, LFK 3 (rare): $\max M_{1,\text{rare}} = 1653$ kNm

Tafel 15.6, $x = 8,23$ m: $P_{\text{m0}} = 1777$ kN

$$P_{\text{m}\infty} = \alpha_{\text{csr},1} \cdot P_{\text{m0}} = 0,914 \cdot 1777 = 1624 \text{ kN}$$

Gl. (10.5): $\widetilde{N}_{\text{Ed}} = -P_{\text{m}\infty} = -1624$ kN

Tafel 15.6, $x = 8,23$ m: $M_{\text{cp}}^{(00)} = -1155$ kNm

$$M_{\text{cp}}^{(00)}(\infty) = \alpha_{\text{csr},1} \cdot M_{\text{cp}}^{(00)} = -0,914 \cdot 1155 = -1055 \text{ kNm}$$

Tafel 15.6, $x = 8,23$ m: $M'_{\text{cp}} = 263$ kNm

$$M'_{\text{cp}}(\infty) = \alpha_{\text{csr},1} \cdot M'_{\text{cp}} = 0,914 \cdot 263 = 240 \text{ kNm}$$

$$\widetilde{M}_{\text{Ed}} = \max M_{1,\text{rare}} + M_{\text{cp}}^{(00)}(\infty) + M'_{\text{cp}}(\infty)$$

$$= 1653 - 1055 + 240 = 838 \text{ kNm}$$

$$\sigma_{cu} = \frac{\widetilde{N}_{Ed}}{A_c} + \frac{\widetilde{M}_{Ed}}{I_c} \cdot z_{su} = \left[-\frac{1624}{0{,}76} + \frac{838}{0{,}116} \cdot 0{,}81 \right] \cdot 10^{-3}$$

$$= 3{,}7 \text{ N/mm}^2 > f_{ctm} = 3{,}2 \text{ N/mm}^2$$

Die Spannungsnachweise müssen im Zustand II erfolgen.

15.5.1.1 Nachweis unter der seltenen Lastkombination

Druckzonenhöhe und Hebelarm der inneren Kräfte im Zustand II

[a] … Zeitpunkt $t = 0$

Das Verhältnis χ des Spannungszuwachses $\Delta\sigma_p$ im Spannstahl zur Spannung in der Betonstahlbewehrung σ_s muss geschätzt und bei Bedarf iterativ verbessert werden. Die Spannkraftverluste werden nicht berücksichtigt.

Gl. (10.9):
$\chi_{est} = 0{,}85$

$$d_r = \frac{\chi \cdot A_p \cdot d_p + A_s \cdot d}{\chi \cdot A_p + A_s} = \frac{0{,}85 \cdot 16{,}8 \cdot 1{,}14 + 8{,}04 \cdot 1{,}25}{0{,}85 \cdot 16{,}8 + 8{,}04} = 1{,}18 \text{ m}$$

Gl. (10.5):

$$\widetilde{N}_{Ed} = -P_{m0} = -1777 \text{ kN}$$

Gl. (10.6):

$$\widetilde{M}_{Edr} = \max M_{1,rare} + M'_{cp} + P_{m0} \cdot \left(d_r - d_p\right)$$

$$= 1653 + 263 + 1777 \cdot \left(1{,}18 - 1{,}14\right) = 1987 \text{ kNm}$$

Bestimmung der Tafeleingangswerte:

$$\frac{b_{eff}}{b_w} = \frac{1{,}20}{0{,}40} = 3{,}0 \qquad \frac{h_f}{d_r} = \frac{0{,}3}{1{,}18} = 0{,}25$$

$$\alpha_e = \frac{E_s}{E_c} = \frac{200000}{34000} = 5{,}9$$

gemäß Gl. (10.7):

$$\alpha_e \cdot \rho = \frac{\alpha_e}{b_{eff} \cdot d_r} \cdot \frac{\left(\chi \cdot A_p + A_s\right)^2}{\chi^2 \cdot A_p + A_s}$$

$$= \frac{5{,}9}{120 \cdot 118} \cdot \frac{\left(0{,}85 \cdot 16{,}8 + 8{,}04\right)^2}{0{,}85^2 \cdot 16{,}8 + 8{,}04} = 0{,}010$$

Gl. (10.17):

$$\frac{\widetilde{N}_{Ed} \cdot d_r}{\widetilde{M}_{Edr}} = \frac{-1777 \cdot 1{,}18}{1987} = -1{,}06$$

Aus **Tafel A.3a** bzw. **Tafel A.3b** können die folgenden Werte abgelesen werden:

$\xi = 0{,}45$

$\zeta = 0{,}86$

Kontrollrechnung, ob χ ausreichend genau geschätzt wurde:

Gl. (10.8): $$\chi = \frac{d_p - \xi \cdot d_r}{d - \xi \cdot d_r} = \frac{1{,}14 - 0{,}45 \cdot 1{,}18}{1{,}25 - 0{,}45 \cdot 1{,}18} = 0{,}85 = \chi_{est}$$

Mit Hilfe von ξ und ζ können nun die Druckzonenhöhe x und der Hebelarm der inneren Kräfte z berechnet werden.

Gl. (10.10): $x = \xi \cdot d_r = 0{,}45 \cdot 1{,}18 = 0{,}53$ m

Gl. (10.18): $z = \zeta \cdot d_r = 0{,}86 \cdot 1{,}18 = 1{,}01$ m

[b] … Zeitpunkt $t = \infty$

Die Berechnung erfolgt analog zum Zeitpunkt $t = 0$.

Gl. (10.9):
$\chi_{est} = 0{,}83$
$$d_r = \frac{\chi \cdot A_p \cdot d_p + A_s \cdot d}{\chi \cdot A_p + A_s} = \frac{0{,}83 \cdot 16{,}8 \cdot 1{,}14 + 8{,}04 \cdot 1{,}25}{0{,}83 \cdot 16{,}8 + 8{,}04} = 1{,}18 \text{ m}$$

Gl. (10.5): $\widetilde{N}_{Ed} = -P_{m\infty} = -1624$ kN

Gl. (10.6):
$$\widetilde{M}_{Edr} = \max M_{1,rare} + M'_{cp}(\infty) + P_{m\infty} \cdot (d_r - d_p)$$
$$= 1653 + 240 + 1624 \cdot (1{,}18 - 1{,}14) = 1958 \text{ kNm}$$

gemäß Gl. (10.7): $$\alpha_e \cdot \rho = \frac{\alpha_e}{b_{eff} \cdot d_r} \cdot \frac{(\chi \cdot A_p + A_s)^2}{\chi^2 \cdot A_p + A_s}$$

vgl. Abs. 10.2.3 $$\alpha_e = \frac{E_s}{E_{c,eff}} = \frac{200000}{34000/(1+2{,}0)} = 17{,}6$$

$$\alpha_e \cdot \rho = \frac{17{,}6}{120 \cdot 118} \cdot \frac{(0{,}83 \cdot 16{,}8 + 8{,}04)^2}{0{,}83^2 \cdot 16{,}8 + 8{,}04} = 0{,}031$$

Gl. (10.17): $$\frac{\widetilde{N}_{Ed} \cdot d_r}{\widetilde{M}_{Edr}} = \frac{-1624 \cdot 1{,}18}{1958} = -0{,}98$$

Ansonsten gelten die gleichen Tafeleingangswerte wie zum Zeitpunkt $t = 0$. Aus **Tafel A.3a** bzw. **Tafel A.3b** können die folgenden Werte abgelesen werden:

$\xi = 0{,}51$
$\zeta = 0{,}87$

Kontrollrechnung, ob χ ausreichend genau geschätzt wurde:

Gl. (10.8): $$\chi = \frac{d_p - \xi \cdot d_r}{d - \xi \cdot d_r} = \frac{1{,}14 - 0{,}51 \cdot 1{,}18}{1{,}25 - 0{,}51 \cdot 1{,}18} = 0{,}83 = \chi_{est}$$

Mit Hilfe von ξ und ζ können nun die Druckzonenhöhe x und der Hebelarm der inneren Kräfte z berechnet werden.

Gl. (10.10): $x = \xi \cdot d_r = 0{,}51 \cdot 1{,}18 = 0{,}60$ m

Gl. (10.18): $z = \zeta \cdot d_r = 0{,}87 \cdot 1{,}18 = 1{,}03$ m

Nachweis der Betonstahlspannung (Zeitpunkt $t = \infty$):

Gl. (10.20):

$$\sigma_s = \frac{1}{A_s + \chi \cdot A_p} \cdot \left(\frac{\widetilde{M}_{Edr}}{z} + \widetilde{N}_{Ed} \right)$$

$$= \frac{1}{8{,}04 + 0{,}83 \cdot 16{,}8} \cdot \left(\frac{1958}{1{,}03} - 1624 \right) \cdot 10 = 126 \text{ N/mm}^2$$

Gl. (10.29): $\sigma_s = 126 \text{ N/mm}^2 < \sigma_{s,lim} = 0{,}8 \cdot f_{yk} = 400 \text{ N/mm}^2$

Dieser Wert liegt deutlich unter dem zulässigen Wert, so dass die geringfügige Erhöhung bei Berücksichtigung des unterschiedlichen Verbundverhaltens von Spannstahl und Betonstahl bedeutungslos ist und hier nicht berechnet wird.

Nachweis der Spannstahlspannung (Zeitpunkt $t = 0$):

Gl. (10.31):

$$\sigma_{p,lim} = \min \begin{cases} 0{,}80 \cdot f_{pk} = 0{,}8 \cdot 1770 = 1416 \text{ N/mm}^2 \\ 0{,}90 \cdot f_{p0,1k} = 0{,}9 \cdot 1500 = \underline{1350 \text{ N/mm}^2} \end{cases}$$

Für die Berechnung der Spannstahlspannung σ_p ist es erforderlich, neben der Spannstahlspannung σ_{pm0} infolge der mittleren Vorspannkraft P_{m0} auch die Zunahme der Spannstahlspannung $\Delta\sigma_p$ infolge der Einwirkungen zu berechnen.

Gl. (10.20):

$$\sigma_s = \frac{1}{A_s + \chi \cdot A_p} \cdot \left(\frac{\widetilde{M}_{Edr}}{z} + \widetilde{N}_{Ed} \right)$$

$$= \frac{1}{8{,}04 + 0{,}85 \cdot 16{,}8} \cdot \left(\frac{1987}{1{,}01} - 1777 \right) \cdot 10 = 85 \text{ N/mm}^2$$

Gl. (10.21): $\Delta\sigma_p = \chi \cdot \sigma_s = 0{,}85 \cdot 85 = 72 \text{ N/mm}^2$

$$\sigma_{pm0} = \frac{P_{m0}}{A_p} = \frac{1777}{16{,}8} \cdot 10 = 1058 \text{ N/mm}^2$$

Die Spannstahlspannung σ_p beträgt:

Gl. (10.33): $\sigma_p = \sigma_{pm0} + \Delta\sigma_p = 1058 + 72 = 1130 \text{ N/mm}^2$

Gl. (10.30): $\sigma_p = 1143 \text{ N/mm}^2 < \sigma_{p,lim} = 1350 \text{ N/mm}^2$

Nachweis der Betonspannung (Zeitpunkt $t = 0$):

Der Nachweis der Betondruckspannung unter der seltenen Einwirkungskombination wird nur bei chloridinduzierter Korrosion gefordert, er wird hier trotzdem gezeigt.

Gl. (10.19):

$$\sigma_{c2} = \frac{x}{d - x} \cdot \frac{\sigma_s}{\alpha_e}$$

$$= \frac{0{,}53}{1{,}25 - 0{,}53} \cdot \frac{85}{5{,}9} = 10{,}6 \text{ N/mm}^2$$

Gl. (10.24): $\sigma_{c2} = 10{,}6 \text{ N/mm}^2 < \sigma_{c,lim} = 0{,}6 \cdot f_{ck} = 0{,}6 \cdot 35 = 21 \text{ N/mm}^2$

15.5.1.2 Nachweis unter der quasi-ständigen Lastkombination

Nach [DAfStb – 12] kann für diese Nachweise anstatt der Lastfallkombination 3 (perm) die Lastfallkombination 5 (perm) angesetzt werden.

Tafel 15.4, LFK 5 (perm): $\max M_{1,perm} = 1302 \text{ kNm}$

Tafel 15.6, $x = 7{,}97$ m: $P_{m0} = 1775 \text{ kN}$

$$P_{m\infty} = \alpha_{csr,1} \cdot P_{m0} = 0{,}914 \cdot 1775 = 1622 \text{ kN}$$

Gl. (10.5): $\widetilde{N}_{Ed} = -P_{m\infty} = -1622 \text{ kN}$

Tafel 15.6, $x = 7{,}97$ m: $M'_{cp} = 255 \text{ kNm}$

$$M'_{cp}(\infty) = \alpha_{csr,1} \cdot M'_{cp} = 0{,}914 \cdot 255 = 233 \text{ kNm}$$

Gl. (10.9):
$\chi_{est} = 0{,}65$

$$d_r = \frac{\chi \cdot A_p \cdot d_p + A_s \cdot d}{\chi \cdot A_p + A_s}$$

$$= \frac{0{,}65 \cdot 16{,}8 \cdot 1{,}14 + 8{,}04 \cdot 1{,}25}{0{,}65 \cdot 16{,}8 + 8{,}04} = 1{,}19 \text{ m}$$

Gl. (10.6):

$$\widetilde{M}_{Edr} = \max M_{1,perm} + M'_{cp}(\infty) - \widetilde{N}_{Ed} \cdot (d_r - d_p)$$

$$= 1302 + 233 + 1622 \cdot (1{,}19 - 1{,}14) = 1616 \text{ kNm}$$

Bestimmung der Tafeleingangswerte:

$$\frac{b_{eff}}{b_w} = \frac{1{,}20}{0{,}40} = 3{,}0$$

$$\frac{h_f}{d_r} = \frac{0{,}3}{1{,}19} = 0{,}25$$

gemäß Gl. (10.7): $\alpha_e \cdot \rho = \dfrac{\alpha_e}{b_{eff} \cdot d_r} \cdot \dfrac{(\chi \cdot A_p + A_s)^2}{\chi^2 \cdot A_p + A_s}$

$$\alpha_e \cdot \rho = \frac{17{,}6}{120 \cdot 119} \cdot \frac{(0{,}65 \cdot 16{,}8 + 8{,}04)^2}{0{,}65^2 \cdot 16{,}8 + 8{,}04} = 0{,}029$$

Gl. (10.17): $\dfrac{\widetilde{N}_{Ed} \cdot d_r}{\widetilde{M}_{Edr}} = \dfrac{-1622 \cdot 1{,}19}{1616} = -1{,}19$

Aus **Tafel A.3a** bzw. **Tafel A.3b** können die folgenden Werte abgelesen werden:

$\xi = 0{,}78$
$\xi = 0{,}82$

Kontrollrechnung, ob χ ausreichend genau geschätzt wurde:

Gl. (10.8): $$\chi = \frac{d_\mathrm{p} - \xi \cdot d_\mathrm{r}}{d - \xi \cdot d_\mathrm{r}} = \frac{1{,}14 - 0{,}78 \cdot 1{,}19}{1{,}25 - 0{,}78 \cdot 1{,}19} = 0{,}65 \approx \chi_\mathrm{est}$$

Mit Hilfe von ξ und ζ können nun die Druckzonenhöhe x und der Hebelarm der inneren Kräfte z berechnet werden.

Gl. (10.10): $$x = \xi \cdot d_\mathrm{r} = 0{,}78 \cdot 1{,}19 = 0{,}93 \text{ m}$$

Gl. (10.18): $$z = \zeta \cdot d_\mathrm{r} = 0{,}82 \cdot 1{,}19 = 0{,}98 \text{ m}$$

Nachweis der Spannstahlspannung:

Gl. (10.20): $$\sigma_\mathrm{s} = \frac{1}{A_\mathrm{s} + \chi \cdot A_\mathrm{p}} \cdot \left(\frac{\widetilde{M}_\mathrm{Edr}}{z} + \widetilde{N}_\mathrm{Ed} \right)$$

$$= \frac{1}{8{,}04 + 0{,}65 \cdot 16{,}8} \cdot \left(\frac{1616}{0{,}98} - 1622 \right) \cdot 10 = 14{,}2 \text{ N/mm}^2$$

Gl. (10.21): $$\Delta\sigma_\mathrm{p} = \chi \cdot \sigma_\mathrm{s} = 0{,}65 \cdot 14{,}2 = 9{,}2 \text{ N/mm}^2$$

$$\sigma_{\mathrm{pm}\infty} = \frac{P_{\mathrm{m}\infty}}{A_\mathrm{p}} = \frac{1622}{16{,}8} \cdot 10 = 965 \text{ N/mm}^2$$

Gl. (10.33): $$\sigma_\mathrm{p} = \sigma_{\mathrm{pm}\infty} + \Delta\sigma_\mathrm{p} = 965 + 9 = 974 \text{ N/mm}^2$$

Gl. (10.32): $$\sigma_\mathrm{p} = 974 \text{ N/mm}^2 < \sigma_\mathrm{p,lim} = 0{,}65 \cdot 1770 = 1151 \text{ N/mm}^2$$

15.5.2 Rissbreitenbegrenzung

Der Nachweis erfolgt exemplarisch für Feld 1. Über der Stütze und im Feld 2 ist nur die Mindestbewehrung erforderlich.

Für die Expositionsklasse XC1 fordert DIN EN 1992-1-1/NA bei Vorspannung mit nachträglichem Verbund, dass unter der *häufigen* Lastkombination der Rechenwert der Rissbreite 0,2 mm beträgt (**Tafel 10.1**).

Vereinfacht und auf der sicheren Seite liegend wird die bereits für die *seltene* Lastfallkombination berechnete Stahlspannung $\sigma_\mathrm{s} = 126 \text{ N/mm}^2$ angesetzt.

Nach **Tafel 10.3** beträgt damit der Grenzdurchmesser der Bewehrungsstäbe ϕ_s^* mehr als 28 mm, es ergeben sich also keine Probleme bei der Rissbreitenbegrenzung.

16 Komplexbeispiel Flachdecke

16.1 Statisches System, Querschnittswerte und Baustoffkenngrößen

Im folgenden Beispiel wird die Bemessung einer ohne Verbund in den Stützstreifen vorgespannten Flachdecke erläutert. Aufgrund der Verwendung von Monolitzen mit kleinen Spanngliedurchmessern sind relativ große Spanngliedexzentrizitäten möglich. Hiermit kann die geringe Bauteilhöhe von Flachdecken optimal ausgenutzt werden.

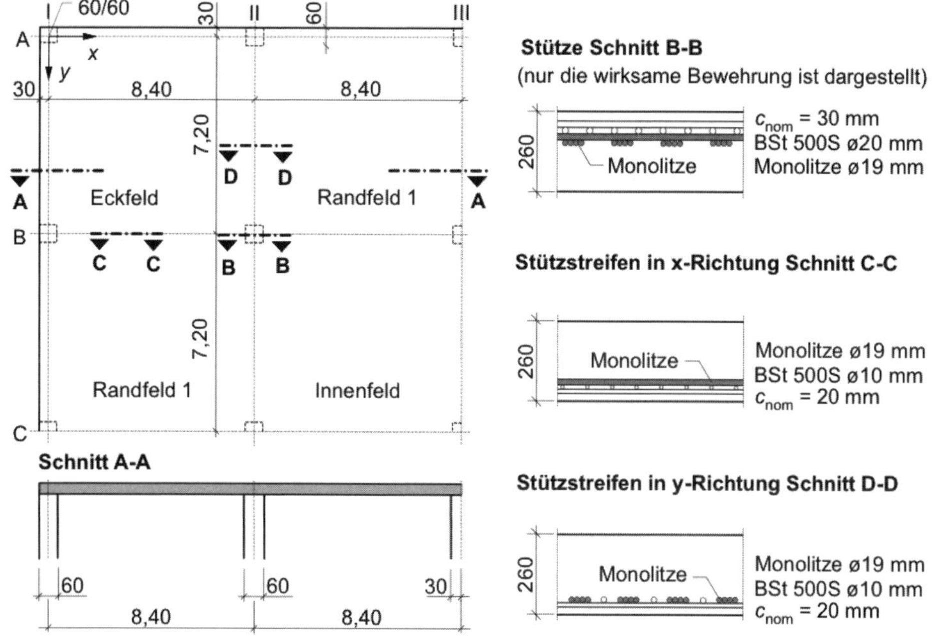

Abb. 16.1 Flachdecke mit Abmessungen und Bewehrungsanordnung

Die einzelnen Felder der in **Abb. 16.1** in Grundriss und Schnitt dargestellten Flachdecke sind in x-Richtung 8,40 m und in y-Richtung 7,20 m lang. Die gesamte Flachdecke ist auf quadratischen Stützen mit einer Kantenlänge von 60 cm gelagert. Die Rand- und Eckstützen schließen bündig am Rand der Deckenplatte ab. Da das gesamte System doppelt symmetrisch ist, wird in **Abb. 16.1** nur ein Viertel der Platte dargestellt.

Die Flachdecke aus Beton der Festigkeitsklasse C40/50 soll nachträglich in den Stützstreifen mit 7-drähtigen Monolitzen (St 1570/1770) vorgespannt werden. Entsprechend der oben getroffenen Annahmen werden bei den Berechnungen die folgenden Baustoffkenngrößen berücksichtigt.

$$f_{\text{cd}} = \frac{\alpha \cdot f_{\text{ck}}}{\gamma_{\text{c}}} = \frac{0,85 \cdot 40}{1,5} = 22,7 \text{ N/mm}^2$$

$$f_{\text{yd}} = \frac{f_{\text{yk}}}{\gamma_{\text{s}}} = \frac{500}{1,15} = 435 \text{ N/mm}^2$$

Neben der Eigenlast $g_{1\text{k}}$ ist das Tragwerk durch eine Ausbaulast $g_{2\text{k}}$ und eine Verkehrslast q_{k} beansprucht.

Die gesamte Konstruktion wird in die Umweltklasse XC1 eingestuft. Gemäß DIN EN 1992-1-1 sind die folgenden Betondeckungen zu gewährleisten.

- **Betonstahl:**

Mindestbetondeckung:	$c_{\text{min}} = 10$ mm
Vorhaltemaß:	$\Delta c = 10$ mm
Nennmaß (unten):	$c_{\text{nom}} = c_{\text{min}} + \Delta c = 10 + 10 = 20$ mm

  Es wird angenommen, dass die Biegezugbewehrung im Stützenbereich einen Durchmesser von 20 mm hat. Somit ist in diesem Bereich die folgende Betondeckung einzuhalten.

Mindestbetondeckung:	$c_{\text{min}} = 20$ mm
Nennmaß (oben):	$c_{\text{nom}} = c_{\text{min}} + \Delta c = 20 + 10 = 30$ mm

- **Spannstahl:**

Durchmesser Hüllrohr:	$\phi_{\text{h}} = 19$ mm
Mindestbetondeckung:	$c_{\text{min}} = 20$ mm
Vorhaltemaß:	$\Delta c = 10$ mm
Nennmaß:	$c_{\text{nom}} = c_{\text{min}} + \Delta c = 20 + 10 = 30$ mm

16.2 Schnittgrößen infolge äußerer Lasten

Die Schnittgrößen infolge äußerer Lasten werden mit Hilfe der Methode der Finiten Elemente (FEM) ermittelt. Die Stützen werden nicht zur Gebäudeaussteifung herangezogen, sie werden als allseitig gelenkig an die Deckenplatte angeschlossen betrachtet.

Folgende ständige und veränderliche Lastanteile werden berücksichtigt:

$$g_{1\text{k}} = h \cdot \rho = 0,26 \cdot 25 = 6,5 \text{ kN/m}^2$$

$$g_{2\text{k}} = 2 \text{ kN/m}^2$$

$$q_{\text{k}} = 7,5 \text{ kN/m}^2$$

Die Schnittgrößen werden jeweils nur über den Stützen und in Feldmitte angegeben. Es wird dabei davon ausgegangen, dass dies ausreichend ist, da bei Platten Umlagerungsmöglichkeiten vorhanden sind.

In **Tafel 16.1** sind die Momente infolge einer Einheitslast von 1 kN/m^2 angegeben. Die Schnittgrößen infolge der Eigen- bzw. Ausbaulast ergeben sich durch Multiplikation der Tafelwerte mit den entsprechenden Einwirkungen.

Tafel 16.1 Biegemomente infolge einer Einheitslast auf allen Feldern

Wert in x-Richtung / Wert in y-Richtung

m in kNm/m	Stelle in x-Richtung 0,0	4,2	8,4	12,6	16,8
Stelle in y-Richtung 0,0	0,0	5,7	−10,4	3,3	−7,6
	0,0	0,0	0,0	0,0	0,0
3,6	0,0	4,5	−2,0	1,8	−1,1
	4,8	3,4	4,9	3,4	4,4
7,2	0,0	6,0	−16,5	3,1	−12,6
	−8,9	−0,1	−15,5	−1,3	−12,7
10,8	0,0	4,8	−3,0	1,9	−1,8
	3,1	1,6	2,7	1,3	2,4
14,4	0,0	5,7	−13,9	2,4	−10,4
	−7,0	0,3	−12,3	−0,6	−10,0

Tafel 16.2 Maximale Biegemomente infolge einer veränderlichen Einheitslast

Wert in x-Richtung / Wert in y-Richtung

m in kNm/m	Stelle in x-Richtung 0,0	4,2	8,4	12,6	16,8
Stelle in y-Richtung 0,0	0,0	7,3	1,8	6,2	3,6
	0,0	0,0	0,0	0,0	0,0
3,6	0,0	6,4	0,5	5,3	1,0
	5,6	4,6	5,8	4,8	5,5
7,2	0,0	7,5	1,8	6,1	4,0
	1,5	0,9	1,6	0,8	3,2
10,8	0,0	6,8	0,7	5,6	1,3
	4,9	4,1	4,7	4,0	4,6
14,4	0,0	7,3	3,0	5,8	5,2
	2,8	1,3	3,2	1,3	4,8

Tafel 16.3 Minimale Biegemomente infolge einer veränderlichen Einheitslast

Wert in x-Richtung / Wert in y-Richtung

m in kNm/m	Stelle in x-Richtung 0,0	4,2	8,4	12,6	16,8
Stelle in y-Richtung 0,0	0,0	−1,6	−12,2	−2,9	−11,2
	0,0	0,0	0,0	0,0	0,0
3,6	0,0	−1,9	−2,5	−3,5	−2,1
	−0,8	−1,2	−0,9	−1,4	−1,1
7,2	0,0	−1,5	−18,3	−3,0	−16,6
	−10,4	−1,0	−17,1	−2,1	−15,9
10,8	0,0	−2,0	−3,7	−3,7	−3,1
	−1,8	−2,5	−2,0	−2,7	−2,1
14,4	0,0	−1,6	−16,9	−3,4	−15,6
	−9,8	−1,0	−15,5	−1,9	−14,8

Tafel 16.4 Maximale Auflagerkräfte infolge einer Einheitslast

Wert infolge Volllast / Wert infolge Lastkombination

a in kN	Stelle in x-Richtung 0,0	4,2	8,4	12,6	16,8
Stelle in y-Richtung 0,0	10,2		27,2		22,7
	13,0		31,5		30,0
3,6					
7,2	26,2		77,2		63,9
	30,6		84,9		79,1
10,8					
14,4	22,6		65,1		52,7
	29,6		78,9		74,3

Die unter veränderlichen Lastanteilen maßgebenden Schnittgrößen ergeben sich weder unter „Volllast“ noch unter schachbrettartiger bzw. streifenförmiger Belastungsanordnung. Aus diesem Grund wurden die einzelnen Felder jeweils einzeln mit einer Einheitslast von 1 kN/m^2 beansprucht und die maßgebenden minimalen und maximalen

Momente durch Kombination dieser 16 Lastfälle bestimmt. Die daraus resultierenden minimalen und maximalen Beanspruchungen können **Tafel 16.2** und **Tafel 16.3** entnommen werden.

In **Tafel 16.4** sind die maßgebenden Auflagerkräfte angegeben. Die oberen Werte sind die aus einer auf der gesamten Flachdecke angeordneten Einheitslast (Volllast) resultierenden Auflagerreaktionen. Die unteren Werte beschreiben die sich unter Einheitslast und den maßgebenden Laststellungen ergebenden Werte.

16.3 Spanngliedführung, Spannkraftverlauf und Schnittgrößen infolge Vorspannung

16.3.1 Allgemeines

Die Anzahl der Spannglieder je Stützstreifen soll so gewählt werden, dass auf eine Durchstanzbewehrung verzichtet werden kann. Dazu muss der Bauteilwiderstand der Flachdecke im Bereich der 1. Innenstütze unter Berücksichtigung der positiven Wirkung der Vorspannung bestimmt werden. Die für die Bemessung maßgebenden Querkräfte sind unter Berücksichtigung der von den geneigten Spanngliedern getragenen Querkraftanteile zu bestimmen.

Gewählt: 7-drähtige Monolitzen St 1570/1770

$A_p = 140 \text{ mm}^2$

- min. Krümmungsradius: $r_{min} = 2,5 \text{ m}$
- Hüllrohrdurchmesser: $\phi_h = 19 \text{ mm}$
- Reibkennwert: $\mu = 0,06$
- Schlupf im Spannanker: $\Delta l_{sl} = \Delta l_{sn} = 6 \text{ mm}$
- ungewollter Umlenkwinkel: $k = 0,5° / \text{m}$

16.3.2 Spanngliedführung

Die Spanngliedführung wird in Anlehnung an BERCEA [Bercea – 89] bestimmt[25]. Der Rechengang soll im Folgenden nur für die Spannglieder in x-Richtung demonstriert werden. Die verwendeten Bezeichnungen sind an jene in **Abb. 16.2** angelehnt.

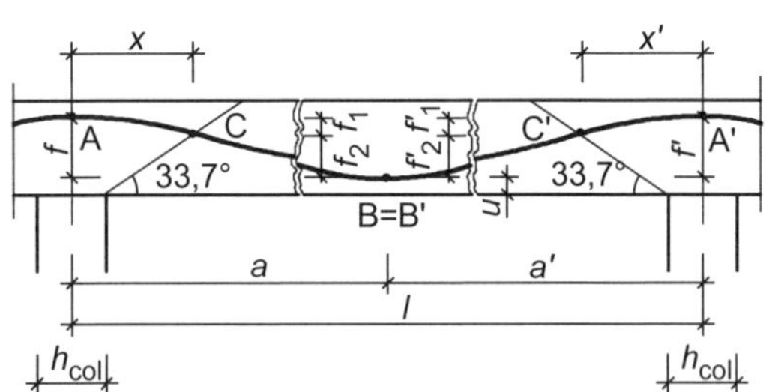

Abb. 16.2 Spanngliedführung nach BERCEA [Bercea – 89]

[25] Entsprechend Abb. 14.2 hätten die Wendepunkte auch bei 26,6° angeordnet werden können. Dies hat keine Auswirkung auf den Spannstahlbedarf.

Innenfelder

Der Abstand des Spanngliedschwerpunktes vom oberen Bauteilrand (bei Monolitzen gilt: Schwerachse Spannstahl = Schwerachse Hüllrohr) beträgt über der Innenstütze (siehe Schnitt B-B in **Abb. 16.1**):

$$u_{so} = c_{nom} + \phi_{s,l} + 0,5 \cdot \phi_h = 30 + 20 + 0,5 \cdot 19 = 59,5 \text{ mm}$$

Gemäß Schnitt C-C ergibt sich im Feld der Abstand der Schwerachse der Litze zum unteren Bauteilrand zu:

$$u_{fu} = c_{nom} + 2 \cdot \phi_{s,l} + 0,5 \cdot \phi_h = 20 + 2 \cdot 10 + 0,5 \cdot 19 = 49,5 \text{ mm}$$

Der Abstand zwischen Hoch- und Tiefpunkt der Spannbewehrung beträgt somit:

$$f = h - u_{so} - u_{fu} = 260 - 59,5 - 49,5 = 151 \text{ mm}$$

Die Lage des Wendepunktes lässt sich nach BERCEA mit Hilfe der folgenden Gleichung berechnen.

$$x = k_3 \cdot 0,5 \cdot l_{eff,x} = 0,136 \cdot 0,5 \cdot 8,4 = 0,57 \text{ m}$$

mit: $$k_3 = \frac{f + 0,33 \cdot h_{col} + u_{fu}}{0,66 \cdot 0,5 \cdot l_{eff,x} + f} = \frac{151 + 0,33 \cdot 600 + 49,5}{0,66 \cdot 0,5 \cdot 8400 + 151} = 0,136$$

Die für die Bestimmung der Umlenkkräfte erforderlichen Radien der Kreisbögen im Feld- und Stützbereich sind mit den folgenden Gleichungen zu berechnen.

$$r_{AC} = \frac{0,5 \cdot k_3 \cdot \left(0,25 \cdot l_{eff,x}{}^2 + f^2\right)}{f} = \frac{0,5 \cdot 0,136 \cdot \left(0,25 \cdot 8,4^2 + 0,151^2\right)}{0,151} = 7,9 \text{ m}$$

$$r_{BC} = \frac{0,5 \cdot (1 - k_3) \cdot \left(0,25 \cdot l_{eff,x}{}^2 + f^2\right)}{f} = \frac{0,5 \cdot (1 - 0,136) \cdot \left(0,25 \cdot 8,4^2 + 0,151^2\right)}{0,151} = 50,5 \text{ m}$$

Die Spanngliedneigung am Wendepunkt im Innenfeld beträgt:

$$\tan \psi_{wi} = \frac{l_{eff,x} \cdot f}{0,25 \cdot l_{eff,x}{}^2 + f^2} = \frac{8,4 \cdot 0,151}{0,25 \cdot 8,4^2 + 0,151^2} = 0,072$$

$$\psi_{wi} = 4,11°$$

Randfelder

Bei Randfeldern liegt der Tiefpunkt der Spannglieder nicht mehr in Feldmitte. Die Werte a und a' sind in diesem Fall nicht mehr gleich groß. Da es nicht möglich ist, diese Werte direkt zu berechnen, müssen sie abgeschätzt und anschließend iterativ verbessert werden. Die Rechnungen sind für die beiden Teilbereiche (jeweils der Bereich zwischen Hoch- und Tiefpunkt) solange zu wiederholen, bis die Radien der Kreisbögen BC und $B'C'$ gleich sind.

In dem an das Innenfeld grenzenden Teil des Randfeldes (kein Kopfzeiger) beträgt der Abstand f zwischen Hoch- und Tiefpunkt der Spannbewehrung wie im Innenfeld 151 mm. Da das Spannglied in Mitte der Randstützen in der Schwerachse der Flachdecke liegen soll, beträgt dieser Wert im Randbereich (Kopfzeiger „Strich"):

$$f' = 0{,}5 \cdot h - u_{\text{fu}} = 0{,}5 \cdot 260 - 49{,}5 = 80{,}5 \text{ mm}$$

Im Rahmen einer Vorbetrachtung wurden die Werte a und a' wie folgt festgelegt:

$$a = 4{,}98 \text{ m}$$
$$a' = 3{,}42 \text{ m}$$

Die Lage des Wendepunktes und die Radien der Kreisbögen lassen sich mit den nachstehenden Gleichungen berechnen. Diese wurden bereits für das Innenfeld verwendet.

$$k_3 = \frac{f + 0{,}33 \cdot h_{\text{col}} + u_{\text{fu}}}{0{,}66 \cdot a + f} = \frac{151 + 0{,}33 \cdot 600 + 49{,}5}{0{,}66 \cdot 4980 + 151} = 0{,}115$$
$$x = k_3 \cdot a = 0{,}115 \cdot 4{,}98 = 0{,}57 \text{ m}$$
$$r_{\text{AC}} = \frac{0{,}5 \cdot k_3 \cdot \left(a^2 + f^2\right)}{f} = \frac{0{,}5 \cdot 0{,}115 \cdot \left(4{,}98^2 + 0{,}151^2\right)}{0{,}151} = 9{,}5 \text{ m}$$
$$r_{\text{BC}} = \frac{0{,}5 \cdot (1 - k_3) \cdot \left(a^2 + f^2\right)}{f}$$
$$= \frac{0{,}5 \cdot (1 - 0{,}115) \cdot \left(4{,}98^2 + 0{,}151^2\right)}{0{,}151} = 72{,}7 \text{ m}$$

Die Gleichung zur Berechnung des Radius r'_{BC} im Randbereich kann aus der Kreisgleichung abgeleitet werden. Sie lautet:

$$r'_{\text{BC}} = \frac{0{,}5 \cdot \left(a'^2 + f'^2\right)}{f'} = \frac{0{,}5 \cdot \left(3{,}42^2 + 0{,}0805^2\right)}{0{,}0805} = 72{,}7 \text{ m}$$

Die Spanngliedneigung am Wendepunkt im Randfeld beträgt:

$$\tan \psi_{\text{wr}} = \frac{2 \cdot a \cdot f}{a^2 + f^2} = \frac{2 \cdot 4{,}98 \cdot 0{,}151}{4{,}98^2 + 0{,}151^2} = 0{,}061$$
$$\psi_{\text{wr}} = 3{,}47°$$

In der gleichen Art und Weise lässt sich die Neigung des Spanngliedes über der Randstütze bestimmen.

$$\tan \psi_0 = \frac{2 \cdot a' \cdot f'}{a'^2 + f'^2} = \frac{2 \cdot 3{,}42 \cdot 0{,}0805}{3{,}42^2 + 0{,}0805^2} = 0{,}047$$

Tafel 16.5 Lage der Wendepunkte und Radien der Kreisbögen (Werte in m)

Randfeld			Innenfeld		
x	r_{AC}	r_{BC}	x	r_{AC}	r_{BC}
x-Richtung					
0,57	9,5	72,7	0,57	7,9	50,5
y-Richtung					
0,54	7,9	52,4	0,54	6,9	39,1

Tafel 16.6 Neigung der Spannglieder in den Verankerungs- und Wendepunkten (Werte in °)

Randfeld		Innenfeld
ψ_0	ψ_{wr}	ψ_{wi}
x-Richtung		
2,69	3,47	4,11
y-Richtung		
3,36	3,91	4,47

$$\psi_0 = 2,69\ °$$

Die Lage der Wendepunkte und die Radien der Kreisbögen für die Spannglieder in x- und y-Richtung sind in **Tafel 16.5** zusammengestellt. In **Tafel 16.6** sind für diese beiden Richtungen die Neigungen der Spannglieder in den Verankerungs- und Wendepunkten angegeben.

16.3.3 Spannkraftverlauf

Die Wirkung der Vorspannung wird mit Hilfe von Umlenkkräften modelliert, die aus den Krümmungen der Spannglieder resultieren. Um die Umlenkkräfte berechnen zu können, müssen die über den entsprechenden Krümmungsradius bzw. die gesamte Länge der Monolitze gemittelten Vorspannkräfte bekannt sein. Die für die Berechnung des Spanngliedverlaufes erforderlichen gewollten Unlenkwinkel können mit Hilfe von **Tafel 16.6** bzw. unter Verwendung von **Abb. 16.3** berechnet werden (siehe **Tafel 16.7**).

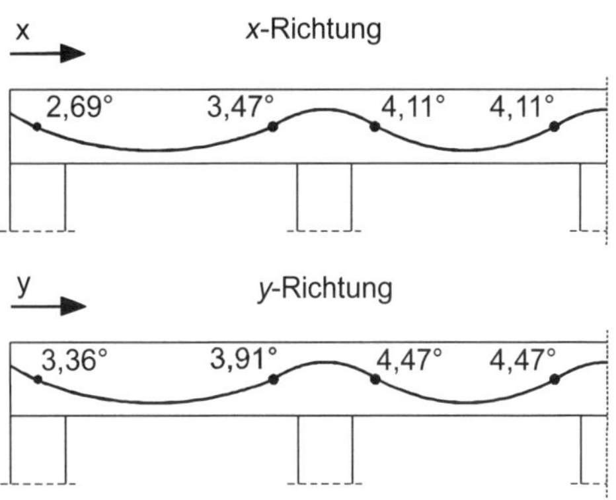

Abb. 16.3 Spanngliedneigung am Balkenanfang und in den Wendepunkten

Die Monolitzen der Flachdecke werden wechselseitig vorgespannt. Die zulässige Kraft im Spannglied nach Beendigung des Spannvorgangs beträgt:

Gl. (5.18):

$$P_{m0,max} = A_p \cdot \min \begin{cases} 0,75 \cdot f_{pk} \\ 0,85 \cdot f_{p0,1k} \end{cases} = 140 \cdot 10^{-3} \cdot \min \begin{cases} 0,75 \cdot 1770 \\ \underline{0,85 \cdot 1500} \end{cases}$$

$$= 178,5 \text{ kN}$$

Während des Spannens darf die Kraft im Spannglied den folgenden Wert nicht überschreiten:

Gl. (5.17): $$P_{0,\max} = P_0 = A_{\mathrm{p}} \cdot \min\begin{cases} 0{,}80 \cdot f_{\mathrm{pk}} \\ 0{,}90 \cdot f_{\mathrm{p0,1k}} \end{cases} = 140 \cdot 10^{-3} \cdot \min\begin{cases} 0{,}80 \cdot 1770 \\ \underline{0{,}90 \cdot 1500} \end{cases}$$
$$= 189{,}0 \text{ kN}$$

Der Rechengang soll im Folgenden wiederum nur am Beispiel der Spannglieder in x-Richtung demonstriert werden. Die Spannkraft im Spannglied am passiven Ende ($x = 33{,}6$ m) lässt sich mit der folgenden Gleichung berechnen.

Ungewollter Umlenkwinkel: $$k = 0{,}5°/\text{m} \Rightarrow 0{,}009 \text{ rad/m}$$

Gl. (5.12): $$P(33{,}6) = P_1 = P_0 \cdot \mathrm{e}^{-\mu\cdot(\theta + k\cdot x)}$$
$$= 189{,}0 \cdot \mathrm{e}^{-0{,}06\cdot(0{,}91+0{,}009\cdot 33{,}6)} = 175{,}8 \text{ kN}$$

Infolge des Ablassens der Pressenkraft rutscht das Spannglied in die Verankerung, womit sich die Spanngliedkraft bis zum Blockierungspunkt reduziert. Die Kraft nimmt beim Ablassen um den folgenden Betrag ab:

Gl. (6.15): $$\Delta P_0 = \sqrt{\frac{2 \cdot \Delta l_{\mathrm{sn}}}{x} \cdot \left(1 + \frac{\mu}{\mu'}\right) \cdot E_{\mathrm{p}} \cdot A_{\mathrm{p}} \cdot \left(P_0 - P(x)\right)}$$
$$= \sqrt{\frac{2 \cdot 0{,}006}{33{,}6} \cdot 2 \cdot 195000 \cdot 140 \cdot 10^{-3} \cdot \left(189{,}0 - 175{,}8\right)} = 16{,}0 \text{ kN}$$

Mit diesem Wert kann die Kraft am Blockierungspunkt P_{B} bestimmt werden.

Gl. (6.17): $$P_{\mathrm{B}} = \sqrt{P_0 \cdot \left(P_0 - \Delta P_0\right)}$$
$$= \sqrt{189 \cdot \left(189 - 16{,}0\right)} = 181{,}0 \text{ kN} > P_{\mathrm{m0,max}} = 178{,}5 \text{ kN}$$

Da die Kraft am Blockierungspunkt größer als der maximal zulässige Wert von 178,5 kN ist, müsste weiter nachgelassen werden, um die Spannkraft am Blockierungspunkt um 2,5 kN zu reduzieren. Im Sinne eines rationellen (= schnellen) Spannvorgangs wird in diesem Fall die maximal mögliche Vorspannkraft nicht ausgenutzt, sondern mit einer Spannkraft $P_0 = 186{,}5$ kN geplant.

$$P(33{,}6) = P_1 = 186{,}5 \cdot \mathrm{e}^{-0{,}06\cdot(0{,}91+0{,}009\cdot 33{,}6)} = 173{,}5 \text{ kN}$$
$$\Delta P_0 = \sqrt{\frac{4 \cdot 0{,}006}{33{,}6} \cdot 195000 \cdot 140 \cdot 10^{-3} \cdot \left(186{,}5 - 173{,}5\right)} = 15{,}9 \text{ kN}$$
$$P_{\mathrm{B}} = \sqrt{186{,}5 \cdot \left(186{,}5 - 15{,}9\right)} = 178{,}4 \text{ kN} < P_{\mathrm{m0,max}} = 178{,}5 \text{ kN}$$

Die Kraft am Spannanker nach dem Ablassen beträgt:

Gl. (6.16): $$P_{0\mathrm{E}} = P_0 - \Delta P_0 = 186{,}5 - 15{,}9 = 170{,}6 \text{ kN}$$

Mit Hilfe dieser Werte kann die Lage des Blockierungspunktes näherungsweise bestimmt werden.

Gl. (6.11): $$x_{\mathrm{B}} = \frac{P_0 - P_{\mathrm{B}}}{P_0 - P(x)} \cdot x = \frac{186{,}5 - 178{,}4}{186{,}5 - 173{,}5} \cdot 33{,}6 = 20{,}9 \text{ m}$$

Mit Kenntnis des Blockierungspunktes können die Spannkräfte vom aktiven Verankerungspunkt des Spanngliedes über den Blockierungspunkt bis hin zum passiven Ende des Spanngliedes in der eben erläuterten Art und Weise bestimmt werden. Die Kräfte vom Blockierungspunkt zum Festanker können mit der bereits verwendeten Gleichung bestimmt werden.

Gemäß **Abb. 6.3**: $P(x) = P_0 \cdot \mathrm{e}^{-\mu \cdot (\theta + k \cdot x)}$

Die Spannkräfte vom Spannanker zum Blockierungspunkt sind mit der folgenden Gleichung zu berechnen.

Gemäß **Abb. 6.3**: $P(x) = P_{0\mathrm{E}} \cdot \mathrm{e}^{\mu \cdot (\theta + k \cdot x)}$

Die Spannkraft an ausgewählten Stellen in den in x-Richtung verlaufenden Monolitzen können **Tafel 16.7** entnommen werden. In **Abb. 16.4** ist der Verlauf der Spannkraft in einer Monolitze graphisch dargestellt. Es ist deutlich zu erkennen, dass sich die Vorspannkräfte bei Vorspannung im Hochbau nur geringfügig ändern. Daher reicht es allgemein aus, mit einer über die gesamte Spanngliedlänge konstanten Vorspannkraft zu rechnen. Sie wird hier konservativ aus den kleinsten Vorspannkräften im für die Bemessung maßgebenden Randfeld bestimmt. Dies ist der Mittelwert der Spannkräfte eines Spann- und Festankers.

$$P_{\mathrm{mx}} = \frac{P_{0\mathrm{E}} + P_1}{2} = \frac{170{,}5 + 173{,}5}{2} = 172{,}0 \text{ kN}$$

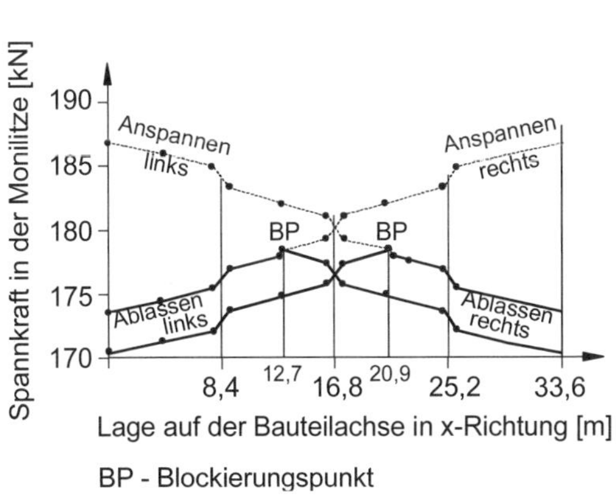

Abb. 16.4 Spannkraftverlauf

Tafel 16.7 Berechnung des Spannkraftverlaufes

x [m]	θ [°]	$k \cdot x$ [°]	$P(x)$ [a] [kN]	$P(x)$ [b] [kN]
0,00	0,00	0,00	186,5	170,5
4,20	2,69	2,10	185,6	171,2
7,86	6,16	3,92	184,5	172,1
8,93	13,74	4,49	183,0	173,6
12,60	17,85	6,30	181,8	174,7
16,27	21,96	8,12	180,7	175,8
17,33	30,18	8,69	179,1	177,4
20,9			**178,4**	**178,4**
21,00	34,29	10,50	178,0	178,0
24,67	38,40	12,32	176,9	176,9
25,74	45,98	12,89	175,4	175,4
29,40	49,45	14,70	174,4	174,4
33,60	52,14	16,80	173,5	173,5

[a] Während des Vorspannens.
[b] Nach Beendigung des Spannvorgangs.

Bei den in y-Richtung verlaufenden Spanngliedern beträgt der Mittelwert der Vorspannkraft ebenfalls 172 kN.

16.3.4 Anzahl der erforderlichen Monolitzen

Die Anzahl der erforderlichen Monolitzen je Gurtstreifen wird so festgelegt, dass keine Durchstanzbewehrung erforderlich wird. Mit Hilfe von **Tafel 16.4** kann die einwirkende Querkraft für die Innenstütze an der Stelle $x = 8,4$ m / $y = 7,2$ m unter Berücksichtigung der ständigen und veränderlichen Einwirkungen berechnet werden.

$$\begin{aligned} V_{\mathrm{Ed}} &= \gamma_{\mathrm{G}} \cdot (g_{1\mathrm{k}} + g_{2\mathrm{k}}) \cdot \mathrm{TW}_{\mathrm{Tafel\ 16.4,oben}} + \gamma_{\mathrm{Q}} \cdot q_{\mathrm{k}} \cdot \mathrm{TW}_{\mathrm{Tafel\ 16.4,unten}} \\ &= 1,35 \cdot (6,5+2) \cdot 77,2 + 1,5 \cdot 7,5 \cdot 84,9 = 1841 \text{ kN} \end{aligned}$$

Für die Berechnung des kritischen Rundschnitts sind die statischen Höhen in x- und y-Richtung erforderlich. Als Bewehrung zählen hierbei Beton- und Spannstahl. Da die gesamte Bewehrung über der Stütze auf 3 Lagen verteilt ist (siehe **Abb. 16.1**), kann mit ausreichender Genauigkeit die Lage der mittleren Bewehrungslage (dies ist die obere Spanngliedlage) verwendet werden.

$$\begin{aligned} d_{\mathrm{x}} &= h - c_{\mathrm{nom}} - 1,5 \cdot \phi_{\mathrm{so}} = 260 - 30 - 1,5 \cdot 20 = 200 \text{ mm} \\ d_{\mathrm{y}} &= h - c_{\mathrm{nom}} - 1,5 \cdot \phi_{\mathrm{so}} = 260 - 30 - 0,5 \cdot 20 = 220 \text{ mm} \end{aligned}$$

$$d_{\mathrm{m}} = 0,5 \cdot \left(d_{\mathrm{x}} + d_{\mathrm{y}}\right) = 0,5 \cdot (200 + 220) = 210 \text{ mm}$$

Der kritische Rundschnitt beträgt somit:

$$u_1 = 4 \cdot h_{\mathrm{col}} + 4 \cdot \pi \cdot d_{\mathrm{m}} = 4 \cdot 60 + 4 \cdot \pi \cdot 21 = 504 \text{ cm}$$

Bei Innenstützen kann der Bemessungswert der einwirkenden Querkraft mit Hilfe der folgenden Gleichung ([DIN EN 1992-1-1 – 11], Gl. 6.38) bestimmt werden.

$$v_{\mathrm{Ed}} = \frac{\beta \cdot \widetilde{V}_{\mathrm{Ed}}}{u_1 \cdot d} = \frac{1,10 \cdot \left(V_{\mathrm{Ed}} - V_{\mathrm{cp}}\right)}{u_1 \cdot d}$$

Diese Gleichung berücksichtigt vorerst nur den statisch bestimmten Anteil der Vorspannung ($V_{\mathrm{cp}} \approx V_{\mathrm{cp}}^{(00)}$). Dieser wird mit Hilfe der Spanngliedneigung in den (auf dem Durchstanzkegel liegenden) Wendepunkten berechnet, die **Tafel 16.6** entnommen werden können. Zur Berücksichtigung des Kriechens und Schwindens des Betons wird die mittlere Vorspannkraft überschlägig um ca. 15 % abgemindert. Der in der Vorbemessung berücksichtigte Wert beträgt damit $0,85 \cdot 172 = 146$ kN. Im Folgenden soll überprüft werden, ob bei Anordnung von 24 Monolitzen in x- und y-Richtung (**Abb. 14.4**) auf die Anordnung einer Durchstanzbewehrung verzichtet werden kann. Der vom Spannglied getragene Querkraftanteil beträgt:

$$V_{\mathrm{cp}}^{(00)} = V_{\mathrm{cpx}}^{(00)} + V_{\mathrm{cpy}}^{(00)} = \sum_i \left(P_{\mathrm{mx,i}} \cdot \sin \psi_{0\mathrm{x,i}}\right) + \sum_j \left(P_{\mathrm{my,j}} \cdot \sin \psi_{0\mathrm{y,j}}\right)$$

$$V_{\text{cp}}^{(00)} = 24 \cdot 146 \cdot (\sin 3{,}91 + \sin 4{,}47 + \sin 3{,}47 + \sin 4{,}11) = 977 \text{ kN}$$

Somit ergibt sich der folgende Bemessungswert der einwirkenden Querkraft:

$$v_{\text{Ed}} \approx \frac{1{,}10 \cdot \left(V_{\text{Ed}} - V_{\text{cp}}^{(00)}\right)}{u_1 \cdot d} = \frac{1{,}10 \cdot (1841 - 977)}{504 \cdot 21} \cdot 10 = 0{,}898 \text{ MN/m}^2$$

Der Bauteilwiderstand einer punktförmig gestützten Platte ohne Querkraftbewehrung lässt sich mit der nachstehenden Gleichung berechnen.

Gl. (14.8): $v_{\text{Rd,c}} = C_{\text{Rd,c}} \cdot k \cdot (100 \cdot \rho_l \cdot f_{\text{ck}})^{1/3} + 0{,}10 \cdot \sigma_{\text{cp}}$

mit: $C_{\text{Rd,c}} = 0{,}18 / \gamma_c = 0{,}18 / 1{,}50 = 0{,}12$

$$k = 1 + \sqrt{\frac{200}{d_{\text{m}}}} = 1 + \sqrt{\frac{200}{210}} = 1{,}98$$

Der Bewehrungsgrad über der Stütze wird geschätzt: $\rho_l = 0{,}01$

Die Betondruckspannungen in Plattenlängsrichtung können mit Hilfe von **Abb. 12.2** bestimmt werden. **Abb. 16.5** zeigt, wie sich die Betondruckspannungen infolge der Vorspannkräfte in den einzelnen Stützstreifen gegenseitig beeinflussen.

Gemäß **Abb. 16.5** verteilen sich die Ankerkräfte im Bereich der betrachteten Innenstütze in *x*-Richtung auf einer Breite von 7,20 m bzw. in *y*-Richtung auf einer Breite von 8,40 m.

$$\sigma_{\text{cp}} = \frac{n \cdot P_{\text{m}\infty}}{h \cdot l_{\text{eff}}}$$

$$\sigma_{\text{cp,x}} = \frac{24 \cdot 146}{26 \cdot 720} \cdot 10 = 1{,}9 \text{ N/mm}^2$$

$$\sigma_{\text{cp,y}} = \frac{24 \cdot 146}{26 \cdot 840} \cdot 10 = 1{,}6 \text{ N/mm}^2$$

$$\sigma_{\text{cp}} = 0{,}5 \cdot \left(\sigma_{\text{cp,x}} + \sigma_{\text{cp,y}}\right) = 0{,}5 \cdot (1{,}9 + 1{,}6) = 1{,}8 \text{ N/mm}^2$$

Der Bauteilwiderstand der punktförmig gestützten Platte ohne Querkraftbewehrung beträgt:

Gl. (14.8):

$$\begin{aligned} v_{\text{Rd,ct}} &= 0{,}12 \cdot 1{,}98 \cdot (100 \cdot 0{,}01 \cdot 40)^{0{,}33} + 0{,}10 \cdot 1{,}8 \\ &= 0{,}992 \text{ MN/m}^2 > v_{\text{Ed}} = 0{,}898 \text{ MN/m}^2 \end{aligned}$$

Die gewählte Anzahl der Spannglieder ist ausreichend, um die Flachdecke ohne Durchstanzbewehrung realisieren zu können. Die gewählten 24 Monolitzen in *x*- und *y*-Richtung sind im Bereich des Durchstanzkegels anzuordnen.

16.3.5 Umlenkkräfte

Mit Kenntnis der Krümmungsradien der Monolitzen im Feld- und Stützbereich, der mittleren Vorspannkraft sowie der Breite des Stützstreifens lassen sich die Umlenkkräfte im Bereich der einzelnen Kreisbögen bestimmen.

Gl. (7.3): $$u_p = \frac{n \cdot P_m}{r \cdot b}$$

mit: n Anzahl der Monolitzen im Stützstreifen

P_m mittlere Vorspannkraft

r Radius des Kreisbogens

b Breite der Stützstreifen

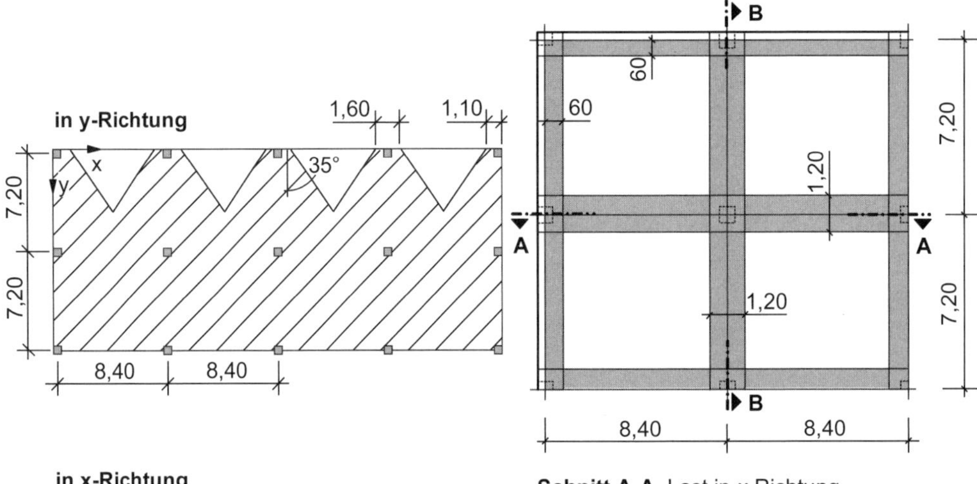

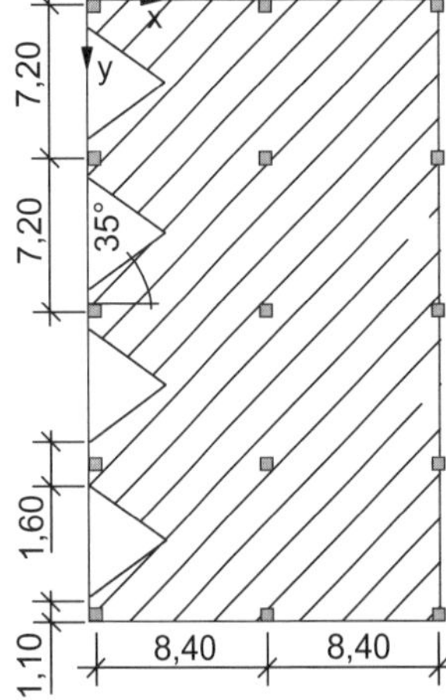

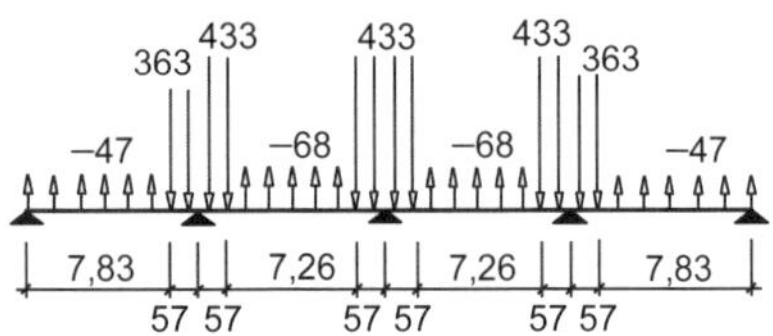

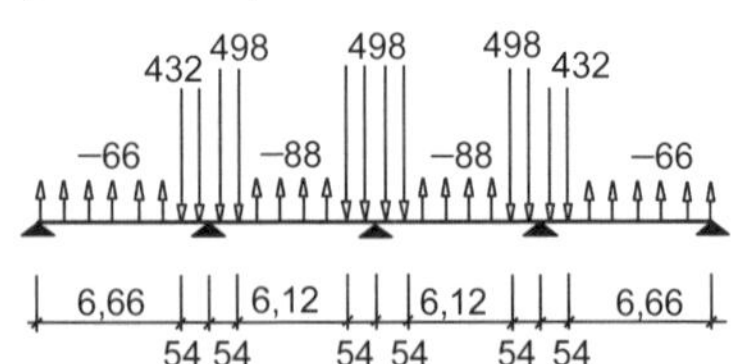

Abb. 16.5 Ausbreitung der Spannkräfte in der Flachdecke

Abb. 16.6 Ersatzflächenlasten zur Berücksichtigung der Vorspannwirkung

Die Anzahl der Monolitzen in den einzelnen Stützstreifen in x- und y-Richtung wurden im Rahmen der Vorbemessung mit 24 festgelegt. In den Stützstreifen am Rand wird nur je die Hälfte angeordnet. Die mittlere Vorspannkraft beträgt entsprechend Abschnitt 16.3.3 in x- und y-Richtung 172 kN. Der Radius der einzelnen Kreisbögen kann **Tafel 16.5** entnommen werden. Die Breite des Durchstanzkegels beträgt:

$$b = h_{\text{col}} + 4 \cdot d_{\text{m}}$$
$$= 60 + 4 \cdot 21 = 144 \text{ cm}$$

Die 24 Monolitzen werden gleichmäßig auf einer Breite von 120 cm innerhalb des Durchstanzkegels angeordnet (**Abb. 16.7**). In den Randstreifen verteilen sich die 12 Monolitzen gleichmäßig auf einer Breite von 60 cm.

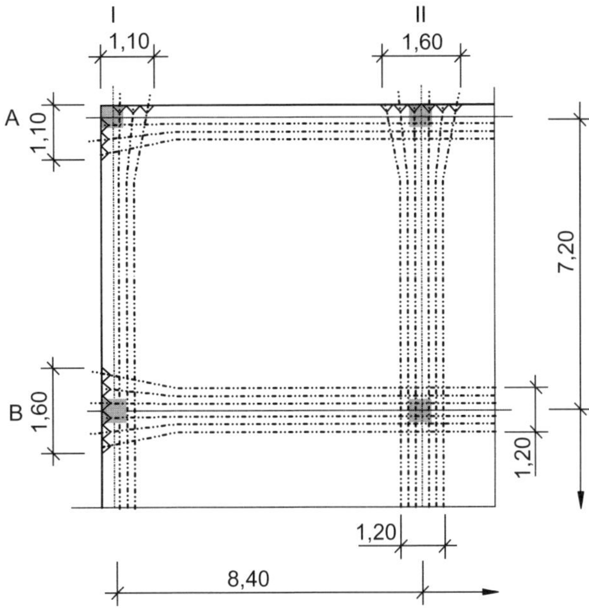

Abb. 16.7 Spanngliedführung im Bereich der Eck-, Rand- und Innenstützen

Die sich aus diesen Werten in x- und y-Richtung ergebenen Flächenlasten sind in **Abb. 16.6** dargestellt.

Tafel 16.8 Momente infolge der Umlenkkräfte

(je Zelle: obere Zeile = Wert in x-Richtung, untere Zeile = Wert in y-Richtung)

m in kNm/m		Stelle in x-Richtung 0,0	4,2	8,4	12,6	16,8
Stelle in y-Richtung	0,0	0	−57,0	118	−56,5	109
		0	0	0	0	0
	3,6	0	−26,6	−5,0	−18,1	−9,2
		−63,7	−19,4	−59,4	−17,1	−58,3
	7,2	0	−52,3	164	−51,2	160
		113	−11,9	165	−16,2	161
	10,8	0	−25,9	−5,8	−17,6	−10,4
		−60,0	−7,9	−53,8	−4,8	−53,6
	14,4	0	−50,1	154	−49,3	159
		106	−15,3	155	−20,6	161

Tafel 16.9 Aus den Umlenkkräften resultierende Lagerreaktionen

in kN		Stelle in x-Richtung 0,0	4,2	8,4	12,6	16,8
Stelle in y-Richtung	0,0	−196		−224		−225
	3,6					
	7,2	−189		−59,7		−28,7
	10,8					
	14,4	−173		−3,7		20,0

Tafel 16.10 Längskräfte aus der mittleren Vorspannkraft

n in kN/m		Stelle in x-Richtung (Wert in x-Richtung / Wert in y-Richtung)				
		0,0	4,2	8,4	12,6	16,8
Stelle in y-Richtung	0,0	−1876 −1876	−529 0	−529 −2580	−529 0	−529 −2580
	3,6	0 −570	0 0	−573 −621	−573 0	−573 −621
	7,2	−2580 −459	−573 −491	−573 −491	−573 −491	−573 −491
	10,8	0 −459	0 −491	−573 −491	−573 −491	−573 −491
	14,4	−2580 −459	−573 −491	−573 −491	−573 −491	−573 −491

Tafel 16.11 Lagerreaktionen aus Vorspannwirkung

in kN		Stelle in x-Richtung				
		0,0	4,2	8,4	12,6	16,8
Stelle in y-Richtung	0,0	21,6		17,5		16,5
	3,6					
	7,2	4,7		-59,7		-28,7
	10,8					
	14,4	20,7		-3,7		20,0

16.3.6 Schnittgrößen infolge Vorspannung

Die Schnittgrößen infolge Vorspannung können nun mit Hilfe der Methode der Finiten Elemente bestimmt werden. Die sich infolge der in **Abb. 16.6** dargestellten Belastung ergebenen Momentenbeanspruchungen und Stützreaktionen sind **Tafel 16.8** und **Tafel 16.9** zu entnehmen.

Die Werte wurden für den Zeitpunkt t_0 berechnet. Im Zeitpunkt t_∞ sind die entsprechenden Werte mit den in Abschnitt 16.3.7 und 16.4.1 zu bestimmenden Abminderungsfaktoren zu multiplizieren.

Grundsätzlich müssen die Umlenkkräfte und die Ankerkräfte aus Vorspannung eine Gleichgewichtsgruppe bilden. Darüber hinaus muss auch die Summe der aus der Vorspannung resultierenden statisch unbestimmten Kraftgrößen zu null werden. Für die hier vorliegende Flachdecke sind die Vertikalkomponenten der Ankerkräfte an den Randstützen zu berücksichtigen. Die Lagerkräfte setzen sich aus einem statisch bestimmten Anteil $C_\text{p}^{(00)} = 0$, einem statisch unbestimmten Anteil C'_p und im Fall der Rand- bzw. Eckstützen zusätzlich aus den vertikalen Anteilen der Ankerkräfte zusammen. Es gilt:

$$C_\text{p} = C_\text{p}^{(00)} + C'_\text{p} = C_\text{DV} + \underbrace{P_\text{m} \cdot \sin\psi_0}_{\text{nur bei den Randstützen}}$$

Nachfolgend soll der Rechengang am Beispiel der Eckstütze demonstriert werden.

Stütze A/I:
$$C = C_{\mathrm{DV}} + n_{\mathrm{x}} \cdot P_{\mathrm{mx}} \cdot \sin\psi_{0\mathrm{x}} + n_{\mathrm{y}} \cdot P_{\mathrm{my}} \cdot \sin\psi_{0\mathrm{y}}$$
$$= -196 + 12 \cdot 172 \cdot \sin 2{,}69 + 12 \cdot 172 \cdot \sin 3{,}36 = 21{,}6 \text{ kN}$$

Die Ergebnisse der anderen Rand- und Innenstützen sind in **Tafel 16.11** aufgelistet.

Die in Plattenebene wirkenden Längskräfte bewirken einen Scheibenspannungszustand. Er wird für die x- und y-Richtung getrennt ermittelt. Es wird angenommen, dass sich die Spannkräfte am Fest- bzw. Spannanker unter einem Winkel von 35° ausbreiten. In **Abb. 16.5** ist die Kraftausstrahlung der einzelnen Spannglieder dargestellt. Mit Hilfe dieser Abbildungen können die Längskräfte an jeder beliebigen Stelle der Flachdecke bestimmt werden. Im Folgenden soll die Rechnung am Beispiel des ersten Innenstützstreifens in x-Richtung demonstriert werden.

An der Stütze B/I ($x = 0$ m / $y = 7{,}2$ m) wird die Kraft von 24 Monolitzen auf einer Breite von 1,60 m in die Flachdecke eingeleitet. Die mittlere Längskraft in diesem Bereich beträgt:

$$n_{0,7.2} = -\frac{24 \cdot 172{,}0}{1{,}60} = -2580 \text{ kN/m}$$

Bei $x = 4{,}2$ m / $y = 7{,}2$ m beträgt die Breite der Lastausbreitungszone:

$$b = 1{,}60 + 2 \cdot 4{,}2 \cdot \tan 35 = 7{,}48 \text{ m} > \underline{l_{\mathrm{eff,y}} = 7{,}2 \text{ m}}$$

Bei $x = 4{,}2$ m ist die Vorspannkraft gleichmäßig in y-Richtung der Flachdecke verteilt.

$$n_{4.2,7.2} = -\frac{24 \cdot 172{,}0}{7{,}20} = -573 \text{ kN/m}$$

Der Verlauf der Längskräfte in x-Richtung in dem betrachteten Stützstreifen ist in **Abb. 16.9** dargestellt. Weitere Werte ausgewählter Stellen in x- bzw. y-Richtung sind in **Tafel 16.10** angegeben.

Für die weiteren Berechnungen wird angenommen, dass die Stützen keine Horizontallasten abtragen. Wie **Abb. 16.8** verdeutlicht, ist dies gerechtfertigt, da der von den Stützen aufgenommene Querkraftanteil äußerst gering ist.

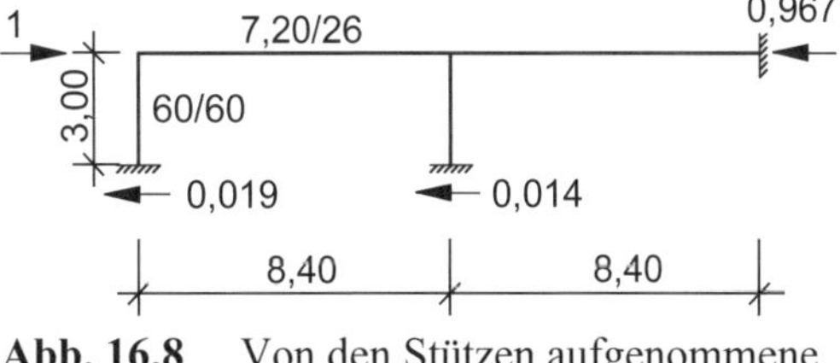

Abb. 16.8 Von den Stützen aufgenommene Längskraftanteile

16.3.7 Zeitabhängige Spannkraftverluste

Der Einfluss des Kriechens und Schwindens auf die Größe der Vorspannkraft kann mit Hilfe von Gl. (8.87) berechnet werden. Diese Gleichung gilt streng genommen nur für vorgespannte Tragwerke mit Verbund. Gemäß [DIN EN 1992-1-1 – 11] ist es jedoch zulässig, hiermit die zeitabhängigen Spannkraftverluste in einem Spannglied ohne Verbund zu berechnen. In diesem Fall sind die über die Spanngliedlänge gemittelten

Betonspannungen in Höhe des Spanngliedes zu verwenden. Bei dem gewählten Vorspanngrad gleichen sich die Wirkung der Umlenkkräfte aus Vorspannung und der quasi-ständigen Lasten in etwa aus. Damit können die Betonspannungen über die gesamte Querschnittshöhe als gleichmäßig verteilt angenommen werden.

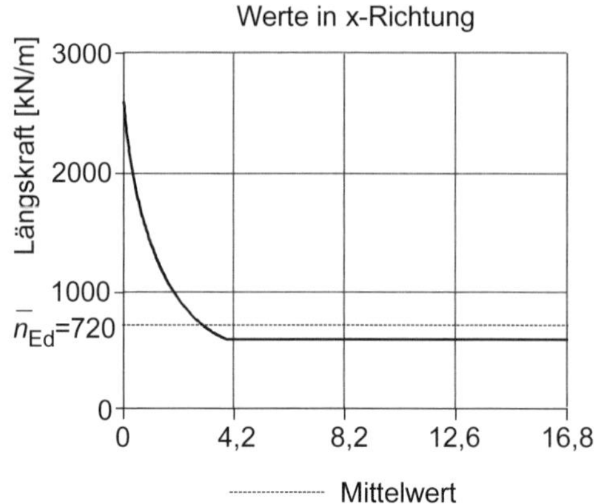

Abb. 16.9 Längskräfte im Bereich des Innengurtstreifens

Die Betonspannungen lassen sich aus den Längskräften berechnen (siehe **Abb. 16.9**), die infolge der Verankerung der Monolitzen entstehen. Im Folgenden sollen die Spannkraftverluste in x-Richtung abgeschätzt werden. Für die Berechnung wird angenommen, dass die Erstbelastung 7 Tage nach dem Betonieren des Tragwerks erfolgt. Die über den Nutzungszeitraum gemittelte relative Luftfeuchtigkeit RH beträgt 50 % Die Endkriechzahl und das Endschwindmaß können mit **Abb. 3.4** und **Gl. (3.24)** bestimmt werden. Die wirksame Bauteildicke beträgt:

$$h_0 = \frac{2 \cdot A_c}{u} = \frac{2 \cdot 26 \cdot b}{2 \cdot b} = 26 \text{ cm}$$

Mit diesen Werten lassen sich die Endkriechzahl und das Endschwindmaß ermitteln. Ist $h_0 = 26 \text{ cm}$, $t_0 = 7$ Tage und der Beton C40/50 aus Zement CEM 42,5R hergestellt, ergibt sich gemäß **Abb. 3.4** eine Endkriechzahl $\varphi_\infty = 2{,}1$. Mit den gleichen Eingangswerten und unter Verwendung der Gleichungen (3.25) und (3.28) kann das Endschwindmaß $\varepsilon_{cs,\infty}$ bestimmt werden. Es beträgt rund −0,0006.

Die Spannungsänderung infolge Spannstahlrelaxation $\Delta\sigma_{pr}$ soll im Folgenden wie bereits in Abschnitt 15.3.5 auf Grundlage von [DIN V ENV 1992 − 92] berechnet werden.

$$\sigma_{p0} = 0{,}95 \cdot \sigma_{pg0}$$

Die anfängliche mittlere Spannstahlspannung in x-Richtung aus Vorspannung und Eigenlast beträgt:

$$\sigma_{pg0} = \frac{P_{mx}}{A_p} = \frac{17200}{140} = 1228 \text{ N/mm}^2$$

Das Verhältnis Ausgangsspannung zu charakteristischer Zugspannung σ_{p0}/f_{pk} beträgt:

$$\frac{\sigma_{p0}}{f_{pk}} = \frac{0{,}95 \cdot \sigma_{pg0}}{f_{pk}} = \frac{0{,}95 \cdot 1228}{1770} = 66\ \%$$

Aus **Abb. 3.9** kann ein Wert von ca. 2 % abgelesen werden. Der Endwert der Relaxationsverluste beträgt:

$$\Delta\sigma_{pr} = -3 \cdot 0{,}02 \cdot \sigma_{p0} = -3 \cdot 0{,}02 \cdot 0{,}95 \cdot 1228 = -70 \text{ N/mm}^2$$

Die zeitlich konstanten kriecherzeugenden Betonspannungen infolge Eigenlast und Vorspannung im Bereich der Gurtstreifen können mit Hilfe von **Abb. 16.9** bestimmt werden. In dieser Abbildung ist der Verlauf der Längsdruckkräfte in diesem Bereich dargestellt. Der über die gesamte Länge des Gurtstreifens gemittelte Wert der Längsdruckkraft beträgt $\overline{n}_{Ed} = -720$ kN/m. Die mittlere Betonspannung lässt sich somit wie folgt berechnen:

$$\sigma_{c,QP} = \sigma_{cg} + \sigma_{cp} \approx \frac{\overline{n}_{Ed}}{h} = \frac{-720}{0{,}26} \cdot 0{,}001 = -2{,}8 \text{ N/mm}^2$$

Nachfolgend wird ein 1,20 m breiter Gurtstreifen betrachtet. Auf dessen Breite sind 24 Monolitzen gleichmäßig verteilt.

$$\Delta\sigma_{p,csr} = \frac{\alpha_p \cdot \sigma_{c,QP} \cdot \varphi_\infty + 0{,}8\Delta\sigma_{pr} + \varepsilon_{cs,\infty} \cdot E_p}{1 + \alpha_p \cdot \dfrac{A_p}{A_c} \cdot [1 + 0{,}8 \cdot \varphi_\infty]}$$

Gl. (8.87):

$$= \frac{-\dfrac{195000}{35000} \cdot 2{,}8 \cdot 2{,}1 - 0{,}8 \cdot 70 - 0{,}0006 \cdot 195000}{1 + \dfrac{195000}{35000} \cdot \dfrac{24 \cdot 140}{1200 \cdot 260} \cdot (1 + 0{,}8 \cdot 2{,}1)}$$

$$= -177 \text{ N/mm}^2$$

$$\alpha_{csr} = 1 - \frac{\Delta\sigma_{p,csr}}{\sigma_{pm0}} = 1 - \frac{177}{1228} = 0{,}856$$

Die zuvor getroffene Annahme war demnach korrekt und im Rahmen der weiteren Berechnungen wird für alle Spannglieder ein Spannungsverlust von 15 % ($\alpha_{csr} = 0{,}85$) angesetzt.

16.4 Nachweise im Grenzzustand der Tragfähigkeit

16.4.1 Spannungszuwachs in den Spanngliedern

Bei Tragwerken mit exzentrisch geführten internen Spanngliedern ohne Verbund darf gemäß Abschnitt 11.1 der Spannungszuwachs in den Spanngliedern vereinfacht mit 100 N/mm² angesetzt werden. Infolge dieser Spannungsänderung erhöht sich die Vorspannkraft um den folgenden Betrag:

Gl. (11.2): $\Delta P_m = \Delta\sigma_p \cdot A_p = 100 \cdot 140 \cdot 10^{-3} = 14{,}0$ kN

Die mittlere Spannkraft verändert sich zum Zeitpunkt t_0 demnach um folgenden Prozentsatz:

$$\alpha_{\Delta P,0} = \frac{P_{mx} + \Delta P_m}{P_{mx}} \approx \frac{P_{my} + \Delta P_m}{P_{my}} = \frac{172 + 14}{172} = 1{,}08$$

Im Zeitpunkt t_∞ beträgt der Erhöhungsfaktor:

$$\alpha_{\Delta P,\infty} = \frac{\alpha_{csr} \cdot P_{mx} + \Delta P_m}{\alpha_{csr} \cdot P_{mx}} \approx \frac{\alpha_{csr} \cdot P_{my} + \Delta P_m}{\alpha_{csr} \cdot P_{my}}$$

$$= \frac{0,85 \cdot 172 + 14}{0,85 \cdot 172} = 1,10$$

Die Spannungsänderung wird bei der Berechnung der Schnittgrößen im Grenzzustand der Tragfähigkeit berücksichtigt, indem die Schnittgrößen infolge Vorspannung mit dem Faktor $\alpha_{\Delta P}$ multipliziert werden.

16.4.2 Biegebemessung

Tafel 16.12 Bei der Biegebemessung in Ansatz gebrachte Lastkombinationen

	g_{1k}	g_{2k}	q_k	$\alpha_{csr} \cdot \alpha_{\Delta P} \cdot P_k$
LK 1	**1,0**			**1,0**
LK 2	**1,0**	**1,0**	**1,5**	**0,92**
LK 3	**1,0**	**1,0**	**1,5**	**1,08**
LK 4	**1,35**	**1,35**	**1,5**	**0,92**
LK 5	**1,35**	**1,35**	**1,5**	**1,08**

Für die Biegebemessung ist es erforderlich, die extremalen Schnittgrößen in den Feldern und über den Stützen zu bestimmen. Da das Kriechen und Schwinden die maximalen bzw. minimalen Bemessungswerte erheblich beeinflusst, sind die Nachweise für den Zeitpunkt des Vorspannens, der Erstbelastung und zum Zeitpunkt t_∞ zu führen. Die Eigenlast, Ausbaulast, Vorspannung und Verkehrslast sind dabei mit Hilfe der in [DIN EN 1990 – 10] für den Grenzzustand der Tragfähigkeit angegebenen Teilsicherheitsbeiwerte unter Berücksichtigung einer eventuellen günstigen Auswirkung zu kombinieren. Da nur eine veränderliche Einwirkung in Ansatz gebracht wurde, bleiben die möglichen Kombinationsmöglichkeiten beschränkt. In **Tafel 16.12** sind alle berücksichtigten Lastkombinationen aufgelistet. In dieser Tabelle wurden neben den in DIN EN 1990 enthaltenden Regeln auch die Einflüsse des Kriechens und Schwindens α_{csr} sowie des in Abschnitt 16.4.1 berechneten Spannungszuwachses in den Spanngliedern $\alpha_{\Delta P}$ erfasst.

Die Bemessungsschnittgrößen werden berechnet mit den Biegemomenten infolge ständiger und veränderlicher Lastanteile, die **Tafel 16.1**, **Tafel 16.2** bzw. **Tafel 16.3** entnommen werden können, und den Momenten infolge Vorspannung, die in **Tafel 16.8** aufgelistet sind.

Der Bemessungswert der Längskraft ist unter Verwendung von **Tafel 16.10** zu bestimmen. Der Rechengang soll nachfolgend für die minimalen Bemessungsschnittgrößen an der Stelle $x = 8,4$ m / $y = 7,2$ m demonstriert werden.

$$m_{Ed} = 1,35 \cdot \text{TW}_{\text{Tafel 16.1}} \cdot (g_{1k} + g_{2k})$$
$$+1,5 \cdot \text{TW}_{\text{Tafel 16.3}} \cdot q_k + \alpha_{csr} \cdot \alpha_{\Delta P,\infty} \cdot \text{TW}_{\text{Tafel 16.8}}$$

$$m_{\text{Ed,x}} = -1{,}35 \cdot 16{,}5 \cdot 8{,}5 - 1{,}5 \cdot 18{,}3 \cdot 7{,}5 + 0{,}84 \cdot 1{,}10 \cdot 164{,}0$$
$$= -244 \text{ kNm/m}$$
$$n_{\text{Ed}} = \alpha_{\text{csr}} \cdot \alpha_{\Delta\text{P},\infty} \cdot \text{TW}_{\text{Tafel 16.10}}$$
$$n_{\text{Ed,x}} = -0{,}84 \cdot 1{,}10 \cdot 573 = -527 \text{ kN/m}$$

Analog erfolgt die Berechnung der Werte in y-Richtung.

$$m_{\text{Ed,y}} = -1{,}35 \cdot 15{,}5 \cdot 8{,}5 - 1{,}5 \cdot 17{,}1 \cdot 7{,}5 + 0{,}92 \cdot 165{,}0 = -218 \text{ kNm/m}$$
$$n_{\text{Ed,y}} = -0{,}84 \cdot 1{,}10 \cdot 491 = -452 \text{ kN/m}$$

Die weiteren sich ergebenden extremalen Bemessungswerte sind in **Tafel 16.13** und **Tafel 16.14** zusammengestellt.

Die statische Höhe der oberen Bewehrung wurde bereits in Abschnitt 16.3.4 ermittelt. In x-Richtung beträgt der Abstand vom gedrückten unteren Plattenrand zur Schwerachse der Bewehrung 200 mm. Die statische Höhe in y-Richtung ist 220 mm. Für die untere Bewehrung kann die statische Höhe mit Hilfe von **Abb. 16.1** berechnet werden.

$$d_{\text{x}} = h - c_{\text{nom}} - 0{,}5 \cdot \phi_{\text{su}} = 260 - 20 - 0{,}5 \cdot 10 = 235 \text{ mm}$$
$$d_{\text{y}} = h - c_{\text{nom}} - 1{,}5 \cdot \phi_{\text{su}} = 260 - 20 - 1{,}5 \cdot 10 = 225 \text{ mm}$$

Für die Biegebemessung soll das ω-Verfahren (**Tafel A.1**) verwendet werden.
Die Bemessung wird bei $x = 8{,}4$ m / $y = 7{,}2$ m erläutert. Die Werte anderer ausgewählter Punkte können **Tafel 16.13** bis **Tafel 16.18** entnommen werden.

Nachweis der oberen Bewehrung:

$$m_{\text{Eds}} = |m_{\text{Ed}}| - n_{\text{Ed}} \cdot (d - 0{,}5 \cdot h)$$
$$m_{\text{Eds,x}} = |-244| + 527 \cdot (0{,}20 - 0{,}5 \cdot 0{,}26) = 281 \text{ kNm/m}$$
$$m_{\text{Eds,y}} = |-218| + 452 \cdot (0{,}22 - 0{,}5 \cdot 0{,}26) = 259 \text{ kNm/m}$$

Mit Hilfe der auf die Schwerachse der Biegezugbewehrung bezogenen Momente können nun die bezogenen Momente μ_{Eds} bestimmt werden. Mit Hilfe dieser Werte sind nun die ω-Werte unter Verwendung der ω-Verfahren (**Tafel A.1**) zu bestimmen.

$$\mu_{\text{Eds,x}} = \frac{m_{\text{Eds,x}}}{d_{\text{x}}^2 \cdot f_{\text{cd}}} = \frac{281}{0{,}20^2 \cdot 22{,}7} \cdot 10^{-3} = 0{,}310$$
$$\mu_{\text{Eds,y}} = \frac{m_{\text{Eds,y}}}{d_{\text{y}}^2 \cdot f_{\text{cd}}} = \frac{259}{0{,}22^2 \cdot 22{,}7} \cdot 10^{-3} = 0{,}236$$

Berechnung der erforderlichen Bewehrung:

$$a_{\text{s}} = \frac{1}{\sigma_{\text{sd}}} \cdot (\omega \cdot d \cdot f_{\text{cd}} + n_{\text{Ed}})$$
$$a_{\text{sx,o}} = \frac{1}{435} \cdot (0{,}3869 \cdot 200 \cdot 22{,}7 - 527) \cdot 10 = 28{,}2 \text{ cm}^2\text{/m}$$
$$a_{\text{sy,o}} = \frac{1}{435} \cdot (0{,}2748 \cdot 220 \cdot 22{,}7 - 452) \cdot 10 = 21{,}1 \text{ cm}^2\text{/m}$$

Nachweis der unteren Bewehrung:

$$m_{\text{Eds,x}} = |57{,}1| + 619 \cdot (0{,}235 - 0{,}5 \cdot 0{,}26) = 122 \text{ kNm/m}$$

$$m_{\text{Eds,y}} = |64{,}5| + 531 \cdot (0{,}225 - 0{,}5 \cdot 0{,}26) = 115 \text{ kNm/m}$$

$$\mu_{\text{Eds,x}} = \frac{122}{0{,}235^2 \cdot 22{,}7} \cdot 10^{-3} = 0{,}098$$

$$\mu_{\text{Eds,y}} = \frac{114}{0{,}225^2 \cdot 22{,}7} \cdot 10^{-3} = 0{,}100$$

$$a_{\text{sx,u}} = \frac{1}{435} \cdot (0{,}1035 \cdot 235 \cdot 22{,}7 - 619) \cdot 10 = -1{,}5 \text{ cm}^2\text{/m}$$

$$a_{\text{sy,u}} = \frac{1}{435} \cdot (0{,}1057 \cdot 225 \cdot 22{,}7 - 513) \cdot 10 = 0{,}2 \text{ cm}^2\text{/m}$$

In **Abb. 16.10** ist die statisch erforderliche Bewehrung der Flachdecke dargestellt.

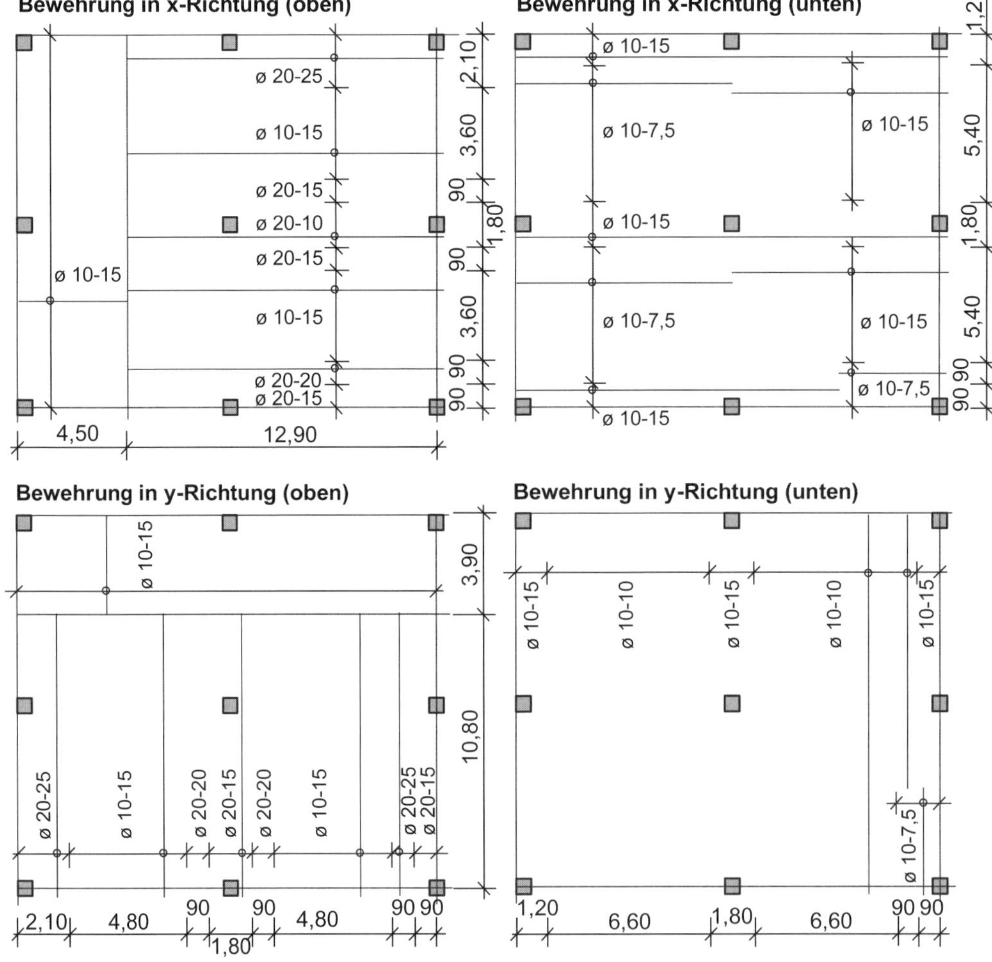

Abb. 16.10 Untere und obere Bewehrungslagen in *x*- und *y*-Richtung

Tafel 16.13 Minimale Momente mit zugehörigen Längskräften

Stelle in y-Richtung	m_{x-x} n_{x-x} / m_{y-y} n_{y-y} (Momente in kNm/m und Längskräfte in kN/m) – Stelle in x-Richtung: 0,0		4,2		8,4		12,6		16,8	
0,0	0,0	−2026	−31,1	−572	−148	−487	65,6	−572	−113	−487
	0,0	−2026	0,0	0,0	0,0	−2786	0,0	0,0	0,0	−2786
3,6	0,0	0,0	−11,9	0,0	−56,5	−619	−43,6	−619	−46,2	−619
	−37,0	−616	−5,6	0,0	−32,6	−671	−5,3	0,0	−37,9	−671
7,2	0,0	−2786	−22,4	−619	−244	−527	−62,7	−619	−184	−527
	−115	−422	−25,2	−531	−218	−452	−56,0	−531	−177	−452
10,8	0,0	0,0	−9,7	0,0	−82,3	−619	−44,5	−619	−66,8	−619
	−58,7	−495	−23,1	−531	−57,7	−531	−24,5	−531	−62,2	−531
14,4	0,0	−2786	−23,7	−619	−208	−527	−71,1	−619	−149	−527
	−93,1	−422	−25,2	−531	−173	−542	−50,5	−531	−133	−452

Tafel 16.14 Maximale Momente mit zugehörigen Längskräften

Stelle in y-Richtung	m_{x-x} n_{x-x} / m_{y-y} n_{y-y} (Momente in kNm/m und Längskräfte in kN/m) – Stelle in x-Richtung: 0,0		4,2		8,4		12,6		16,8	
0,0	0,0	−2026	95,1	−487	59,3	−572	55,6	−487	93,6	−572
	0,0	−2026	0,0	0,0	0,0	−2786	0,0	0,0	0,0	−2786
3,6	0,0	0,0	99,2	0,0	0,0	−527	63,6	−527	0,0	−527
	59,5	−524	72,9	0,0	66,8	−572	77,3	0,0	58,7	−572
7,2	0,0	−2786	105	−527	57,1	−619	57,1	−527	111	−619
	63,3	−495	0,0	−452	64,5	−531	0,0	−452	102	−531
10,8	0,0	0,0	107,8	0,0	0,0	−527	68,6	−527	0,0	−527
	35,5	−422	57,2	−452	34,4	−452	55,5	−452	30,0	−452
14,4	0,0	−2786	101	−527	81,9	−619	47,4	−527	142	−619
	86,5	−495	4,0	−452	98,9	−531	0,0	−452	143	−531

Tafel 16.15 Auf die Schwerachse der Biegezugbewehrung bezogenes Moment

Stelle in y-Richtung	$m_{Eds,x}$ / $m_{Eds,y}$ in kNm/m (links … Wert für die obere, rechts … Wert für die untere Bewehrungslage)									
	Stelle in x-Richtung									
	0,0		4,2		8,4		12,6		16,8	
0,0	-	-	71,1	146	182	119	106	107	147	154
	-	-	-	-	-	-	-	-	-	-
3,6	-	-	11,9	99,2	99,8	71,4	87,0	119	89,5	61,9
	92,4	109	5,6	72,9	93,0	121	5,3	77,3	98,3	113
7,2	-	-	65,7	161	281	122	106	113	221	176
	153	110	73,0	44,6	259	115	104	59,9	217	152
10,8	-	-	9,7	108	126	78,3	87,8	124	110	65,6
	103	75,6	70,8	100	105	77,3	72,3	98,5	110	72,9
14,4	-	-	67,0	156,8	245	147	114	102,8	186	207
	131	134	73,0	46,9	214	149	98,3	52,4	174	193

Tafel 16.16 Bezogenes Moment

Stelle in y-Richtung	$\mu_{Eds,x}$ / $\mu_{Eds,y}$ (links … Wert für die obere, rechts … Wert für die untere Bewehrungslage)									
	Stelle in x-Richtung									
	0,0		4,2		8,4		12,6		16,8	
0,0	-	-	0,078	0,117	0,201	0,095	0,116	0,085	0,162	0,123
	-	-	-	-	-	-	-	-	-	-
3,6	-	-	0,013	0,079	0,110	0,057	0,096	0,095	0,099	0,049
	0,140	0,096	0,005	0,064	0,085	0,106	0,005	0,067	0,090	0,099
7,2	-	-	0,072	0,128	0,310	0,098	0,117	0,090	0,244	0,140
	0,140	0,096	0,067	0,039	0,236	0,100	0,095	0,052	0,198	0,133
10,8	-	-	0,011	0,086	0,139	0,063	0,097	0,099	0,121	0,052
	0,094	0,066	0,065	0,087	0,096	0,067	0,066	0,086	0,100	0,064
14,4	-	-	0,074	0,125	0,270	0,117	0,126	0,082	0,205	0,165
	0,119	0,116	0,067	0,041	0,195	0,130	0,090	0,046	0,158	0,168

Tafel 16.17 ω-Werte

ω_x / ω_y (links … Wert für die obere, rechts … Wert für die untere Bewehrungslage)

Stelle in *y*-Richtung		Stelle in *x*-Richtung 0,0		4,2		8,4		12,6		16,8	
0,0	ω_x	-	-	0,0814	0,1251	0,2276	0,1002	0,1239	0,0891	0,1784	0,1320
	ω_y	-	-	-	-	-	-	-	-	-	-
3,6	ω_x	-	-	0,0132	0,0825	0,1170	0,0589	0,1013	0,1002	0,1046	0,0505
	ω_y	0,0880	0,1002	0,0051	0,0664	0,0891	0,1125	0,0051	0,0696	0,0946	0,1046
7,2	ω_x	-	-	0,0750	0,1378	0,3869	0,1035	0,1251	0,0946	0,2861	0,1518
	ω_y	0,1518	0,1013	0,0696	0,0400	0,2748	0,1057	0,1002	0,0536	0,2237	0,1436
10,8	ω_x	-	-	0,0111	0,0902	0,1506	0,0653	0,1024	0,1046	0,1297	0,0536
	ω_y	0,0990	0,0685	0,0675	0,0913	0,1013	0,0696	0,0685	0,0902	0,1057	0,0664
14,4	ω_x	-	-	0,0771	0,1343	0,3239	0,1251	0,1355	0,0858	0,2329	0,1821
	ω_y	0,1274	0,1239	0,0696	0,0421	0,2199	0,1401	0,0946	0,0473	0,1735	0,1857

Tafel 16.18 Erforderliche Biegezugbewehrung

a_{sx} / a_{sy} in cm²/m (links … Wert für die obere, rechts … Wert für die untere Bewehrungslage)

Stelle in *y*-Richtung		Stelle in *x*-Richtung 0,0		4,2		8,4		12,6		16,8	
0,0	a_{sx}	-	-	-	4,1	12,5	-	-	-	7,4	3,0
	a_{sy}	-	-	-	-	-	-	-	-	-	-
3,6	a_{sx}	-	-	1,4	10,1	-	-	-	-	-	-
	a_{sy}	-	-	0,6	7,8	-	-	0,6	8,2	-	-
7,2	a_{sx}	-	-	-	4,7	28,2	-	-	-	17,7	4,4
	a_{sy}	7,7	0,5	-	-	21,1	0,2	-	-	15,3	4,6
10,8	a_{sx}	-	-	1,2	11,0	1,5	-	-	-	-	-
	a_{sy}	-	-	-	-	-	-	-	-	-	-
14,4	a_{sx}	-	-	-	4,3	21,6	1,1	-	-	12,1	8,1
	a_{sy}	4,9	3,1	-	-	14,8	4,2	-	-	9,5	9,6

Für die Berechnung der Mindestbewehrung von vorgespannten Tragwerken ohne Verbund darf die Spannbewehrung nicht angesetzt werden. Die Mindestbewehrung ist somit wie bei nicht vorgespannten Bauteilen üblich, für das Rissmoment M_r zu berechnen. Das Rissmoment kann mit Hilfe des Widerstandsmomentes und des Mittelwertes der Zugfestigkeit bestimmt werden.

Gl. (11.34): $$M_r = f_{ctm} \cdot W_y = 3{,}5 \cdot 11267 \cdot 10^{-3} = 39{,}4 \text{ kNm/m}$$

Die erforderliche Mindestbewehrung beträgt somit:

Gl. (11.35): $$a_{s,min} = \frac{M_r}{0{,}9 \cdot d \cdot f_{yk}} = \frac{39{,}4}{0{,}9 \cdot 200 \cdot 500} \cdot 10^4 = 4{,}4 \text{ cm}^2/\text{m}$$

Auf der sicheren Seite liegend wurde die Mindestbewehrung mit dem kleineren Wert der statischen Höhe berechnet. Die Mindestbewehrung wird in den Fällen an der Ober- und Unterseite der Flachdecke angeordnet, in denen die aus der Biegebemessung resultierenden erforderlichen Stahlquerschnitte kleiner als $4{,}4 \text{ cm}^2/\text{m}$ sind.

16.4.3 Durchstanzen

Der Nachweis des Durchstanzens wird für die maximalen Stützreaktionen geführt. Die für eine Einheitslast berechneten Auflagerkräfte können im Fall der ständigen und veränderlichen Lastanteile Tafel 16.4 entnommen werden. Die aus der Vorspannwirkung resultierenden Stützreaktionen sind in Tafel 16.11 aufgelistet. Der Nachweis wird zum Zeitpunkt t_∞ geführt, da beim Durchstanznachweis die von den geneigten Spanngliedern getragenen Querkraftanteile berücksichtigt werden dürfen und der Bemessungswert der einwirkenden Querkraft im Bereich des Durchstanzkegels durch die Wirkung der Vorspannung positiv beeinflusst wird. Bei der Berechnung der Bemessungswerte ist die Vorspannwirkung mit ihrem charakteristischen Wert unter Berücksichtigung der Spannungsverluste infolge Kriechen und Schwinden anzusetzen. Der Spannungszuwachs in den Spanngliedern von 100 N/mm^2 wird nicht in Ansatz gebracht.

Die extremale Auflagerkraft der Eck-, Rand- und Innenstützen kann mit der folgenden Gleichung berechnet werden:

$$\begin{aligned} V_{Ed} = & \gamma_g \cdot (g_{1k} + g_{2k}) \cdot \text{TW}_{\text{Tafel 16.4,oben}} \\ & + \gamma_q \cdot q_k \cdot \text{TW}_{\text{Tafel 16.4,unten}} \\ & + \alpha_{csr} \cdot \text{TW}_{\text{Tafel 16.11}} \end{aligned}$$

Für die Stütze bei $x = 8{,}4$ m / $y = 7{,}2$ m ergibt sich demnach eine Stützreaktion von:

$$V_{Ed} = 1{,}35 \cdot 8{,}5 \cdot 77{,}2 + 1{,}5 \cdot 7{,}5 \cdot 84{,}9 - 0{,}84 \cdot 59{,}7 = 1791 \text{ kN}$$

In **Tafel 16.19** sind die Bemessungswerte der anderen Stützen gelistet.

Der von einem Spannglied getragene Querkraftanteil ergibt sich durch Multiplikation des Mittelwertes der Vorspannkraft mit dem Neigungswinkel des Spanngliedes im Bereich des Durchstanzkegels. Es ist zu beachten, dass sowohl die in x- als auch die in y-Richtung geführten Spannglieder den Bemessungswert der Querkraft beeinflussen.

Die Berechnung soll im Folgenden wiederum exemplarisch am Beispiel der Stütze bei $x = 8{,}4$ m / $y = 7{,}2$ m erfolgen. Im Bereich dieser Stütze liegen in x- und y-Richtung je 24 Monolitzen im Bereich des Durchstanzkegels. Die Neigungswinkel der Spannglieder am Durchstanzkegel können **Tafel 16.6** bzw. **Abb. 16.3** entnommen werden.

gemäß Gl. (11.45):

$$\begin{aligned} V_{\mathrm{cp}}^{(00)} &= P_{\mathrm{m}} \cdot \sin \psi_{\mathrm{p}} \\ &= -24 \cdot 0{,}84 \cdot 172 \cdot (\sin 3{,}47 + \sin 4{,}11) \\ &\quad - 24 \cdot 0{,}84 \cdot 172 \cdot (\sin 3{,}91 + \sin 4{,}47) \\ &= -964 \text{ kN} \end{aligned}$$

Der **Tafel 16.20** können die Werte der anderen Stützen entnommen werden.

Somit kann die maßgebende Querkraft auf dem kritischen Rundschnitt durch Addition der Werte in **Tafel 16.19** und **Tafel 16.20** berechnet werden. Die Ergebnisse der einzelnen Lagerpunkte sind in **Tafel 16.21** dargestellt.

Es wird überprüft, ob die erforderliche Mindestbewehrung im Bereich der Platten-Stützen-Verbindung eingehalten ist. Diese Bewehrung ist erforderlich, um eine ausreichende Querkrafttragfähigkeit sicherstellen zu können. Das zu berücksichtigende Mindestbemessungsmoment kann mit Hilfe der nachstehenden Gleichungen berechnet werden.

$$m_{\mathrm{Edx}} = m_{\mathrm{Edy}} = \eta \cdot \widetilde{V}_{\mathrm{Ed}}$$

Die aufzunehmende Querkraft $\widetilde{V}_{\mathrm{Ed}}$ kann unter Berücksichtigung der entlastenden Wirkung der Vorspannung berechnet werden. Es sind die Werte aus **Tafel 16.21** anzusetzen. Der Beiwert η ist [DIN EN 1992-1-1/NA – 13], Tab. NA.6.1.1 zu entnehmen. Unter Berücksichtigung dieser Werte ergeben sich bei der Randstütze an der Stelle $x = 8{,}4$ m, $y = 0{,}0$ m die folgenden Mindestbemessungsmomente.

Tafel 16.19 Bemessungswerte der Lagerreaktionen

V_{Ed} in kN		Stelle in x-Richtung				
		0,0	4,2	8,4	12,6	16,8
Stelle in y-Richtung	0,0	282		682		612
	3,6					
	7,2	649		1791		1599
	10,8					
	14,4	610		1632		1457

Tafel 16.20 Von den geneigten Spanngliedern getragene Querkraftanteile

$V_{\mathrm{cp}}^{(00)}$ in kN		Stelle in x-Richtung				
		0,0	4,2	8,4	12,6	16,8
Stelle in y-Richtung	0,0	−183		−560		−599
	3,6					
	7,2	−587		−964		−1003
	10,8					
	14,4	−621		−998		−1037

Tafel 16.21 Bemessungsmaßgebende Querkraftanteile im Bereich des kritischen Rundschnittes

Stelle in y-Richtung	$\widetilde{V}_{\text{Ed}}$ in kN	Stelle in x-Richtung 0,0	4,2	8,4	12,6	16,8
	0,0	**99,1**		**122**		13,6
	3,6					
	7,2	62,0		**827**		596
	10,8					
	14,4	−10,9		634		421

Tafel 16.22 Mindestbemessungsmoment

links … Zug an der Plattenoberseite
rechts … Zug an der Plattenunterseite

Stelle in y-Richtung	min m_{Edx} min m_{Edy} in kNm/m	Stelle in x-Richtung 0,0		8,4		16,8	
	0,0	**49,6**	**49,6**	30,5	-	3,4	-
		49,6	**49,6**	**15,3**	**15,3**	**1,7**	**1,7**
	7,2	**7,7**	**7,7**	103	-	74,5	-
		15,5	-	103	-	74,5	-
	14,4	-	-	79,2	-	52,6	-
		-	-	79,2	-	52,6	-

Zug an der Plattenoberseite:

$$m_{\text{Edx}} = 0{,}25 \cdot \widetilde{V}_{\text{Ed}} = 0{,}25 \cdot 122 = 30{,}5 \text{ kNm}$$

$$m_{\text{Edy}} = 0{,}125 \cdot \widetilde{V}_{\text{Ed}} = 0{,}125 \cdot 122 = 15{,}3 \text{ kNm}$$

Die Mindestbemessungsmomente der anderen Lagerpunkte befinden sich in **Tafel 16.22**.

Bis auf Ausnahme der in **Tafel 16.22** fett hervorgehobenen Werte sind die berechneten Mindestmomente generell kleiner als die in **Tafel 16.13** bzw. **Tafel 16.14** angegebenen Bemessungsmomente. Im Folgenden soll die Mindestbewehrung im Bereich der Eckstütze bestimmt werden. Der Nachweis erfolgt wiederum mit Hilfe des ω-Verfahrens. Das auf die Schwerpunktachse der Biegezugbewehrung bezogene Moment lässt sich mit der nachstehenden Gleichung berechnen.

$$m_{\text{Eds}} = |m_{\text{Ed}}| - n_{\text{Ed}} \cdot (d - 0{,}5 \cdot h)$$

Die Längskraft infolge der Vorspannkraft ist **Tafel 16.10** zu entnehmen. Es ist zu beachten, dass die bemessungsmaßgebende aufzunehmende Querkraft zum Zeitpunkt t_∞ berechnet wurde, und somit diese Tabellenwerte noch mit dem Faktor α_{csr} zu multiplizieren sind.

$$m_{\text{Eds,x}} = 49{,}6 + 0{,}85 \cdot 1876 \cdot (0{,}20 - 0{,}5 \cdot 0{,}26) = 161 \text{ kNm/m}$$

$$m_{\text{Eds,y}} = 49{,}6 + 0{,}85 \cdot 1876 \cdot (0{,}22 - 0{,}5 \cdot 0{,}26) = 193 \text{ kNm/m}$$

Nun können die bezogenen Momente μ_{Eds} und im Anschluss die ω-Werte mit Hilfe von **Tafel A.1** bestimmt werden.

$$\mu_{\text{Eds,x}} = \frac{161}{0{,}20^2 \cdot 22{,}7} \cdot 10^{-3} = 0{,}177 \quad \Rightarrow \quad \omega = 0{,}1970$$

$$\mu_{\text{Eds,y}} = \frac{193}{0{,}22^2 \cdot 22{,}7} \cdot 10^{-3} = 0{,}176 \quad \Rightarrow \quad \omega = 0{,}1957$$

Unter Berücksichtigung dieser Werte ergibt sich die folgende Mindestbewehrung.

$$\min a_{\text{sx,o}} = \frac{1}{435} \cdot (0{,}1970 \cdot 200 \cdot 22{,}7 - 0{,}85 \cdot 1876) \cdot 10$$
$$= -16{,}1 \text{ cm}^2/\text{m}$$

$$\min a_{\text{sy,o}} = \frac{1}{435} \cdot (0{,}1957 \cdot 220 \cdot 22{,}7 - 0{,}85 \cdot 1876) \cdot 10$$
$$= -14{,}2 \text{ cm}^2/\text{m}$$

Weder an dieser noch an den anderen in **Tafel 16.22** fett hervorgehobenen Stellen wird die Mindestbewehrung maßgebend.

Der Durchstanznachweis wird im Folgenden jeweils für die maßgebende Eck-, Rand- und Innenstütze geführt. Die bemessungsmaßgebenden Querkraftanteile dieser Stützen sind in **Tafel 16.21** hervorgehoben. Der für den Nachweis erforderliche Mittelwert der statischen Höhe wurde bereits in Abschnitt 16.3.4 berechnet. Er beträgt 210 mm.

Nachweis der Eckstütze:

Der kritische Rundschnitt im Bereich der Eckstütze beträgt:

$$u = 2 \cdot h_{\text{col}} + \frac{4 \cdot \pi \cdot d_{\text{m}}}{4} = 2 \cdot 60 + \frac{4 \cdot \pi \cdot 21}{4} = 186 \text{ cm}$$

Bei Eckstützen wird die am kritischen Rundschnitt vom Bauteil aufzunehmende Querkraft mit Hilfe der folgenden Gleichung bestimmt.

$$v_{\text{Ed}} = \frac{\beta \cdot \tilde{V}_{\text{Ed}}}{u_1 \cdot d_{\text{m}}} = \frac{1{,}5 \cdot \text{TW}_{\text{Tafel 16.21}}}{u_1 \cdot d_{\text{m}}} = \frac{1{,}5 \cdot 99{,}1}{186 \cdot 21} \cdot 10 = 0{,}380 \text{ MN/m}^2$$

Der Bauteilwiderstand einer punktförmig gestützten Platte ohne Querkraftbewehrung lässt sich mit Gl. (4.18) berechnen. Hierfür werden zunächst die Vorwerte bestimmt:

$$k = 1 + \sqrt{\frac{200}{d_{\text{m}}}} = 1 + \sqrt{\frac{200}{210}} = 1{,}98$$

Der Längsbewehrungsgrad in x- und y-Richtung wird aus der Mindestbiegebewehrung von $4{,}4 \text{ cm}^2/\text{m}$ berechnet, da im Bereich der Eckstütze statisch keine obere Bewehrung erforderlich ist.

$$\rho_{\text{x}} = \frac{a_{\text{sx}}}{d_{\text{x}}} = \frac{4{,}4}{20} = 0{,}22\ \%$$

$$\rho_{\text{y}} = \frac{a_{\text{sy}}}{d_{\text{y}}} = \frac{4{,}4}{22} = 0{,}20\ \%$$

$$\rho_l = \sqrt{\rho_x \cdot \rho_y} = \sqrt{0,22 \cdot 0,20} = 0,21\ \%$$

Die Betondruckspannungen in Plattenlängsrichtung werden auf Grundlage von **Abb. 16.5** bzw. **Abb. 16.7** bestimmt. Im Bereich des kritischen Rundschnittes verteilt sich die Vorspannkraft der 12 Monolitzen auf eine Breite von:

$$b = 110 + \underbrace{(60 + 2,0 \cdot 21)}_{\text{Breite des kritischen Rundschnittes}} \cdot \tan 35 = 181\ \text{cm}$$

Die mittlere Längskraft im Bereich des kritischen Rundschnittes beträgt somit:

$$n_x = n_y = -\frac{12 \cdot 172,0}{1,81} = -1138\ \text{kN/m}$$

Unter Berücksichtigung der Spannkraftverluste infolge Kriechen und Schwinden ergeben sich damit im Bereich des kritischen Rundschnittes die folgenden Betonlängsspannungen.

$$\sigma_{cp,x} = \sigma_{cp,y} = \frac{n_x}{h} = -\frac{0,85 \cdot 1138}{0,26} \cdot 10^{-3} = -3,7\ \text{N/mm}^2$$

$$\sigma_{cp} = 0,5 \cdot (\sigma_{cp,x} + \sigma_{cp,y}) = 0,5 \cdot (-3,7 - 3,7) = -3,7\ \text{N/mm}^2$$

Der Bauteilwiderstand der punktförmig gestützten Platte ohne Querkraftbewehrung im Bereich der Eckstütze beträgt:

Gl. (14.8):

$$v_{Rd,c} = C_{Rd,c} \cdot k \cdot (100 \cdot \rho_l \cdot f_{ck})^{1/3} + 0,10 \cdot \sigma_{cp}$$

$$v_{Rd,ct} = 0,12 \cdot 1,98 \cdot (100 \cdot 0,0021 \cdot 40)^{0,33} + 0,10 \cdot 3,7$$

$$= 0,853\ \text{MN/m}^2 > v_{Ed} = 0,380\ \text{MN/m}^2$$

Im Bereich der Eckstützen ist keine Durchstanzbewehrung erforderlich.

Nachweis der Randstütze:

Der Nachweis wird bei der Randstütze an der Stelle $x = 8,4$ m / $y = 0,0$ m geführt. Der Nachweis erfolgt analog zur Eckstütze.

$$u_1 = 3 \cdot d_{col} + \frac{4 \cdot \pi \cdot d_m}{2} = 3 \cdot 60 + \frac{4 \cdot \pi \cdot 21}{2} = 312\ \text{cm}$$

$$v_{Ed} = \frac{1,4 \cdot \widetilde{V}_{Ed}}{u_1 \cdot d_m} = \frac{1,4 \cdot \text{TW}_{\text{Tafel 16.21}}}{u_1 \cdot d_m} = \frac{1,4 \cdot 122}{312 \cdot 21} \cdot 10 = 0,261\ \text{MN/m}^2$$

Der Längsbewehrungsgrad in x-Richtung wird aus der statisch erforderlichen Bewehrung von $12,5\ \text{cm}^2/\text{m}$ und die in y-Richtung aus der Mindestbewehrung von $4,4\ \text{cm}^2/\text{m}$ berechnet.

$$\rho_x = \frac{a_{sx}}{d_x} = \frac{12,5}{20} = 0,63\ \%$$

$$\rho_y = \frac{a_{sy}}{d_y} = \frac{4,4}{22} = 0,20\ \%$$

$$\rho_l = \sqrt{\rho_x \cdot \rho_y} = \sqrt{0,63 \cdot 0,20} = 0,35\ \%$$

Die Betondruckspannung in x-Richtung wird mit Hilfe der in **Tafel 16.10** angegebenen mittleren Längskraft von $n_x = -529$ kN/m bestimmt. In y-Richtung wird die Längskraft im kritischen Rundschnitt in Anlehnung an **Abb. 16.5** bzw. **Abb. 16.7** berechnet. Die Vorspannkraft der 24 Monolitzen verteilt sich auf eine Breite von:

$$b = 160 + 2 \cdot \underbrace{(60 + 2,0 \cdot 21)}_{\text{Breite des kritischen Rundschnittes}} \cdot \tan 35 = 303\ \text{cm}$$

Die mittlere Längskraft in y-Richtung im Bereich des kritischen Rundschnittes beträgt somit:

$$n_y = -\frac{24 \cdot 172}{3,03} = -1363\ \text{kN/m}$$

Damit ergeben sich im Bereich des kritischen Rundschnittes zum Zeitpunkt t_∞ die folgenden Betonlängsspannungen.

$$\sigma_{cp,x} = \frac{n_x}{h} = -\frac{0,85 \cdot 529}{0,26} \cdot 10^{-3} = -1,7\ \text{N/mm}^2$$

$$\sigma_{cp,y} = \frac{n_y}{h} = -\frac{0,85 \cdot 1363}{0,26} \cdot 10^{-3} = -4,5\ \text{N/mm}^2$$

$$\sigma_{cp} = 0,5 \cdot (\sigma_{cp,x} + \sigma_{cp,y}) = 0,5 \cdot (-1,7 - 4,5) = -3,1\ \text{N/mm}^2$$

$$v_{Rd,c} = C_{Rd,c} \cdot k \cdot (100 \cdot \rho_l \cdot f_{ck})^{1/3} + 0,10 \cdot \sigma_{cp}$$

Gl. (14.8):

$$= 0,12 \cdot 1,98 \cdot (100 \cdot 0,0035 \cdot 40)^{0,33} + 0,10 \cdot 3,1$$

$$= 0,883\ \text{MN/m}^2 > v_{Ed} = 0,261\ \text{MN/m}^2$$

Im Bereich der Randstütze ist ebenfalls keine Durchstanzbewehrung erforderlich.

Nachweis der Innenstütze:

Die für die Bemessung maßgebende Innenstütze befindet sich bei $x = 8,4$ m / $y = 7,2$ m:

$$u = 4 \cdot d_{col} + 4 \cdot \pi \cdot d_m = 4 \cdot 60 + 4 \cdot \pi \cdot 21 = 504\ \text{cm}$$

$$v_{Ed} = \frac{1,10 \cdot \tilde{V}_{Ed}}{u_1 \cdot d_m} = \frac{1,10 \cdot \text{TW}_{\text{Tafel 16.21}}}{u_1 \cdot d_m} = \frac{1,10 \cdot 827}{504 \cdot 21} \cdot 10 = 0,860\ \text{MN/m}^2$$

$$\rho_x = \frac{a_{sx}}{d_x} = \frac{28,2}{20} = 1,41\ \%$$

$$\rho_y = \frac{a_{sy}}{d_y} = \frac{21,2}{22} = 0,96\ \%$$

$$\rho_l = \sqrt{\rho_x \cdot \rho_y} = \sqrt{1,41 \cdot 0,96} = 1,16\ \%$$

Die Betondruckspannung in x- und y-Richtung wird mit Hilfe der in **Tafel 16.10** angegebenen mittleren Längskräfte von $n_x = -573$ kN/m und $n_y = -491$ kN/m berechnet. Unter Berücksichtigung des Kriechens und Schwindens ergeben sich im Bereich des kritischen Rundschnittes die folgenden Betonlängsspannungen.

$$\sigma_{cp,x} = \frac{n_x}{h_f} = -\frac{0,85 \cdot 573}{0,26} \cdot 10^{-3} = -1,9\ \text{N/mm}^2$$

$$\sigma_{cp,y} = \frac{n_y}{h_f} = -\frac{0,85 \cdot 491}{0,26} \cdot 10^{-3} = -1,6\ \text{N/mm}^2$$

$$\sigma_{cp} = 0,5 \cdot \left(\sigma_{cp,x} + \sigma_{cp,y}\right) = 0,5 \cdot (-1,9 - 1,6) = -1,7\ \text{N/mm}^2$$

$$v_{Rd,ct} = C_{Rd,c} \cdot k \cdot (100 \cdot \rho_l \cdot f_{ck})^{1/3} + 0,10 \cdot \sigma_{cp}$$

Gl. (14.8):
$$= 0,12 \cdot 1,98 \cdot (100 \cdot 0,0116 \cdot 40)^{0,33} + 0,10 \cdot 1,7$$

$$= 1,024\ \text{MN/m}^2 > v_{Ed} = 0,860\ \text{MN/m}^2$$

Im Bereich der Innenstütze ist ebenfalls keine Durchstanzbewehrung erforderlich.

16.5 Nachweis im Grenzzustand der Gebrauchstauglichkeit

16.5.1 Allgemeines

Vorgespannte Bauteile ohne Verbund können grundsätzlich wie mit Betonstahl bewehrte Tragwerke behandelt werden. Das gilt sowohl für die Spannungsnachweise als auch für den Nachweis der Rissbreitenbeschränkung. Bei Flachdecken ist eine Mindestbewehrung zur Rissbreitenbeschränkung in der Regel nicht erforderlich, da aufgrund der geringen Einspannung der Decke an die Stützen keine nennenswerten Zwangsbeanspruchungen auftreten. Da bei der Flachdecke für den Betonstahl und den Beton aufgrund der Expositionsklasse kein Angriffsrisiko besteht, können die Spannungsnachweise entfallen. Nach Abschnitt 10.2.3 sind jedoch bei Tragwerken, bei denen die Gebrauchstauglichkeit, Tragfähigkeit bzw. Dauerhaftigkeit durch das Kriechen des Betons wesentlich beeinflusst werden, die Betonspannungen unter der quasi-ständigen Lastkombination auf $0,45 \cdot f_{ck}$ zu begrenzen.

16.5.2 Spannungsnachweise

Der Rechengang des Spannungsnachweises soll im Folgenden an der maßgebenden Stelle bei $x = 8,4$ m / $y = 7,2$ m in x-Richtung demonstriert werden. Die Schnittgrößen unter der quasi-ständigen Lastkombination werden berechnet mit den Biegemomenten infolge ständiger und veränderlicher Lastanteile, die **Tafel 16.1** und **Tafel 16.3** entnommen werden können, und den Momenten infolge Vorspannung, die in **Tafel 16.8** aufgelistet sind. Der Bemessungswert der Längskraft ist unter Verwendung von **Tafel 16.10** zu bestimmen.

$$\begin{aligned} m_{\text{perm,x}} &= 1{,}0 \cdot \text{TW}_{\text{Tafel 16.1}} \cdot (g_{1k} + g_{2k}) \\ &\quad + 1{,}0 \cdot \psi_2 \cdot \text{TW}_{\text{Tafel 16.2}} \cdot q_k \\ &\quad + \alpha_{\text{csr}} \cdot \text{TW}_{\text{Tafel 16.8}} \\ &= -1{,}0 \cdot 16{,}5 \cdot 8{,}5 - 1{,}0 \cdot 0{,}5 \cdot 18{,}3 \cdot 7{,}5 + 0{,}85 \cdot 164{,}0 \\ &= -69{,}5 \text{ kNm/m} \end{aligned}$$

$$n_{\text{perm,x}} = \alpha_{\text{csr}} \cdot \text{TW}_{\text{Tafel 16.10}} = -0{,}85 \cdot 573 = -487 \text{ kN}$$

Das auf die Schwerachse der Bewehrung bezogene Moment beträgt:

$$\begin{aligned} m_{\text{perm,s,x}} &= \left| m_{\text{perm,x}} \right| - n_{\text{perm,x}} \cdot (d_x - 0{,}5 \cdot h) \\ &= \left| -71{,}1 \right| + 487 \cdot (0{,}20 - 0{,}5 \cdot 0{,}26) = 105 \text{ kNm/m} \end{aligned}$$

Die statisch erforderliche Bewehrung an dieser Stelle beträgt $28{,}2 \text{ cm}^2/\text{m}$. Mit diesem Wert lässt sich der Bewehrungsgrad bestimmen:

$$\rho_x = \frac{a_{sx}}{d_x} = \frac{28{,}2}{20} = 1{,}41\ \%$$

Die bezogene Druckzonenhöhe ξ wird mit Hilfe von **Abb. 10.3** bestimmt. Die Eingangswerte für dieses Nomogramm betragen:

$$\alpha_e \cdot \rho_x = 15 \cdot 0{,}0141 = 0{,}212$$

Gl. (10.17): $$\frac{n_{\text{perm,x}} \cdot d_x}{m_{\text{perm,s,x}}} = -\frac{487 \cdot 0{,}20}{105} = -0{,}93$$

Aus dem Diagramm lässt sich für die bezogene Druckzonenhöhe ξ ein Wert von $\xi = 0{,}67$ ablesen.

Gl. (10.10): $$x = \xi \cdot d_x = 0{,}67 \cdot 20 = 13{,}4 \text{ cm}$$

Der Hebelarm der inneren Kräfte z beträgt:

Gl. (10.18): $$z = d_x - k_a(x) \cdot x = 20 - \frac{1}{3} \cdot 13{,}4 = 15{,}5 \text{ cm}$$

Mit diesen Werten lassen sich nun die Randspannungen bestimmen. Die Gleichung wurde [Holschemacher – 13], S. 3.74 entnommen.

$$\left| \sigma_{c2,x} \right| = \frac{2 \cdot m_{\text{perm,s,x}}}{x \cdot z} = \frac{2 \cdot 105}{13{,}4 \cdot 15{,}5} \cdot 10 = 10{,}1 \text{ N/mm}^2$$

Gl. (10.25): $$\left| \sigma_{c2,x} \right| = 10{,}1 \text{ N/mm}^2 < \sigma_{c,\text{lim}} = 0{,}45 \cdot f_{ck} = 18 \text{ N/mm}^2$$

16.5.3 Verformungsbegrenzung

Die Verformungen sollen mit Hilfe der FEM unter Berücksichtigung der Rissbildung des Betons berechnet werden. Um zu überprüfen, ob ein Bereich gerissen ist oder nicht, wird das Rissmoment, das unter Berücksichtigung der Längsdruckkraft berechnet wird, den extremalen Momentenbeanspruchungen in der seltenen Lastkombination gegenübergestellt. Der Nachweis wird für die Stelle $x = 8{,}4$ m / $y = 7{,}2$ m gezeigt. Die Werte anderer Stellen können **Tafel 16.23** und **Tafel 16.24** entnommen werden.

Das Rissmoment lässt sich mit Hilfe der folgenden Gleichung berechnen:

$$\frac{n_{\mathrm{cp}\infty}}{h} + \frac{6 \cdot m_{\mathrm{r}}}{h^2} \le f_{\mathrm{ctm}} \quad \Rightarrow \quad m_{\mathrm{r}} = (f_{\mathrm{ctm}} \cdot h - n_{\mathrm{cp}\infty}) \cdot \frac{h}{6}$$

Der Mittelwert der Zugfestigkeit eines Betons C40/50 beträgt $f_{\mathrm{ctm}} = 3{,}5\ \mathrm{N/mm^2}$. Die Längsdruckkräfte der einzelnen Nachweisstellen können **Tafel 16.10** entnommen werden. Bei der Berechnung sind die Spannkraftverluste infolge Kriechen und Schwinden zu berücksichtigen. Unter Berücksichtigung dieser Werte ergeben sich die folgenden Rissmomente:

$$m_{\mathrm{r,x}} = (3{,}5 \cdot 260 + 0{,}85 \cdot 573) \cdot \frac{260}{6} \cdot 10^{-3} = 60{,}5\ \mathrm{kNm/m}$$

$$m_{\mathrm{r,y}} = (3{,}5 \cdot 260 + 0{,}85 \cdot 491) \cdot \frac{260}{6} \cdot 10^{-3} = 57{,}5\ \mathrm{kNm/m}$$

Die Rissmomente der anderen Nachweisstellen, sind **Tafel 16.23** zu entnehmen.

Die Schnittgrößen unter der seltenen Lastkombination werden mit den Biegemomenten infolge ständiger und veränderlicher Lastanteile (**Tafel 16.1**, **Tafel 16.2** bzw. **Tafel 16.3**) und den Momenten infolge Vorspannung (**Tafel 16.8**) berechnet. Nachfolgend wird der Rechengang an der Stelle $x = 8{,}4$ m, $y = 7{,}2$ m demonstriert.

$$\begin{aligned} m_{\mathrm{rare}} &= 1{,}0 \cdot \mathrm{TW}_{\mathrm{Tafel\ 16.1}} \cdot (g_{1\mathrm{k}} + g_{2\mathrm{k}}) \\ &\quad + 1{,}0 \cdot \mathrm{TW}_{\mathrm{Tafel\ 16.2\ oder\ 16.3}} \cdot q_{\mathrm{k}} \\ &\quad + \alpha_{\mathrm{csr}} \cdot \mathrm{TW}_{\mathrm{Tafel\ 16.8}} \\ m_{\mathrm{rare,x}} &= -1{,}0 \cdot 16{,}5 \cdot 8{,}5 - 1{,}0 \cdot 18{,}3 \cdot 7{,}5 + 0{,}85 \cdot 165 \\ &= -138\ \mathrm{kNm/m} \\ m_{\mathrm{rare,y}} &= -1{,}0 \cdot 15{,}5 \cdot 8{,}5 - 1{,}0 \cdot 17{,}1 \cdot 7{,}5 + 0{,}85 \cdot 165 \\ &= -120\ \mathrm{kNm/m} \end{aligned}$$

Die Beträge dieser bzw. der Momente weiterer ausgewählter Stellen sind **Tafel 16.24** zu entnehmen. Hierin sind nur die betragsmäßig größeren Werte vertafelt. Durch Vergleich der Werte von **Tafel 16.23** und **Tafel 16.24** kann geklärt werden, in welchen Bereichen der Flachdecke der Beton gerissen bzw. ungerissen ist. Bei genauer Betrachtung dieser Tabellen fällt auf, dass die Risse vorwiegend in den Stützbereichen bzw. in der Mitte der Rand- und Eckfelder auftreten. Die gerissenen Bereiche sind in **Tafel 16.24** grau hinterlegt.

Tafel 16.23 Rissmomente

$m_{r,x}$ / $m_{r,y}$ in kNm/m		Stelle in x-Richtung				
		0,0	4,2	8,4	12,6	16,8
Stelle in y-Richtung	0,0	108	58,9	58,9	58,9	58,9
		108	39,6	133	39,6	133
	3,6	39,4	39,6	60,5	60,5	60,5
		60,2	39,6	62,3	39,6	62,3
	7,2	133	60,5	60,5	60,5	60,5
		56,1	57,5	57,5	57,5	57,5
	10,8	39,4	39,6	60,5	60,5	60,5
		56,1	57,5	57,5	57,5	57,5
	14,4	133	60,5	60,5	60,5	60,5
		56,1	57,5	57,5	57,5	57,3

Tafel 16.24 Momente in der seltenen Lastkombination

$\max\lvert m_{rare,x}\rvert$ / $\max\lvert m_{rare,y}\rvert$ in kNm/m		Stelle in x-Richtung				
		0,0	4,2	8,4	12,6	16,8
Stelle in y-Richtung	0,0	-	54,8	**79,6**	41,7	56,0
		-	-	**-**	-	-
	3,6	-	**63,6**	40,0	**39,7**	32,9
		28,7	**46,9**	34,7	**50,4**	29,1
	7,2	**-**	**62,8**	**138**	39,7	**95,6**
		57,6	**18,5**	**120**	40,6	**90,4**
	10,8	-	**69,8**	58,2	43,2	47,4
		38,2	**37,6**	37,8	37,0	40,9
	14,4	-	60,6	**114**	47,0	**85,8**
		51,6	18,0	**89,1**	36,9	**87,9**

Nachdem nachgewiesen wurde, in welchen Bereichen die Platte gerissen ist, muss deren Biegesteifigkeit im Zustand II bestimmt werden. Dies erfolgt auf Grundlage der statisch erforderlichen Biegezugbewehrung (**Tafel 16.18**) bzw. der Mindestbewehrung von $4,4\ \text{cm}^2/\text{m}$, dem Abstand der Bewehrung vom gezogenen bzw. gedrückten Querschnittsrand sowie dem Rissmoment und dem Moment in der quasi-ständigen Lastkombination. In Bereichen, in denen keine Längskraft wirkt, kann die Biegesteifigkeit des Querschnitts direkt berechnet werden. Wenn der Querschnitt durch eine Längskraft beansprucht wird, ist eine direkte Berechnung nicht mehr möglich. In diesem Fall muss auf grafische Hilfsmittel zurückgegriffen werden.

Bereich ohne Längsdruckkraft ($x = 4,2$ m, $y = 10,8$ m):

Bei diesem Nachweis wird die Biegesteifigkeit des Plattenquerschnitts unter Berücksichtigung der Bewehrung in der Druck- und Zugzone bestimmt. Die Berechnung soll im Folgenden an der Stelle des maximalen Feldmomentes in x-Richtung erläutert werden. Laut **Tafel 16.18** ist bei $x = 4,2$ m, $y = 10,8$ m folgender Bewehrungsquerschnitt statisch erforderlich: $a_{sx,o} = 4,4\ \text{cm}^2$, $a_{sx,u} = 11,0\ \text{cm}^2$

Die untere Bewehrung hat einen Abstand $d_x = 23,5$ cm zu der am stärksten gedrückten oberen Randfaser. Die Schwerachse der oberen Bewehrung ist $d_{2,x} = 6,0$ cm von dieser Randfaser entfernt. Die Berechnung der Biegesteifigkeit im Zustand II erfolgt in Anlehnung an [Litzner – 94] unter Berücksichtigung der Bewehrung in der Druck- und Zugzone.

$$\alpha_e = \frac{E_s}{E_c} = \frac{200000}{35000} = 5,7$$

$$A = \alpha_e \cdot \frac{a_{sx,u}}{d_x} \cdot \left(1 + \frac{a_{sx,o} \cdot d_{2,x}}{a_{sx,u} \cdot d_x}\right)$$

$$= 5{,}7 \cdot \frac{11{,}0}{23{,}5} \cdot 10^{-2} \cdot \left(1 + \frac{4{,}4 \cdot 6{,}0}{11{,}0 \cdot 23{,}5}\right) = 0{,}029$$

$$B = \alpha_e \cdot \frac{a_{sx,u}}{d_x} \cdot \left(1 + \frac{a_{sx,o}}{a_{sx,u}}\right)$$

$$= 5{,}7 \cdot \frac{11{,}0}{23{,}5} \cdot 10^{-2} \cdot \left(1 + \frac{4{,}4}{11{,}0}\right) = 0{,}037$$

$$k_{II} = -B + \sqrt{B^2 + 2 \cdot A}$$

$$= -0{,}037 + \sqrt{0{,}037^2 + 2 \cdot 0{,}029} = 0{,}21$$

Mit dem Beiwert k_{II} kann das Flächenmoment 2. Ordnung I_{II} im Bereich eines Risses berechnet werden:

$$I_{II} = \left[\begin{array}{l} 4 \cdot {k_{II}}^3 + 12 \cdot \alpha_e \cdot \dfrac{a_{sx,u}}{d_x} \cdot (1 - k_{II})^2 \\ +12 \cdot \alpha_e \cdot \dfrac{a_{sx,u}}{d_x} \cdot \dfrac{a_{sx,o}}{a_{sx,u}} \cdot \left(k_{II} \cdot \dfrac{d_{2x}}{d_x}\right)^2 \end{array} \right] \cdot \frac{{d_x}^3}{12}$$

$$= \left[\begin{array}{l} 4 \cdot 0{,}21^3 + 12 \cdot 5{,}7 \cdot \dfrac{11{,}0}{23{,}5} \cdot 10^{-2} \cdot (1 - 0{,}21)^2 \\ +12 \cdot 5{,}70 \cdot \dfrac{4{,}4}{23{,}5} \cdot 10^{-2} \cdot \left(0{,}21 - \dfrac{6}{23{,}5}\right)^2 \end{array} \right] \cdot \frac{23{,}5^3}{12}$$

$$\approx 26000 \text{ cm}^4/\text{m}$$

Grundsätzlich werden nur einige Bereiche in den Zustand II übergehen, während andere ungerissen bleiben. Mit Hilfe der folgenden Gleichung kann ein über die Länge des gerissenen Bereiches gemitteltes Trägheitsmoment bestimmt werden.

$$I_m = I_{II} \cdot \zeta + \frac{h^3}{12} \cdot (1 - \zeta)$$

Der Wert ζ wird als Rissverteilungsbeiwert bezeichnet. Er lässt sich bei Tragwerken, die durch Dauerbelastung bzw. zahlreiche Lastwechsel beansprucht sind folgendermaßen berechnen:

$$\zeta = 1 - 0{,}5 \cdot \left(\frac{m_r}{m_{perm}}\right)^2$$

An der betrachteten Stelle reißt der Querschnitt in x-Richtung gemäß **Tafel 16.23** bei einer Beanspruchung von $m_{r,x} = 39{,}6$ kNm/m auf. Das Moment in der quasi-ständigen Lastkombination beträgt:

$$\begin{aligned} m_{\text{perm,x}} &= 1{,}0 \cdot \text{TW}_{\text{Tafel 16.1}} \cdot (g_{1k} + g_{2k}) \\ &\quad + 1{,}0 \cdot \psi_2 \cdot \text{TW}_{\text{Tafel 16.3}} \cdot q_k \\ &\quad + \alpha_{\text{csr}} \cdot \text{TW}_{\text{Tafel 16.8}} \\ &= 1{,}0 \cdot 4{,}8 \cdot 8{,}5 + 1{,}0 \cdot 0{,}5 \cdot 6{,}8 \cdot 7{,}5 - 0{,}85 \cdot 25{,}9 \\ &= 44{,}3 \text{ kNm/m} \end{aligned}$$

Mit diesen Werten lässt sich der Rissverteilungsbeiwert berechnen.

$$\zeta = 1 - 0{,}5 \cdot \left(\frac{m_{\text{r}}}{m_{\text{perm}}} \right)^2 = 1 - 0{,}5 \cdot \left(\frac{39{,}6}{44{,}3} \right)^2 = 0{,}60$$

Somit beträgt das mittlere Trägheitsmoment I_{m} in x-Richtung:

$$\begin{aligned} I_{\text{m}} &= I_{\text{II}} \cdot \zeta + \frac{h^3}{12} \cdot (1 - \zeta) \\ &= 26000 \cdot 10^{-2} \cdot 0{,}60 + \frac{26^3}{12} \cdot (1 - 0{,}60) \approx 74000 \text{ cm}^4\text{/m} \end{aligned}$$

Aus diesem Wert lässt sich für die Deckenplatte die folgende Ersatzhöhe berechnen.

$$h_{\text{red}} = \sqrt[3]{12 \cdot I_{\text{m}}} = \sqrt[3]{12 \cdot 74000 \cdot 10^{-2}} = 21 \text{ cm}$$

Bereich mit Längsdruckkraft $(x = 8{,}4 \text{ m}, y = 7{,}2 \text{ m})$:

Wenn am Querschnitt neben der Biegebeanspruchung auch eine Längskraft angreift, kann die Biegesteifigkeit des Querschnitts nicht mehr direkt bestimmt werden. In diesem Fall ist die Höhe der Druckzone unter Berücksichtigung der Längskraft zu berechnen. Unter Berücksichtigung der Biegezugbewehrung ist es dann möglich, die Biegesteifigkeit im Bereich des Risses näherungsweise zu bestimmen. Bei dieser Rechnung wird die in der Druckzone angeordnete schlaffe Bewehrung vernachlässigt.

In x-Richtung ist nach **Tafel 16.18** bei $x = 8{,}4 \text{ m} / y = 7{,}2 \text{ m}$ der folgende Bewehrungsquerschnitt statisch erforderlich: $a_{\text{sx,o}} = 28{,}2 \text{ cm}^2\text{/m}$

Die Bewehrung hat einen Abstand von $d_{\text{x}} = 20$ cm zu der am stärksten gedrückten Randfaser. Mit diesen Werten lässt sich der Bewehrungsgrad bestimmen:

$$\rho_{\text{x}} = \frac{a_{\text{sx,o}}}{d_{\text{x}}} = \frac{28{,}2}{20} = 1{,}41\ \%$$

Die für die Berechnung erforderliche Druckzonenhöhe wird mit Hilfe von **Abb. 10.3** bestimmt. Der Eingangswert $\alpha_{\text{e}} \cdot \rho_{\text{x}}$ für dieses Nomogramm beträgt:

$$\alpha_{\text{e}} \cdot \rho_{\text{x}} = 5{,}7 \cdot 0{,}0141 = 0{,}080$$

Für die Berechnung des zweiten Eingangswertes müssen Moment und Längskraft unter der quasi-ständigen Lastkombination bekannt sein. Die Schnittgrößen lassen sich wie nachfolgend gezeigt berechnen.

$$\begin{aligned}m_{\text{perm,x}} &= 1{,}0 \cdot \text{TW}_{\text{Tafel 16.1}} \cdot (g_{1k} + g_{2k}) \\ &\quad +1{,}0 \cdot \psi_2 \cdot \text{TW}_{\text{Tafel 16.3}} \cdot q_k \\ &\quad +\alpha_{\text{csr}} \cdot \text{TW}_{\text{Tafel 16.8}} \\ &= -1{,}0 \cdot 16{,}5 \cdot 8{,}5 - 1{,}0 \cdot 0{,}5 \cdot 18{,}3 \cdot 7{,}5 + 0{,}85 \cdot 164{,}0 \\ &= -69{,}5 \text{ kNm/m}\end{aligned}$$

$$n_{\text{perm,x}} = \alpha_{\text{csr}} \cdot \text{TW}_{\text{Tafel 16.10}} = -0{,}85 \cdot 573 = -487 \text{ kN}$$

Das auf die Schwerachse der Bewehrung bezogene Moment beträgt:

$$\begin{aligned}m_{\text{perm,s,x}} &= \left|m_{\text{perm,x}}\right| - n_{\text{perm,x}} \cdot (d_x - 0{,}5 \cdot h) \\ &= \left|-69{,}5\right| + 487 \cdot (0{,}20 - 0{,}5 \cdot 0{,}26) = 104 \text{ kNm/m}\end{aligned}$$

Somit kann auch der zweite Eingangswert für **Tafel 10.2** bestimmt werden.

Gl. (10.17): $$\frac{n_{\text{perm,x}} \cdot d_x}{m_{\text{perm,s,x}}} = -\frac{487 \cdot 0{,}20}{104} = -0{,}94$$

Entsprechend dem Nomogramm ergibt sich eine bezogene Druckzonenhöhe $\xi = 0{,}55$. Die Höhe der Druckzone beträgt demnach:

Gl. (10.10): $$x = \xi \cdot d_x = 0{,}55 \cdot 20 = 11 \text{ cm}$$

Mit Hilfe der Biegezugbewehrung und der Druckzonenhöhe kann nun die Lage der Schwerachse berechnet werden.

$$z_{\text{so}} = \frac{a_{\text{sx,o}} \cdot E_s \cdot d_x + \frac{1}{2} \cdot x^2 \cdot E_c}{a_{\text{sx,o}} \cdot E_s + x \cdot E_c}$$

$$= \frac{28{,}2 \cdot 10^{-1} \cdot 200000 \cdot 200 + \frac{1}{2} \cdot 110^2 \cdot 35000}{28{,}2 \cdot 10^{-1} \cdot 200000 + 110 \cdot 35000} = 74 \text{ mm}$$

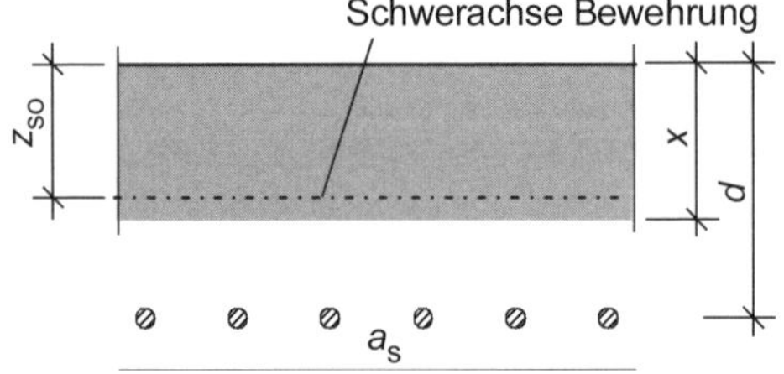

Abb. 16.11 Querschnitt im Zustand II

Mit diesen Werten lässt sich nun das Flächenmoment 2. Ordnung im Bereich des Risses bestimmen. Unter Verwendung von **Abb. 16.11** kann die folgende Gleichung abgeleitet werden. Das Eigenträgheitsmoment des Betonstahls wurde vernachlässigt.

$$\begin{aligned}I_{\text{II}} &= \frac{x^3}{12} + x \cdot (x - z_{\text{so}})^2 + \frac{E_s}{E_c} \cdot a_s \cdot (d - z_{\text{so}})^2 \\ &= \frac{11^3}{12} + 11 \cdot (11 - 7{,}4)^2 + \frac{200000}{35000} \cdot 28{,}2 \cdot 10^{-2} \cdot (20 - 7{,}4)^2 \\ &\approx 51000 \text{ cm}^4\text{/m}\end{aligned}$$

Der Rissverteilungsbeiwert ζ kann wie in den Bereichen ohne Längskräfte mit Hilfe der folgenden Gleichung berechnet werden. Entsprechend **Tafel 16.23** beträgt das Rissmoment $m_{r,x} = 60,3$ kNm/m.

$$\zeta = 1 - 0,5 \cdot \left(\frac{m_r}{m_{perm}} \right)^2 = 1 - 0,5 \cdot \left(\frac{60,5}{69,5} \right)^2 = 0,62$$

Somit ergibt sich das mittlere Trägheitsmoment I_m bei $x = 8,4$ m / $y = 7,2$ m in Richtung der x-Achse zu:

$$I_m = I_{II} \cdot \zeta + \frac{h^3}{12} \cdot (1 - \zeta)$$

$$= 51000 \cdot 10^{-2} \cdot 0,62 + \frac{26^3}{12} \cdot (1 - 0,62) = 87300 \text{ cm}^4/\text{m}$$

$$h_{red} = \sqrt[3]{12 \cdot I_m} = \sqrt[3]{12 \cdot 87300 \cdot 10^{-2}} = 22 \text{ cm}$$

Die reduzierten Deckenhöhen der anderen gerissenen Bereiche lassen sich in ähnlicher Art und Weise bestimmen. Die sich an den entsprechenden Stellen in x- bzw. y-Richtung ergebenden Werte können **Abb. 16.1** bzw. **Tafel 16.25** entnommen werden.

Nun muss noch abgeschätzt werden, auf welcher Fläche die Bereiche gerissen sind. Dies kann mit der entsprechenden maßgebenden Laststellung in der seltenen Lastkombination erfolgen. Mit Hilfe der Ergebnisse aus **Tafel 16.23** muss der gerissene Bereich näherungsweise bestimmt werden. Im Stützbereich wurde die gerissene Fläche als Quadrat mit einer Kantenlänge von 1,80 m idealisiert. Die gerissenen Bereiche der Rand- und Eckfelder wurden aufgrund des Verlaufes der Längskräfte entsprechend **Abb. 16.12** als Dreiecke modelliert.

Bei der Verformungsberechnung wird das in **Abb. 16.12** dargestellte statische System

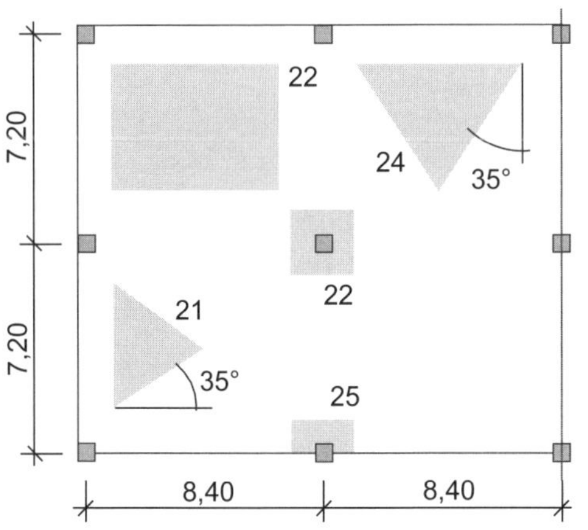

Abb. 16.12 Bauteilhöhen der Flachdecke für die Berechnung der Verformungen

Tafel 16.25 Ersatzhöhe der Platte in den gerissenen Bereichen

h_{red} in cm		Stelle in x-Richtung				
		0,0	4,2	8,4	12,6	16,8
Stelle in y-Richtung	0,0			26		
	3,6		**22**		**24**	
	7,2	26	26	**22**		26
	10,8		**21**			
	14,4			**25**		26
	10,8		**21**			

berücksichtigt. Die maximalen Verformungen ergeben sich bei Durchlaufsystemen generell in den Eckfeldern. Die ständig wirkenden Lastanteile sind als auf der gesamten Flachdecke wirkend anzunehmen. Zur Berücksichtigung der Vorspannung werden die in **Abb. 16.6** dargestellten Flächenlasten angesetzt. Die maximalen Verformungen in den Eckfeldern ergeben sich unter der in **Abb. 16.13** abgebildeten Laststellung. Hierin sind die 16 Felder der Flachdecke schematisch dargestellt. Die grau unterlegten Bereiche repräsentieren die mit den veränderlichen Lastanteilen beanspruchten Bereiche.

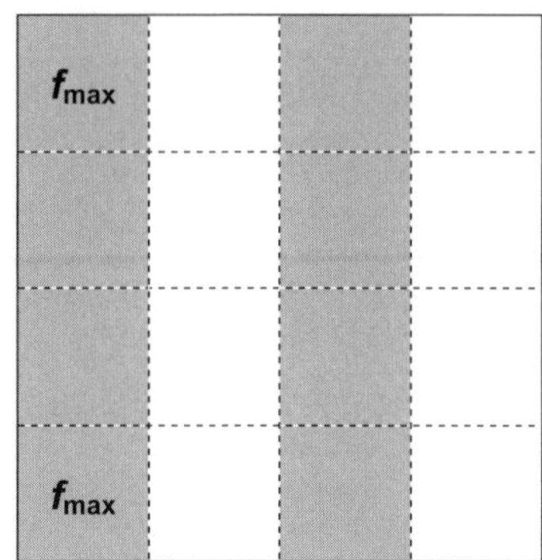

Abb. 16.13 Für die Verformungsberechnung maßgebende Stellung der veränderlichen Lasten

Die Berechnung der Verformungen zum Zeitpunkt t_0 erfolgt unter der quasi-ständigen Lastkombination. Die Durchbiegung ergibt sich aus der Summe der Tragwerksverformungen infolge des charakteristischen Wertes der ständigen Einwirkung, 50 % des charakteristischen Wertes der veränderlichen Lastanteile und der Wirkung der Vorspannung. Auf der sicheren Seite liegend sind die sich unter Berücksichtigung der Spannkraftverluste infolge des Kriechens und Schwindens von Beton ergebenden Verformungen zu berücksichtigen.

$$f_0 = f_{gk} + 0{,}5 \cdot f_{qk} + \alpha_{csr} \cdot f_p$$

Die maximalen Verformungen infolge der einzelnen Lastfälle betragen:

$$f_{gk} = 10{,}0 \text{ mm}$$
$$f_{qk} = 10{,}4 \text{ mm}$$
$$f_p = -9{,}2 \text{ mm}$$

Die Verformungen infolge der quasi-ständigen Lastkombination betragen zum Zeitpunkt t_0:

$$\begin{aligned} f_0 &= f_{gk} + 0{,}5 \cdot f_{qk} + \alpha_{csr} \cdot f_p \\ &= 10{,}0 + 0{,}5 \cdot 10{,}4 - 0{,}85 \cdot 9{,}2 = 7{,}4 \text{ mm} \end{aligned}$$

Die maximale Durchbiegung zum Zeitpunkt $t = \infty$ kann mit der nachfolgenden Gleichung abgeschätzt werden. Die Endkriechzahl des Betons wurde bereits bei der Berechnung der Spannkraftverluste in Abschnitt 16.3.7 ermittelt.

$$f_\infty = f_0 \cdot (1 + \varphi) = 7{,}4 \cdot (1 + 2{,}1) = 24 \text{ mm}$$

Dieser Wert ist kleiner als die zulässige Durchbiegung von:

$$f_{zul,\infty} = \frac{l_{eff,y}}{250} = \frac{720}{250} = 29 \text{ mm}$$

Literatur

Normen und Regelwerke

[DIN EN 1990 – 10] DIN EN 1990: Eurocode: Grundlagen der Tragwerksplanung; Deutsche Fassung von EN 1990:2002 + A1:2005 + A1:2005/AC:2010. Dezember 2010.

[DIN EN 1990/NA – 10] DIN EN 1990: Eurocode: Grundlagen der Tragwerksplanung; Nationaler Anhang – National festgelegte Parameter Dezember 2010.

[DIN EN 1992-1-1 – 11] DIN EN 1992-1-1: Eurocode 2: Bemessung und Konstruktion von Tragwerken aus Stahlbeton und Spannbeton – Teil 1-1: Allgemeine Regeln und Regeln für den Hochbau. Januar 2011.

[DIN EN 1992-1-1/NA – 13] DIN EN 1992-1-1: Nationaler Anhang – National festgelegte Parameter – Eurocode 2: Bemessung und Konstruktion von Tragwerken aus Stahlbeton und Spannbeton – Teil 1-1: Allgemeine Regeln und Regeln für den Hochbau. April 2013.

[DIN EN 1992-2 – 10] DIN EN 1992-2: Eurocode 2: Bemessung und Konstruktion von Tragwerken aus Stahlbeton und Spannbeton – Teil 2: Betonbrücken – Bemessungs- und Konstruktionsregeln, Dezember 2010.

[DIN EN 1992-2/NA – 13] DIN EN 1992-2/NA: Nationaler Anhang – National festgelegte Parameter – Eurocode 2: Bemessung und Konstruktion von Tragwerken aus Stahlbeton und Spannbeton – Teil 2: Betonbrücken – Bemessungs- und Konstruktionsregeln, April 2013.

[DIN 1045 – 88] DIN 1045: Beton und Stahlbeton; Bemessung und Ausführung. Juli 1988.

[DIN 1045-1 – 01] DIN 1045-1: Tragwerke aus Beton, Stahlbeton und Spannbeton. Teil 1: Bemessung und Konstruktion. Juli 2001.

[DIN 1045-3 – 12] DIN 1045-3: Tragwerke aus Beton, Stahlbeton und Spannbeton. Teil 3: Bauausführung. Anwendungsregeln zu DIN EN 13670. März 2012.

[DIN EN 13670 – 11] DIN EN 13670: Ausführung von Tragwerken aus Beton; Deutsche Fassung EN 13670:2009. März 2011.

[DIN 4227 – 53] DIN 4227: Spannbeton – für Bemessung und Ausführung. Oktober 1953.

[DIN EN 446 – 08] DIN EN 446: Anforderungen an Einpressmörtel – Einpressverfahren. Januar 2008.

[DIN EN 447 – 08] DIN EN 447: Anforderungen an Einpressmörtel – Allgemeine Anforderungen. Januar 2008.

[DIN FB 102 – 03] DIN Fachbericht 102: Betonbrücken. Beuth, März 2003.

[DIBt – 83] Cordes, H.; Engelke, P.; Jungwirth, D.; Thode, D.: Eintragung der Spannkraft – Einflussgrößen bei Entwurf und Ausführung. DIBt-Mitteilungen, 2/1983.

[DIBt – 02/1] Deutsches Institut für Bautechnik: Richtlinie zur Überwachung des Herstellens und Einpressens von Zementmörtel in Spannkanäle. DIBt-Mitteilungen, 3/2002, S. 81–91.

[DIBt – 02/2] Hartz, U.; Schlack, I.: Erläuterungen zur Richtlinie zur Überwachung des Herstellens und Einpressens von Zementmörtel in Spannkanäle. DIBt-Mitteilungen, 3/2002, S. 71–75.

[DIN EN ISO 3766 – 04] DIN EN ISO 3766: Zeichnungen für das Bauwesen – Vereinfachte Darstellung von Bewehrungen (ISO 3766: 2003). Deutsche Fassung EN ISO 3766: 2003, Mai 2004.

[DIN V ENV 1992 – 92] DIN V ENV 1992 (= Eurocode 2) Teil 1-1: Planung von Stahlbeton- und Spannbetontragwerken. Juni 1992.

Bücher, Aufsätze, sonstiges Schrifttum

[Avak – 12] Avak, R.; Conchon, R.; Aldejohann, M.: Stahlbetonbau in Beispielen. Teil 1: Grundlagen der Stahlbeton-Bemessung – Bemessung von Stabtragwerken nach EC 2, 6. Aufl., Werner, Düsseldorf, 2012.

[Avak – 13] Avak, R.; Conchon, R.; Aldejohann, M.: Stahlbetonbau in Beispielen – Teil 2: Bemessung von Flächentragwerken nach EC 2 – Konstruktionspläne für Stahlbetonbauteile, 4. Aufl., Werner, Düsseldorf, 2013.

[Baumann – 00] Baumann, Th.: Vorspannung von Brücken. In: Beton- und Stahlbetonbau 95 (2000), S. 646–656.

[Bercea – 89] Bercea, G.: Spanngliedführung in Flachdecken mit Vorspannung ohne Verbund. In: Bautechnik 66 (1989), S. 13–16.

[DAfStb – 78] Trost, H.; Cordes, H.; Abele, G.: Kriech- und Relaxationsversuche an sehr altem Beton. Berlin, Beuth, 1978 (Schriftenreihe des Deutschen Ausschusses für Stahlbetonbau Heft 295).

[DAfStb – 81] Cordes, H.; Schütt, K.; Trost, H.: Großmodellversuche zur Spanngliedreibung. Berlin, Beuth, 1981 (Schriftenreihe des Deutschen Ausschusses für Stahlbetonbau Heft 325).

[DAfStb – 03] Erläuterungen zu DIN 1045. Berlin, Beuth, 2003 (Schriftenreihe des Deutschen Ausschusses für Stahlbetonbau Heft 525).

[DAfStb – 12] Erläuterungen zu DIN EN 1992-1-1 und DIN EN 1992-1-1/NA (Eurocode 2). Berlin, Beuth, 2012 (Schriftenreihe des Deutschen Ausschusses für Stahlbetonbau Heft 600).

[Dischinger – 37] Dischinger, F.: Untersuchungen über die Knicksicherheit, die elastische Verformung und das Kriechen des Betons bei Bogenbrücken. In: Der Bauingenieur 18 (1927), S. 487–520, 539–552, 595–621.

[Falkner – 91] Falkner, H. et. al.: Vorspannung im Hochbau. Institut für Baustoffe, Massivbau und Brandschutz, TU Braunschweig, Heft 90, 1991.

[Graubner/Six – 04] Graubner, C.-A.; Six, M.: Spannbetonbau. In: Stahlbetonbau aktuell, Praxishandbuch 2004, Bauwerk, Berlin, 2004, S. F.1–F.81.

[Hegger et al. – 00] Hegger, J.; Cordes, H.; Nowak, D.: Spannkraftverlust infolge Reibung – Ein neues Verfahren zur dehnwegunabhängigen Kontrolle. In: Beton- und Stahlbetonbau 95 (2000) S. 13–19.

[Hegger/Neuser – 04] Hegger, J.; Neuser, J.: Verankerung externer Spannglieder an Querträgerscheiben. In: Beton- und Stahlbetonbau 99 (2004), S. 186–194.

[Holschemacher – 19] Holschemacher, K. (Hrsg.): Entwurfs- und Berechnungstafeln für Bauingenieure. 8. Auflage, Beuth, Berlin, 2019.

[Leonhardt – 62] Leonhardt, F.: Spannbeton für die Praxis. 2. Aufl., Ernst & Sohn, Berlin München Düsseldorf, 1962.

[Leonhardt – 73] Leonhardt, F.: Spannbeton für die Praxis. 3. Aufl., Ernst & Sohn, Berlin München Düsseldorf, 1973.

[Litzner – 94] Litzner, H.-U.: Grundlagen der Bemessung nach EC 2. In: Betonkalender 83 (1994) Teil 1, Ernst & Sohn, Berlin, 1994, S. 671–864.

[Maier/Wicke – 00] Maier, K.; Wicke, M.: Die freie Spanngliedlage. In: Beton- und Stahlbetonbau 95 (2000), S. 62–70.

[Müller/Kvitsel – 02] Müller, H.; Kvitsel, V.: Kriechen und Schwinden von Beton. Grundlagen der neuen DIN 1045 und Ansätze für die Praxis. In: Beton- und Stahlbetonbau 97 (2002), S. 8–19.

[Rombach – 01] Rombach, G.: Forschungsbericht FE-Nr.: 15.355/2001/DRB im Auftrag des BMVBW, TU Hamburg-Harburg, Arbeitsbereich Massivbau, 2001.

[Rombach – 02] Rombach, G.: Elektronische Aufzeichnung der Vorspannarbeiten. In: Beton- und Stahlbetonbau, 97 (2002), S. 233–235.

[Rossner/Graubner – 97] Rossner, W.; Graubner, C.-A.: Spannbetonbauwerke. Teil 2: Bemessungsbeispiele nach Eurocode 2. Ernst & Sohn, Berlin, 1997.

[Rüsch/Jungwirth – 76] Rüsch, H.; Jungwirth D.: Stahlbeton – Spannbeton. Band 2: Berücksichtigung der Einflüsse von Kriechen und Schwinden auf das Tragverhalten der Tragwerke. Werner Verlag, Düsseldorf, 1976.

[Schlaich/Schäfer – 01] Schlaich, J.; Schäfer, K.: Konstruieren im Stahlbetonbau. In: Betonkalender 90 (2001) Teil 2, Ernst & Sohn, Berlin, 2001, S. 311–492.

[Tue/Pierson – 01] Tue, N. V.; Pierson R.: Ermittlung der Rissbreite und Nachweiskonzept nach DIN 1045-1. In: Beton- und Stahlbetonbau, 96 (2001), S. 365–372.

[Zilch – 98] Zilch, K. et. al.: Neue Erkenntnisse über die Sicherheit im Spannbetonbau. In: Der Prüfingenieur, Heft 13 (Oktober 1998), S. 46–56.

Bezeichnungen

Variablen

a	Abstand der inneren Betondruckkraft vom stärker gedrückten Rand
A	außergewöhnliche Einwirkung, Querschnittsfläche
b	Bauteilbreite
c	Betondeckung
C	Hilfswert
d	statische Höhe
e	allgemeiner Schwerpunktabstand
E	Einwirkung, Elastizitätsmodul
f	Durchbiegung, Festigkeit, Höhe des Parabelstichs
F	Kraft, Last
g	ständig wirkende Gleichstrecken-, Gleichflächenlast
G	ständige Einwirkung
h	Bauteilhöhe, Querschnittsdicke
I	Flächenmoment 2. Grades
k	Beiwert, Kernweite, ungewollter Umlenkwinkel
l	Länge, Stützweite
m	Biegemoment (Dimension kNm/m)
M	Biegemoment
n	Längskraft (Dimension kN/m)
N	Längskraft
P	Vorspannung, Vorspannkraft
q	nicht ständig wirkende Gleichstrecken-, Gleichflächenlast
Q	veränderliche Einwirkung
r	Radius, Streuungsbeiwert
s	Abstand, Erhärtungsbeiwert
S	Schnittgröße, Schwerpunkt, statisches Moment
t	Alter, Zeitpunkt
u	Umfang, Umlenkkraft
V	Querkraft
w	Rissbreite
W	Widerstandsmoment
x	Höhe der Druckzone, Koordinatenrichtung
X	statisch Überzählige
z	Hebelarm der inneren Kräfte, Koordinatenrichtung
α	Beiwert, Neigung der Bügelbewehrung, Steifigkeitsbeiwert, Verhältniswert, Völligkeitsbeiwert
β	Beiwert
γ	Sicherheitsbeiwert
δ	Umlagerungsfaktor, Verformungsgröße
Δ	Änderung, Differenz
ε	Dehnung
ζ	bezogener Hebelarm der inneren Kräfte
θ	Neigung der Druckstrebe, gewollter Umlenkwinkel
κ	Vorhaltemaß

μ	bezogenes Moment, Reibungsbeiwert
ν	Querkraft (Dimension kN/m)
ξ	bezogene Druckzonenhöhe, Verhältnis der Verbundfestigkeit von Spannstahl und Betonstahl
ρ	geometrischer Bewehrungsgrad, Rohdichte
σ	Längsspannung
τ	Verbundspannung, Schubspannung
φ	Kriechzahl
ϕ	Durchmesser
χ	Relaxationswert, Verhältniswert
ψ	Neigung des Spannstranges oder Spanngliedes
ω	mechanischer Bewehrungsgrad

Indizes

0	Zeitpunkt der Erstbelastung, Spannanker
1	am stärksten gezogener oder wenigsten gestauchter Querschnittsrand, Festanker
2	am wenigsten gezogener oder am stärksten gestauchter Querschnittsrand
28	28 Tage nach Betonieren
a	Anfang, außen
anch	Anker
b	Verbund
bü	Bügel
beam	Balken
B	Blockierungspunkt
c	Beton
ca	Schrumpfen des Betons
c	Beton, Kriechen
ccd	gegen die Systemachse geneigte Kraft in der Druckzone
cd	Verzögert elastische Verformung
cd	Trocknungsschwinden
cf	Fließverformung des Betons
corb	Konsole
coup	Kopplung
cs	Schwinden des Betons
csr	Kriechen, Schwinden, Relaxation
d	Bemessungswert, Dauerlast
dc	Dekompression
eff	effektiv
el	elastisch
erf	erforderlich
est	geschätzt
E	Einwirkung
fi	Brand
freq	häufig
g	Zuschlag
gew	gewählt
h	Hüllrohr
i	ideell, innen, Laufvariable
inf	unterer
k	charakteristischer Wert
lim	Grenzwert
loss	Verlust
m	Mittelwert
max	Mitte, maximal
min	minimal
net	netto
o	oben
p	Spannstahl, Vorspannung

perm	quasi-ständig
pl	planmäßiger Nachlassweg
r	Riss, Relaxation, resultierend
rare	selten
R	Bauteilwiderstand
s	Betonstahl, Schwinden
sl	Keilschlupf
sn	an der Presse gemessener Nachlassweg
sup	oberer
t	Zeit, Zug
td	gegen die Systemachse geneigte Kraft in der Zugzone
T	Temperatur
u	unten, Versagenspunkt
vorh	vorhanden
w	Steg, Wendepunkt
x	Exposition
y	Betonstahl

Kopfzeiger

$\tilde{...}$	Schnittgrößen, die die Wirkung der Vorspannung berücksichtigen
$...^{(0)}$	Dehnung bzw. Kraft im Spannstahl bei spannungslosem Betonquerschnitt
$...^{(00)}$	Schnittgrößen infolge Vorspannung am statisch bestimmten Grundsystem
$...'$	Schnittgrößen infolge statisch unbestimmter Wirkung der Vorspannung
$...^{*}$	Schnittgrößen, Steifigkeiten unter Berücksichtigung der verzögert elastischen Verformung

Tafel A.1 Bemessungstafel mit dimensionslosen Beiwerten für Rechteckquerschnitte ohne Druckbewehrung für Biegung mit Längskraft (BSt 500S und $\gamma_s = 1{,}15$; Normalbeton ≤ C50/60)

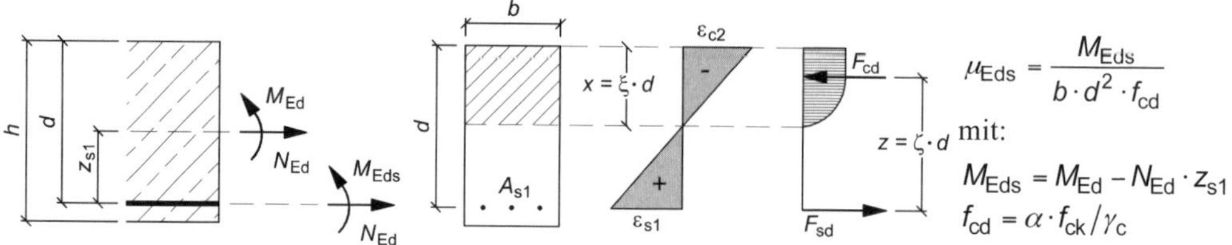

μ_{Eds}	ω	$\xi = \dfrac{x}{d}$	$\zeta = \dfrac{z}{d}$	ε_{c2} in ‰	ε_{s1} in ‰	σ_{sd} [a] in N/mm²	σ_{sd} [b] in N/mm²
0,01	0,0101	0,030	0,990	-0,77	25,00	435	457
0,02	0,0203	0,044	0,985	-1,15	25,00	435	457
0,03	0,0306	0,055	0,980	-1,46	25,00	435	457
0,04	0,0410	0,066	0,976	-1,76	25,00	435	457
0,05	0,0515	0,076	0,971	-2,06	25,00	435	457
0,06	0,0621	0,086	0,967	-2,37	25,00	435	457
0,07	0,0728	0,097	0,962	-2,68	25,00	435	457
0,08	0,0836	0,107	0,956	-3,01	25,00	435	457
0,09	0,0946	0,118	0,951	-3,35	25,00	435	457
0,10	0,1057	0,131	0,946	-3,50	23,29	435	455
0,11	0,1170	0,145	0,940	-3,50	20,71	435	452
0,12	0,1285	0,159	0,934	-3,50	18,55	435	450
0,13	0,1401	0,173	0,928	-3,50	16,73	435	449
0,14	0,1518	0,188	0,922	-3,50	15,16	435	447
0,15	0,1638	0,202	0,916	-3,50	13,80	435	446
0,16	0,1759	0,217	0,910	-3,50	12,61	435	445
0,17	0,1882	0,232	0,903	-3,50	11,56	435	444
0,18	0,2007	0,248	0,897	-3,50	10,62	435	443
0,19	0,2134	0,264	0,890	-3,50	9,78	435	442
0,20	0,2263	0,280	0,884	-3,50	9,02	435	441
0,21	0,2395	0,296	0,877	-3,50	8,33	435	441
0,22	0,2528	0,312	0,870	-3,50	7,71	435	440
0,23	0,2665	0,329	0,863	-3,50	7,13	435	440
0,24	0,2804	0,346	0,856	-3,50	6,60	435	439
0,25	0,2946	0,364	0,849	-3,50	6,12	435	439
0,26	0,3091	0,382	0,841	-3,50	5,67	435	438
0,27	0,3239	0,400	0,834	-3,50	5,25	435	438
0,28	0,3391	0,419	0,826	-3,50	4,86	435	437
0,29	0,3546	0,438	0,818	-3,50	4,49	435	437
0,30	0,3706	0,458	0,810	-3,50	4,15	435	437
0,31	0,3869	0,478	0,801	-3,50	3,82	435	436
0,32	0,4038	0,499	0,793	-3,50	3,52	435	436
0,33	0,4211	0,520	0,784	-3,50	3,23	435	436
0,34	0,4391	0,542	0,774	-3,50	2,95	435	436
0,35	0,4576	0,565	0,765	-3,50	2,69	435	435
0,36	0,4768	0,589	0,755	-3,50	2,44	435	435
0,37	0,4968	0,614	0,745	-3,50	2,20	435	435
0,38	0,5177	0,640	0,734	-3,50	1,97	395	395
0,39	0,5396	0,667	0,723	-3,50	1,7	350	350
0,40	0,5627	0,695	0,711	-3,50	1,54	307	307

[a] unter Vernachlässigung des Verfestigungsbereiches des Betonstahls

[b] unter Berücksichtigung des Verfestigungsbereiches des Betonstahls

Zeilen 0,38 bis 0,40: besonders unwirtschaftlicher Bereich

$$A_{s1} = \frac{1}{\sigma_{sd}} \cdot \left(\omega \cdot b \cdot d \cdot f_{cd} + N_{Ed}\right)$$

Tafel A.2a Nomogramm zur Bestimmung der bezogenen Druckzonenhöhe ξ von Plattenbalken bei einem Verhältnis $b_{eff} / b_w = 2,0$

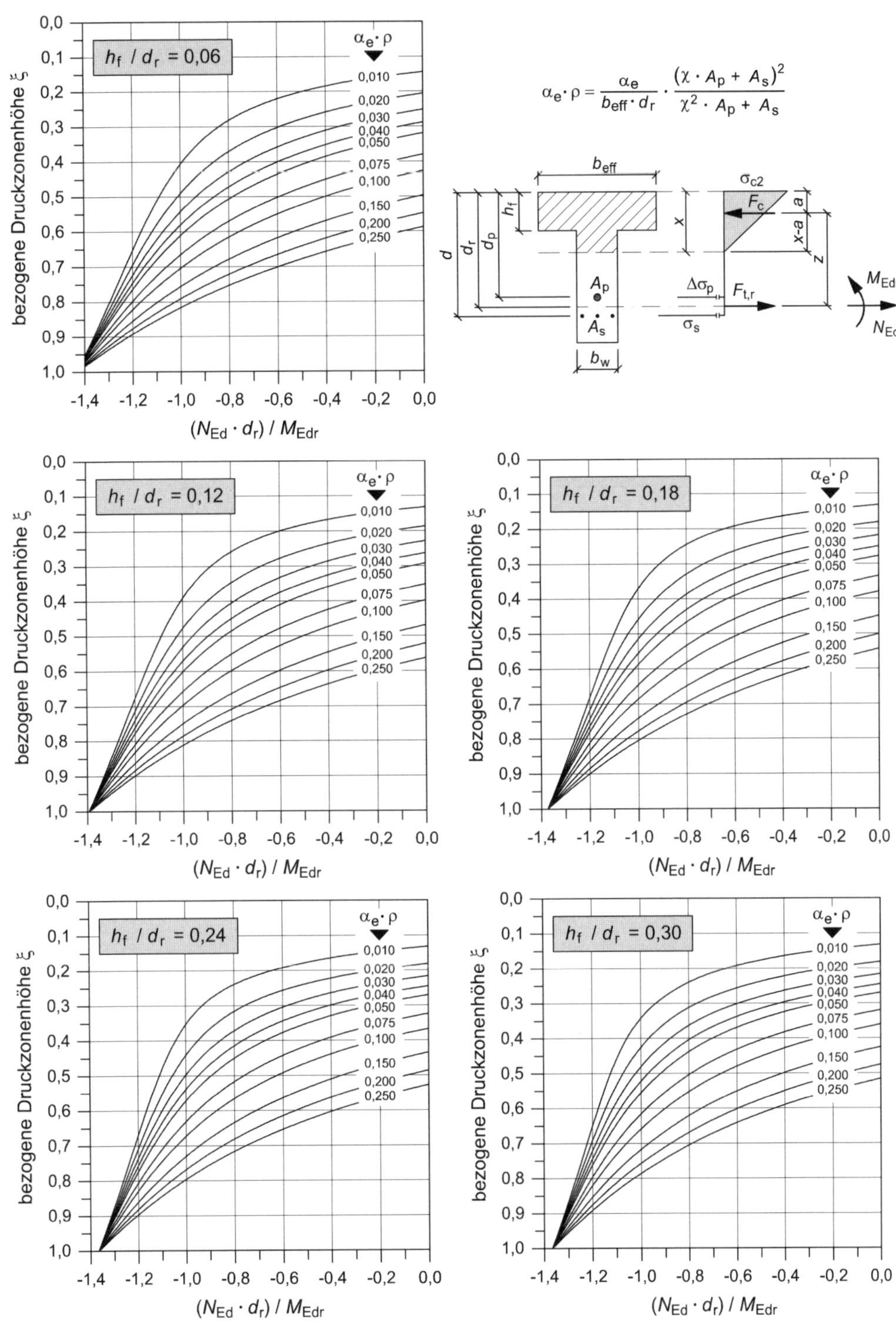

Tafel A.2b Nomogramm zur Bestimmung des bezogenen Hebelarms der inneren Kräfte ζ von Plattenbalken bei einem Verhältnis $b_{eff}/b_w = 2{,}0$

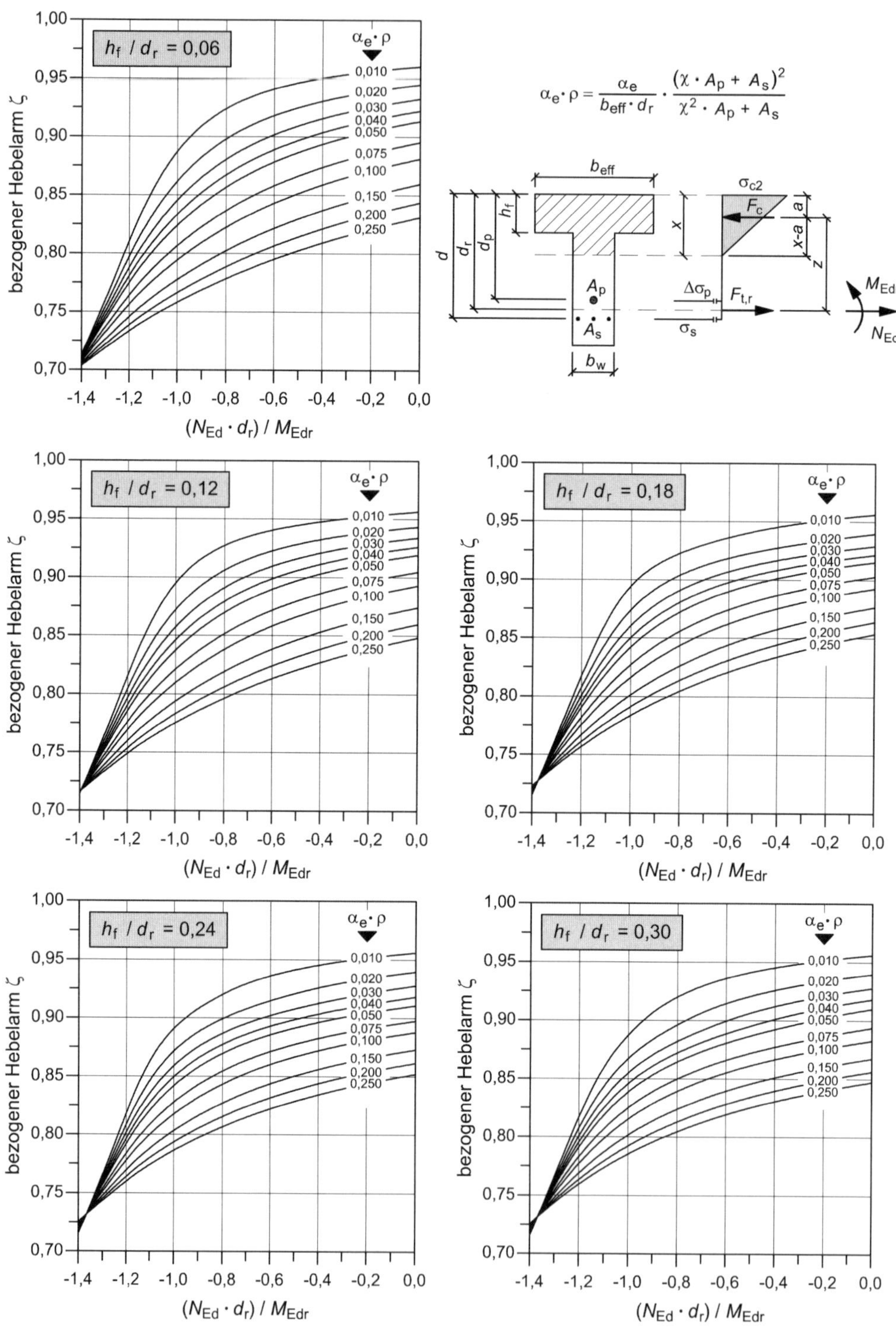

Tafel A.3a Nomogramm zur Bestimmung der bezogenen Druckzonenhöhe ξ von Plattenbalken bei einem Verhältnis $b_{eff}/b_w = 3{,}0$

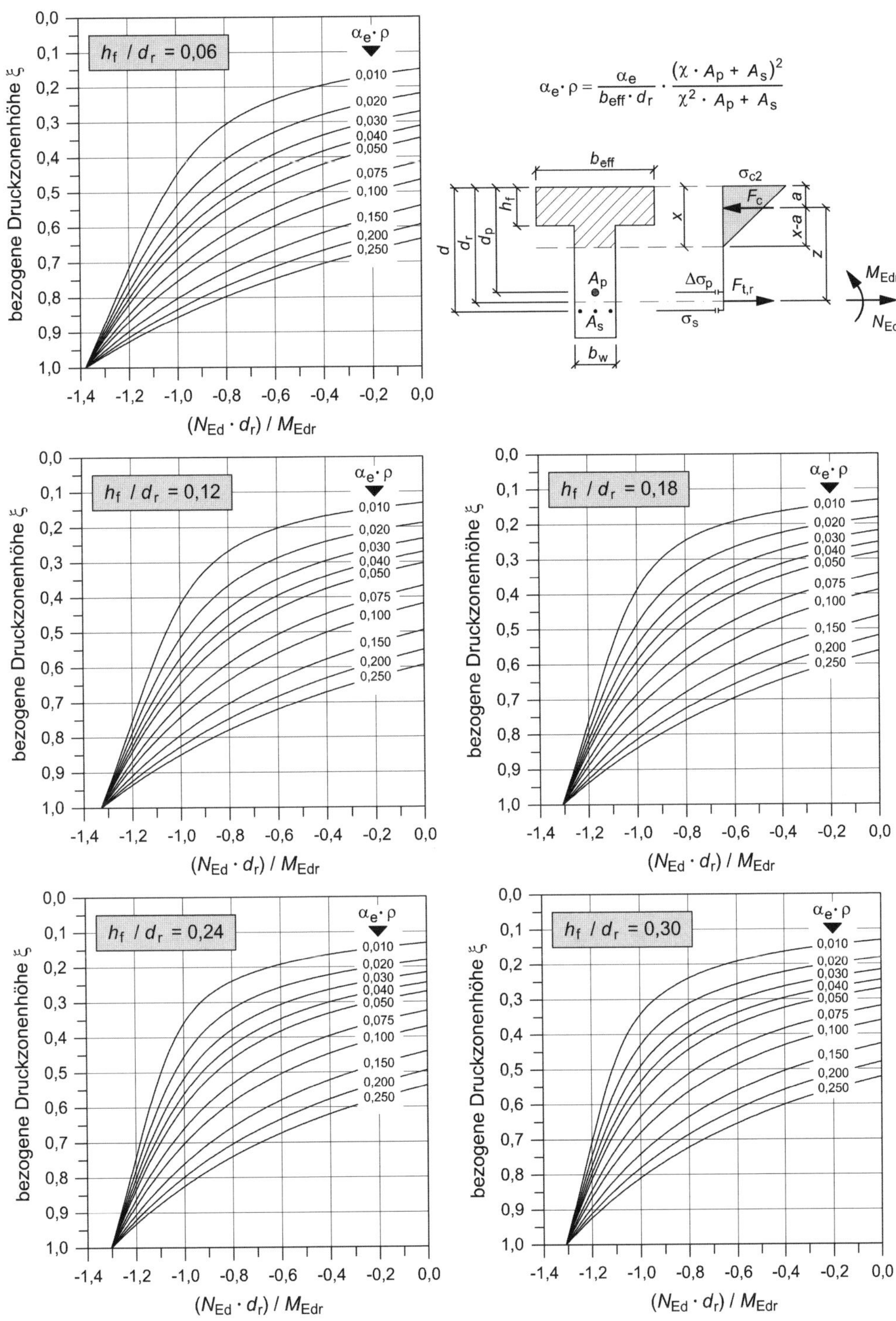

Tafel A.3b Nomogramm zur Bestimmung des bezogenen Hebelarms der inneren Kräfte ζ von Plattenbalken bei einem Verhältnis $b_{eff}/b_w = 3{,}0$

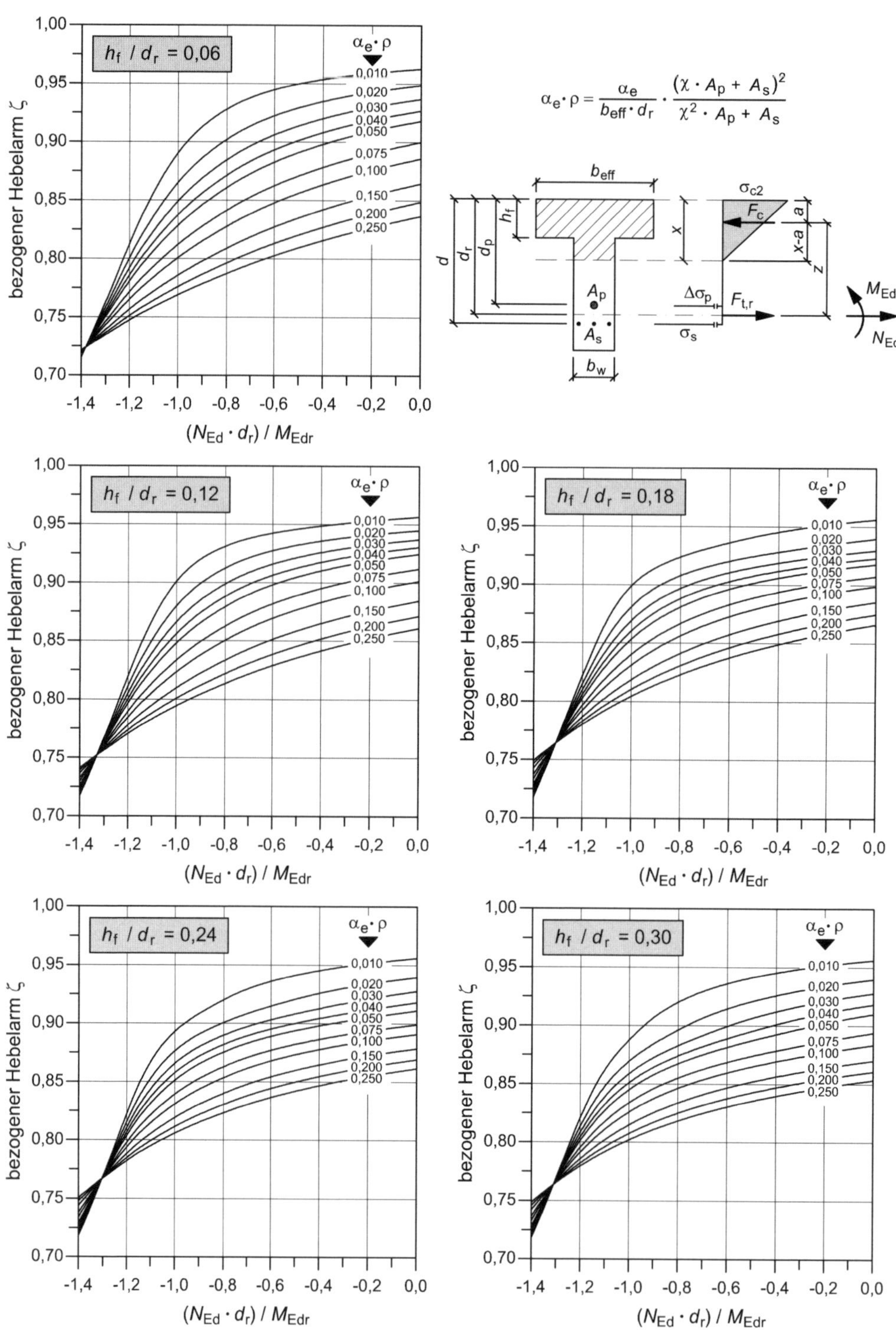

Tafel A.4a Nomogramm zur Bestimmung der bezogenen Druckzonenhöhe ξ von Plattenbalken bei einem Verhältnis $b_{eff}/b_w = 4{,}0$

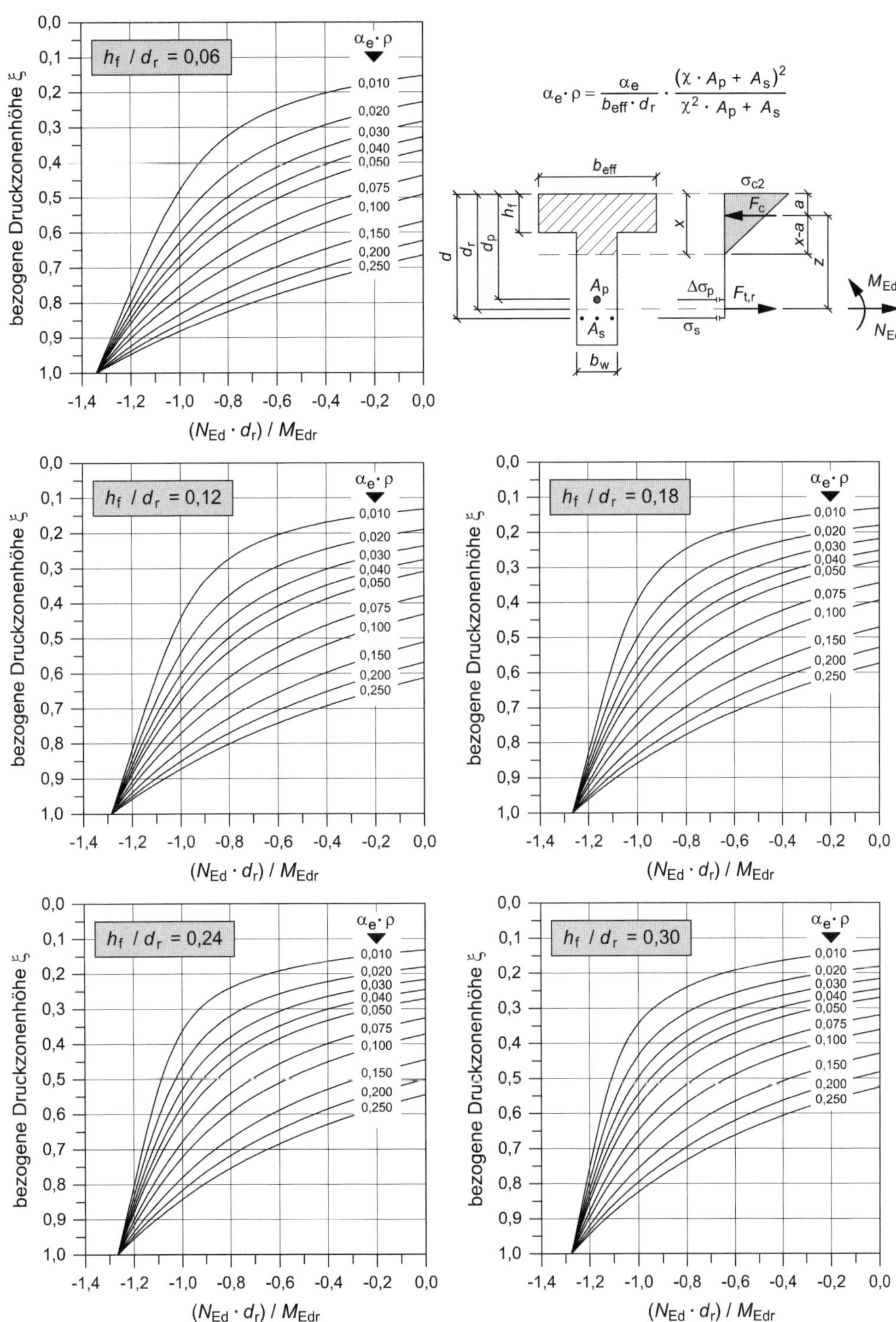

Tafel A.4b Nomogramm zur Bestimmung des bezogenen Hebelarms der inneren Kräfte ζ von Plattenbalken bei einem Verhältnis $b_{eff}/b_w = 4{,}0$

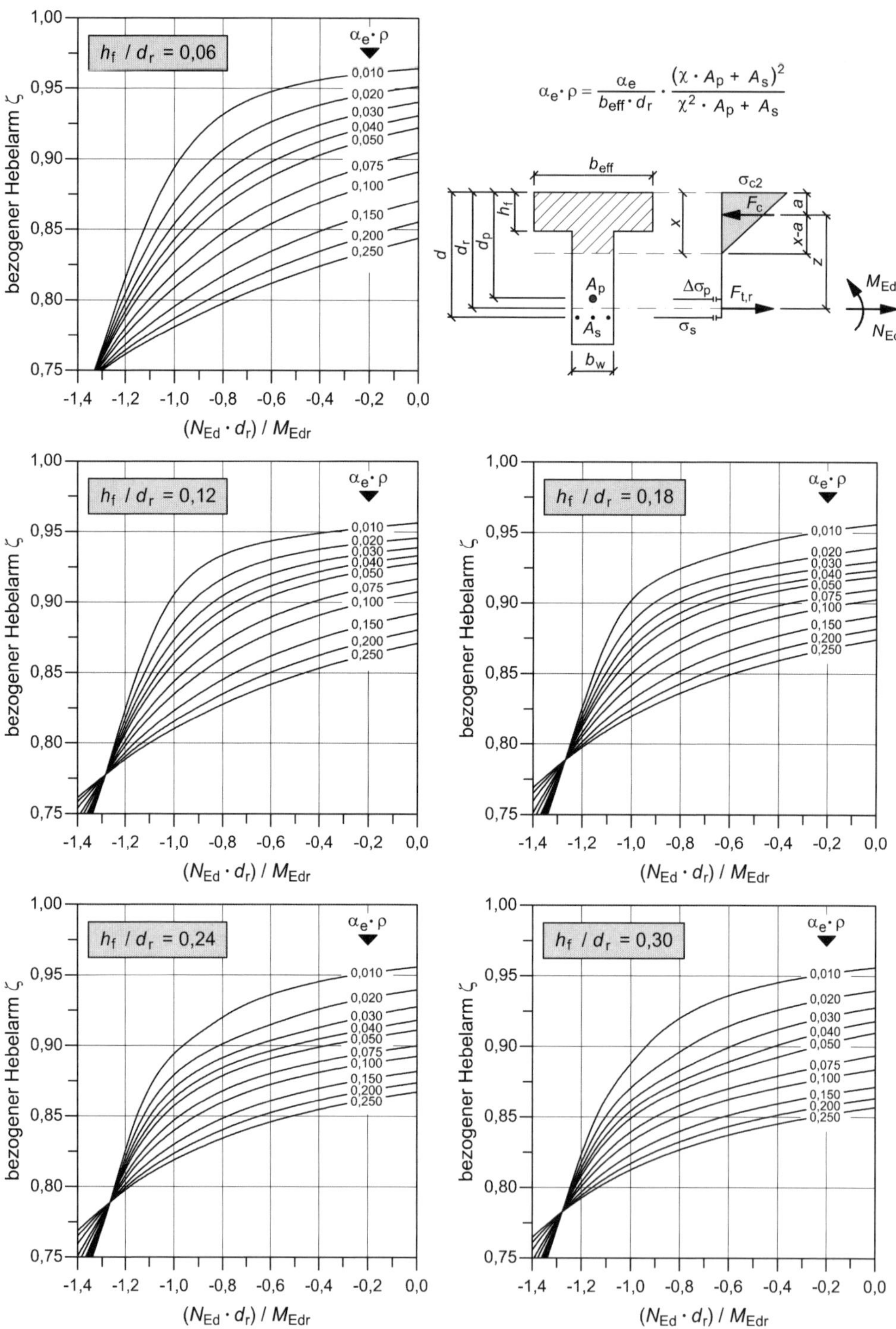

Tafel A.5a Nomogramm zur Bestimmung der bezogenen Druckzonenhöhe ξ von Plattenbalken bei einem Verhältnis $b_{eff}/b_w = 5{,}0$

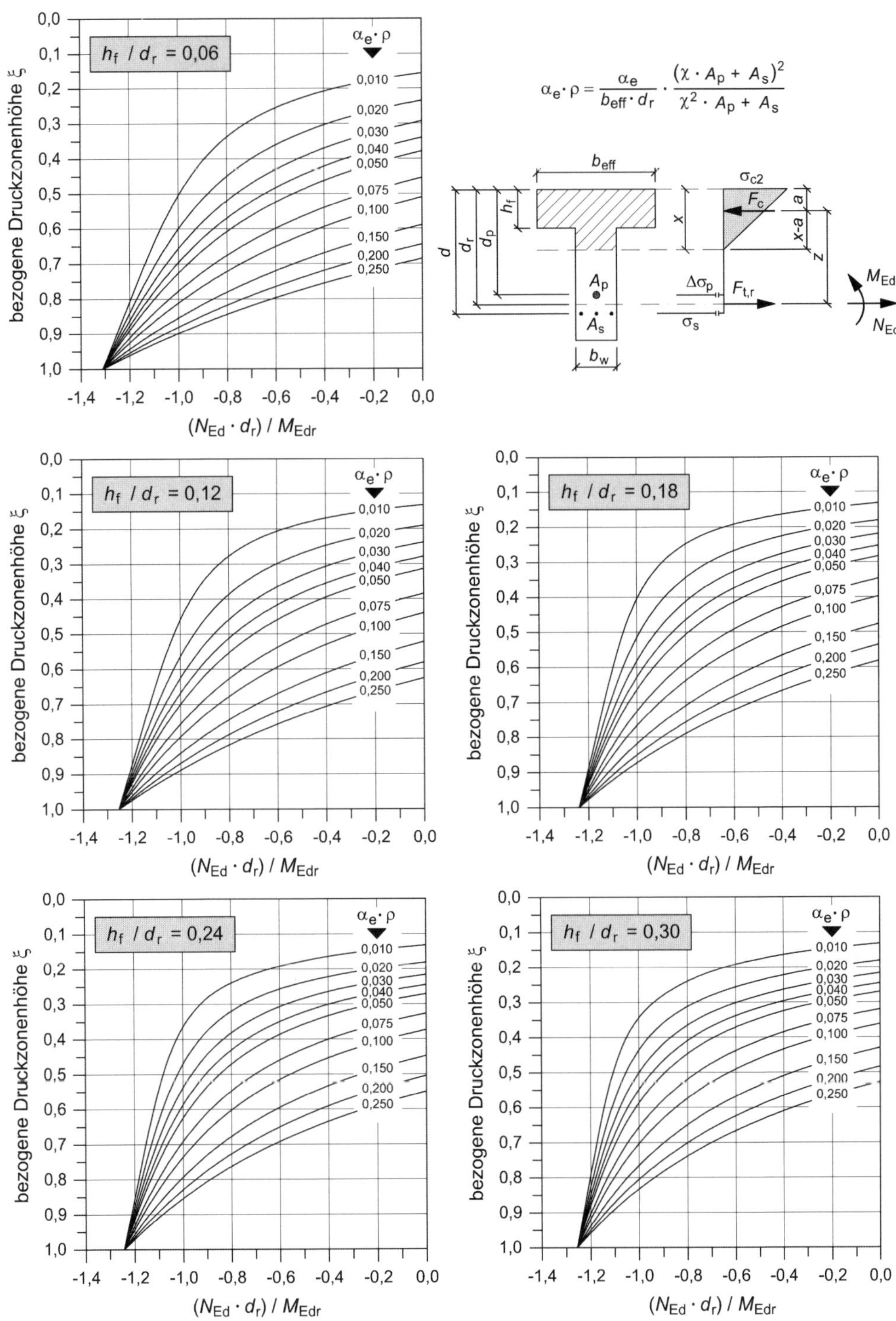

Tafel A.5b Nomogramm zur Bestimmung des bezogenen Hebelarms der inneren Kräfte ζ von Plattenbalken bei einem Verhältnis $b_{eff}/b_w = 5,0$

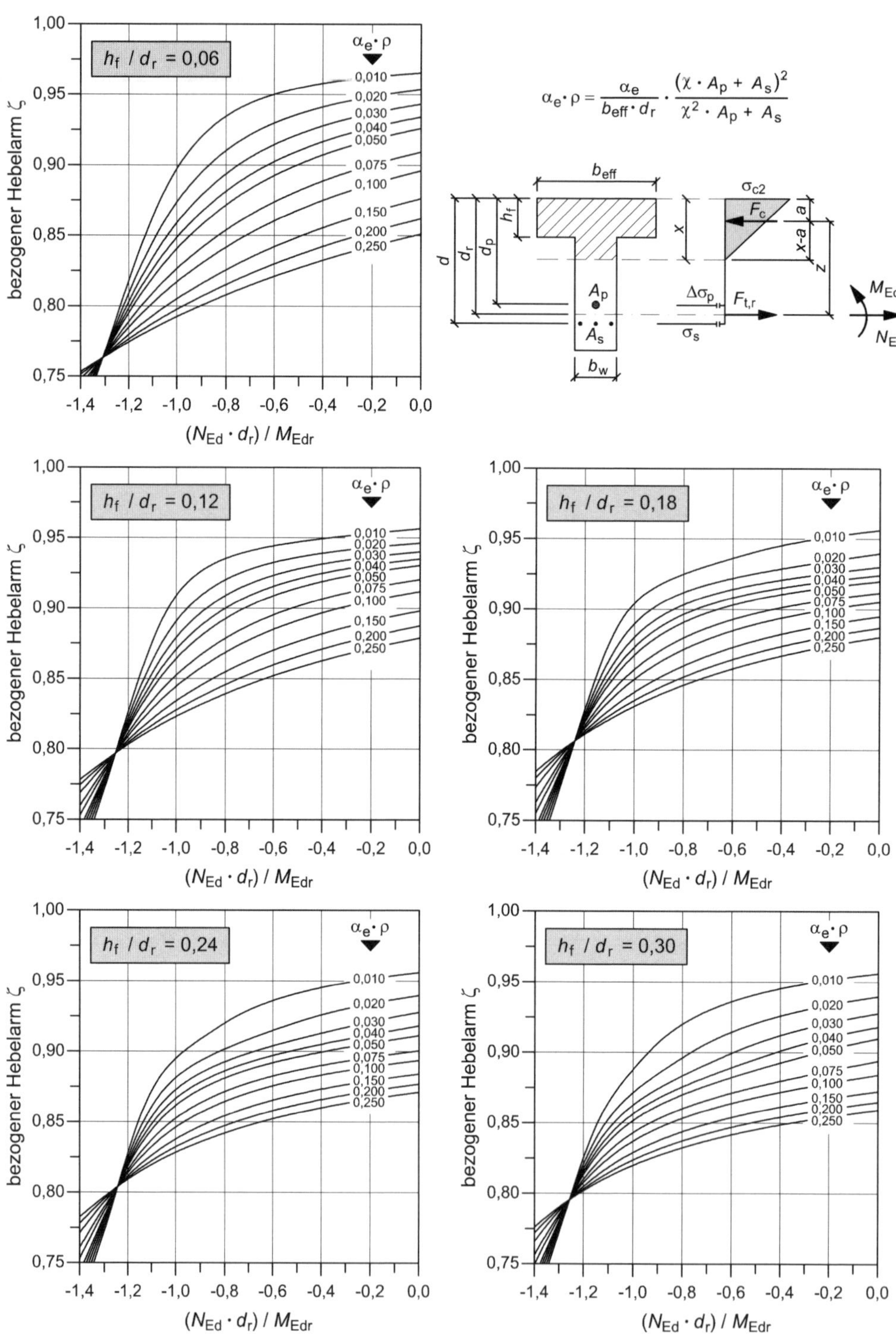

Tafel A.6a Nomogramm zur Bestimmung der bezogenen Druckzonenhöhe ξ von Plattenbalken bei einem Verhältnis $b_{eff}/b_w = 7,5$

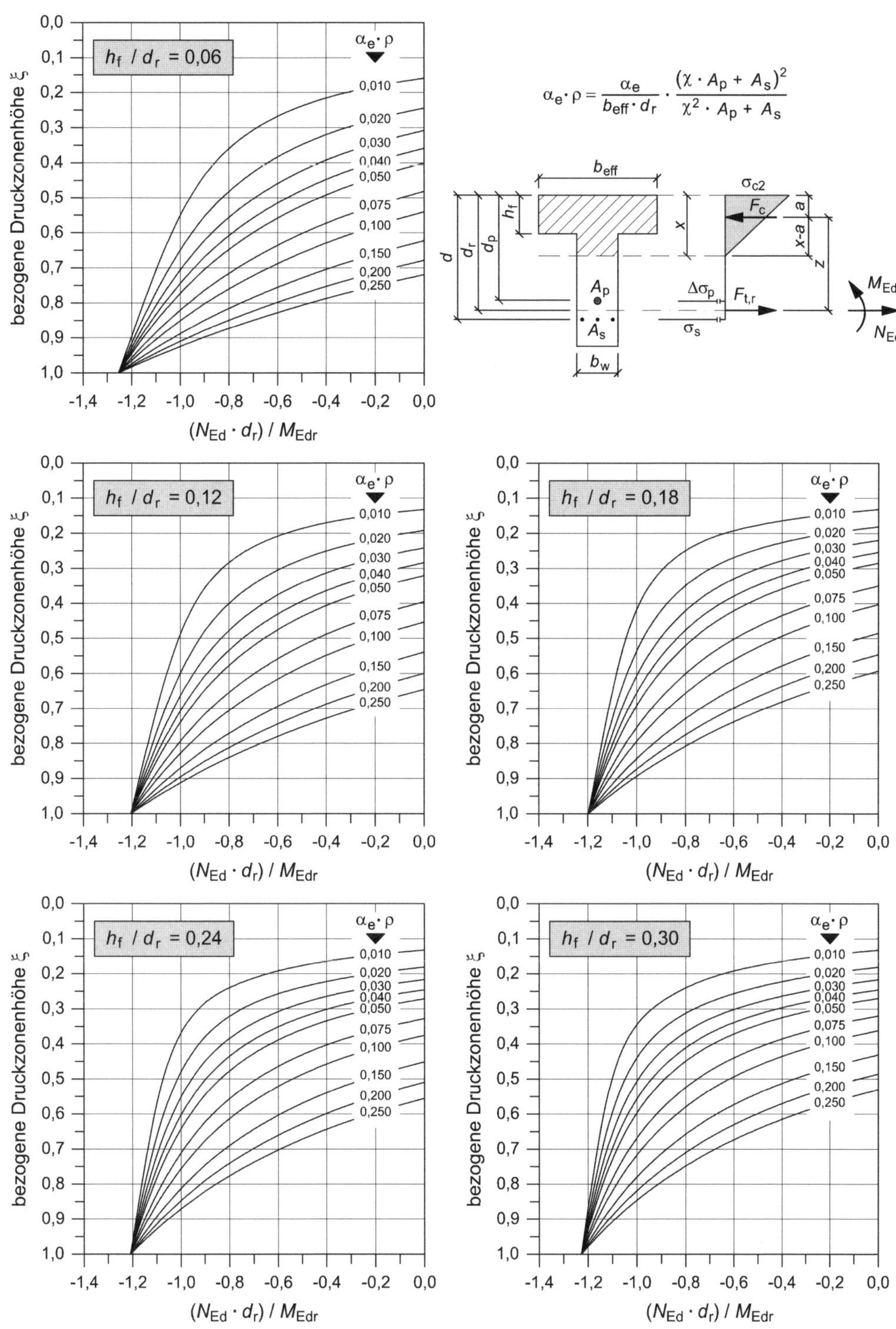

Tafel A.6b Nomogramm zur Bestimmung des bezogenen Hebelarms der inneren Kräfte ζ von Plattenbalken bei einem Verhältnis $b_{eff}/b_w = 7{,}5$

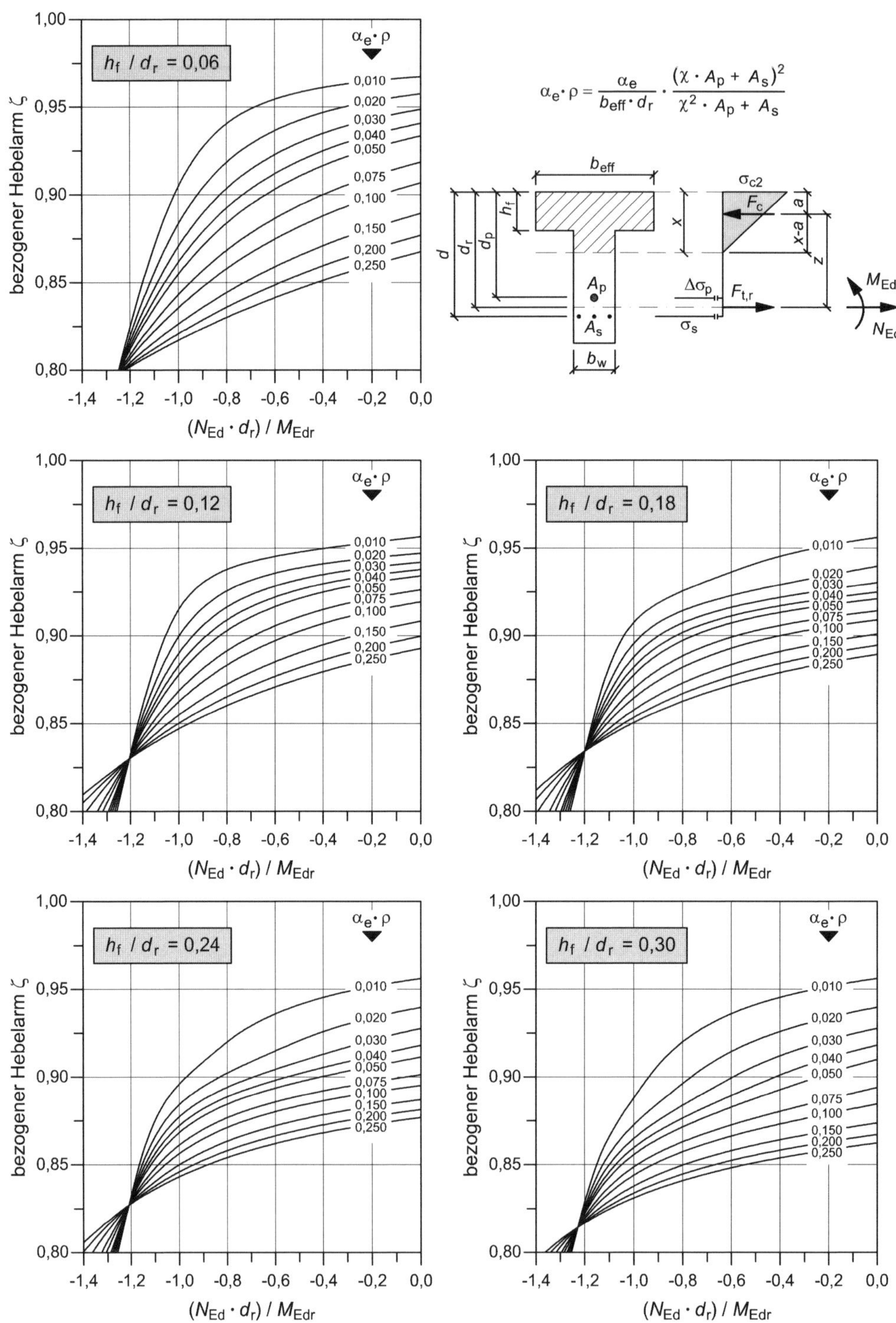

Tafel A.7a Nomogramm zur Bestimmung der bezogenen Druckzonenhöhe ξ von Plattenbalken bei einem Verhältnis $b_{eff}/b_w = 10{,}0$

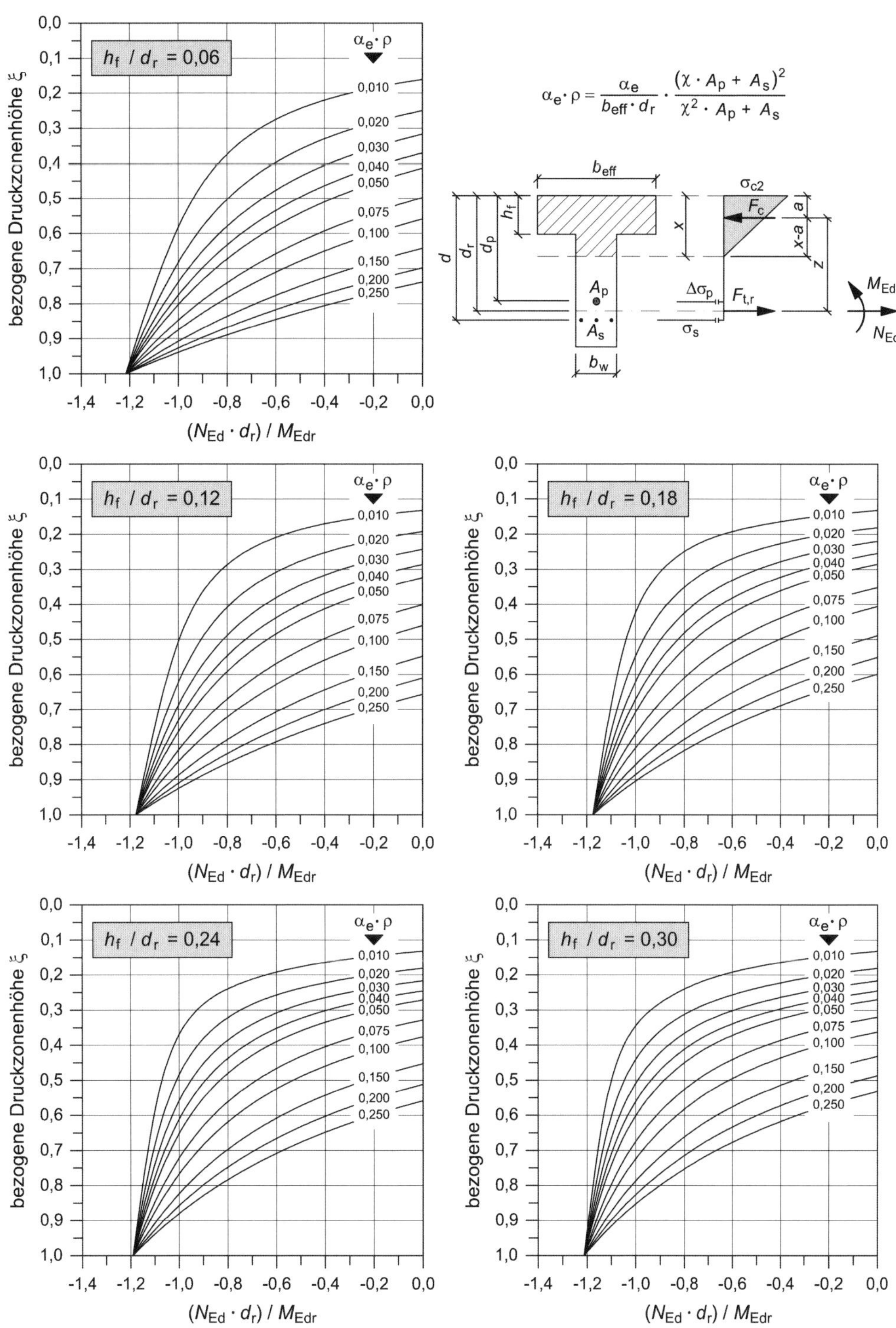

Tafel A.7b Nomogramm zur Bestimmung des bezogenen Hebelarms der inneren Kräfte ζ von Plattenbalken bei einem Verhältnis $b_{eff}/b_w = 10{,}0$

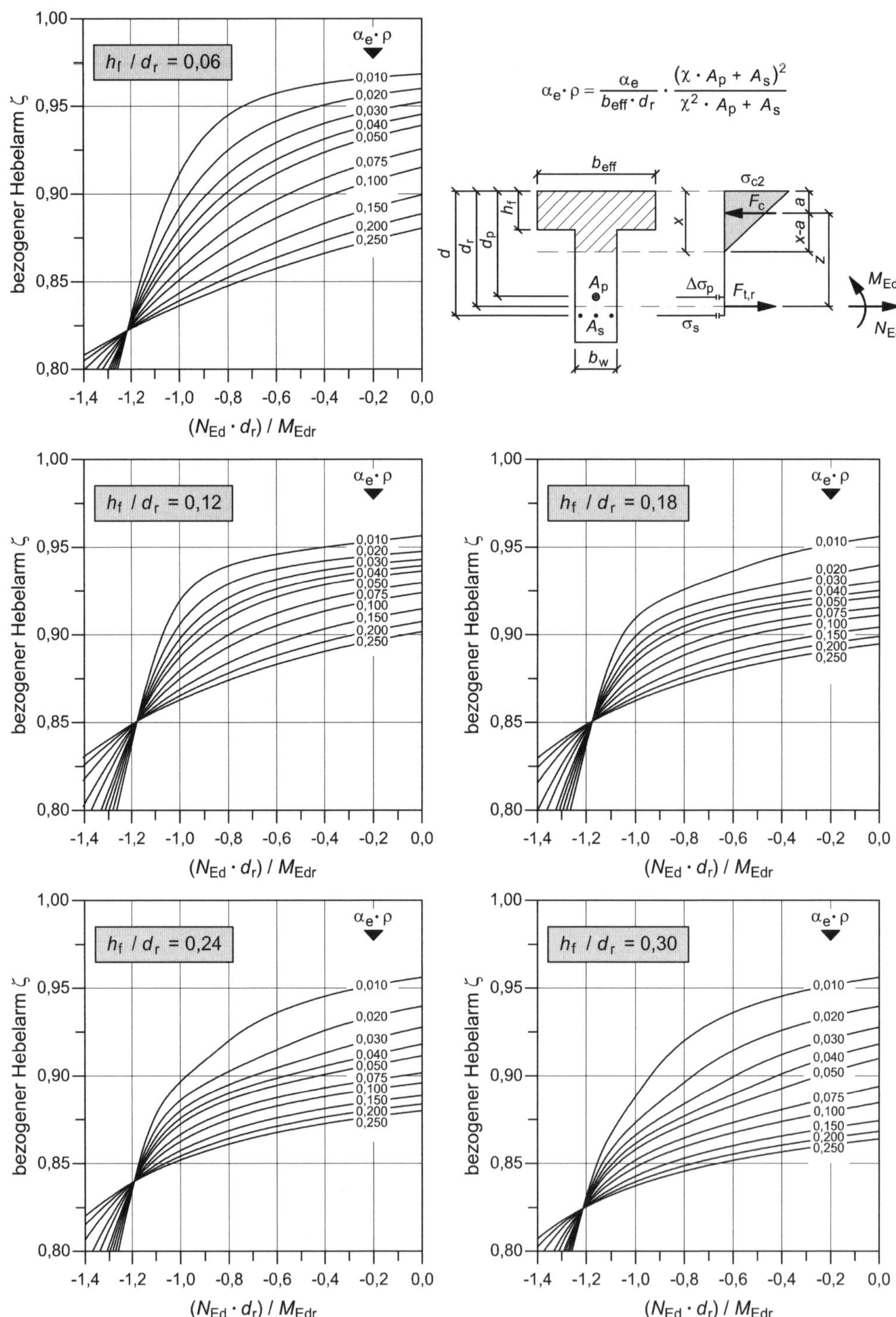

Stichwortverzeichnis

Die fettgedruckten Seitenzahlen beziehen sich auf ein Kapitel oder einen Abschnitt

Notizen

Notizen

Notizen